嵌入式软件工程方法与实践丛书

面向 AMetal 框架和接口的 C 编程

周立功　主编

AMetal 团队　参编

北京航空航天大学出版社

内 容 简 介

本书作为 AMetal 的基础教材，重点介绍 ZLG 在平台战略中所推出的 AMetal 开发平台。全书分为 4 个部分，第一部分由第 1 章组成，主要介绍 AM824_Core 开发套件，对微控制器和评估板进行了详细的介绍。第二部分由第 2～3 章组成，主要介绍模拟量与数字量的转换方法和相应的硬件电路设计。第三部分由第 4～8 章组成，重点介绍 AMetal 框架，包括接口的使用方法以及接口定义和实现的基本原理。第四部分由第 9～10 章组成，重点介绍基于 AMetal 无线硬件平台（包含 BLE 和 ZigBee）的通信和非常实用的 MVC 应用框架，并以开发温度检测仪为例，展示了程序设计和开发的详尽过程。

本书适合从事嵌入式软件开发、工业控制或工业通信的工程技术人员使用，也可作为大学本科、高职高专电子信息、自动化、机电一体化等专业学生的教学参考书，使学生在掌握 MCU 及各类外设使用方法的同时，还可以学习到在嵌入式开发中使用 C 实现面向对象的编程思想。

图书在版编目(CIP)数据

面向 AMetal 框架和接口的 C 编程 / 周立功主编. --
北京 ：北京航空航天大学出版社，2018.11
ISBN 978-7-5124-2872-0

Ⅰ. ①面… Ⅱ. ①周… Ⅲ. ①C 语言—程序设计
Ⅳ. ①TP312.8

中国版本图书馆 CIP 数据核字(2018)第 261356 号

面向 AMetal 框架和接口的 C 编程
周立功 主编
AMetal 团队 参编
责任编辑 张冀青
*
北京航空航天大学出版社出版发行
北京市海淀区学院路 37 号(邮编 100191) http://www.buaapress.com.cn
发行部电话：(010)82317024 传真：(010)82328026
读者信箱：emsbook@buaacm.com.cn 邮购电话：(010)82316936
涿州市新华印刷有限公司印装 各地书店经销
*
开本：710×1 000 1/16 印张：42 字数：895 千字
2018 年 11 月第 1 版 2018 年 11 月第 1 次印刷 印数：3 000 册
ISBN 978-7-5124-2872-0 定价：118.00 元

前 言

1. 存在的问题

最近十多年来，软件产业和互联网产业的迅猛发展，给人们提供了用武之地，同时也给软件工程教育带来了巨大的挑战。从教育现状看，通过灌输知识可以让人具有很强的考试能力，但却往往经不起用人单位的检验（笔试和机试）。虽然大家都知道，教育的本质在于培养人的创造力、好奇心、独特的思考能力和解决问题的能力，但实际上我们的教学实践有违教育理念。

代码的优劣不仅直接决定了软件的质量，还将直接影响软件的成本。软件的成本是由开发成本和维护成本组成的，而维护成本却远高于开发成本，蛮力开发的现象比比皆是，大量来之不易的资金被无声无息地吞没，整个社会资源浪费严重。为何不将复杂的技术高度抽象呢？如果能够实现，就能做到让专业的人做专业的事，AWorks 就是在这样的背景下诞生的。

2. 思维差别决定收益

其实，人与人之间的差别不在于知识和经验，而在于思维方式，思维方面的差异决定了每个人未来的不同。虽然大多数开发者都很勤奋，但其奋斗目标不是企业和个人收益最大化，而是以学习基础技术为乐趣，不愿意与市场人员和用户交流，不注重提升个人挖掘用户需求的能力，而是将精力用错了地方，这是很多人一辈子也没有认识到的深刻问题，而只是叹息自己怀才不遇，甚至将自己失败的责任推给他人。

一个软件系统封装了若干领域的知识，其中一个领域的知识代表了系统的核心竞争力，这个领域被称为“核心域”，其他领域称为“非核心域”。虽然更通俗的说法是“业务”和“技术”，但使用“核心域”和“非核心域”更严谨。

非核心域就是别人的领域，比如，底层驱动、操作系统和组件，即便你有一些优势，那也是暂时的，竞争对手也能通过其他渠道获得。非核心域的改进是必要的，但不充分，还是要在核心域上深入挖掘，让竞争对手无法轻易从第三方获得。因为在核心域上深入挖掘，达到基于核心域的复用，这是获得和保持竞争力的根本手段。

要达到基于核心域的复用，有必要将核心域和非核心域分开考虑。因为过早地将各个领域的知识混杂，会增加不必要的负担，待解决问题的规模一旦变大，而人脑的容量和运算能力有限，从而导致开发人员腾不出脑力思考核心域中更深刻的问题，因此必须分而治之，因为核心域与非核心域的知识都是独立的。比如，一个计算器要做到没有漏洞，其中的问题也很复杂。如果不使用状态图对领域逻辑显式地建模，再根据模型映射到实现，而是直接下手编程，那么领域逻辑的知识靠临时去想，最终得到的代码肯定会破绽百出。其实有利润的系统，其内部都是很复杂的，千万不要幼稚地认为"我的系统不复杂"。

3. 利润到哪里去了？

早期创业时，只要抓住一个机会，多参加展会，多做广告，成功的概率就很大。在互联网时代，突然发现入口多了，聚焦用户的难度越来越大。当产品面临竞争时，你会发现"没有最低只有更低"；而且现在已经没有互联网公司了，"携程"变成了旅行社，"新浪"变成了新媒体……机会驱动、粗放经营的时代已经过去了。

Apple公司之所以成为全球最赚钱的手机公司，关键在于产品的性能超越了用户的预期，且因为大量可重用的核心领域知识，将综合成本做到了极致。Yourdon和Constantine在《结构化设计》一书中，将经济学作为软件设计的底层驱动力，软件设计应该致力于降低整体成本。人们发现软件的维护成本远远高于它的初始成本，因为理解现有代码需要花费时间，而且容易出错；同时，改动之后，还要进行测试和部署。

更多的时候，程序员不是在编码，而是在阅读程序。由于阅读程序需要从细节和概念上理解，因此修改程序的投入会远远大于最初编程的投入。基于这样的共识，让我们操心的一系列事情，需要不断地思考和总结使之可以重用，这就是方法论的源起。

通过财务数据分析可知，由于决策失误，我们开发了一些周期长、技术难度大且回报率极低的产品。由于缺乏科学的软件工程方法，不仅软件难以重用，而且扩展和维护难度很大，从而导致开发成本居高不下。

显而易见，从软件开发来看，软件工程与计算机科学是完全不同的两个领域的知识。其主要区别在于人，因为软件开发是以人为中心的过程。如果考虑人的因素，软件工程更接近经济学，而非计算机科学。如果不改变思维方式，则很难开发出既好卖成本又低的产品。

4. 解决之道

ZLG集团(ZLG集团目前包含两个子公司：广州致远电子有限公司，www.zlg.cn，简称致远电子；广州周立功单片机科技有限公司，www.zlgmcu.com，简称周立功单片机。为便于描述,后文统一将 ZLG 集团简称为 ZLG) 经过多年的理论探索和实践积累,开发了 AWorks,其中融入了更多的软件工程技术方法,目的是希望插上理想的翅膀,将程序员彻底从非核心域中释放出来聚焦于核心竞争力。无论你选择什么芯片和任何 OS,比如,Linux 和其他任何 RTOS,只要 AWorks 支持它,就可以在目标板上实现跨平台运行。因为无论什么 OS,它只是 AWorks 的一个组件,针对不同的 OS,AWorks 都会提供相应的适配器,那么所有的组件都可以根据需要更换。

由于 AWorks 制定了统一的接口规范,并对各种微处理器内置的功能部件与外围器件进行了高度的抽象;因此无论你选用的是 ARM 还是 DSP,通过“按需定制”的外设驱动软件和相关组件,以高度复用的软件设计原则和只针对接口编程的思想为前提,则应用软件均可实现“一次编程,终生使用和跨平台”。基于此,进一步扩大了 AWorks 的使用范围,又发展出了代码量更少的 AMetal,AWorks 能给你带来的最大价值就是不需要重新发明轮子。

5. 丛书简介

这套丛书命名为《嵌入式软件工程方法与实践丛书》,目前已经完成《程序设计与数据结构》、《面向 AMetal 框架和接口的 C 编程》和《面向 AWorks 框架和接口的 C 编程(上)》,后续还将推出《面向 AWorks 框架和接口的 C 编程(下)》、《面向 AMetal 框架和接口的 LoRa 编程》、《面向 AWorks 框架和接口的 C++编程》、《面向 AWorks 框架和接口的 GUI 编程》、《面向 AWorks 框架和接口的 CAN 编程》、《面向 AWorks 框架和接口的网络编程》、《面向 AWorks 框架和接口的 EtherCAT 编程》和《嵌入式系统应用设计》等系列图书,最新动态详见 www. zlg. cn(致远电子官网)和 www. zlgmcu. com(周立功单片机官网)。

周立功

2018 年 8 月 13 日

目 录

第1章

AM824_Core 开发套件

本章导读

随着物联网技术的发展，MCU 处理器的能力日益强大，如今的 MCU 与微处理器的界限越来越模糊，将会进一步融合成为嵌入式处理器。由于 AMetal 已经完全屏蔽了底层的复杂细节，因此开发者仅需了解 MCU 的基本功能就可以了。

1.1 LPC824 微控制器

1.1.1 特　性

- 系统：
  - ARM Cortex - M0＋嵌入式处理器，内置可嵌套中断向量控制器(NVIC)，系统节拍定时器，运行时频率高达 30 MHz；
  - 支持串行线调试(SWD)模式与 JTAG 边界扫描(BSDL)模式。
- 最高 32 KB 片内 Flash 和 8 KB SRAM，带 64 字节页面写入和擦除功能。
- 数字外设：
  - 集成了多达 32 个通用 I/O 引脚，并具备可配置上拉/下拉电阻、可编程开漏模式、输入反相器和干扰滤波器，GPIO 方向控制支持各个位的独立置位/清零/触发；
  - 4 个引脚具备 20 mA 的输出驱动能力，2 个开漏引脚具备 20 mA 灌入驱动能力；
  - GPIO 中断生成能力，8 个 GPIO 输入具有布尔模式匹配特性；
  - 开关矩阵，用于灵活配置每个 I/O 引脚功能；
  - CRC 引擎，带 18 个通道和 9 个触发输入的 DMA。
- 定时器：
  - 状态可配置定时器(SCTimer/PWM)，输入和输出功能(包括捕获和匹配)用于定时和 PWM 应用；
  - 四通道多速率定时器(MRT)，以多达 4 种可编程固定速率生成可重复中断；

- 自唤醒定时器(WKT),采用 IRC、低功耗、低频率内部振荡器作为时钟,或 always-on 电源域的外部时钟输入作为时钟;
- 窗口看门狗定时器(WWDT)。

● 模拟外设:
  - 一个 12 位 ADC,多达 12 个输入通道,带有多个内部和外部触发输入,采样速率高达 1.2 MS/s,ADC 支持两个独立的转换顺序;
  - 比较器,带有 4 个输入引脚以及外部或内部基准电压。

● 串行接口:
  - 3 个 USART 接口,引脚功能通过开关矩阵和一个共用小数波特率发生器分配;
  - 2 个 SPI 控制器,引脚功能通过开关矩阵分配;
  - 4 个 I^2C 总线接口,一个 I^2C 支持高速模式 plus,在两个真开漏引脚和监听模式上,数据率为 1 Mbit/s,三个 I^2C 支持标准数字引脚的数据率高达 400 kbit/s。

● 时钟生成:
  - 调整到 1.5%精度的 12 MHz 内部 RC 振荡器,可选择性地用作系统时钟;
  - 晶体振荡器,工作频率范围为 1~25 MHz;
  - 可编程看门狗振荡器,频率范围为 9.4~2.3 MHz;
  - 用于 WKT 的 10 kHz 低功耗振荡器;
  - PLL 使 CPU 无需使用高频晶体即可生成最高 CPU 主频,可从系统振荡器、外部时钟输入或内部 RC 振荡器运行;
  - 带分频器的时钟输出功能,可反映所有内部时钟源。

● 功率控制:
  - 可最大程度降低功耗的集成式 PMU(电源管理单元);
  - 节能模式:睡眠模式、深度睡眠模式、掉电模式和深度掉电模式;
  - 深度睡眠模式和掉电模式可由 USART、SPI 和 I^2C 外设唤醒;
  - 深度掉电模式可由定时器控制进行自唤醒;
  - 上电复位(POR),掉电检测(BOD)。

● 单电源(1.8~3.6 V),工作温度范围为-40~+105 ℃。

1.1.2 概 述

LPC824 系列微控制器(MCU)具有丰富的片上外设,内部功能框图详见图 1.1。除 GPIO 外,还支持开关矩阵、状态可配置定时器、多速率定时器、窗口看门狗定时器和 DMA 控制器等。模拟外设包括 12 位高速 ADC 和模拟比较器,支持 3 路 UART、2 路 SPI 和 4 路 I^2C。此外,芯片内部还集成了 12 MHz 的 RC 振荡器,可以作为系统的时钟源。

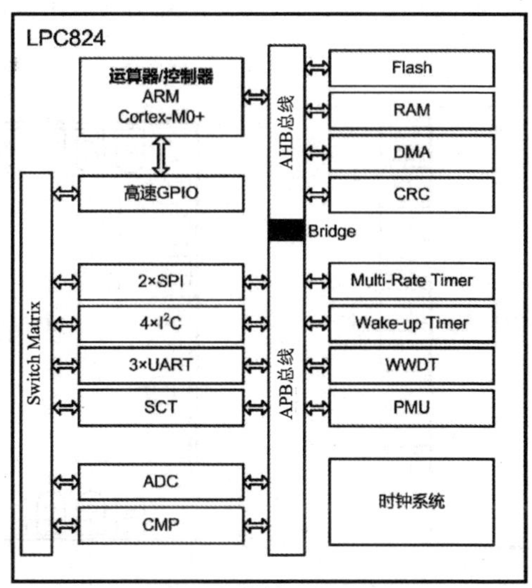

图 1.1　LPC824 功能框图

LPC824 系列 MCU 具有得天独厚的低功耗优势，拥有业界领先的超低功耗(90 μA/MHz)。此外还支持 4 种低功耗模式，用户可以根据应用需求，灵活选择合适的功耗模式。最低功耗模式下，功耗不到 1 μA。

虽然这些概念对于初学者来说可能会感到非常陌生，但也不要害怕，如同你使用的计算机一样，尽管也很复杂，但毫不影响你使用计算机编程和上网。

LPC812/824 同属于 LPC800 系列 MCU，LPC824 是 LPC812 系列的增强版本，外设资源更加丰富，可以更好地满足不同场合的应用需求。因为两个具有相同外设的寄存器保持一致，在软件设计上可以做到完全兼容，所以大大降低了平台建设的难度，可以根据不同需求进行合理选择，详见表 1.1。

表 1.1　LPC800 系列 MCU 选型表

器件型号	Flash /KB	RAM /KB	UART	I^2C	SPI	比较器	I/O	ADC	封装
LPC811M001JDH16	8	2	2	1	1	1	14	—	TSSOP16
LPC812M101JDH16	16	4	3	1	2	1	14	—	TSSOP16
LPC812M101JTB16	16	4	3	1	2	1	14	—	XSON16
LPC812M101JDH20	16	4	3	1	2	1	18	—	TSSOP20
LPC822M201JDH20	16	4	3	4	2	1	16	5/12 bit	TSSOP20
LPC824M201JDH20	32	8	3	4	2	1	16	5/12 bit	TSSOP20
LPC822M201JHI33	16	4	3	4	2	1	29	12/12 bit	HVQFN33
LPC824M201JHI33	32	8	3	4	2	1	29	12/12 bit	HVQFN33

LPC824 系列 MCU 有两种封装，分别为 TSSOP20 和 HVQFN33，其引脚分布见图 1.2。

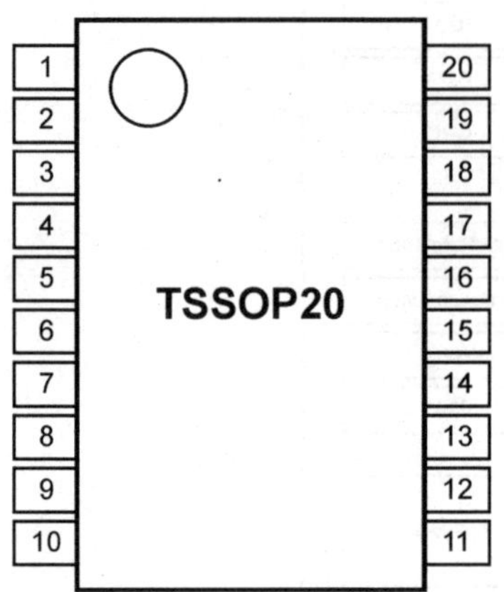

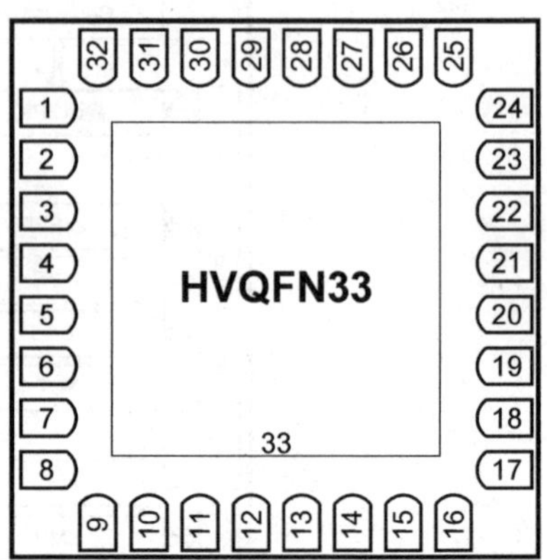

图 1.2 封装示意图

LPC824 系列 MCU 的引脚描述及主要功能详见表 1.2。

表 1.2 LPC824 系列 MCU 的引脚描述

符号	引脚位置		类型	描述
	TSSOP20	HVQFN33		
PIO0_0/ACMP_11/TDO	19	24	I/O	PIO0_0：通用数字输入/输出引脚，ISP 模式下作为 U0_RXD 引脚
			A	ACMP_11，模拟比较器输入 11
			O	TDO，JTAG 接口的测试数据输出
P0_1/ACMP_I2/CLKIN/TDI	12	16	I/O	PIO0_1，通用数字输入/输出引脚
			A	ACMP_12，模拟比较器输入 12
			I	CLKIN，外部时钟输入
			I	TDI，JTAG 接口的测试数据输入
SWDIO/PIO0_2/TMS	8	7	I/O	SWDIO，串行调试输入/输出
			I/O	PIO0_2，通用数字输入/输出引脚
			I	TMS，JTAG 接口的测试方式
SWDCLK/PIO0_3/TCK	7	6	I	SWDCLK，串行调试时钟
			I/O	PIO0_3，通用数字输入/输出引脚
			I	TCK，JTAG 接口的测试时钟

续表 1.2

符号	引脚位置		类型	描述
	TSSOP20	HVQFN33		
PIO0_4/ADC_11/TRSTN/WAKEUP	6	4	I/O	PIO0_4,通用数字输入/输出引脚。ISP 模式为 U0_TXD 引脚
			A	ADC_11,A/D 转换器输入 11
			I	TRSTN,JTAG 接口的测试复位
			I	WAKEUP,深度掉电模式唤醒引脚。当芯片进入深度睡眠时,该引脚必须被上拉为高电平,当该引脚下拉为低电平时,芯片从深度掉电中唤醒
$\overline{\text{RESET}}$/PIO0_5	5	3	I	$\overline{\text{RESET}}$,复位引脚,低电平复位
			I/O	PIO0_5,通用数字输入/输出引脚
PIO0_6/ADC_1/VDDCMP	—	23	IO	PIO0_6,通用数字输入/输出引脚
			A	ADC_1,A/D 转换器输入 1
			A	VDDCMP,模拟比较器正极电源
PIO0_7/ADC_0	—	22	I/O	PIO0_7,通用数字输入/输出引脚
			A	ADC_0,A/D 转换器输入 0
PIO0_8/XTALIN	14	18	I/O	PIO0_8,通用数字输入/输出引脚
			I	XTALIN,振荡器电路和内部时钟发生电路的输入
PIO0_9/XTALOUT	13	17	I/O	PIO0_9,通用数字输入/输出引脚
			O	XTALOUT,振荡放大器的输出
PIO0_10/I2C0_SCL	10	9	I/O	PIO0_10,通用数字输入/输出引脚
			I/O	I2C0_SCL,I^{2}C 数据输入/输出,开漏引脚
PIO0_11/I2C0_SDA	9	8	I/O	PIO0_11,通用数字输入/输出引脚
			I/O	I2C0_SDA,I^{2}C 时钟输入/输出,开漏引脚
PIO0_12	4	2	I/O	PIO0_12,通用数字输入/输出引脚
PIO0_13/ADC_10	3	1	I/O	PIO0_13,通用数字输入/输出引脚
			A	ADC_10,A/D 转换器输入 10
PIO0_14/ACMP_I3/ADC_2	20	25	I/O	PIO0_14,通用数字输入/输出引脚
			A	ACMP_13,模拟比较器输入 13
			A	ADC_2,A/D 转换器输入 2
PIO0_15	11	15	I/O	PIO0_15,通用数字输入/输出引脚

续表 1.2

符号	引脚位置		类型	描述
	TSSOP20	HVQFN33		
PIO0_16	—	10	I/O	PIO0_16,通用数字输入/输出引脚
PIO0_17/ADC_9	2	32	I/O	PIO0_17,通用数字输入/输出引脚
			A	ADC_9,A/D 转换器输入 9
PIO0_18/ADC_8	—	31	I/O	PIO0_18,通用数字输入/输出引脚
			A	ADC_8,A/D 转换器输入 8
PIO0_19/ADC_7	—	30	I/O	PIO0_19,通用数字输入/输出引脚
			A	ADC_7,A/D 转换器输入 7
PIO0_20/ADC_6	—	29	I/O	PIO0_20,通用数字输入/输出引脚
			A	ADC_6,A/D 转换器输入 6
PIO0_21/ADC_5	—	28	I/O	PIO0_21,通用数字输入/输出引脚
			A	ADC_5,A/D 转换器输入 5
PIO0_22/ADC_4	—	27	I/O	PIO0_22,通用数字输入/输出引脚
			A	ADC_4,A/D 转换器输入 4
PIO0_23/ADC_3/ACMP_I4	1	26	I/O	PIO0_23,通用数字输入/输出引脚
			A	ADC_3,A/D 转换器输入 3
			A	ACMP_14,模拟比较器输入 14
PIO0_24	—	14	I/O	PIO0_24,通用数字输入/输出引脚
PIO0_25	—	13	I/O	PIO0_25,通用数字输入/输出引脚
PIO0_26	—	12	I/O	PIO0_26,通用数字输入/输出引脚
PIO0_27	—	11	I/O	PIO0_27,通用数字输入/输出引脚
PIO0_28/WKT-CLKIN	—	5	I/O	PIO0_28,通用数字输入/输出引脚
			I	WKTCLKIN,WKT 时钟输入
VDD	15	19	—	3.3 V 电源电压
VSS	16	33	—	电源地
VREFN	17	20	—	A/D 转换器负极电源
VREFP	18	21	—	A/D 转换器正极电源,不能超过 VDD

1.2 LPC84x 微控制器

1.2.1 特　性

- 系统：
  - ARM Cortex－M0＋处理器，运行时频率高达 30 MHz，支持单周期乘法和快速的单周期 I/O 口；
  - 内置可嵌套中断向量控制器(NVIC)；
  - 系统节拍定时器。
- AHB 总线矩阵：
  - 支持串行线调试(SWD)模式与 JTAG 边界扫描(BSDL)模式；
  - 微跟踪缓冲(MTB)。
- 存储：
  - 最高 64 KB 片内 Flash，支持 64 字节页面写入和擦除功能；
  - FAIM 内存允许用户配置芯片上电时的行为；
  - 代码读保护(CRP)；
  - 最高可到 16 KB 的 SRAM，包括 2 块 8 KB 连续的 SRAM，其中一块 8 KB 的 SRAM 可被 MTB 使用；
  - 支持位带操作，用于支持单个位的原子操作。
- ROM API 支持：
  - Bootloader；
  - 支持应用程序 Flash 编程(IAP)；
  - 支持片上系统编程(ISP)，通信接口可以是 USART、SPI 和 I^2C；
  - 整数除法 API 接口。
- 数字外设：
  - 集成了多达 32 个通用 I/O 引脚，并具备可配置上拉/下拉电阻、可编程开漏模式、输入反相器和干扰滤波器，GPIO 方向控制支持各个位的独立置位/清零/翻转；
  - 4 个引脚具备 20 mA 的输出驱动能力；
  - 2 个开漏引脚具备 20 mA 灌入驱动能力；
  - GPIO 中断生成能力，8 个 GPIO 输入具有布尔模式匹配特性；
  - 开关矩阵，用于灵活配置每个 I/O 引脚功能；
  - CRC 引擎；
  - 带 25 个通道和 13 个触发输入的 DMA；
  - 电容触摸屏接口。

● 定时器：

- 状态可配置定时器(SCTimer/PWM)，输入和输出功能(包括捕获和匹配)用于定时和 PWM 应用，支持 8 个匹配/捕获、8 个事件、8 个状态；
- 1 个通用定时器，带有 4 个匹配输出、3 个输入捕获，支持 PWM 模式，外部计数和 DMA；
- 四通道多速率定时器(MRT)，以多达 4 种可编程固定速率生成可重复中断；
- 自唤醒定时器(WKT)，采用 IRC、低功耗、低频率内部振荡器作为时钟，或 always - on 电源域的外部时钟输入作为时钟；
- 窗口看门狗定时器(WWDT)。

● 模拟外设：

- 一个 12 位 ADC，多达 12 个输入通道，带有多个内部和外部触发输入，采样速率高达 1.2 MS/s，ADC 支持两个独立的转换序列；
- 比较器，带有 4 个输入引脚以及外部或内部基准电压；
- 2 个 10 位 DAC。

● 串行接口：

- 5 个 USART 接口，引脚功能通过开关矩阵和一个共用小数波特率发生器分配；
- 2 个 SPI 控制器，引脚功能通过开关矩阵分配；
- 4 个 I^2C 总线接口，一个 I^2C 支持高速模式 plus，在两个真开漏引脚和监听模式上数据率为 1 Mbit/s，三个 I^2C 支持标准数字引脚的数据率高达 400 kbit/s。

● 时钟生成：

- 自由运行的振荡器(FRO)，精度为±1%，可以提供 18 MHz、24 MHz 或者 30 MHz 的时钟，也可以分频到 9 MHz、12 MHz 或者 15 MHz 作为系统时钟；
- 使用 FAIM 内存完成低功耗启动，运行频率为 3 MHz；
- 晶体振荡器，工作频率范围为 1～25 MHz；
- 低功耗振荡器可做看门狗时钟；
- 可编程看门狗振荡器，频率范围为 9.4 kHz～2.3 MHz；
- PLL 使 CPU 无需使用高频晶体即可生成最高 CPU 主频，可从系统振荡器、外部时钟输入或内部 RC 振荡器运行；
- 带分频器的时钟输出功能，可反映所有内部时钟源。

● 功率控制：

- 运行模式下功耗最低可至 90 μA/MHz；
- 内部集成可最大程度降低功耗的 PMU(电源管理单元)；

- 节能模式：睡眠模式、深度睡眠模式、掉电模式和深度掉电模式；
- 深度睡眠模式和掉电模式可由 USART、SPI 和 I^2C 外设唤醒；
- 深度掉电模式可由定时器控制进行自唤醒；
- 上电复位(POR)，掉电检测(BOD)。

● 单电源为(1.8～3.6 V)，工作温度范围为－40～＋105 ℃。

● 可选封装有 LQFP64、LQFP48、HVQFN48、HVQFN33。

1.2.2 概 述

LPC84x 系列微控制器(MCU)同样具有丰富的片上外设，内部功能框图详见图 1.3。基本特性与 LPC824 系列 MCU 相同，主要增加了 2 路串口、2 路 10 位 DAC 以及 FAIM 内存。

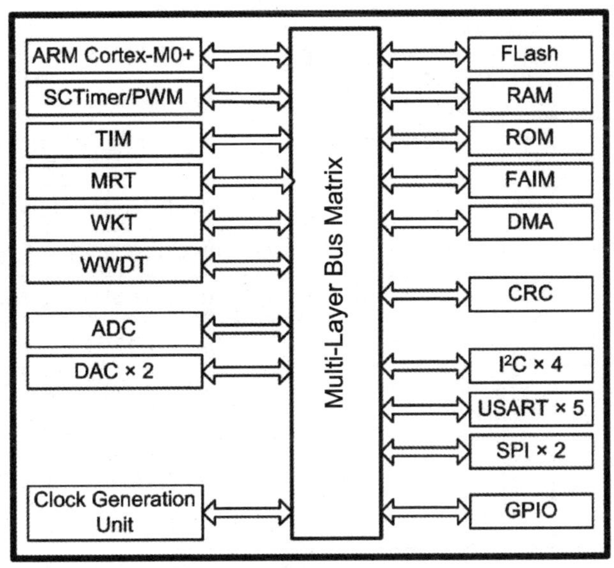

图 1.3 LPC84x 功能框图

LPC84x 系列微控制器主要包含了 LPC844 和 LPC845 两个型号，每个型号分别提供 4 种不同的封装。可以根据不同需求进行合理选择，详见表 1.3。

表 1.3 LPC84x 系列 MCU 选型表

器件型号	Flash /KB	RAM /KB	UART	I^2C	SPI	DAC	GPIO	Cap Touch	封装
LPC844M201JBD48	64	8	2	2	2	—	42	—	LQFP48
LPC844M201JBD64	64	8	2	2	2	—	54	—	LQFP64
LPC844M201JHI33	64	8	2	2	2	—	29	—	HVQFN33

续表 1.3

器件型号	Flash /KB	RAM /KB	UART	I^2C	SPI	DAC	GPIO	Cap Touch	封装
LPC844M201JHI48	64	8	2	2	2	—	42	—	HVQFN48
LPC845M201JBD48	64	16	5	4	2	2	42	yes	LQFP48
LPC845M201JBD64	64	16	5	4	2	2	54	yes	LQFP64
LPC845M201JHI33	64	16	5	4	2	2	29	yes	HVQFN33
LPC845M201JHI48	64	16	5	4	2	2	42	yes	HVQFN48

LPC84x 系列 MCU 的引脚描述详见表 1.4。

表 1.4　LPC84x 系列 MCU 的引脚描述

符号	引脚位置				类型	描述
	LQFP 64	LQFP 48	HVQFN 48	HVQFN 33		
PIO0_0	48	36	36	24	I/O	PIO0_0,通用数字输入/输出引脚
					A	ACMP_I1,模拟比较器输入 1
PIO0_1	32	24	24	16	I/O	PIO0_1,通用数字输入/输出引脚
					A	ACMP_I2,模拟比较器输入 2
					I	CLKIN,时钟输入
PIO0_2	14	10	10	7	I/O	PIO0_2,通用数字输入/输出引脚
					IO	SWDIO,串行调试接口数据
PIO0_3	12	8	8	6	I/O	PIO0_3,通用数字输入/输出引脚
					I	SWCLK,串行调试接口时钟
PIO0_4	6	6	6	4	I/O	PIO0_4,通用数字输入/输出引脚
					A	ADC_11,模/数转换器输入 11
PIO0_5	5	5	5	3	I/O	PIO0_5,通用数字输入/输出引脚
PIO0_6	46	34	34	23	I/O	PIO0_6,通用数字输入/输出引脚
PIO0_7	45	34	34	23	I/O	PIO0_7,通用数字输入/输出引脚
					A	ADC_1,模/数转换器输入 1
					A	ACMPVREF,模拟比较器参考电压
PIO0_8	34	26	26	18	I/O	PIO0_8,通用数字输入/输出引脚
					A	XTALIN,晶体振荡器输入

续表 1.4

符号	引脚位置				类型	描述
	LQFP 64	LQFP 48	HVQFN 48	HVQFN 33		
PIO0_9	33	25	25	17	I/O	PIO0_9,通用数字输入/输出引脚
					A	XTALOUT,晶体振荡器输出
PIO0_10	17	13	13	9	I/O	PIO0_10,通用数字输入/输出引脚
					I/0	I2C0_SCL,I2C0 时钟线
PIO0_11	16	12	12	8	I/O	PIO0_11,通用数字输入/输出引脚
					I/O	I2C0_SDA,I2C0 数据线
PIO0_12	4	4	4	2	I/O	PIO0_12,通用数字输入/输出引脚
PIO0_13	2	2	2	1	I/O	PIO0_13,通用数字输入/输出引脚
					A	ADC_10,模/数转换器输入 10
PIO0_14	49	37	37	25	I/O	PIO0_14,通用数字输入/输出引脚
					A	ACMP_I3,模拟比较器输入 3
					A	ADC_2,模/数转换器输入 2
PIO0_15	30	22	22	15	I/O	PIO0_15,通用数字输入/输出引脚
PIO0_16	19	15	15	10	I/O	PIO0_16,通用数字输入/输出引脚
PIO0_17	63	48	48	32	I/O	PIO0_17,通用数字输入/输出引脚
					A	ADC_9,模/数转换器输入 9
PIO0_18	61	47	47	31	I/O	PIO0_18,通用数字输入/输出引脚
					A	ADC_8,模/数转换器输入 8
PIO0_19	60	46	46	30	I/O	PIO0_19,通用数字输入/输出引脚
					A	ADC_7,模/数转换器输入 7
PIO0_20	58	45	45	29	I/O	PIO0_20,通用数字输入/输出引脚
					A	ADC_6,模/数转换器输入 6
PIO0_21	57	44	44	28	I/O	PIO0_21,通用数字输入/输出引脚
					A	ADC_5,模/数转换器输入 5
PIO0_22	55	43	43	27	I/O	PIO0_22,通用数字输入/输出引脚
					A	ADC_4,模/数转换器输入 4
PIO0_23	51	39	39	26	I/O	PIO0_23,通用数字输入/输出引脚
					A	ADC_3,模/数转换器输入 3
					A	ACMP_I4,模拟比较器输入 4

续表 1.4

符号	引脚位置				类型	描述
	LQFP 64	LQFP 48	HVQFN 48	HVQFN 33		
PIO0_24	28	20	20	14	I/O	PIO0_24,通用数字输入/输出引脚
PIO0_25	27	19	19	13	I/O	PIO0_25,通用数字输入/输出引脚
PIO0_26	23	18	18	12	I/O	PIO0_26,通用数字输入/输出引脚
PIO0_27	21	17	17	11	I/O	PIO0_27,通用数字输入/输出引脚
PIO0_28	10	7	7	5	I/O	PIO0_28,通用数字输入/输出引脚
					I	WKTCLKIN,自唤醒定时器时钟输入
PIO0_29	50	38	38	—	I/O	PIO0_29,通用数字输入/输出引脚
					A	DACOUT_1,数/模转换输出 1
PIO0_30	54	42	42	—	I/O	PIO0_30,通用数字输入/输出引脚
					A	ACMP_5,模拟比较器输入 5
PIO0_31	13	9	9	—	I/O	PIO0_31,通用数字输入/输出引脚
PIO1_0	15	11	11	—	I/O	PIO1_0,通用数字输入/输出引脚
PIO1_1	18	14	14	—	I/O	PIO1_1,通用数字输入/输出引脚
PIO1_2	20	16	16	—	I/O	PIO1_2,通用数字输入/输出引脚
PIO1_3	29	21	21	—	I/O	PIO1_3,通用数字输入/输出引脚
PIO1_4	31	23	23	—	I/O	PIO1_4,通用数字输入/输出引脚
PIO1_5	35	27	27	—	I/O	PIO1_5,通用数字输入/输出引脚
PIO1_6	38	28	28	—	I/O	PIO1_6,通用数字输入/输出引脚
PIO1_7	47	35	35	—	I/O	PIO1_7,通用数字输入/输出引脚
PIO1_8	1	1	1	—	I/O	PIO1_8,通用数字输入/输出引脚
PIO1_9	3	3	3	—	I/O	PIO1_9,通用数字输入/输出引脚
PIO1_10	64	—	—	—	I/O	PIO1_10,通用数字输入/输出引脚
PIO1_11	62	—	—	—	I/O	PIO1_11,通用数字输入/输出引脚
PIO1_12	9	—	—	—	I/O	PIO1_12,通用数字输入/输出引脚
PIO1_13	11	—	—	—	I/O	PIO1_13,通用数字输入/输出引脚
PIO1_14	22	—	—	—	I/O	PIO1_14,通用数字输入/输出引脚

续表 1.4

符号	引脚位置				类型	描述
	LQFP 64	LQFP 48	HVQFN 48	HVQFN 33		
PIO1_15	24	—	—	—	I/O	PIO1_15,通用数字输入/输出引脚
PIO1_16	36	—	—	—	I/O	PIO1_16,通用数字输入/输出引脚
PIO1_17	37	—	—	—	I/O	PIO1_17,通用数字输入/输出引脚
PIO1_18	43	—	—	—	I/O	PIO1_18,通用数字输入/输出引脚
PIO1_19	44	—	—	—	I/O	PIO1_19,通用数字输入/输出引脚
PIO1_20	56	—	—	—	I/O	PIO1_20,通用数字输入/输出引脚
PIO1_21	59	—	—	—	I/O	PIO1_21,通用数字输入/输出引脚
VDD	7;26;39	29	29	19	—	VDD,电源输入
VDDA	52	40	40	—	—	VDDA,模拟电源输入
VSS	8;25;40	30	30	33	—	VSS,电源地
VSSA	53	41	41	—	—	VSSA,模拟地
VREFN	41	31	31	20	—	VREFN,ADC 负端参考电压
VREFP	42	32	32	21	—	VREFP,ADC 正端参考电压

1.3 开关矩阵(SWM)

1.3.1 SWM 简介

开关矩阵(Switch Matrix)是 NXP 公司新推出的在 MCU 中集成的一个非常有特色的外设功能,通过开关矩阵可以将芯片内部所有数字外设功能引脚分配到除电源、地之外的任意引脚,从而提高了设计的灵活性。

SWM 功能示意图如图 1.4 所示。

由于开关矩阵的存在,因此可以将 LPC824 的外设功能引脚信号分为固定功能信号和可分配数字信号,其对应的外设功能如下:

1. 固定功能信号

GPIOx、RESET、VDDCMP、ACMP_I1 ~ ACMP_I4、ADC_0 ~ ADC_11、SWDIO、SWCLK、XTALIN、XTALOUT、CLKIN,以及标准 I²C 开漏引脚 I2C0_SDA 和 I2C0_SCL,这些功能引脚都是固定在芯片外部某个引脚位置,不能通过

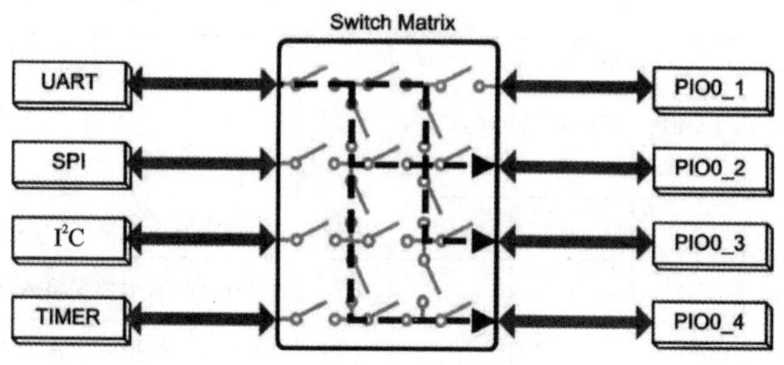

图 1.4　SWM 功能示意图

SWM 分配到其他外部引脚。

2. 可分配数字信号

USART0、USART1、USART2、SPI0、SPI1、CTIN、CTOUT、I^2C1、I^2C2、I^2C3、ACMP_O、CLKOUT，这些信号可以通过 SWM 分配到除电源、地以外的任意外部引脚。

1.3.2　SWM 应用

由于 MCU 的部分数字外设可以根据需要分配到芯片其他引脚，因此将大大简化用户的设计，即

① 系统硬件设计时，以外围器件布局及 PCB 布线为主导，不用考虑信号的引脚位置，帮助缓解 PCB 走线的拥挤，降低开发成本；

② 更换系统外围器件或主控制器时，避免更改硬件设计，以降低维护成本；

③ 分配多个功能到同一个引脚实现特殊功能(谨慎使用)。

下面以实际应用中几个小案例来实际体验一下 SWM 的特点。

1. 解决硬件设计错误

用户电路设计过程中，经常会出现一些意外的错误，比如串口主机和设备的 TXD 引脚对应连接(实际应交叉连接)，导致 PCB 需要重新设计，增加产品的设计成本，如果主控制器支持 SWM 功能，即使 PCB 设计错误，也可以在不修改硬件的前提下保证功能正常。

MCU 驱动 SPI Flash 的应用电路详见图 1.5(a)，仔细查看 SPI 通信线路可以发现，此电路设计存在错误，SPI Flash 的 MOSI/MISO 引脚和 MCU 对应引脚应该直接相连，而实际电路中采用了交叉连接，因此该电路无法直接使用。若是一般 MCU，电路必须重新设计、重新做板，但是，若图 1.5(a)中的 MCU 是 LPC824，则可以灵活地通过 SWM 来实现 SPI 外设引脚功能信号的重新分配，无需重新设计硬件即可解决问题，详见图 1.5(b)。

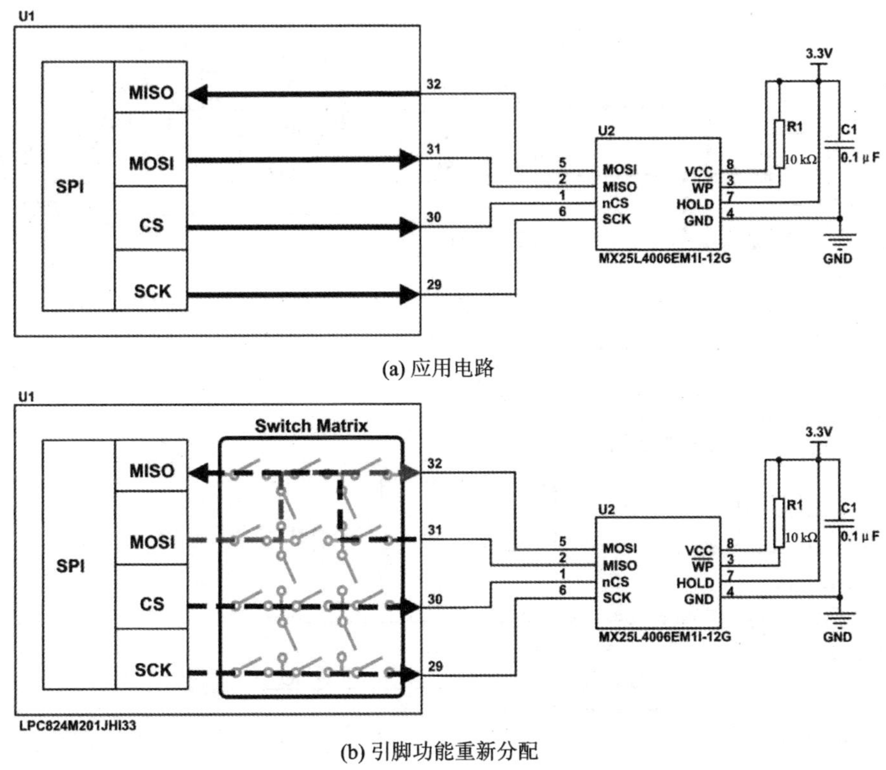

(a) 应用电路

(b) 引脚功能重新分配

图 1.5　解决硬件设计错误问题

2. 简化外围设计

系统应用中不同电压信号的通信问题是经常遇到的，比较常见的是 3.3 V 系统和 5 V 系统兼容问题，例如 3.3 V 系统产品通过串口和 5 V 系统产品通信，就要求 TXD 和 RXD 引脚之间经过电平转换才能可靠通信。

LPC824 的电源供电范围是 1.8～3.6 V，通常工作在 3.3 V 电源环境中，如果使用 LPC824 为核心的产品需要支持 5 V 串口通信，则 LPC824 的串口通信接口 TXD 和 RXD 均需要经过处理才能与外部 5 V 系统相连接。这部分电路可以通过多个分立器件或者电平转换芯片完成电平转换，这样既增加了设计复杂性，又增加了设计成本。但是 LPC824 的第 8、第 9 引脚是标准开漏结构的引脚（默认 I^2C0 的 I2C0_SDA 和 I2C0_SCL 引脚分配在该引脚），实际应用中可以通过 SWM 将 UART 的 TXD 和 RXD 分配到这两个引脚位置上，通过外接上拉电阻到 5 V 电源直接实现 5 V 电平的兼容，可以很好地简化外围设计实现相应功能，详见图 1.6。

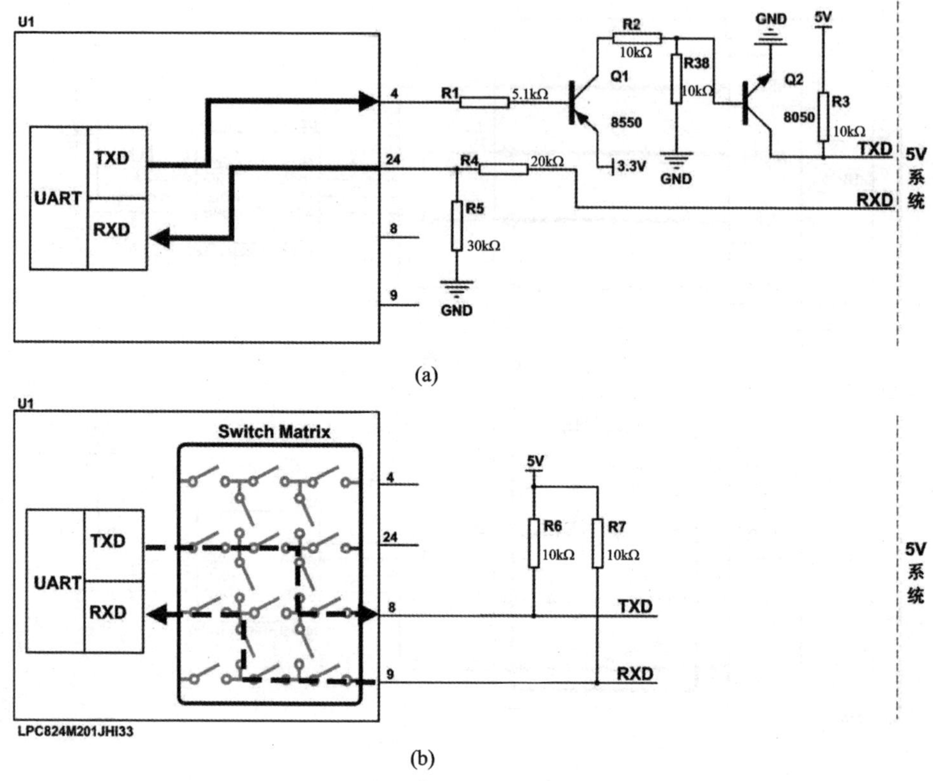

图 1.6　SWM 的灵活应用

1.4　AM824_Core

AM824 开发套件包括 AM824_Core 和 MiniCK100 仿真器，AM824_Core 的示意图详见图 1.7。MCU 为 NXP 半导体的 LPC824M201JHI33，包括 2 个 MiniPort 接口、1 个 MicroPort 接口和 1 个 2×10 扩展接口。这些接口不仅将 MCU 的所有 I/O 资源引出，还可以借助 MiniPort 接口和 MicroPort 接口外扩多种模块。片上资源包括 2 个 LED 发光二极管、1 个无源蜂鸣器、1 个加热电阻、1 个 LM75B 测温芯片、1 个热敏电阻、1 个 TL431 基准源、1 个多功能独立按键和 1 个复位按键，可以完成多种基础实验。

AM824_Core 的出现简化了用户的硬件设计，使得学习 LPC824 系列 MCU 的难度大大降低，可以帮助初学者快速掌握基于 32 位 Cortex™ - M0＋内核微控制器的应用开发。

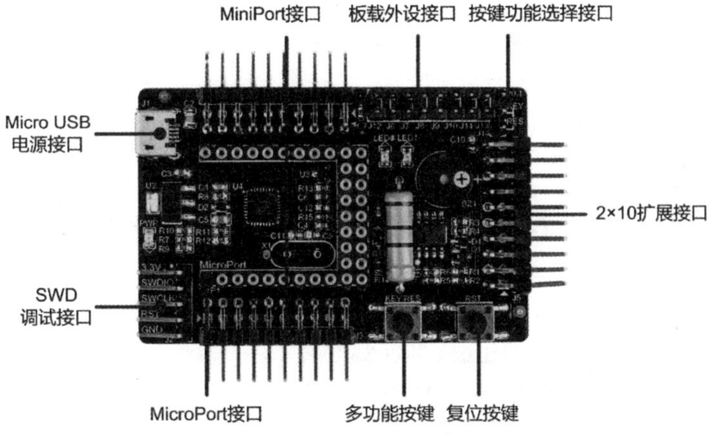

图 1.7 AM824_Core 开发板接口分布

1.4.1 电源电路

1. 系统电源

AM824 通过 5 V 的 USB 供电，需要将电压转为 3.3 V 给 LPC824 使用。为了实现 5 V 到 3.3 V 的转换，AM824 选用了美国 EXAR 半导体公司的 SPX1117M3－L－3.3V 电源管理器件。其输入电压为 4.7～10 V，最大输入电流可达 800 mA，且负载为 800 mA 时典型压差为 1.1 V。

SOT223 封装的 SPX1117M3－L－3.3V 的典型应用电路详见图 1.8，芯片的输入和输出端分别接了两个滤波电容，通过滤波电容保障电压的稳定，减少毛刺干扰。

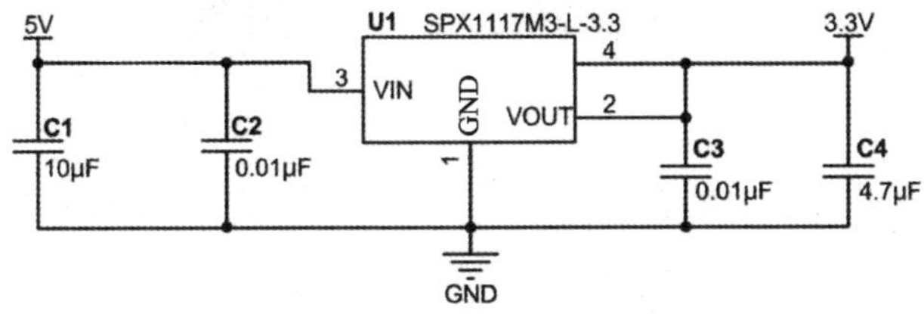

图 1.8 LDO 典型应用电路图

AM824_Core 留有一个标准的 Micro－USB 接口，大家平时可以在手机、移动充电宝等设备上看到该接口。因为 LPC824 不支持 USB 通信功能，所以该接口主要用于供电，可通过手机充电器或者电脑等设备提供 5 V 电源。

Micro－USB 是一种 USB2.0 标准接口，是 Mini－USB 的下一个版本。其特点如下：

- Micro－USB 连接器比标准 USB 和 Mini－USB 连接器更小，节省空间；
- 具有高达 10 000 次的插拔寿命和强度；

- 盲插结构设计；
- 兼容 USB 1.1（低速：1.5 Mbit/s，全速：12 Mbit/s）和 USB 2.0（高速：480 Mbit/s）；
- 同时提供数据传输和充电。

2. 基准源电路

AM824_Core 开发板板载的基准源芯片是 TL431，是一种常用的可控精密稳压源。其主要特点如下：

- 可编程输出电压：2.5～36 V；
- 电压参考源误差：典型±0.4%@25℃；
- 低动态输出阻抗，典型为 0.22 Ω；
- 1.0～100 mA 的灌电流能力。

TL431 输出 2.5 V 基准电压的电路详见图 1.9，其中的 R13 为限流电阻，可以保证输入到 TL431 的灌电流在 1.0～100 mA 以内。

图 1.9 中的 J12 是一个排针口，详见图 1.10(a)，用户可以使用跳线帽，详见图 1.10(b)，将原理图中对应的 1 引脚与 2 引脚相连。J12 的 1 引脚与 MCU 的 VREF 连接，2 引脚与 TL431 的 2.5 V 基准电源输出连接，若使用跳线帽将 1 引脚与 2 引脚相连，则 MCU 的基准电源输入为 2.5 V；否则，VREF 不与 2.5 V 连接，此时，用户可以根据需要将 VREF 连接至其他电源。

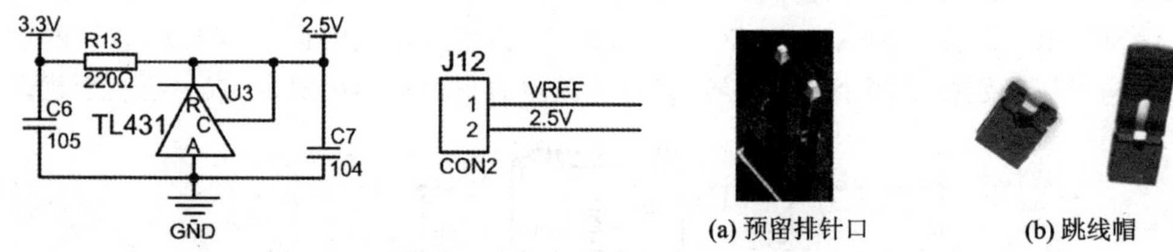

图 1.9　基准源电路

图 1.10　基准源电路

排针口的预留让用户设计变得非常灵活，用户可以决定是否使用板载电路，后续电路设计中，如 LED、蜂鸣器等，都预留了类似的排针口，供用户选择。常见的跳线帽有两种，详见图 1.10(b)，用途相同，但右侧这种长的跳线帽是带手柄的，更容易插拔。

1.4.2　最小系统

LPC824 微控制器的最小系统电路主要包括复位电路和时钟电路两部分，详见图 1.11。由于 LPC824 芯片内部集成了一个 IRC 时钟，因此外部的时钟电路可以省略。

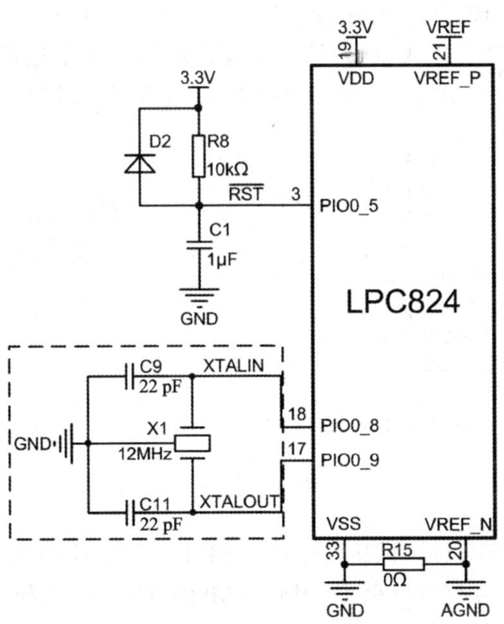

图 1.11 最小系统电路

当系统要求提供更精准的时钟信号时，可以使用外部时钟电路。推荐的时钟电路采用 12 MHz 外部晶振与电容 C9 和 C11 一起构成振荡回路。

1.4.3 复位与调试电路

1. 复位电路

(1) 内部复位电路

如果要求不高，比如，直接驱动 LED 数码管和键盘扫描电路，则可以选用内部复位电路；或者干扰并不严重的场合，也可以选用内部复位电路。

(2) RC 复位电路

计算机系统都有逻辑电路，而在电源上电时，一些逻辑电路的状态是不可预测的。所以若要使数字设备或计算机正常工作，在上电时必须要使系统中所有逻辑电路的输出处于指定的高或低状态，这就是复位电路的作用。复位电路能使设备在刚上电时，且电源电压稳定后，自动产生一个具有一定宽度的高或低电平的脉冲信号。

利用电容的充放电延时原理可产生上电时 MCU 所需的复位脉冲信号，产生低电平复位信号的电路原理图详见图 1.12。MCU 上电时，由于电容两端的电压不能突变，因此其电压保持低电平。但随着电容的充电，其电压不断上升，上升曲线详见图 1.12。只要选择合适的 R 和 C，电容电压就可以在 MCU 复位电压以下持续足够的时间使 MCU 复位。复位之后，电容电压上升至电源电压，MCU 开始正常工作。相当于在 MCU 上电时，自动产生了一个一定宽度的低电平脉冲信号，使 MCU 复位。

AM824_Core 的 RC 复位电路详见图 1.13，其中，D2 的作用是在电源电压消失时为电容 C1 提供一个迅速放电的回路，使复位端的电压迅速回零，以便下次上电时能可靠地复位。短接 J8 之后，也可以通过 RST 复位按键实现人工复位。

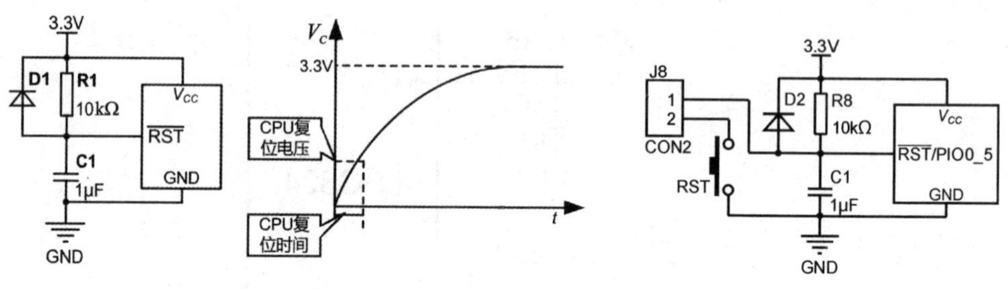

图 1.12　RC 复位电路图　　　　图 1.13　复位电路

2. 调试电路

AM824_Core 将 SWD 调试接口引出。相对于 JTAG 调试模式来说，SWD 调试模式速度更快且使用的 I/O 口更少，因此 AM824_Core 开发板引出 SWD 调试接口，其参考电路详见图 1.14，具体引脚功能介绍详见表 1.5。

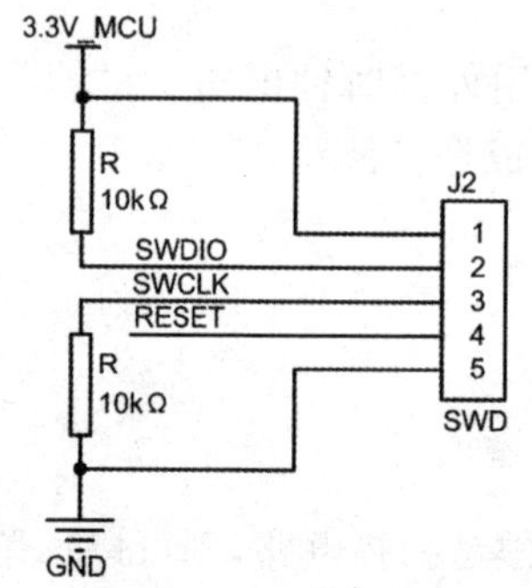

图 1.14　调试电路

表 1.5　调试引脚说明

引脚号	标号	芯片引脚
1	3.3V	3.3V
2	SWDIO	PIO0_2
3	SWCLK	PIO0_3
4	RST	PIO0_5
5	GND	地

1.4.4　板载外设电路

1. LED 电路

AM824_Core 开发板板载了两路 LED 发光二极管，可以完成简单的显示任务，电路详见图 1.15，引脚标号 GPIO_LED0、GPIO_LED1 对应 PIO0_8、PIO0_9，LED 为低电平有效。LED 电路的控制引脚与微控制器的 I/O 引脚通过 J9 和 J10 相连。电路中的 R3 和 R4 为 LED 的限流电阻，选择 1.5 kΩ 这个值可以避免 LED 点亮时过亮。

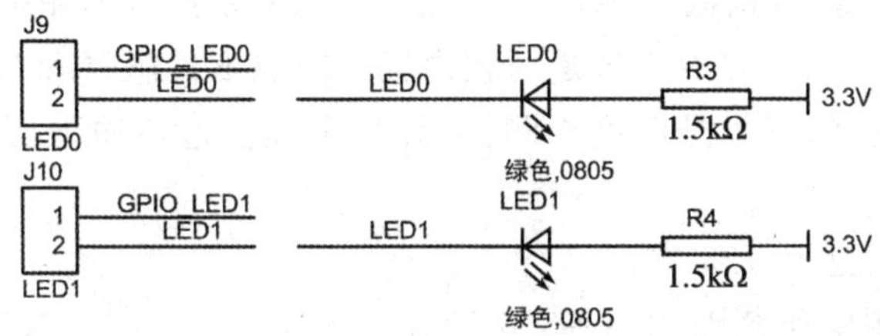

图 1.15　板载 LED 电路

2. 蜂鸣器电路

为了便于调试,AM824_Core 设计了蜂鸣器驱动电路,详见图 1.16,引脚标号 PIO_BEEP 对应 PIO0_2。AM824_Core 开发板使用的是无源蜂鸣器,D1 起保护三极管的作用,当突然截止时无源蜂鸣器两端产生的瞬时感应电动势可以通过 D1 迅速释放掉,避免叠加到三极管集电极上从而击穿。若使用有源蜂鸣器则 D1 不用焊接。当不使用蜂鸣器的时候,也可以用 J7 断开蜂鸣器电路与 I/O 口的连接。

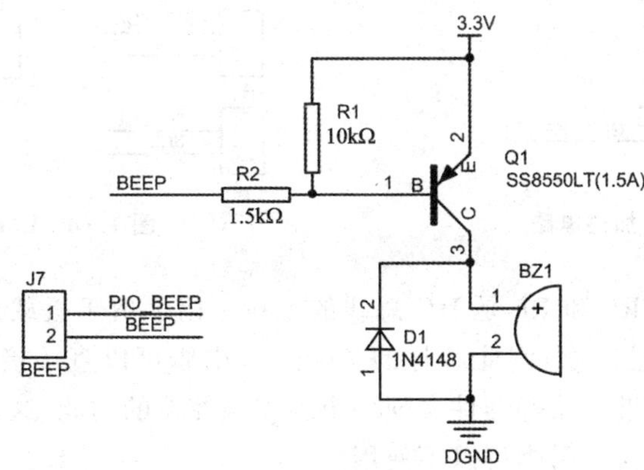

图 1.16　板载蜂鸣器电路

3. 加热电路与按键电路

AM824_Core 开发板创新性地设计了一套测温实验电路。包含加热电路和数字/模拟测温电路。其中加热电路采用了一个阻值为 20～50 Ω 的功率电阻(2 W),通过按键来控制,详见图 1.17,引脚标号 GPIO_KEY 对应 PIO0_1。电阻越小,通过其的电流越大,产生的热量越大,因此 R32 若焊接小电阻时,不宜加热时间过长。按键的功能需要用 J14 上的跳线帽来选择为加热按键。当按键按下时电路导通,电阻上产生的热量会导致电阻周围的温度上升,这时可以通过测温电路观察温度上升的情况。

4. 数字测温电路

AM824_Core 选择 LM75B 作为数字测温电路的主芯片,LM75B 与 LM75A 完全兼容，只是静态功耗会稍低一些，电路详见图 1.18，引脚标号 PIO_SDA、PIO_SCL 对应 PIO0_11、PIO0_10。LM75B 是一款内置带隙温度传感器和Σ-Δ模/数转换功能的温度数字转换器，它也是温度检测器，并且可提供过热输出功能。LM75B 的主要特性如下：

- 温度精度可达 0.125 ℃；
- 较宽的电源电压范围：2.8～5.5 V；
- 环境温度范围：T_{amb} = －55～＋125 ℃；
- 较低的功耗，关断模式下消耗的电流仅为 1 μA；
- I²C 总线接口，同一总线上可连接多达 8 个器件。

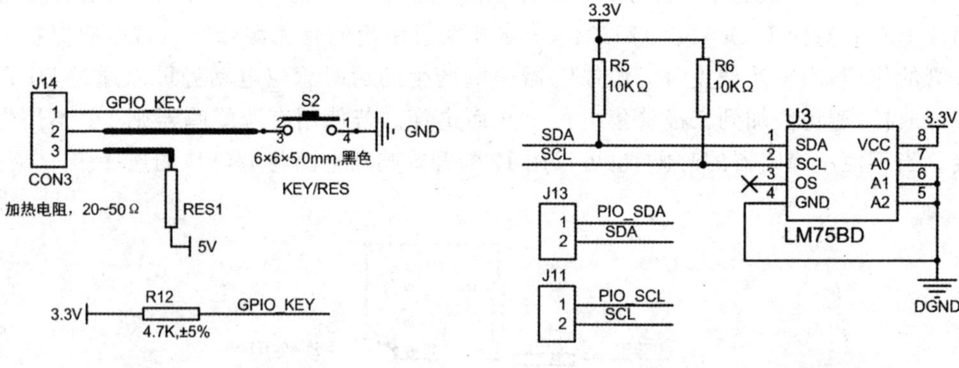

图 1.17 加热电路

图 1.18 LM75B 电路

在电路设计上，R5 和 R6 是 I²C 总线的上拉电阻。由于板载只有一片 LM75B，不用考虑芯片的地址问题，因此芯片的 A0～A2 引脚可以直接接地。OS 为芯片的过热输出，可以外接继电器等器件实现一个独立温控器的功能，这里由于温控是通过单片机控制的，因此这个引脚可以不使用。

5. 模拟测温电路

模拟测温电路是利用热敏元件的电特定随温度变化的特点进行测量，AM824_Core 开发套件选择了热敏电阻作为测温元件，热敏电阻选用的是 MF52E－103F3435FB－A，当测温范围为 0～85 ℃时，电阻变化范围为 27.6～1.45 kΩ。测温电路详见图 1.19，引脚标号 PIO_ADC 对应 PIO_14，其采用的是简单的电阻分压电路，其中 C8 是为了电路输出更加稳定。单片机通过 ADC 采集分压电阻上的电压值，当温度变化时，热敏电阻的阻值发生变化，单片机采集到的 ADC 值也会发生变化。通过计算得到热敏电阻的阻值，再对比热敏电阻阻值与温度的对照表，就可以得到当前的温度值。

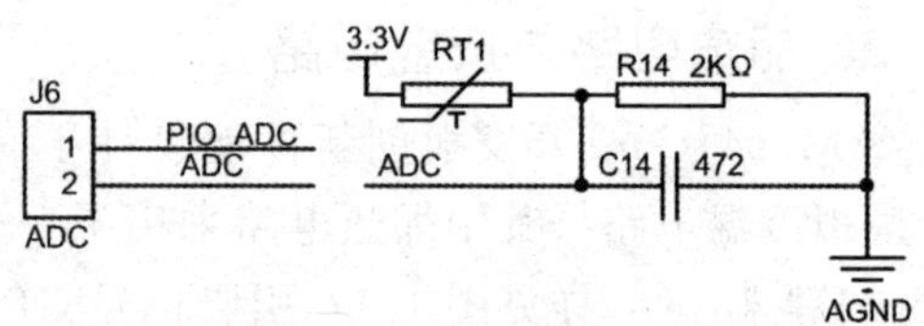

图 1.19 热敏电阻电路

1.4.5 跳线帽的使用

板载外设接口设计在 MCU 引脚和板载外设电路之间，可以通过跳线帽进行短接，详见图 1.20。这样设计是为了外设电路在不使用的时候可以断开与 MCU 引脚的连接，而不会影响到这些引脚当作其他功能使用，详见表 1.6。

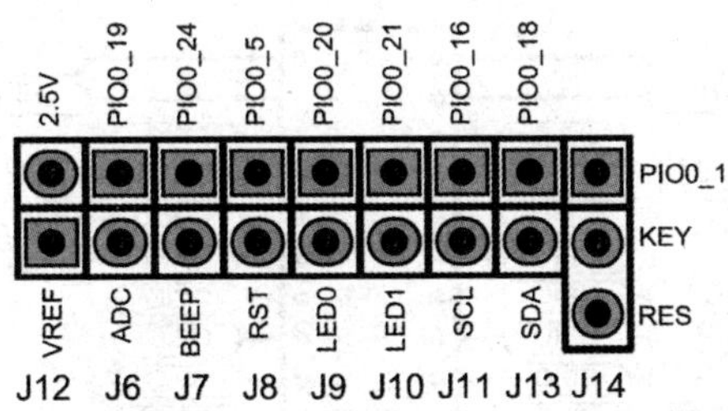

图 1.20 板载外设接口引脚图

表 1.6 板载外设接口引脚说明

接口	标号	引脚序号	功能
基准源	J12	1－2	VREF 引脚，基准源电路输出 2.5 V
热敏电阻	J6	1－2	PIO0_19，热敏电阻模拟测温电路的输出
蜂鸣器	J7	1－2	PIO0_24，无源蜂鸣器控制引脚
复位	J8	1－2	PIO0_5，复位按键引脚
LED	J9	1－2	PIO0_20，LED0 控制引脚，低有效
	J10	1－2	PIO0_21，LED1 控制引脚，低有效
LM75B	J11	1－2	PIO0_16，I^2C 总线 SCL 引脚
	J13	1－2	PIO0_18，I^2C 总线 SDA 引脚
多功能按键	J14	1－2－3	PIO0_1，按键引脚和加热电路控制引脚

1.4.6 MiniPort 接口

MiniPort(2×10)接口是一个通用板载标准硬件接口，通过该接口可以与配套的标准模块相连，便于进一步简化硬件设计和扩展。其特点如下：

- 采用标准的接口定义，采用 2×10 间距 2.54 mm 的 90°弯针；
- 可同时连接多个扩展接口模块；
- 具有 16 个通用 I/O 端口；
- 支持 1 路 SPI 接口；
- 支持 1 路 I^2C 接口；
- 支持 1 路 UART 接口；

● 支持一路 3.3 V 和一路 5 V 电源接口。

标准 MiniPort(2×10)接口功能说明详见图 1.21，MiniPort(2×10)接口使用的连接器为 2.54 mm 间距的 2×10 排针/排母(90°)，其封装样式详见图 1.22。主控制器底板选用 90°排针，功能模块选用 90°排母与主机相连，同时采用 90°排针将所有引脚引出，实现模块的横向堆叠。

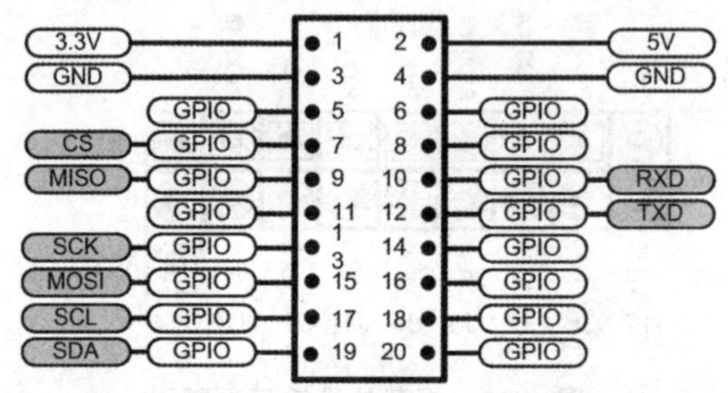

图 1.21 标准 MiniPort(2×10)接口功能说明

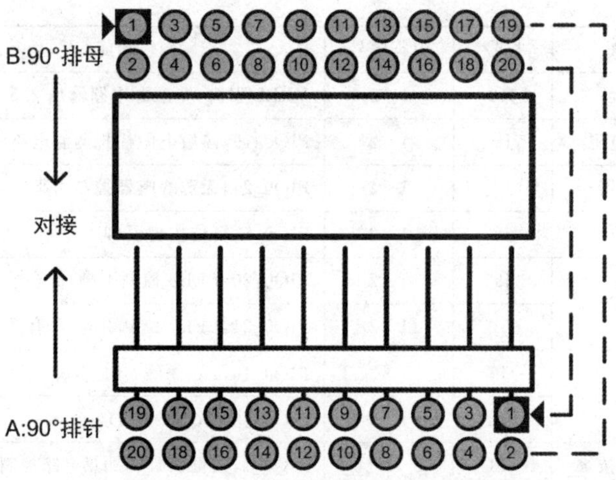

图 1.22 标准 MiniPort(2×10)接口连接器

MiniPort 的 90°排针与 90°排母之间的连接关系：A1—B20，A2—B19，…，A19—B2，A20—B1(A 代表排针，B 代表排母)。MiniPort(2×10)目前支持的模块为 MiniPort - Key、MiniPort - LED、MiniPort - View 和 MiniPort - 595，这些模块不仅可以直接插入 MiniPort，而且还可以通过杜邦线与其他各种开发板相连。

MiniPort 模块与主机实物连接示意图详见图 1.23(a)，同时，多个模块还可以横向堆叠，实物连接示意图详见图 1.23(b)。

AM824_Core 开发板搭载了 2 路 MiniPort，接口标号为 J3 和 J4。J3 与 J4 接口引脚完全相同，用户可根据习惯选择使用，其具体的引脚分配详见表 1.7。用户可以查阅此表获取 MiniPort 与 LPC824 的引脚关系。

(a) MCU主板与MiniPort扩展板连接

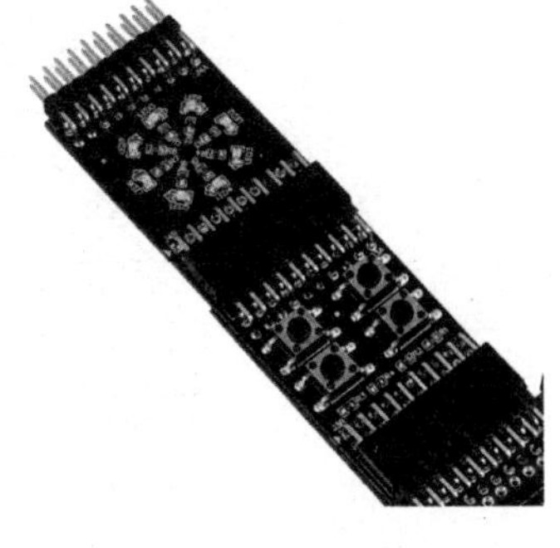
(b) MiniPort扩展板级联

图 1.23 MiniPort 扩展板实物连接示意图

表 1.7 MiniPort 引脚分配

排针引脚	功能	LPC824 引脚	排针引脚	功能	LPC824 引脚
1	3.3V	—	2	5V	—
3	GND	—	4	GND	—
5	GPIO	PIO0_15	6	GPIO	PIO0_23
7	CS/GPIO	PIO0_14	8	GPIO	PIO0_17
9	MISO/GPIO	PIO0_13	10	RXD/GPIO	PIO0_0
11	GPIO	PIO0_12	12	TXD/GPIO	PIO0_4
13	SCK/GPIO	PIO0_11	14	GPIO	PIO0_5
15	MOSI/GPIO	PIO0_10	16	GPIO	PIO0_1
17	SCL/GPIO	PIO0_9	18	GPIO	PIO0_7
19	SDA/GPIO	PIO0_8	20	GPIO	PIO0_6

1.4.7 2×10 扩展接口说明

LPC824M201JHI33 有 33 个引脚，有 29 个 I/O 引脚，而 MiniPort 仅定义了 16 个 I/O，还有部分 I/O 无法通过 MiniPort 引出。

为了便于扩充外围接口，为 AM824_Core 设计了一个 2×10 扩展接口，以将 MiniPort 未使用的 I/O 全部引出，详见图 1.24。除将剩余 I/O 引出外，还引出了一组电源接口（3.3 V 和 5 V）和一个参考源引脚（VREF）。

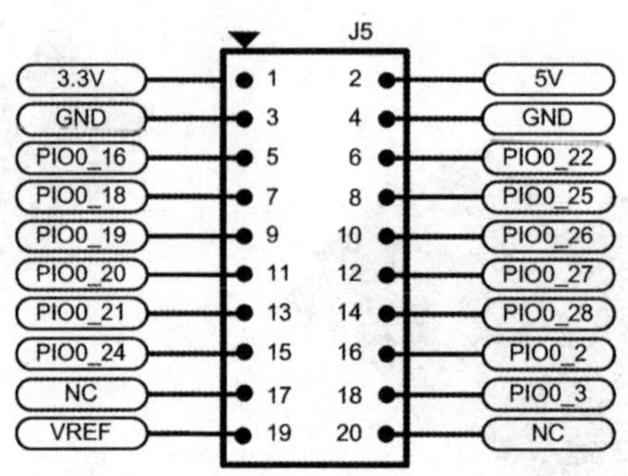

图 1.24　2×10 扩展接口引脚图

1.4.8　MicroPort 接口

为了便于扩展开发板功能，ZLG 制定了 MicroPort 接口标准，MicroPort 是一种专门用于扩展功能模块的硬件接口，其有效地解决了器件与 MCU 之间的连接和扩展。其主要特点如下：

- 具有标准的接口定义；
- 接口包括丰富的外设资源，支持 UART、I²C、SPI、PWM、ADC 和 DAC 功能；
- 配套功能模块将会越来越丰富；
- 支持上下堆叠扩展。

MicroPort 分为标准接口和扩展接口，扩展接口可实现更丰富的外设应用，不同的应用环境下可以选择不同的接口类型。MicroPort 接口使用的连接器为 2.54 mm 间距的 1×9 圆孔排针，高度为 7.5 mm，实现上下堆叠连接。MicroPort 分为标准接口和扩展接口。MicroPort 标准接口采用 U 形设计，三边各 9 个引脚，共 27 个引脚，其引脚功能定义详见图 1.25。MicroPort 标准接口包含 22 个 I/O 引脚，最多可实现 1 路 UART、1 路 I²C、1 路 SPI、2 路 ADC、1 路 DAC 和 4 路 PWM 功能，也可以全部当作普通 I/O 使用。MicroPort 标准接口还包含 3.3 V、5 V 电压引脚，VREF(参考基准源)引脚，以及 MCU 的复位引脚。

MicroPort 扩展接口是在 MicroPort 标准接口的基础上，在 U 形底部增加一排 1×9 的引脚，引脚定义详见图 1.26。这 9 个引脚可以引出 SDIO(四线式)和 USB(支持 OTG 模式)扩展接口，也可以当作普通的 I/O 使用。对于部分引脚资源丰富的 MCU，可以借助 MicroPort 扩展接口引出更多的引脚，以支持更多的模块，实现更多的扩展功能。

AM824_Core 板载 1 路带扩展的 MicroPort 接口，用户可以依据需求，选择或开发功能多样的 MicroPort 模块，快速灵活地搭建原型机。由于 LPC824 片上资源有限，还有极少部分 MicroPort 接口定义的引脚功能不支持，其相应的引脚可以当作普通 I/O 使用，AM824_Core 的 MicroPort 接口引脚分配详见表 1.8。用户可以查阅

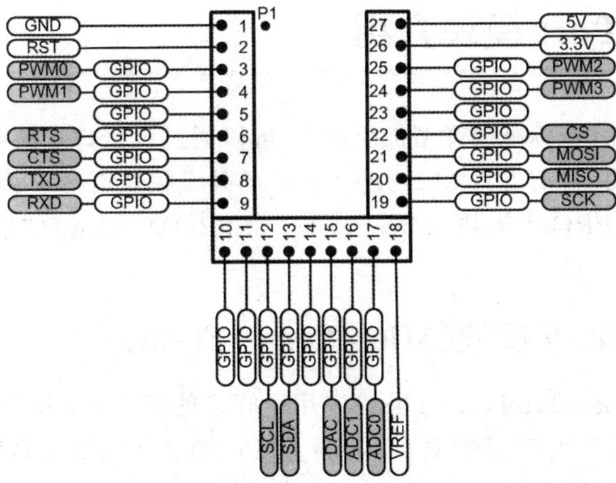

图 1.25 MicroPort 标准接口引脚定义

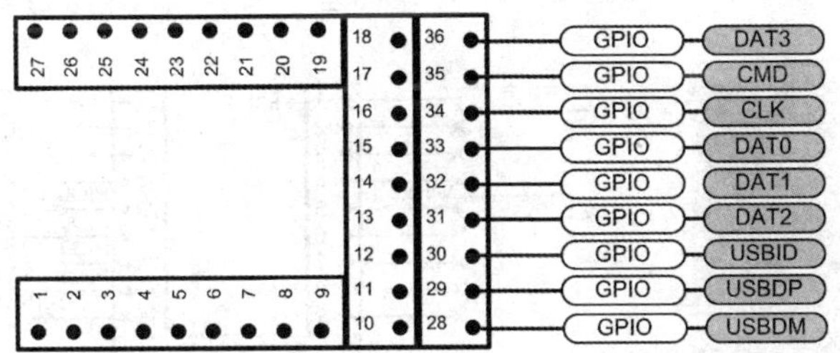

图 1.26 MicroPort 扩展接口增加的引脚定义

此表获取 MicroPort 与 LPC824 的引脚关系。

表 1.8 AM824_Core MicroPort 引脚分配表

排针引脚	功能	排针引脚	功能	排针引脚	功能	排针引脚	功能
1	GND	10	PIO0_10	19	PIO0_15	28	NC
2	PIO0_5	11	PIO0_11	20	PIO0_13	29	NC
3	PIO0_6	12	PIO0_16	21	PIO0_12	30	NC
4	PIO0_7	13	PIO0_18	22	PIO0_14	31	PIO0_3
5	PIO0_1	14	PIO0_22	23	PIO0_24	32	PIO0_2
6	PIO0_9	15	PIO0_21	24	PIO0_17	33	PIO0_28
7	PIO0_8	16	PIO0_20	25	PIO0_23	34	PIO0_27
8	PIO0_4	17	PIO0_19	26	3.3V	35	PIO0_26
9	PIO0_0	18	VREF	27	5V	36	PIO0_25

1.5 MicroPort 模块介绍

MicroPort 是一个标准的微型扩展接口，可以通过该接口扩展各种外围模块，堆叠实现不同的应用，目前支持 MicroPort 接口的外设模块有 SPI Flash 模块(MicroPort - Flash)、EEPROM 模块(MicroPort - EEPROM)和 RTC 模块(MicroPort - RTC)等。

1.5.1 SPI Flash 模块(MicroPort - Flash)

SPI Flash 模块(MicroPort - Flash)采用了旺宏的安全 Flash 产品 MX25L1608D，可通过 SPI 标准接口对其进行访问，容量为 16 Mbit(2 MB)，典型可擦写次数为 10 0000 次，数据可保持 20 年。SPI Flash 模块通过 MicroPort 接口将控制引脚引出，便于和支持 MicroPort 接口的主机相连，实物图详见图 1.27(a)，引脚功能定义详见图 1.27(b)。

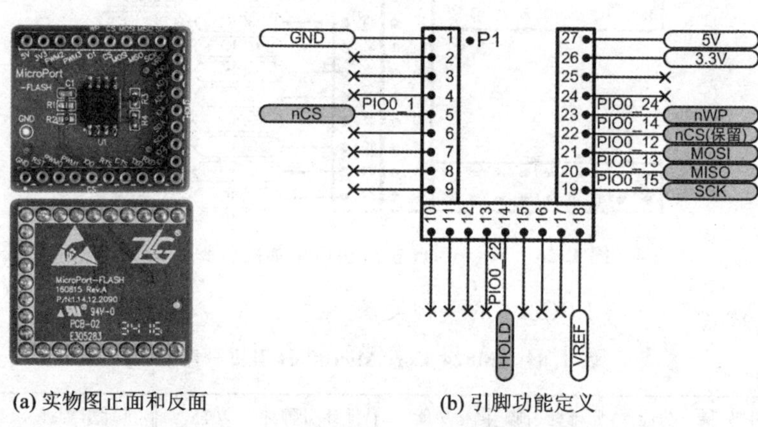

(a) 实物图正面和反面 (b) 引脚功能定义

图 1.27 SPI Flash 模块实物图与接口定义

MCU 主机(AM824_Core)可通过 MicroPort 接口(P1 端口)与 SPI Flash 模块直接相连，实现对 Flash 的访问，各个引脚的功能说明详见表 1.9。

表 1.9 SPI Flash 模块功能引脚说明

引脚号	标号	说明
1	GND	电源地
5	nCS	SPI Flash 片选引脚，与 LPC824 的 PIO0_1 连接
14	HOLD	默认没有引出，可根据实际情况选择焊接对应的 0 Ω 电阻将其引出
18	VREF	参考电源，模块级联时，可以使级联模块使用参考电源
19	SCK	SPI 时钟引脚，与 LPC824 的 PIO0_15 连接

续表 1.9

引脚号	标号	说明
20	MISO	SPI 主入从出引脚，即 Flash 数据输出引脚，与 LPC824 的 PIO0_13 连接
21	MOSI	SPI 主出从入引脚，即 Flash 数据输入引脚，与 LPC824 的 PIO0_12 连接
22	nCS（保留）	默认没有引出，该功能默认和 5 号位功能重叠，使用其他模块时，若 5 号位功能冲突则可通过 0 Ω 电阻将 nCS 功能切换到该引脚
23	nWP[1]	默认没有引出，可根据实际情况选择焊接对应的 0 Ω 电阻将其引出
26	3.3 V	3.3 V 电源
27	5.0 V	5.0 V 电源

SPI Flash 模块的电路原理图详见图 1.28，实际硬件中，R3 和 R4 默认没有焊接，即 nWP 和 HOLD 引脚默认上拉至高电平，没有引出，如有需要，可以焊接 R3 和 R4，以引出 nWP 和 HOLD。

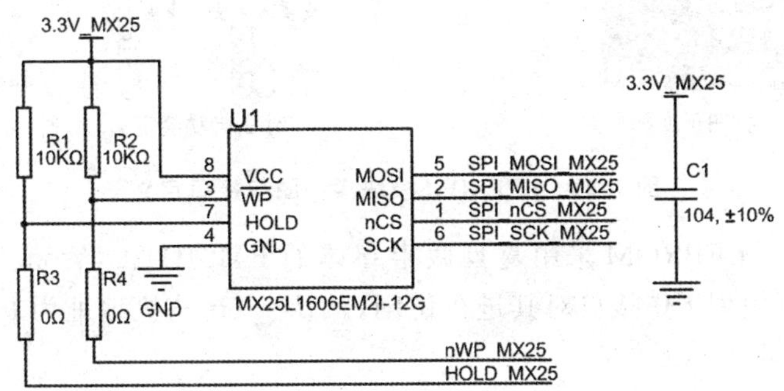

图 1.28　SPI Flash 模块电路

1.5.2　EEPROM 模块（MicroPort-EEPROM）

EEPROM 模块（MicroPort-EEPROM）通过 MicroPort 接口将控制引脚引出，便于和支持 MicroPort 接口的主机相连，实物详见图 1.29(a)，引脚功能定义详见图 1.29(b)。

MCU 主机（AM824_Core）可通过 MicroPort 接口与 EEPROM 模块直接相连，实现对 EEPROM 的访问，各个引脚的功能说明详见表 1.10。

表 1.10　EEPROM 模块功能引脚说明

引脚号	标号	说明
1	GND	电源地
12	SCL	I^2C 时钟引脚，与 LPC824 的 PIO0_16 连接
13	SDA	I^2C 数据引脚，与 LPC824 的 PIO0_18 连接

续表 1.10

引脚号	标号	说明
18	VREF	参考电源，模块级联时，可以使级联模块使用参考电源
26	3.3 V	3.3 V电源
27	5.0 V	5.0 V电源

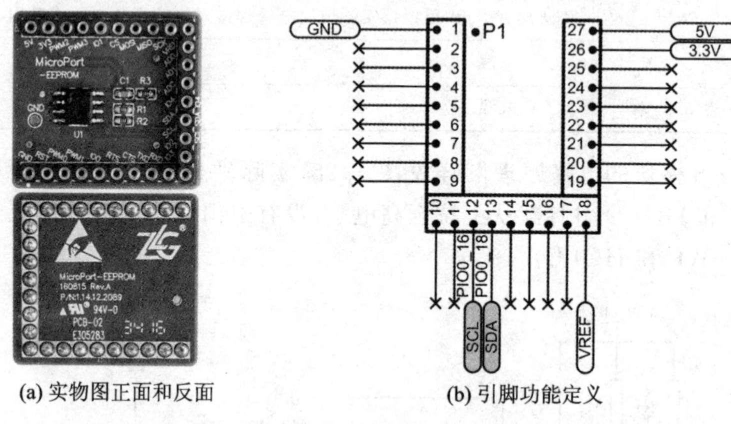

(a) 实物图正面和反面　　(b) 引脚功能定义

图 1.29　EEPROM 模块实物图与接口定义

MicroPort－EEPROM 采用复旦微半导体的 FM24C02C，容量为 2 048 位（即 256 个字节），可使用 I^2C 接口对其进行访问，默认 7 bit 从机地址为 0x50，硬件电路详见图 1.30。

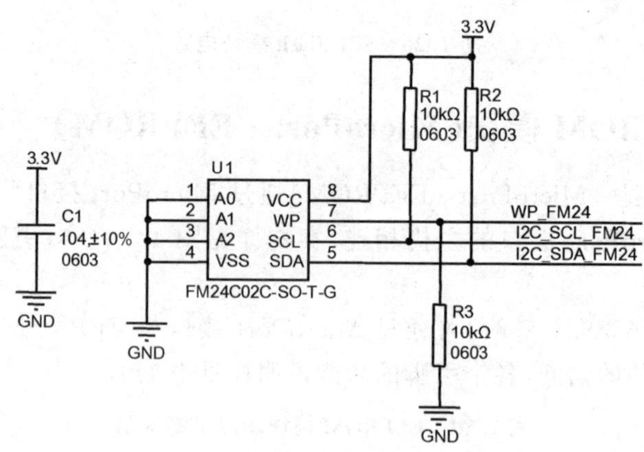

图 1.30　EEPROM 模块电路

1.5.3　RTC 模块（MicroPort－RTC）

RTC 模块（MicroPort－RTC）基于的是 NXP 推出的 PCF85063AT 时钟芯片，

该芯片作为一款 CMOS 实时时钟和日历，最适合低功耗应用，数据传输速率高达 400 kbit/s。该模块按照 MicroPort 接口将控制引脚引出，便于与支持 MicroPort 接口的主控制器相连，其实物详见图 1.31(a)，引脚功能定义详见图 1.31(b)。

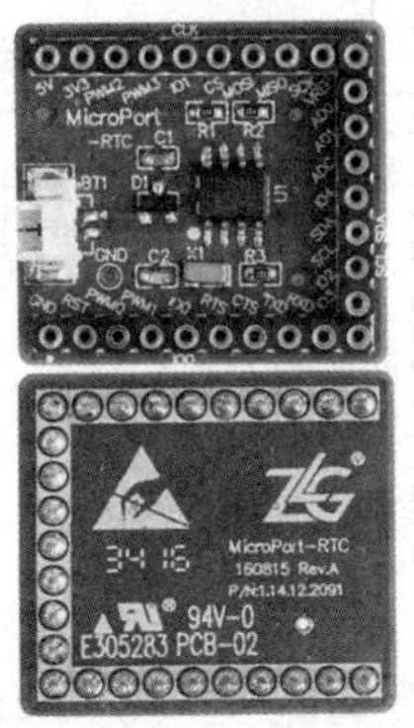

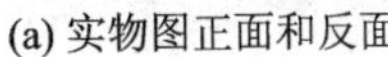
(a) 实物图正面和反面

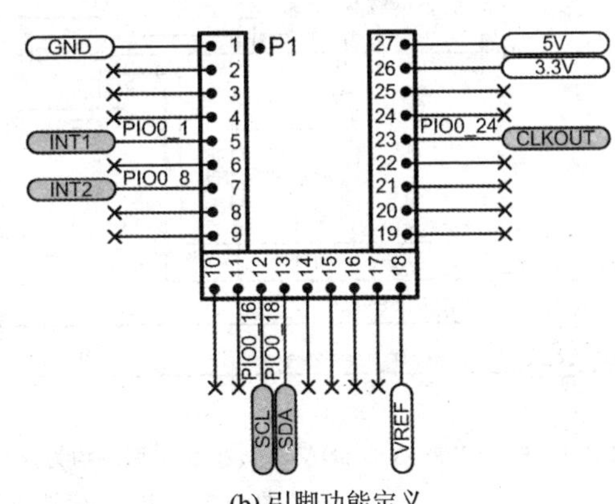

(b) 引脚功能定义

图 1.31　时钟模块实物图与接口定义

MCU 主机(AM824_Core)可通过 MicroPort 接口(P1 端口)与 RTC 模块直接相连，实现对 PCF85063 的访问，各个引脚的功能说明详见表 1.11。

表 1.11　时钟模块功能引脚说明

引脚号	标号	说明
1	GND	电源地
5	INT1	PCF85063 中断事件(如闹钟)通知引脚，5 引脚和 7 引脚通过 0 Ω 电阻引出
7	INT2	PCF85063 中断事件(如闹钟)通知引脚，5 引脚和 7 引脚通过 0 Ω 电阻引出
12	SCL	I^2C 时钟引脚，与 LPC824 的 PIO0_16 连接
13	SDA	I^2C 数据引脚，与 LPC824 的 PIO0_18 连接
18	VREF	参考电源，模块级联时，可以使级联模块使用参考电源
23	CLKOUT	PCF85063 时钟输出引脚，可输出一定频率的方波，通过 0 Ω 电阻引出
26	3.3 V	3.3 V 电源
27	5.0 V	5.0 V 电源

MCU 采用 I^2C 接口对 MicroPort - RTC 进行访问，默认 7 bit 从机地址为 0x51，硬件电路原理图详见图 1.32。实际硬件中，R1、R2 和 R3 电阻没有焊接，默认 CLKOUT 和 INT 功能没有引出来，如果有需要可以通过焊接相应电阻进行测试。INT 两个位置可以根据实际应用进行选择性焊接，设计两个位置主要是避免应用中和其他模块功能冲突。

图 1.32 中的 C2 默认不焊接，主要是 PCF85063 内部已经集成负载电容，无需外

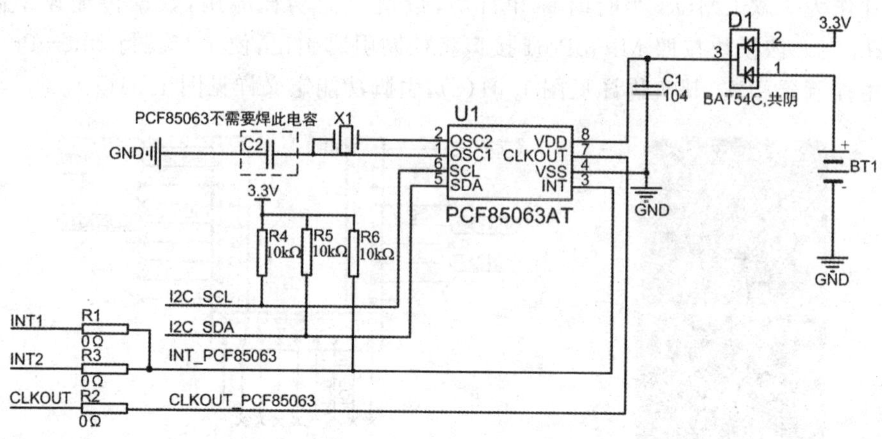

注:PCF85063/PCF8563 的 SDA、SCL 和 INT 引脚均为开漏结构,实际应用一定要接上拉电阻。

图 1.32　RTC 模块电路

接,而该电路同时兼容 PCF8563 的应用,PCF8563 使用时需要外接 C2 处的电容。D1 是一个共阴极双二极管,主要作用是 J1 接口外接电池时可将电池与 3.3 V 电源隔离,避免电池通过 3.3 V 给其他系统供电浪费能量或 3.3 V 系统直接给电池充电(一般这里采用不可充电电池)。

1.5.4　USB 模块(MicroPort - USB)

USB 模块(MicroPort - USB)基于的是 EXAR 公司的 XR21V1410IL16TR - F 全速 USB - UART 转换芯片,其 USB 接口符合 USB2.0 规范,支持 12 Mbit/s 的数据传输速率。该模块按照 MicroPort 接口将控制引脚引出,便于与支持 MicroPort 接口的主控制器相连,其实物详见图 1.33(a),功能定义详见图 1.33(b)。

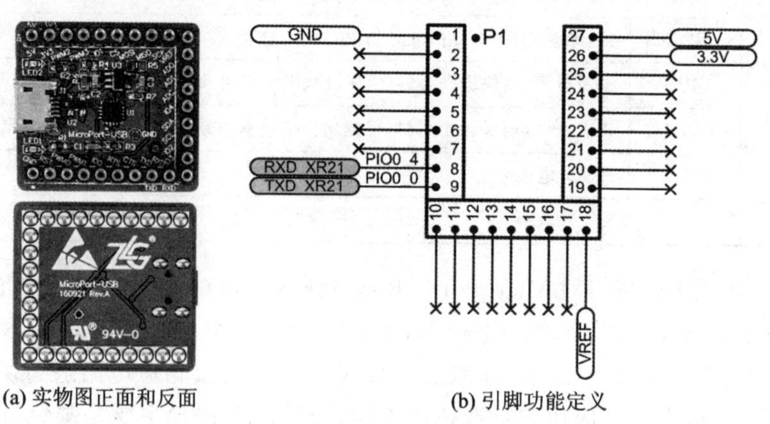

(a) 实物图正面和反面　　　　(b) 引脚功能定义

图 1.33　USB 模块实物图和接口定义

MCU 主机(AM824_Core)可通过 MicroPort 接口(P1 端口)与 USB 模块直接相连,实现串口到 USB 的自动转换,各个引脚的功能说明详见表 1.12。

表 1.12　USB 模块功能引脚说明

引脚号	标号	说明
1	GND	电源地
8	RXD_XR21	转换芯片串口接收引脚,与 LPC824 的 PIO0_4 连接,UART0 默认发送引脚
9	TXD_XR21	转换芯片串口发送引脚,与 LPC824 的 PIO0_0 连接,UART0 默认接收引脚
18	VREF	参考电源,模块级联时,可以使级联模块使用参考电源
26	3.3 V	3.3 V 电源
27	5.0 V	5.0 V 电源

XR21V1410IL16TR－F 全速 USB－UART 转换芯片,其 USB 接口符合 USB2.0 规范,支持 12 Mbit/s 的数据传输速率。硬件电路详见图 1.34。模块通过 Micro-USB 插座输入数据,转换为串口数据后跟主控 MCU 通信,实现 USB 转串口功能。模块自带 5 V 转 3.3 V 的电源芯片 U3,无需底板额外供电,其输出电流可达 300 mA,满足 XR21V1410IL16TR－F 的工作需求。ESD 保护二极管 U2 为 USB 接口电路提供可靠的 ESD 保护。

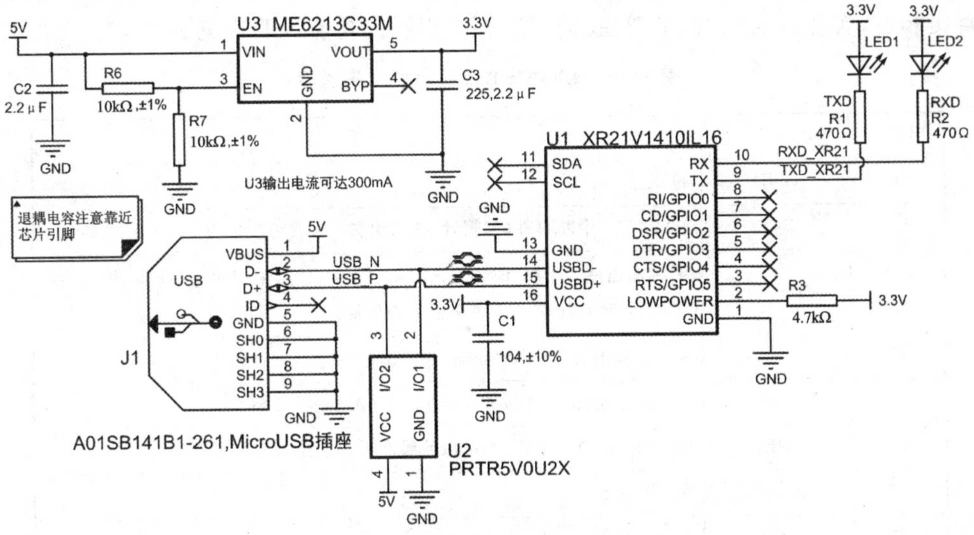

图 1.34　USB 模块电路

1.5.5　RX8025T 模块(MicroPort－RX8025T)

RX8025T 模块(MicroPort－RX8025T)基于的是 EPSON 推出的 I^2C 总线实时

时钟芯片 RX－8025T，该型号内置高稳定度的 32.768 kHz 的 DTCXO（数字温度补偿晶体振荡器），除了提供日历功能和时钟计数功能外，该芯片还提供丰富的其他功能如闹钟、定周期定时器、时间更新中断和时钟输出功能。该模块按照 MicroPort 接口将控制引脚引出，便于和支持 MicroPort 接口的主机相连，其实物见图 1.35(a)，功能定义详见图 1.35(b)。

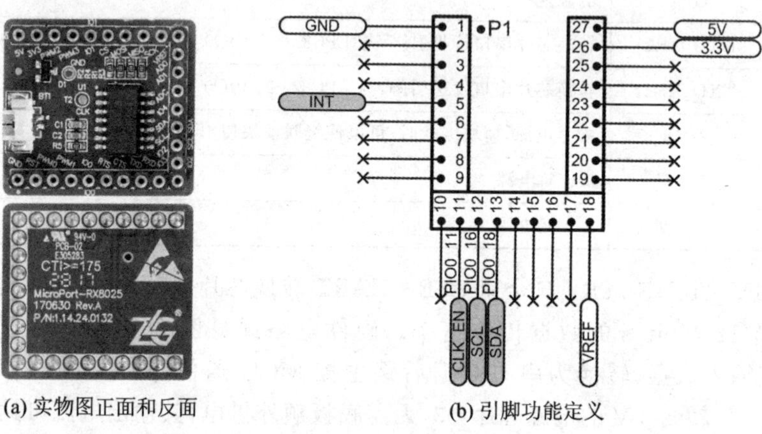

(a) 实物图正面和反面　　(b) 引脚功能定义

图 1.35　RX8025T 模块实物图与接口定义

MCU 主机（AM824_Core）可通过 MicroPort 接口（P1 端口）与 RX8025T 模块直接相连，实现对 RX8025T 模块的控制，各个引脚的功能说明详见表 1.13。

表 1.13　RX8025T 模块功能引脚说明

引脚号	标号	说明
1	GND	电源地
5	INT	RX8025T 中断事件（如闹钟）通知引脚
10	CLK_EN	时钟输出使能引脚，时钟输出引脚（CLKOUT）未引出，但在模块上添加了测试点，便于测试模块是否工作正常
12	SCL	I^2C 时钟引脚，与 LPC824 的 PIO0_16 连接
13	SDA	I^2C 数据引脚，与 LPC824 的 PIO0_18 连接
18	VREF	参考电源，模块级联时，可以使级联模块使用参考电源
26	3.3 V	3.3 V 电源
27	5.0 V	5.0 V 电源

MCU 采用 I^2C 接口对 MicroPort－RX8025T 进行访问，读地址为 0x65，写地址为 0x64，硬件电路详见图 1.36，其电路设计与 RX8025SA 兼容，但 RX－8025T 只有一路中断输出功能，由 MicroPort 接口 P1 的 Pin5 引出。RX－8025T 芯片内置高精度的 32.768 kHz 晶体，无需外接晶体就可以实现高精度的实时计时功能。中断输

出引脚由上拉电阻接到系统电源，保证其引脚在不使用中断输出功能时处于稳定的电平状态。D1 是一个共阴极双二极管，主要作用是 P1 接口外接电池时可将电池与 3.3 V 电源隔离，避免电池通过 3.3 V 给其他系统供电浪费能量或 3.3 V 系统直接给电池充电（一般这里采用不可充电电池）。

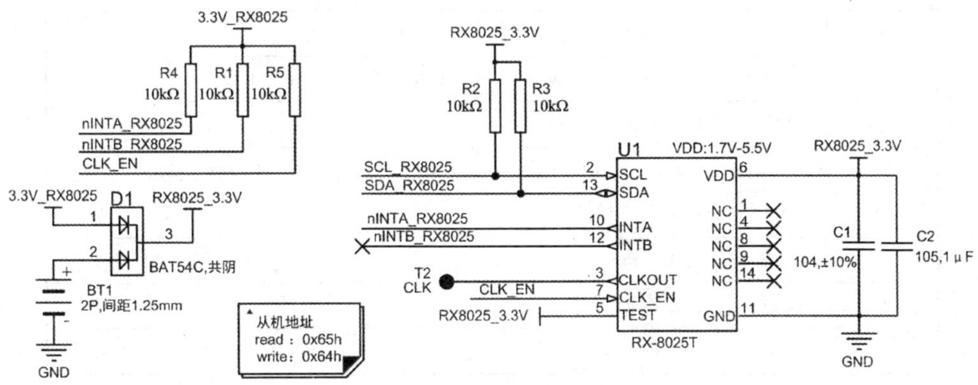

图 1.36 RX8025T 模块电路

1.5.6 DS1302 模块（MicroPort - DS1302）

DS1302 模块（MicroPort - DS1302）基于的是 DALLAS 公司推出的高性能、低功耗、带 RAM 的实时时钟芯片 DS1302，可以对年、月、日、周、时、分、秒进行计时，具有闰年补偿功能，工作电压为 2.0～5.5 V，并具有涓细电流充电能力。该模块按照 MicroPort 接口将控制引脚引出，便于和支持 MicroPort 接口的主机相连，其实物见图 1.37(a)，引脚功能定义详见图 1.37(b)。

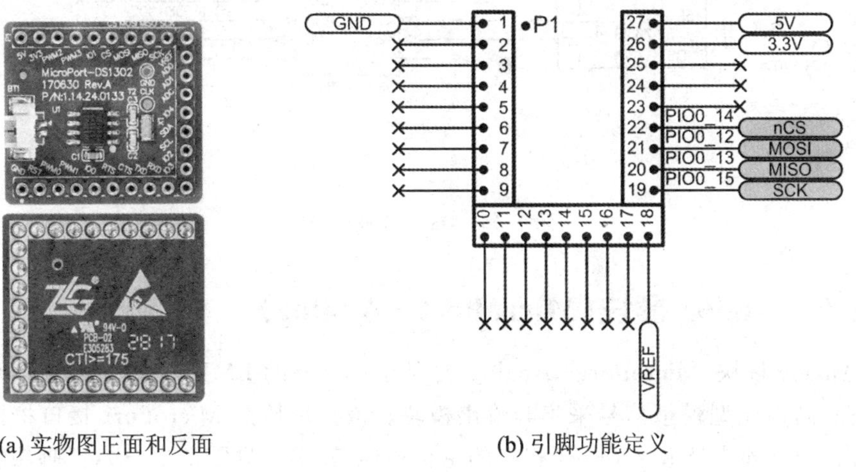

(a) 实物图正面和反面　　(b) 引脚功能定义

图 1.37 DS1302 模块实物图与接口定义

MCU 主机(AM824_Core)可通过 MicroPort 接口(P1 端口)与 DS1302 模块直接相连,实现对 DS1302 模块的控制,各个引脚的功能说明详见表 1.14。

表 1.14　DS1302 模块功能引脚说明

引脚号	标号	说明
1	GND	电源地
18	VREF	参考电源,模块级联时,可以使级联模块使用参考电源
19	SCK	时钟输入
20	MISO	DS1302 采用三线制 SPI,数据输出和输入共用一个引脚。MISO 与 MOSI 内部已经短接
21	MOSI	
22	CS	片选引脚
26	3.3 V	3.3 V 电源
27	5.0 V	5.0 V 电源

DS1302 采用三线接口与 MCU 进行同步通信,外部连接 32.768 kHz 的晶振为其提供准确的时钟源,时钟的精度取决于晶振的精度以及晶振的引脚负载电容。芯片具有主电源/后备电源双电源引脚,其中主电源 VCC2 连接到系统电源 3.3V_DS1302,备用电源 VCC1 连接到电池,DS1302 是由 VCC1 或 VCC2 两者中的较大者供电。当 VCC2 大于 VCC1+0.2 V,VCC2 给芯片供电。当 VCC2 小于 VCC1 时,芯片由 VCC1 供电,因此在主电源关闭的情况下,能保持时钟的持续运行,硬件电路原理图详见图 1.38。

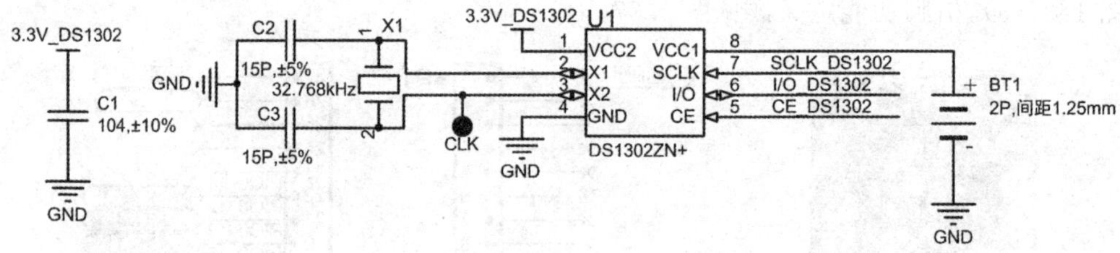

图 1.38　DS1302 模块电路

1.5.7　Analog 模块(MicroPort - Analog)

Analog 模块(MicroPort - Analog)是基于 3Peak 的 LMV358A 运放芯片开发的低功耗、高性能型模拟信号采集与输出模块。该模块按照 MicroPort 接口将控制引脚引出,便于和支持 MicroPort 接口的主机相连,其实物见图 1.39(a),引脚功能定义详见图 1.39(b)。

MCU 主机(AM824_Core)可通过 MicroPort 接口(P1 端口)与 Analog 模块直接

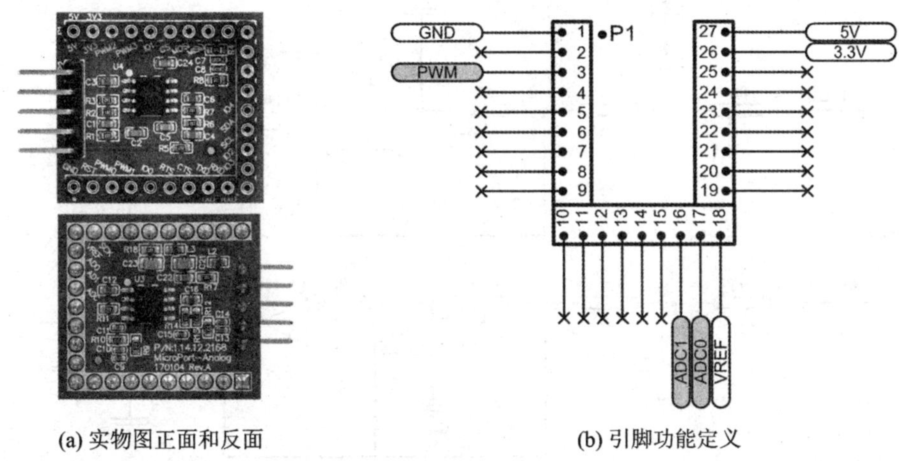

(a) 实物图正面和反面　　(b) 引脚功能定义

图 1.39　Analog 模块实物图与接口定义

相连，实现与 AD 采集通道的连接、控制 DA 输出通道，各个引脚的功能说明详见表 1.15。

表 1.15　Analog 模块功能引脚说明

引脚号	标号	说明
1	GND	电源地
3	PWM	PWM 输入，用于控制 DA 输出，信号输出范围为 0～3.3 V，－3 dB 带宽 200 Hz
16	ADC0	模拟输入通道 0，模拟信号输入范围为 0～3.3 V，－3 dB 带宽 10 kHz
17	ADC1	模拟输出通道 1，模拟信号输入范围为 0～3.3 V，－3 dB 带宽 10 kHz
26	3.3 V	3.3 V 电源
27	5.0 V	5.0 V 电源

MicroPort－Analog 包含 2 个用于 ADC 驱动及抗混叠滤波的 3 阶低通滤波器，1 个用于 PWM DAC 的 6 阶低通滤波器。模块与 MCU 配合使用，可以更好地发挥 MCU 片上 ADC 性能，使用 ADC 功能时滤波器的输入引脚与所需要采集的信号源直接相连，实现高输入阻抗的信号采集功能，信号的输入范围为 0～3.3 V，其硬件电路详见图 1.40。

使用 PWM DAC 功能时滤波器的输出引脚经过滤波器处理后，得到一个与占空比成正比的模拟电压值，可实现 DAC 功能，具有低输出阻抗，信号输出范围为 0～3.3 V，其硬件电路详见图 1.41。

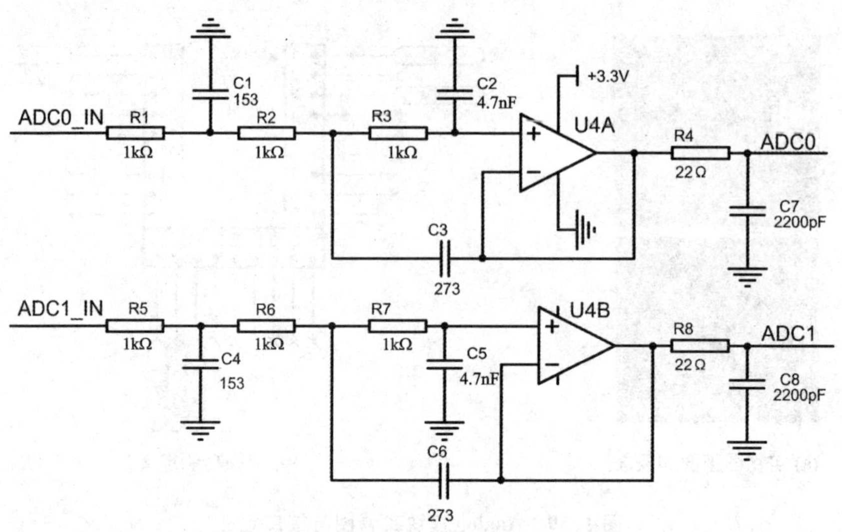

图 1.40 ADC 驱动电路

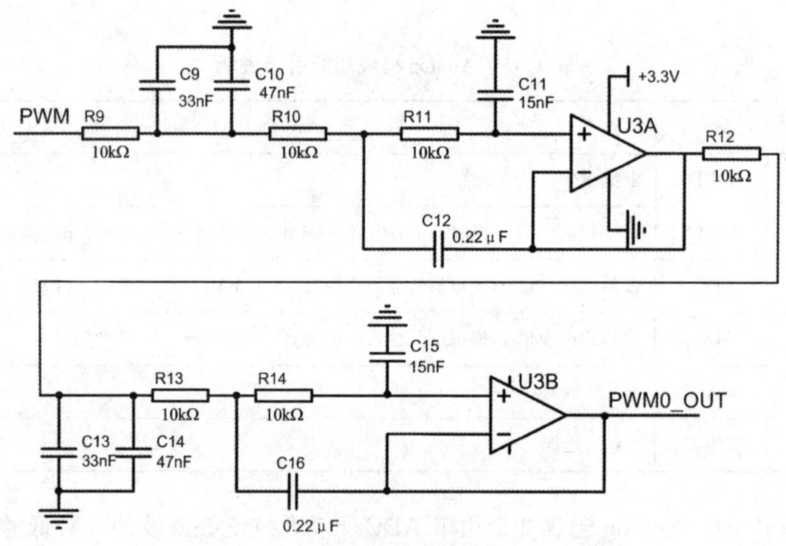

图 1.41 DAC 滤波电路

1.6 MiniPort 模块介绍

1.6.1 LED 模块(MiniPort－LED)

LED 模块(MiniPort－LED)集成了 8 个 LED,按照 MiniPort 接口将控制引脚引出,便于和支持 MiniPort 接口的主机相连。可通过 8 个 I/O 对其进行控制,LED 模块的 MiniPort 接口母座(J4B 端口)功能定义详见图 1.42。

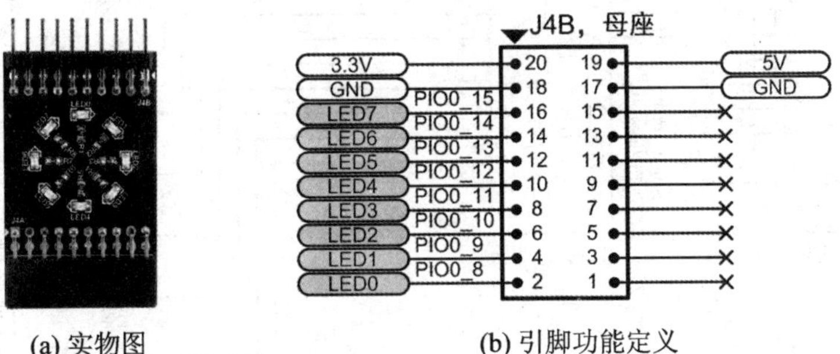

(a) 实物图　　(b) 引脚功能定义

图 1.42　LED 模块实物与接口定义图

需要注意的是，图 1.42(b)描述的是排母(母座)的引脚功能定义，MiniPort 排针与排母接口之间连接关系为：A1—B20，A2—B19，…，A19—B2，A20—B1(A 代表排针，B 代表排母)。为了便于与排针接口(详见图 1.21)对应，这里将 20 号引脚放置在左上角(20 脚与排针接口的 1 脚对应)。MCU 主机(AM824_Core)可以通过 MiniPort 接口驱动 LED 模块，各个引脚的功能说明详见表 1.16。

表 1.16　LED 模块引脚说明

引脚号	标号	说明	引脚号	标号	说明
1	3.3 V	3.3 V 电源	2	5 V	5.0 V 电源
3	GND	电源地	4	GND	电源地
5	LED7	LED7 控制引脚	6	NC	悬空，未连接
7	LED6	LED6 控制引脚	8		
9	LED5	LED5 控制引脚	10		
11	LED4	LED4 控制引脚	12		
13	LED3	LED3 控制引脚	14		
15	LED2	LED2 控制引脚	16		
17	LED1	LED1 控制引脚	18		
19	LED0	LED0 控制引脚	20		

LED 模块的电路原理图详见图 1.43，其中的 LED 为低电平有效(低电平亮)。通过 MiniPort B(排母)与 MiniPort A(弯针)相连，可以完成对 LED 模块的控制。

LED 模块通过 MiniPort B(排母)与主控制器底板相连，同时将其余不使用的 I/O 通过 MiniPort A(弯针)引出，实现模块的横向堆叠。L1～L15 代表将 A/B 接口未使用的对应接口相连，便于堆叠扩展。

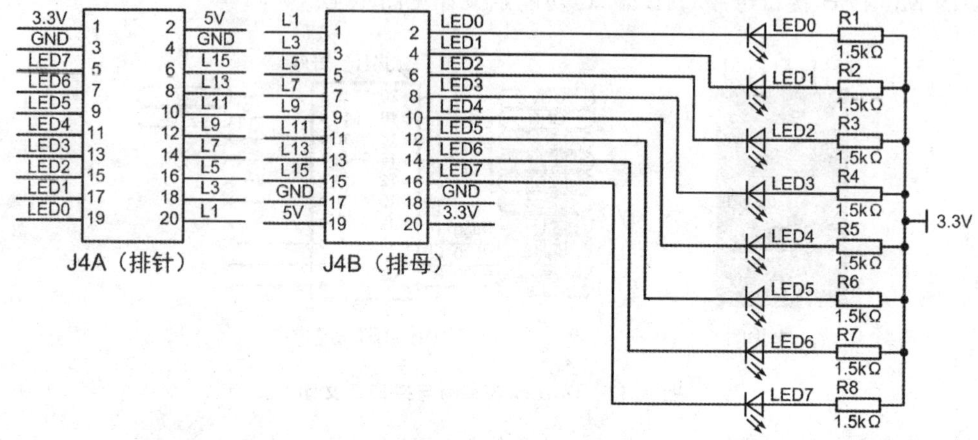

图 1.43 LED 模块电路

1.6.2 数码管模块(MiniPort－View)

数码管模块(MiniPort－View)集成 2 个八段数码管,按照 MiniPort 接口将控制引脚引出,便于和支持 MiniPort 接口的主机相连。通过 COM0、COM1 控制数码管的位选,seg A～seg DP 连接数码管的 SEG 端,数码管模块对应主控制器 MiniPort 接口(J4 端口)功能定义详见图 1.44。

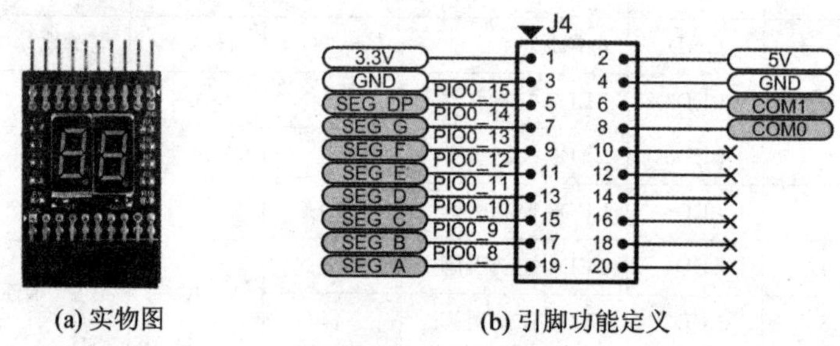

(a) 实物图　　(b) 引脚功能定义

图 1.44 数码管模块实物与接口定义图

MCU 主机(AM824_Core)可以通过 MiniPort 接口驱动数码管模块,各个引脚的功能说明详见表 1.17。

表 1.17 数码管模块引脚说明

引脚号	标号	说明	引脚号	标号	说明
1	3.3 V	3.3 V 电源	2	5V	5.0 V 电源
3	GND	电源地	4	GND	电源地
5	SEG_DP	数码管 DP 段控制引脚	6	COM1	数码管位选 1

续表 1.17

引脚号	标号	说明	引脚号	标号	说明
7	SEG_G	数码管 G 段控制引脚	8	COM0	数码管位选 0
9	SEG_F	数码管 F 段控制引脚	10	NC	悬空,未连接
11	SEG_E	数码管 E 段控制引脚	12		
13	SEG_D	数码管 D 段控制引脚	14		
15	SEG_C	数码管 C 段控制引脚	16		
17	SEG_B	数码管 B 段控制引脚	18		
19	SEG_A	数码管 A 段控制引脚	20		

数码管模块由两个共阳数码管 LN3461BS 组成,电路原理图详见图 1.45。

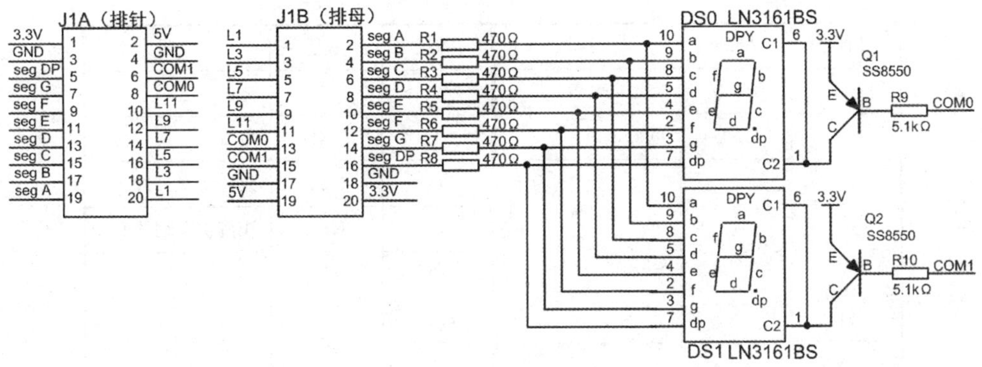

图 1.45　数码管模块电路图

图中,seg A～seg DP 8 个端口作为驱动数码管段选的接口,通过 470 Ω 限流电阻与数码管的段选端(a,b,c,d,e,f,g,dp)相连。COM0 和 COM1 作为位选控制位,通过 5.1 kΩ 电阻连接到 PNP 型三极管的基极,三极管的发射极接 3.3 V 电源,集电极与数码管的位选段相连。由于数码管的 8 个段选都需要通过 COM 端进行供电,仅仅通过 MCU 的 I/O 电流驱动能力有限,为此本设计中加入三极管,增加 COM 端驱动电流。

数码管模块通过 MiniPort B(排母)与主机相连,同时将其余不使用的 I/O 通过 MiniPort A(弯针)引出,实现模块的横向堆叠。L1～L11 代表将 A/B 接口未使用的对应接口相连,便于堆叠扩展。

1.6.3　按键模块(MiniPort - Key)

按键模块(MiniPort - Key)集成 4 个按键,按照 MiniPort 接口将控制引脚引出,便于和支持 MiniPort 接口的主控制器相连。按键模块对应主控制器 MiniPort 接口(J4 端口)功能定义详见图 1.46。

(a) 实物图

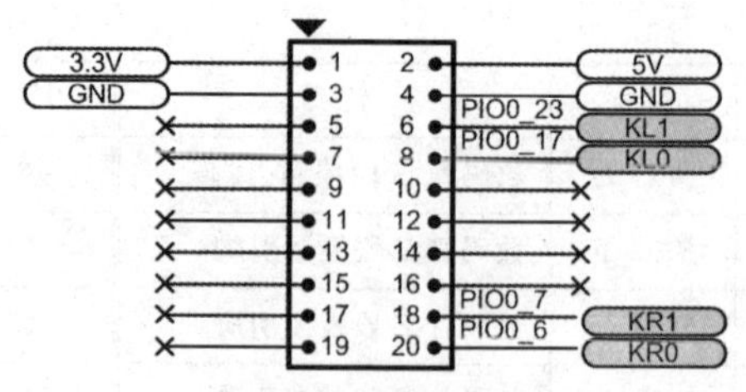

(b) 引脚功能定义

图 1.46　按键模块实物与接口定义图

MCU 主机(AM824_Core)可以通过 MiniPort 接口控制按键模块,各个引脚的功能说明详见表 1.18。

表 1.18　按键模块引脚说明

<table>
<tr><th>引脚号</th><th>标号</th><th>说明</th><th>引脚号</th><th>标号</th><th>说明</th></tr>
<tr><td>1</td><td>3.3 V</td><td>3.3 V 电源</td><td>2</td><td>5 V</td><td>5.0 V 电源</td></tr>
<tr><td>3</td><td>GND</td><td>电源地</td><td>4</td><td>GND</td><td>电源地</td></tr>
<tr><td>5</td><td rowspan="8">NC</td><td rowspan="8">悬空,未连接</td><td>6</td><td>KL1</td><td>矩阵键盘列线 1</td></tr>
<tr><td>7</td><td>8</td><td>KL0</td><td>矩阵键盘列线 0</td></tr>
<tr><td>9</td><td>10</td><td rowspan="4">NC</td><td rowspan="4">悬空,未连接</td></tr>
<tr><td>11</td><td>12</td></tr>
<tr><td>13</td><td>14</td></tr>
<tr><td>15</td><td>16</td></tr>
<tr><td>17</td><td>18</td><td>KR1</td><td>矩阵键盘行线 1</td></tr>
<tr><td>19</td><td>20</td><td>KR0</td><td>矩阵键盘行线 0</td></tr>
</table>

按键模块的电路原理图详见图 1.47,采用矩阵键盘方式进行排列,其中 KR0、KR1 为行线,KL0、KL1 为列线,列线与数码管 COM 段共用(软件在实现数码管动态显示和实现按键动态扫描时,对 COM0、COM1 和 KL0、KL1 的操作是相同的。数码管驱动是依次置低 COM0 和 COM1,来选择要点亮的数码管。按键扫描驱动是依次置低 KL0 和 KL1,再通过 KR0 和 KR1 的值来判断按键的状态,因此可根据两者的工作特性来实现 KL0、KL1 和 COM0、COM1 的复用),可实现该模块与数码管模块共用时,减少 I/O 的占用。

图 1.47 中 R3、R4 仅起到保护隔离的作用,如果没有 R3 和 R4,将 KL0 和 KL1 直接连接到矩阵键盘对应的列线上,则键盘电路会存在这样的潜在问题:若 KL0 设为 0(低电平),KL1 设为 1(高电平),这时若 KEY0 和 KEY1(KEY2 和 KEY3)同时按下,则 KL0 与 KL1 两个 I/O 间就形成短路回路。

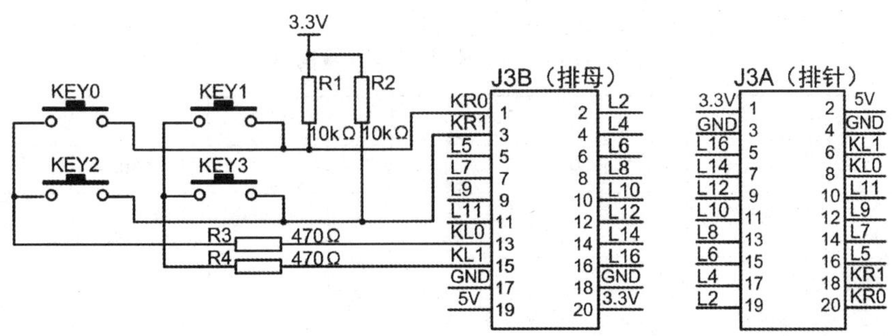

图 1.47　按键模块电路

按键模块通过 MiniPort B(排母)与主机相连,同时将其余不使用的 I/O 通过 MiniPort A(弯针)引出,实现模块的横向堆叠。L1～L16 代表将 A/B 接口未使用的对应接口相连,便于堆叠扩展。

1.6.4　595 模块(MiniPort－595)

595 模块(MiniPort－595)主要是用于 I/O 扩展,模块采用 74HC595 芯片,通过串转并的方式扩展 8 路 I/O。595 模块可以直接驱动 LED 模块,也可以通过配合 COM0 和 COM1 引脚驱动数码管模块。74HC595 芯片共使用了三个控制引脚,它们分别是 CP 时钟信号引脚、D 数据引脚和 STR 锁存信号引脚。595 模块实物图详见图 1.48(a),对应主控制器 MiniPort 接口(J4 端口)功能定义详见图 1.48(b),595 模块的输出信号通过 MiniPort A(弯针)引出(MiniPort－595 J2A 端口),引脚功能定义详见图 1.48(c)。

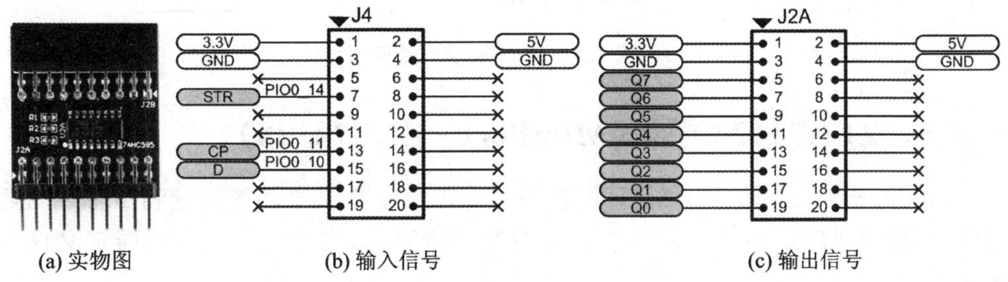

图 1.48　595 模块实物与控制接口定义图

MCU 主机(AM824_Core)可以通过 MiniPort 接口控制 595 模块,各个控制引脚的功能说明详见表 1.19。

595 模块的电路原理图详见图 1.49,MiniPort B(排母)为 595 模块的输入接口,MiniPort A(弯针)为 595 模块的输出接口,通过该接口与 LED、数码管等模块相连。

由于 595 模块主要用于外设扩展,故 MiniPort A 和 MiniPort B 两端部分引脚并不完全相同。L1～L15 代表将 595 模块 A/B 接口未使用的对应接口相连,便于堆叠扩展。

表 1.19　595 模块控制引脚说明

<table>
<tr><th>引脚号</th><th>标号</th><th>说明</th><th>引脚号</th><th>标号</th><th>说明</th></tr>
<tr><td>1</td><td>3.3 V</td><td>3.3 V 电源</td><td>2</td><td>5 V</td><td>5.0 V 电源</td></tr>
<tr><td>3</td><td>GND</td><td>电源地</td><td>4</td><td>GND</td><td>电源地</td></tr>
<tr><td>5</td><td>NC</td><td>悬空,未连接</td><td>6</td><td rowspan="8">NC</td><td rowspan="8">悬空,未连接</td></tr>
<tr><td>7</td><td>STR</td><td>595 锁存信号输入</td><td>8</td></tr>
<tr><td>9</td><td>NC</td><td>悬空,未连接</td><td>10</td></tr>
<tr><td>11</td><td>NC</td><td>悬空,未连接</td><td></td></tr>
<tr><td>13</td><td>CP</td><td>595 时钟信号输入</td><td></td></tr>
<tr><td>15</td><td>D</td><td>595 数据信号输入</td><td></td></tr>
<tr><td>17</td><td rowspan="2">NC</td><td rowspan="2">悬空,未连接</td><td>18</td></tr>
<tr><td>19</td><td>12</td></tr>
</table>

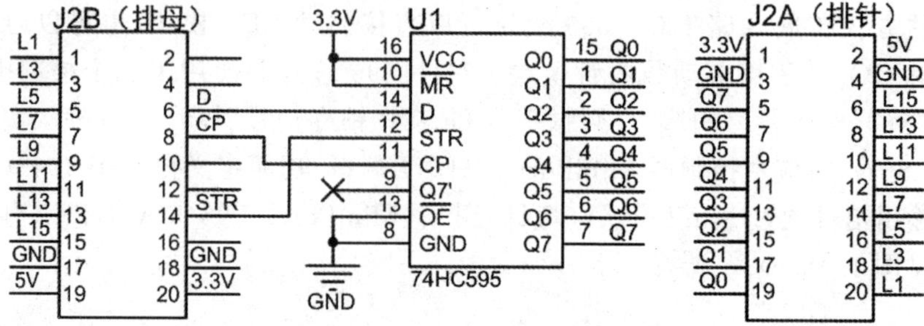

图 1.49　595 模块电路图

1.6.5　ZLG72128 模块(MiniPort - ZLG72128)

MiniPort - ZLG72128 模块可以管理 2 个普通按键、2 个功能按键和 2 个共阴数码管,并按照 MiniPortA(弯针)接口将控制引脚引出,实物图及引脚功能定义详见图 1.50。

ZLG72128 模块的主控芯片为 ZLG72128,该芯片是广州周立功单片机科技有限公司设计的数码管显示驱动与键盘扫描管理芯片,其主要特性如下:

- 直接驱动 12 位共阴式数码管(1 英寸以下)或 96 只独立的 LED;
- 能够管理多达 32 只按键,自动消除抖动,其中有 8 只可以作为功能键使用;
- 利用功率电路可以方便地驱动 1 英寸以上的大型数码管;
- 具有位闪烁、位消隐、段点亮、段熄灭、功能键、连击键计数等强大功能;
- 提供有 10 种数字和 21 种字母的译码显示功能,也可直接向显缓中写入显示

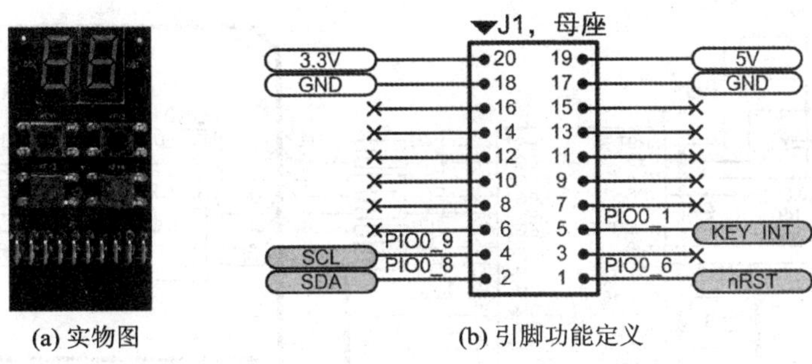

(a) 实物图 (b) 引脚功能定义

图 1.50 MiniPort - ZLG72128 实物与接口

数据；

- 与微控制器之间采用 I^2C 串行总线接口，只需两根信号线，节省 I/O 资源；
- 工作电压范围：3.0～5.5 V；
- 工作温度范围：－40～＋85 ℃；
- 封装：标准 TSSOP28。

注意，MiniPort - ZLG72128 仅有一个 MiniPort 排母接口，不再扩展出 MiniPort 排针接口，当横向堆叠时，其通常作为横向堆叠的最后一个模块。需要注意的是，图 1.50(b)中所描述的引脚功能定义，是按照排母接口描述的，MiniPort 排针与排母接口之间连接关系为：A1—B20，A2—B19，…，A19—B2，A20—B1（A 代表排针，B 代表排母）。为了便于与排针接口（详见图 1.21）对应，这里将 20 号引脚放置在左上角（20 引脚与排针接口的 1 引脚对应）。各个引脚的功能说明详见表 1.20。

表 1.20 ZLG72128 模块控制引脚说明

引脚号	标号	说明	引脚号	标号	说明
20	3.3 V	3.3 V 电源	19	5 V	5.0 V 电源
18	GND	电源地	17	GND	电源地
16	NC	悬空，未连接	15	KL1	矩阵键盘列线 1
14			13	KL0	矩阵键盘列线 0
12			11	NC	悬空，未连接
10			9		
8			7		
6			5	KEY_INT	按键事件通知引脚
4	SCL	I^2C 时钟线	3	NC	悬空，未连接
2	SDA	I^2C 数据线	1	nRST	—

ZLG72128 模块由 ZLG72128 芯片、2 个数码管、4 个按键组成，对应的电路原理图详见图 1.51。

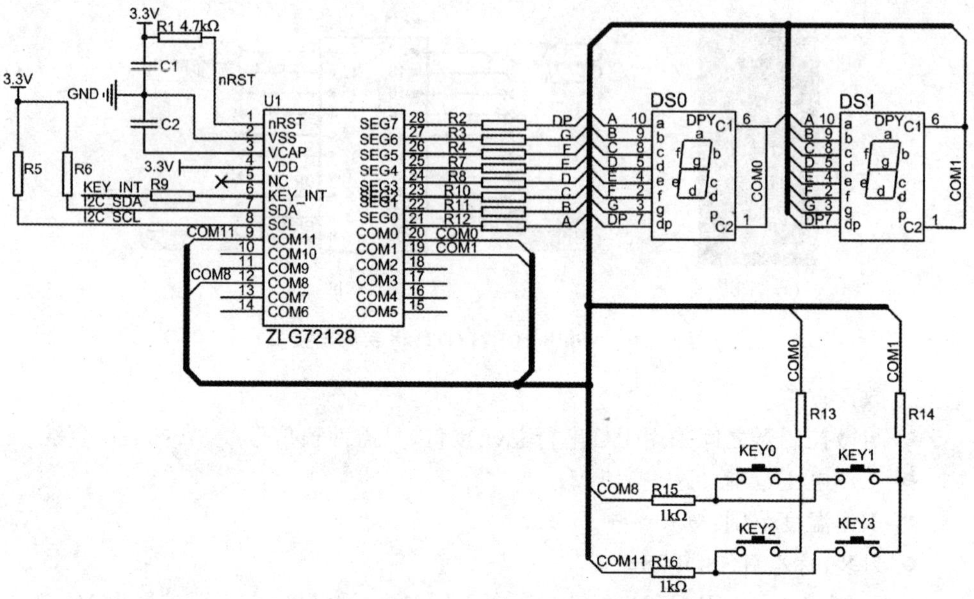

图 1.51　MiniPort - ZLG72128 模块原理图

第 2 章

ADC 信号调理电路设计

本章导读

对于开发者来说，最难的是模拟电路的设计。不仅需要投入大量的仪器设备，而且还需要理论水平很高且实践经验很丰富的指导老师，才有可能设计出符合要求的模拟电路。通过分析用户设计的模拟电路，发现大多数开发者对模拟电路的设计细节知之甚少。

虽然很多半导体公司提供了琳琅满目的设计参考资料，但介绍到某些关键之处时还是让人感到语焉不详，这就是大部分开发者对模拟电路仍然心有余悸的原因。就拿 MCU 供应商来说，其提供的资料更多的是数字电路的设计和基本的软件资料。几乎所有的 MCU 供应商都不提供具有一定价值的应用电路设计参考，各厂商提供的资料千篇一律，你想要的没有。其实这些知识对于开发者来说都属于非核心域知识，却要花费很多时间投入其中。

基于此，我们对 MCU 内部提供的各种各样的 ADC 所需的外围电路进行了标准化的设计，期望推动整个行业的设计水平。因为无论任何需求都存在共性和差异性，所以只要掌握正确的设计方法，就能够达到举一反三的效果。

2.1 应用背景

2.1.1 标称精度

LPC824 内部有一个 12 位 SAR 型 ADC，多达 12 个输入通道以及多个内部和外部触发器输入，其采样率高达 1.2 MS/s。与独立 12 位 ADC 芯片相比，手册标注的关键参数非常接近，理论上可以实现比较好的采集精度，详见表 2.1。在实际的应用中，用户测试结果和标称值相差很远，表现出内部 ADC 精度差，这是 ADC 外部电路设计不合理所造成的。

表 2.1 LPC82x 内部 ADC 关键参数

参数	LPC82x(NXP)			ADS7822(TI)		
	min	type	max	min	type	max
INL		±2.5			±0.5	±2
DNL		±2.5			±0.5	±2
采样速率/(MS·s^{-1})	1.2			0.2		
输入通道数	12			1		
成本	0			$1.82		

2.1.2 外围电路

如图 2.1 所示,使用 LPC82x 内部 ADC 的采样系统,所需外围支持电路包含基准源、供电电源、驱动电路、信号调理电路等几部分,从原理上看这几部分都影响 ADC 的性能指标。

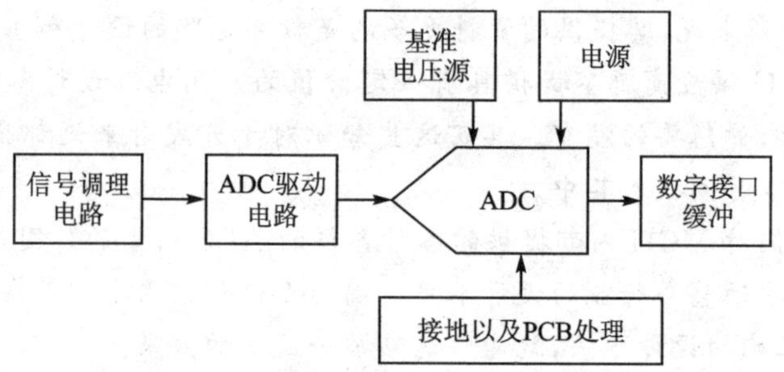

图 2.1 内部 ADC 所需的外围支持电路

2.1.3 干扰源

绝大多数 MCU 内部集成的 ADC 几乎都是逐次逼近(SAR)型,因为它使用开关电容结构,半导体工艺容易实现。由于 SAR 型 ADC 有多个有效输入端口,因此也容易受到干扰。典型 SAR 型 ADC 内部结构详见图 2.2,分析它的工作原理有助于理解干扰的引入路径。

它通过两个阶段确定 ADC 输出码,由于采集阶段开关 SW+和 SW-最初是关闭的,所有开关均连接到 IN+和 IN-模拟输入,因此各电容用作采样电容,实现采集输入端的模拟信号。在转换阶段 SW+和 SW-是打开的,模拟输入与内各部电容断开,电容作用到比较器输入时,将导致比较器不稳定。SAR 算法从 MSB 开始,切换 REF 与 REFGND 之间的权电容阵列的各元件,使比较器重新回到平衡状态,由此将产生代表模拟输入的输出数字代码。

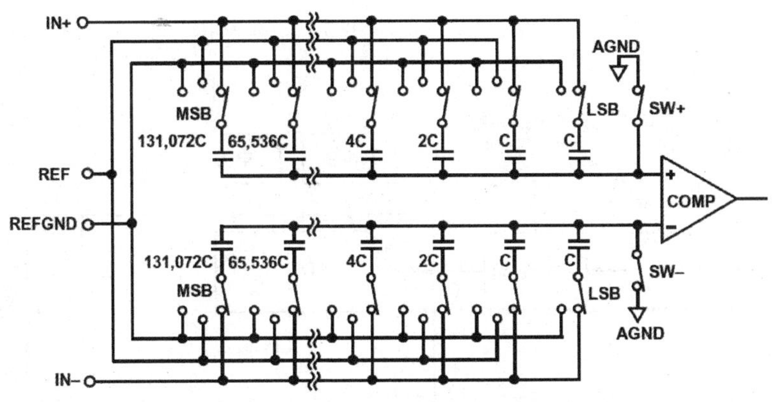

图 2.2　SAR 型 ADC 内部结构

转换过程中代表被测输入信号的总电量，在权电容阵列中的各电容两端不断重复分布，每 bit 的转换数据都根据与基准源的比较结果产生，从而决定输出代码是 0 还是 1，基准源上的任何噪声都会对输出代码产生直接影响。如果比较过程中电源端、地回路存在干扰，致使内部比较器的结果变动，同样也会间接导致 ADC 输出数据位不稳定，详见图 2.3。

SAR 型 ADC 这种多次反复比较的结构，基准源、电源、地或数字接口都有可能串入干扰信号，等效于存在多个有效输入端口，而不仅仅只有一个信号输入端。只有防止外部干扰信号从 ADC 信号输入端以外的引脚耦合进来，才能得到到稳定的数据输出。

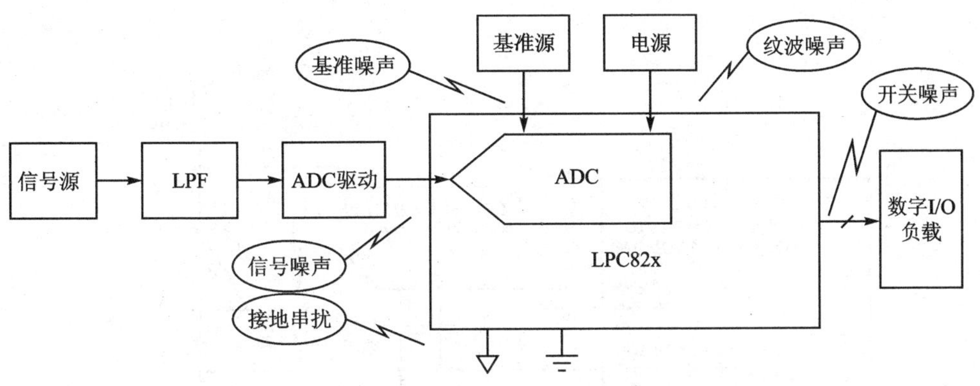

图 2.3　SAR 型 ADC 有多个有效输入端口

2.2　电路设计

提高内部 SAR 型 ADC 精度的要点在于逐一排除各有效输入端口上的干扰，详见图 2.4。

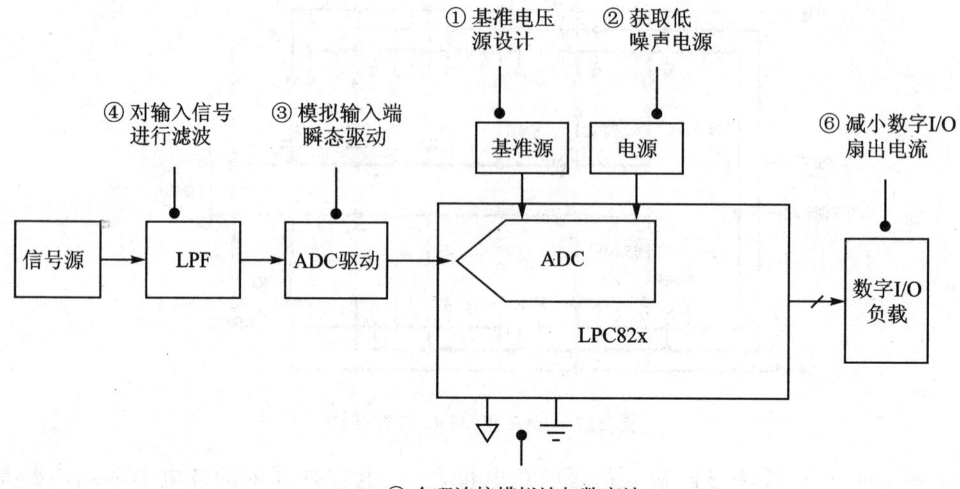

图 2.4　消除 ADC 外围支持电路干扰的方法

根据对精度的影响程度，电压基准源电路的设计占 80% 的工作量，低噪声模拟电源占 5%，输入端瞬态驱动占 5%，其他抗干扰措施占 10%。

2.2.1　基准源

基准电压直接影响 ADC 数字输出，要求低噪声、低输出阻抗，温度稳定性良好，标准化电路详见图 2.5。

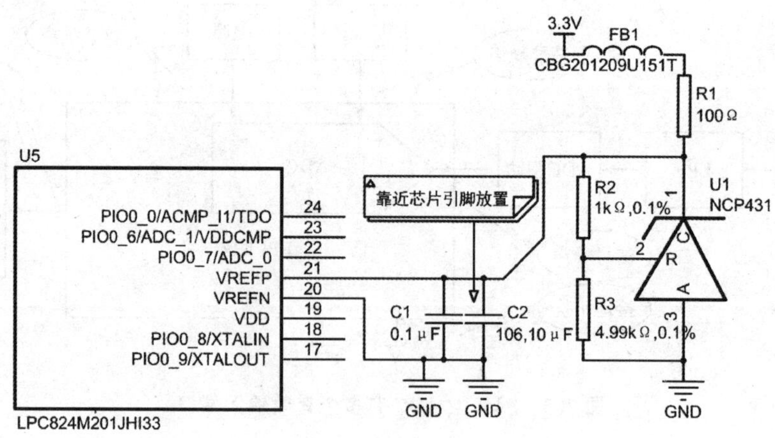

图 2.5　低噪声与低输出阻抗基准电压源电路

其中，C2、C1 是内部 ADC 参考源引脚的储能电容，R2、R3 用于设定参考源芯片 NCP431 的输出电压，R1 用于设定 NCP431 的静态工作电流，磁珠 FB1 与 R1 串联，与 C2 形成低通滤波器，滤除基准源供电 3.3 V 上可能存在的高频干扰。

1. 低噪声和低输出阻抗

基准电压源芯片使用低成本 NCP431，输出噪声峰峰值为 10 μV，输出阻抗 0.2 Ω。噪声值用于 12 位精度已经足够低，但动态输出阻抗 0.2 Ω 偏大。利用图 2.5 中储能或去耦电容 C2、C1 的低高频阻抗，提供 ADC 转换时基准源引脚上的瞬间高频电流，能非常好地解决基准源高频输出阻抗问题。

需要注意 VREF 引脚上的 10 μF 电容 C2 不是旁路电容，而是 SAR 型 ADC 的一部分，这个大电容不适合放在硅片上。在位判断期间，由于各输出位会在数十纳秒或更快的时间内建立，因此该储能电容是用来补充开关电容阵列的，从而与内部电容阵列上已有电荷一起平衡比较器。此大容值储能电容需要满足 ADC 位判断建立时间要求。为了降低它的高频 ESR，C2 优先选用 X5R 材质贴片陶瓷电容，确保靠近基准源引脚 VREFP 放置，并且在接近 VREFN 模拟地引脚处接地，详见图 2.6。

2. 静态工作电流

NCP431 是并联型基准，原理类似稳压二极管，只能吸收电流，详见图 2.7。在提供负载电流时，维持基准源两端电压不变，使流过限流电阻 R1 的总电流不变，调节基准源自身的静态电流减小，使得负载上的电流增加。需计算 R1 的取值，保证在最大负载电流的情况下，有足够的剩余静态电流。

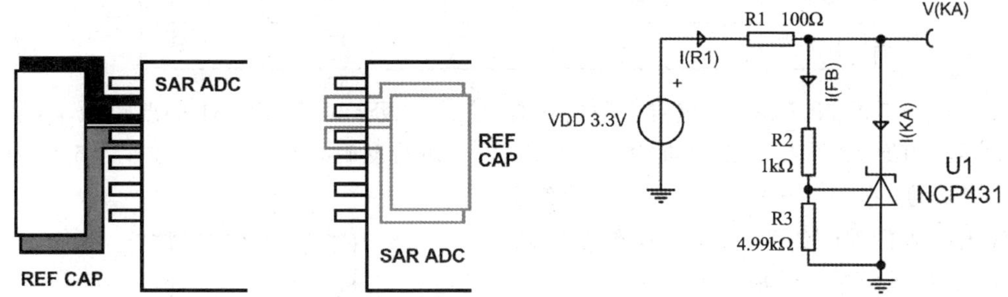

图 2.6　VREF 引脚储能电容与芯片在/不在同一面的放置方法

图 2.7　并联型的静态工作电流

NCP431 手册中的最小静态电流 $I_{(KA)min}$ 为 1 mA，NCP431 输出电压调节电阻 R2、R3 所吸收电流 $I_{(FB)}$ 为 0.5 mA，LPC82x 的 REF 引脚所吸收平均电流 $I_{(REF)}$ 约为 100 μA，留出裕量取 1.5 mA。总的静态电流取 3 mA，算得决定静态工作电流的阻值：

$$R_1=(V_{DD}-V_{KA})/(I_{(KA)min}+I_{(FB)}+I_{(REF)})=\frac{3.3\ \text{V}-3\ \text{V}}{1\ \text{mA}+0.5\ \text{mA}+1.5\ \text{mA}}=100\ \Omega$$

3. 输出电压选择

根据 LPC82x 手册，为了获得最佳性能，V_{REFP} 和 V_{REFN} 应当选择与 V_{DD} 和 V_{SS} 相

同的电压电平。若 V_{REFP} 和 V_{REFN} 选择不同于 V_{DD} 和 V_{SS} 的值，则应当确保电压中间值是相同的，公式如下：

$$(V_{REFP}-V_{REFN})/2+V_{REFN}=V_{DD}/2$$

实际测试发现基准电压设置到 3.0 V 精度最理想，若再升高至接近 LPC82x 的电源电压 3.3 V，则因为接近电源轨，ADC 的 INL 实测值开始下降。因此标准电路中使用 R2、R3 将 NCP431 的输出电压调整到此值，计算公式如下：

$$V_{KA}=\left(1+\frac{R_2}{R_3}\right)\times 1.25\ \text{V}=\left(1+\frac{1\ \text{k}\Omega}{4.99\ \text{k}\Omega}\right)\times 1.25\ \text{V}=3\ \text{V}$$

4. 温漂与直流精度

温漂和初始直流精度是基准源芯片的固有参数，温漂越低，初始精度越高，则成本越高，温漂 25×10^{-6} 以下的基准几乎都已经超过 LPC82x 芯片自身成本，详见表 2.2。

表 2.2　基准电压源参数与成本

型号	最大温漂	初始精度/%	成本	基准类型
NCP431BI	50×10^{-6}	0.50	$0.13	并联型
NCV1009	35×10^{-6}	0.2	$0.53	并联型
REF33xx	30×10^{-6}	0.15	$0.68	串联型
REF50xx	8×10^{-6}	0.1	$1.35	串联型

综合考虑 NCP431 是相对合适的选择，它是 ONSemi 对 TL431 的改进版本，最大温漂由原 92×10^{-6}/℃改进为 50×10^{-6}/℃，初始准确度优于 0.5%。以 25 ℃为参考温度，在 −40～+85 ℃范围内，该温漂值引入的误差约为 0.3%，基本符合 12 位 ADC 采集精度的应用。

需要注意标准化电路中 R2、R3 影响 NCP431 的温漂，应该选择低温漂系数 25×10^{-6} 以下的电阻。如果考虑节省成本或者没有可选电阻，为了不影响基准温漂，使用如图 2.8 所示的 2.5 V 输出电路替代。

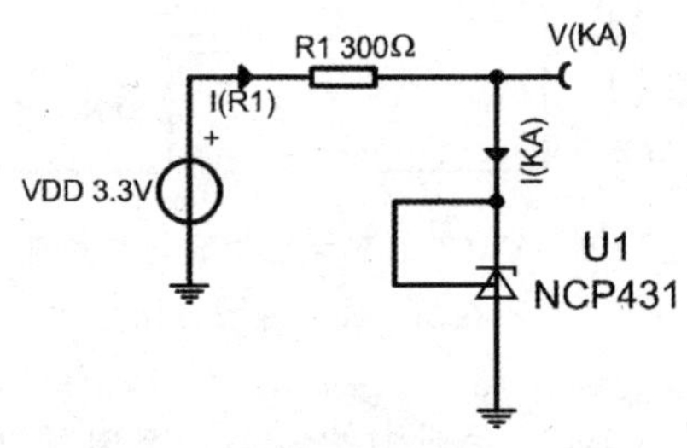

图 2.8　不使用外部电阻的 NCP431 基准源电路

基准电压由 3 V 下降至 2.5 V 之后，对 LPC82x 内部 ADC 的 INL 会有轻微影响。

2.2.2　低噪声模拟电源

为避免从电源端口串入干扰，需要低噪声的供电电源。利用线性稳压器的纹波抑制比，可以从通常的数字环境开关电源获得此低噪声电源，详见图 2.9。

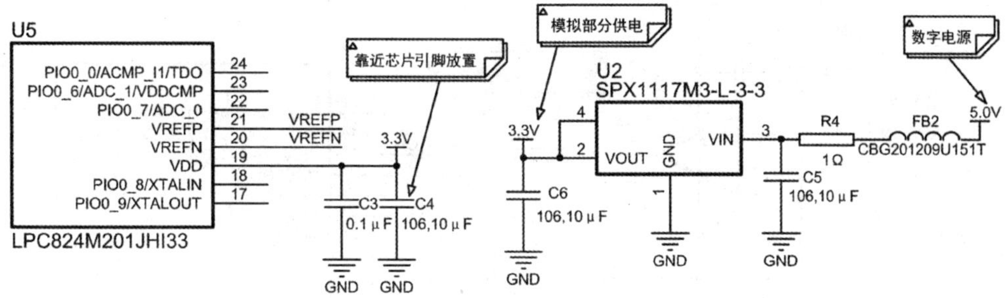

图 2.9　低噪声模拟电源电路

使用 FB2、R4、C5 所组成的无源滤波网络，可以有效改善 SPX1117 在高频段纹波抑制比下降的问题，实现从低频至高频的纹波噪声抑制。其中 R3 与 C5 形成截止频率 1.59 kHz 的低通滤波器，使得 3.3 V 电源上常见的 100 kHz 以上开关电源纹波干扰衰减 10 dB 以上。磁珠 FB2 在高频时呈现高阻抗，结合 C5 在高频时形成更高衰减倍数的低通滤波器，能有效滤除 3.3 V 电源上尖峰毛刺噪声。

线性稳压器使用 SPX1117，纹波抑制比曲线详见图 2.10，在低频至 10 kHz 频段有接近−60 dB 的良好纹波抑制比，100 kHz 之后快速下降。

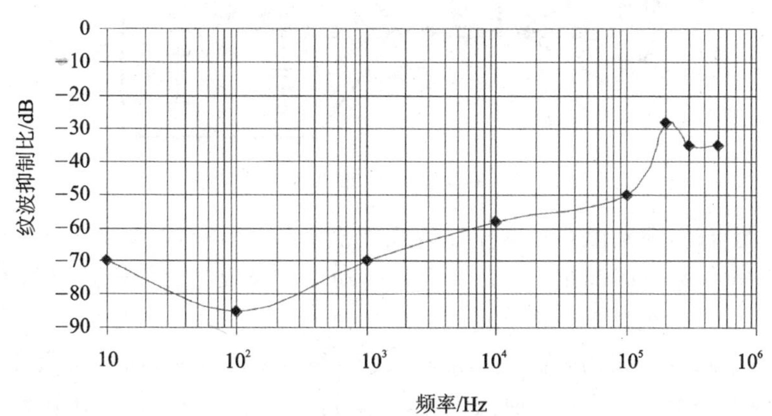

图 2.10　SPX1117 的纹波抑制比

线性稳压器 U2 应该靠近 LPC82x 放置，其他数字电路不共用 MCU 的 3.3 V 电源；如果考虑成本需要共用，则数字部分电源单独用 LC 滤波电路隔离。

2.2.3　瞬态驱动

SAR 型 ADC 输入端在采样期间具有瞬间充电过程，如果不处理信号源阻抗与内部采样电容的建立时间问题，不管是微处理器中内置的 ADC 还是外置的 ADC，都得不到最好的输出精度。标准化电路中使用运放加 RC 组合电路，详见图 2.11。

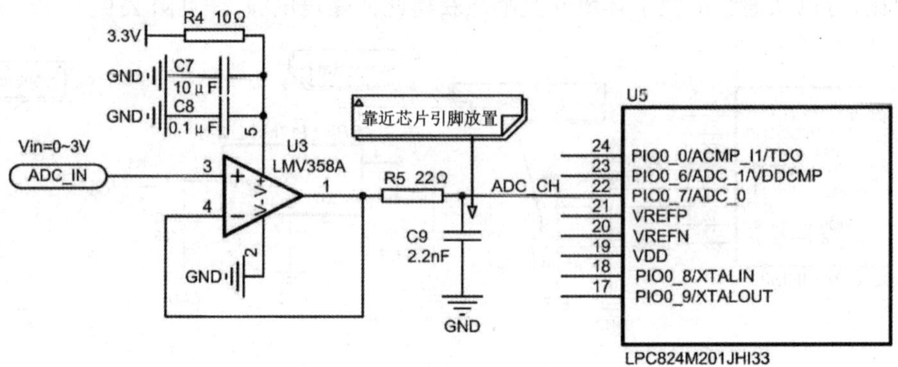

图 2.11　内部 ADC 输入端瞬态驱动电路

通过典型 SAR 型 ADC 输入端等效电路，有助于理解瞬态驱动电路。如图 2.12 所示输入端等效为一个开关 S1 连接一个接到地的电容 C_{SH}，在电压采样之前，采样电容 C_{SH} 通过开关 S2 连到电源、电压参考或地进行预充电，预充电电压值由 ADC 内部电路决定。电压采样开始时，S2 打开 S1 闭合。

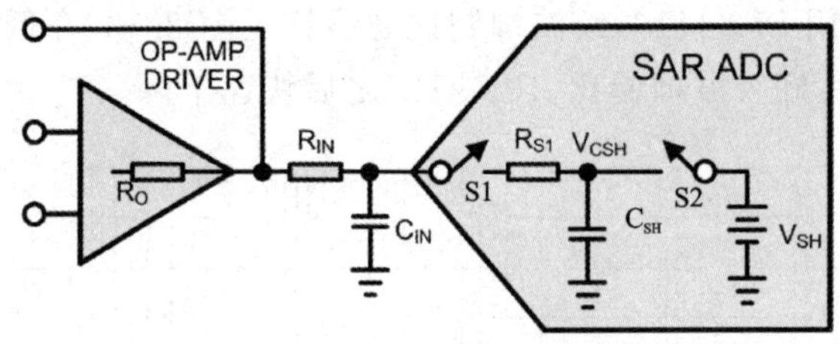

图 2.12　SAR 型 ADC 输入端等效电路

当 S1 闭合时，驱动电路从 C_{SH} 注入或吸出电荷，而 ADC 需要一定的时间来采样信号。在这个采样时间里，ADC 需要从驱动电路汲取足够的电荷量给 C_{SH}，使得系统达到 1/2 LSB 的精度范围之内。

如果信号源阻抗 R_O 过大，则 R_O、R_{S1}、C_{SH} 组成的 RC 网络时间常数过大，导致采样时间内 C_{SH} 上的电压建立时间不足，采集到的电压值将下降。比较好的解决方法详见图 2.12，添加运放缓冲降低信号源内阻，无论信号源阻抗 R_O 高或者低都不会影响精度。

直接使用运放驱动 ADC 输入端时，S1 闭合瞬间的充电电流会干扰运放的输出电压，从而导致 ADC 输出结果不准确。为了使设计的电路精度达到更高，应该在运放与 ADC 之间添加一个电阻 R_{IN} 和一个电容 C_{IN}。C_{IN} 作为电荷存储器，在采样瞬间为 ADC 的输入端提供足够的电荷，而 R_{IN} 用于避免运放驱动容性负载，使得运放工作更加稳定。

2.2.4 输入信号滤波

输入信号自身可能包含不期望的干扰信号，在输入电路上添加滤波器抑制干扰，是必要的硬件抗干扰措施。如果通过采样数据的后期数据处理滤除干扰，根据采样定理，必须在硬件上设置抗混叠滤波器，限制输入信号带宽至 1/2 采样频率以下。

1. 有源滤波器

标准化电路中复用 ADC 驱动运放，实现三阶有源低通滤波器，详见图 2.13。

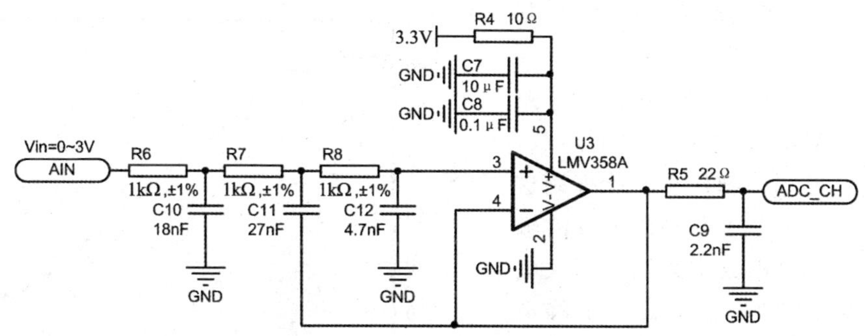

图 2.13 三阶低通有源滤波器

滤波器的低通截止频率设置为 9 kHz，类型为三阶贝塞尔，具有良好的衰减特性。并且使用图 2.13 中的三阶电路形式，避免了常规单运放实现二阶 Sallen－Key 型滤波器拓扑，由于运放带宽不够出现的高频馈通问题。即使用带宽不高的运放 LMV358A，也不会出现高频信号穿透滤波器的问题，详见图 2.14。

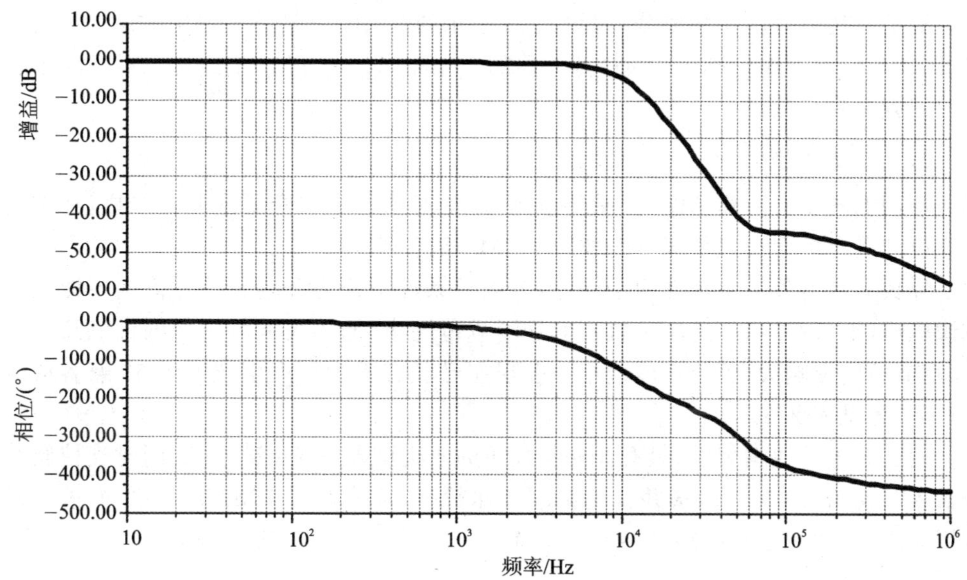

图 2.14 三阶滤波器的频率响应

2. 电阻噪声与运放的电源抑制比

一般来说，有源滤波器自身可能产生噪声，通常称之为器件噪声，其分别为电阻的热噪声、运放的电压输出噪声。电阻值越大，所引入的电阻噪声越大，1 kΩ 电阻的 Johnson 噪声大约是 4 nV/(Hz)$^{1/2}$，这个数值以电阻的平方根规律变化。若考虑到电阻噪声，则推荐的阻值是 1～10 kΩ。电阻噪声最后可以归结到滤波电路中被滤除，但是它和运放输出噪声是电路中噪声产生的源头，在设计时要予以考虑，可适当地采用低阻值电阻和低噪声运放。

此外，需考虑运放的电源抑制比。电源上的噪声会随着每个有源器件的电源引脚传导到信号通路中，作为 ADC 驱动放大器的运放，其自身的电源抑制比若不能抑制这些噪声，噪声就会叠加到运放的输出中。特别是电路中采用了开关电源供电时，电源上会有高频尖峰电压噪声，而运放的电源抑制比在高频时通常下降得很厉害，对它们没有抑制作用。以标准电路图中所用的运放 LMV358A 为例，其电源抑制比详见图 2.15。

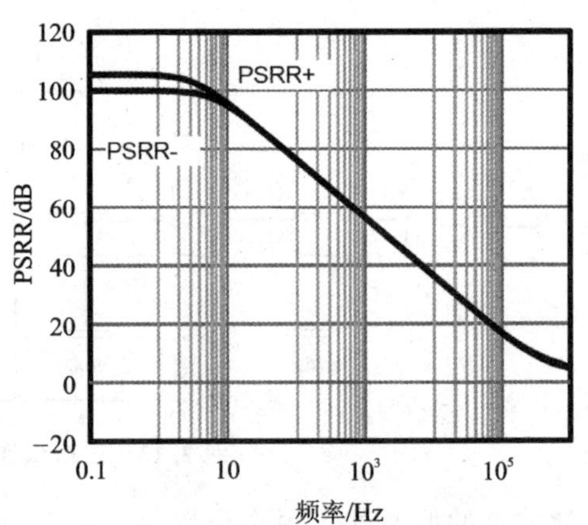

图 2.15 LMV358A 电源抑制比

解决这个问题，最简单的方法是采用 RC 低通滤波器对运放电源进行滤波，滤除其电源抑制比较低的高频成分，如图 2.13 所示的 R4、C7。若将运放的电源端视为高阻抗(其工作电流小)，则算得 RC 滤波器的截止频率约为 1.6 kHz，可以对高频干扰信号起到有效衰减。

3. 运放选型

使用 LPC82x 内部 ADC 的采集应用，通常对器件成本的要求非常严格，标准化电路设计是考虑使用最低成本运放——LM358 系列。

经典运放器件通常存在两个问题：单电源条件下输入和输出信号范围不能达到电源电压(输入/输出不能轨至轨)，信号测量范围窄；输入失调电压与偏置电流比较大，直流精度影响大，因此不能使用。但现在已经有不少厂家生产 LM358 兼容或改进产品，详见表 2.3。

表 2.3 中的数据表明，只有 3peak 公司的改进型器件 LMV358A，同时支持轨至轨输入与输出，FET 输入级并且失调电压比较低，成本与原 LM358 一致，能够满足应用需求，因此标准化电路最终选用 LMV358A。

表 2.3　低成本运放参数选型

参数	NS(TI)	TI	Onsemi	3peak
	LM358	LMV358	LMV358	LMV358A
轨至轨输入	×	×	×	√
轨至轨输出	×	√	√	√
输入级类型	BJT	BJT	BJT	FET
最大失调电压/mV	7	7	9	1.4
最大偏置电流/nA	250	250	1	0.01
成本	$0.07	$0.24	$0.27	$0.07

2.2.5　模拟地与数字地

具有内部 ADC 的 MCU 一般有独立 AGND 引脚，以及普通 GND 引脚。如何把 AGND 连接到 GND 往往模糊不清，避免二者相互干扰的最优设计方法是，AGND 和 GND 引脚都就近接到地平面，详见图 2.16。

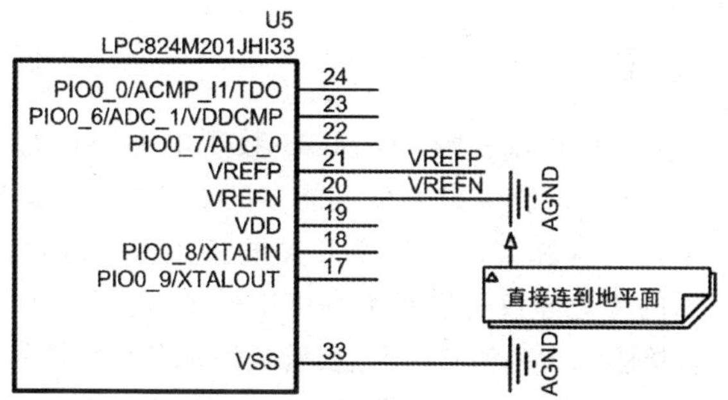

图 2.16　AGND 与 GND 的连接处理

了解混合信号 IC 内部的接地引脚结构，有助于理解 IC 设置独立模拟地、数字地引脚的意图，详见图 2.17。使接地引脚保持独立，可以避免将数字信号耦合至模拟电路内。在 IC 内部，将硅片焊盘连接到封装引脚的绑定线难免产生线焊电感 L_P 和电阻 R_P，IC 设计人员对此是无能为力的。如果共用地引脚，则快速变化的数字电流在 B 点产生电压，对于模拟电路无法接受，IC 设计人员意图分开接地引脚，排除此影响。

但是，分开之后 B 点电压还会通过杂散电容 C_{STRAY} 耦合至模拟电路的 A 点。IC 封装每个引脚间约有 0.2 pF 的寄生电容，是无法避免的。为了防止进一步耦合，AGND 和 DGND 应通过最短的引线在外部连在一起，并接到模拟接地层。DGND 连接内的任何额外阻抗将在 B 点产生更多数字噪声，继而使更多数字噪声通过杂散电容耦合至模拟电路。

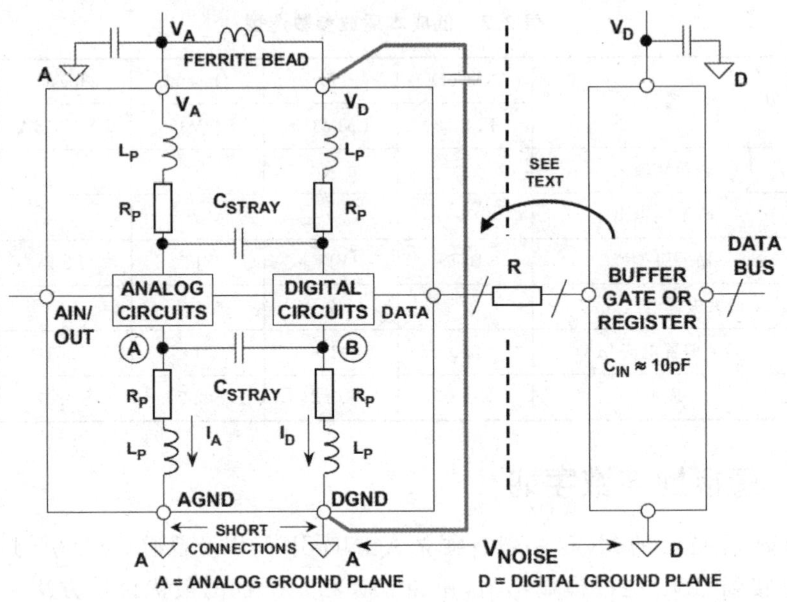

图 2.17　IC 内部模拟与数字地的连接情况

2.2.6　I/O 扇出电流

由于 LPC82x 只有一个电源引脚，即 MCU 数字电源与内部 ADC 模拟电源共用。虽然这样设计可以在小封装中提供尽可能多的 I/O 口，但是会给模拟部分带来干扰问题：MCU 工作时在电源上产生数字开关电流，通过共用引脚产生噪声电压，干扰内部 ADC。下面的优化建议可以很大程度上避免干扰：

- 避免 I/O 口直接驱动大电流，使用三极管或逻辑芯片间接驱动，详见图 2.18；
- 若条件允许，则切换到低功耗模式下执行 ADC 采集。

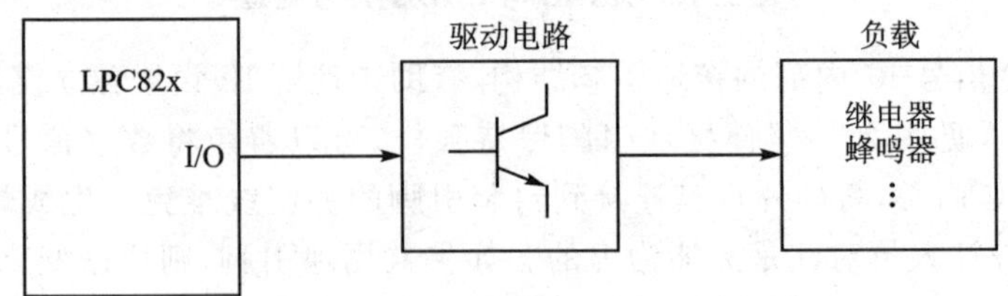

图 2.18　使用驱动电路减小 I/O 扇出

2.3　必要措施

一个完整的采集电路框图详见图 2.19，从传感器或信号源到最终的 ADC 数据输出，中间需要经过输入范围调整、多通道复用等信号调理环节。除 ADC 自身之外，需要考虑整个采集通道链路的设计，才能获得良好的采集精度。

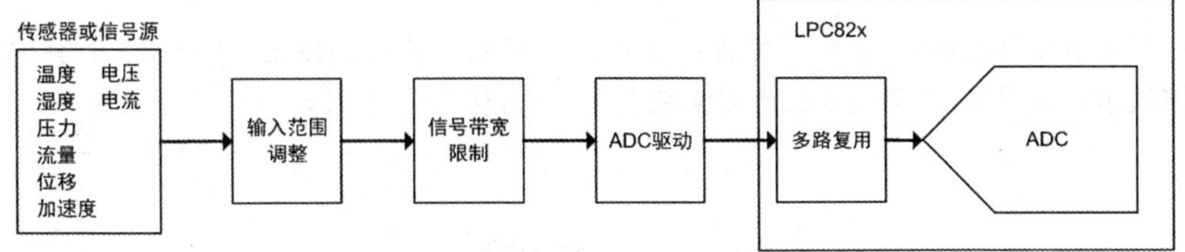

图 2.19　典型的采集电路框图

在设计采集通道时，需要考虑的问题有：

- 信号的大小和 ADC 满量程输入的范围。
- 信号的极性和 ADC 输入的极性。
- 信号的通道数，是需要多通道同步采样，还是采用复用输入。
- 信号是单端输入，还是差分输入。

2.3.1　输入范围匹配

传感器信号往往都很微弱，幅度可能只占 ADC 量程的一小部分。使得最大输入信号的幅度与 ADC 量程相匹配，对于得到最大的 ADC 转换精度是重要的。假定要转换的信号在 0～2 V 之间变化，而 VREF 等于 3 V，则最大信号的 ADC 转换数值是 2729h(2.0 V)，详见图 2.20。这样，就有1 366 个未使用的转换数值，即丢失了转换信号的精度。

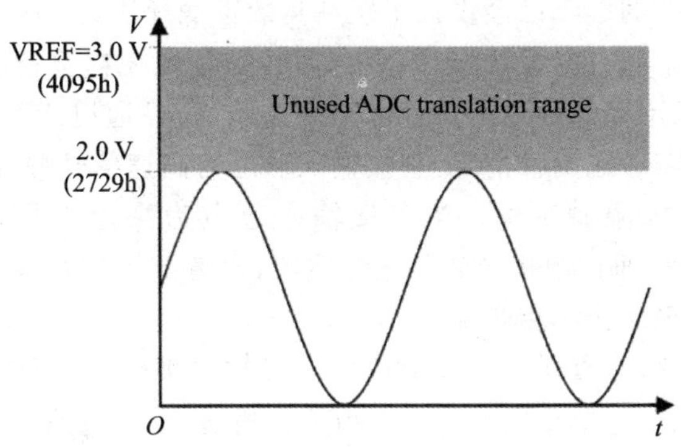

图 2.20　输入信号幅度与 ADC 测量范围

最好使用一个外部的前级放大器，这个放大器可以把输入信号的范围转换至 ADC 模块的范围。例如使用 LMV358A 搭建 10 倍同相放大器，使 0～300 mV 的输入信号转换为 0～3 V。

同样可以使用外部的放大器搭建叠加电路，完成双极性正负输入，转换成单极性输入；搭建仪表放大器，完成差分输入转换成单端输入。

2.3.2 多通道采样设置

考虑硬件成本时，多个采集通道复用一个 ADC 是常用的做法。LPC82x 具有 12 路模拟输入引脚，芯片内部已经是多路复用结构，详见图 2.21。

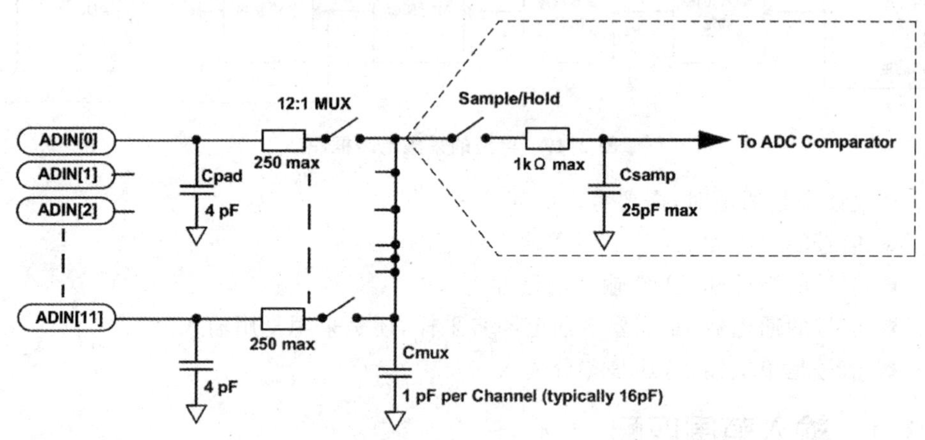

图 2.21　LPC82x 模拟输入通道的多路复用等效电路

使用这种时分复用结构时，非常容易因以下两个问题导致精度下降：

- 通道的信号源阻抗过大导致建立时间不足，采集到的电压值减小。
- 通道切换时间过快，多路开关公共端的寄生电容，导致相邻通道上的信号出现串扰。

虽然信号源阻抗的影响已经设计了缓冲运放彻底解决，但是考虑到成本因素，每个通道都加入一个运放有时无法接受，更合理的配置是在幅值精度要求高的信号通道上使用运放，要求不高的通道上信号源直接输入 ADC 通道。

这种混合配置需考虑两种情况：直接输入通道为高速信号并且要求高带宽，或者为低速信号并且要求限制带宽。当直接输入通道为高速信号的参考电路（详见图 2.22）时，为了避免通道串扰导致的电压残留，通道上不能并接电容。设计的关键在于信号源阻抗与采样速率相匹配。

要根据采样速率，对直接输入通道信号源阻抗的极限值进行量化。为了方便计算，取多路复用结构中的单个 LPC82x 模拟输入通道，等效电路详见图 2.23。

从左至右来看，Rs 为外部信号源阻抗（用符号 R_S 表示），Cpin 是输入引脚电容（基本可忽略），Rswitch 为多路复用开关电阻＋采样开关导通电阻（用符号 R_{SWITCH} 表示），Csample 为采样电容（用符号 C_{SAMPLE} 表示）。采样期间开关闭合，R_S、R_{SWITCH}、C_{SAMPLE} 构成单极点 RC 网络，它的时间常数可以表示为

$$t_{RC}=(R_S+R_{SWITCH})\times C_{SAMPLE}$$

假设在采样刚开始时，采样电容上的电压为 0，电容上的电压与上升时间的关系可以表示为

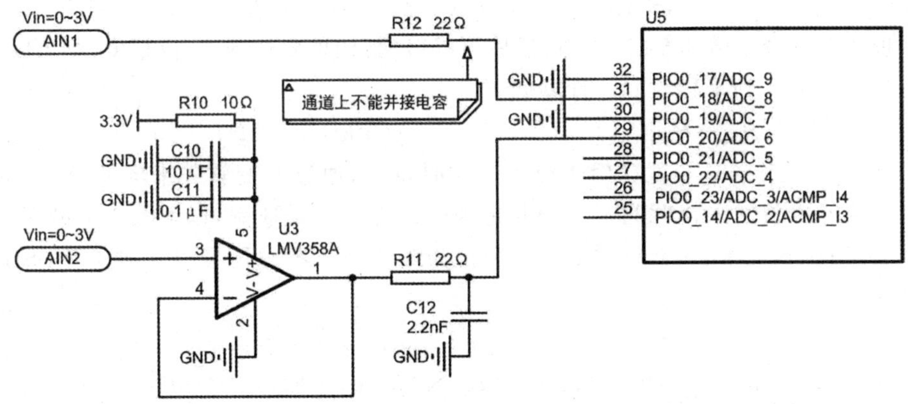

图 2.22 直接输入通道为高速信号时的多通道采样电路

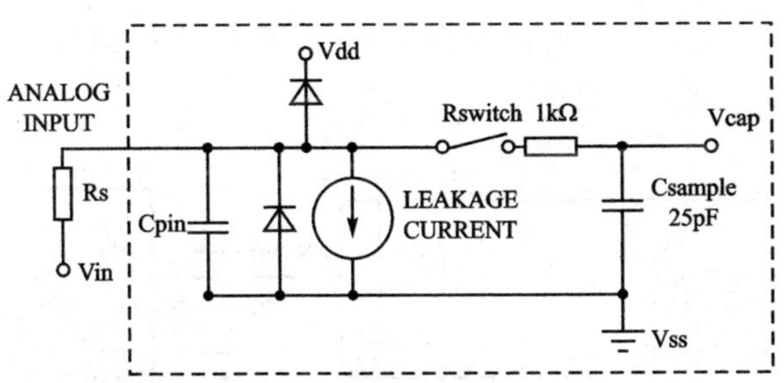

图 2.23 LPC82x 单个模拟输入通道的等效电路

$$V_{\mathrm{CAP}} = V_{\mathrm{in}} \times \left[1 - \mathrm{e}^{\frac{t}{(R_{\mathrm{S}}+R_{\mathrm{SWITCH}})\times C_{\mathrm{SAMPLE}}}}\right]$$

由此可见，可以根据变化时间确定采样电容上的电压达到输入信号电压值的百分比。假设 R_{S} 为 0，当采样电容上的电压为输入电压值的 99.32%时，将有 0.68%（剩余百分比）的电压无法准确获得，也就是说最小分辨率为 0.68%，这和 7.2 位的 ADC 的分辨率一致。剩余百分比和 ADC 位数的换算公式为 lb(1/剩余百分比)，其典型换算结果详见表 2.4。

表 2.4 建立时间与 ADC 精度

时间常数个数 n	1	5	8	9	10
$n(R_{\mathrm{S}}+R_{\mathrm{SWITCH}})C_{\mathrm{SAMPLE}}$(nSEC)	25	125	200	225	250
C_{SAMPLE} 上已经建立的电压	63.2	99.3	99.996	99.987 7	99.995 5
剩余百分比	36.8	0.67	0.034	0.012 3	0.004 5
ADC 精度/位	1.4	7.2	11.5	13	14.43

根据表 2.4 的计算，如果不能给 ADC 足够的采样时间会导致 ADC 的精度降低。假设一个采样速率为 1 MS/s 的 12 位 ADC，有效的采样时间为 750 ns。当 $\mathrm{R_S}$

为 0 时，750 ns>200 ns，采样电容上能获得远高于 12 位的精度，采样时间是足够的。如果现在对信号源增加 5 kΩ 内阻，然后可以得到：如果要达到 13 位精度，则 ADC 至少需要 1 350 ns 的采样时间。计算如下：

$$9\times t_{RC}=9\times(R_S+R_{SWITCH})\times C_{SAMPLE}=9\times(5\ k\Omega+1\ k\Omega)\times 25\ pF=1\ 350\ ns$$

750 ns 的采样时间就已经不够了。这时，可以通过改变软件来降低 ADC 的采样率来获得更长的采样时间。而判断是否应该降低采样速率，以 LPC82x 最高采样速率 1 MS/s 情况下，所允许的最高源阻抗为参考值。考虑信号建立至 1/2 LSB，计算过程如下：

$$750\ ns=9\times(R_S+R_{SWITCH})\times C_{SAMPLE},$$

$$750\ ns=9\times(R_S+1\ k\Omega)\times 25\ pF,\quad R_S=2.3\ k\Omega$$

该极限值表示，使用图 2.22 的直接输入通道为高速信号的多通道采样电路，最高信号源阻抗不能超过 2 kΩ，否则需要降低采样速率。

当直接输入通道为低速信号的参考电路(详见图 2.24)时，对源阻抗无要求，但通道两侧的相邻输入通道需要接地。

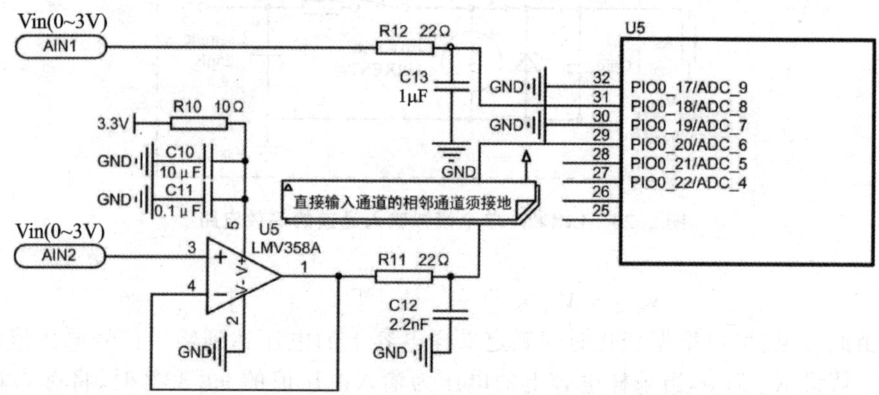

图 2.24 直接输入通道为低速信号时的多通道采样电路

总结多通道采样设置方法详见表 2.5，高速信号是指需要进行波形采样的信号，比如采集电网波形。低速信号是指只关注直流分量的信号，比如电源电压、温度传感器的输出电压。

表 2.5 多通道采样电路的选择方法

信号类型	幅值精度要求高	幅值精度要求低
高速信号	此通道使用运放缓冲，详见图 2.10	此通道信号源阻抗需小于 2 kΩ，否则降低采样率，通道上不能并接电容，详见图 2.22
低速信号	此通道使用运放缓冲，详见图 2.10	此通道对信号源阻抗无要求，两侧相邻通道须接地，详见图 2.24

2.3.3 电源分配策略

电源噪声是电路板上重要的噪声源头。为了减少干扰,建议模拟和数字部分独立使用稳压器供电,详见图 2.25。

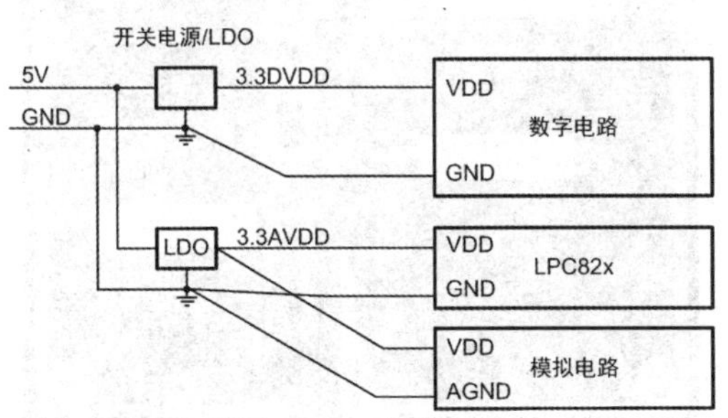

图 2.25 模拟部分与数字部分独立供电

2.3.4 PCB 布局布线处理

数字信号的开关噪声是电路板上另外一大干扰源。避免干扰电路板上的数字电路干扰模拟电路,应该遵循以下规则:

① 模拟部分器件与数字部分器件,分区域放置,避免交叉放置,详见图 2.26。

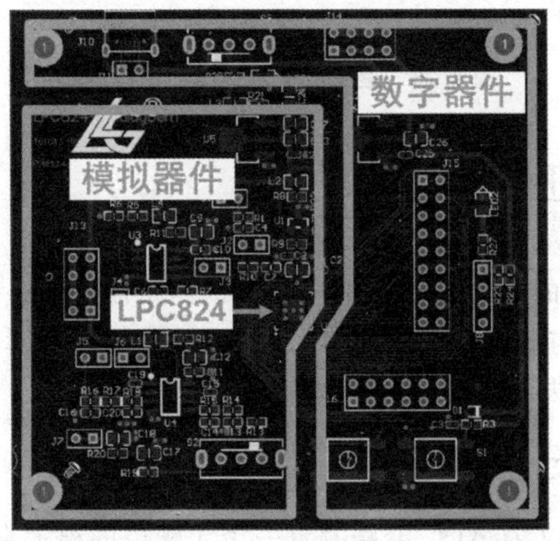

图 2.26 模拟器件与数字器件分区域放置

② 分割地平面,然后使模拟地平面与数字地平面在单点连接,避免通过公共的地回路引入干扰,详见图 2.27。

③ 模拟走线与数字走线,避免靠近或平行走线,如果不能避免,则应加地线屏蔽模拟走线,详见图 2.28。

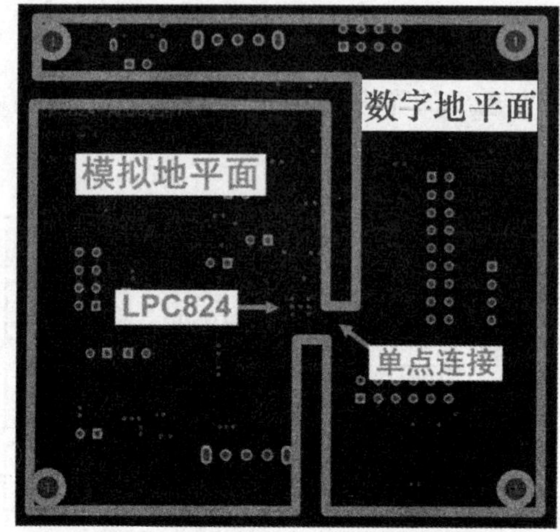

图 2.27　分割地平面在单点连接

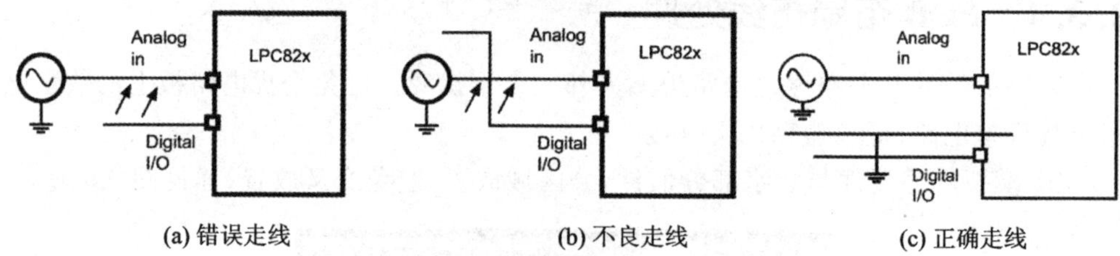

图 2.28　避免数字走线干扰模拟走线

2.4　实测验证

为验证改善方法的有效性，特制作了实际的电路板。测试 LPC824 内部 ADC 的关键精度指标，并且与成品开发板 AM824 的测试数据进行对比。主要测试数据为无噪声分辨率、INL、失调误差、增益误差。

2.4.1　无噪声分辨率

无噪声分辨率定义为 ADC 电路测量一个无噪声的稳定直流电压源，统计多次连续采样数据，输出数字代码能够保持不跳动的位数。无噪声电压源使用干电池，理想情况下，输出代码不跳动，只有一个输出代码。

在原 AM824 开发板上，重复测试一块干电池 200 次，获得的数据直方图详见图 2.29。

在使用了本文改善措施的电路板上，重复测试同一块干电池 200 次，获得的数据直方图详见图 2.30。

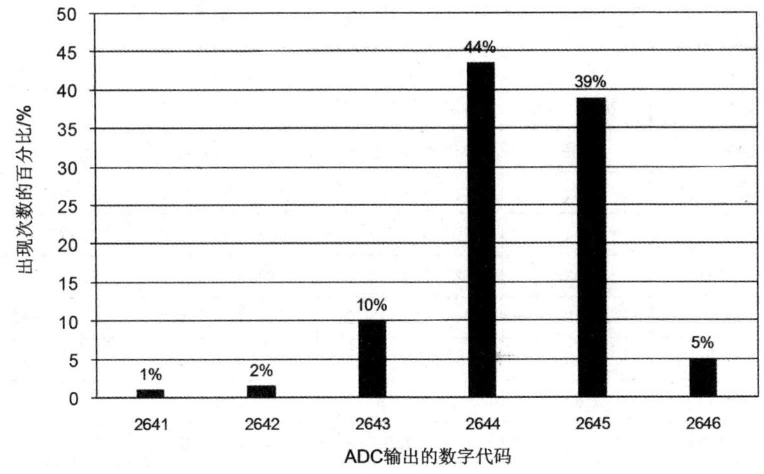

图 2.29 AM824 开发板测试直流信号的代码分布

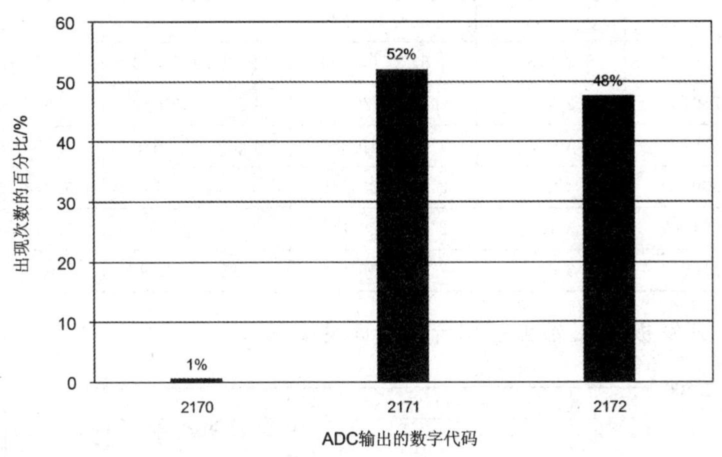

图 2.30 标准化电路板测试直流信号的代码分布

经过对比,发现原数据跳动在 6 位数码,转换成分辨率为 3 位,就是说,如果使用原开发板,最多可以发挥 9 位分辨率的精度。但是在新的电路板上,我们看到数据相对集中,而且跳动仅仅在 3 位,测量的精度更高,可以使用 10 位的分辨率精度。

2.4.2 积分非线性(INL)

INL 是表征 ADC 精度的一个重要参数。在 ADC 的全量程范围内,设置输入电压值从小到大,依次等间距采集一系列数据点,可以线性拟合出一条最贴近这些数据点的直线。理想情况下,ADC 是线性的,采集数据点应该全部落在该直线上。实际的采样数据点与拟合直线的偏离程度,则表征了 ADC 的非线性。在原 AM824 开发板上测试的数据详见表 2.6(VREF 值为 2.5 V)。

表 2.6　AM824 开发板的 INL 测试数据

实际输入电压/mV	ADC 输出代码	ADC 输出电压值/mV	线性拟合值 /mV	INL/LSB
249.65	409	248.978 625 2	247.528 489	2.367 03
375.51	613	373.163 562 9	373.773 620 6	0.995 786
500.31	817	497.348 500 6	498.955 508 6	2.623 089
625.16	1 028	625.794 686 2	624.187 549 6	2.623 299
750.01	1 231	749.370 874 2	749.419 590 6	0.079 519
874.86	1 435	873.555 812	874.651 631 6	1.788 686
999.71	1 639	997.740 749 7	999.883 672 6	3.497 853
1 124.61	1 843	1 121.925 687	1 125.165 867	5.288 884
1 249.51	2 060	1 254.024 371	1 250.448 061	5.837 545
1 375.49	2 264	1 378.209 309	1 376.813 559	2.278 256
1 500.48	2 468	1 502.394 247	1 502.186 029	0.339 87
1 625.39	2 673	1 627.187 934	1 627.478 253	0.473 883
1 750.37	2 883	1 755.025 37	1 752.840 692	3.566 009
1 875.32	3 088	1 879.819 057	1 878.173 039	2.686 765
2 000.19	3 291	2 003.395 245	2 003.425 141	0.048 799
2 124.89	3 495	2 127.580 183	2 128.506 723	1.512 374
2 249.83	3 699	2 251.765 121	2 253.829 04	3.368 896

AM824 开发板 INL 数据的拟合曲线详见图 2.31。

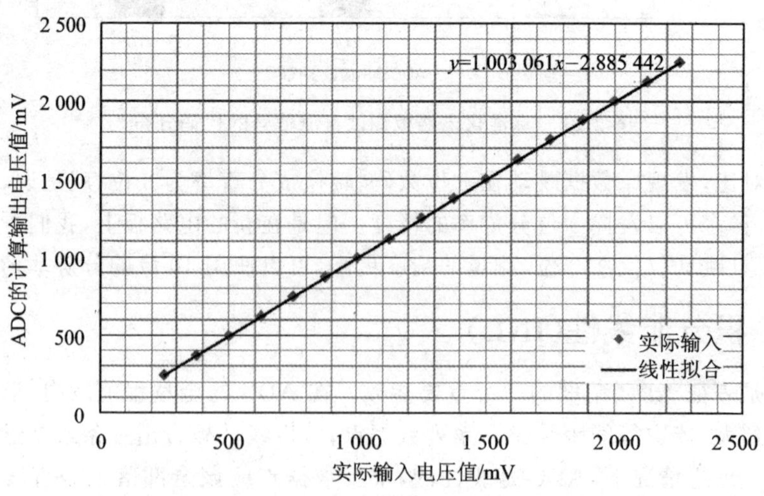

图 2.31　AM824 开发板 INL 数据的拟合曲线

在使用了本文改善措施的电路板上，重复测试获得的测试数据详见表 2.7（VREF 值为 3 V）。

表 2.7　标准化电路板的 INL 测试数据

实际输入电压/mV	ADC 输出代码	ADC 输出电压值/mV	线性拟合值/mV	INL/LSB
300.82	401	297.810 312 6	296.660 451 8	1.548 66
450.64	602	447.086 803 4	446.703 683 6	0.515 995
600.24	803	596.363 294 3	596.526 587 6	0.219 927
750.08	1 005	746.382 454 2	746.589 849 2	0.279 324
899.94	1 207	896.401 614 2	896.673 140 6	0.365 698
1 050.91	1 410	1 047.163 443	1 047.868 086	0.949 029
1 200.59	1 611	1 196.439 934	1 197.771 109	1.792 858
1 350.53	1 812	1 345.716 425	1 347.934 52	2.987 382
1 500.48	2 014	1 495.735 585	1 498.107 945	3.195 151
1 650.43	2 223	1 650.953 429	1 648.281 371	3.598 79
1 800.51	2 424	1 800.229 919	1 798.584 99	2.215 43
1 950.45	2 626	1 950.249 079	1 948.748 401	2.021 15
2 100.02	2 828	2 100.268 239	2 098.541 26	2.325 937
2 250.78	3 030	2 250.287 399	2 249.525 892	1.025 616
2 399.74	3 230	2 398.821 221	2 398.707 843	0.152 701
2 549.79	3 431	2 548.097 712	2 548.981 417	1.190 195
2 699.67	3 632	2 697.374 203	2 699.084 738	2.303 79

标准化电路板 INL 数据的拟合曲线详见图 2.32。

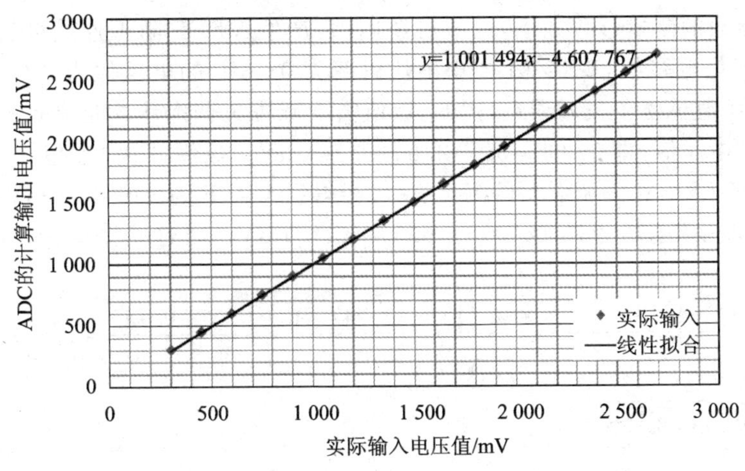

图 2.32　标准化电路板 INL 数据的拟合曲线

通过对比表 2.6 与表 2.7 发现，在电路板上加入这些措施后，INL 得到了改善，从原来的 5.3 个 LSB 改善为后来的 3.6 个 LSB。

2.4.3 失调与增益误差

1. 失调误差

失调误差定义为第一次实际转换至第一次理想转换之间的偏差。所谓第一次转换，即 ADC 输出从 0 变为 1 时所对应的输入模拟电压。理想情况下，第一次转换应该发生在输入信号为 0.5 LSB 时。失调误差以 E_O 标注，计算公式为：

$$E_O = \frac{\text{实际转换}_{(\text{第一次})} - \text{理想转换}_{(\text{第一次})}}{1\ \text{LSB}}$$

各个参数的测量过程如下：调节可调电阻，产生连续可变的 mV 级电压值输入到标准化电路板，观察 ADC 输出代码变为 1 的电压值为 2.44 mV（该值即为第一次“实际转换”电压）。实测基准电压源的电压为 3 047.56 mV，算得 1 LSB=(3 047.56/4 096)mV=0.74 mV，第一次“理想转换”电压为 0.5 LSB，即(0.5×0.74)mV。将这些数据代入计算公式，可得：

$$E_O = \frac{2.44 - 0.5 \times 0.74}{0.74} = 2.8\ \text{LSB}$$

2. 增益误差

增益误差定义为最后一次实际转换与最后一次理想转换之间的偏差。所谓最后一次转换，即 ADC 输出从 0xFFE 变为 0xFFF 时所对应的输入模拟电压。理想情况下，最后一次转换应该发生在输入信号为 VREF−0.5 LSB 时。增益误差以 E_G 标注，计算公式为：

$$E_G = \frac{\text{实际转换}_{(\text{最后一次})} - \text{理想转换}_{(\text{最后一次})}}{1\ \text{LSB}}$$

各个参数的测量过程如下：调节可调电阻，产生 VREF 附近连续可变的电压值输入到标准化电路板，观察 ADC 输出代码变为 0xFFF 的电压值为 3 046.35 mV。注意，该电压值包含了失调误差，因此，该值需要减去失调电压才是真正的最后一次“实际转换”电压值，即(3 046.35−2.8×0.74)mV。最后一次“理想转换”电压为 VREF−0.5 LSB，在失调误差的测试中，已经得到 VREF 为 3 047.56 mV，因此最后一次“理想转换”电压为(3 047.56−0.5×0.74)mV。将这些数据代入计算公式，可得：

$$E_G = \frac{(3\,046.35 - 2.8 \times 0.74) - (3\,047.56 - 0.5 \times 0.74)}{0.74} = -3.9\ \text{LSB}$$

2.5 应用说明

总结改善后的标准化电路板和 AM824 开发板的精度指标测试值详见表 2.8。

表 2.8　标准化电路板与 AM824 开发板的 ADC 测试精度

精度参数	AM824 开发板	标准化电路板
无噪声分辨率	6 LSB(跳动)	3 LSB(跳动)
INL/LSB	5.3	3.6
失调误差/LSB	1.2	2.8
增益误差/LSB	6.7	3.9

表中数据表明，经过上面提及的方法改进后，除增加 ADC 驱动运放导致失调电压有略微增加之外，所有参数指标都可以有进一步的改善。

在 AM824 开发板中无噪声分辨率比较低，根据公式 lb(1/跳动 LSB)，在 9 位左右。INL 根据公式 lb(1/误差 LSB)也是 9 位。

在改进设计后的标准化电路板上，片上 ADC 可以发挥更好的性能指标，其无噪声分辨率与 INL 性能都提升到了 10 位，适合于精度等级为 0.5%的应用。

在实际应用中，如果用户需要进行修改滤波器带宽或输入范围等参数，可以在以下几方面进行，只需要做一些参数上或通道电路上的调整，详见表 2.9。

表 2.9　用户参数选择

应用参数	标准化电路	用户扩展
输入通道数	1ch	根据表 2.5 扩展通道
带宽	9 kHz	修改图 2.12 滤波器参数，最高带宽 100 kHz
采样率	500 kS/s	可以在最高 1 MS/s(采样点每秒)范围内自由设置
输入范围	0～3 V	根据被测信号幅度，在图 2.12 的滤波器之前增一级放大或衰减
输入类型	单端、单极性	如果被测信号为差分信号，在图 2.12 的滤波器之前加一级差分转单端(或仪表放大器)

第3章

PWM 实现 DAC 电路设计

本章导读

当 MCU 需要产生不同的模拟信号时，通常采用集成或独立的 D/A 转换器实现。但是在要求低成本的场合，可以通过 PWM 信号产生系统需要的直流和交流信号。

LPC824 内部有一个 32 位 PWM 定时器(SCTimer)，它产生的 PWM 信号搭配外围电路可实现高分辨率、低成本的 DAC，比如，12 位 DAC。

3.1 实现原理

3.1.1 PWM 信号时域分析

PWM(Pulse Width Modulation)是频率固定、占空比变化的数字信号，PWM 信号波形可以被分解为一个直流分量加上一个相同占空比，但平均幅度为零的新的方波，详见图 3.1，由此可见，这个直流分量的幅度正比于 PWM 波形的占空比。

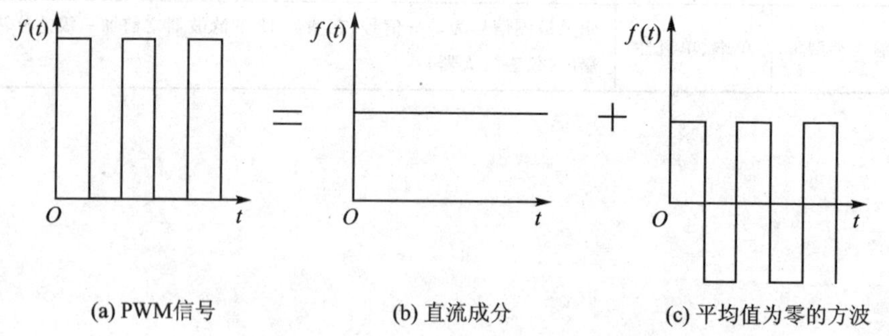

图 3.1　PWM 信号波形分解

如果使 PWM 信号的占空比随时间改变，那么其直流分量随之改变，信号滤除交流分量后将输出幅度变化的模拟信号。因此通过改变 PWM 信号的占空比，可以产生不同的模拟信号。这种技术称之为 PWM DAC，其原理可以形象地用图 3.2 表现出来。

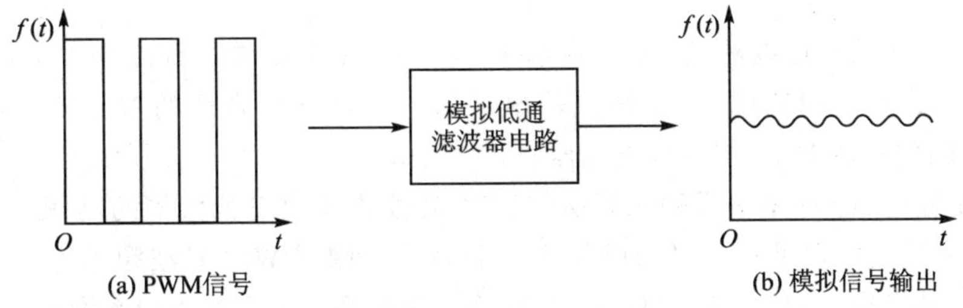

图 3.2 使用滤波器电路获取 PWM 的直流成分

3.1.2 PWM 信号频域分析

从频域分析可进一步得到 PWM 方式 DAC 的数学表达式。PWM 信号的函数波形详见图 3.3，p 表示 PWM 信号的占空比（$0\leqslant p\leqslant 1$），T 表示载波周期。图 3.3 是在不影响分析结果的前提下，移动函数波形的时间原点，使波形符合数学中的常规脉冲函数波形，以简化数学分析。

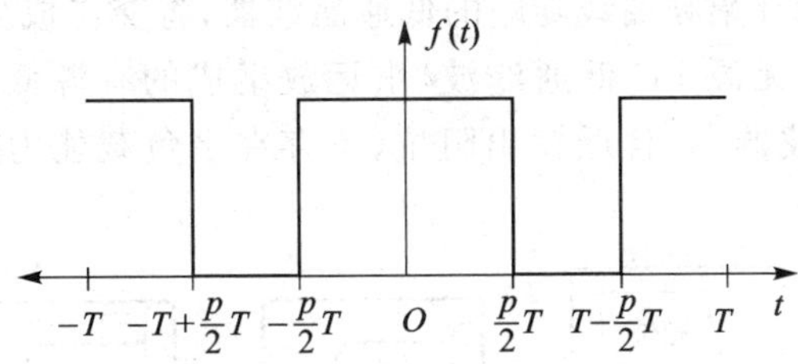

图 3.3 PWM 信号函数波形

根据傅里叶理论，任意周期波形都可以分解为无限个频率为其整数倍的谐波之和，周期函数 $f(t)$ 的傅里叶级数展开结果如下：

$$f(t)=A_0+\sum_{n=1}^{\infty}\left[A_n\cos\left(\frac{2n\pi t}{T}\right)+B_n\sin\left(\frac{2n\pi t}{T}\right)\right] \tag{3-1}$$

$$A_0=\frac{1}{2T}\int_{-T}^{T}f(t)\mathrm{d}t \tag{3-2}$$

$$A_n=\frac{1}{2T}\int_{-T}^{T}f(t)\cos\left(\frac{2n\pi t}{T}\right)\mathrm{d}t \tag{3-3}$$

$$B_n=\frac{1}{2T}\int_{-T}^{T}f(t)\sin\left(\frac{2n\pi t}{T}\right)\mathrm{d}t \tag{3-4}$$

如果令 K 表示 PWM 信号 $f(t)$ 的幅度，代入式(3-2)～式(3-4)，$f(t)$ 的展开系数分别为

$$A_0=K\times p \tag{3-5}$$

$$A_n=K\times\frac{1}{n\pi}[\sin(n\pi p)-\sin(2n\pi(1-p/2))] \tag{3-6}$$

$$B_n = 0 \tag{3-7}$$

从展开式系数可以看到，直流分量 A_0 项等于 PWM 波形幅度乘以 PWM 波形的占空比，这是所期望的 D/A 转换输出结果。通过选择合适的占空比，可以获得 0～K 之间的任意 D/A 转换输出电压。

交流分量 A_n 项是一系列频率为 PWM 信号载波频率整数倍的高频正弦谐波，对于 D/A 转换而言是不需要的成分。举个例子，如果 PWM 载波频率为 1 MHz，那么交流分量将是 1 MHz、2 MHz、3 MHz 等。此时经过一个截止频率为 1 MHz 的理想低通滤波器，除去 1 MHz 及以上交流谐波，只剩下可任意设置的直流分量，就是所期望的 DAC 功能，DAC 表达式如下：

$$V_{\mathrm{DAC}} = K \times p \tag{3-8}$$

3.2 电路设计

PWM 实现 DAC 的本质是需要保留直流分量，去除交流分量，电路设计主要根据 DAC 的分辨率，设计幅频曲线陡峭的低通滤波器，将交流成分衰减至可接受的范围内。对比无源 RC、无源 LC 低通滤波，由运放组成的有源低通滤波器，元件体积小，容易实现高阶滤波器，并且低输出阻抗，不存在带负载能力问题，电路框图详见图 3.4。

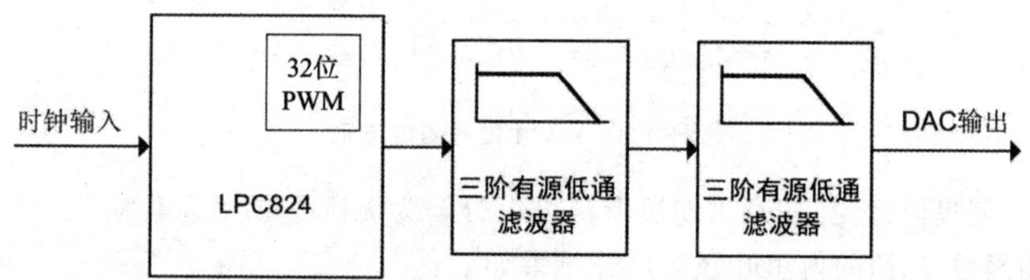

图 3.4 PWM 实现 DAC 电路框图

该电路由两个三阶低通滤波器级联形成六阶低通滤波器，用于衰减 LPC824 输出 PWM 信号的高频成分，实现 12 位分辨率 DAC。

3.2.1 DAC 分辨率

分辨率是 DAC 的重要参数，存在两个误差源影响 PWM 方式的 DAC 分辨率。首先，PWM 信号的占空比只能表示有限的分辨率。在 PWM 定时器最高时钟固定的情况下，DAC 分辨率由 PWM 信号载波频率决定。例如，期望产生载波频率 100 kHz 的 PWM 信号，PWM 定时器时钟为 100 MHz，这个时基在每个 PWM 载波周期之中，最多提供 1 000 个计数值，通过指定 PWM 定时器的比较值，最多提供 1 000 个 PWM 占空比分辨率。

第二个误差源是 PWM 信号中不期望的谐波分量所产生的峰峰值纹波（详见

图 3.5),纹波峰值至少需小于 1/2 个 LSB,这两个误差源加在一起决定总的 DAC 分辨率的不确定性。

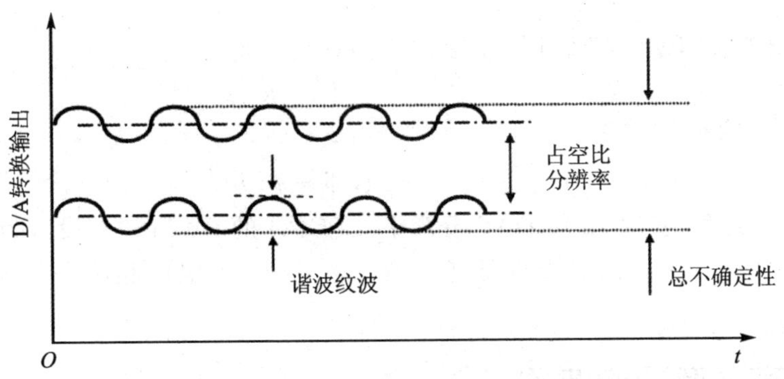

图 3.5 影响 PWM 方式 DAC 分辨率的误差源

改善第一个误差源占空比分辨率,容易想到降低 PWM 载波频率。在前面例子中,将载波频率由 100 kHz 降低至 50 kHz,对于 100 MHz 的时钟,PWM 占空比分辨率增加至 2 000 个。然而,更低的载波频率也降低了公式(3-6)中不期望谐波部分的基波频率,一次谐波现在变为 50 kHz 而不是 100 kHz,如果硬件有源低通滤波器维持不变,其截止频率不变,那么更多交流成分将穿过滤波器,谐波纹波峰值增加,会导致第二误差源增加。

可见,根据确定的硬件滤波器来选择 PWM 载波频率,在两个误差源 PWM 占空比分辨率和谐波纹波之间存在矛盾。先确定载波频率,再设计滤波器,是使得分辨率不确定性最小的方法。对于 LPC824 的 PWM 外设,设计 12 位 DAC 的计算步骤如下。

设定 PWM 定时器时钟。LPC824 运行时钟高达 30 MHz,这里我们留出一些裕量,选择 10 MHz 时钟频率,周期为 100 ns,即

$$T_{\mathrm{clk}} = 100\ \mathrm{ns}$$

设定 PWM 信号载波频率。考虑将信号的周期设置为可以被 4 096 整除,这样可以保证步进值为一个整数,保证转换的准确性与简便性。

$$T_{\mathrm{PWM}} = 4\ 096 \times 100\ \mathrm{ns} = 409.6\ \mu\mathrm{s}$$

因此 PWM 的载波周期设定在 409 600 ns,这样在每次 DAC 的数字代码步进 1 时,只需要将高电平持续时间加 100 ns,即步进一个计数值即可。我们可以轻松地算出 PWM 的载波频率为 2.44 kHz。

计算硬件低通滤波器所需的衰减倍数时,PWM 信号的交流分量中,基波频率最低,当占空比为 50%时,基波的幅度最大,若这种情况下滤波器能将基波幅度衰减至 1/2 LSB 之下,则在所有占空比情况下,都可以将 PWM 信号的交流分量衰减至 1/2 LSB 以下。因此可根据 50%占空比时的基波幅度,计算所需的衰减倍数。

首先，需要将 $n=1$ 代入公式(3-6)，得到基波的幅度 $A_{n=1}$，如下所示：

$$A_{n=1}=K\times\frac{1}{\pi}\left[\sin\left(\frac{\pi}{2}\right)-\sin\left(2\pi\left(1-\frac{1}{4}\right)\right)\right]=\frac{2K}{\pi}$$

然后，计算使得基波幅度小于 1/2 LSB 的衰减倍数 A_{filter}。

$$A_{n=1}\cdot A_{\text{filter}}\leqslant\frac{1}{2}\times\frac{K}{2^{12}}$$

$$A_{\text{filter}}\leqslant 0.000\,19，即 -74\ \text{dB}$$

总结计算过程，实现 12 位 DAC 分辨率，LPC824 的 PWM 时钟设置为 10 MHz，载波频率设置为 2.44 kHz，硬件低通滤波器需将 2.44 kHz 频率分量衰减 74 dB 以上。

3.2.2 有源低通滤波器

在 PWM 实现 DAC 应用中，带宽、阻带滚降速率是两个重要的滤波器性质。滤波器带宽定义为幅频响应等于 0.707 倍时的频率。滤波器带宽直接揭示了最大信号带宽，即 PWM 方式 DAC 能够有效处理的最大信号频率。阻带滚降速率是高频部分幅频响应曲线的斜率。带宽、滚降速率共同决定滤波器输出端看到的谐波纹波幅度。

通常低通滤波器为 -20 dB 每十倍频程 1 阶滤波器，若低通滤波器带宽设置为载波频率的 1/10 频程，即 0.244 kHz，衰减 -74 dB 至少需 4 阶低通滤波器。综合考虑带宽、滤波器电路的复杂程度，低通滤波器带宽设定在 200 Hz，使用两级 3 阶巴特沃斯低通滤波器级联形成 6 阶滤波器，详见图 3.6。

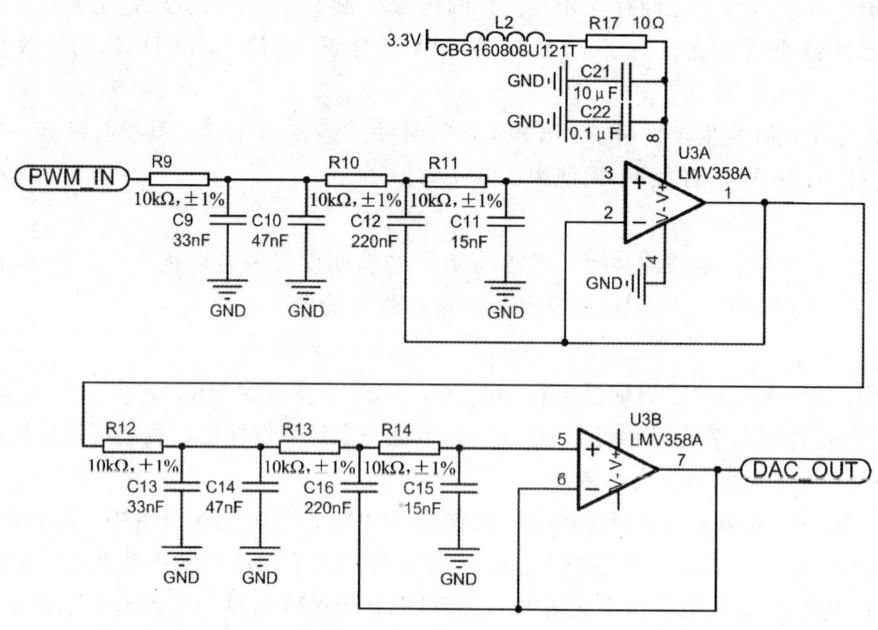

图 3.6 6 阶巴特沃斯有源低通滤波器电路

此滤波器电路的幅度曲线详见图 3.7，2.44 kHz 频率成分衰减比例为 100 dB 左右，具有足够的裕量。如果只需用到 10 位分辨率 DAC，可只选择使用第一级滤波器。

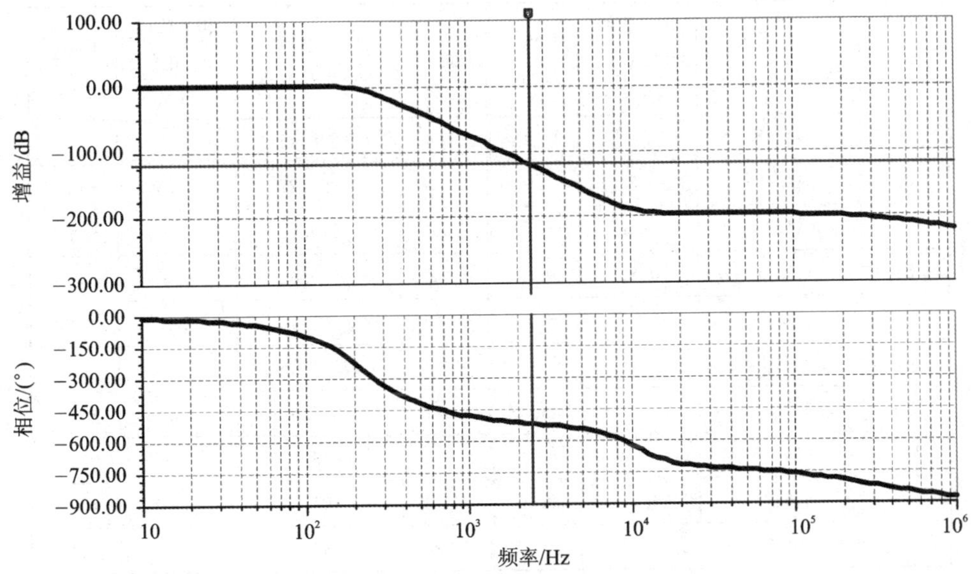

图 3.7　6 阶有源低通滤波器幅频曲线

与 LPC824 的 ADC 信号输入滤波器类似，这里再次使用单运放的三阶滤波器电路拓扑，避免常规有源滤波器电路设计对运放的带宽要求。常规配置需要运放增益带宽积至少比输入信号的最高频率高 5～10 倍，否则当输入信号的频率成分高于增益带宽时，高频成分将直接馈送至输出。根据 PWM 信号的最小占空比 100 ns，主要高频成分可达 10 MHz，需用到 50～100 MHz 带宽的精密运放。这类宽带精密运放非常贵，有时相当于直接使用一个 DAC 芯片的成本。

而在图 3.6 中，使用 3peak 公司增益带宽积仅为 1 MHz 的通用运放 LMV358A 即可实现同样功能，使得滤波器的成本可接受。

3.3　测试验证

为验证所实现 12 位 PWM DAC 的有效性，特制作了实际的电路板进行测试，主要测试数据为 DNL、INL、建立时间。

3.3.1　DNL

DNL 差分非线性定义为任意两个连续数字代码所输出步进电压的实测值与理想值之差。理想 DAC 的步进电压为每次严格步进一个 LSB(DNL＝0)。

在 DAC 输入数字代码范围内，取若干点的 DNL 测试验证（1 LSB＝3.3 V/2^{12}≈0.81 mV），数据详见表 3.1。可以看出，DNL 最大值为 0.02 个 LSB。

表 3.1　PWM DAC 的 DNL 测试数据

DAC 输入代码	DAC 实测输出电压/mV	相邻代码步进电压/mV	DNL/LSB	DAC 输入代码	DAC 实测输出电压/mV	相邻代码步进电压/mV	DNL/LSB
50	43.38			2 000	1 608.43		
51	44.19	0.81	0.00	2 001	1 609.22	0.79	－0.02
52	44.99	0.8	－0.01	2 002	1 610.02	0.8	－0.01
53	45.81	0.82	0.01	2 003	1 610.82	0.8	－0.01
54	46.60	0.79	－0.02	2 004	1 611.63	0.81	0.00
500	404.55			4 091	3 284.85		
501	405.35	0.8	－0.01	4 092	3 285.67	0.82	0.01
502	406.15	0.8	－0.01	4 093	3 286.47	0.8	－0.01
503	406.96	0.81	0.00	4 094	3 287.28	0.81	0.00
504	407.76	0.8	－0.01	4 095	3 288.11	0.83	0.02

3.3.2　INL

INL 积分非线性是表征 DAC 精度的一个重要参数。在 DAC 的全量程范围内，设置输入数字代码从小到大，依次等间距输出一系列电压值，可以线性拟合出一条最贴近这些电压值的直线。理想情况下，DAC 是线性的，这些电压值应该全部落在该直线上。实际输出电压值与拟合直线的偏离程度，则表征了 DAC 的非线性。

INL 测试数据详见表 3.2，从表中数据可以看出，INL 最大值为 1 个 LSB。

表 3.2　PWM DAC 的 INL 测试数据

占空比/%	DAC 输入代码	DAC 实测输出电压/mV	线性拟合值/mV	INL/LSB
3.125	128	106.03	106.606 5	0.72
6.25	256	208.76	209.249 7	0.61
9.375	384	311.49	311.892 9	0.50
3.125	128	106.03	106.606 5	0.72
6.25	256	208.76	209.249 7	0.61
9.375	384	311.49	311.892 9	0.50
12.5	512	414.22	414.536 1	0.39
15.625	640	516.96	517.179 3	0.27

续表 3.2

占空比/%	DAC 输入代码	DAC 实测输出电压/mV	线性拟合值/mV	INL/LSB
18.75	768	619.64	619.822 5	0.23
21.875	896	722.38	722.465 7	0.11
25	1 024	825.09	825.108 9	0.02
28.125	1 152	927.82	927.752 1	0.08
31.25	1 280	1 030.58	1 030.395 3	0.23
34.375	1 408	1 133.31	1 133.038 5	0.34
37.5	1 536	1 236.05	1 235.681 7	0.46
40.625	1 664	1 338.78	1 338.324 9	0.57
43.75	1 792	1 441.49	1 440.968 1	0.65
46.875	1 920	1 544.23	1 543.611 3	0.77
50	2 048	1 646.93	1 646.254 5	0.84
53.125	2 176	1 749.64	1 748.897 7	0.92
56.25	2 304	1 852.37	1 851.540 9	1.03
59.375	2 432	1 954.88	1 954.184 1	0.86
62.5	2 560	2 056.88	2 056.827 3	0.07
65.625	2 688	2 158.81	2 159.470 5	0.82
68.75	2 816	2 261.37	2 262.113 7	0.92
71.875	2 944	2 364.11	2 364.756 9	0.80
75	3 072	2 466.86	2 467.400 1	0.67
78.125	3 200	2 569.59	2 570.043 3	0.56
81.25	3 328	2 672.32	2 672.686 5	0.46
84.375	3 456	2 775.07	2 775.329 7	0.32
87.5	3 584	2 877.81	2 877.972 9	0.20
90.625	3 712	2 980.52	2 980.616 1	0.12
93.75	3 840	3 083.25	3 083.259 3	0.01
96.875	3 968	3 185.98	3 185.902 5	0.10
100	4 096	3 288.39	3 288.545 7	0.19

3.3.3 建立时间

建立时间是指从发出更新输出值的命令，到 DAC 输出电压建立到最终值误差范围之内的时间间隔。建立时间受输出有源低通滤波器的带宽等参数影响，测试波形详见图 3.8。

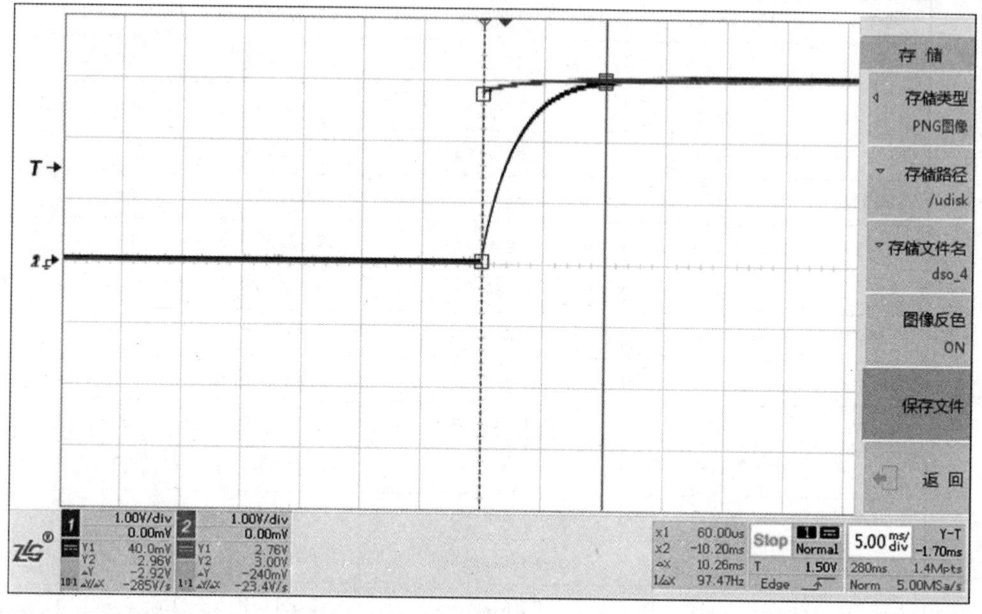

图 3.8 PWM DAC 输出建立时间测试

从图 3.8 可以看出，建立时间 ΔX 约为 10 ms。

3.4 参数总结

总结精度指标测试值详见表 3.3，用作对比的 AD5623 是常见的独立 12 位 DAC 芯片。

表 3.3 PWM DAC 精度参数

参数	PWM DAC(LPC824)	AD5623(ADI)
分辨率/bit	12	12
DNL/LSB	±0.02	±0.25
INL/LSB	±1	±1
建立时间	10 ms	4.5 μs

表 3.3 中数据表明，LPC824 的 PWM 外设结合本电路实现 DAC 有非常好的差分非线性(DNL)、线性度(INL)，与独立 DAC 芯片基本一致，但建立时间长，因此适合于输出低频、高精度的模拟信号。

第4章 面向接口的编程

本章导读

在结构化程序设计中，由于高层模块依赖底层模块，通常一个变化会引出另外的问题发生改变，则变化的代价就会急剧上升。所以在引入接口时，一个重要的经济考量是软件的不可预测性，因为需求和技术都在以不可预测的方式变化，其目的就是为了降低依赖。

4.1 平台技术

4.1.1 创新的窘境

虽然嵌入式系统和通用计算机系统同源，但由于应用领域和研发人员的不同，嵌入式系统很早就走向了相对独立的发展道路。通用计算机软件帮助人们解决了各种繁杂的问题，随着需求的提升，所面临的问题越来越复杂，软件领域的大师们对这些问题进行了深入研究和实践，于是诞生了科学的软件工程理论。无需多言，通用计算机软件的发展是我们有目共睹的。

再回过头来看嵌入式系统的发展，其需求相对来说较为简单，比如，通过热电阻传感器实现测温、上下限报警与继电器的动作，因此嵌入式系统的应用开发似乎没有必要使用复杂的软件工程方法，于是通用计算机系统和嵌入式系统走上了不同的发展道路。

当嵌入式系统发展到今天，所面对的问题也日益变得复杂起来，而编程模式却没有多大的进步，这就是所面临的困境。相信大家都或多或少地感觉到了，嵌入式系统行业的环境已经开始发生了根本的改变，智能硬件和工业互联网等都让人始料不及，危机感应运而生。

尽管企业投入巨资，不遗余力地组建了庞大的开发团队，当产品开发完成后，从原材料清单与制造成本角度来看，毛利还算不错。当扣除研发投入和合理的营销成本后，企业的利润所剩无几，即使如此，员工依然还是感到不满意，这就是传统企业管理者的窘境。

虽然 ZLG 投入了大量的人力资源，但重复劳动所造成的损耗以亿元计。上千种

MCU，由于缺乏平台化的技术，即便相同的外围器件，几乎都要重新编写相应的代码和文档并进行测试，所有的应用软件很难做到完美地复用。

在开发同一系列高、中、低三个层次的产品时，通常会遇到这样的情况：主芯片可能使用 ARM9、双核 A9 和 DSP，其操作系统分别为 μC/OS－II、Linux 和 SysBIOS。不仅驱动代码不兼容，而且应用层代码也不一样，在这上面的开销显然浪费，且是不可想象的。

4.1.2 AWorks

为了跳出“创新的窘境”，经过十多年的不断研发、积累和完善，ZLG 推出了创新性的 IoT 物联网生态系统：AWorks。其标识符详见图 4.1。

图 4.1　AWorks 标识符

AWorks 平台的宗旨是“软件定义一切”，使应用与具体硬件平台彻底分离，实现“一次编程、终生使用”和“跨平台”。AWorks 提供了大量高质量、可复用的组件，行业合作伙伴可以在该平台上直接开发各种应用，通过有线接入和无线接入收集、管理和处理数据，从而将程序员从“自底层寄存器开始开发、学习各种协议”的苦海中解放出来，使开发者可以回归产品本质，以应用为中心，将主要精力集中在需求、算法和用户体验等业务逻辑上。具体来说，可以从两个方面来理解 AWorks。

首先，AWorks 平台提供了一种通用机制，能够将各种软件组件有机地集成在一起，使其可以为用户提供数量庞大且高质量、高价值的服务。这些组件经过了精心的设计和实现，在代码体积、效率、可靠性和易用性上下了很大功夫。

其次，AWorks 是跨平台的，这里的平台指的是底层硬件平台或具体软件的实现。AWorks 规范了各种类型组件的通用接口，这些通用接口是对某一类功能高度抽象的结果，与具体芯片、外设、器件及实现方式均无关。例如，定义了一组文件系统接口，接口与具体存储硬件、具体文件系统实现方法（FAT、YaFFS、UFFS 等）均无关；换言之，存储硬件、文件系统的实现都可以任意更换，不会影响到通用接口。基于此，只要应用程序基于这些通用接口进行开发，那么，应用程序就可以跨平台使用，更换底层硬件不会影响到应用程序。换句话说，无论 MCU 如何改变，基于 AWorks 平台的应用软件均可复用。

迄今为止，AWorks 已经被成功地应用到了 ZLG 的示波器、功率计、功率分析仪、电压监测仪、电能质量分析仪、数据记录仪与工业通信等系列高性能仪器和工业 IoT 产品中。

AWorks 平台具有以下特点：

- 所有内部组件均可静态实例化，避免内存泄漏，提高系统运行的确定性和实时性。

- 深度优化了组件的初始化过程,使系统能以极短的时间(通常小于 1 s)启动。
- 所有组件可插拔、可替换、可配置(可通过便捷的图形配置工具完成)。
- 领先的驱动管理框架:AWbus - lite,使驱动程序可以得到最大限度的复用。
- 先进的电源管理框架,最大限度地降低功耗。
- 包含极微小原生内核,任务数量无限制,高达 1 024 优先级,支持同优先级任务,最小能在 1 KB RAM、2 KB ROM 中运行,包含多任务管理、信号量、互斥量、消息队列等多种 OS 服务。
- 提供常用的通用组件:文件系统、时间管理、动态内存管理等。
- 支持常用的协议栈:TCP/IP 协议栈、USB 协议栈、ModBus 协议栈等。
- 主要目标领域:IoT 物联网,提供 WiFi、Bluetooth、Zigbee、GPRS、3G、4G 等无线接入方式,支持 6LoWPAN、TLS、DTLS、CoAP、MQTT、LwM2M 等物联网关键协议。云端接入方面,支持机智云、阿里云等第三方云服务平台应用程序框架,很快也将推出 ZLG 自主研发的云平台。
- 除原生内核外,μC/OS、SysBIOS、FreeRTOS 等 RTOS 也可作为 AWorks 的内核;
- 提供第三方组件的适配器,方便用户跳过移植阶段,直接使用第三方组件,例如 LwIP、FatFS、SQLite 等。

简单地说,AWorks 平台提供了标准化的、与硬件无关的 API,提供了大量高质量的组件,这些组件都是可剪裁、可配置的(图形化配置工具)。基于 AWorks 中大量的组件,开发者无需关心与 MCU、OS 有关的基础知识,只要会 C 语言就能快速将需求开发成产品。

AWorks 平台的架构图详见图 4.2。由架构图可见,AWorks 提供的软件服务非常多,包含了 OS 服务(多任务、信号量等)、一系列驱动软件(如 PCF85063 驱动)、通用工具软件(如链表、环形缓冲区)、一些大型的协议栈(如 TCP/IP)等。AWorks 适用于较为复杂的应用场合,这些复杂的应用通常需要用到 OS 服务或大型协议栈。

特别地,在架构图中有一个名为 AMetal(Bare - Metal Framework)的组件,由此可见,AMetal 是 AWorks 的一个子集,本书将重点介绍 AMetal。有关 AWorks 的更多内容,可以参考 AWorks 相关书籍,例如《面向 AWorks 框架和接口的 C 编程(上)》。需要说明的是,AMetal 并不依赖于 AWorks,其可以独立于 AWorks 运行,因此,即使对 AWorks 毫不了解,也并不影响后文对 AMetal 的理解,本节主要是对 AMetal 在 AWorks 中的位置作简要说明。

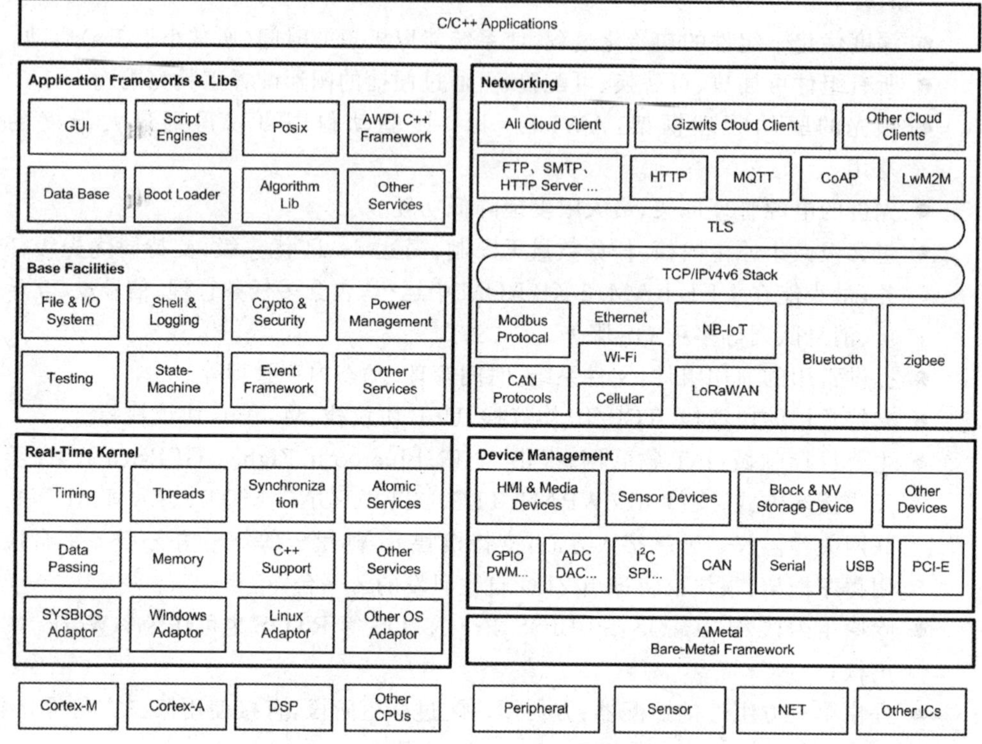

图 4.2 AWorks 的架构(包含了 AMetal)

4.1.3 AMetal

在 MCU 产业快速发展的今天,芯片厂商推出了越来越多的 MCU。不同厂商、型号之间,MCU 外设的使用方法千差万别。比如,不同芯片厂商的 I^2C 外设可能差异很大,使用方法大不相同。这给广大嵌入式开发人员带来了诸多烦恼,特别是在出于种种原因要更换 MCU 时(比如更换资源更大的 MCU、性价比更高的 MCU,等等)。

硬件外设的作用是为系统提供某种功能,AMetal 基于外设的共性(例如,无论何种硬件 I^2C,它们都是为系统提供以 I^2C 的形式发送或接收数据),对同一类外设功能进行了高度的抽象,由此形成了“服务”的抽象概念,即各种硬件外设可以为系统提供某种服务(例如,I^2C 数据收发服务)。服务是抽象的,不与具体硬件绑定。同时,为了使应用程序使用这些服务,AMetal 还定义了一系列标准化的软件接口。由于这些标准化的软件接口用于应用程序使用硬件外设提供各种服务,因此,可以将其视为标准化的服务接口。

由于服务是对某一类功能高度抽象的结果,与具体芯片、外设、器件及实现方式均无关,使得不同厂商、型号的 MCU 外设都能以相同的一套服务接口进行操作。即使底层硬件千变万化,也可以由一套简洁的接口使用相应的外设。如此一来,只要应用程序基于标准化的服务接口进行开发，那么应用程序就可以跨平台使用，在任何满足资源需求的硬件平台上运行，即使更换了底层硬件，也不会影响到应用程序。换句话说，无论 MCU 如何改变，基于 AMetal 平台的应用软件均可复用。

可以标准化的服务接口具有跨平台（可以在不同的 MCU 中使用）特性，为便于描述，通常也将其称之为“标准接口”或“通用接口”。

1. AMetal 的特点

AMetal 是 AWorks 的子集，但不依赖于 AWorks，其具有以下特点：

- 开源，开源地址为 https://github.com/zlgopen/ametal；
- 外设功能标准化，提供了一系列跨平台 API，使应用程序可以跨平台复用；
- 不依赖于操作系统服务；
- 开放外设所有功能；
- 独立的命名空间（am_），可以避免与其他软件包冲突；
- 能独立运行，提供工程模板与 demo，用户在此基础上快速开发应用程序；
- 封装时将效率和变化部分放在第一位，用户不看手册也能使用；
- 上层系统基于 AMetal 开发外设驱动，无需针对各种繁杂外设分别开发驱动；
- 丰富的硬件平台，部分 MCU 主板详见图 4.3，扩展板详见图 4.4。

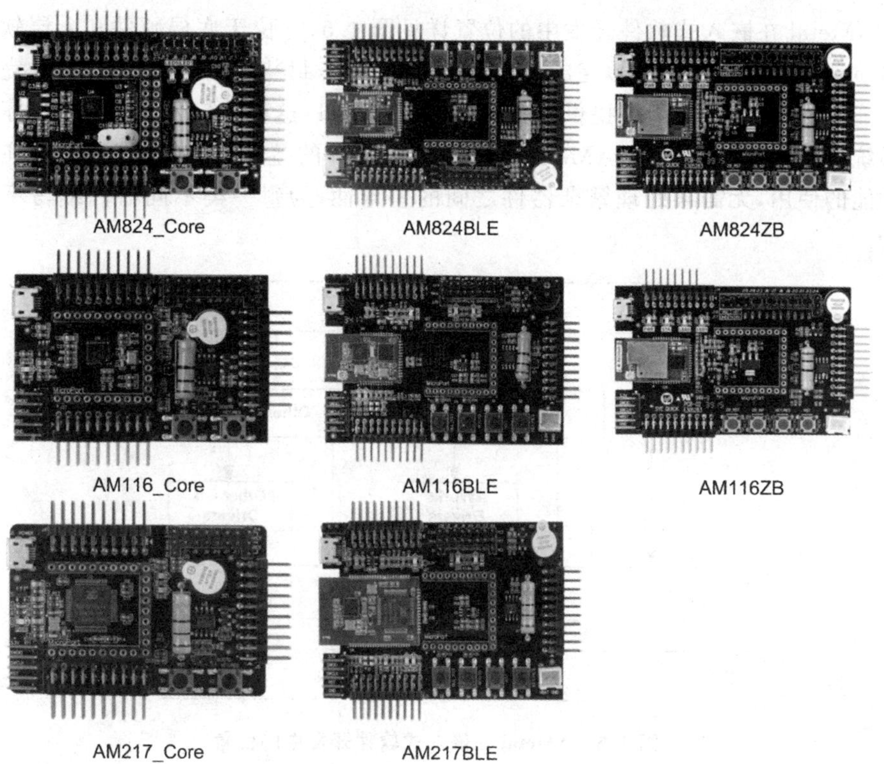

图 4.3　支持丰富的硬件平台（MCU 主板）

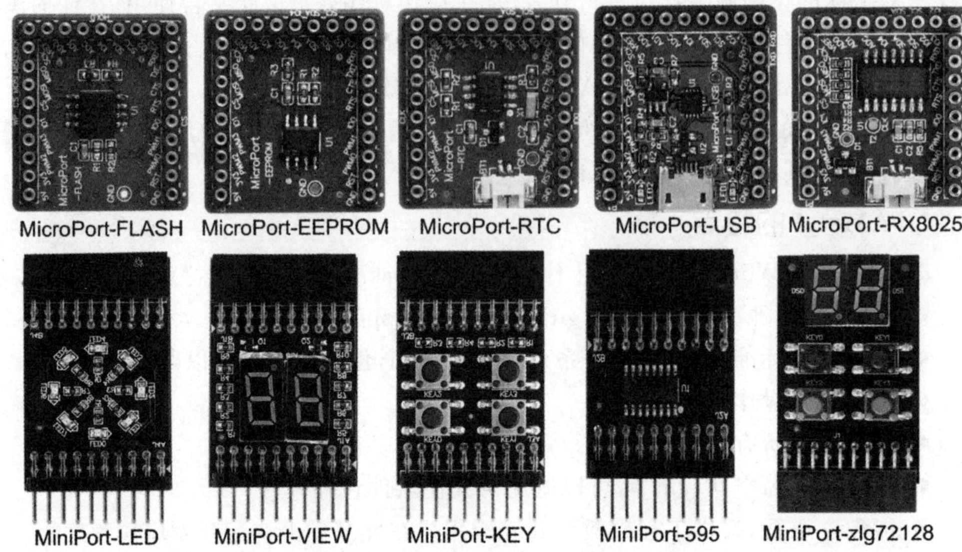

图 4.4　支持丰富的硬件平台(扩展板)

2. AMetal 在嵌入式软件开发中的位置

AMetal 在嵌入式软件开发中的位置详见图 4.5，它位于底层硬件和上层软件之间，负责与底层硬件打交道，完成寄存器级别的操作，封装底层硬件的功能，并完成基础功能的抽象，为系统上层提供统一的硬件操作接口，这些接口可以被应用程序与操作系统直接调用。换言之，AMetal 处理了底层硬件的差异性，使系统上层专注于硬件功能的使用，无需再处理繁杂器件之间的差异性，为每一类不同器件编写不同的驱动。

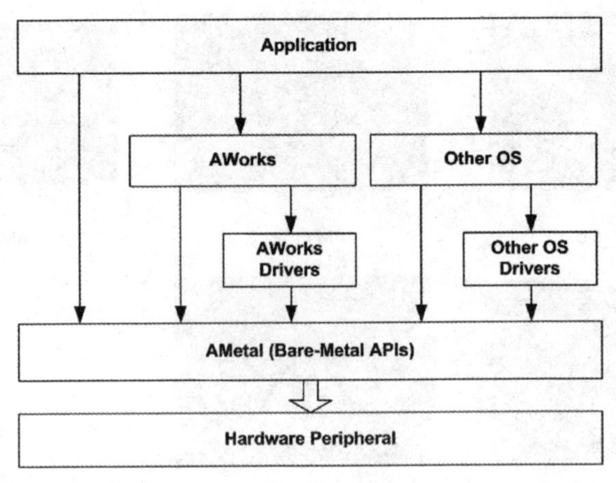

图 4.5　AMetal 在嵌入式软件开发中的位置

在 AWorks 中，AMetal 位于外设和外围器件之上，负责与底层硬件打交道。实际上，AMetal 不局限于为 AWorks 提供服务，对于其他任何操作系统而言，都可以使用 AMetal 以快速跳过寄存器操作阶段，进而直接使用各种外设提供的功能。

3. AMetal 系统框图

AMetal 系统框图详见图 4.6。

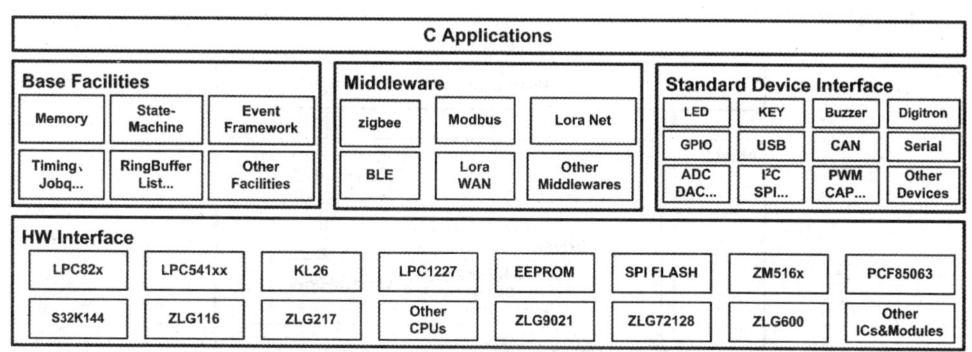

图 4.6　AMetal 系统框图

C 应用程序直接基于 AMetal 提供的各类接口完成，接口主要包括 4 个部分：硬件层接口（HW Interface）、标准设备接口（Standard Device Interface）、中间件（Middleware）、基础工具（Base Facilities）。

（1）硬件层接口

这类接口直接操作硬件寄存器，以便用户使用芯片提供的各种功能。当前 AMetal 已经支持一系列 MCU 及外围器件，例如：LPC82x、LPC541xx、KL26、LPC1227、S32K144、ZLG116、ZLG217 等 MCU；EEPROM、SPI Flash、ZM516X、PCF85063、ZLG9021、ZLG72128 等外围器件。

这类接口重在实现 MCU 或外围器件本身的功能，程序员不用查看芯片手册就能编写使用 MCU 或外围器件。

（2）标准设备接口

这类接口是高度抽象的接口，与具体硬件无关，可以跨平台复用，常用的设备均已定义了相应的接口，例如：LED、KEY、Buzzer、Digitron、GPIO、USB、CAN、Serial、ADC、DAC、I^2C、SPI、PWM、CAP 等。用户应尽可能基于标准接口编程，以便应用程序跨平台复用。

（3）中间件

一些通用的组件，与具体芯片无关，例如：Modbus、LoRa WAN、LoRa NET 协议栈。用户使用 AMetal 时，可以直接使用这些成熟的协议栈，快速实现应用。

（4）基础工具

一些基础的软件工具，便于在应用程序中使用，例如：任务队列、链表、环形缓冲区、软件定时器等。这些实用的基础工具可以为应用程序提供很大的便利。

4. AMetal 架构

AMetal 架构图详见图 4.7。可以简单地将 AMetal 分为三层:硬件层、驱动层和标准接口层。上层软件可以根据需求调用合适的 API。硬件层接口直接操作寄存器,效率最高,但接口与具体芯片相关,无法跨平台复用。标准接口层提供的接口可以跨平台复用。

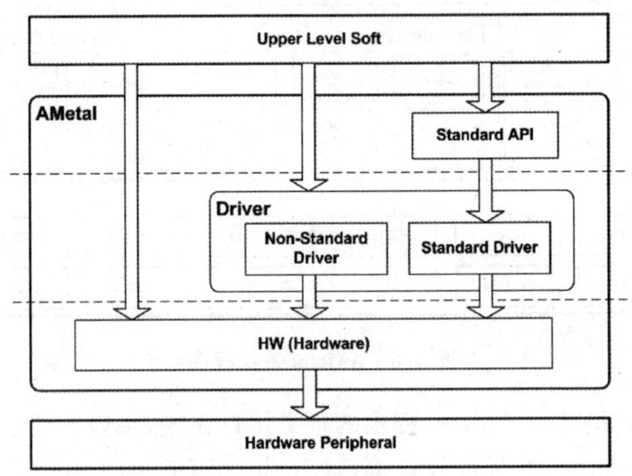

图 4.7 AMetal 架构图

驱动层主要分为标准驱动和非标准驱动,标准驱动的作用是实现标准接口。这类驱动通常只会提供一个初始化函数(例如,LPC82x 的 ADC 标准驱动提供的初始化函数命名形式可能为 am_lpc82x_adc_init()),初始化后即可使用标准接口操作相应的外设。部分外设功能目前还没有标准化(例如 DMA),对于这类外设,可以根据芯片具体情况提供一系列功能性函数供用户使用,这类函数不是标准化的,同样与具体芯片相关(例如,LPC82x 的 DMA 启动传输函数命名形式可能为 am_lpc82x_dma_transfer()),因而将这类函数视为非标准驱动。

这里以 GPIO 为例,给出相应的文件结构图,详见图 4.8。

由图 4.8 可见,一个外设相关的文件有 HW 层文件、驱动层文件和用户配置文件。通常情况下,HW 层提供了直接操作硬件寄存器的接口,接口实现简洁,往往以内联函数的形式放在.h 文件中,因此,HW 层通常只包含.h 文件,但当某些硬件功能设置较为复杂时,也会提供对应的非内联函数,存放在.c 文件中。驱动层作为中间层,其使用 HW 层接口,实现了标准接口层中定义的接口,以便用户使用标准 API 访问 GPIO。用户配置文件完成了相应驱动的配置,如引脚数目等。

标准接口层对常见外设的操作进行了抽象,提出了一套标准 API 接口,可以保证在不同的硬件上,标准 API 的行为都是一样的。用户使用一个 GPIO 的过程:先调用驱动初始化函数,后续在编写应用程序时仅需直接调用标准接口函数即可。可见,应用程序是基于标准 API 实现的,标准 API 与硬件平台无关,使得应用程序可以

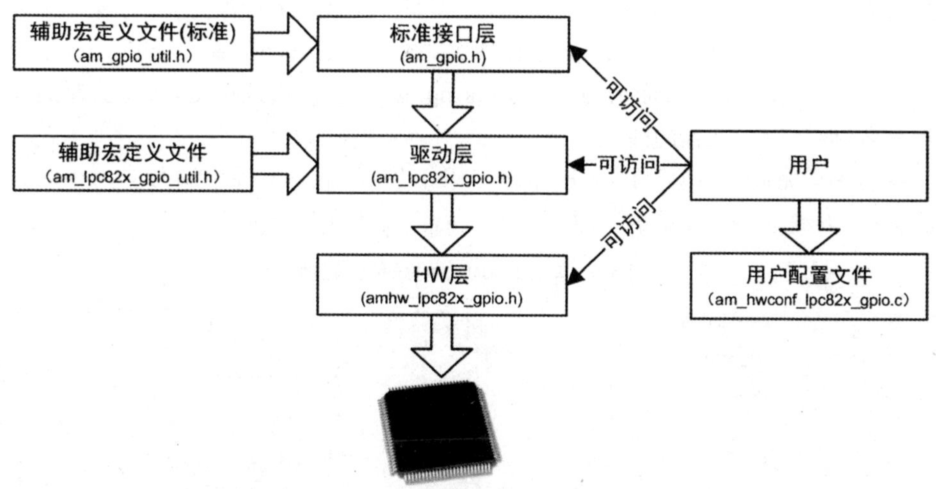

图 4.8 GPIO 文件结构图

轻松地在不同的硬件平台上运行。

5. AMetal 快速入门

AMetal 是一个开源项目，项目地址为 https://github.com/zlgopen/ametal。在正式开发前，先阅读 AMetal 仓库中几个入门级文档(位于仓库中的 documents 目录下)：

- 《AMetal 目录结构》 讲解 AMetal 的目录结构，使用户对 AMetal 仓库的目录结构有着更加深入的了解，知道各个文件夹下存放的是何种文件。
- 《快速入门手册(keil)》 快速搭建 keil 集成开发环境，讲解如何安装相关软件、新建工程、调试应用程序、下载应用程序等基本操作。
- 《快速入门手册(eclipse)》 快速搭建 eclipse 集成开发环境，讲解如何安装相关软件、新建工程、调试应用程序、下载应用程序等基本操作。

实际中，AMetal 已经提供了模板工程，新建工程通常仅需简单复制一下。开发环境选择常用的一种即可，无需搭建每一种开发环境。对于初学者或习惯使用 keil 的开发人员来讲，仅需阅读《快速入门手册(keil)》这篇文档(本书也主要以 keil 为例进行说明)。

在 AMetal 中，模板工程是与具体的硬件评估板对应的，针对每个评估板都提供了对应的模板工程，其路径为 ametal/board/{board_name}/project_template。其中，{board_name}表示具体的评估板名称，例如，AM824_Core 评估板对应的模板工程位于 ametal/board/am824_core/project_template，在该路径下，project_keil5 中即包含了 keil 工程文件：template_am824_core.uvprojx，双击打开即可使用。

新建工程的详细步骤可以参考《快速入门手册(keil)》，新建工程的方法可以简要描述为：将模板工程文件夹(project_template)复制一份，并将复制得到的文件夹重命名为与具体应用相关的名字。例如，要编写一个 LED 闪烁应用，则可以命名为 led_blinking，然后打开 led_blinking 文件夹，将工程文件 project_keil5/ template_am824_core. uvprojx 也重命名为 led_blinking. uvprojx。由此可见，通过简单的复制和重命名，即可完成工程的建立。

新建工程完成后，即可在 user_code 目录下的 main. c 文件中编写应用程序。作为示例，可以编写一个简单的 LED 闪烁程序，详见程序清单 4.1。

程序清单 4.1　LED 闪烁范例程序

```
#include "ametal.h"
#include "am_led.h"
#include "am_delay.h"

void am_main (void)
{
    while(1) {
        am_led_toggle(0);                  //翻转 LED0 的状态
        am_mdelay(500);                    //延时 500 ms
    }
}
```

其中，am_main()函数即为应用程序的入口函数，应用程序从这里开始运行，类似于在 PC 上编程时的 main()函数。在该函数中，通常都存在一个 while(1)大循环。若 am_main()函数结束，则标志整个应用程序结束。应用程序通常会一直运行，不会退出，因此，该函数通常不会返回，一直处在大循环（又称之为主循环）中。

将程序清单 4.1 所示的程序编译、链接后即可生成程序固件，并可以下载到开发板上运行，具体操作方法详见《快速入门手册（keil）》。

在 AMetal 中，AMetal 提供的函数均以“am_”开头，其中，am_led_toggle()在 am_led. h 文件中声明，用于翻转 LED；am_mdelay()在 am_delay. h 文件中声明，用于延时指定的时间（单位：毫秒）。这些接口的详细使用方法将在后续相关的章节予以介绍。需要特别注意的是，在 AMetal 平台中编写应用程序时，所有源文件都应该首先包含 ametal. h 文件，以包含必要的通用头文件（如类型定义等），确保程序正常工作。

在这里，初步体会了 LED 和延时服务两类 API，实际中，任何模块或服务的使用方法都是类似的：首先，包含该模块或服务对应的头文件（“aw_xxx. h”）；然后，使用头文件中提供的 API。后续章节将详细介绍 AWorks 提供的一些基础服务。

6. 书中代码说明

书中所有可运行代码均已上传至 github，并创建了相应的工程，打开后可以直接使用，对应工程所在路径为 ametal/board/{*board _ name*}/ametal _ book/project_ keil5。其中，board_name 表示板子的名字：若代码在 AM824_Core 硬件平台上(第 4 章～第 7 章)运行，则{*board_name*}为 am824_core；若代码在 AM824BLE 硬件平台上(第 9.1 节)运行，则{*board_name*}为 am824ble；若代码在 AM824ZB 硬件平台上(第 9.2 节、第 10 章)运行，则{*board_name*}为 am824zb。

由于书中可运行程序(包含 am_main()函数的程序清单)很多，如果为每个可运行程序都建立一个工程，工程文件将变得非常繁多，为此，对于在某一硬件平台上(AM824_Core、AM824BLE 或 AM824ZB)运行的应用程序，都统一添加到了一个工程中。应用程序均存于工程路径的 user_code 目录下，且以"am_main_x_y.c"的形式命名，其中 x_y 表示程序清单的序号。例如，对于程序清单 4.1，其对应的文件名即为 am_main_4_1.c，读者阅读到书稿中某一程序时，可以根据程序清单的序号快速找到其在 github 上的源码。

默认所有可运行程序都添加到了工程中，但实际上，同一时刻只能运行一个应用程序，因此，默认这些应用程序并没有"使能编译"，即不会参与编译，仅供用户快捷查看。若用户需要运行某一程序，则应将该文件包含到工程编译中，以便生成可以在目标板上运行的二进制程序文件，具体操作步骤如下：

① 打开工程后，在工程窗口左侧找到 user_code 分组，详见图 4.9(a)。

② 单击 user_code 分组前的"＋"展开列表，可以看到很多应用程序文件，详见图 4.9(b)。

③ 找到需要运行的应用程序，鼠标选中该文件并右击，在弹出的快捷菜单中选择第一个菜单项(Options For File…)，详见图 4.9(c)。

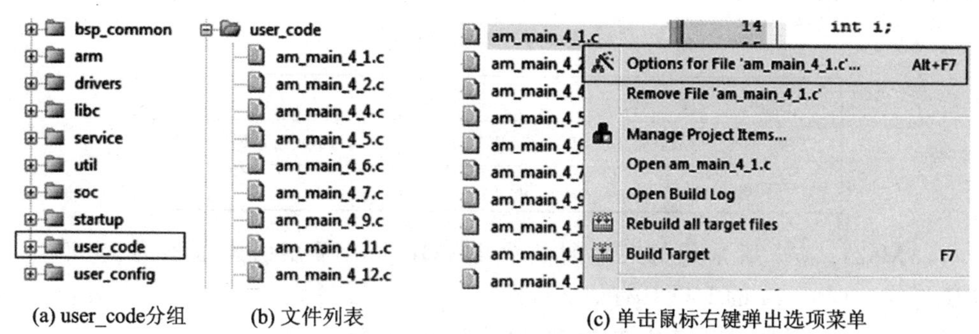

(a) user_code分组　(b) 文件列表　(c) 单击鼠标右键弹出选项菜单

图 4.9　文件加入工程编译的步骤

④ 在弹出的窗口中勾选上 Include in Target Build，详见图 4.10(a)。

需要注意的是，在运行其他应用程序前，应确保移除之前已经加入工程编译的文件，按照同样的步骤取消 Include in Target Build 复选框的勾选，详见图 4.10(b)。

更详细的说明可以参考 ametal/documents 目录下的"面向 AMetal 框架与接口的编程图书代码使用说明"。

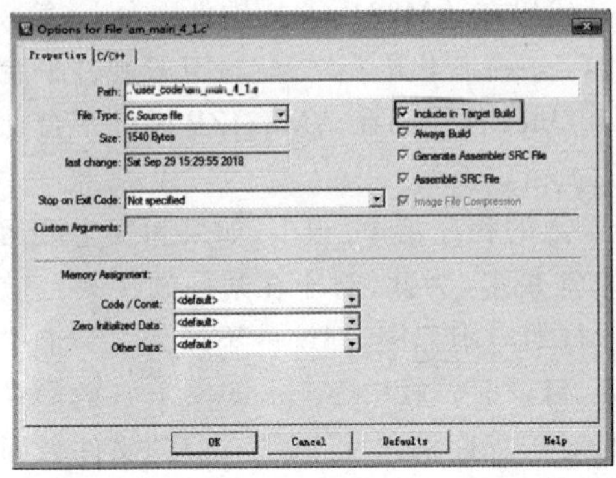

(a) 文件加入工程编译：勾选Include in Target Build

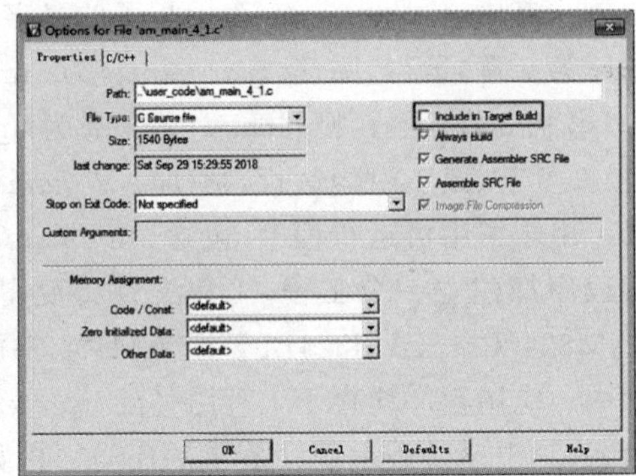

(b) 文件移除工程编译：取消Include in Target Build

图 4.10 文件加入工程编译或移除工程编译

4.2 开关量信号

4.2.1 I/O 系统

嵌入式系统的主要功能就是要实现对现实事件的监控，如同没有配置显示器、打印机或键盘的台式计算机一样，嵌入式系统必须具备输入/输出(I/O)数字信号和模拟信号的能力。LPC824 系列 MCU 可用的 GPIO 数目，具体取决于芯片的封装类型，详见表 4.1。

表 4.1 GPIO 引脚

封装	GPIO0
TSSOP20	PIO0_0～PIO0_5，PIO0_8～PIO0_15，PIO0_17，PIO0_23
HVQFN33	PIO0_0～PIO0_28

AM824_Core 所采用的芯片封装为 HVQFN33，可用引脚范围为 PIO0_0～PIO0_28。LPC824 的 I/O 具有如下特性：

① 每个 GPIO 引脚均可通过软件配置为输入或输出；

② 复位时所有 GPIO 引脚默认为输入；

③ 引脚中断寄存器允许单独设置；

④ 可以独立配置每个引脚的置高和置低。

当 LPC824 系列 MCU 的 I/O 口作为数字功能时，可配置为上拉/下拉、开漏和迟滞模式。在输出模式下，无论配置为哪种模式，I/O 口都可输出高/低电平。在输入模式下，且引脚悬空时，I/O 口设置为不同模式时，其情况如下：

① 设置为高阻模式时，读取引脚的电平状态不确定；

② 设置为上拉模式时，读取引脚的电平状态为高电平；

③ 设置为下拉模式时，读取引脚的电平状态为低电平；

④ 设置为中继模式时，如果引脚配置为输入且不被外部驱动，那么它可以令输入引脚保持前一种已知状态。

在默认情况下，除 I^2C 总线 P0_10 和 P0_11 没有可编程的上拉/下拉电阻和中继模式外，其他所有 GPIO 的上拉电阻都被使能。同时，每个 GPIO 仅分配给一个外部引脚，外部引脚随后便由其固定引脚 GPIO 功能来标识。但通过开关矩阵可将内部功能分配给除电源和接地引脚外的任意外部引脚，这些功能称为可转移功能。而晶体振荡器引脚(XTALIN/XTALOUT)或模拟比较器输入等某些功能仅可分配给具有适当电气特性的特定外部引脚，这些功能称为固定引脚功能。如果某个固定引脚功能未被使用，则可将其替换为任意可转移功能。对于固定引脚模拟功能，开关矩阵可使能模拟输入或输出并禁用数字端口。

4.2.2 输出控制

AM824_Core 上板载了 2 个发光二极管，对应的原理图详见图 4.11，与 MCU 的 I/O 引脚通过 J9 和 J10 相连，其中的 LED0 通过 J9 与 MCU 的 PIO0_20 相连，LED1 通过 J10 与 MCU 的 PIO0_21 相连。当 I/O 引脚输出低电平 0 时，由于 LED 阳极加了 3.3 V 电压(高电平 1)，因而形成了电位差，导致有电流流动，使得发光二极管导通，即 LED 发光；当 I/O 引脚输出高电平 1 时，由于无法形成电位差，二极管不能导通，即 LED 熄灭。

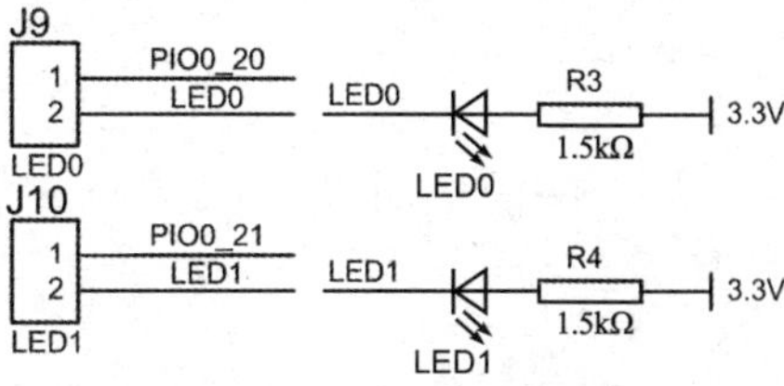

图 4.11 板载 LED 电路

电阻 R3、R4 的作用是防止产生过电流而烧坏 LED，这是由电源电压和 LED 的额定电流决定的 LED 电学特性而接入的，当 LED 的电压超过 1.5 V 时，电流将急剧增加，所以必须避免出现这样的情况。在数字电路中，若输出为高电位，则电流流到负载上；若输出为低电位，则从负载一侧吸入电流。前者的电流叫作源电流，后者叫作吸收电流。显然 LED 只有点亮、熄灭和翻转 3 种操作，可以直接调用接口函数实现，led.h 接口文件的内容详见程序清单 4.2(各接口的具体实现将在第 5 章中详细介绍)。

程序清单 4.2 led.h 接口

```
#pragma once

void led_init (void);                   //板级初始化
int led_on(int led_id);                 //(输出低电平)点亮 LED
int led_off(int led_id);                //(输出高电平)熄灭 LED
int led_toggle(int led_id);             //翻转 I/O 电平，翻转 LED 状态
```

注：这里的接口并非 AMetal 直接提供的接口（没有“am_”前缀），这些接口的实现将在第 5 章中详细介绍。接口的定义和实现均在本书讲解中逐步完成，其主要作用是讲解 AMetal 提供的 GPIO 通用接口（详见第 5 章），展示 GPIO 通用接口的使用方法。这些接口均是按照非常简单的方法，调用 GPIO 通用接口实现的（详见第 5 章）。实际中，AMetal 已经提供了通用的 LED 操作接口（详见第 7 章），读者可以对比 led.h 中接口的实现（常规方法：面向过程的编程方法）和 am_led.h 中接口的实现（面向对象的编程方法，第 8 章会深入介绍），深刻体会 AMetal 提供的接口有哪些优点以及 AMetal 中如何使用 C 语言实现面向对象的编程方法。

其中，led_id 是 LED 的编号，AM824_Core 板载 LED 的编号分别为 0 和 1。事实上，程序设计的依赖倒置原则不一定要包含函数指针或抽象类型数据，当调用 led_on() 和 led_off() 点亮或熄灭 LED 时，就使用了依赖倒置原则。它本来可以与 I/O 的内存映射直接交互，却将直接访问抽象成了接口。那么针对接口的编程不妨就从点亮 LED 开始，详见程序清单 4.3。

程序清单 4.3　点亮 LED 范例程序

```
#include "ametal.h"
#include "led.h"

int am_main (void)
{
    led_init();                         //板级初始化，熄灭 LED0
    led_on(0);                          //点亮 LED0
    while (1) {
    }
}
```

LED 闪烁就是让 LED 不停地亮灭，因为计算机指令的执行速度非常快，其执行时间是微秒级的，所以在微秒之间点亮和熄灭 LED，眼睛是看不到闪烁现象的。如果想让人眼看到 LED 闪烁，就必须将 LED 点亮和熄灭的停顿时间扩大近秒级别。如何实现停顿呢？点亮 LED 后，先不要熄灭 LED，而是先延时一会儿，让“点亮 LED 后，再保持一段时间”，然后再熄灭 LED。在实验之前，我们需要延时函数，它在 C 语言中是怎么实现呢？很简单，就是让 MCU 执行一些没有任何实际意义的空循环指令，进而等效于延时。延时范例程序详见程序清单 4.4，该程序中，MCU 大约就要执行 1 000 000 条空指令。

程序清单 4.4　延时范例程序

```
int delay (void)
{
    volatile int i, j;

    for (i = 0; i<1000; i++)
```

```
        for (j = 0; j<1000; j++);
}
```

这样的延时函数好用吗？该延时函数有三个缺点：第一，延时时间不好确定，只能是大概的值(实际运行的空指令数与编译器、编译器优化设置等均有关系)，实际运行中，只能根据实际效果再来调整延时时间(增大或减少循环次数)；第二，延时时间与 MCU 运行频率相关，延时是通过执行一定数量的空指令实现的，如果 MCU 运行频率不同，则实际延时结果就会不同，如此一来，不同 MCU 主频，就需要不同的延时延时；第三，延时时间固定，不能动态变化，若需要多种不同的延时时间，就需要编写不同的延时函数。

显然，该延时函数不仅通用性太差，而且延时时间也不精确。幸运的是，AMetal 提供了使用定时器实现的高精度标准延时函数，主要包含了 2 个延时函数，其函数原型(am_delay.h)如下：

```
void am_mdelay (uint32_t nms);                    // ms 级别的延时
void am_udelay (uint32_t nus);                    //μs 级别的延时
```

按照前面的思路，在点亮灯之后，延时一段时间，让“亮灯状态”保持一段时间，再熄灭 LED 灯，而后再延时一段时间，让“熄灭状态”保持一段时间，详见程序清单 4.5。

程序清单 4.5　单个 LED 闪烁范例程序(1)

```
#include "ametal.h"
#include "am_delay.h"
#include "led.h"

int am_main (void)
{
    led_init();                       //板级初始化，熄灭 LED0
    while (1) {
        led_on(0);                    //点亮 LED0
        am_mdelay(200);               //延时 200 ms，即延时 200 ms
        led_off(0);                   //熄灭 LED0
        am_mdelay(200);               //延时 200 ms，即延时 200 ms
    }
}
```

其实 LED 不停地闪烁就是让一个 I/O 不断翻转的过程，因此，可以直接使用翻转 LED 状态的函数 led_toggle()以优化代码，优化后的代码详见程序清单 4.6。

程序清单 4.6　单个 LED 闪烁范例程序(2)

```
#include "ametal.h"
#include "am_delay.h"
#include "led.h"
```

```

int am_main (void)
{
    led_init();                         //板级初始化,熄灭 LED0
    while (1){
        led_toggle(0);                  //翻转 I/O 电平,翻转 LED0 状态
        am_mdelay(200);                 //延时 200 ms
    }
}
```

MiniPort－LED 模块(具体介绍详见 1.6.1 小节)集成了 8 个 LED,均为低电平有效,分别通过 PIO0_8～PIO0_15 控制,其中的 R1～R8 为 LED 的限流电阻,详见图 4.12。

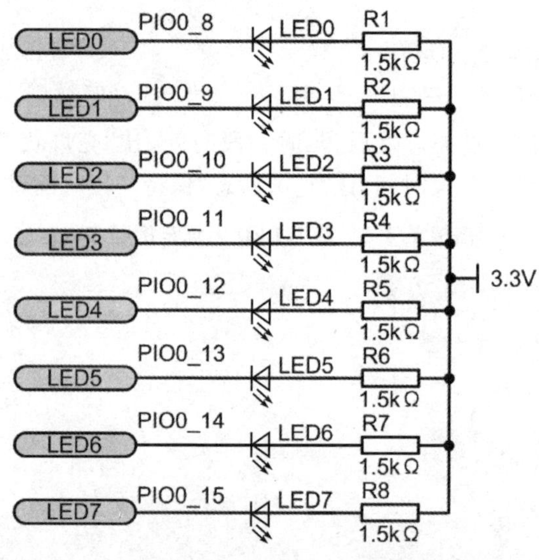

图 4.12　LED 模块电路

下面将以 LED 流水灯为例说明基于函数接口的应用开发方法。人们时常看到户外动画广告,一会儿从左到右显示,一会儿又从右到左显示,这就是流水灯效果。现在用 LED 流水灯来模拟户外动画广告,使 LED 顺时针旋转循环流动。假设上电初始化,将所有的 GPIO 都配置为输出,且初始化为高电平,即所有的 LED 全部熄灭。首先点亮 LED0,延时后熄灭 LED0;接着点亮 LED1,延时后熄灭 LED1;……;然后点亮 LED7,延时后熄灭 LED7;接着点亮 LED0,延时后熄灭 LED0……,周而复始就形成了循环的圆环。详见程序清单 4.7。

程序清单 4.7　LED 流水灯范例程序(1)

```
#include "ametal.h"
```

```
    #include "am_delay.h"
    #include "led.h"

    int am_main (void)
    {
        int i = 0;

        led_init();                              //板级初始化
        while(1) {
            led_on(i);                           //点亮 LED(i)
             am_mdelay(100);                     //延时 100 ms
            led_off(i);                          //熄灭 LED(i)
            i++;                                 //指向下一个 LED
            if(i == 8)                           //LED 循环一次后,i = 8
                i = 0;                           //即将 i 初始化为 0
        }
    }
```

流水灯实验使用的是 MiniPort - LED 的 8 个 LED,其对应的控制引脚与 AM824_Core 上两个 LED 对应的控制引脚是不同的。当使用 MiniPort - LED 时,需要将 led. h 文件中的宏 USE_MINIPORT_LED 对应的值修改为 1,表明使用 MiniPort - LED。该宏的默认值为 0,使用 AM824_Core 板载的两个 LED 灯。

显然,LED 流水灯是一个典型的"首尾相接"算法,循环队列与环形缓冲区等都属于同一类问题。这是一种常用的软件设计模式,优化后的代码详见程序清单 4.8。

程序清单 4.8　LED 流水灯范例程序(2)

```
#include "ametal.h"
#include "am_delay.h"
#include "led.h"

int am_main (void)
{
    int i  = 0;

    led_init();                              //板级初始化
    while(1) {
        led_on(i);                           //点亮 LED(i)
        am_mdelay(100);                      //延时 100 ms
        led_off(i);                          //熄灭 LED(i)
        i = (i + 1) % 8;
    }
}
```

AM824_Core 上板载了 1 个无源蜂鸣器，对应的电路原理图详见图 4.13，只要短接 J7_1 与 J7_2，则蜂鸣器接入 PIO0_24。当 PIO0_24 输出低电平时，三极管导通，向蜂鸣器供电；当 PIO0_24 输出高电平时，三极管截止，停止向蜂鸣器供电。因此只需要轮流切换 PIO0_24 的电平状态，就可以控制蜂鸣器的“通电”和“断电”，即以一定的频率翻转 PIO0_24 的输出电平。其实接通和断开“一段时间”的总和就是蜂鸣器的振荡周期，再稍作转换就能够得到确定的音频脉冲频率参数，从而产生机械振动音，只要频率在人耳听觉范围内，即可听到蜂鸣器发声。

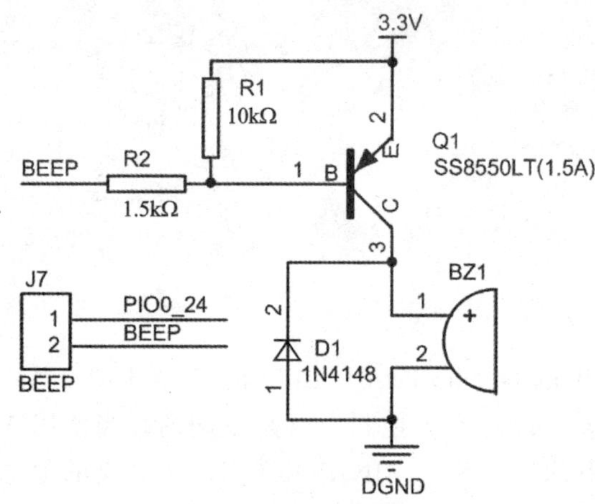

图 4.13　蜂鸣器电路图

显然，通过翻转引脚电平和延时，也可以让蜂鸣器发出固定频率的声音。假如要使蜂鸣器发出 1 kHz 频率的声音，1 kHz 对应的周期为：$T=(1/1\ 000)\ \mathrm{s}=1\ \mathrm{ms}$。由于一个周期是低电平（接通）时间和高电平（断开）时间的总和，因此在一个周期内，高、低电平保持的的时间分别为 500 μs。由此可见，要使蜂鸣器不间断地发声，只要以 500 μs 的时间间隔不断地翻转引脚的输出电平即可。此外，还可以通过 PIO0_24 输出一定频率的 PWM 波形，也可驱动蜂鸣器发声。为了更加便捷地使用蜂鸣器，可以直接调用接口函数实现蜂鸣器发声。buzzer.h 接口文件的内容详见程序清单 4.9（各接口的具体实现将在第 5 章中详细介绍）。

程序清单 4.9　buzzer.h 接口

```
#pragma once

void buzzer_init(void);                      //板级初始化，默认 1 kHz 频率
void buzzer_freq_set(uint32_t freq);         //配置发声频率，freq 指定发声的频率
void buzzer_on(void);                        //打开蜂鸣器，开始鸣叫
void buzzer_off(void);                       //关闭蜂鸣器，停止鸣叫
//蜂鸣器同步鸣叫(延时)ms 毫秒，会等到鸣叫结束后函数才会返回
void buzzer_beep(unsigned int ms);
```

注：同 LED 接口类似，这里的接口并非 AMetal 直接提供的接口（没有“am_”前缀），这些接口的实现将在第 5 章中详细介绍。接口的定义和实现均在本书讲解中逐步完成，其主要作用是讲解 AMetal 提供的 PWM 通用接口（详见第 5 章），展示 PWM 通用接口的使用方法。实际中，AMetal 已经提供了通用的 buzzer 操作接口（详见第 7 章），读者可以对比 buzzer.h 中接口的实现（常规方法：面向过程的编程方法）和 am_buzzer.h 中接口的实现（面向对象的编程方法，第 8 章会深入介绍）。

buzzer_init()会将发声频率设置为默认值 1 kHz。如需修改发声频率为其他值，如 2.5 kHz，则应调用发声频率设置函数，即“buzzer_freq_set(2500);”。控制蜂鸣器发声的范例程序详见程序清单 4.10。

程序清单 4.10　蜂鸣器发声范例程序

```
#include "ametal.h"
#include "am_delay.h"
#include "buzzer.h"

int am_main(void)
{
    buzzer_init();                  //蜂鸣器初始化，默认为 1 kHz 频率
    while (1) {
        buzzer_on();                //打开蜂鸣器
        am_mdelay(100);             //延时 100ms
        buzzer_off();               //关闭蜂鸣器
        am_mdelay(100);             //延时 100 ms
    }
}
```

4.3 LED 数码管

4.3.1 静态显示

MiniPort - View 模块（具体介绍详见 1.6.2 小节）集成了 2 个数码管，电路原理图详见图 4.14，其中的 R1～R8 为限流电阻。如果将段选端 a～dp 与位选端 COM0、COM1 连接到 AM824_Core 的 PIO0_ 8～PIO0_15 与 PIO0_17、PIO0_23，则通过程序即可控制笔段的亮灭。

由于数码管的 8 个段选端全部都要经过 COM 口才能得到供电，因此需要增加三极管提高 COM 口的驱动电流，以弥补 LPC824 GPIO 驱动电流的不足。当 COM 为低电平时三极管导通，则数码管的 C1、C2 为高电平，即选通数码管。此时只要数码管的任一段选端为低电平，则点亮数码管相应的笔段。

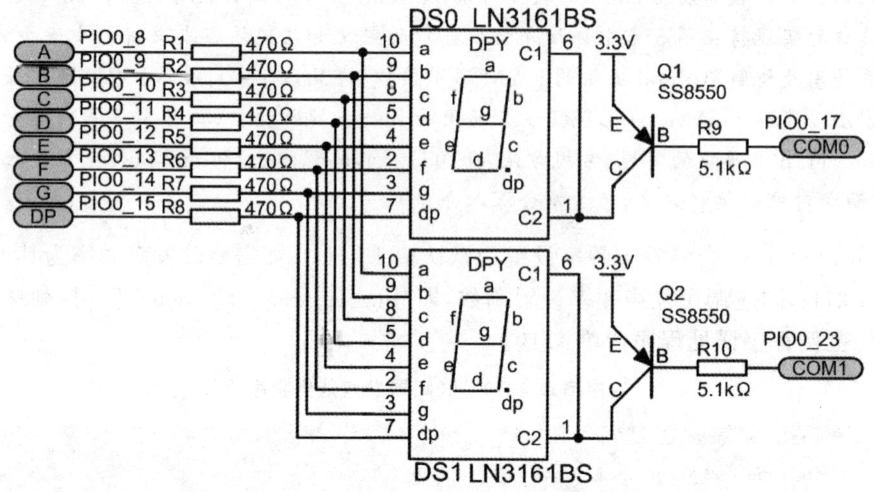

图 4.14　LED 显示器电路图

"日"形数字显示除了能够显示十进制数字 0～9，有时也用于显示十六进制字母 AbCdEF 或其他一些非常简单的符号。按照二进制的计算方法，8 段显示有 256 种组合，去掉"点(dp)"的显示，其笔段的组合为 128 种(2^7)，而数字 0～9 只有 10 个符号，因此要想得到我们希望的显示符就必须对显示段进行编码。显然，如果要想点亮数码管的某一个笔段，则只需将对应的笔段置 0 就可以了，即输出低电平至 COM0 端，同时输出低电平至 b、c 段，点亮 LED 得到字符"1"。由此可见，按照数字的笔画排列，很容易得到 10 个数字 0～9 共 10 个显示字符，七段共阳数码管 10 个数字段码表详见表 4.2。

表 4.2　七段共阳极数码管段码表

数字	dp	g	f	e	d	c	b	a	数值
0	1	1	0	0	0	0	0	0	0xC0
1	1	1	1	1	1	0	0	1	0xF9
2	1	0	1	0	0	1	0	0	0xA4
3	1	0	1	1	0	0	0	0	0xB0
4	1	0	0	1	1	0	0	1	0x99
5	1	0	0	1	0	0	1	0	0x92
6	1	0	0	0	0	0	1	0	0x82
7	1	1	1	1	1	0	0	0	0xF8
8	1	0	0	0	0	0	0	0	0x80
9	1	0	0	1	0	0	0	0	0x90

如果以 8 位数值表示段码，当其相应位为 0 时，表示对应的段点亮。bit7～bit0 分别与 dp～a 对应，假设 bit0 为 0，即点亮 a。为了方便访问，不妨将段码存放到一个数组中。即

```
const uint8_t g_segcode_list[10] = {0xC0, 0xF9, 0xA4, 0xB0, 0x99, 0x92, 0x82, 0xF8, 0x80, 0x90};
```

为了更加便捷地控制数码管显示指定符号，可以直接调用接口函数实现数码管显示，digitron0.h 接口文件（数码管静态显示）的内容详见程序清单 4.11（各接口的具体实现将在第 5 章中详细介绍），其中包含了所有数码管的板级初始化函数、段码传送函数、位码传送函数和数字显示扫描函数。

程序清单 4.11　digitron0.h 接口

```
#pragma once
#include "am_types.h"
//将 com 端和段选端对应引脚设置为输出，并初始化为高电平
void digitron_init(void);

//段码传送函数，将段码直接被传送到相应的引脚
//code 为传送的段码，bit0～bit7 与 a～dp 段对应，为 0 点亮相应段，为 1 熄灭相应段
void digitron_segcode_set(uint8_t code);

//位码传送函数，直接设定指定的数码管的公共端有效，其余公共端无效
//pos 的值为 0，com0 有效；pos 的值为 1，com1 有效
void digitron_com_sel(uint8_t pos);

//数字显示扫描函数
//pos 的值为 0，在 com0 上显示数字；pos 的值为 1，在 com1 上显示数字
//num 为待显示的数字，有效范围为 0～9
void digitron_disp_num(uint8_t pos, uint8_t num);
```

注：同理，这里的接口并非 AMetal 直接提供的接口（没有"am_"前缀），这些接口的实现将在第 5 章中详细介绍。接口的定义和实现均在书稿讲解中逐步完成，其主要作用是讲解数码管显示的基础原理。实际中，AMetal 已经提供了通用的数码管控制接口（详见第 7 章）。

其中，code 为待显示数字 0～9 所对应的段码，pos 为 com0 或 com1 对应的数字下标（0～1），num 为待显示的数字 0～9。当后续调用这些函数时，只需要"#include "digitron0.h""就可以了。比如，在 com0 数码管上显示数字 1，详见程序清单 4.12。

程序清单 4.12　静态显示数字 1 范例程序

```
#include "ametal.h"
```

```
#include "digitron0.h"

int am_main (void)
{
    digitron_init();                    //板级初始化
    digitron_disp_num(0, 1);            //com0 显示数字 1
    while(1) {
    }
}
```

如果让单个数码管循环显示 0～9,且循环的时间为 1 s,显然显示时间也是 1 s,那么这就是一个简单的秒计数器,详见程序清单 4.13。

程序清单 4.13　秒计数器范例程序

```
1     #include "ametal.h"
2     #include "am_delay.h"
3     #include "digitron0.h"
4     int am_main (void)
5     {
6         int i = 0;                          //秒计数器清 0
7
8         digitron_init();
9         while(1) {
10            digitron_disp_num(0, i);  //com0 显示 i
11            am_mdelay(1000);          //延时 1 s
12            i = (i + 1) % 10;         //秒计数器 + 1 计数,逢十进一
13        }
14    }
```

是否对程序清单 4.13 中第 12 行的代码(i=(i+1) % 10;)有一种似曾相识的感觉呢？这行代码是从 LED 流水灯实验中提炼出来的。如果需要倒计时,则将其修改为“i=((i - 1)+10) % 10;”。如果要从 9 开始倒计数,那就将 i 的初始值修改为 9。至此已经实现了 0～9 的循环显示,能否循环显示 0～99 呢？这就是下面将要介绍的数码管动态扫描显示。

4.3.2　动态显示

如果要显示多位数字,则需将多个数码管并接在一起使用。此时将会出现一大堆段选端的问题,比如,两位数码管需要 2×8=16 个段选信号,而 LPC824 一共才 16 个 I/O,无法满足需求,同时引脚使用越多,连线也会变得越复杂。所以为避免使用过多的引脚而造成资源浪费和连线复杂,人们发明了一种动态扫描方式来实现多个数码管的显示。

由于数码管的段码是连接在一起的，所以同一时刻两个数码管的段码必然是相同的。如果简单地使两个公共端(com)均有效地实现两个数码管的显示，那么必然都会显示相同的内容。这种情况该怎么办？分时显示，即一段时间数码管 0 正常显示(com0 有效，com1 无效，段码为数码管 0 需要显示的图形)；另外一段时间数码管 1 正常显示(com1 有效，com0 无效，段码为数码管 1 需要显示的图形)。如要显示一个数值 12，即在 com0 显示 1，在 com1 管显示 2，详见程序清单 4.14。

程序清单 4.14 显示数值 12 范例程序

```
#include "ametal.h"
#include "am_delay.h"
#include "digitron0.h"

int am_main (void)
{
    digitron_init();
    while(1) {
        digitron_disp_num(0, 1);          //com0 显示 1
        am_mdelay(5);                     //延时 5 ms
        digitron_disp_num(1, 2);          //com1 号显示 2
        am_mdelay(5);                     //延时 5 ms
    }
}
```

虽然在实际的操作过程中数字是轮流显示的，但只要轮流操作的速度达到一定的范围，那么在人眼看起来就能达到和整体显示的效果一样，就像电影技术一样。

再细心观察一下实验现象可以发现，虽然显示的数字是 12，但是数码管显示的 1 和 2 都会有另外一个数字的影子。com0 显示的是 1，但也能看到 2 的影子。

digitron_disp_num()就是 digitron_com_sel ()和 digitron_segcode_set()的一个简单组合。其显示过程是先传送位码，后传送段码，于是在传送位码和段码之间就产生了时间间隙。当新的 com 端有效时，仍然还在使用此前的段码，所以出现了短暂的错误现象。如何避免这种错误现象呢？可以在这段时间内熄灭所有的数码管，避免错误显示，即

```
digitron_segcode_set (0xFF);          // 消影—熄灭全部数码管
```

那如何循环显示 0～59 呢？即将要显示的数值加 1，详见程序清单 4.15。

程序清单 4.15 0～59 s 计数器范例程序(1)

```
#include "ametal.h"
#include "am_delay.h"
#include "digitron0.h"
int am_main (void)
```

```
    {
        int i = 0;
        int num = 0;

        digitron_init();                            //板级初始化
        while(1) {
              digitron_segcode_set  (0xFF);         //消影——熄灭全部数码管
            digitron_disp_num(0, num / 10);         //com0 显示 num 的十位
            am_mdelay(5);                           //延时 5 ms
            digitron_segcode_set  (0xFF);           //消影——熄灭全部数码管
            digitron_disp_num(1, num % 10);         //com1 显示 num 的个位
            am_mdelay(5);
            i++;
            if (i == 100) {                         //循环 100 次即运行时间达到 1 s
                i = 0;
                num = (num + 1) % 60;               //num 数值从 0～59 循环
            }
        }
    }
```

程序还可以继续优化吗？现在的问题是，为了显示一个数据，即便数据没有改变，也必须动态扫描数码管，否则无法显示。为了避免数据未改变时也必须由用户向数码管中传送数据，可以增加一个显示缓存(存储单元)，用户只需要负责将待显示的内容传送到缓冲区，然后每隔一段时间从缓冲区中读取待显示的数据，并将对应的段码传送至数码管即可。如此一来，只要待显示的数据没有改变，用户就无需向缓存中传送要显示的数据。

例如，增加缓存如下：

```
uint8_t g_digitron_disp_buf[2];
```

读缓冲区的数据实现动态扫描的函数详见程序清单 4.16。

程序清单 4.16　动态扫描显示函数

```
void digitron_disp_scan (void)
{
    static uint8_t   pos = 0;

    digitron_segcode_set(0xFF);
    digitron_com_sel(pos);                                //当前显示位
    digitron_segcode_set(g_digitron_disp_buf[pos]);       //获取缓冲区的数据，在当前
                                                          //位显示
    pos = (pos + 1) % 2;                                  //切换到下一个显示位
}
```

由此可见，缓冲区的段码就是当前要显示的数据，若需要切换到下一个数码管显示，则继续调用该函数，在下一个位显示数据（显示位置 pos 会自增），以此类推。由于位选变量 pos 每次都是在上一次显示的位的基础上变化的，因此必须将其声明为静态变量。显然，只要将显示的内容存放到缓冲区中，同时保证以一定的时间间隔（各个数码管显示后的延时）调用该函数，即可实现动态扫描。

为了便于复用数码管程序，将上述代码全部存放到 digitron1.c 文件，函数声明放到 digitron1.h 文件。其接口如下：

① digitron1_init()　初始化相关引脚；

② digitron1_disp_scan()　动态扫描函数。

在封装模块时，为了与之前的 digitron0.h 所示的数码管程序区分，将命名空间定义为了"digitron1"，即文件、函数命名均以"digitron1"作为开头。

出于模块的封装特性，通常不允许调用者直接操作模块中的变量、数组等。为了避免用户直接操作缓存数组，可以提供相应的接口用以设置缓存内容（段码设置函数）；同时，段码表也是一个数组，为了避免用户直接访问，可以提供一个用于解码的接口（传入数字，返回对应的段码）；此外，显示数字是一种十分常见的情况，如果只有设置段码和解码函数，则每次显示一个数字都要调用这两个接口：先使用解码函数获取数字对应的段码，再使用段码设置函数将相应的段码设置到缓存中。这显得较为繁琐，可以针对这种情况，提供一个专用于显示数字的接口。基于此，增加 3 个接口函数，其分别为传送段码到显示缓冲区，传送数字 0～9 到显示缓冲区与获取指定数字的段码，相应的代码详见程序清单 4.17。

程序清单 4.17　操作缓冲区和段码表接口函数

```
void digitron1_disp_code_set (uint8_t pos, uint8_t code)  //传送段码到显示缓冲区
{
    g_digitron_disp_buf[pos] = code;                       //获取待显示数字的段码
}

void digitron1_disp_num_set (uint8_t pos, uint8_t num)    //传送 0~9 到显示缓冲区
{
    if (num< = 9) {
        g_digitron_disp_buf[pos] = g_segcode_list[num];   //获取待显示数字的段码
    }
}

uint8_t digitron1_num_decode(uint8_t num)                  //获取待显示数字的段码
{
    return g_segcode_list[num];
}
```

如果要在 com0 显示“3.”，则可以直接这样使用：

```
digitron1_disp_code_set(0, digitron_num_decode(3) & 0x7F);
```

最后将这些接口全部声明在程序清单 4.18 所示的 digitron1.h 文件中，相关的实现代码详见“深入浅出 AMetal——动态显示”介绍的 digitron1.c 文件。

程序清单 4.18　digitron1.h 文件内容

```
#pragma onc
#include<stdint.h>

void     digitron1_init(void);                                //板级初始化
void     digitron1_disp_scan(void);                           //动态扫描显示
void     digitron1_disp_code_set(uint8_t pos, uint8_t code);//传送段码到显示缓冲区
void     digitron1_disp_num_set(uint8_t pos, uint8_t num);  //传送 0~9 到显示缓冲区
uint8_t  digitron1_num_decode(uint8_t num);                  //获取一个 0~9 数字的段码
```

注意，在 digitron1.h 接口中，使用 digitron1_disp_num_set()和 digitron1_disp_code_set()替代了 digitron_disp_num()和 digitron_disp_code()，程序清单 4.19 就是通过迭代后的循环显示 0~59 s 计数器的范例程序。

程序清单 4.19　0~59 s 计数器范例程序(2)

```
#include "ametal.h"
#include "am_delay.h"
#include "digitron1.h"
int am_main (void)
{
    int i = 0;
    int sec = 0;                                    //秒计数器请 0

    digitron1_init();
    digitron1_disp_num_set(0, 0);                   //显示器十位清 0
    digitron1_disp_num_set(1, 0);                   //显示器个位清 0
    while(1) {
        digitron1_disp_scan();                      //每隔 5 ms 调用动态扫描函数
        am_mdelay(5);
        i++;
        if (i == 200) {                             //循环 200 次即运行时间达到 1 s
            i = 0;
            sec = (sec + 1) % 60;                   //秒计数器 + 1
            digitron1_disp_num_set(0, sec / 10);   //更新显示器的十位
            digitron1_disp_num_set(1, sec % 10);   //更新显示器的个位
        }
```

```
    }
}
```

4.3.3 闪烁处理

在显示过程中，有时为了修改某位数码管的值，需要对数码管进行闪烁处理。在温度采集场合，当温度超过一定的值后，可以将显示的温度值做全闪处理，以引起观察者的注意。

实际上，只要让数码管显示一段时间，熄灭一段时间，就产生了闪烁的效果，简单地，可以直接操作缓冲区实现。假设每秒闪烁 2 次，在个位不断闪烁，详见程序清单 4.20。

程序清单 4.20　实现秒计数器个位闪烁(1)

```
#include "ametal.h"
#include "am_delay.h"
#include "digitron1.h"
int am_main (void)
{
    int   sec = 0;                                            //秒计数器清 0
    int   i  = 0;
    int   j  = 0;
    digitron1_init();                                         //初始化定时器,实现自动扫描显示
    digitron1_disp_num_set(0, 0);                             //显示器的十位清 0
    digitron1_disp_num_set(1, 0);                             //显示器的个位清 0
    while(1) {
        for (i = 0; i<2; i++) {
            digitron1_disp_num_set(1, sec % 10);              //个位显示
            for (j = 0; j<50; j++) {                          //扫描 50 次,耗时 250 ms
                digitron1_disp_scan();
                am_mdelay(5);
            }
            digitron1_disp_code_set(1, 0xFF);                 //后 250 ms 个位熄灭
            for (j = 0; j<50; j++) {                          //扫描 50 次,耗时 250 ms
                digitron1_disp_scan();
                am_mdelay(5);
            }
        }
        sec = (sec + 1) % 60;                                 //秒计数器 + 1
        digitron1_disp_num_set(0, sec / 10);                  //更新显示器的十位
        digitron1_disp_num_set(1, sec % 10);                  //更新显示器的个位
```

```
    }
}
```

在程序中，1 s 闪烁 2 次，每次闪烁占用 500 ms，即显示 250 ms，熄火 250 ms。每秒结束后，秒计数器加 1，显然用同样的方法也可以使秒计数器的十位闪烁。由此可见，实现闪烁仅需交替传送正常显示的段码和熄灭显示的段码即可。由于熄灭显示的段码非常特殊，固定为 0xFF，因此，只要在合适的时间传送相应段码即可。段码传送函数 digitron1_segcode_set()是在 digitron1_disp_scan()函数中调用的。通过修改该函数，使其在一段时间内传送缓冲区中正常显示的段码，一段时间内传送熄灭显示的段码 0xFF，也能实现闪烁，详见程序清单 4.21。

程序清单 4.21　带闪烁功能的 digitron1_disp_scan()函数(1)

```
void digitron1_disp_scan (void)
{
    static uint8_t  pos = 0;
    static uint8_t  cnt = 0;                       //扫描次数计数器，每 5 ms 加 1

    digitron1_segcode_set(0xFF);
    digitron1_com_sel(pos);
    if (pos == 1) {                                 //com1 闪烁
        if (cnt<= 49) {
            digitron1_segcode_set(g_digitron_disp_buf[pos]);   //显示 250 ms
        } else {
            digitron1_segcode_set(0xFF);    //熄灭 250 ms
        }
    } else {
        digitron1_segcode_set(g_digitron_disp_buf[pos]);//当前位显示
    }
    cnt = (cnt + 1) % 100;                          //cnt 扫描次数加 1，循环 0～99
    pos = (pos + 1) % 2;                            //切换到下一个 com 位
}
```

程序将时间分隔为 500 ms 的时间片，当需要闪烁时，显示 250 ms，熄灭 250 ms，每隔 5 ms 调用一次 digitron1_disp_scan()，cnt 循环计数+1。如何让秒计数器十位闪烁呢？直接将 if(pos==1)修改为 if(pos==0)。

为了更加便捷地控制哪些位闪烁，数码管的闪烁状态可以通过一个标志来表示。例如，使用名为 g_blink_flag 的变量来表示数码管的闪烁状态，其定义如下：

```
static uint8_t g_blink_flag = 0;
```

其中，bit0 和 bit1 分别表示 com0 和 com1 的状态，位值为 0 时表示正常显示，位值为 1 时表示闪烁。

如此一来，只要控制 g_bink_flag 的值即可控制数码管的闪烁状态。若需 com1 闪烁，则将 bit1 的初始值设置为 1，即

```
static uint8_t g_blink_flag = 0x02;
```

基于此，可根据该变量的值来获取需要闪烁的位，进而控制段码的传送，详见程序清单 4.22。显然，只要将 g_blink_flag 对应的位置 1 就能实现闪烁，否则将其对应位清 0。

程序清单 4.22　带闪烁功能的 digitron1_disp_scan()函数(2)

```
void digitron1_disp_scan (void)
{
    static uint8_t  pos = 0;
    static uint8_t  cnt = 0;                          //每执行一次(5 ms)加 1

    digitron1_segcode_set(0xFF);
    digitron1_com_sel(pos);
    if (g_blink_flag & (1<<pos)) {                    //当前位闪烁
        if (cnt <= 49) {
            digitron1_segcode_set(g_digitron_disp_buf[pos]);  //显示 250 ms
        } else {
            digitron1_segcode_set(0xFF);              //熄灭 250 ms
        }
    }else {
        digitron1_segcode_set(g_digitron_disp_buf[pos]);      //当前位显示
    }
    cnt = (cnt + 1) % 100;                            //cnt 扫描次数加 1，循环 0～99
    pos = (pos + 1) % 2;                              //切换到下一个 com 位
}
```

实际中，在扫描前由于消影的需要，已经将段码设置为了 0xFF，因此，闪烁状态时，可以不用发送熄灭段码 0xFF，仅需判断何种情况下需要传送缓存中的用以正常显示的段码即可，进而使程序更加简洁。为此，可以进一步优化程序清单 4.22 所示的代码，将两个 if－else 语句优化为单个 if 语句，详见程序清单 4.23。

程序清单 4.23　带闪烁功能的 digitron1_disp_scan()函数(3)

```
void digitron1_disp_scan (void)
{
    static uint8_t  pos = 0;
    static uint8_t  cnt = 0;                                  //每执行一次(5 ms)加 1

    digitron1_segcode_set(0xFF);
    digitron1_com_sel(pos);
```

```
        if (((g_blink_flag & (1<<pos)) && (cnt<=49)) || ((g_blink_flag & (1<<pos)) == 0)) {
            digitron1_segcode_set(g_digitron_disp_buf[pos]);   //显示 250 ms,熄灭 250 ms
        }
        cnt = (cnt + 1) % 100;
        pos = (pos + 1) % 2;
}
```

程序中,仅两种情况下才需要传送缓存中的段码:第一,当前位是闪烁位且时间处于前 250 ms;第二,当前位不是闪烁位,始终保持正常显示。

由于 g_blink_flag 变量定义在实现代码中,不宜直接将该变量提供给用户修改,可以提供一个接口函数用于设定闪烁位的值,其相应的代码详见程序清单 4.24。

程序清单 4.24　digitron1_disp_blink_set()函数

```
static uint8_t g_blink_flag = 0x00;

void digitron1_disp_blink_set (uint8_t pos, am_bool_t isblink)
{
    if (isblink) {
        g_blink_flag |= (1<<pos);                    //设置相应位为 1
    } else {
        g_blink_flag &= ~(1<<pos);                   //清除相应位为 0
    }
}
```

digitron1_disp_blink_set()的 pos 用于指定设置闪烁属性的数码管位置,isblink 设置闪烁属性,值为 AM_TRUE 表示闪烁,AM_FALSE 表示不需要闪烁。am_bool_t 是 AMetal 在 am_types.h 文件中自定义的类型,该类型数据的值只可能为 AM_TRUE(真)或 AM_FALSE(假),设定 com0 闪烁的方法如下:

```
digitron1_disp_blink_set(0, AM_TRUE);
```

设定 com0 停止闪烁的方法如下:

```
digitron1_disp_blink_set(0, AM_FALSE);
```

添加 digitron1_disp_blink_set()的接口函数,详见程序清单 4.25 所示的 digitron1.h。

程序清单 4.25　digitron1.h 文件内容

```
#pragma once
#include<am_types.h>

```

```
void      digitron1_init(void);                                      //板级初始化
void      digitron1_disp_scan(void);                                 //动态扫描显示
void      digitron1_disp_code_set(uint8_t pos, uint8_t code);  //传送段码到显示缓冲区
void      digitron1_disp_num_set(uint8_t pos, uint8_t num);//传送 0～9 到显示缓冲区
uint8_t   digitron1_num_decode(uint8_t num);                         //获取待显示数字的段码
void      digitron1_disp_blink_set(uint8_t pos, am_bool_t isblink);  //设定闪烁位
```

有了该接口函数后，实现闪烁就很容易了，程序清单 4.26 实现了秒计数器个位闪烁。

程序清单 4.26　实现秒计数器个位闪烁(2)

```
#include "ametal.h"
#include "am_delay.h"
#include "digitron1.h"

int am_main (void)
{
    int sec = 0;                                          //秒计数器清 0
    int i  = 0;

    digitron1_init();
    digitron1_disp_num_set(0, 0);                         //显示器的十位清 0
    digitron1_disp_num_set(1, 0);                         //显示器的个位清 0
    digitron1_disp_blink_set(1, AM_TRUE);                 //com1(秒计数器个位)闪烁

    while(1) {
        digitron1_disp_scan();                            //每隔 5ms 调用动态扫描函数
        am_mdelay(5);
        i++;
        if (i == 200) {                                   //循环 200 次即运行时间达到 1 s
            i = 0;
            sec = (sec + 1) % 60;                         //秒计数器 + 1
            digitron1_disp_num_set(0, sec / 10);  //更新显示器的十位
            digitron1_disp_num_set(1, sec % 10);  //更新显示器的个位
        }
    }
}
```

由此可见，与程序清单 4.19 相比，仅增加了一行代码就实现了闪烁功能，由此可见接口设计的重要性。

4.4 事件驱动

4.4.1 中断与事件驱动

1. 中　断

到目前为止，几乎所有的程序都依赖轮询通信。那些代码只是一遍一遍地巡检外围功能部件，并在需要的时候为外围设备提供服务。可想而知，轮询访问不仅消耗了大量的 MCU 资源，而且会导致非常不稳定的反应时间。

为了有效地解决上述可能导致整个系统瘫痪的问题，计算机专家提出了一种"实时"的解决方案，通过"中断"使可预见的反应时间维持在几微秒之内。所谓中断是指当 MCU 正在处理某件事情的时候，外部发生的某一"事件"请求 MCU 迅速去处理，于是 MCU 暂时中止当前的工作，转去处理所发生的事件。当中断服务处理完该事件以后，再回到原来被中止的地方继续原来的工作。

事务请求中断是突发的，可能出现在正常程序流程的任何地方，在正常程序流程中可以选择响应或不响应这个中断请求，突发事件的处理可能会改变整个程序的状态，从而也改变了后续的正常程序流程。

比如，在一次会议上你正在按照计划做报告，这时手机铃声响了，此时，你有两种选择，一是你觉得正在进行的报告更重要，你可以挂断电话或干脆关机，等会后再去处理这个来电；二是你认为这个电话很重要或很快就可以处理完毕（不影响做报告），你可以暂停报告转而接听这个电话，当接听完毕后，你再继续做报告，前提是你必须记住接电话前讲到哪里了，当然如果你足够机敏的话，在这次通话中你所接收到的信息可能会改变你随后的报告内容。

由此可见，中断方式使得系统在执行主程序时可以响应并处理其他任务，因而中断驱动系统常常会给人们一种假象：MCU 可以同时执行多个任务。而事实上，MCU 不能同时执行 1 条以上的指令，它只是暂停主程序转去执行其他程序，完成后再返回继续执行主程序。

从这个角度来看，中断响应更类似于函数的调用过程。它们两者之间的差别在于中断的响应是由"事件"发起的，而不像函数调用那样，它是在主程序流程中预先设定的。中断是系统响应的一些和主程序异步的事件，这些事件何时将主程序中断是预先未知的。有了中断就可以实现主机与外设并行工作，支持多程序并发运行，支持实时处理功能。

2. 事件驱动

在现实生活中，"发生的某件事情"就是事件，事实上很多程序都对"发生的事情"做出反应。比如，移动或点击鼠标、按键，或经过一定的时间等，都是基于事件的驱动程序。

事件驱动程序只是“原地不动”，什么也不做，等待有事件发生，一旦事件确实发生了，它们就会做出反应，完成所有必要的工作来处理这个事件。其实，Windows 操作系统就是事件驱动程序的一个很好的示例，当启动计算机运行 Windows 时，它只是“原地不动”，不会启动任何程序，你也不会看到鼠标光标在屏幕上移动。不过，如果你开始移动或点击鼠标，就会有情况发生。

为了让事件驱动程序“看到”有事件发生，它必须“寻找”这些事件，程序必须不断地扫描计算机内存中用于事件发生的部分，即只要程序在运行就会不断寻找事件。显然，只要移动或点击了鼠标或按下了按键，就会发生事件，这些事件在哪里呢？比如，在内存中存储事件的部分就是事件队列，事件队列就是发生的所有事件的列表，这些事件按它们发生的顺序排列。

如果需要编写一个游戏，则程序必须知道用户什么时候按下一个按键或移动了鼠标。而这些按键动作、点击或移动鼠标都是事件，而且程序必须知道如何应对这些事件，它必须处理事件，程序中处理某个事件的部分称为事件处理器。而事实上并不是发生的每一个事件都要处理，比如，在桌面移动鼠标就会产生成百上千个事件，因为事件循环运行得非常快。每一个瞬间即使鼠标只是移动了一点点，也会生成一个新的事件。不过你的程序可能并不关心鼠标的每一个小小的移动，它可能只关心用户什么时候点击某个部分，因此你的程序可以忽略鼠标移动事件，只关注鼠标点击事件。

事件驱动程序中，对于所关心的各种事件会有相应的事件处理器。如果有一个游戏是使用键盘上的方向键来控制一艘船的移动，则可能要为 keyDown 事件写一个处理器；如果是使用鼠标控制这艘船，就可能要为 mouseMove 事件写一个事件处理器。

另一种有用的事件是软件定时器事件，定时器会按设定的间隔生成事件，就像闹钟一样，如果设定好闹钟，并将闹钟打开，则每天它都会在固定的时刻响起来。比如，(宏观上)同时处理两个事件。其中，一个为键盘输入事件，另一个为时间事件，用于显示运行的时间，每秒显示一次。

显然，可以在 main()函数中设置一个循环，依次检查是否有键盘上的键输入和时间是否到 1 s？其实都可以直接调用固定的函数来实现“键盘输入处理代码”和“时间处理代码”，但这样不够灵活，此时可以用中断机制来实现，即由硬件来实现对事件的检测并调用指定的函数。这样一来，使用注册回调函数机制也就成为了必然。而注册回调函数就是事先用一个函数指针变量保存指定的函数，然后在事件发生时，通过这个函数指针变量调用指定的函数。

4.4.2 软件定时器

我们知道，数码管动态显示主要做两件事：其一，每隔 5 ms 调用一次 digitron_

disp_scan()动态扫描显示函数；其二，若需要改变显示的内容，则调用缓冲区操作接口，修改缓冲区中的内容。由于 MCU 设计了类似于闹钟那样的特定周期的中断时钟节拍源，因此由时钟节拍源实现的定时器也是一个周期性的定时器，并产生周期性的中断。这个中断可以看作系统心脏的脉动，即当计数值等于定时时间时，定时器立即触发中断，计数器重新开始计数，如此周而复始循环计数。

显然，可以使用定时器的周期性中断实现自动扫描显示，即每隔 5 ms 触发中断自动调用 digitron_disp_scan()，这样就可以将 MCU 解放出来执行其他的任务，从而得到更好的性能，其相应的接口函数详见表 4.3。程序员先调用软件定时器函数，然后等待操作完成(定时时间到)。通常程序员提供一个由函数指针指定的回调函数，当操作完成后，中断系统会调用回调函数。

表 4.3 软件定时器接口函数

函数原型	功能简介
int am_softimer_init(am_softimer_t * p_timer, am_pfnvoid_t p_func, void * p_arg);	初始化软件定时器
void am_softimer_start(am_softimer_t * p_timer, unsigned int ms);	启动软件定时器
void am_softimer_stop(am_softimer_t * p_timer);	关闭软件定时器

1. am_softimer_t 类型

从面向对象的角度来看，类相当于 C 语言的结构体，这里的 am_softimer_t 是用 typedef 自定义的一个对用户隐藏的结构体类型，即：

```
typedef struct am_softimer am_softimer_t;
```

在使用软件定时器时，需要使用该类型定义一个软件定时器实例(对象)，实例的本质是定义一个结构体变量。比如：

```
am_softimer_t timer;                    //定义一个软件定时器实例(对象)
```

显然，对象是类型的实例，即 timer 是 am_softimer_t 类型的一个实例。

2. 初始化软件定时器

事先将指定的函数保存在函数指针 p_func 中(注册)，当定时时间到时，通过 p_func 调用指定的函数，即注册函数回调机制。

```
int am_softimer_init(am_softimer_t *p_timer, am_pfnvoid_t p_func, void *p_arg);
```

其中的 p_timer 为使用 am_softimer_t 类型定义的软件定时器实例，当定时时间到时，调用 p_func 指向的函数(注册回调函数)。am_pfnvoid_t 是 AMetal 声明的函数指针类型，其定义(am_types.h)如下：

```
typedef void (*am_pfnvoid_t) (void *);
```

由此可见，p_func 指向的函数类型是无返回值，具有一个 void * 型参数的函数。p_arg 为用户自定义的参数，在定时时间到调用回调函数时，会将此处设置的 p_arg 作为参数传递给回调函数；如果不使用此参数，则设置为 NULL。如果返回 AM_OK，则说明软件定时器初始化成功；如果返回 -AM_EINVAL，则说明由于参数错误导致初始化失败。初始化函数的使用范例详见程序清单 4.27。

程序清单 4.27　am_softimer_init ()函数范例程序

```
#include "ametal.h"
#include "am_softimer.h"
void timer_callback (void *p_arg)
{
    //定时时间到，调用回调函数执行用户自定义的任务
}

am_softimer_t timer;                                        //定义一个定时器实例
int am_main (void)
{
    am_softimer_init(&timer,timer_callback, NULL);    //初始化定时器
    while(1) {
    }
}
```

回调函数机制很好地满足了著名的好莱坞(Hollywood)扩展原则：“不要调用我，让我调用你。”当下层需要传递信息给上层时，则采用回调函数指针接口隔离变化。通过倒置依赖的接口所有权，创建一个更灵活、更持久和更易于修改的结构。

实际上，由上层模块(即调用者)提供的回调函数的表现形式就是在下层模块中通过函数指针调用另一个函数，即将回调函数的地址作为实参，初始化下层模块的形参，由下层模块在某个时刻调用这个函数，这个函数就是回调函数，详见图 4.15。其调用方式有两种：

① 在上层模块 A 调用下层模块 B 的函数中，直接调用回调函数 C；

② 使用注册的方式，当某个事件发生时，下层模块在相应的时机调用回调函数 C。

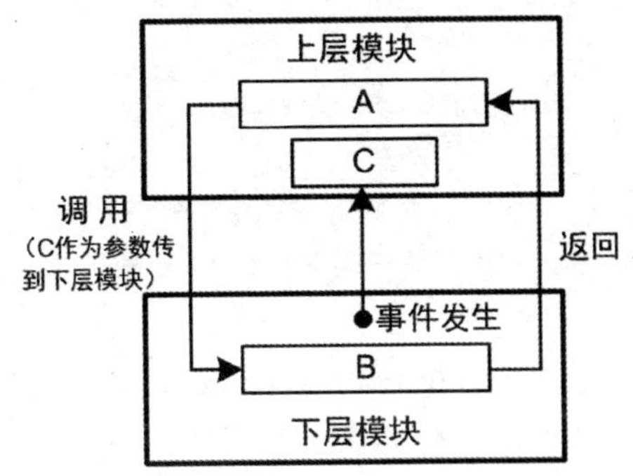

图 4.15　回调函数的使用

在软件定时器中，调用方式显然属于第二种。软件定时器为下层模块，应用代码为上层模块。timer_callback 为回调函数(即 C)，其由应用编写，本质上属于上层模块。am_main()为应用直接运行的代码，其为 A。在 A 中，调用了下层模块提供的

函数 am_softimer_init()(即 B),将回调函数的地址 time_callback 作为实参传递给了形参 p_func。当定时时间到时(事件发生),下层模块将通过 p_func 指向的函数调用 C。

在 AMetal 中,类似的注册回调函数的机制还会在很多地方出现。一般来讲,只要是“事件驱动”性质的,即期望某种事件发生时通知应用程序时,往往都是注册回调函数机制,当事件发生时,自动调用注册的回调函数通知用户。

3. 启动软件定时器

启动定时器并设置定时时间(单位:ms),然后定时器开始计数。当计数值等于定时时间时,定时器立即触发中断,计数器重新开始计数,如此周而复始循环计数。当定时器触发中断时,程序跳转到调用 am_softimer_init()时 p_func 指向的函数。其函数原型如下:

```
void am_softimer_start(am_softimer_t *p_timer, unsigned int ms);
```

p_timer 为使用 am_softimer_t 类型定义的软件定时器实例,ms 为定时时间,单位为毫秒。如果返回 AM_OK,说明启动定时器成功;如果返回-AM_EINVAL,说明失败参数错误。设置定时器以实现数码管自动扫描显示的代码详见程序清单 4.28。

程序清单 4.28　自动扫描显示实现

```
static am_softimer_t g_timer;                        //定义定时器实例
static void timer_callback(void *p_arg)
{
    digitron1_disp_scan();                           //每隔 5 ms 调用一次动态扫描显示函数
}

void digitron1_softimer_set(void)                    //设置软件定时器
{
    am_softimer_init(&g_timer,timer_callback, NULL); //初始化定时器,注册回调函数
    am_softimer_start(&g_timer, 5);                  //启动定时器,每 5 ms 调用一次回调函数
}
```

程序中,digitron_softimer_set()函数初始化并启动了一个软件定时器,并在定时器回调函数中调用了数码管扫描函数,进而实现了数码管自动扫描。

为了更方便地使用自动扫描,可以将 digitron_softimer_set()合并到 digitron_init()中,形成一个新的 digitron_init_with_softimer(),当用户需要数码管初始化后自动扫描时,只需调用该带软件定时器的初始化函数即可,详见程序清单 4.29。

程序清单 4.29　digitron1.h 文件内容

```
#pragma once
#include<am_types.h>
```

```
void     digitron1_init(void);                                  //板级初始化
void     digitron1_init_with_softimer(void);                    //板级初始化(含软件定时器)
void     digitron1_disp_code_set(uint8_t pos, uint8_t code);    //传送段码到显示缓冲区
void     digitron1_disp_num_set(uint8_t pos, uint8_t num);      //传送 0~9 到显示缓冲区
uint8_t  digitron1_num_decode(uint8_t num);                     //获取待显示数字的段码
void     digitron1_disp_blink_set(uint8_t pos, am_bool_t isblink);  //设定闪烁位
```

如程序清单 4.30 所示为再次迭代的 0～59 s 循环显示程序。

程序清单 4.30　0～59 s 计数器范例程序(3)

```
#include "ametal.h"
#include "am_delay.h"
#include "digitron1.h"
int am_main (void)

{
    int sec = 0;                                      //秒计数器清 0

    digitron1_init_with_softimer();                   //板级初始化,5 ms 软件定时器
    digitron1_disp_num_set(0, 0);                     //显示器的十位清 0
    digitron1_disp_num_set(1, 0);                     //显示器的个位清 0
    digitron1_disp_blink_set(1, AM_TRUE);             //com1 闪烁
    while(1) {
        am_mdelay(1000);
        sec = (sec + 1) % 60;                         //秒计数器 + 1
        digitron1_disp_num_set(0,sec / 10);           //更新显示器的十位
        digitron1_disp_num_set(1,sec % 10);           //更新显示器的个位
    }
}
```

既然程序是每隔 1 s 计数器加 1 后更新缓冲区数据的,那么同样可以使用软件定时器实现每秒加 1 的操作,迭代后的代码详见程序清单 4.31。

程序清单 4.31　0～59 s 计数器范例程序(4)

```
#include "ametal.h"
#include "digitron1.h"
#include "am_softimer.h"
static am_softimer_t timer_sec;
static void timer_sec_callback (void * p_arg)
{
    static int sec = 0;                               //秒计数器清 0

```

```
        sec = (sec + 1) % 60;                          //秒计数器 + 1
        digitron1_disp_num_set(0,sec / 10);            //更新显示器的十位
        digitron1_disp_num_set(1,sec % 10);            //更新显示器的个位
}

int am_main (void)
{
        digitron1_init_with_softimer ();
        am_softimer_init(&timer_sec, timer_sec_callback, NULL);  //初始化定时器
        am_softimer_start(&timer_sec,1000);            //启动定时器,定时时间为 1 s
        digitron1_disp_num_set(0,0);                   //显示器的十位清 0
        digitron1_disp_num_set(1,0);                   //显示器的个位清 0
        while(1) {
        }
}
```

当启动软件定时器后,秒计数器加 1 和更新缓冲区数据的工作自动在 timer_sec_callback()函数中完成,不再需要主程序干预。现在 while(1)主循环什么事情都不用做,同样实现了 0～59 的循环显示。这样一来,数码管就能独立地工作了,那么在 while(1)主循环中,就可以直接去做其他事情。以后遇到"每隔一定时间做某件事"的问题,均可使用软件定时器来实现。

虽然用软件定时器实现自动扫描显示的方法非常巧妙,流程也更加清晰,且程序还可以去做其他的事情,但却是以牺牲程序空间为代价的,即软件定时器要占用一个硬件定时器,以及 438 个字节的 Flash 和 12 个字节的 RAM;同时,在使用软件定时器时,由于新建一个软件定时器必须定义一个定时器实例,每个定时器实例还要占用 24 字节,因此要根据硬件资源做出取舍。

4. 关闭软件定时器

当软件定时器关闭时,定时器将停止计数。特别地,若需再次启动定时器,则应再次调用 am_softimer_start()重新启动。关闭软件定时器的函数原型如下:

```
void am_softimer_stop(am_softimer_t * p_timer);
```

其中的 p_timer 为使用 am_softimer_t 类型定义的软件定时器实例,如果返回 AM_OK,说明停止定时器;如果返回－AM_EINVAL,即参数错误导致关闭失败,详见程序清单 4.32。

程序清单 4.32 am_softimer_stop ()范例程序

```
void timer_callback (void * p_arg)
{
        //定时时间到,调用回调函数执行用户自定义的任务
}
```

```

am_softimer_t timer;                                    //定义一个定时器实例
int am_main ()
{
    am_softimer_init(&timer,timer_callback, NULL);      //初始化定时器
    am_softimer_start(&timer, 5);                       //启动定时器,定时时间为 5 ms
                                                        //...
    am_softimer_stop(&timer);                           //停止定时器
}
```

现在不妨在程序清单 4.31 的基础上,再增加一个小功能,即每秒加 1,蜂鸣器"嘀"一声,详见程序清单 4.33。

程序清单 4.33　0～59 s 计数器+蜂鸣器综合范例程序(1)

```
#include "ametal.h"
#include "digitron1.h"
#include "buzzer.h"
#include "am_softimer.h"

static am_softimer_t timer_sec;
static void timer_sec_callback (void *p_arg)
{
    static int sec = 0;                          //秒计数器清 0
    buzzer_beep(100);                            //鸣叫 100 ms,"嘀"一声
    sec = (sec + 1) % 60;                        //秒计数器 + 1
    digitron1_disp_num_set(0, sec / 10);         //更新秒计数器的十位
    digitron1_disp_num_set(1, sec % 10);         //更新秒计数器的个位
}

int am_main (void)
{
    buzzer_init();
    digitron1_init_with_softimer();
    am_softimer_init(&timer_sec, timer_sec_callback, NULL);   //初始化定时器
    am_softimer_start(&timer_sec, 1000);         //启动定时器,定时时间为 1 s
    digitron1_disp_num_set(0, 0);                //秒计数器的十位清 0
    digitron1_disp_num_set(1, 0);                //秒计数器的个位清 0
    while(1) {
        }
}
```

通过运行发现,虽然计数器在每秒加 1 时,蜂鸣器也会发出"嘀"的一声,但数码管的某位却会熄灭一下。如果觉得看起来还不够明显,不妨将蜂鸣器的鸣叫时间增

加到 500 ms。奇怪！为何连显示都不正常了呢？

虽然此前在 main()函数的 while(1)主循环中也使用了延时，但在主程序的延时期间，软件定时器定时时间到而产生的中断事件是可以抢占 MCU 的，所以不会影响其他事件的继续运行。如果在中断环境中调用 buzzer_beep()，程序必须等到蜂鸣器鸣叫结束后才会返回，这样一来就会使回调函数产生 100 ms 的延时，从而导致 MCU 被完全占用，不仅 while(1)主循环无法执行，而且连其他的中断事件也无法执行。比如，另一个软件定时器中的数码管动态扫描也就无法执行了，所以在这 100 ms 时间内，无法实现数码管动态扫描，于是只有一个数码管显示，另外一个数码管无法显示而处于熄灭的状态。

在这种情况下，应尽可能地将相应功能设计为异步模式，即启动软件定时器，设定蜂鸣器鸣叫时间，打开蜂鸣器，函数立即返回。待定时时间到，则自动调用回调函数，然后在回调函数中关闭蜂鸣器并停止定时器。基于此，可以实现一个异步模式(不等待蜂鸣器鸣叫结束)的蜂鸣器鸣叫函数，详见程序清单 4.34。

程序清单 4.34　实现蜂鸣器异步鸣叫函数

```
#include "ametal.h"
#include "buzzer.h"

static void beep_timer_callback (void * p_arg);   //蜂鸣器的软件定时器回调函数声明
static am_softimer_t beep_timer;                  //蜂鸣器软件定时器实例
void buzzer_init (void)
{
    am_softimer_init(&beep_timer,__beep_timer_callback, &beep_timer);
                                                  //初始化软件定时器
}

static void beep_timer_callback (void * p_arg)
{
    am_softimer_t * p_timer = (am_softimer_t * )p_arg;
    am_softimer_stop(p_timer);
    buzzer_off();
}

//异步鸣叫，调用该函数后，不会等待，自动鸣叫一定时间后结束
void buzzer_beep_async (unsigned int ms)
{
    am_softimer_start(&beep_timer, ms);
    buzzer_on();
}
```

程序中实现了一个蜂鸣器异步鸣叫的函数，其优点是无需等待，函数立即返回。

该函数可以在任意地方使用(包括中断回调函数中),再也不会因为延时而带来反作用,基于此,将 buzzer_beep_async()添加到 buzzer.h 以利于复用,详见程序清单 4.35。

程序清单 4.35　buzzer.h 接口(添加异步鸣叫接口)

```
#pragma once

void buzzer_init(void);                              //板级初始化,默认 1 kHz 频率
void buzzer_freq_set(uint32_t freq);                 //配置发声频率,freq 指定发声的频率
void buzzer_on(void);                                //打开蜂鸣器,开始鸣叫
void buzzer_off(void);                               //关闭蜂鸣器,停止鸣叫

//蜂鸣器同步鸣叫(延时)ms 毫秒,会等到鸣叫结束后函数才会返回
void buzzer_beep(unsigned int ms);

//异步鸣叫,调用该函数后,不会等待,自动鸣叫一定时间后结束
void buzzer_beep_async (unsigned int ms)
```

基于蜂鸣器异步鸣叫的接口,可以修改程序清单 4.33 所示的程序,将蜂鸣器鸣叫函数修改为通过异步接口实现,详见程序清单 4.36。

程序清单 4.36　0～59 s 计数器+蜂鸣器综合范例程序(2)

```
#include "ametal.h"
#include "digitron1.h"
#include "buzzer.h"
#include "am_softimer.h"

static am_softimer_t timer_sec;
static void timer_sec_callback (void * p_arg)
{
    static int sec = 0;                          //秒计数器清 0
    buzzer_beep_async(100);                      //鸣叫 100 ms,"嘀"一声
    sec = (sec + 1) % 60;                        //秒计数器 + 1
    digitron1_disp_num_set(0, sec / 10);         //更新秒计数器的十位
    digitron1_disp_num_set(1, sec % 10);         //更新秒计数器的个位
}

int am_main (void)
{
    buzzer_init();
    digitron1_init_with_softimer();
    am_softimer_init(&timer_sec, timer_sec_callback, NULL);       //初始化定时器
```

```
        am_softimer_start(&timer_sec, 1000);             //启动定时器,定时时间为 1 s
        digitron1_disp_num_set(0, 0);                    //秒计数器的十位清 0
        digitron1_disp_num_set(1, 0);                    //秒计数器的个位清 0
        while(1) {
        }
}
```

4.5 键盘管理

4.5.1 独立按键

1. 消抖方法

对于质量不太好或者长期使用簧片氧化磨损的按键来说,常常会产生一种被称为“抖动”的现象。如图 4.16(a)所示为单触点按键的无消抖电路,当按键未按下时,输出 Y 为高电平;当按下时,输出 Y 为低电平。但由于按键的机械特性和人手指的不稳定性等综合因素,致使按键盘刚按下的瞬间,因接触不良而产生的反复跳动现象,即“抖动”,同样在按键释放的瞬间也可能产生“抖动”,结果输出 Y 在这一瞬间产生了多个窄脉冲干扰,这些脉冲信号的宽度一般可达毫秒,详见图 4.16 (b)。

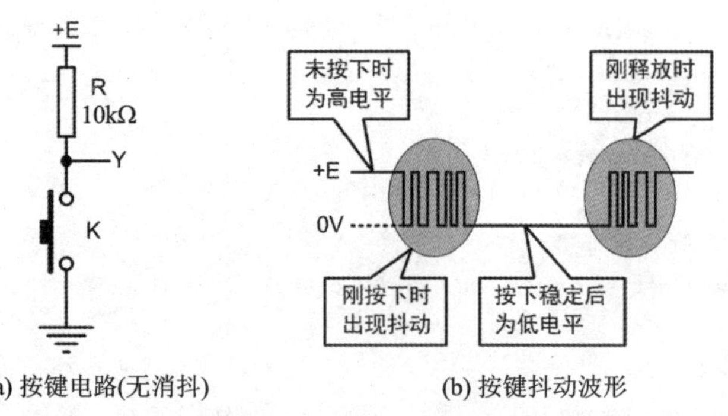

(a) 按键电路(无消抖)　　(b) 按键抖动波形

图 4.16　无消抖按键电路及波形

“抖动”的脉冲宽度一般有几十到几百微秒,但也可能达到毫秒级,这对运行速度很快的数字电路会产生很大的影响。如果将发生“抖动”现象的按键连接到计数电路的时钟输入端,则检测到每按一次键都会产生一串极不稳定的脉冲。

对实际的产品来说,按键在长时间的使用中永不产生“抖动”是不可能的,但只要预防可能产生的“抖动”即可。抖动其实只持续了一小段时间,软件延时就是在按键产生“抖动”的这段时间里,用“拖延时间”的方法避开,从而消除因“抖动”而产生的错误信号,其示意图详见图 4.17。在按下键的瞬间启动定时器开始延时,延时 t_d 时间后再判断按键是否仍然按下,若仍按下则本次按键有效,否则本次按键无效。延时消抖由于过程比较复杂，比较适合用软件实现，因此称为软件消抖。

2. 电路原理

一般来说，按键在用法上可分为独立按键和矩阵键盘两大类。LPC824 的 PIO0_10、PIO0_11 是标准的开漏结构，无内部上拉电阻，因此连接按键时必须加上拉电阻。其他所有 GPIO 口均有可编程使能的内部上拉电阻，虽然 MCU 内部有几十 kΩ 以上的上拉电阻，但均属于弱上拉，所以在实际应用中，一般都会外接一个阻值适中的上拉电阻，以提高可靠性。

对于独立按键来说，要求比较简单，既不考虑多个键同时按下，也不考虑长按的情况，仅识别是否有键按下的情况，即有键按下一次执行一次操作。AM824_Core 上板载了 1 个独立按键，对应的原理图详见图 4.18，当用作独立按键时，需要将 J14_1 与 J14_2 短接，此时，KEY 键接入 PIO0_1。

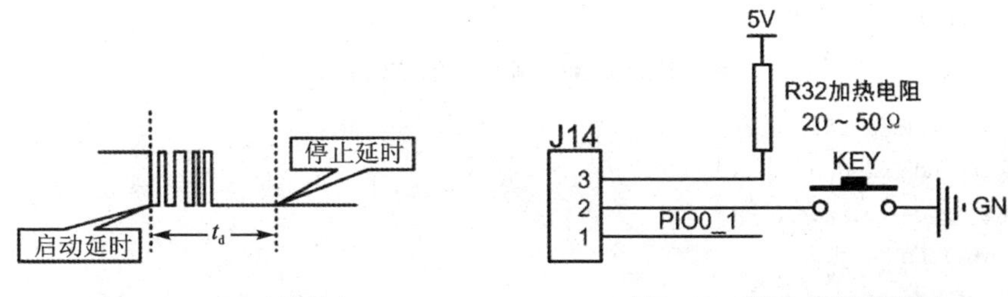

图 4.17　延时消抖

图 4.18　独立按键电路图

由于一次按键的时间通常都是上百毫秒，相对于 MCU 来说是很长的，因此不需要时时刻刻不断地检测按键，只需要每隔一定的时间(如 5 ms)检测 GPIO 的电平即可。其检测方法如下(1 表示高电平，0 表示低电平)：

① 当无键按下时，由于 PIO0_1 内部自带弱上拉电阻，因此 PIO0_1 为 1。

② 当 KEY 按下时，PIO0_1 为 0。在下一次扫描(延时 5 ms 去抖动)后，如果 PIO0_1 为 1，说明错误触发；如果 PIO0_1 还是 0，说明确实有键按下，执行相应的操作。

③ 当 KEY 释放时，PIO0_1 为 1。在下一次扫描(延时 5 ms 去抖动)后，如果 PIO0_1 为 0，说明错误触发；如果 PIO0_1 还是 1，说明按键已经释放，执行相应的操作。

3. Key 软件包

为了更加便捷地使用独立按键，可以直接调用接口函数实现按键的检测，key1.h 接口文件的内容详见程序清单 4.37(各接口的具体实现将在第 5 章中详细介绍)，其中包含了按键初始化和按键扫描函数。

程序清单 4.37　key1.h 接口

```
#pragma once
```

```
#include "am_types.h"

void  key1_init(void);                              //独立按键初始化函数

//单个独立按键扫描函数,确保以 5 ms 时间间隔调用
//返回值为 0xFF,说明无按键事件;返回值为 0,说明有键按下;返回值为 1,说明按键释放
uint8_t key1_scan(void);
```

注:同理,这里的接口并非 AMetal 直接提供的接口(没有“am_”前缀),这些接口的实现将在第 5 章中详细介绍。接口的定义和实现均在书稿讲解中逐步完成,其主要作用是讲解独立按键扫描的基础原理。实际中,AMetal 已经提供了通用的按键管理接口(详见第 7 章)。

独立按键的范例程序详见程序清单 4.38,如果有键按下,则蜂鸣器“嘀”一声;当按键释放后,LED0 翻转。

程序清单 4.38 独立按键范例程序

```
#include "ametal.h"
#include "led.h"
#include "buzzer.h"
#include "key1.h"
#include "am_delay.h"
int am_main()
{
    uint8_t key_return;                          //key1_scan()返回值变量

    key1_init();
    led_init();
    buzzer_init();
    while(1) {
        key_return = key1_scan();                //根据返回值判断按键事件的产生
        if (key_return == 0) {
            buzzer_beep(100);
        }else if (key_return == 1) {
            led_toggle(0);
        }
        am_mdelay(10);
    }
}
```

显然,每隔 5 ms 调用一次 key1_scan(),即可根据 key_return 的值判断按键事件的产生,但这又是“每隔一段时间做某事”。如果使用软件定时器定时自动扫描,则无需在 while(1)中每隔 5 ms 调用一次 key1_scan(),详见程序清单 4.39。

程序清单 4.39　添加软件定时器后的按键范例程序

```
#include "ametal.h"
#include "led.h"
#include "buzzer.h"
#include "key1.h"
#include "am_softimer.h"
static am_softimer_t g_key1_timer;              //按键扫描的软件定时器变量
void key1_process(uint8_t key_return)           //按键处理程序
{
    if (key_return == 0) {
        buzzer_beep_async(100);
    } else if (key_return == 1) {
        led_toggle(0);
    }
}

void key1_softimer_callback(void * p_arg)
{
    uint8_t key_return = key1_scan();
    if (key_return != 0xFF) {
        key1_process(key_return);
    }
}

void key1_softimer_set (void)
{
    am_softimer_init(&g_key1_timer, key1_softimer_callback, NULL);
    am_softimer_start(&g_key1_timer, 5);
}

int am_main()
{
    led_init();
    buzzer_init();
    key1_init();
    key1_softimer_set();
    while(1) {
    }
}
```

程序中新增了一个初始化软件定时器 key1_softimer_set()，并启动软件定时器以 5 ms 的时间间隔，通过 key1_softimer_callback()回调 key1_scan()实现按键扫描。当按键事件发生(返回值不为 0xFF)时，则调用 key1_process()按键处理程序，根据扫描得到的返回值判断按键事件的发生。在 key1_process()按键处理程序中，当有键按下时，蜂鸣器“嘀”一声；当按键释放时，LED0 翻转。由于 key1_process()是在中断环境的回调函数中调用的，因此不能出现阻塞式语句，必须调用异步模式下的 buzzer_beep_async()。

在这里，与软件定时器相关的代码直接放在主程序中，而在实际使用时，更希望将实现和声明分别放在 key1.c 和 key1.h 中，与数码管类似，可以增加一个带软件定时器的初始化接口函数：

```
void key1_init_with_softimer(void);
```

虽然按键与数码管都可以使用软件定时器实现自动扫描，但它们之间却存在一定的差异，数码管只要自动扫描即可，但对于按键自动扫描，当扫描到按键事件发生时，还必须通知应用程序做相应的处理。而实际上在封装模块时，并不知道应用程序要做什么事，唯一的办法是采用注册回调机制。当按键事件发生时，调用相应的注册函数。如果需要使用软件定时器，则在初始化时注册一个函数，以便按键事件发生时调用。定义回调函数类型如下：

```
typedef void ( * pfn_key1_callback_t) (void * p_arg, int code);   //定义按键回调函数
                                                                 //类型
```

重新定义带软件定时器的初始化函数类型如下：

```
void key1_init_with_softimer(pfn_key1_callback_t p_func, void * p_arg);
```

为了便于使用，将上述函数声明和回调函数类型定义添加到程序清单 4.40 所示的 key1.h 中，其相关实现代码添加到程序清单 4.41 所示的 key1.c 中。

程序清单 4.40　key1.h 文件内容

```
#pragma once
#include "am_types.h"
//回调函数类型定义
//当使用软件定时器实现自动扫描时，需要指定该类型的一个函数指针
//当产生按键事件时，自动调用回调函数，其传递的参数如下：
//p_arg:初始化时指定的用户参数值
//code 为 0，说明有键按下；code 为 1，说明按键释放
typedef void ( * pfn_key1_callback_t) (void * p_arg, uint8_t code);   //回调函数类
                                                                     //型定义

void   key1_init(void);                                              //按键初始化

```

```
//单个独立按键扫描函数,确保以 5 ms 时间间隔调用
//返回值为 0xFF,说明无按键事件;返回值为 0,说明有键按下;返回值为 1,说明按键释放
uint8_t key1_scan(void);

//带软件定时器的按键初始化函数
//p_func 用于指定扫描到按键事件时调用的函数(即回调函数)
//p_arg 是回调函数的自定义参数,无需使用参数时,设置为 NULL
void key1_init_with_softimer(pfn_key1_callback_t p_func, void * p_arg);
```

程序清单 4.41　新增使用软件定时器自动扫描的程序(key1.c)

```
static pfn_key1_callback_t   g_key1_callback = NULL; //保存应用程序注册的回调函数
static void                  * g_key1_arg = NULL;    //保存应用程序自定义的参数
static am_softimer_t         g_key1_timer;           //用于按键扫描的软件定时器

static void key1_softimer_callback(void * p_arg)
{
    uint8_t key_return = key1_scan();
    if (key_ return! = 0xFF) {
        //产生按键事件
        g_key1_callback(g_key1_arg, key_return);
    }
}

static void key1_softimer_set (void)
{
    am_softimer_init(&g_key1_timer, key1_softimer_callback, NULL);
    am_softimer_start(&g_key1_timer,5);        //启动定时器,5 ms 调用一次回调函数
}

void key1_init_with_softimer(pfn_key1_callback_t p_func, void * p_arg)
{
    key1_init();
    g_key1_callback = p_func;
    g_key1_arg = p_arg;
    key1_softimer_set();
}
```

当有键按下时,蜂鸣器"嘀"一声;当按键释放时,LED0 翻转,经过迭代后的代码详见程序清单 4.42。

程序清单 4.42　使用软件定时器自动进行按键扫描范例程序

```
#include "ametal.h"
```

```
#include "led.h"
#include "buzzer.h"
#include "key1.h"

static void key1_process(void *p_arg, uint8_t key_return)   //按键处理程序
{
    if (key_return == 0) {                                   //按键按下
        buzzer_beep_async(100);
    } else if (key_return == 1) {                            //按键释放
        led_toggle(0);
    }
}

int am_main()
{
    led_init();
    buzzer_init();
    key1_init_with_softimer(key1_process, NULL);         //无需使用自定义参数 NULL
    while(1) {
    }
}
```

4.5.2 矩阵键盘

独立按键必须占用一个 I/O 口，当按键数目较多时，这种每个按键占用一个口的方法就显得很浪费了。如何用尽可能少的 I/O 口去管理较多的按键呢？矩阵形式键盘电路就是使用最多的一种。MiniPort - Key 按键模块（具体介绍详见 1.6.3 小节）集成了一个 2×2 的矩阵键盘（共计 4 个按键），电路原理图详见图 4.19。其中，KR0、KR1 为行线，KL0、KL1 为列线。

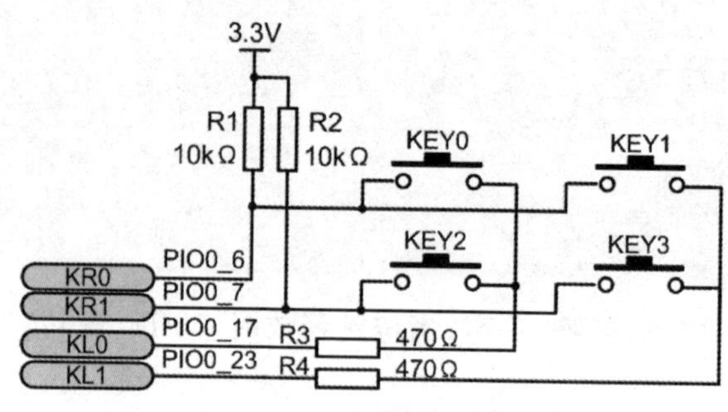

图 4.19 2×2 矩阵键盘

该接法将口线分成行线（row）和列线（column），如果将它变成比较容易理解的

拓扑结构，就是两组垂直交叉的平行线，每个交叉点就是一个按键位置，按键的两端分别接在行线和列线上。其最大优点是组合灵活，假如有 16 个 I/O 可用于扩展做键盘电路，我们可以将它接成 6×10、5×11 或 8×8 等多种接法，当然，使用效率最高的是 8×8 的接法，它最多可实现 64 个按键。

2×2 的矩阵键盘共有 4 个按键，分别为 KEY0 ～ KEY3。KR0、KR1 为行线(row)，KL0、KL1 为列线(column)。假设选择 KL0、KL1 为输入，当无键按下时，由于内部弱上拉作用，此时读取电平为高电平。当 KEY0 按下时，KL1 依然为高电平，而 KL0 在 KR0 输出低电平时就会得到低电平。显然，只有 KR0、KR1 输出为低电平时，KL0、KL1 才能得到低电平，这就是逐行扫描键盘的方法，即行线为输出，列线为输入，每次扫描一行，扫描该行时，对应行线输出为低电平，其余行线输出为高电平；然后读取所有列线的电平，若有列线读到低电平，则表明该行与读到低电平的列对应的交叉点有按键按下。逐列扫描法恰好相反，其列线为输出，行线为输入，但基本原理还是一样的。

由此可见，按照行扫描时，列线为输入，为了确保无键按下时为高电平，必须确保列线具有上拉电阻(内部无上拉时，就需要外接上拉电阻)；反之，若按照列扫描，则行线为输入，相应地，就必须确保行线具有上拉电阻(内部无上拉时，就需要外接上拉电阻)。对于 LPC824，矩阵键盘使用的几个引脚均有内部上拉电阻，因此，使用行扫描或列扫描均可。但是，若使用其他内部无上拉电阻的 MCU，由于图 4.19 中仅在行线上接了上拉电阻，因此，这种情况下，就只能使用列扫描方式了。基于此，对于图 4.19 所示的硬件电路，使用列扫描方式更为通用，后文将以列扫描为例进行说明。

为了更加便捷地使用矩阵键盘，可以直接调用接口函数实现按键的检测。matrixkey.h 接口文件的内容详见程序清单 4.43(各接口的具体实现将在第 5 章中详细介绍)，其中包含了按键初始化和按键扫描函数等函数。

程序清单 4.43　matrixkey.h 接口

```
#pragma once
void matrixkey_init(void);          //矩阵键盘初始化

//矩阵按键扫描函数，确保以 5 ms 时间间隔调用
//返回值:0xFF 说明无按键事件
//最高位为 0 表示有键按下，最高位为 1 表示按键释放，低 7 位表示按键编号(0～N-1)
uint8_t matrixkey_scan(void);

//回调函数类型定义
//当使用软件定时器实现键盘自动扫描时，需要指定该类型的一个函数指针
//当产生按键事件时，将会自动调用回调函数，其传递的参数如下：
//p_arg:初始化时指定的用户参数值
//code :最高位为 0 表示按键按下，最高位为 1 表示按键释放；低 7 位表示按键编号(0～N-1)
```

```
typedef void ( * pfn_matrixkey_callback_t) (void * p_arg, uint8_t code);
                                                                //定义按键回调函数类型

//带软件定时器的按键初始化函数
//p_func 用于指定扫描到按键事件时调用的函数(即回调函数)
//* p_arg 是回调函数的自定义参数,无需使用参数时,可以设置为 NULL
void matrixkey_init_with_softimer(pfn_matrixkey_callback_t p_func, void * p_arg);
```

注:同理,这里的接口并非 AMetal 直接提供的接口(没有“am_”前缀),这些接口的实现将在第 5 章中详细介绍。接口的定义和实现均在书稿讲解中逐步完成,其主要作用是讲解矩阵键盘扫描的基础原理。实际中,AMetal 已经提供了通用的按键管理接口(详见第 7 章)。

使用矩阵键盘接口的范例程序详见程序清单 4.44。当有键按下时,蜂鸣器在发出“嘀”的一声的同时,通过 LED0 和 LED1 的组合显示按键编号。比如,KEY0 键按下时,两个 LED 灯均熄灭。KEY1 按下时显示 01,即 LED0 亮,LED1 熄灭,以此类推。

程序清单 4.44　矩阵键盘范例程序

```
#include "ametal.h"
#include "buzzer.h"
#include "led.h"
#include "am_delay.h"
#include "matrixkey.h"
void key_process (uint8_t code)                  //按键处理程序
{
    if ((code & 0x80) == 0) {                    //按键按下事件,按键释放时蜂鸣器不叫
        buzzer_beep_async(100);
    }
    switch (code) {
    case 0:                                      //KEY0 按下,显示 00
        led_off(0);     led_off(1);break;
    case 1:                                      //KEY1 按下,显示 01
        led_on(0);     led_off(1);break;
    case 2:                                      //KEY2 按下,显示 10
        led_on(1);     led_off(0);break;
    case 3:                                      //KEY3 按下,显示 11
        led_on(0);     led_on(1);break;
    default:
        break;
    }
}
```

```

int am_main()
{
    uint8_t key_return;
    buzzer_init();  led_init();  matrixkey_init();
    while(1) {
        key_return = matrixkey_scan();
        if (key_return! = 0xFF) {
            //产生按键事件
            key_process(key_ return);
        }
        am_mdelay(10);
    }
}
```

为了节省引脚，还可以将数码管与矩阵键盘结合起来使用。数码管的电路原理图详见图 4.14，其标志了两个 COM 口使用的引脚分别为 PIO0_17(COM0)与 PIO0_23(COM1)。这与矩阵键盘的列线 KL0 和 KL1 是完全相同的。由此可见，PIO0_17 与 PIO0_23 既是数码管的 COM0、COM1，又是矩阵键盘的列线 KL0、KL1，这样设计反而节省了引脚。

数码管扫描时，每次描述一位数码管，当前扫描的数码管 COM 端为低电平。同时，在矩阵键盘按照列扫描时，同样是每次扫描一列，扫描当前列时，当前列输出低电平。由此可见，数码管与矩阵键盘扫描时，COM 端和列线都会输出低电平。如此一来，数码管的 COM 端可以和矩阵键盘的列线复用，只要保证数码管和矩阵键盘同步扫描即可，即数码管扫描 COM0 时，矩阵键盘也扫描 KL0；数码管扫描 COM1 时，矩阵键盘也扫描 KL1。为了确保数码管和矩阵键盘同步扫描，可以提供一个同时扫描矩阵键盘和数码管的函数，例如：

```
uint8_tmatrixkey_scan_with_digitron(void);          // 矩阵键盘和数码管一起扫描
```

期望该接口实现的功能为：完成矩阵键盘扫描和数码管扫描，并将矩阵键盘扫描结果通过返回值返回。如此一来，其返回值含义与 matrixkey_scan()相同，但相比于 matrixkey_scan()，其在矩阵键盘扫描的同时，还完成了数码管的扫描。

显然，数码管扫描是由数码管驱动实现的，若要在该函数中实数码管扫描，则势必会调用 digitron1_disp_scan()函数，如此一来，矩阵键盘驱动将包含 digitron1.h 文件。两者的驱动代码将严重地耦合在一起。

对于矩阵键盘来讲，其不应该直接调用数码管接口(可以假定其根本不知道数码扫描函数的函数名)，那么，如何实现矩阵键盘与数码管同时扫描呢？可以使用回调机制。回顾在 4.4 节“事件驱动”中，简要描述了回调机制，其有两种调用方式：

① 在上层模块 A 调用下层模块 B 的函数中，直接调用回调函数 C；

② 使用注册的方式，当某个事件发生时，下层模块在相应的时机调用回调函数C。

软件定时器使用的是方式②。对于矩阵键盘和数码管同时扫描来讲，可以基于方式①调用模型实现，示意图详见图4.20。

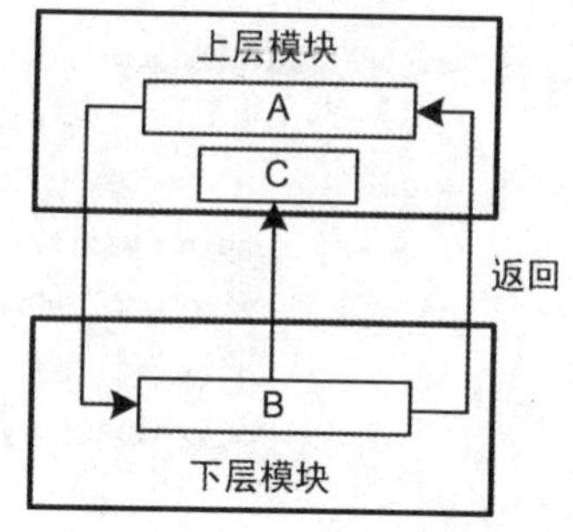

图4.20　回调函数的使用

用户应用程序作为上层模块A，C是用户期望调用的数码管扫描函数，B作为下层模块，实现矩阵键盘扫描。为了实现矩阵键盘和数码管的同时扫描，可以将C作为参数传递给模块B，在模块B的运行过程中，直接调用回调函数C。

为了将C传递给B，接口函数应该做相应的修改，增加一个函数指针用来传递数码管扫描函数，即

```
uint8_t  matrixkey_scan_with_digitron(void ( * p_scan_func)(void));
                                                    //矩阵键盘和数码管一起扫描
```

增加了一个p_scan_func函数指针，其所指向的函数无返回值、无参数（也即为数码管扫描函数的类型），其调用形式详见程序清单4.45。

程序清单4.45　矩阵键盘和数码管联合使用

```
key_return = matrixkey_scan_with_digitron(digitron1_disp_scan);      //同时扫描
if (key_return! = 0xFF) {                                            //有按键事件
}
```

这种方式除了能够将数码管模块和矩阵键盘模块从代码上解除耦合外，还有一个非常大的好处：由于矩阵键盘扫描函数是通过函数指针调用的数码管扫描函数，因此数码管扫描函数没有被限制为某一个，实际中，可以由用户决定动态绑定。后文还会介绍其他数码管扫描函数，例如：

- 数码管模块与74HC595联合使用时的扫描函数：digitron1_hc595_disp_scan()；
- 数码管重构后的扫描函数：digitron2_hc595_disp_scan()。

如此一来，用户期望在矩阵键盘扫描时调用何种数码管扫描函数，直接将相应函数作为p_func的实参传递给矩阵键盘模块即可。

可以将matrixkey_scan_with_digitron()函数声明到matrixkey.h文件中，更新后的文件内容详见程序清单4.46，其具体实现将在第5章中详细介绍。

程序清单4.46　matrixkey.h文件内容更新

```
#pragma once
void matrixkey_init(void);            //矩阵键盘初始化

```

```
//矩阵按键扫描函数,确保以 5 ms 时间间隔调用
//返回值:0xFF 说明无按键事件
//最高位为 0 表示有键按下,最高位为 1 表示按键释放,低 7 位表示按键编号(0～N-1)
uint8_t matrixkey_scan(void);

//矩阵按键扫描函数(与数码管联合使用该函数),确保以 5 ms 时间间隔调用
//返回值为 0xFF,说明无按键事件
//最高位为 0 表示有键按下,最高位为 1 表示按键释放,低 7 位表示按键编号(0～N-1)
uint8_t matrixkey_scan_with_digitron(void (*p_scan_func)(void));

//回调函数类型定义
//当使用软件定时器实现键盘自动扫描时,需要指定该类型的一个函数指针
//当产生按键事件时,将会自动调用回调函数,其传递的参数如下:
//p_arg:初始化时指定的用户参数值
//code :最高位为 0 表示按键按下,最高位为 1 表示按键释放;低 7 位表示按键编号(0～N-1)
typedef void (*pfn_matrixkey_callback_t) (void *p_arg, uint8_t code);
                                                            //定义按键回调函数类型

//带软件定时器的按键初始化函数
//p_func 用于指定扫描到按键事件时调用的函数(即回调函数)
//*p_arg 是回调函数的自定义参数,无需使用参数时,可以设置为 NULL
void matrixkey_init_with_softimer(pfn_matrixkey_callback_t p_func, void *p_arg);
```

利用 4 个按键和数码管,实现一个按键调节值的小应用,各个按键的功能定义如下:

- KEY0:进入设置状态。点击后进入设置状态,默认个位不断闪烁,再次点击后回到正常运行状态。
- KEY2:切换当前调节的位。当进入设置状态后,当前调节的位会不断地闪烁。点击该键可以切换当前调节的位,由个位切换到十位,或由十位切换到个位。
- KEY1:也称为"+1"键,将当前正在闪烁的位的值加 1。
- KEY3:也称为"-1"键,将当前正在闪烁的位的值减 1。

其相应的范例程序详见程序清单 4.47。

程序清单 4.47　矩阵键盘+数码管范例程序

```
#include "ametal.h"
#include "matrixkey.h"
#include "digitron1.h"
#include "am_delay.h"

static uint8_t g_disp_num = 0;
```

```
void key_process (uint8_t code)
{
    static uint8_t adj_state = 0;                //正常状态为 0,调节状态为 1
    static uint8_t adj_pos;                      //闪烁位,初始化时个位闪烁
    uint8_t  num_single;                         //个位计数器
    uint8_t  num_ten;                            //十位计数器

    switch (code) {
    case 0:
        adj_state = !adj_state;                  //状态翻转
        if (adj_state == 1) {                    //切换到调节状态
            digitron_disp_blink_set(1, AM_TRUE);  //个位闪烁
        } else {                                 //切换到正常状态
            digitron_disp_blink_set(adj_pos, AM_FALSE);//停止闪烁
            adj_pos = 1;
        }
        break;
    case 1:                                      //闪烁位加 1
        if (adj_state == 1) {
            num_single = g_disp_num % 10;
            num_ten = g_disp_num / 10;
            if (adj_pos == 1) {
                num_single = (num_single + 1) % 10;       //个位加 1,0～9
            } else {
                num_ten = (num_ten + 1) % 10;             //十位加 1,0～9
            }
            g_disp_num = num_ten * 10 + num_single;
            digitron_disp_num_set(0,num_ten);             //更新显示器的十位
            digitron_disp_num_set(1,num_single);          //更新显示器的个位
        }
        break;
    case 2:                                      //切换调节位
        if (adj_state == 1) {
            digitron_disp_blink_set(adj_pos, AM_FALSE);
            adj_pos = !adj_pos;
            digitron_disp_blink_set(adj_pos, AM_TRUE);
        }
        break;
    case 3:                                      //闪烁位减 1
        num_single = g_disp_num % 10;
        num_ten = g_disp_num/10;
        if (adj_state == 1) {
```

```
            if (adj_pos == 1) {
                num_single = (num_single - 1 + 10) % 10;//个位减 1,0~9
            } else {
                num_ten = (num_ten - 1 + 10) % 10;        //十位减 1,0~9
            }
        }
        g_disp_num = num_ten * 10 + num_single;
        digitron_disp_num_set(0,num_ten);                 //更新显示器的十位
        digitron_disp_num_set(1,num_single);              //更新显示器的个位
        break;
    default:
        break;
    }
}

int am_main()
{
    uint8_t key_return;
    int i;

    matrixkey_init();
    digitron1_init();
    digitron1_disp_num_set(0,g_disp_num / 10);            //更新显示器的十位
    digitron1_disp_num_set(1,g_disp_num % 10);            //更新显示器的个位
    while(1) {
        key_return = matrixkey_scan_with_digitron(digitron1_disp_scan);
                                                          //数码管和矩阵键盘的扫描
        if (key_return! = 0xFF) {
            //有按键事件产生
            key_process(key_return);
        }
        am_mdelay(5);
    }
}
```

4.6 SPI 总线

4.6.1 SPI 总线简介

SPI(Serial Peripheral Interface)是一种全双工同步串行通信接口,常用于短距

离高速通信，其数据传输速率通常可达到几 Mbit/s 甚至几十 Mbit/s 级别。SPI 通信采用主/从结构，主/从双方通信时，需要使用到 4 根信号线：CS、MOSI、MISO、SCK。其典型的连接示意图详见图 4.21。

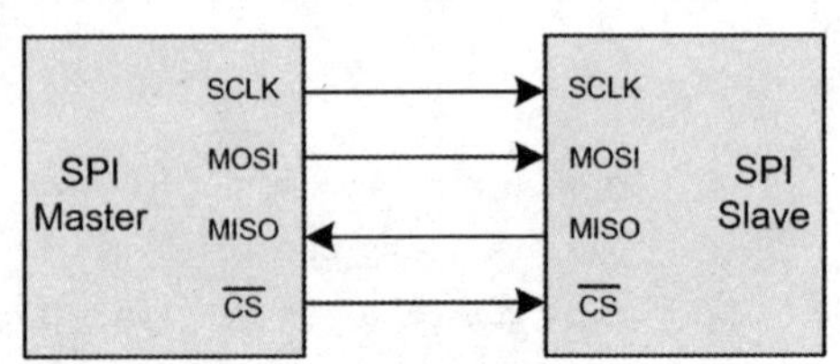

图 4.21 SPI 连接示意图——单从机

- CS(片选信号) 当 SPI 作为主机时，则在串行数据启动前驱动 CS 信号，使之变为有效状态，并在串行数据发送后释放该信号，使之变为无效状态。CS 通常为低电平有效。当 SPI 作为从机时，处于有效状态的任意 CS 信号都表示该从机正在被寻址。
- MOSI(主机输出从机输入) MOSI 信号可将串行数据从主机传送到从机。当 SPI 作为主机时，串行数据从 MOSI 输出；当 SPI 作为从机时，串行数据从 MOSI 输入。
- MISO(主机输入从机输出) MISO 信号可将串行数据由从机传送到主机。当 SPI 作为主机时，串行数据从 MISO 输入；当 SPI 作为从机时，串行数据输出至 MISO。
- SCK(时钟信号) SCK 同步数据传送时钟信号。它由主机驱动从机接收，数据在 SCK 时钟信号的同步下按位传输，主机发送的数据从 MOSI 输出，从机发送的数据从 MISO 输出。

数据传输是由主机发起的，主机在串行数据传输前驱动 CS 信号，使之变为有效状态(通常情况下，有效状态为低电平)，接着，在 SCLK 上输出时钟信号。在时钟信号的同步下，每个时钟传输一位数据，主机数据通过 MOSI 传输至从机，从机数据通过 MISO 传输至主机，数据传输完毕后，主机释放 CS 信号，使之变为无效状态，一次数据传输完成。

一个主机可以连接多个从机，多个从机共用 SCLK、MOSI、MISO 三根信号线，每个从机的片选信号 CS 是独立的，因此，若主机连接多个从机，就需要多个片选控制引脚。连接示意图详见图 4.22。当一个主机连接多个从机时，同一时刻最多只能使一个片选信号有效，以选择一个确定的从机作为数据通信的目标对象。也就是说，在某一时刻，最多只能激活寻址一个从机，以使各个从机之间相互独立使用，互不干扰。注意，在单个通信网络中，可以有多个从机，但有且只能有一个主机。

除了需要了解上述 SPI 的基本概念外，读者还应该理解 SPI 的传输模式，以便在操作 SPI 从机器件时，可以正确地设置 SPI 主机的传输模式。

SPI 数据传输是在片选信号有效时，数据位在时钟信号的同步下，每个时钟传输一位数据。根据时钟极性和时钟相位的不同，将 SPI 分为了 4 种传输模式，详见表 4.4。

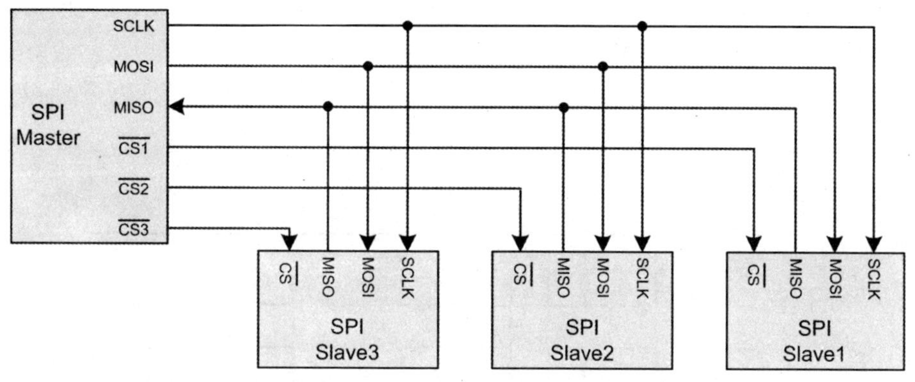

图 4.22 SPI 连接示意图——多从机

- 时钟极性(CPOL) 时钟极性表示了 SPI 时钟空闲时的极性,可以为高电平(CPOL＝1)或低电平(CPOL＝0)。
- 时钟相位(CPHA) 时钟相位决定了数据采样的时机,若 CPHA＝0,则表示数据在时钟的第一个边沿采样;若 CPHA＝1,则表示数据在时钟的第二个边沿采样。

表 4.4 SPI 模式

模式	CPOL	CPHA
0	0	0
1	0	1
2	1	0
3	1	1

CPHA＝0 时,对应 SPI 模式 0(CPOL＝0)和模式 2(CPOL＝1),示意图详见图 4.23。

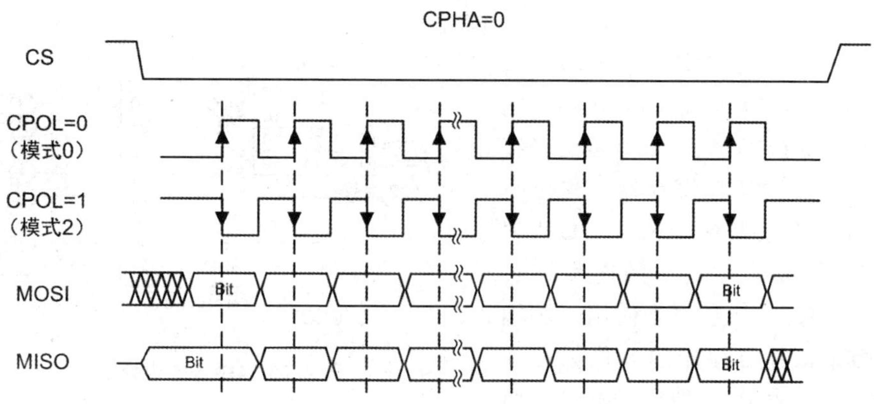

图 4.23 SPI 模式 0 和模式 2 示意图

在 SPI 模式 0(CPOL＝0,CPHA＝0)中,时钟空闲电平为低电平,在传输数据时,每一位数据在第一个边沿(即上升沿)采样。

在 SPI 模式 2(CPOL＝1,CPHA＝0)中,时钟空闲电平为高电平,在传输数据时,每一位数据在第一个边沿(即下降沿)采样。

CPHA＝1 时,对应 SPI 模式 1(CPOL＝0)和模式 3(CPOL＝1),示意图详见图 4.24。

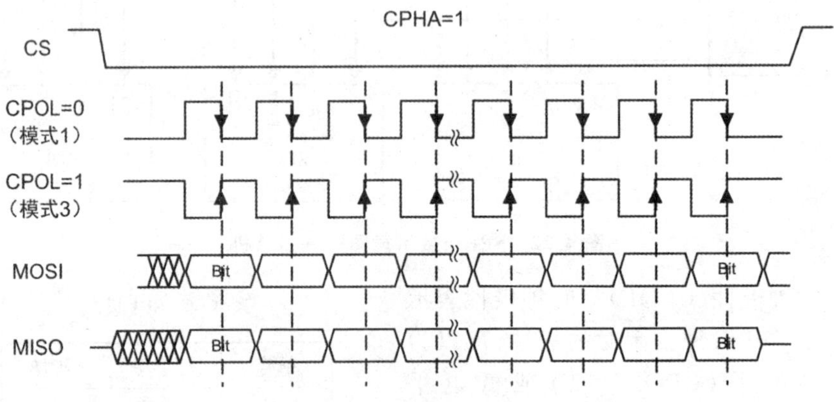

图 4.24　SPI 模式 1 和模式 3 示意图

在 SPI 模式 1(CPOL＝0,CPHA＝1)中,时钟空闲电平为低电平,在传输数据时,每一位数据在第二个边沿(即下降沿)采样。

在 SPI 模式 3(CPOL＝1,CPHA＝1)中,时钟空闲电平为高电平,在传输数据时,每一位数据在第二个边沿(即上升沿)采样。

4.6.2　74HC595 接口

SPI 可以用来驱动 74HC595。MiniPort-595 模块(具体介绍详见 1.6.4 小节)集成了一片 74HC595 芯片,电路原理图详见图 4.25。

74HC595 可以实现数据的串行输入/并行输出转换。74HC595 内部有两个 8 位寄存器:一个移位寄存器和一个数据锁存寄存器。移位寄存器的 8 位数据使用 Q0'～Q7' 表示,其中仅 Q7' 位对应的电平通过 Q7' 引脚输出,其余位未使用引脚输出。数据锁存寄存器的 8 位数据使用 Q0～Q7 表示,并使用 Q0～Q7 引脚将 8 位数据输出。

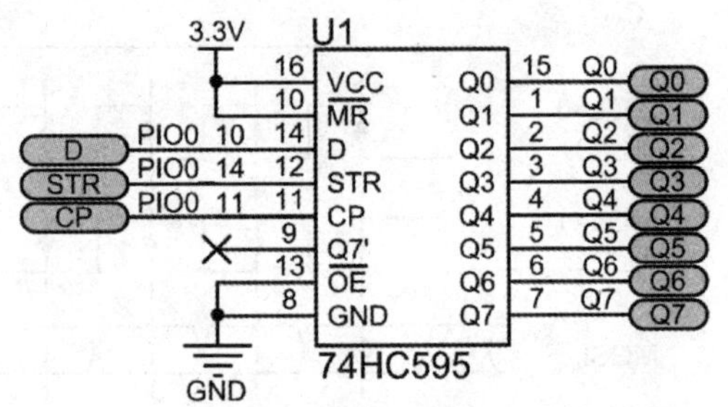

图 4.25 74HC595 电路图

移位寄存器在时钟信号 CP 的作用下,每个上升沿将 D 引脚电平移至移位寄存器的最低位,其余位依次向高位移动,移位寄存器的值发生改变,Q7' 引脚的输出随着值的改变而改变，但此时，数据锁存寄存器中的值保持不变，即 Q0～Q7 的输出保持不变。由此可见，由于移位作用，原移位寄存器中的最高位 Q7' 将被完全移除，数据丢失。若希望数据不丢失，即并行输出的数据超过 8 位，则可以将多个 74HC595 串接，将 Q7' 引脚连接至下一个 74HC595 的数据输入端 D。这样，每次移位时，原先的 Q7' 将移动至下一个 74HC595 中，这也是为什么单独将 Q7' 通过引脚引出的原因，通过多个 74HC595 级联，可以将并行输出扩展为 16 位、24 位、32 位等。

数据锁存寄存器的值可以通过 STR 引脚输入上升沿信号更新，当 STR 引脚输入上升沿信号时，数据锁存寄存器中的值将更新为移位寄存器中的值，即 Q0～Q7 的值更新为 Q0'～Q7' 的值。这样的设计可以保证同时改变所有并行输出，将 8 位数据一次性地在 Q0～Q7 端输出，如果不使用数据锁存寄存器，而是直接将移位寄存器的值输出，则输出将受到移位过程的影响，即每次移位，数据输出都可能发生变化。

除基本的 CP 时钟信号、D 数据输入信号、STR 锁存信号、Q0～Q7 输出信号、Q7' 输出信号外，还有 $\overline{OE}$ 和 $\overline{MR}$ 两个控制信号，$\overline{OE}$ 为锁存寄存器的输出使能信号，当 $\overline{OE}$ 为低电平时，使能输出，数据锁存寄存器中的值输出到 Q0～Q7 引脚上；当 $\overline{OE}$ 为高电平时，禁能输出，Q0～Q7 将处于高阻状态。$\overline{OE}$ 引脚不影响寄存器中的值，也不会影响 Q7' 的输出。$\overline{MR}$ 为复位信号，当 $\overline{MR}$ 为低电平时，复位移位寄存器的值为 0x00，此时，Q7' 将输出 0。$\overline{MR}$ 不会影响数据锁存寄存器中值，也不会影响 Q0～Q7 的输出。如需将数据锁存寄存器中的值清零，可以在 $\overline{MR}$ 为低电平时，在 STR 上输入一个上升沿，以将移位寄存器中的值(0x00)更新到数据锁存寄存器中。通常情况下，$\overline{OE}$ 直接接地，以保证输入的数据在 Q7～ Q0 端输出；同时将 $\overline{MR}$ 直接接 VCC，从而保证 74HC595 处于永久选通状态。

74HC595 传输数据的过程为：D 端为数据输入口，在时钟 CP 的作用下每次传输一位数据至移位寄存器中，如需传输 8 位数据，则应在 CP 端输入 8 个时钟信号，传输结束后，需要在 STR 上产生一个上升沿信号，以便将移位寄存器中的数据输出。由此可见，其数据传输的方式和 SPI 传输数据的方式极为相似，均是在时钟信号的同步下，每个时钟传输一位数据，特殊的是，74HC595 在传输结束后需要在 STR 上输入一个上升沿锁存信号。实际上，在 SPI 传输中，传输数据前，主机会将片选信号拉低；传输结束后，主机会将片选信号拉高，显然，若将 STR 作为从机片选信号由主机控制，则在数据传输结束后，主机会将片选信号拉高，同样可以达到在 STR 上产生上升沿的效果。

基于此，可以将 74HC595 看作一个 SPI 从机器件，SPI 主机的 SCLK 时钟信号与 CP 相连，MOSI 作为主出从入，与 D 相连，CS 作为片选信号，与 STR 相连。此外，74HC595 作为一个串/转并芯片，只能输出数据，不能输入数据，即 SPI 主机只需向 74HC595 发送数据，不需要从 74HC595 接收数据，因此，无需使用 SPI 的 MISO 引脚。

假设要将 1000 0000 串行传送到 74HC595 的并行输出端 Q7～Q0，此数据在时钟脉冲的作用下，从 D7～D0 逐位送到串行数据输入端 D。待 8 个时钟脉冲过后，10000000 在 Q7～Q0 并行输出。

为了更加便捷地使用 74HC595 输出并行数据，可以直接调用接口函数实现并行数据的输出，hc595.h 接口文件的内容详见程序清单 4.48(各接口的具体实现将在第 5 章中详细介绍)，其中包含了 HC595 初始化及数据传输函数。

程序清单 4.48　hc595.h 接口

```
#pragma once
#include "am_types.h"
void hc595_init(void);      //初始化 74HC595 相关的操作

//串行输入并行输出 8 位 data(同步模式)，等到数据全部发送完毕后才会返回
void hc595_send_data(uint8_t data);
```

注：同理，这里的接口并非 AMetal 直接提供的接口(没有“am_”前缀)，这些接口的实现将在第 5 章中详细介绍。接口的定义和实现均在书稿讲解中逐步完成，其主要作用是讲解 74HC595 以及 AMetal 中 SPI 通用接口的使用方法。实际中，AMetal 已经提供了通用的 HC595 接口(详见第 7 章)。

由此可见，在初始化 74HC595 相关的操作后调用 hc595_send_data()，则串行输入并行输出一个 8 位二进制数，74HC595 的输出引脚当作 8 位 I/O 口使用。此前控制 8 个 LED 流水灯不得不使用 8 个 I/O 口，现在有了 74HC595，则可以节省更多的 I/O 口留作其他用途。

显然，只要将 AM824_Core 主机、MiniPort - 595 模块的 MiniPort A(排针)与 MiniPort - LED 模块的 MiniPort B(排母)直接对插即可，其原理图详见图 4.26，模块的组合详见图 4.27(a)，组合之后对应 MCU 的 MiniPort 接口 J4 端口功能定义详见图 4.27(b)。MCU 通过 STR、CP 和 D 这 3 个端口控制 74HC595 芯片驱动 8 个 LED，详见程序清单 4.49。

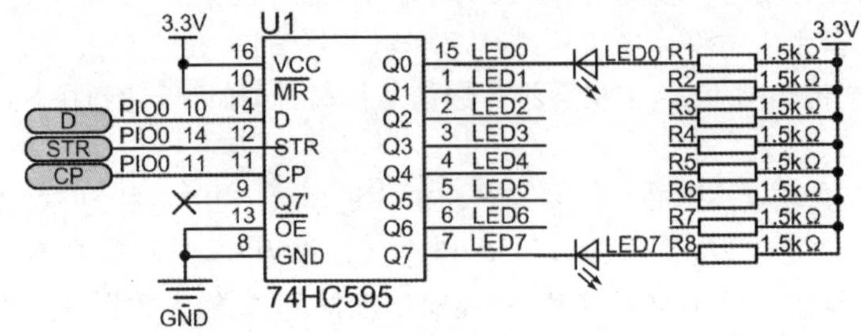

图 4.26　8 路输出 I/O 扩展

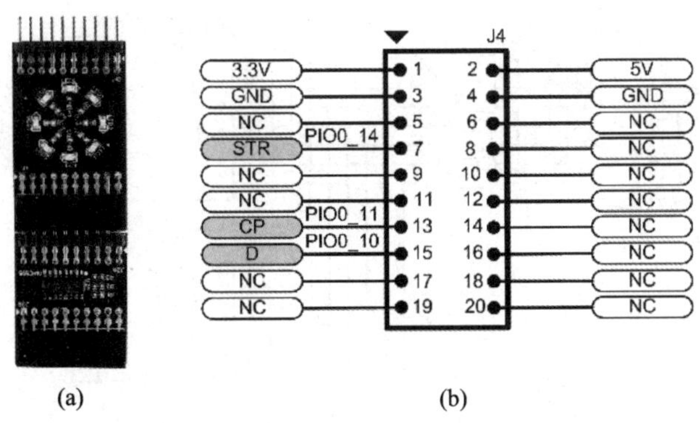

(a) (b)

图 4.27 模块组合实物与控制接口定义

程序清单 4.49 74HC595 接口使用范例程序

```
#include "ametal.h"
#include "hc595.h"
#include "am_delay.h"
int am_main()
{
    uint8_t data = 0x01;                          //初始化 bit0 为 1,表示点亮 LED0

    hc595_init();
        while(1) {
            hc595_send_data(~data);     //data 取反点亮 LED
            am_mdelay(100);
            data<<=1;
            if (data == 0) {            //8 次循环结束,重新从 0x01 开始
                data = 0x01;
            }
        }
}
```

显然,同样可以用 74HC595 来驱动数码管的 8 个段,其原理图详见图 4.28。

将 AM824_Core、MiniPort - 595 模块的 MiniPort A(排针)与 MiniPort - View 模块的 MiniPort B(排母)3 个模块直接对插即可,详见图 4.29(a),组合之后对应 MCU 的 MiniPort 接口 J4 功能定义详见图 4.29(b)。MCU 除了使用 STR、CP 和 D 端口控制 74HC595,还需要使用 COM0 和 COM1 控制数码管的位选。

其实使用 74HC595 与直接使用 I/O 驱动数码管,唯一的不同是段码的输出方式不一样,因此仅需修改段码传送函数,并将实现代码添加到 digitron1.c 中,详见程序清单 4.50。

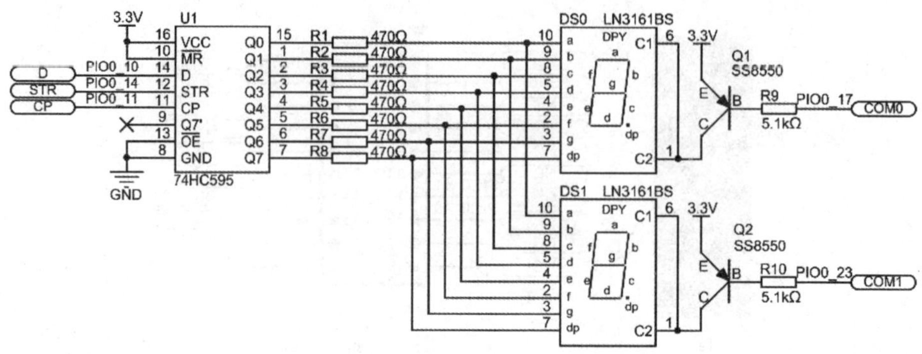

图 4.28　2 位数码管驱动电路

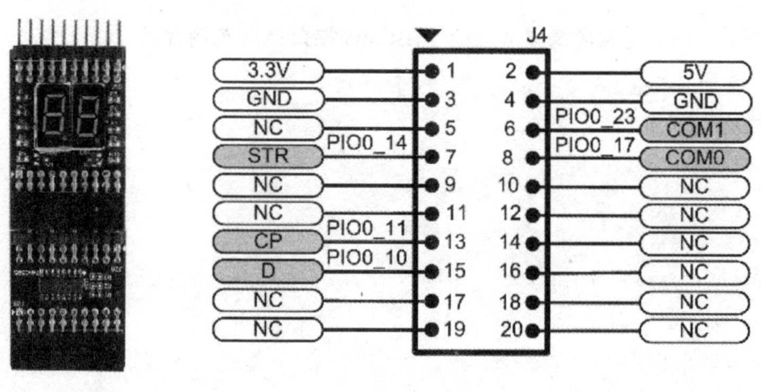

(a) 模块组合　　　　(b) J4功能定义

图 4.29　模块组合实物与控制接口定义

程序清单 4.50　新增 74HC595 驱动数码管的相关函数

```
#include "hc595.h"
#include "digitron1.h"

void digitron1_hc595_segcode_set (uint8_t code)   //传送段码到显示缓冲区函数
{
    hc595_send_data(code);                           //串行输入并行输出数据
}

void digitron1_hc595_init (void)                     //板级初始化函数
{
    int i;

    for (i = 0; i<2; i++) {
        //将 com 端引脚设置为输出,并初始化为高电平
```

```
        am_gpio_pin_cfg(g_digitron_com[i], AM_GPIO_OUTPUT_INIT_HIGH);
    }
    digitron1_disp_code_set(0, 0xFF);     //初始设置缓冲区中的段码值为无效值
    digitron1_disp_code_set(1, 0xFF);     //初始设置缓冲区中的段码值为无效值
    hc595_init();
}

void digitron1_hc595_disp_scan (void)     //动态扫描显示函数
{
    static uint8_t pos = 0;               //初始化 com 变量
    static uint8_t cnt = 0;               //扫描计数器变量

    digitron1_hc595_segcode_set(0xFF);    //消影,熄灭全部数码管
    digitron1_com_sel(pos);               //当前显示位
    if (((g_blink_flag & (1<<pos)) && (cnt<=49)) ||((g_blink_flag & (1<<pos)) ==
        0)) {
        digitron1_hc595_segcode_set(g_digitron_disp_buf[pos]);  //传送正常显示段码
    }
    cnt = (cnt + 1) % 100;                //cnt 扫描次数加 1,循环 0~99
    pos = (pos + 1) % 2;                  //切换到下一个显示位
}
```

由于用户不会直接调用 digitron1_hc595_segcode_set(),因此仅将 digitron1_hc595_init() 和 digitron1_hc595_disp_scan() 添加到程序清单 4.51 所示的 digitron1.h 接口中。

程序清单 4.51　digitron1.h

```
#pragma once
#include<am_types.h>

//GPIO 驱动数码管的相关函数
void digitron1_init(void);                     //板级初始化
void digitron1_init_with_softimer(void);       //板级初始化(含软件定时器)
void digitron1_disp_scan(void);                //动态扫描显示

//当 74HC595 驱动数码管时,即用:
//digitron1_hc595_init()替代 digitron1_init()
//digitron1_hc595_disp_scan()替代 digitron1_disp_scan()
void digitron1_hc595_init(void);               //板级初始化
void digitron1_hc595_disp_scan(void);          //动态扫描显示,每 5 ms 扫描一次

//GPIO 驱动和 74HC595 驱动均可使用的数码管公共函数
```

```
void digitron1_disp_code_set(uint8_t pos, uint8_t code);  //传送段码到显示缓冲区
void digitron1_disp_num_set(uint8_t pos, uint8_t num);    //传送 0～9 到显示缓冲区
uint8_tdigitron1_num_decode(uint8_t num);                 //获取待显示数字的段码
void digitron1_disp_blink_set(uint8_t pos, am_bool_t isblink);  //设定闪烁位
```

当使用 74HC595 驱动数码管时，只要调用相关函数即可，详见程序清单 4.52。

程序清单 4.52　74HC595 驱动数码管实现秒计数器范例程序

```
#include "ametal.h"
#include "digitron1.h"
#include "am_delay.h"
int am_main (void)
{
    int i = 0;
    int sec = 0;                                    //秒计数器清 0

    digitron1_hc595_init();                         //板级初始化
    digitron1_disp_num_set(0, 0);                   //秒计数器的十位清 0
    digitron1_disp_num_set(1, 0);                   //秒计数器的个位清 0
    while(1) {
        digitron1_hc595_disp_scan();                //每隔 5 ms 调用动态扫描函数
        am_mdelay(5);
        i++;
        if (i == 200) {                             //循环 200 次，耗时 1 s
            i = 0;
            sec = (sec + 1) % 60;                   //秒计数器 + 1
            digitron1_disp_num_set(0,sec / 10);     //更新秒计数器的十位
            digitron1_disp_num_set(1,sec % 10);     //更新秒计数器的个位
        }
    }
}
```

4.7　I²C 总线

4.7.1　I²C 总线简介

I²C 总线（Inter Integrated Circuit）是 NXP 公司开发的用于连接微控制器与外围器件的两线制总线，不仅硬件电路非常简洁，而且还具有极强的复用性和可移植性。I²C 总线不仅适用于电路板内器件之间的通信，而且通过中继器还可以实现电路板与电路板之间长距离的信号传输，因此使用 I²C 器件非常容易构建系统级电子产品开发平台。其特点如下：

- 总线仅需 2 根信号线,减少了电路板的空间和芯片引脚的数量,降低了互连成本。
- 同一条 I^2C 总线上可以挂接多个器件,器件之间按不同的编址区分,因此不需要任何附加的 I/O 或地址译码器。
- 非常容易实现 I^2C 总线的自检功能,以便及时发现总线的异常情况。
- 总线电气兼容性好,I^2C 总线规定器件之间以开漏 I/O 互连,因此只要选取适当的上拉电阻就能轻易地实现 3 V/5 V 逻辑电平的兼容。
- 支持多种通信方式,一主多从是最常见的通信方式。此外,还支持双主机通信、多主机通信与广播模式。
- 通信速率高,其标准传输速率为 100 kbit/s,在快速模式下为 400 kbit/s,按照后来修订的版本,位速率可高达 3.4 Mbit/s。

4.7.2 LM75B 接口

AM824_Core 选择与 LM75A 兼容的 LM75B 数字测温传感器,其关断模式下消耗的电流仅为 1 μA。

1. 特　性

LM75B 是 NXP 半导体推出的具有 I^2C 接口的数字温度传感器芯片,其关键特性如下:

- 器件地址 1001xxx,同一总线上可以外扩 8 个器件;
- 供电范围为 2.8~5.5 V,温度范围为 −55~125 ℃;
- 11 位 ADC 提供温度分辨率达 0.125 ℃;
- 精度:±2 ℃(−25~100 ℃),±3 ℃(−55~125 ℃)。

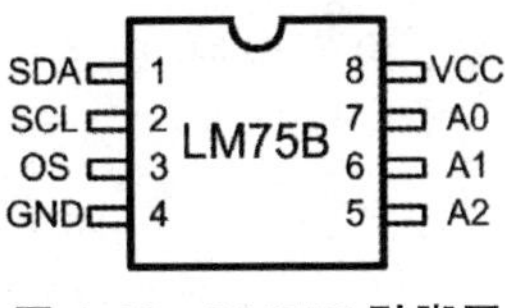

图 4.30　LM75B 引脚图

LM75B 的引脚排列详见图 4.30,A0~A2 分别为地址选择位 0~2。注意,必须在 SCL 串行时钟输入与 SDA 串行数据信号线上添加上拉电阻。

2. 应用电路

AM824_Core 上板载了一片 LM75B,对应的原理图详见图 4.31,R5 和 R6 是 I^2C 总线的上拉电阻。由于板载只有一片 LM75B,因此不用考虑芯片的地址问题,即可将芯片的 A0~A2 引脚直接接地。OS 为芯片的过热输出,可以外接继电器等器件实现独立温控器的功能。由于是通过 MCU 实现测温的,因此该引脚可以悬空。只要短接(J13_1、J13_2)与(J11_1、J11_2),则 SDA、SCL 分别与 PIO0_18、PIO0_16 相连。

为了便于测试温度变化情况,AM824_Core 上还板载了一个加热电路,用以提升 LM75B 周边的温度。电路原理图详见图 4.32。其中,R32 的阻值为 20~50 Ω

(2 W)。短接 J14_2 与 J14_3 即可将焊接在 LM75B 附近的加热电阻 R32 与 KEY 相连，当 KEY 键按下时，R32 开始发热，此时电阻上产生的热量会通过较粗的导线传导到 LM75B 的下面，于是 LM75B 也会跟着热起来。电阻值越小，通过的电流越大，产生的热量也就越大。当按键按下时电路导通，这时可以通过测温电路观察温度上升的情况。

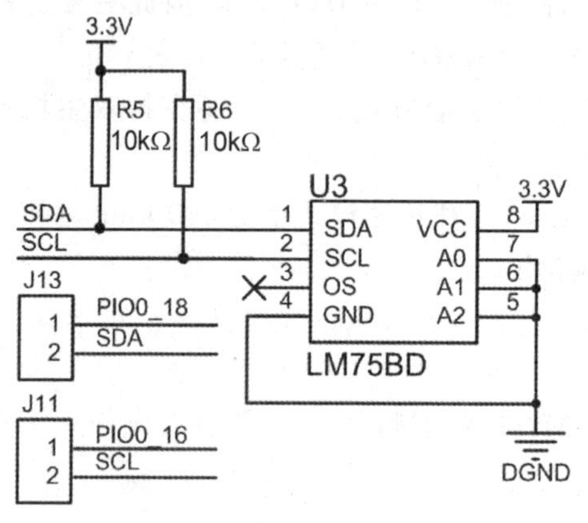

图 4.31　LM75B 应用电路图

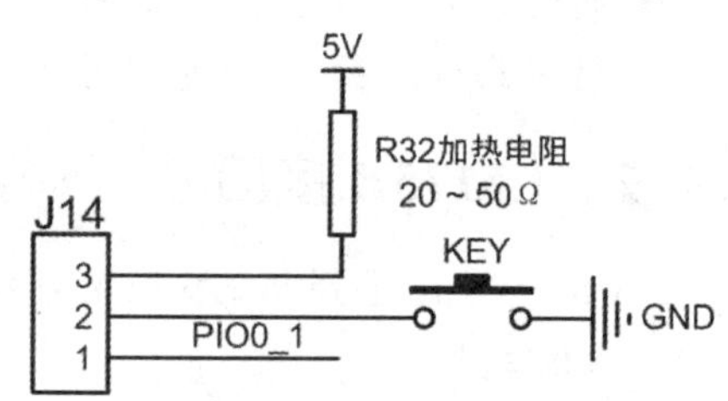

图 4.32　加热电路

3. 温度测量

为了更加便捷地使用 LM75 采集温度，可以直接调用接口函数实现温度的读取，lm75.h 接口文件的内容详见程序清单 4.53(各接口的具体实现将在第 5 章中详细介绍)，其中包含了 LM75 初始化及温度读取函数。

程序清单 4.53　lm75 接口(lm75.h)

```
#pragma once

void      lm75_init(void);   //LM75B 初始化
int16_t   lm75_read (void);  //读取温度值，返回值(16 位有符号数)为实际温度的 256 倍
```

注：同理，这里的接口并非 AMetal 直接提供的接口(没有“am_”前缀)，这些接口的实现将在第 5 章中详细介绍。接口的定义和实现均在书稿讲解中逐步完成，其主要作用是讲解 LM75B 以及 AMetal 中 I^2C 通用接口的使用方法。实际中，AMetal 已经提供了通用的温度采集接口(详见第 7 章)。

显然，使用这两个接口可以很容易读取当前的温度值。可以实现一个数码管实时显示当前温度值的简单应用，由于只有两位数码管，因此只显示整数部分；当温度为负数时，也不显示负，仅显示温度值，详见程序清单 4.54。

程序清单 4.54　LM75 温度读取和显示范例程序

```
#include "ametal.h"
#include "digitron1.h"
#include "lm75.h"
#include "am_delay.h"
int am_main()
{
    int16_t temp;                              //保存温度值
    int i = 0;

    digitron1_hc595_init();
    lm75_init();
    while(1) {
        temp = lm75_read();                    //读取温度值
        if (temp<0)
        temp = -1 * temp;                      //温度为负时,也只显示温度数值
        digitron1_disp_num_set(0, (temp >> 8) / 10); //显示温度整数部分的十位
        digitron1_disp_num_set(1, (temp >> 8) % 10); //显示温度小数部分的十位
        for (i = 0; i<100; i++) {
            //循环 100 次,耗时 500 ms,使温度值以 500 ms 的时间间隔更新
            digitron1_hc595_disp_scan();
            am_mdelay(5);
        }
    }
}
```

将程序编译后下载到开发板上运行,如果数码管显示 28,表示当前温度为 28 ℃。如果按下加热按键,则低阻值加热电阻 R32 开始发热,那么显示的温度值会不断升高。

在显示温度值时,之所以将温度值右移了 8 位,这是因为 lm75_read()读取的数值是实际温度的 256 倍,所以实际温度应该是读取的值除以 256.0。同时,由于不需要显示小数部分,所以直接右移 8 位,就表示除以了 256,只剩下了整数部分。

4.7.3　温控器

下面将结合此前编写的程序,使用 LED、蜂鸣器、数码管、矩阵键盘和温度采集,实现一个简易的温控器。

1. 功能简介

使用标准 I²C 接口 LM75B 温度传感器,采集温度在数码管上显示,由于只有两位数码管,因此只显示整数部分。当温度为负数时,也不显示负,仅显示温度值。

可设置温度上限值和温度下限值，当温度高于上限值或低于下限值时，蜂鸣器鸣叫。

2. 状态指示

在调节过程中，使用两个 LED 用于状态指示，用短路跳线器连接 J9 和 J10 即可。

- LED0 亮：表明当前值为上限值，数码管显示上限值；
- LED1 亮：表明当前值为下限值，数码管显示下限值；
- 两灯闪烁：表明正常运行状态，数码管显示环境温度值。

3. 操作说明

设置上、下限值时，共计使用 4 个按键。即

① SET 键：用于进入设置状态。按下该键后首先进入温度上限值设定，再次按下该键可进入温度下限值设定，再次按下该键回到正常运行状态。

② 左移/右移键：用于切换当前调节的位（个位/十位）。当进入设置状态后，当前调节的位会不断地闪烁；按下该键可以切换当前调节的位，由个位切换到十位，或由十位切换到个位。

③ 加 1 键：当进入设置状态后，当前调节的位会不断地闪烁，按该键可以使该位上的数值增加 1。

④ 减 1 键：当进入设置状态后，当前调节的位会不断地闪烁，按该键可以使该位上的数值增减 1。

(1) 设置上限值

首次按下 SET 键进入上限值设置，此时 LED0 点亮，数码管显示上限值温度，个位不停地闪烁。按加 1 键或减 1 键可以对当前闪烁位上的值进行调整，按左移/右移键可以切换当前调节的位。

(2) 设置下限值

在设置上限值的基础上，再次按下 SET 键即可进入下限值的设定，此时 LED1 点亮，数码管显示下限值温度，个位不停地闪烁。按加 1 键或减 1 键可以对当前闪烁位上的值进行调整，按“左移/右移键”可以切换当前调节的位。

4. 功能实现

温控器的范例程序详见程序清单 4.55，程序中比较繁琐的是按键的处理程序。为了使程序结构更加清晰，分别对 3 种按键的切换状态（KEY0）、切换当前调节位（KEY2）、调节当前位的值（KEY1 和 KEY3）写了 3 个函数，各个函数直接在 key_process()按键处理程序中调用。其他部分均在 while(1)主循环中完成，主要完成 3 件事情：温度值的采集，每隔 500 ms 进行一次；键盘扫描，每隔 10 ms 进行一次；数码管扫描，每隔 5 ms 进行一次。

程序清单 4.55 综合实验范例程序

```
#include "ametal.h"
#include "buzzer.h"
#include "led.h"
#include "matrixkey.h"
#include "digitron1.h"
#include "lm75.h"
#include "am_delay.h"
static uint8_t g_temp_high = 30;   //温度上限值,初始为 30℃
static uint8_t g_temp_low = 28;    //温度下限值,初始为 28℃
static uint8_t adj_state = 0;      //0—正常状态,1—调节上限状态,2—调节下限状态
static uint8_t adj_pos;            //当前调节的位,切换为调节模式时,初始为调节个位

void key_state_process (void)      //状态处理函数,KEY0
{
    adj_state = (adj_state + 1) % 3;                    //状态切换,0~2
    if (adj_state == 1) {
        //状态切换到调节上限状态
        led_on(0);   led_off(1);
        adj_pos = 1;
        digitron_disp_blink_set(adj_pos,AM_TRUE);       //调节位个位闪烁
        digitron_disp_num_set(0, g_temp_high / 10);     //显示温度上限值十位
        digitron_disp_num_set(1, g_temp_high % 10);     //显示温度上限值个位
    } else if (adj_state == 2) {
        //状态切换到调节下限状态
        led_on(1);   led_off(0);
        digitron_disp_blink_set(adj_pos, AM_FALSE);     //当前调节位停止闪烁
        adj_pos = 1;                                    //调节位恢复为个位
        digitron_disp_blink_set(adj_pos, AM_TRUE);
        digitron_disp_num_set(0,g_temp_low / 10);
        digitron_disp_num_set(1,g_temp_low % 10);
    } else {
        //切换为正常状态
        led_off(0);        led_off(1);
        digitron_disp_blink_set(adj_pos, AM_FALSE);     //当前调节位停止闪烁
        adj_pos = 1;                                    //调节位恢复为个位
    }
}

#define VAL_ADJ_TYPE_ADD          1
#define VAL_ADJ_TYPE_SUB          0
```

```
void key_val_process(uint8_t type)                //调节值设置函数(1—加,0—减)
{
    uint8_t num_single;                           //调节数值时,临时记录个位调节
    uint8_t num_ten;                              //调节数值时,临时记录十位调节

    if (adj_state == 0)                                //正常状态,不允许调节
        return;
    if (adj_state == 1) {
        num_single = g_temp_high % 10;                 //调节上限值
        num_ten = g_temp_high / 10;
    } else if (adj_state == 2){
        num_single = g_temp_low % 10;                  //调节下限值
        num_ten    = g_temp_low / 10;
    }
    if (type == 1) {                                   //加 1 操作
        if (adj_pos == 1) {
            num_single = (num_single + 1) % 10;        //个位加 1,0~9
        } else {
            num_ten = (num_ten + 1) % 10;              //十位加 1,0~9
        }
        } else {                                       //减 1 操作
        if (adj_pos == 1) {
            num_single = (num_single - 1 + 10) % 10;   //个位减 1,0~9
        } else {
            num_ten = (num_ten - 1 + 10) % 10;         //十位减 1,0~9
        }
    }
    if (adj_state == 1) {
        if (num_ten * 10 + num_single >= g_temp_low) {
            g_temp_high = num_ten * 10 + num_single;   //确保是有效的设置
        } else {
            num_ten = g_temp_high / 10;                //无效的设置,值不变
            num_single = g_temp_high % 10;
        }
    } else if (adj_state == 2){
        if (num_ten * 10 + num_single <= g_temp_high) {
            g_temp_low = num_ten * 10 + num_single;    //确保是有效的设置
        } else {
            num_ten = g_temp_low / 10;                 //无效的设置,值不变
            num_single = g_temp_low % 10;
        }
```

```
    }
    digitron_disp_num_set(0, num_ten);                    //更新显示器的十位
    digitron_disp_num_set(1, num_single);                 //更新显示器的个位
}

void key_pos_process(void)                                //调节位切换
{
    if (adj_state != 0) {
        //当前是在调节模式中才允许切换调节位
        digitron_disp_blink_set(adj_pos, AM_FALSE);
        adj_pos = !adj_pos;
        digitron_disp_blink_set(adj_pos, AM_TRUE);
    }
}

void key_process (uint8_t code)
{
    switch (code) {
    case 0:
        key_state_process();                              //调节状态切换
        break;
    case 1:                                               //当前调节位加 1
        key_val_process(VAL_ADJ_TYPE_ADD);
        break;
    case 2:                                               //切换当前调节位
        key_pos_process();
        break;
    case 3:                                               //当前调节位减 1
        key_val_process(VAL_ADJ_TYPE_SUB);
        break;
    default:
        break;
    }
}

int am_main()
{
    uint8_t key_code;
    int16_t temp;                                         //保存温度值
    int i = 0;
    //如果用 GPIO 驱动数码管,则只要用 digitron_init()与 digitron_disp_scan()
    //替换相应的函数即可
```

```
    buzzer_init();
    led_init();
    matrixkey_init();
    digitron_hc595_init();                    //digitron_init();
    lm75_init();
    while(1) {
        //温度读取模块,正常模式下,显示温度值,500 ms 执行一次
        if (adj_state == 0) {
            temp = lm75_read();
            if (temp<0) {
                temp = -1 * temp;             //温度为负时,也只显示温度数值
            }
            temp = temp >> 8;                 //temp 只保留温度整数部分
            digitron1_disp_num_set(0, temp / 10);
            digitron1_disp_num_set(1, temp % 10);
            if (temp > g_temp_high || temp < g_temp_low) {
                buzzer_on();
            } else {
                buzzer_off();
            }
        }
        for (i = 0; i<100; i ++ ) {
            //矩阵键盘和数码管每隔 5 ms 扫描一次,100 次即为 500 ms
            key_code = matrixkey_scan_with_digitron(digitron1_hc595_disp_scan);
            if (key_code != 0xFF) {
                if ((key_code & 0x80) == 0) {    //按键按下时,蜂鸣器"嘀"一声
                    buzzer_beep_async(100);     //异步方式
                    key_process(key_code);      //有按键事件产生
                }
            }
            //每隔 250 ms 翻转一次,以实现正常状态下,LED0 和 LED1 在 500 ms 内
            //闪烁一次
            if ((adj_state == 0) && (((i + 1) % 50) == 0)) {
                led_toggle(0);  led_toggle(1);
            }
            am_mdelay(5);
        }
    }
}
```

第 5 章

深入浅出 AMetal

本章导读

对于初学者来说，要想实现一个温度采集是很难的，但 AMetal 可以做到。AMetal 构建了一套抽象度更高的标准化接口，封装了各种 MCU 底层的变化，为应用软件提供了更稳定的抽象服务，延长了软件系统的生命周期。因此无论你选择什么 MCU，只要支持 AMetal，则开发者无需阅读用户手册，甚至不需要知道什么是 AMetal，就可以高度复用原有的代码。

尽管你已经得心应手地使用 AMetal 编写了很多的程序，但还是想深入了解更多的接口是如何实现的，那么我们不妨从这里开始 AMetal 的神奇之旅！

5.1 接口与实现

5.1.1 GPIO 接口函数

AMetal 提供了操作 GPIO 的标准接口函数，所有 GPIO 的标准接口函数原型位于 ametal\interface\am_gpio.h 文件中，其中包括一些 GPIO 相关的宏定义以及通用 GPIO 接口的声明。几个常用的通用 GPIO 接口原型详见表 5.1。

表 5.1 GPIO 标准接口函数(am_gpio.h)

函数原型	功能简介
int am_gpio_pin_cfg(int pin, uint32_t flags);	配置引脚功能和模式
int am_gpio_get(int pin);	获取引脚电平
int am_gpio_set(int pin, int value);	设置引脚电平
int am_gpio_toggle(int pin);	翻转引脚电平

1. 配置引脚功能和模式

```
int am_gpio_pin_cfg(int pin, uint32_t flags);
```

其中，pin 为引脚编号，用于指定需要配置的引脚。在 GPIO 标准接口层中，所有函数的第一个参数均为 pin，用于指定具体操作的引脚。引脚编号使用宏的形式进行了定义，通常定义在{chip}_pin.h 文件中(chip 代表芯片名，例如，LPC82x 系列 MCU，引脚编号即定义在 lpc82x_pin.h 文件中)，对于 LPC824，引脚编号对应的宏名格式为 PIOx_y，比如：PIO0_0。

flags 为配置标志，由"通用功能 | 通用模式 | 平台功能 | 平台模式"("|"就是 C 语言中的按位或)组成。通用功能和模式在 am_gpio.h 文件中定义，是从标准接口层抽象出来的 GPIO 最通用的功能和模式，格式为 AM_GPIO_*。通用功能相关宏定义与含义详见表 5.2，通用模式相关宏定义与含义详见表 5.3。

表 5.2 引脚通用功能

引脚通用功能宏	含义
AM_GPIO_INPUT	设置引脚为输入
AM_GPIO_OUTPUT_INIT_HIGH	设置引脚为输出，并初始化电平为高电平
AM_GPIO_OUTPUT_INIT_LOW	设置引脚为输出，并初始化电平为低电平

表 5.3 引脚通用模式

引脚通用模式宏	含义
AM_GPIO_PULLUP	上拉
AM_GPIO_PULLDOWN	下拉
AM_GPIO_FLOAT	浮空模式，既不上拉，也不下拉
AM_GPIO_OPEN_DRAIN	开漏模式
AM_GPIO_PUSH_PULL	推挽模式

平台功能和模式与具体芯片相关，会随着芯片的不同而不同。以 LPC824 为例，平台功能和模式相关的宏定义在 lpc82x_pin.h 文件中定义，芯片引脚的复用功能和一些特殊的模式都定义这个文件中，格式为 PIO*_*_*，比如 PIO0_10_I2C0_SCL，表示 PIO0_10 的可用作 I^2C0 的时钟引脚。

如果需要找到 PIO0_0 相关的平台功能和平台模式，可以打开 lpc82x_pin.h 这个文件，找到 PIO0_0 为前缀的宏定义，PIO0_0 相关的平台功能详见表 5.4，平台模式详见表 5.5。

表 5.4 PIO0_0 平台功能

引脚通用功能宏	含义
PIO0_0_GPIO	GPIO 功能
PIO0_0_ACMP_I1	模拟比较器输入 1
PIO0_0_GPIO_INPUT	GPIO 输入
PIO0_0_GPIO_OUTPUT_INIT_HIGH	GPIO 输出(初始为高电平)
PIO0_0_GPIO_OUTPUT_INIT_LOW	GPIO 输出(初始为低电平)

表 5.5 PIO0_0 平台模式

平台模式宏	含义	平台模式宏	含义
PIO0_0_INACTIVE	无上拉/无下拉	PIO0_0_FIL_1CYCLE	滤掉不足 1 个滤波周期的脉冲
PIO0_0_PULLDOWN	下拉	PIO0_0_FIL_2CYCLE	滤掉不足 2 个滤波周期的脉冲
PIO0_0_PULLUP	上拉模式	PIO0_0_FIL_3CYCLE	滤掉不足 3 个滤波周期的脉冲
PIO0_0_REPEATER	中继模式	PIO0_0_FIL_DIV0	滤波器时钟为 IOCONCLKDIV0
PIO0_0_OPEN_DRAIN	开漏模式	PIO0_0_FIL_DIV1	滤波器时钟为 IOCONCLKDIV1
PIO0_0_INV_DISABLE	输入极性不反转	PIO0_0_FIL_DIV2	滤波器时钟为 IOCONCLKDIV2
PIO0_0_INV_ENABLE	输入极性反转	PIO0_0_FIL_DIV3	滤波器时钟为 IOCONCLKDIV3
PIO0_0_HYS_DISABLE	输入不迟滞	PIO0_0_FIL_DIV4	滤波器时钟为 IOCONCLKDIV4
PIO0_0_HYS_ENABLE	输入迟滞	PIO0_0_FIL_DIV5	滤波器时钟为 IOCONCLKDIV5
PIO0_0_FIL_DISABLE	不使用输入滤波器	PIO0_0_FIL_DIV6	滤波器时钟为 IOCONCLKDIV6

对于 LPC824，由于其具有独特的 SWM 开关矩阵，使得绝大部分数字功能都支持分配到任意 I/O 引脚，这部分数字功能使用一系列以“PIO_”为前缀的宏进行了定义，详见表 5.6。由表中内容可见，SWM 支持绝大部分数字功能（包括 USART、SPI、SCT、I²C 等），这些功能相关的引脚可以任意指定。由于这些功能可以分配到任意引脚，因此，宏名中不包含具体引脚编号，配置任何引脚时，都可以使用相应的平台功能宏。例如，配置 PIO0_4 为串口 0 的发送引脚：

```
am_gpio_pin_cfg(PIO0_4, PIO_FUNC_U0_TXD);
```

表 5.6 开关矩阵支持的数字功能

外设	平台模式宏	含义
USART0	PIO_FUNC_U0_TXD	USART0 发送功能
	PIO_FUNC_U0_RXD	USART0 接收功能
	PIO_FUNC_U0_RTS	USART0 RTS 功能(用于流控)
	PIO_FUNC_U0_CTS	USART0 CTS 功能(用于流控)
	PIO_FUNC_U0_SCLK	USART0 SCLK 功能(用于同步传输)
USART1	PIO_FUNC_U1_TXD	USART1 发送功能
	PIO_FUNC_U1_RXD	USART1 接收功能
	PIO_FUNC_U1_RTS	USART1 RTS 功能(用于流控)
	PIO_FUNC_U1_CTS	USART1 CTS 功能(用于流控)
	PIO_FUNC_U1_SCLK	USART1 SCLK 功能(用于同步传输)

续表 5.6

外设	平台模式宏	含义
USART2	PIO_FUNC_U2_TXD	USART2 发送功能
	PIO_FUNC_U2_RXD	USART2 接收功能
	PIO_FUNC_U2_RTS	USART2 RTS 功能(用于流控)
	PIO_FUNC_U2_CTS	USART2 CTS 功能(用于流控)
	PIO_FUNC_U2_SCLK	USART2 SCLK 功能(用于同步传输)
SPI0	PIO_FUNC_SPI0_SCK	SPI0SCK 功能
	PIO_FUNC_SPI0_MOSI	SPI0 MOSI 功能
	PIO_FUNC_SPI0_MISO	SPI0 MISO 功能
	PIO_FUNC_SPI0_SSEL0	SPI0 片选 0 功能
	PIO_FUNC_SPI0_SSEL1	SPI0 片选 1 功能
	PIO_FUNC_SPI0_SSEL2	SPI0 片选 2 功能
	PIO_FUNC_SPI0_SSEL3	SPI0 片选 3 功能
SPI1	PIO_FUNC_SPI1_SCK	SPI1SCK 功能
	PIO_FUNC_SPI1_MOSI	SPI1 MOSI 功能
	PIO_FUNC_SPI1_MISO	SPI1 MISO 功能
	PIO_FUNC_SPI1_SSEL0	SPI1 片选 0 功能
	PIO_FUNC_SPI1_SSEL1	SPI1 片选 1 功能
SCT	PIO_FUNC_SCT_PIN0	SCT_PIN0 功能
	PIO_FUNC_SCT_PIN1	SCT_PIN1 功能
	PIO_FUNC_SCT_PIN2	SCT_PIN2 功能
	PIO_FUNC_SCT_PIN3	SCT_PIN3 功能
	PIO_FUNC_SCT_OUT0	SCT_OUT0 功能
	PIO_FUNC_SCT_OUT1	SCT_OUT1 功能
	PIO_FUNC_SCT_OUT2	SCT_OUT2 功能
	PIO_FUNC_SCT_OUT3	SCT_OUT3 功能
	PIO_FUNC_SCT_OUT4	SCT_OUT4 功能
	PIO_FUNC_SCT_OUT5	SCT_OUT5 功能
I^2C1	PIO_FUNC_I2C1_SDA	I2C1_SDA 功能
	PIO_FUNC_I2C1_SCL	I2C1_SCL 功能
I^2C2	PIO_FUNC_I2C2_SDA	I2C2_SDA 功能
	PIO_FUNC_I2C2_SCL	I2C2_SCL 功能

续表 5.6

外设	平台模式宏	含义
I^2C3	PIO_FUNC_I2C3_SDA	I2C3_SDA 功能
	PIO_FUNC_I2C3_SCL	I2C3_SCL 功能
ADC	PIO_FUNC_ADC_PINTRIG0	ADC_PINTRIG0 功能
	PIO_FUNC_ADC_PINTRIG1	ADC_PINTRIG1 功能
ACMP	PIO_FUNC_ACMP_O	ACMP 功能
CLKOUT	PIO_FUNC_CLKOUT	CLKOUT 功能
GPIO_INT_ BMAT	PIO_FUNC_GPIO_INT_BMAT	GPIO_INT_BMAT 功能

在这里，读者可能会问，为什么要将功能分为通用功能和平台功能呢？各自相关的宏存放在各自的文件中，文件数目多了，会不会使用起来更加复杂呢？

通用功能定义在标准接口层中，不会随芯片的改变而改变。而 GPIO 复用功能等，会随着芯片的不同而不同，这些功能是由具体芯片决定的，因此必须放在平台定义的文件中。如果这部分也放到标准接口层文件中，就不能保证所有芯片标准接口的一致性，从而也就失去了标准接口的意义。这样分开使用让使用者更清楚，哪些代码是全部使用标准接口层实现的，全部使用标准接口层的代码与具体芯片是无关的，是可跨平台复用的。

在 AMetal 中，通过返回值返回接口执行的结果，其类型通常为 int，int 类型返回值的含义定义为：若返回值为 AM_OK，则表示操作成功；若返回值为负数，则表示操作失败，失败原因可根据返回值查找 am_errno.h 文件中定义的宏，根据宏的含义确定失败的原因；若返回值为正数，其含义与具体接口相关，由具体接口定义，无特殊说明时，表明不会返回正数。AM_OK 在 am_common.h 文件中定义，其定义如下：

```
#define AM_OK   0
```

错误号在 am_errno.h 文件中定义，几个常见错误号的定义详见表 5.7。

表 5.7　常见错误号定义(am_errno.h)

错误号	含义
AM_ENODEV	无此设备
AM_EINVAL	无效参数
AM_ENOTSUP	不支持该操作
AM_ENOMEM	内存不足

对于 am_gpio_pin_cfg()接口，若返回值为 AM_OK，则表明配置成功；若返回值为负数，则表明配置失败，失败原因与返回值相关；若返回值为 -AM_ENOTSUP(宏名 AM_ENOTSUP 前有一个负号)，则表明失败的原因是配置的功能不支持。

配置引脚为 GPIO 功能的范例程序详见程序清单 5.1。

程序清单 5.1　配置引脚为 GPIO 功能

```
am_gpio_pin_cfg(PIO0_8, AM_GPIO_OUTPUT_INIT_LOW);   //配置为输出模式,初始为低电平
am_gpio_pin_cfg(PIO0_8, AM_GPIO_OUTPUT_INIT_HIGH);  //配置为输出模式,初始为高电平
am_gpio_pin_cfg(PIO0_1, AM_GPIO_INPUT | AM_GPIO_PULLUP);   //配置为上拉输入
```

配置引脚为 AD 模拟输入功能的范例程序详见程序清单 5.2。

程序清单 5.2　配置引脚为 AD 模拟输入功能

```
am_gpio_pin_cfg(PIO0_2, PIO0_2_AD0_7 |  PIO0_2_FLOAT);  //配置 PIO0_2 为 AD0 通道 7
```

配置引脚为 UART 功能的范例程序详见程序清单 5.3。

程序清单 5.3　配置引脚为 UART 功能

```
am_gpio_pin_cfg(PIO0_4, PIO_FUNC_U0_TXD);   //配置 PIO0_4 为 UART0 的 TX
am_gpio_pin_cfg(PIO0_0, PIO_FUNC_U0_RXD);   //配置 PIO0_0 为 UART0 的 RX
```

2. 获取引脚电平

```
int am_gpio_get(int pin);
```

其中的 pin 为引脚编号,比如 PIO0_0,用于指定需要获取电平状态的引脚。返回值为 0 表明引脚为低电平,返回值为正数表明引脚为高电平,返回值为负数表明获取引脚电平失败。使用范例详见程序清单 5.4。

程序清单 5.4　am_gpio_get()范例程序

```
if (am_gpio_get(PIO0_5) == 0) {
    //检测到引脚 PIO0_5 为低电平
}
```

3. 设置引脚电平

```
int am_gpio_set(int pin, int value);
```

其中的 pin 为引脚编号,比如 PIO0_0,用于指定需要设置电平状态的引脚。value 为设置的引脚状态,0 为低电平,1 为高电平。如果返回 AM_OK,则说明操作成功,使用范例详见程序清单 5.5。

程序清单 5.5　am_gpio_set()范例程序

```
am_gpio_pin_cfg(PIO0_8, AM_GPIO_OUTPUT_INIT_HIGH); //配置为输出模式,初始为高电平
am_gpio_set(PIO0_8, 0);                            //设置引脚 PIO0_8 为低电平
am_gpio_set(PIO0_8, 1);                            //设置引脚 PIO0_8 为高电平
```

4. 翻转引脚电平

翻转 GPIO 引脚的输出电平,如果 GPIO 当前输出低电平,当调用该函数后,GPIO 翻转输出高电平;反之,则翻转为低电平。

```
int am_gpio_toggle(int pin);
```

其中的 pin 为引脚编号，比如 PIO0_0，用于指定需要翻转电平状态的引脚。如果返回 AM_OK，则说明操作成功，使用范例详见程序清单 5.6。

程序清单 5.6 am_gpio_toggle()范例程序

```
am_gpio_pin_cfg(PIO0_8, AM_GPIO_OUTPUT_INIT_HIGH); //配置为输出模式，初始为高电平
am_gpio_set(PIO0_8, 0);                             //设置引脚 PIO0_8 为低电平
am_gpio_toggle (PIO0_8);                            //翻转 PIO0_8 的输出电平(将变为高电平)
```

5. 范 例

显然，控制 LED0 点亮或熄灭是通过 GPIO 输出 0 或 1 实现的，因此需要先调用 am_gpio_pin_cfg()函数将 GPIO 配置为输出模式，并初始化为高电平，确保初始时 LED0 处于确定的熄灭状态，接着调用 am_gpio_set()函数，使 PIO0_20 输出低电平点亮 LED0，其相应的代码详见程序清单 5.7。

程序清单 5.7 点亮 LED 范例程序

```
#include "ametal.h"
#include "am_gpio.h"
#include "am_lpc82x.h"

int am_main (void)
{
    //配置 GPIO 为输出模式，并初始化为高电平
    am_gpio_pin_cfg(PIO0_20,AM_GPIO_OUTPUT_INIT_HIGH);
    am_gpio_set(PIO0_20,0);                            //输出低电平，点亮 LED
    while (1) {
    }
}
```

LED 不停地闪烁就是让一个 I/O 不断翻转的过程，详见程序清单 5.8。

程序清单 5.8 单个 LED 闪烁范例程序(1)

```
#include "ametal.h"
#include "am_gpio.h"
#include "am_lpc82x.h"
#include "am_delay.h"

int am_main (void)
{
    //配置 GPIO 为输出模式，并初始化为高电平
    am_gpio_pin_cfg(PIO0_20,AM_GPIO_OUTPUT_INIT_HIGH);
```

```
    while (1) {
        am_gpio_set(PIO0_20,0);            //输出低电平,点亮 LED
        am_mdelay(200);                    //点亮状态保持 200 ms
        am_gpio_set(PIO0_20,1);            //输出高电平,熄灭 LED
        am_mdelay(200);                    //熄灭状态保持 200 ms
    }
}
```

也可以直接使用引脚电平翻转函数 am_gpio_toggle()实现闪烁,详见程序清单 5.9。

程序清单 5.9　单个 LED 闪烁范例程序(2)

```
#include "ametal.h"
#include "am_gpio.h"
#include "am_lpc82x.h"
#include "am_delay.h"

int am_main (void)
{
    //配置 GPIO 为输出模式,并初始化为高电平
    am_gpio_pin_cfg(PIO0_20,AM_GPIO_OUTPUT_INIT_HIGH);
    while (1) {
        am_gpio_toggle (PIO0_20);          //翻转电平,翻转 LED 状态
        am_mdelay(200);                    //延时 200 ms
    }
}
```

若要蜂鸣器发出 1 kHz 频率的声音,1 kHz 对应的周期为 $T=(1/1\ 000)$ s= 1 ms,由于一个周期是低电平(接通)时间和高电平(断开)时间的总和,因此在一个周期内,高、低电平保持的间分别为 500 μs。由此可见,要使蜂鸣器不间断地发声,只要以 500 μs 的时间间隔不断地翻转引脚的输出电平即可,详见程序清单 5.10。

程序清单 5.10　蜂鸣器发声范例程序

```
#include "ametal.h"
#include "am_gpio.h"
#include "am_lpc82x.h"
#include "am_delay.h"

int am_main (void)
{
    //初始化 PIO0_24 为输出模式,并初始化为高电平,关闭蜂鸣器
```

```
    am_gpio_pin_cfg(PIO0_24, AM_GPIO_OUTPUT_INIT_HIGH);
    while(1) {
        am_gpio_toggle(PIO0_24);                        //翻转 PIO0_24 的状态
        am_udelay(500);
    }
}
```

5.1.2 LED 接口与实现

LED 的使用非常广泛。比如,家用电器的某个动作完成时,或工业现场数据采集的上下限报警,都会通过 LED 提醒操作者。完全有必要编写一个 LED 驱动库以便复用。在第 4 章中,为了使用户便捷地操作 LED,直接使用了 led.h 文件中的接口。下面,首先简要介绍一下 led.h 文件的来历,再详细介绍该文件中各个接口的实现。

一般地,编写一个驱动库时,应该建立一个“.h”文件和一个“.c”文件,“.h”文件用于提供接口,告知调用者提供了哪些接口,“.c”文件用于实现各个接口函数,所以需要建立一个 led.c 文件和 led.h 文件。

通常情况下,LED 只有点亮、熄灭和翻转 3 种操作,如果我们不在乎抽象性,则可以直接调用 AMetal 函数实现。抽象的方法在操作 LED 的实现代码和使用 LED 的代码之间添加一个函数层,创建一个定义明确的接口,正确的抽象性是将对象的实现和它的接口分离,即将操作 LED 的方法“声明”函数原型如下:

```
void led_init (void);                          //板级初始化
int led_on(int led_id);                        //(输出低电平)点亮 LED
int led_off(int led_id);                       //(输出高电平)熄灭 LED
int led_toggle(int led_id);                    //翻转 I/O 电平,翻转 LED 状态
```

其中的 led_id 对应的 LED 编号,为了方便调用者以后不用再查看原理图,则将 LED 与 GPIO 的对应关系定义在一个数组中,其相应的代码详见程序清单 5.11。

程序清单 5.11　定义 LED 对应的 GPIO 口

```
    const int led_gpio_tab[] = {PIO0_8,PIO0_9,PIO0_10,PIO0_11,PIO0_12,PIO0_13,PIO0_14,
PIO0_15};
```

那么调用者只要将索引号传入数组即可。由于 I/O 口的数量只有 8 个,则 led_id 的有效值是 0～7,所以需要判定 led_id 是否合法防止数组越界,其相应的代码详见程序清单 5.12。

程序清单 5.12　通用接口函数(led.c)的实现(1)

```
int led_on (int led_id)
{
    if (led_id> = sizeof(led_gpio_tab) / sizeof(led_gpio_tab[0])) {
```

```
        return AM_ERROR;
    }
    am_gpio_set(led_gpio_tab[led_id],0);                //低电平点亮 LED
    return AM_OK;
}

int led_off (int led_id)
{
    if (led_id>= sizeof(led_gpio_tab) / sizeof(led_gpio_tab[0])){
        return AM_ERROR;
    }
    am_gpio_set(led_gpio_tab[led_id],1);                //高电平熄灭 LED
    return AM_OK;
}

int led_toggle (int led_id)
{
    if (led_id>= sizeof(led_gpio_tab) / sizeof(led_gpio_tab[0])) {
        return AM_ERROR;
    }
    am_gpio_toggle(led_gpio_tab[led_id]);               //翻转 LED 状态
    return AM_OK;
}
```

编程到这里貌似已经很完善了，但 LED 还是不能工作，因为还没有将 GPIO 配置为输出模式，其相应的代码详见程序清单 5.13。

程序清单 5.13　添加初始化函数

```
void led_init (void)
{
    int i;

    for (i = 0; i<sizeof(led_gpio_tab) / sizeof(led_gpio_tab[0]); i++) {
        //配置 GPIO 为输出，初始为高电平，熄灭 LED
        am_gpio_pin_cfg (led_gpio_tab[i], AM_GPIO_OUTPUT_INIT_HIGH);
    }
}
```

这里并没有简单地将 GPIO 初始化为输出，而是在配置为输出模式的同时，初始化 GPIO 为高电平，以保证 LED 处于熄灭状态。此时编程完毕，则将相关的函数接口声明封装到 led.h 文件中，详见程序清单 5.14。当后续需要调用时，只需要 #include "led.h"就可以了。

程序清单 5.14　在 led.h 中添加函数声明

```
#pragma once

void led_init (void);                           //板级初始化
int led_on(int led_id);                         //(输出低电平)点亮 LED
int led_off(int led_id);                        //(输出高电平)熄灭 LED
int led_toggle(int led_id);                     //翻转 I/O 电平，翻转 LED 状态
```

在实际的使用中，接口函数都应添加详细的描述，告诉调用者应该如何调用这些接口。为了方便调用，可以在 led.h 中将 LED 的编号与实际数组中的索引号的对应关系使用宏定义出来。那么在调用 LED 接口函数时，就不再需要关心 led_id 的具体数值，直接使用宏即可，其相应的代码详见程序清单 5.15。

程序清单 5.15　LED_ID 的定义

```
#define LED0   0
#define LED1   1
#define LED2   2
#define LED3   3
#define LED4   4
#define LED5   5
#define LED6   6
#define LED7   7
```

此时，如果要点亮 LED0，则调用 led_on(LED0)即可。这个接口是否已经做到很通用了呢？虽然 LED 对应的 GPIO 信息中包含了 I/O 信息，但却没有包括对应的电平信息。如果仅仅看数组，而不看硬件原理图，还是不知道点亮或熄灭 LED 究竟是高电平还是低电平。

由于 LED 对应的引脚信息和相应的电平信息分别属于不同的数据类型，显然只有使用结构体，才能将不同类型的数据放在一起作为一个整体来对待。同时注意在声明结构体时给出 typedef 定义，且在定义的类型名称后面追加标签，比如 led_info，其相应的数据结构详见程序清单 5.16 中第 6～9 通用接口函数的实现。

程序清单 5.16　通用接口函数(led.c)的实现(2)

```
1    #include "ametal.h"
2    #include "led.h"
3    #include "am_gpio.h"
4    #include "am_lpc82x.h"
5
6    typedef struct led_info {
7        int     pin;                            //LED 对应的引脚
```

```
    unsigned char  active_level;            //0—低电平点亮,1—高电平点亮
} led_info_t;
static const led_info_t  g_led_info[] = {{ PIO0_8, 0},{ PIO0_9, 0},{ PIO0_10, 0},{ PIO0_11, 0},
                              { PIO0_12, 0},{ PIO0_13, 0},{ PIO0_14, 0},{ PIO0_15, 0}};

void led_init (void)
{
    int i;

    for (i = 0; i<sizeof(g_led_info) / sizeof(g_led_info[0]); i++) {
        //配置 GPIO 为输出,初始化为高电平,熄灭 LED
        am_gpio_pin_cfg(g_led_info[i].pin, AM_GPIO_OUTPUT_INIT_HIGH);
    }
}
int led_on (int led_id)
{
    if (led_id>= sizeof(g_led_info) / sizeof(g_led_info[0])) {
        return AM_ERROR;
    }
    am_gpio_set(g_led_info[led_id].pin, g_led_info[led_id].active_level);
    return AM_OK;
}
int led_off (int led_id)
{
    if (led_id>= sizeof(g_led_info) / sizeof(g_led_info[0])) {
        return AM_ERROR;
    }
    am_gpio_set(g_led_info[led_id].pin, !g_led_info[led_id]. active_level);
    return AM_OK;
}
int led_toggle (int led_id)
{
    if (led_id>= sizeof(g_led_info) / sizeof(g_led_info[0])) {
        return AM_ERROR;
    }
    am_gpio_toggle(g_led_info[led_id].pin);
    return AM_OK;
}
```

如果我们需要改变处理数据的方法,则只需要在一个地方进行修改就可以了,而不必改动程序中所有直接访问数据的地方。正确的封装机制,不仅鼓励而且强迫隐

藏实现细节。它使你的代码更可靠，而且更容易维护。文件 led.h 仅包含了相应的接口函数的声明，而在 led.c 中对它们进行定义，实际上用户是看不到 led.c 的。

在实际的应用中，用户使用 LED 有两种情况，绝大部分情况都是使用 AM824_Core 板载的两个 LED，但在流水灯实验中，使用的是 MiniPort－LED 上的 8 个 LED，它们对应的引脚是不同的，基于此，可以在 led.h 文件中定义一个宏 USE_MINIPORT_LED。默认值为 0，使用板载 LED，为 1 时使用 MiniPort－LED。引脚信息数组 g_led_info 的定义修改如下：

```
static const led_info_t g_led_info[] = {
#if (USE_MINIPORT_LED == 1)
      {PIO0_8, 0}, {PIO0_9, 0}, {PIO0_10, 0}, {PIO0_11, 0},
      {PIO0_12,0}, {PIO0_13, 0}, {PIO0_14, 0}, {PIO0_15, 0}
#else
    {PIO0_20, 0}, {PIO0_21, 0}
#endif
};
```

显然，根据抽象定义的接口操作对象，将极大地减少子系统实现之间的相互依赖关系，也产生了可复用的程序设计的原则：只针对接口编程而不是针对实现编程。因为针对接口编程的组件不需要知道对象的具体类型和实现，只需要知道抽象类定义了哪些接口，从而减少了实现上的依赖关系。

实际上，这些接口并不妨碍将一个对象和其他对象一起使用，因为对象只能通过接口来访问，所以并不会破坏封装性。

5.1.3 I/O 接口与中断

GPIO 触发部分主要包含了使 GPIO 工作在中断状态的相关操作接口，详见表 5.8。

表 5.8 GPIO 触发相关接口函数

函数原型	功能简介
int am_gpio_trigger_cfg(int pin, uint32_t flag);	配置引脚触发条件
int am_gpio_trigger_connect(int pin, am_pfnvoid_t pfn_callback, void * p_arg);	连接引脚触发回调函数
int am_gpio_trigger_disconnect(int pin, am_pfnvoid_t pfn_callback, void * p_arg);	断开引脚触发回调函数
int am_gpio_trigger_on(int pin);	打开引脚触发
int am_gpio_trigger_off(int pin);	关闭引脚触发

1. 配置引脚触发条件函数

配置引脚触发条件的函数原型如下：

```
int am_gpio_trigger_cfg(int pin, uint32_t flag);
```

其中的 pin 为引脚编号，比如 PIO0_0，用于指定需要配置触发条件的引脚。flag 为触发条件，所有可选的触发条件详见表 5.9。

表 5.9 GPIO 触发条件配置宏

触发条件宏	含义
AM_GPIO_TRIGGER_OFF	关闭引脚触发，任何条件都不触发
AM_GPIO_TRIGGER_HIGH	高电平触发
AM_GPIO_TRIGGER_LOW	低电平触发
AM_GPIO_TRIGGER_RISE	上升沿触发
AM_GPIO_TRIGGER_FALL	下降沿触发
AM_GPIO_TRIGGER_BOTH_EDGES	上升沿和下降沿均触发

注意，这些触发条件并不一定每个 GPIO 口都支持，当配置触发条件时，应检测返回值，确保相应引脚支持所配置的触发条件。细心的人可能会发现，这里的参数 flag 为单数形式，而 am_gpio_pin_cfg()函数的参数 flag 为复数形式。当参数为单数形式时，表明只能从可选宏中选择一个具体的宏值作为实参；当参数为复数形式时，表明可以选多个宏值的或值(C 语言中的“|”运算符)作为实参。

如果返回 AM_OK，说明配置成功；如果返回－AM_ENOTSUP，说明引脚不支持该触发条件，配置失败。使用范例详见程序清单 5.17。

程序清单 5.17 am_gpio_trigger_cfg ()范例程序

```
//配置 PIO0_5 为上升沿触发
if (am_gpio_trigger_cfg(PIO0_5, AM_GPIO_TRIGGER_RISE)! = AM_OK) {
    //配置失败
}
```

2. 连接引脚触发回调函数

连接一个回调函数到触发引脚，当相应引脚触发事件产生时，会调用本函数连接的回调函数。其函数原型为：

```
int am_gpio_trigger_connect(int pin,am_pfnvoid_t pfn_callback, void * p_arg);
```

其中的 pin 为引脚编号，比如 PIO0_0，用于指定需要关联回调函数的引脚。pfn_callback 为回调函数，类型为 am_pfnvoid_t。am_pfnvoid_t 是 AMetal 声明的函数指针类型，其定义(am_types. h)如下：

```
typedef void (*am_pfnvoid_t) (void *);
```

由此可见，pfn_callback 指向的函数类型是无返回值，具有一个 void * 型参数的函数。p_arg 为用户自定义的回调函数参数，在事件发生调用回调函数时，会将此处设置的 p_arg 作为参数传递给回调函数。如果不使用此参数，则设置为 NULL。

如果返回 AM_OK，则说明连接成功，使用范例详见程序清单 5.18。

程序清单 5.18　am_gpio_trigger_connect()范例程序

```
//定义一个回调函数，用于当触发事件产生时，调用该函数
static void gpio_callback (void * p_arg)
{
    //添加 I/O 中断需要处理的程序
}
am_gpio_trigger_connect(PIO0_5, gpio_callback, NULL);      //连接回调函数
am_gpio_trigger_cfg(PIO0_5, AM_GPIO_TRIGGER_RISE);         //配置引脚为上升沿触发
```

3. 断开引脚触发回调函数

与 am_gpio_trigger_connect()函数的功能相反，当不需要使用一个引脚中断时，应该断开引脚与回调函数的连接；或者当需要将一个引脚的回调函数重新连接到另外一个函数时，应该先断开当前连接的回调函数，再重新连接到新的回调函数。其函数原型为：

```
int am_gpio_trigger_disconnect(int pin, am_pfnvoid_t pfn_callback, void * p_arg);
```

其中的 pin 为引脚编号，比如 PIO0_0，用于指定需要接触关联回调函数的引脚。pfn_callback 为回调函数，应该与连接函数对应的回调函数一致；p_arg 为回调函数的参数，类型为 void * 型，应该与连接函数对应的回调函数参数一致。如果返回 AM_OK，则说明断开连接成功，使用范例详见程序清单 5.19。

程序清单 5.19　am_gpio_trigger_disconnect()范例程序

```
//定义一个回调函数，用于当触发事件产生时，调用该函数
static void gpio_callback (void * p_arg)
{
    //添加 I/O 中断需要处理的程序
}
am_gpio_trigger_connect(PIO0_5, gpio_callback, NULL);      //连接回调函数
am_gpio_trigger_cfg(PIO0_5, AM_GPIO_TRIGGER_RISE);         //配置引脚为上升沿触发
....
am_gpio_trigger_disconnect(PIO0_5, gpio_callback, NULL); //断开连接回调函数
```

4. 打开引脚触发

打开引脚触发，只有打开引脚触发后，引脚触发才开始工作。在打开引脚触发之

前，应该确保正确连接了回调函数并设置了相应的触发条件。其函数原型为：

```
int am_gpio_trigger_on(int pin);
```

其中的 pin 为引脚编号，比如 PIO0_0，用于指定需要打开触发的引脚。如果返回 AM_OK，则说明打开引脚触发成功，使用范例详见程序清单 5.20。

程序清单 5.20　am_gpio_trigger_on ()范例程序

```
//定义一个回调函数，用于当触发事件产生时，调用该函数
static void gpio_callback (void * p_arg)
{
    //添加 I/O 中断需要处理的程序
}
am_gpio_trigger_connect(PIO0_5, gpio_callback, NULL);  //连接回调函数
am_gpio_trigger_cfg(PIO0_5, AM_GPIO_TRIGGER_RISE);      //配置引脚为上升沿触发
am_gpio_trigger_on(PIO0_5);                              //打开引脚触发，开始工作
```

需要注意函数执行的顺序，首先应连接回调函数，连接回调函数成功后，才能配置引脚的触发条件，触发条件配置成功后，才能打开引脚触发开始工作。这个顺序不能颠倒。

5. 关闭引脚触发

关闭后，引脚触发将停止工作，即相应触发条件满足后，不会调用引脚相应的回调函数。如需引脚触发继续工作，可以使用 am_gpio_trigger_on()重新打开引脚触发。其函数原型为：

```
int am_gpio_trigger_off(int pin);
```

其中的 pin 为引脚编号，比如 PIO0_0，用于指定需要关闭触发的引脚。如果返回 AM_OK，则说明关闭引脚触发成功，使用范例详见程序清单 5.21。

程序清单 5.21　am_gpio_trigger_off()范例程序

```
//定义一个回调函数，用于当触发事件产生时，调用该函数
static void gpio_callback (void * p_arg)
{
    //添加 I/O 中断需要处理的程序
}
am_gpio_trigger_connect(PIO0_5, gpio_callback, NULL);  //连接回调函数
am_gpio_trigger_cfg(PIO0_5, AM_GPIO_TRIGGER_RISE);      //配置引脚为上升沿触发
am_gpio_trigger_on(PIO0_5);                              //打开引脚触发，开始工作
                                                         //....
am_gpio_trigger_off(PIO0_5);                             //关闭触发，引脚触发将停止工作
```

5.2 LED 数码管接口

5.2.1 静态显示

在第 4 章中，直接使用数码管接口使数码管可以正常显示一些内容，为了使读者深入理解数码管显示的原理，下面从使用 GPIO 接口点亮数码管开始，逐步介绍第 4 章中提到的各个接口的实现。

在这里以图 4.14 所示的由 2 个共阳极的 LN3161BS 组成的 LED 数码管电路为例，为了使 COM0 对应的数码管显示“1”，需要输出低电平至 COM0 端，且同时输出低电平至 b、c 段，以点亮 LED 得到字符“1”，其相应的代码详见程序清单 5.22。

程序清单 5.22　数码管静态显示数字 1 范例程序(1)

```
#include "ametal.h"
#include "am_gpio.h"
#include "am_lpc82x.h"

static const int g_digitron_com[2] = {PIO0_17,PIO0_23};  //对应两个数码管的 com 端
static const int g_digitron_seg[8] =          //0~7 分别对应 a, b, c, d, e, f, g, dp
            {PIO0_8,PIO0_9,PIO0_10,PIO0_11,PIO0_12,PIO0_13,PIO0_14, PIO0_15};
int am_main (void)
{
    int i;

    for (i = 0; i<2; i ++ ) {
        //将 com 端对应引脚设置为输出，并初始化为高电平
        am_gpio_pin_cfg(g_digitron_com[i], AM_GPIO_OUTPUT_INIT_HIGH);
    }
    for (i = 0; i<8; i ++ ) {
        //将段选端对应引脚设置为输出，并初始化为高电平
        am_gpio_pin_cfg(g_digitron_seg[i], AM_GPIO_OUTPUT_INIT_HIGH);
    }
    am_gpio_set(g_digitron_com[0], 0);          //使 com0 端 0 有效
     am_gpio_set(g_digitron_seg[1], 0);         //点亮 b 段 LED
    am_gpio_set(g_digitron_seg[2], 0);          //点亮 c 段 LED
    while(1) {
    }
}
```

这里实现了字符“1”对应段码的输出，实际中，显示字符的不同对应的段码就不同，例如，字符 0～字符 10 对应的段码分别为 0xC0、0xF9、0xA4、0xB0、0x99、

0x92、0x82、0xF8、0x80、0x90。为了实现各种不同段码的输出，不妨实现一个通用的段码传送函数，详见程序清单 5.23。

程序清单 5.23　段码传送函数

```
void digitron_segcode_set(uint8_t code)
{
    int i;
    for (i = 0; i<8; i++) {
        am_gpio_set(g_digitron_seg[i], ((code & (1<<i))>>i));
                                                //取出 i 位的值，传送到相应引脚
    }
}
```

如果要求输出数字 3，则可以使用以下代码实现：

```
digitron_segcode_set (0xB0);
```

显然，0xB0 这类值使用起来较为麻烦，不容易直接看出其含义，还要求程序员记住每个数字对应的段码。为了方便段码的使用，可以将段码存放到一个数组中，即

```
const uint8_t g_segcode_list[10] = {0xC0, 0xF9, 0xA4, 0xB0, 0x99, 0x92, 0x82, 0xF8,
0x80, 0x90};
```

如此一来，如果要求输出数字 3，则可以使用以下代码实现：

```
digitron_segcode_set (g_segcode_list[3]);
```

如果还需要加上一个小数点呢？显示小数点的特征是段码的最高位为 0，因此，只需要将段码的最高位清 0 即可，可以通过“与”上 0x7F 实现，即

```
digitron_segcode_set (g_segcode_list[3] & 0x7F);
```

如果要求输出段码表中没有的数字呢？则直接传入对应的段码，即

```
digitron_segcode_set (0x8E);// 显示“F”字符
```

至此，实现了段码的发送函数。那具体让哪个数码管显示呢？这就是位码传送问题，其相应函数的实现详见程序清单 5.24。

程序清单 5.24　位码传送函数

```
void digitron_com_sel(uint8_t pos)
{
    int i;
    for (i = 0; i<2; i++) {
        //当 i 与 pos 相等时，输出 0(有效)，否则输出 1(无效)
        am_gpio_set(g_digitron_com[i], !(pos == i));
```

```
    }
}
```

有了段码和位码传送函数，则在 com0 显示数字 1 就非常简单了，范例程序详见程序清单 5.25。

程序清单 5.25　数码管静态显示数字 1 范例程序(2)

```
#include "ametal.h"
#include "am_gpio.h"
#include "digitron0.h"
#include "am_lpc82x.h"

static const int g_digitron_com[2] = {PIO0_17,PIO0_23};  //对应两个数码管的 com 端
static const int g_digitron_seg[8] =              //0～7 分别对应 a, b, c, d, e, f, g, dp
            {PIO0_8,PIO0_9,PIO0_10,PIO0_11,PIO0_12,PIO0_13,PIO0_14, PIO0_15};
static const uint8_t g_segcode_list[10] = {0xC0, 0xF9, 0xA4, 0xB0, 0x99, 0x92, 0x82,
0xF8, 0x80, 0x90};

int am_main (void)
{
    int i;

    for (i = 0; i<2; i++) {
        //将 com 端对应引脚设置为输出，并初始化为高电平
        am_gpio_pin_cfg(g_digitron_com[i], AM_GPIO_OUTPUT_INIT_HIGH);
    }
    for (i = 0; i<8; i++) {
        //将段选端对应引脚设置为输出，并初始化为高电平
        am_gpio_pin_cfg(g_digitron_seg[i], AM_GPIO_OUTPUT_INIT_HIGH);
    }
    digitron_com_sel(0);                          //选择 com0 数码管
    digitron_segcode_set(g_segcode_list[1]);      //传送数字 1 的段码
    while (1) {
    }
}
```

显然合并上述两个函数，即可同时传送段码和位码信息，详见程序清单 5.26。

程序清单 5.26　digitron_disp_code()显示函数

```
void digitron_disp_code (uint8_t pos, uint8_t code) //code 为待显示数字 0～9 的段码
{
    digitron_com_sel(pos);                          //pos 取值范围为 0、1
    digitron_segcode_set(code);                     //0～9 对应的段码
}
```

在这里主要就是显示数字，为了避免每次重复从段码表中获取相应数字的段码，可以写一个用于在指定位置显示指定数字的函数，详见程序清单 5.27。

程序清单 5.27 digitron_disp_num()显示函数

```
void digitron_disp_num (uint8_t pos, uint8_t num)       //num 为待显示的数字 0～9
{
    if (num< =9) {
        digitron_disp_code (pos, g_segcode_list[num]);
    }
}
```

由于只支持 0～9 的显示，因此需要做判断处理，即当 num 值小于或等于 9 时，才做显示操作。为何不进行大于或等于 0 的判断呢？由于 num 的类型是无符号类型，因此一定大于或等于 0。在程序清单 5.25 中，实际显示前，还有一大段程序用于初始化数码管相关的引脚，为了使主程序更加简洁，可以增加一个数码管初始化函数，用以完成引脚的初始化，详见程序清单 5.28。

程序清单 5.28 数码管板级初始化函数

```
void digitron_init (void)
{
    int i;
    for (i = 0; i<2; i++ ) {
        //将 com 端对应引脚设置为输出，并初始化为高电平
        am_gpio_pin_cfg(g_digitron_com[i], AM_GPIO_OUTPUT_INIT_HIGH);
    }
    for (i = 0; i<8; i++ ){
        //将段选端对应引脚设置为输出，并初始化为高电平
        am_gpio_pin_cfg(g_digitron_seg[i], AM_GPIO_OUTPUT_INIT_HIGH);
    }
}
```

此时编程完毕，将相关函数接口声明到 digitron0.h 中，详见程序清单 5.29。同时，将相关实现存放到 digitron0.c 文件中，详见程序清单 5.30。当后续需要调用时，只需要 #include "digitron0.h"就可以了。

程序清单 5.29 digitron0.h 文件内容

```
#pragma once
#include<am_types.h>
//将 com 端和段选端对应引脚设置为输出，并初始化为高电平
void digitron_init(void);

//段码传送函数，将段码直接被传送到相应的引脚
```

```
//code 为传送的段码,bit0～bit7 与 a～dp 段对应,为 0 点亮相应段,为 1 熄灭相应段
void digitron_segcode_set(uint8_t code);

//位码传送函数,直接设定指定的数码管的公共端有效,其余公共端无效
//pos 的值为 0,com0 有效;pos 的值为 1,com1 有效
void digitron_com_sel(uint8_t pos);

//数字显示扫描函数
//pos 的值为 0,在 com0 上显示数字;pos 的值为 1,在 com1 上显示数字
//num 为待显示的数字,有效范围为 0～9
void digitron_disp_num(uint8_t pos, uint8_t num);
```

程序清单 5.30　digitron0.c 文件内容

```
#include "ametal.h"
#include "digitron0.h"
#include "am_lpc82x.h"
#include "am_softimer.h"

static const int g_digitron_com[2] = {PIO0_17,PIO0_23};//对应两个数码管的 com 端
static const int g_digitron_seg[8] =            //0～7 分别对应 a, b, c, d, e, f, g, dp
            {PIO0_8,PIO0_9,PIO0_10,PIO0_11,PIO0_12,PIO0_13,PIO0_14, PIO0_15};
static const uint8_t g_segcode_list[10] = {0xC0, 0xF9, 0xA4, 0xB0, 0x99, 0x92, 0x82,
0xF8, 0x80, 0x90};

void digitron_segcode_set(uint8_t code)      //段码传送函数
{
    int i;
    for (i = 0; i<8; i++) {
        am_gpio_set(g_digitron_seg[i], ((code & (1<<i))>>i));
                                                    //取出 i 位的值,传送到相应引脚
    }
}

void digitron_com_sel(uint8_t pos)
{
    int i;
    for (i = 0; i<2; i++) {
        //当 i 与 pos 相等时,则输出 0(有效),否则输出 1(无效)
        am_gpio_set(g_digitron_com[i], !(pos == i));
    }
}
```

```
void digitron_disp_code (uint8_t pos, uint8_t code) //code 为待显示数字 0～9 的段码
{
    digitron_com_sel(pos);                              //pos 取值范围为 0、1
    digitron_segcode_set(code);                         //0～9 对应的段码
}

void digitron_disp_num (uint8_t pos, uint8_t num)      //num 为待显示的数字 0～9
{
    if (num< = 9) {
        digitron_disp_code (pos, g_segcode_list[num]);
    }
}

void digitron_init (void)
{
    int i;
    for (i = 0; i<2; i++ ) {
        //将 com 端对应引脚设置为输出,并初始化为高电平
        am_gpio_pin_cfg(g_digitron_com[i], AM_GPIO_OUTPUT_INIT_HIGH);
    }
    for (i = 0; i<8; i++ ){
        //将段选端对应引脚设置为输出,并初始化为高电平
        am_gpio_pin_cfg(g_digitron_seg[i], AM_GPIO_OUTPUT_INIT_HIGH);
    }
}
```

5.2.2 动态显示

如程序清单 5.31 所示的就是此前大家已经熟练掌握的 digitron1.h 接口，其相应的实现代码详见程序清单 5.32。在这里，为了与之前静态显示的数码管程序相区分，将文件及所有函数的命名空间设定为了“digitron1”(即命名均以 digitron1开头)。

程序清单 5.31　digitron1.h 文件内容

```
#pragma once
#include<am_types.h>

void digitron1_init(void);          //板级初始化函数
//带软件定时器的板级初始化函数，该初始化函数可替代 digitron_init()初始化
//即可在模块内部使用软件定时器实现自动扫描显示。
//在扫描显示时，直接从缓冲区中获取需要显示的内容，
```

```
//可以使用 digitron_disp_code_set()和 digitron_disp_num_set()函数设置缓冲区的内容，
//进而相当于设置了数码管显示的内容
void digitron1_init_with_softimer(void);

//动态显示扫描函数
//如果使用 digitron_init()进行数码管初始化,则必须在应用程序中以 5 ms 的时间间隔
//调用该函数
//如果使用 digitron_init_with_softimer()进行数码管初始化,则自动扫描,无需调用该
//函数进行扫描
void digitron1_disp_scan(void);

//设置数码管显示的段码值
//pos 的值为 0,则设置 com0 显示的段码;pos 的值为 1,则设置 com1 显示的段码
//code 为待传送的段码,bit0～bit7 与 a～dp 段对应,为 0 则点亮相应段,为 1 则熄灭相
//应段
void digitron1_disp_code_set(uint8_t pos, uint8_t code);

//设置数码管显示的数字
//pos 的值为 0,则设置 com0 显示的数字;pos 的值为 1,则设置 com1 显示的数字
//num 为待显示的数字,有效范围为 0～9
void digitron1_disp_num_set(uint8_t pos, uint8_t num);

//获取 num 参数指定数字的段码,返回对应的段码值,num 有效范围为 0～9
uint8_t digitron1_num_decode(uint8_t num);

//设置数码管的闪烁属性
//pos 的值为 0,则设置 com0 的闪烁属性;pos 的值为 1,则设置 com1 的闪烁属性
//isblink 为 AM_TRUE,闪烁;isblink 为 AM_FALSE,正常显示,不闪烁
void digitron1_disp_blink_set(uint8_t pos, am_bool_t isblink);
```

程序清单 5.32　digitron1.c 文件内容

```
#include "ametal.h"
#include "digitron1.h"
#include "am_lpc82x.h"
#include "am_softimer.h"

static const int g_digitron_com[2] = {PIO0_17,PIO0_23};      //com0、com1
//数组下标 0～7 分别对应数码管的 a, b, c, d, e, f, g, dp
static const int g_digitron_seg[8] = {PIO0_8,PIO0_9,PIO0_10,PIO0_11,
                                      PIO0_12,PIO0_13,PIO0_14,PIO0_15};
```

```
static const uint8_t g_segcode_list[10] = {0xC0, 0xF9, 0xA4, 0xB0, 0x99, 0x92, 0x82, 0xF8, 0x80, 0x90};
static uint8_t g_digitron_disp_buf[2];          //显示缓冲区
static am_softimer_t g_timer;                    //定义定时器实例,用于自动扫描显示
static uint8_t g_blink_flag = 0;                 //闪烁标志位

static void digitron1_segcode_set (uint8_t code)     //段码传送函数
{
    int i;
    for (i = 0; i<8; i++)
        am_gpio_set(g_digitron_seg[i], ((code & (1<<i))>>i));
                                                 //取出 i 位的值,设置到相应引脚
}

static void digitron1_com_sel  (uint8_t pos) //位码传送函数
{
    int i;
    for (i = 0; i<2; i++)                        //最多只有两个数码管
        am_gpio_set(g_digitron_com[i], !(pos == i)); //当 i 与 pos 相等时,则输出
                                                     //0,否则输出 1
}

void digitron1_init (void)                       //板级初始化函数
{
    int i;
    for (i = 0; i<2; i++)
        //将 com 端对应的引脚设置为输出,并初始化为高电平
        am_gpio_pin_cfg(g_digitron_com[i], AM_GPIO_OUTPUT_INIT_HIGH);
    for (i = 0; i<8; i++)
        //将 8 个段码对应的引脚设置为输出,并初始化为高电平
        am_gpio_pin_cfg(g_digitron_seg[i], AM_GPIO_OUTPUT_INIT_HIGH);
    digitron1_disp_code_set(0,0xFF);             //初始设置缓冲区中的段码值为无效值
    digitron1_disp_code_set(1,0xFF);             //初始设置缓冲区中的段码值为无效值
}

void digitron1_disp_scan (void)
{
    static uint8_t  pos = 0;
    static uint8_t  cnt = 0;                     //每执行一次(5 ms)加 1

    digitron1_segcode_set(0xFF);                 //消影,熄灭全部数码管
    digitron1_com_sel(pos);                      //当前显示位
```

```
    if (((g_blink_flag & (1<<pos)) && (cnt<=49)) || ((g_blink_flag & (1<<pos)) ==0))
        digitron1_segcode_set(g_digitron_disp_buf[pos]);  //传送正常显示段码
    cnt = (cnt + 1) % 100;                     //记录 500 ms,0～99 循环
    pos = (pos + 1) % 2;                       //切换到下一个显示位
}

static void timer_callback(void * p_arg)
{
    digitron1_disp_scan();                     //每隔 5 ms 调用扫描函数
}

void digitron1_softimer_set (void)
{
    am_softimer_init(&g_timer, timer_callback, NULL);  //初始化软件定时器
        am_softimer_start(&g_timer, 5);   //启动 5ms 软件定时器
}

void digitron1_init_with_softimer  (void)
{
    digitron1_init ();                         //板级初始化函数
    digitron1_softimer_set();                  //自动扫描软件定时器
}

void digitron1_disp_code_set (uint8_t pos, uint8_t code)   //传送段码到显示缓冲区
                                                           //函数
{
    g_digitron_disp_buf[pos] = code;
}

void digitron1_disp_num_set (uint8_t pos, uint8_t num)   //传送数字 0～9 到显示缓冲
                                                         //区函数
{
    if (num<=9)
        g_digitron_disp_buf[pos] = g_segcode_list[num];
}

uint8_t digitron1_num_decode (uint8_t num) //获取待显示数字的段码函数
{
    return g_segcode_list[num];
}

```

```
void digitron1_disp_blink_set (uint8_t pos, am_bool_t isblink)  //闪烁处理函数
{
    if (isblink) {
        g_blink_flag |= (1<<pos);
    } else {
        g_blink_flag &= ~(1<<pos);
    }
}
```

5.2.3 代码重构

重构是提高代码质量的方法，即在不改变外部接口的情况下优化内部结构的方法。在进行重构时，必须优先编写单元测试代码，只有这样才能确保重构不会破坏原有的功能。C 语言中的对外接口通常是指头文件的内容，即外部调用我们编写的代码时所必需的数据结构、函数、宏的签名（名字、参数和返回值的类型和顺序）、常量的定义和行为等。而静态函数和".c"文件中的宏和结构体的定义，则不属于对外接口。只要对外接口没有改变，则调用者无需修改任何代码。如果调用者与创建者属于同一部门，则没有必要拘泥于形式禁止修改对外接口。

由于人们习惯用 1 代表点亮 LED，0 代表熄灭 LED，所以无论数码管是共阴极还是共阳极，段码表的设计都应该符合人们的日常习惯，即将与之相应的"段码表"中的数据设定为 1 来表示点亮相应的段。如果用 1 来表示点亮 LED，这恰好是共阴极数码管的段码。如果是共阳极的数码管，则直接使用"～"将段码取反，于是段码表也就统一起来了。

在之前的设计中，段码表只包含了 0～9 十个数字，实际上 8 段数码管还可以显示一些其他字符，如 A、b、C、d、E、F 等。基于此，可以设计一个更全面的段码表。当前想到的 8 段数码管可以显示的字符有：0123456789. - ABCDEFabcdefORPNorpn，除 O 和 o 之外，大小写显示都相同。由于字符和段码均为一个字节表示，为了保存字符信息和其对应的段码信息，可以将显示的字符与段码数值组合成为一个二维数组，建立与此相应的段码表，详见程序清单 5.33。

程序清单 5.33　字符段码表

```
static const uint8_t segcodeTab[][2] = {
    {'0', 0x3F}, {'1', 0x06}, {'2', 0x5B}, {'3', 0x4F}, {'4', 0x66}, {'5', 0x6D}, {'6', 0x7D},
    {'7', 0x07}, {'8', 0x7F}, {'9', 0x6F}, {'A', 0x77}, {'B', 0x7C}, {'C', 0x39}, {'D', 0x5e},
    {'E', 0x79}, {'a', 0x77}, {'b', 0x7C}, {'c', 0x39}, {'d', 0x5E}, {'e', 0x79}, {'F', 0x71},
    {'O', 0x3F}, {'R', 0x50}, {'P', 0x73}, {'N', 0x37}, {'f', 0x71}, {'o', 0x3F}, {'r', 0x50},
    {'p', 0x73}, {'n', 0x37},{' ', 0x00}, {'-', 0x40}, {'.', 0x80},
};
```

访问段码表的接口函数详见程序清单 5.34。

程序清单 5.34　段码访问接口函数

```
uint8_t digitron_char_decode (char ch)
{
    int i;
    for (i = 0; i<sizeof(segcodeTab) / sizeof(segcodeTab[0]); i ++){
        if (segcodeTab[i][0] == ch){
            return segcodeTab[i][1];
        }
    }
    return 0x00;                    //如果没有搜索到对应字符,则返回全熄灭段码
}
void digitron_disp_char_set (uint8_t pos, char ch)
{
    digitron_disp_code_set(pos, digitron_char_decode(ch));
}
```

在解码函数 digitron_char_decode()中,使用了 for 循环遍历段码数组,当找到对应的字符时,返回该字符对应的段码。显然,这种解码方式简单易懂,但效率较低。

由于字符本质上是一个整数,可以比较大小,因此,如果段码表按照字符大小进行有序排列(若进行升序排列),则可以使用二分法进行快速查找,即每次将待查找的字符与搜索范围的中间字符进行比较:若小于中间字符,则将搜索范围缩小一半为下半部分,然后继续搜索;若大于中间字符,则将搜索范围缩小一半为上半部分,然后继续搜索;若恰好相等,则查找到相应字符。

为了使用二分法进行查找,需要将断码表按照字符的大小进行有序排列,这就需要知道段码表中各个字符对应的整数值,这些值可以通过查询 ASCII 码表得到,ASCII 码表详见表 5.10,表中仅列出了可显示字符(32～126),共计 95 个,其他不可显示字符(0～31 及 127)由于不能显示,与数码管无关,因此没有在表中定义。

基于 ASCII 码表中各个字符对应的整数值,可以重新定义段码表,详见程序清单 5.35。

程序清单 5.35　字符段码表(升序排列)

```
static const uint8_t segcodeTab[][2] = {
    {' ', 0x00}, {'-', 0x40}, {'.', 0x40},                //空格(32),分割符(45),句点(46)
    {'0', 0x3F}, {'1', 0x06}, {'2', 0x5B},{'3', 0x4F}, {'4', 0x66}, //48～52
    {'5', 0x6D}, {'6', 0x7D},{'7', 0x07}, {'8', 0x7F}, {'9', 0x6F}, //53～57
    {'A', 0x77}, {'B', 0x7C},{'C', 0x39}, {'D', 0x5e}, {'E', 0x79}, //65～69
    {'F', 0x71}, {'N', 0x37}, {'O', 0x3F}, {'P', 0x73}, {'R', 0x50},//70、78、79、80、82
    {'a', 0x77}, {'b', 0x7C}, {'c', 0x39}, {'d', 0x5E}, {'e', 0x79},//97～101
    {'f', 0x71}, {'n', 0x37}, {'o', 0x3F}, {'p', 0x73}, {'r', 0x50},//102、110、111、112、114
};
```

表 5.10　ASCII 表(95 个可显示字符)

十进制	字符	十进制	字符	十进制	字符	十进制	字符	十进制	字符
32	空格	51	3	70	F	89	Y	108	l
33	!	52	4	71	G	90	Z	109	m
34	"	53	5	72	H	91	[	110	n
35	#	54	6	73	I	92	\	111	o
36	$	55	7	74	J	93	]	112	p
37	%	56	8	75	K	94	^	113	q
38	&	57	9	76	L	95	_	114	r
39	'	58	:	77	M	96	`	115	s
40	(	59	;	78	N	97	a	116	t
41	)	60	<	79	O	98	b	117	u
42	*	61	=	80	P	99	c	118	v
43	+	62	>	81	Q	100	d	119	w
44	,	63	?	82	R	101	e	120	x
45	-	64	@	83	S	102	f	121	y
46	.	65	A	84	T	103	g	122	z
47	/	66	B	85	U	104	h	123	{
48	0	67	C	86	V	105	i	124	|
49	1	68	D	87	W	106	j	125	}
50	2	69	E	88	X	107	k	126	~

字符段码有序排列后,即可使用二分法进行查找,更新解码函数的实现,范例程序详见程序清单 5.36。

程序清单 5.36　基于二分法查找的解码函数

```
uint8_t digitron_char_decode (char ch)
{
    int  high = sizeof(segcodeTab) / sizeof(segcodeTab[0]) - 1;   //搜索范围上界
    int  low = 0;                                                  //搜索范围下界
    int  mid;
    int  cmp;
    while (low<=high) {
        mid = (high + low) / 2;
        cmp = segcodeTab[mid][0];
        if (ch == cmp) {                                           //找到字符
```

```
            return segcodeTab[mid][1];
        } else if (ch<cmp ) {          //小于中间字符,将搜索范围更新为下半部分
            high = mid - 1;
        } else {                       //大于中间字符,将搜索范围更新为上半部分
            low = mid + 1;
        }
    }
    return 0x00;
}
```

由此可见,相比于使用顺序遍历查找的方法,二分法实现的代码就略显复杂了。而实际中,当查找的范围较小时,如段码表仅仅 33 个查找项,二分法的效率优势并不明显。有没有更好的办法呢?

在前面定义段码表时,使用了二维数组的方式,将字符和对应的段码存储到数组中,一个字符就占用了 2 个字节的存储空间,共计占用了 66 字节空间。

ASCII 码表有 95 个可显示字符,对应十进制数的范围为 32～126。如果在建立段码表时,从第一个可显示字符开始,按照字符顺序依次将所有可显示字符的段码编排到一个数组中,则数组的索引就包含了字符信息。如 0 号元素,就代表了 32 对应的字符,即空格;1 号元素就代表了 33 对应的字符,即'!',等等。如此一来,由于索引与字符存在一一对应的关系,通过索引就可以得到相应的字符信息,因此,在段码表中只需要使用一维数组存储每个字符对应的段码就可以了。此时,在对一个字符解码时,直接将字符转换为数组索引,然后取出对应的段码即可,无需任何查找过程,范例程序详见程序清单 5.37。

程序清单 5.37　使用一维数组存储段码(1)

```
static const uint8_t segcodeTab[] = {
    0x00, 0x00, 0x00, 0x00, 0x00, 0x00, 0x00, 0x00, 0x00, 0x00,   //32～41
    0x00, 0x00, 0x00, 0x40, 0x80, 0x00, 0x3F, 0x06, 0x5B, 0x4F,   //42～51
    0x66, 0x6D, 0x7D, 0x07, 0x7F, 0x6F, 0x00, 0x00, 0x00, 0x00,   //52～61
    0x00, 0x00, 0x00, 0x77, 0x7C, 0x39, 0x5e, 0x79, 0x71, 0x00,   //62～71
    0x00, 0x00, 0x00, 0x00, 0x00, 0x00, 0x37, 0x3F, 0x73, 0x00,   //72～81
    0x50, 0x00, 0x00, 0x00, 0x00, 0x00, 0x00, 0x00, 0x00, 0x00,   //82～91
    0x00, 0x00, 0x00, 0x00, 0x00, 0x77, 0x7C, 0x39, 0x5E, 0x79,   //92～101
    0x71, 0x00, 0x00, 0x00, 0x00, 0x00, 0x00, 0x00, 0x37, 0x3F,   //102～111
    0x73, 0x00, 0x50, 0x00, 0x00, 0x00, 0x00, 0x00, 0x00, 0x00,   //112～121
    0x00, 0x00, 0x00, 0x00, 0x00,                                 //122～126
};

uint8_t digitron_char_decode (char ch)
{
```

```
    if (ch>= ' ' && (ch<' ' + sizeof(segcodeTab))) {              //编码表从空格开始
        return segcodeTab[ch - ' '];
    }
    return 0x00;
}
```

由此可见，这种方式使段码查找的时间效率达到了最优。在段码表中，由于很多 ASCII 码数码管并不能显示，为了保证索引与字符的对应关系，也必须使用 0x00 表示其对应的段码。这在一定程度上造成了空间的浪费，95 个字符对应的编码数组占用的存储空间大小为 95 字节，相比于使用二维数组的方式，多占用了 29 字节。

观察段码数组的定义可以发现，起始和结尾都存在一大段 0x00(起始存在连续的 13 个 0x00，结尾存在连续的 12 个 0x00)，为此，在定义段码数组时，可以不以空格作为起始字符，将第一个段码不为 0x00 的字符('-'，十进制为 45，段码为 0x40)作为段码的起始字符，同时，将段码表末尾连续的 0x00 移出，以此节省内存空间，详见程序清单 5.38。

程序清单 5.38　使用一维数组存储段码(2)

```
static const uint8_t segcodeTab[] = {
    0x40, 0x80, 0x00, 0x3F, 0x06, 0x5B, 0x4F, 0x66, 0x6D, 0x7D,  //45～54
    0x07, 0x7F, 0x6F, 0x00, 0x00, 0x00, 0x00, 0x00, 0x00, 0x00,  //55～64
    0x77, 0x7C, 0x39, 0x5e, 0x79, 0x71, 0x00, 0x00, 0x00, 0x00,  //65～74
    0x00, 0x00, 0x00, 0x37, 0x3F, 0x73, 0x00, 0x50, 0x00, 0x00,  //75～84
    0x00, 0x00, 0x00, 0x00, 0x00, 0x00, 0x00, 0x00, 0x00, 0x00,  //85～94
    0x00, 0x00, 0x77, 0x7C, 0x39, 0x5E, 0x79, 0x71, 0x00, 0x00,  //95～104
    0x00, 0x00, 0x00, 0x00, 0x00, 0x37, 0x3F, 0x73, 0x00, 0x50   //105～114
};

uint8_t digitron_char_decode (char ch)
{
    if (ch>= '-' && (ch<'-' + sizeof(segcodeTab))) {              //编码表从'-'开始
        return segcodeTab[ch - '-'];
    }
    return 0x00;
}
```

此时，整个一位数组占用的空间为 70 个字节，相比于使用二维数组的方式，仅仅多占用了 4 个字节。虽然多占用了 4 个字节的存储空间，但是效率的提升却是非常明显的。

由于现在是直接使用段码或字符，因此要显示数字 3 时，不能再像以前那样直接写数字 3，而应写字符 3。比如：

```
digitron_disp_char_set(0, '3');
```

比如，显示自定义段码，则使用以下方式编程：

```
digitron_disp_code_set(0,0x1E);    //段码中统一使用 1 表示点亮相应位，bit0 对应 a 段
```

比如，显示 '3.'，则使用以下方式编程：

```
digitron_disp_code_set(0, digitron_char_decode('3') | digitron_char_decode('.'));
                                                          //或上小数点对应的编码
```

由于段码统一使用 1 表示点亮 LED 段，而实际中，MiniPort - View 使用的是共阳极数码管，因此需要将段码取反后使用，进一步修改 digitron_disp_scan()函数，详见程序清单 5.39。

程序清单 5.39　动态扫描显示函数

```
void digitron_disp_scan (void)
{
    static uint8_t  pos = 0;
    static uint8_t  cnt = 0;                                   //扫描次数记录

    digitron_segcode_set(~0x00);                               //消影，段码 0x00 取反
    digitron_com_sel(pos);                                     //当前显示位
    if ( ((g_blink_flag & (1<<pos))  && (cnt< = 49)) ||((g_blink_flag & (1<<pos))
        == 0)) {
        digitron_segcode_set(~g_digitron_disp_buf[pos]);   //获取缓冲区的段码，
                                                           //段码取反
    }
    cnt = (cnt + 1) % 100;                                     //记录 500 ms，0~99 循环
    pos = (pos + 1) % 2;                                       //切换到下一个显示位
}
```

最后，将这些接口全部声明到程序清单 5.40 所示的 digitron2.h 文件，实现相关代码全部放到程序清单 5.41 所示的 digitron2.c 文件。在这里，为了与之前的数码管程序相区分，将文件及所有函数的命名空间设定为了“digitron2”（即命名均以 digitron2 开头）。

程序清单 5.40　digitron2.h 文件内容

```
#pragma once
#include<am_types.h>

void    digitron2_init(void);            //板级初始化函数
//带软件定时器的板级初始化函数，该初始化函数可替代 digitron_init()初始化
//即可在模块内部使用软件定时器实现自动扫描显示。
//在扫描显示时，直接从缓冲区中获取需要显示的内容，
```

```
//可以使用 digitron_disp_code_set()和 digitron_disp_num_set()函数设置缓冲区的内容，
//进而相当于设置了数码管显示的内容
void digitron2_init_with_softimer(void);

//动态显示扫描函数
//如果使用 digitron_init()进行数码管初始化，则必须在应用程序中以 5 ms 的时间间
//隔调用该函数
//如果使用 digitron_init_with_softimer()进行数码管初始化，则自动扫描，无需调用该
//函数进行扫描
void digitron2_disp_scan(void);

//设置数码管显示的段码值
//pos 的值为 0，则设置 com0 显示的段码；pos 的值为 1，则设置 com1 显示的段码
//code：需要传送的段码，bit0～bit7 与 a～dp 段对应，为 0 则点亮相应段，为 1 则熄灭
//相应段
void digitron2_disp_code_set(uint8_t pos, uint8_t code);

//设置数码管显示的字符
//pos 的值为 0，则设置 com0 显示的字符；pos 的值为 1，则设置 com1 显示的字符
//ch：需要显示的字符，有效字符有：123456789 - ABCDEFabcdefORPNorpn
void digitron2_disp_char_set(uint8_t pos, char ch);

//获取 ch 参数指定字符的段码，返回对应的段码值
//支持的字符有：123456789 - ABCDEFabcdefORPNorpn
uint8_t digitron2_char_decode(char ch);

//设置数码管的闪烁属性
//pos 的值为 0，则设置 com0 的闪烁属性；pos 的值为 1，则设置 com1 的闪烁属性
//isblink 为 AM_TRUE，闪烁；isblink 为 AM_FALSE，正常显示，不闪烁
void digitron2_disp_blink_set(uint8_t pos, am_bool_t isblink);
```

程序清单 5.41　digitron2.c 文件内容

```
#include "ametal.h"
#include "digitron2.h"
#include "am_lpc82x.h"
#include "am_softimer.h"

static const int g_digitron_com[2] = {PIO0_17,PIO0_23};
//数组下标 0～7 分别对应 a, b, c, d, e, f, g, dp
static const int g_digitron_seg[8] = {PIO0_8, PIO0_9, PIO0_10, PIO0_11,
```

```
                                    PIO0_12, PIO0_13, PIO0_14, PIO0_15};

static const uint8_t segcodeTab[] = {                  //从'-'开始的编码表
    0x40, 0x80, 0x00, 0x3F, 0x06, 0x5B, 0x4F, 0x66, 0x6D, 0x7D,  //45～54
    0x07, 0x7F, 0x6F, 0x00, 0x00, 0x00, 0x00, 0x00, 0x00, 0x00,  //55～64
    0x77, 0x7C, 0x39, 0x5e, 0x79, 0x71, 0x00, 0x00, 0x00, 0x00,  //65～74
    0x00, 0x00, 0x00, 0x37, 0x3F, 0x73, 0x00, 0x50, 0x00, 0x00,  //75～84
    0x00, 0x00, 0x00, 0x00, 0x00, 0x00, 0x00, 0x00, 0x00, 0x00,  //85～94
    0x00, 0x00, 0x77, 0x7C, 0x39, 0x5E, 0x79, 0x71, 0x00, 0x00,  //95～104
    0x00, 0x00, 0x00, 0x00, 0x00, 0x37, 0x3F, 0x73, 0x00, 0x50   //105～114
};
static am_softimer_t  g_timer;                          //定义定时器实例,自动扫描显示
static uint8_t  g_blink_flag = 0;                       //闪烁标志位
static uint8_t  g_digitron_disp_buf[2];                 //显示缓冲区

uint8_t digitron2_char_decode (char ch)
{
    if (ch>='-' && (ch<'-'+ sizeof(segcodeTab)))  //编码表从'-'开始
        return segcodeTab[ch-'-'];
    return 0x00;
}

static void digitron2_segcode_set (uint8_t code)  //段码传送函数
{
    int i;

    for (i = 0; i<8; i++)
        am_gpio_set(g_digitron_seg[i], ((code & (1<<i))>>i));
}

static void digitron2_com_sel  (uint8_t pos)       //位码传送函数
{
    int i;

    for (i = 0; i<2; i++)
        am_gpio_set(g_digitron_com[i], !(pos == i));
}

void digitron2_init (void)                               //板级初始化函数
{
    int i;

```

```
    for (i = 0; i<2; i ++ )
        //将 com 端对应引脚设置为输出,并初始化为高电平
        am_gpio_pin_cfg(g_digitron_com[i], AM_GPIO_OUTPUT_INIT_HIGH);
    for (i = 0; i<8; i ++ )
        //将段选端对应引脚设置为输出,并初始化为高电平
        am_gpio_pin_cfg(g_digitron_seg[i], AM_GPIO_OUTPUT_INIT_HIGH);
    digitron2_disp_code_set(0,0x00);  //初始设置缓冲区中的段码值为无效值
    digitron2_disp_code_set(1,0x00);  //初始设置缓冲区中的段码值为无效值
}

void digitron2_disp_scan (void)
{
    static uint8_t   pos = 0;
   static uint8_t   cnt = 0;                //扫描次数记录

    digitron2_segcode_set(~0x00);        //消影,段码 0x00 取反
    digitron2_com_sel(pos);               //当前显示位
    if ( ((g_blink_flag & (1<<pos))   && (cnt< = 49)) || ((g_blink_flag & (1<<pos))
    == 0)) {
        digitron2_segcode_set(~g_digitron_disp_buf[pos]);  //获取缓冲区的段
                                                           //码,段码取反
    }
    cnt = (cnt + 1) % 100;               //记录 500 ms,0~99 循环
    pos = (pos + 1) % 2;                 //切换到下一个显示位
}

static void timer_callback(void * p_arg)
{
    digitron2_disp_scan();               //每隔 5 ms 调用扫描显示函数
}

void digitron2_softimer_set (void)
{
    am_softimer_init(&g_timer, timer_callback, NULL);     //初始化软件定时器
    am_softimer_start(&g_timer, 5);    //启动 5 ms 软件定时器
}

void digitron2_init_with_softimer  (void)
{
    digitron2_init ();                   //板级初始化函数
    digitron2_softimer_set();            //自动扫描软件定时器
}
```

```
void digitron2_disp_code_set (uint8_t pos, uint8_t code)//传送段码到显示缓冲器函数
{
        g_digitron_disp_buf[pos] = code;
}

void digitron2_disp_char_set (uint8_t pos, char ch) //获取待显示字符的段码函数
{
    digitron2_disp_code_set(pos, digitron2_char_decode(ch));
}

void digitron2_disp_blink_set (uint8_t pos, am_bool_t isblink)
{
    if (isblink) {
        g_blink_flag |= (1<<pos);
    } else {
        g_blink_flag &= ~(1<<pos);
    }
}
```

使用 digitron2.h 中的接口函数，同样可以实现 0～59 s 的计数器，代码详见程序清单 5.42。

程序清单 5.42　0～59 s 计数器范例程序(5)

```
#include "ametal.h"
#include "digitron2.h"
#include "am_delay.h"
int am_main (void)
{
    int i = 0, sec = 0;                          //秒计数器清 0

    digitron2_init();
    digitron2_disp_char_set(0, '0');             //显示器十位清 0
    digitron2_disp_char_set(1, '0');             //显示器个位清 0
    while(1) {
        digitron2_disp_scan();                   //每隔 5 ms 调用扫描函数
        am_mdelay(5);
        i++;
        if (i == 200) {                          //每次循环 5 ms,循环 200 次,即为 1 s
            i = 0;
            sec = (sec + 1) % 60;                //秒计数器 +1
            digitron2_disp_char_set(0,sec / 10 + '0');   //更新显示器的十位
```

```
19                digitron2_disp_char_set(1,sec % 10 + '0');  //更新显示器的个位
20            }
21        }
22    }
```

程序清单 5.42(18～19)加上 '0' 的目的是将数字变为字符。

5.3 键盘扫描接口

5.3.1 单个独立按键

1. 按键行为

如图 5.1 所示，从按键的操作行为来看，共有 3 种确定的方式，即无键按下、有键按下和按键释放。用 ret_flag 标志来区分这 3 种按键的操作行为，其分别为 0xFF、0 和 1(通常用 0xFF 表示无效值)。当然还有可能发生的错误触发，ret_flag 也为 0xFF。

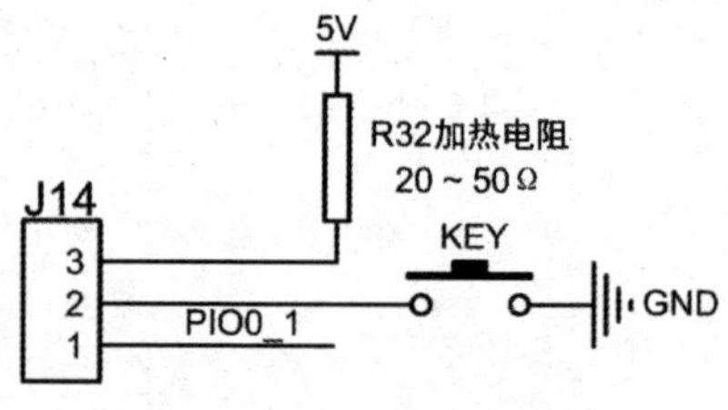

图 5.1　独立按键电路图

由于一次按键的时间通常为上百毫秒，相对于 MCU 来说时间是很长的，因此不需要时时刻刻地检测按键，只需要每隔一定的时间(如 5 ms)检测 GPIO 的电平即可。其检测方法如下(1 表示高电平、0 表示低电平)：

① 无键按下时，由于 PIO0_1 内部自带弱上拉电阻，因此 PIO0_1 为 1。

② 当 KEY 按下时，PIO0_1 为 0。在下一次扫描(延时 5 ms 去抖动)后，如果 PIO0_1 为 1，说明错误触发；如果 PIO0_1 还是 0，说明确实有键按下，则将 ret_flag 标志置 0，执行相应的操作。

③ 当 KEY 释放时，PIO0_1 由 0 回到 1，在下一次扫描(延时 5 ms 去抖动)后，如果 PIO0_1 为 0，说明错误触发；如果 PIO0_1 还是 1，说明按键已经释放，则将 ret_flag 标志置 1，执行相应的操作。

由此可见，无论是否有键按下，都要每隔 5 ms 去扫描 GPIO 的状态，那不妨将每次扫描获得的值称为当前键值(key_current_value)。由于按键存在抖动，因此需要将当前键值与下一次扫描得到的键值做比较，以排除错误触发。由于下一次扫描的键值还是未知的，因此必须将本次的键值保存起来，等到下次扫描获取键值后，再与保存的键值做比较。所以在每次扫描结束时，将 key_current_value 的值转存到 key_last_value 变量中。那么，对于每一次新的扫描来讲，key_last_value 始终保存了上次键值，如果新扫描获得 key_current_value 键值与 key_last_value 上次扫描的键值相等，则说明该键值为有效值，然后将该键值保存到最终键值 key_final_value 变量

中，否则是错误触发。

2. GPIO 状态

从 GPIO 的状态来看，分别为 1/1、1/0、0/0、0/1 四种状态，初始化时：

key_last_value=1，　key_final_value=1，　ret_flag=0xFF

其中，1/0 的"1"与"0"分别表示扫描前后获得的当前键值，每次扫描时都将 ret_flag 初始化为 0xFF。一个简易的状态转换图详见图 5.2，图中箭头表示状态转换的方向，箭头上的数字表示本次扫描的结果(1 表示扫描到高电平，0 表示扫描到低电平)。

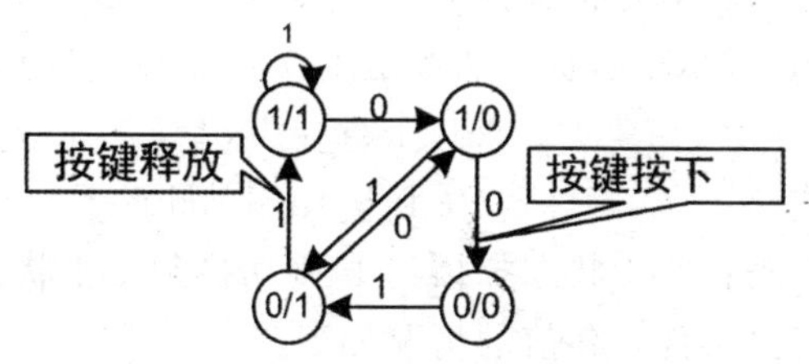

图 5.2　按键状态转换图

(1) 1/1 状态

在初始状态，按键未按下，默认 1/1 状态。若在 1/1 状态又扫描到一次 1，则状态保持不变。各值的情况如下：

key_last_value=1，　key_current_value=1，
key_final_value=1，　ret_flag=0xff

若扫描到一次 0，则切换到 1/0 状态，表明有键按下，但不能立即触发按键按下事件，因为其可能是由于抖动造成的。各值的情况如下：

key_last_value=1，　key_current_value=0，
key_final_value=1，　ret_flag=0xff

(2) 1/0 状态

若在 1/0 状态扫描到 0，则表明连续两次检测到 0，可以视为检测到按键按下，触发相应事件，同时切换到 0/0 状态(稳定的按下状态)，各值的情况如下：

key_last_value=0，　key_current_value=0，
key_final_value=0，　ret_flag=0x00

若在 1/0 状态扫描到 1，则表明按键又弹起了，可以认为这是一次抖动事件，无需做任何处理，状态切换至 0/1，各值的情况如下：

key_last_value=0，　key_current_value=1，
key_final_value=1，　ret_flag=0xff

(3) 0/0 状态

若在 0/0 状态扫描到 0，则表明按键还是维持按下，此时，不重复触发按键按下事件，状态保持不变，各值的情况如下：

key_last_value=0，　key_current_value=0，
key_final_value=0，　ret_flag=0xff

若在 0/0 状态扫描到 1，则切换到 0/1 状态，表明按键弹起了，但不能立即触发

按键释放事件,因为其可能是由于抖动造成的。各值的情况如下:

key_last_value=0, key_current_value=1,

key_final_value=0, ret_flag=0xff

(4) 0/1 状态

若在 0/1 状态扫描到 0,则表明按键又按下了,可以认为这是一次抖动事件,无需做任何处理,状态切换至 1/0,各值的情况如下:

key_last_value=1, key_current_value=0,

key_final_value=0, ret_flag=0xff

若在 0/1 状态扫描到 1,则切换到 1/1 状态,表明按键确实释放了,此时,触发按键释放事件。各值的情况如下:

key_last_value=1, key_current_value=1,

key_final_value=1, ret_flag=0x01

总之,只有连续扫描到两次低电平才会视为按键按下,连续扫描到两次高电平,才会视为按键释放。在按键扫描中,只需要关心这两种事件,因此,并不需要对各种状态转换都做处理,只需要根据连续两次扫描的值,持续监测按键按下和按键释放事件即可。

需要特别注意的是,若状态由 0/0→0/1→1/0→0/0,此路径转换一次,也会出现连续扫描的两次低电平,但是,最后一次转换进入 0/0 状态时,由于 key_final_value 的值已经为 0,因此,表明最后进入 0/0 状态时按键已经是按下状态。这种情况就不会重复触发按键按下事件。换句话说,只有 key_final_value 的值发生改变时才会触发按键事件。

3. 相关函数与示例

在第 4 章中,直接使用了独立按键接口获取键值。回顾其接口,详见程序清单 5.43,各个接口的实现详见程序清单 5.44。

程序清单 5.43 key1.h 文件内容

```
#pragma once
#include "am_types.h"
void  key1_init(void);                         //按键初始化

//单个独立按键扫描函数,确保以 10 ms 时间间隔调用
//返回值为 0xFF,说明无按键事件;返回值为 0,说明按键按下;返回值为 1,说明按键释放
uint8_t  key1_scan(void);
```

程序清单 5.44 独立按键扫描程序(key1.c)

```
#include "ametal.h"
#include "key1.h"
```

```
#include "am_lpc82x.h"

static uint8_t  key_last_value;                         //上次键值变量
static uint8_t  key_final_value;                        //最终键值变量
static const int  key_pin = PIO0_1;                     //单个独立按键对应的引脚
void key1_init (void)                                   //板级初始化函数
{
    am_gpio_pin_cfg(key_pin, AM_GPIO_INPUT); //PIO0_1 内置上拉电阻,所以初始化为 1
    key_final_value = key_last_value = am_gpio_get(key_pin);  //上次键值和最终键
                                                              //值均初始化为 1
}

uint8_t key1_scan (void)                                //独立按键扫描函数
{
    uint8_t ret_flag = 0xFF;                            //按键状态标志初始化为 0xFF

    uint8_t key_current_value = am_gpio_get(PIO0_1); //获取当前键值
    if (key_last_value == key_current_value) {
        //由于两次扫描得到的值相等,因此按键行为有效
        if (key_current_value! = key_final_value) {
            //按键状态发生改变
            key_final_value = key_current_value;        //保存两次扫描后相等的键值
            if (key_current_value == 0) {
                ret_flag = 0;                           //有键按下,ret_flag 标志置 0
            } else {
                ret_flag = 1;                           //按键释放,ret_flag 标志置 1
            }
        }
    }
    key_last_value = key_current_value;                 //保存上次键值
    return ret_flag;                                    //返回按键状态标志 ret_flag
}
```

由此可见,用于判断连续扫描的当前键值是否相等的检测过程,没有使用一个循环语句,且在扫描程序中避免了延时。

如果 key_scan()的返回值为 0,说明确实有键按下;如果 key_scan()的返回值为 1,说明按键已经释放;如果返回值为 0xFF,说明无键按下。其相应的测试程序详见程序清单 5.45,如果有键按下,则蜂鸣器“嘀”一声;当按键释放后,则 LED0 翻转。

程序清单 5.45　独立按键范例程序

```
#include "ametal.h"
#include "led.h"
```

```
#include "buzzer.h"
#include "key1.h"
#include "am_delay.h"
int am_main()
{
    uint8_t key_return;                  //key1_scan()返回值变量

    key1_init();
    led_init();
    buzzer_init();
    while(1) {
        key_return = key1_scan();    //根据 key_return 的返回值判断按键事件的产生
        if (key_return == 0) {
            //返回值为 0,说明有键按下,蜂鸣器"嘀"一声
            buzzer_beep(100);
        } else if (key_return == 1) {
            //返回值为 1,说明按键释放,LED0 翻转
            led_toggle(0);
        }
        am_mdelay(10);               //每隔 10 ms 扫描一次按键,延时去抖动
    }
}
```

5.3.2 多个独立按键

多个独立按键与单个独立按键的扫描原理是一样的，在单个独立按键中，每个变量仅使用了一位。一位的值可以为 0 或 1，分别表示了按键的两种状态。因此，当需要使用多个按键时，可以充分利用多个位，每位对应一个独立按键。同时，由于独立按键的按下状态对应的电平并不一定全是低电平，因此将按键对应的引脚和按下键对应的电平保存到一个结构体数组中。比如：

```
typedef  struct  key_info {
    int             pin;                 //按键对应的 GPIO
    unsigned char   active_level;        //按下键时对应的电平
} key_info_t;
const key_info_t g_key_info[] = {{ PIO0_1, 1}, { PIO0_2, 0}, { PIO0_3, 1}, { PIO0_5, 0}};
```

上述代码段定义的 4 个独立按键的信息，它们对应的引脚分别为 PIO0_1、PIO0_2、PIO0_3、PIO0_5，并假设其对应键按下的电平分别为 1、0、1、0。而实际上，AM824_Core 上仅有一个独立按键，因此结构体数组中只包含一个按键的信息：

```
const  key_info_t  g_key_info[] = {{ PIO0_1, 0}};
```

按照一位对应一个按键的思想，在 key1.c 的基础上，修改支持多个独立按键的程序 keyn.c，详见程序清单 5.46。

程序清单 5.46　支持多个独立按键的扫描程序(keyn.c)

```
#include "ametal.h"
#include "keyn.h"
#include "am_lpc82x.h"
typedef  struct  key_info {
    int             pin;                        //按键对应的引脚
    unsigned char   active_level;               //有键按下时对应的电平
} key_info_t;
static const  key_info_t g_key_info[] = {{ PIO0_1, 0}};
static const int key_num = sizeof(g_key_info)/sizeof(g_key_info[0]); //按键个数
static uint32_t key_last_value;                 //上次键值
static uint32_t key_final_value;                //最终键值

static uint32_t keyn_read (void)                //获取键值函数
{
    uint32_t key_current_value = 0;             //初始化键值为 0
    int     i;

    for (i = 0; i<key_num; i ++ ) {
        key_current_value |= am_gpio_get(g_key_info[i].pin)<<i; //保存状态在第 i 位
    }
    return key_current_value;                   //返回当前键值
}

static uint8_t keyn_val_process (uint32_t key_current_value)
{
    uint8_t    ret_flag = 0xFF;
    uint32_t   change = 0;
    int        i      = 0;

    if (key_last_value == key_current_value) {
        //由于两次扫描得到的值相等，因此按键行为有效
        if (key_current_value != key_final_value) {
            //按键状态发生改变
            change = key_final_value ^ key_current_value; //通过异或找出变化的位
            key_final_value = key_current_value;   //保存两次扫描后相等的键值
            for (i = 0; i<key_num; i ++ ) {
                if (change & (1<<i)) {
                    //该位有变化，状态未变化的位不做处理
```

```
                    if (((key_current_value & (1 << i))>> i) == g_key_info[i].active_level){
                        //有键按下
                        ret_flag = i;
                    } else {
                        ret_flag = (1 <<7) | i;    //按键释放,最高位置 1
                    }
                }
            }
        }
    }
    key_last_value = key_current_value;              //保存上次键值
    return ret_flag;                                 //返回按键状态标志 ret_flag
}

void keyn_init (void)
{
    int i;

    for (i = 0; i<key_num; i++) {
        am_gpio_pin_cfg(g_key_info[i].pin,AM_GPIO_INPUT); //保存状态在第 i 位
    }
    key_final_value = key_last_value = keyn_read();
}

uint8_t keyn_scan (void)                             //按键扫描函数
{
    uint32_t key_current_value      = keyn_read(); //读取键值
    return keyn_val_process(key_current_value);   //处理键值,返回结果
}
```

同时,将函数接口的声明和相关类型的定义存放在 keyn.h 中,详见程序清单 5.47。

程序清单 5.47　keyn.h 文件内容

```
#pragma once
#include "am_types.h"

void  keyn_init(void);                    //按键初始化

//多个独立按键扫描函数,确保以 10 ms 时间间隔调用
//返回值:0xFF 说明无按键事件
```

```
//最高位为 0 表示按键按下,最高位为 1 表示按键释放,低 7 位表示按键编号(0~N-1)
uint8_t  keyn_scan(void);
```

显然,多个独立按键的程序设计思想与独立按键还是一样的,绝大部分程序都保持一样。不同的是多个独立按键的操作是通过多个位操作来实现的。如果只有一个独立按键,则检测到键值变化时,就一定是该键状态变化。而对于多个独立按键来说,如果仅检测到键值的变化,还无法区分是哪个按键发生了变化。在这里巧妙地使用了一个 change 变量,用于标志位的变化情况。由于存在多个按键,因此扫描函数的返回值不能简单地使用 0、1 来表示按下和释放,还必须包含区分是哪一个按键的信息。其规则如下:

返回值的类型为 8 位无符号数,使用最高位来表示按下(0)或释放(1),低 7 位用于区分具体的按键,值为 0~N−1,N 为按键的个数,0~N−1 具体表示的按键与数组 g_key_info[]中元素的一一对应。因此,当第 i 个按键按下时,其返回值为 i(ret_flag=i;)。第 i 个按键释放时,返回值应该在 i 值的基础上,将最高位置 1,即“ret_flag=(1<<7) | i;”。

使用多个按键的范例程序详见程序清单 5.48,实现了同样的功能,即按下蜂鸣器发出“嘀”的一声,等按键释放后,LED0 灯翻转。

程序清单 5.48　支持多个独立按键范例程序

```
#include "ametal.h"
#include "led.h"
#include "buzzer.h"
#include "keyn.h"
#include "am_delay.h"
int am_main()
{
    uint8_t key_return;

    led_init();
    keyn_init();
    buzzer_init();
    while(1) {
        key_return = keyn_scan();
        if (key_return == 0) {
            buzzer_beep(100);
        } else if (key_return == 0x80) {
            led_toggle(0);
        }
        am_mdelay(10);
    }
}
```

多个独立按键同样可以使用软件定时器实现自动扫描(在第 4 章中,讲述了使用软件定时器完成独立按键自动扫描的方法)。同理,若需使用软件定时器实现多个独立按键的自动扫描,则需要新增一个软件定时器初始化函数。比如:

```
void key_init_with_softimer(pfn_key_callback_t p_func, void * p_arg);
```

其中,p_func 指向一个回调函数。在使用软件定时器后,会自动调用 keyn_scan() 函数,当发现按键事件时,调用 p_func 指向的回调函数通知用户对按键事件进行处理。

pfn_key_callback_t 是一个函数指针类型,其定义如下:

```
typedef void ( * pfn_key_callback_t) (void * p_arg, int code);  //定义回调函数类型
```

将上述函数声明和回调函数类型的定义添加到 keyn. h 文件(程序清单 5.49),同时将该函数的实现代码添加到 keyn. c 文件(程序清单 5.50)。

程序清单 5.49　keyn. h 文件内容

```
#pragma once

//回调函数类型定义
//当使用软件定时器实现自动扫描时,需要指定该类型的一个函数指针
//当产生按键事件时,会自动调用回调函数,传递的参数如下:
//p_arg:初始化时指定的用户参数值;
//code:最高位为 0 表示按键按下,最高位为 1 表示按键释放;低 7 位表示按键编号(0~N-1)
typedef void ( * pfn_keyn_callback_t) (void * p_arg, uint8_t code);

void  keyn_init(void);                                       //按键初始化

//多个独立按键扫描函数,确保以 10 ms 时间间隔调用
//返回值:0xFF 说明无按键事件
//最高位为 0 表示按键按下,最高位为 1 表示按键释放,低 7 位表示按键编号(0~N-1)
uint8_t keyn_scan(void);

//带软件定时器按键初始化函数
//p_func 用于指定扫描到按键事件时调用的函数(即回调函数)
//p_arg 是回调函数的自定义参数,无需使用参数时,可以设置为 NULL
void keyn_init_with_softimer(pfn_keyn_callback_t p_func, void * p_arg);
```

显然,当按键事件发生时,即自动调用初始化函数时注册的回调函数。

程序清单 5.50　新增带软件定时器的初始化接口

```
static pfn_keyn_callback_t  g_keyn_callback = NULL;
static void                 * g_keyn_arg = NULL;
static am_softimer_t        g_keyn_timer;      //按键扫描软件定时器
```

```

static void keyn_softimer_callback(void * p_arg)
{
    uint8_t key_return = keyn_scan();
    if (key_return ! = 0xFF) {
        g_keyn_callback(g_keyn_arg, key_return);
    }
}

static void keyn_softimer_set (void)
{
    am_softimer_init(&g_keyn_timer, keyn_softimer_callback, NULL);
    am_softimer_start(&g_keyn_timer,10);
}

void keyn_init_with_softimer(pfn_keyn_callback_t p_func, void * p_arg)
{
    keyn_init();
    g_keyn_callback = p_func;
    g_keyn_arg = p_arg;
    keyn_softimer_set();
}
```

5.3.3 矩阵键盘

虽然矩阵连接法可以提高 I/O 的使用效率，但要区分和判断按键动作的方法却比较复杂，所以这种接法一般多用在计算机中。下面仍然以图 4.19 所示的 2×2 的矩阵键盘电路为例，详细介绍逐行逐列键盘扫描的程序设计方法，其相应的接口详见程序清单 5.51 所示的 matrixkey.h，与接口相应的实现详见程序清单 5.52 所示的 matrixkey.c。

程序清单 5.51　matrixkey.h 文件内容

```
 #pragma once
 #include "ametal.h"

void matrixkey_init(void);                          //矩阵键盘初始化

//矩阵按键扫描函数，确保以 10 ms 时间间隔调用
//返回值为 0xFF，说明无按键事件
//最高位为 0 表示有键按下，最高位为 1 表示按键释放，低 7 位表示按键编号(0～N-1)
uint8_t matrixkey_scan(void);

```

```
//回调函数类型定义
//当使用软件定时器实现键盘自动扫描时,需要指定该类型的一个函数指针
//当产生按键事件时,会自动调用回调函数,传递的参数如下
//p_arg:初始化时指定的用户参数值
//code:最高位为 0 表示按键按下,最高位为 1 表示按键释放;低 7 位表示按键编号(0～N-1)
typedef void (* pfn_matrixkey_callback_t) (void * p_arg, uint8_t code);

//带软件定时器的按键初始化函数
//p_func 用于指定扫描到按键事件时调用的函数(即回调函数)
//p_arg 是回调函数的自定义参数,无需使用参数时,可以设置为 NULL
void matrixkey_init_with_softimer(pfn_matrixkey_callback_t p_func, void * p_arg);
```

程序清单 5.52　matrixkey.c 文件内容

```
#include "ametal.h"
#include "matrixkey.h"
#include "am_lpc82x.h"
#include "am_softimer.h"

static const int   g_matrixkey_row[] = {PIO0_6, PIO0_7};      //行线对应的引脚
static const int   g_matrixkey_col[] = {PIO0_17, PIO0_23};   //列线对应的引脚
static const uint8_t matrixkey_row_num = sizeof(g_matrixkey_row)/sizeof(g_matrixkey_row[0]);                                    //行数
static const uint8_t matrixkey_col_num = sizeof(g_matrixkey_col)/sizeof(g_matrixkey_col[0]);                                    //列数
static const uint8_t matrixkey_num = matrixkey_row_num * matrixkey_col_num;
                                                              //按键个数

static uint32_t matrixkey_last_value;                         //上次键值变量
static uint32_t matrixkey_final_value;                        //最终键值变量

static void matrixkey_kl_read (uint32_t * p_current_value, int col)
                                                              //获取一列键值
{
    int j = 0;
    for (j = 0; j < matrixkey_row_num; j++) {    //依次读取当前扫描列中各行的键值
        if (am_gpio_get(g_matrixkey_row[j]) == 0) {           //该列有键按下
            * p_current_value &= ~(1 << (j * matrixkey_col_num + col));
                                                              //有键按下,对应位清 0
        }
    }
}
```

```
static uint8_t matrixkey_val_process (uint32_t matrixkey_current_value)
{
    uint8_t    ret_flag = 0xFF;
    uint32_t   change = 0;                                //按键状态变化标志
    int        i;

    if (matrixkey_last_value == matrixkey_current_value) {
        //由于两次扫描得到的值相等,因此按键行为有效
        if (matrixkey_current_value != matrixkey_final_value) {
            //按键状态发生改变
            change = matrixkey_final_value ^ matrixkey_current_value;
                                                          //异或,找出变化的位
            matrixkey_final_value = matrixkey_current_value; //保存两次扫描后相
                                                             //等的键值
            for (i = 0; i<matrixkey_num; i++) {
                if (change & (1<<i)) {
                    //仅处理变化的位
                    if ((((matrixkey_current_value & (1<<i))>>i) == 0) {
                        ret_flag = i;                      //有键按下
                    }else{
                        ret_flag = (1<<7) | i;             //按键释放,最高位置 1
                    }
                }
            }
        }
    }
    matrixkey_last_value = matrixkey_current_value;       //保存上次键值
    return ret_flag;
}

static uint32_t matrixkey_read (void)                     //获取键值函数
{
    uint32_t matrixkey_value = 0xFFFFFFFF;            //无键按下,相应位为 1,否则为 0
    int  i;

    for (i = 0; i<matrixkey_col_num; i++) {               //逐列扫描
        am_gpio_set(g_matrixkey_col[i], 0);               //第 i 列输出低电平
        matrixkey_kl_read (&matrixkey_value, i);          //获取第 i 列键值
        am_gpio_set(g_matrixkey_col[i], 1);               //第 i 列恢复高电平
    }
    return matrixkey_value;
```

```
}

void matrixkey_init (void)                                    //板级初始化函数
{
    int i;

    for (i = 0; i<matrixkey_col_num; i++) {
        //将所有列线设置为输出状态,并初始化为高电平
        am_gpio_pin_cfg(g_matrixkey_col[i], AM_GPIO_OUTPUT_INIT_HIGH);
    }
    for (i = 0; i<matrixkey_row_num; i++) {
        //将所有行线设置为输入状态
        am_gpio_pin_cfg(g_matrixkey_row[i], AM_GPIO_INPUT | AM_GPIO_PULLUP);
    }
    matrixkey_final_value = matrixkey_last_value = matrixkey_read();
}

uint8_t matrixkey_scan (void)                                 //键盘扫描函数
{
    uint32_t matrixkey_current_value = matrixkey_read();
    return matrixkey_val_process(matrixkey_current_value);
}

static pfn_matrixkey_callback_t   g_matrixkey_callback = NULL;
static void                       * g_matrixkey_arg = NULL;
static am_softimer_t              g_matrixkey_timer;      //按键扫描的软件定时器

static void matrixkey_softimer_callback(void * p_arg)
{
    uint8_t matrixkey_return = matrixkey_scan();
    if (matrixkey_return != 0xFF) {
        //按键状态发生改变
        g_matrixkey_callback(g_matrixkey_arg, matrixkey_return);
    }
}

void matrixkey_softimer_set (void)
{
    am_softimer_init(&g_matrixkey_timer, matrixkey_softimer_callback, NULL);
    am_softimer_start(&g_matrixkey_timer, 10);
}
```

```
void matrixkey_init_with_softimer(pfn_matrixkey_callback_t p_func, void * p_arg)
{
    matrixkey_init();
    g_matrixkey_callback = p_func;
    g_matrixkey_arg = p_arg;
    matrixkey_softimer_set();
}
```

为了使其他代码尽可能复用之前多个独立按键的程序，因此将扫描到的按键状态与键值的位一一对应，KEY0 对应 bit0，KEY1 对应 bit1，以此类推，不难得到，第 col 列第 j 行对应的按键编号为 j×matrixkey_col_num＋col，程序清单 5.52 的第 20 行即使用到了该表达式。当有键按下时，其对应位为 0；当按键释放时，其对应位为 1，如此一来，它们的键值处理函数可以做得完全相同。此外，为了获取键值，还必须在初始化函数中，将行线配置为输入，列线配置为输出(按列扫描法)。由此可见，矩阵键盘和独立按键的主要区别在于键值的获取方式。

在第 4 章中提到，为了节省引脚，矩阵键盘的列线和数码管的 COM 端复用了相同的 I/O 口，PIO0_17 与 PIO0_23 既是数码管的 COM0、COM1，又是矩阵键盘的列线 KL0、KL1。为了保证引脚复用不会出错，必须确保数码管和按键同步扫描，为此，提供了一个用以同时扫描按键和数码管的函数：

```
uint8_t  matrixkey_scan_with_digitron(void ( * p_scan_func)(void));
                                                    //矩阵键盘和数码管一起扫描
```

该函数的实现详见程序清单 5.53。为便于使用，将实现代码添加到了 matrixkey.c 中，并将接口声明到了 matrixkey.h 中，matrixkey.h 文件的内容详见程序清单 5.54。

程序清单 5.53　matrixkey_scan_with_digitron()函数实现

```
#include "digitron1.h"
uint8_t matrixkey_scan_with_digitron(void ( * p_scan_func)(void));
{
    static int        col = 0;                         //初始扫描 COM0 数码管和第 0 列按键
    static uint32_t   matrixkey_value = 0xFFFFFFFF;   //无键按下，相应位为 1，否则为 0
    uint8_t           key_return = 0xFF;
    if (p_scan_func != NULL) {
        p_scan_func();                                 //通过函数指针实现数码管扫描
    }
    //当前列已经是低电平，无需再输出低电平，直接获取键值
    matrixkey_kl_read (&matrixkey_value, col++);
    if (col == 2) {                                    //两列扫描结束，处理键值
```

```
        key_return = matrixkey_val_process(matrixkey_value);
        col = 0;
        matrixkey_value = 0xFFFFFFFF;      //恢复键值,以开始下一轮扫描
    }
    return key_return;
}
```

程序中,首先执行了数码管扫描,由于执行数码管扫描后,当前 COM 端(数码管扫描从 COM0 开始,矩阵键盘扫描从 KL0 开始,是完全同步的)输出为低电平,因此,矩阵键盘列扫描时,无需在扫描前将列线在设置为低电平,直接读取各个行线的状态即可。将该函数的实现存放到 matrixkey.c 文件中,并将其函数声明存放到 matrixkey.h 文件中,更新后的 matrixkey.h 文件内容详见程序清单 5.54。

程序清单 5.54 matrixkey.h 文件内容更新

```
#pragma once
#include "ametal.h"

void matrixkey_init(void);                    //矩阵键盘初始化
//矩阵按键扫描函数,确保以 10 ms 时间间隔调用
//返回值为 0xFF,说明无按键事件;
//最高位为 0 表示有键按下,最高位为 1 表示按键释放,低 7 位表示按键编号(0~N-1)
uint8_t matrixkey_scan(void);

//矩阵按键扫描函数(同时完成数码管和矩阵键盘的扫描),确保以 5 ms 时间间隔调用
//返回值为 0xFF,说明无按键事件
//最高位为 0 表示有键按下,最高位为 1 表示按键释放,低 7 位表示按键编号(0~N-1)
uint8_t matrixkey_scan_with_digitron(void (*p_scan_func)(void));

//回调函数类型定义
//当使用软件定时器实现自动扫描时,需要指定该类型的一个函数指针
//当产生按键事件时,会自动调用回调函数,传递的参数如下:
//p_arg:初始化时指定的用户参数值
//code:最高位为 0 表示有键按下,最高位为 1 表示按键释放,低 7 位表示按键编号(0~N-1)
typedef void (*pfn_matrixkey_callback_t) (void *p_arg, uint8_t code);
                                                            //定义按键回调函数类型

//带软件定时器的按键初始化函数
//p_func 用于指定扫描到按键事件时调用的函数(即回调函数)
//p_arg 是回调函数的自定义参数,无需使用参数时,可以设置为 NULL
void matrixkey_init_with_softimer(pfn_matrixkey_callback_t p_func, void *p_arg);
```

5.4 PWM 接口

大小和方向随时间发生周期性变化的电流称为交流，交流中最基本的波形称为正弦波，除此之外的波形称为非正弦波。计算机、电视机、雷达等装置中使用的信号称为脉冲波、锯齿波等，其电压和电流波形都是非正弦交流的一种。

PWM(Pulse Width Modulation)就是脉冲宽度调制的意思，一种脉冲编码技术，即可以按照信号电平改变脉冲宽度。而脉冲宽度调制波的周期也是固定的，用占空比(高电平/周期，有效电平在整个信号周期中的时间比率，范围为 0～100%)来表示编码数值。PWM 可以用于对模拟信号电平进行数字编码，也可以通过高电平(或低电平)在整个周期中的时间来控制输出的能量，从而控制电机转速或 LED 亮度。

PWM 信号是由计数器和比较器产生的，比较器中设定了一个阈值，计数器以一定的频率自加。当计数器的值小于阈值时，输出一种电平状态，比如高电平。当计数器的值大于阈值时，输出另一种电平状态，比如低电平。当计数器溢出清 0 时，又回到最初的电平状态，即 I/O 引脚发生了周期性的翻转而形成 PWM 波形，详见图 5.3。

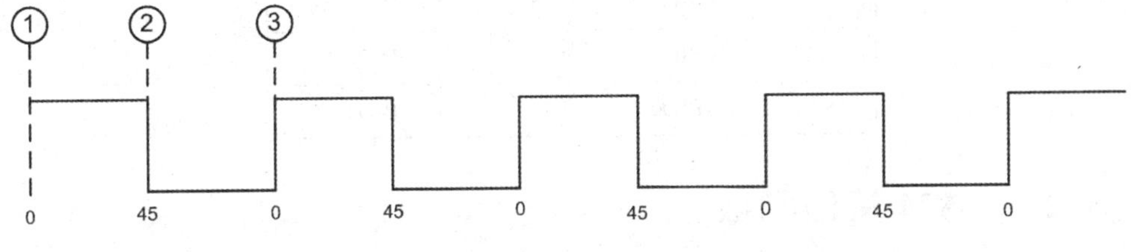

图 5.3 PWM 波形图

当计数器的值小于阈值时，输出高电平；当计数器的值大于阈值时，输出低电平。阈值为 45，计数器的值最大为 100。PWM 波形有三个关键点：起始点①，此时计数器的值为 0；计数器值达到阈值②，I/O 状态发生翻转；计数器达到最大值③，I/O 状态发生翻转，计数器的值回到 0 重新开始计数。

5.4.1 初始化

在使用 PWM 通用接口前，必须先完成 PWM 的初始化，以获取到标准的 PWM 实例句柄。在 LPC82x 中，能够提供 PWM 输出功能的外设有 SCT(State Configurable Timer)，其实质是一个状态可编程定时器，可以用作普通定时器、输入捕获、PWM 输出等，功能非常强大。在这里，仅仅将其作为 PWM 功能使用，AMetal 提供了将 SCT 用作 PWM 功能的的实例初始化函数。其函数原型为：

```
am_pwm_handle_t  am_lpc82x_sct0_pwm_inst_init (void);
```

函数的返回值为 am_pwm_handle_t 类型的 PWM 实例句柄，该句柄将作为 PWM 通用接口中 handle 参数的实参。类型 am_pwm_handle_t(am_pwm.h)定义如下：

```
typedef struct am_pwm_serv * am_pwm_handle_t;
```

由于函数返回的 PWM 实例句柄仅作为参数传递给 PWM 通用接口，不需要对该句柄做其他任何操作，因此，完全不需要对该类型作任何了解。需要特别注意的是，若函数返回的实例句柄的值为 NULL，则表明初始化失败，该实例句柄不能被使用。

直接调用该实例初始化函即可完成 SCT 的初始化，并获取对应的实例句柄：

```
am_pwm_handle_t   pwm_handle = am_lpc82x_sct0_pwm_inst_init ();
```

SCT 用作 PWM 功能时，支持 6 个通道，即可同时输出 6 路 PWM，各通道对应的 I/O 口详见表 5.11。

表 5.11　各通道对应的 I/O 口

通道	对应 I/O 口	通道	对应 I/O 口
0	PIO0_23	3	PIO0_26
1	PIO0_24	4	PIO0_27
2	PIO0_25	5	PIO0_15

5.4.2　PWM 接口函数

AMetal 提供了 3 个 PWM 标准输出接口函数，详见表 5.12。

表 5.12　PWM 标准接口函数

函数原型	功能简介
int am_pwm_config (am_pwm_handle_t handle, int chan, unsigned long duty_ns, unsigned long period_ns)；	配置 PWM 通道
int am_pwm_enable (am_pwm_handle_t handle, int chan)；	使能通道输出
int am_pwm_disable (am_pwm_handle_t handle,intchan)；	禁能通道输出

1. 配置 PWM 通道

配置一个 PWM 通道的周期时间和高电平时间，其函数原型为：

```
int am_pwm_config (
    am_pwm_handle_t     handle,             //PWM 实例句柄
    int                 chan,               //本次配置的 PWM 通道号
    unsigned long       duty_ns,            //脉宽时间(高电平时间,单位:ns)
    unsigned long       period_ns);         //PWM 周期时间,单位:ns
```

如果返回 AM_OK,说明配置成功;如果返回 -AM_EINVAL,说明配置失败,范例程序详见程序清单 5.55。

程序清单 5.55 am_pwm_config()范例程序

```
//配置 PWM 的周期为 1 000 000 ns(1 ms),高电平时间为 500 000 ns(0.5 ms)
am_pwm_config (pwm_handle, 0, 500000, 1000000);
```

2. 使能通道输出

使能通道输出,使相应通道开始输出波形,其函数原型为:

```
int am_pwm_enable (
    am_pwm_handle_t     handle,             //PWM 实例句柄
    int                 chan);              //本次使能的 PWM 通道号
```

若返回 AM_OK,说明使能成功,开始输出波形;若返回 -AM_EINVAL,说明使能失败,范例程序详见程序清单 5.56。

程序清单 5.56 am_pwm_enable()范例程序

```
//配置 PWM 的周期为 1 000 000 ns(1 ms),高电平时间为 500 000 ns(0.5 ms)
am_pwm_config (pwm_handle, 0, 500000, 1000000);
am_pwm_enable(pwm_handle, 0);                   //使能 PWM 通道 0
```

3. 禁能通道输出

禁能通道输出,关闭相应通道的波形输出,其函数原型为:

```
int am_pwm_disable (
    am_pwm_handle_t     handle,             //PWM 实例句柄
    int                 chan);              //本次禁能的 PWM 通道号
```

若返回 AM_OK,说明禁能成功;若返回 -AM_EINVAL,说明禁能失败,范例程序详见程序清单 5.57。

程序清单 5.57 am_pwm_disable()范例程序

```
//配置 PWM 的周期为 1 000 000 ns(1 ms),高电平时间为 500 000 ns(0.5 ms)
am_pwm_config (pwm_handle, 0, 500000, 1000000);
am_pwm_enable(pwm_handle, 0);             //使能 PWM 通道 0
                                          //...
am_pem_disable(pwm_handle, 0);            //禁能 PWM 通道 0
```

5.4.3 蜂鸣器接口函数

在基于 I/O 操作的蜂鸣器的发声程序中(详见程序清单 5.10),虽然延时时间只有 500 μs,但对于 MCU 来说非常耗费资源,因为延时期间无法做其他任何想做的事情。我们不妨用 MCU 的 PWM 输出功能来实现蜂鸣器鸣叫,即通过 PWM 直接输出一个脉冲宽度调制波形来驱动蜂鸣器发声。假定波形的周期为 1 ms,且高低电平占用的时间相等,即占空比为 50%,范例程序详见程序清单 5.58。

程序清单 5.58　蜂鸣器发声范例程序

```
#include "ametal.h"
#include "am_pwm.h"
#include "am_lpc82x_inst_init.h"

int am_main()
{
    am_pwm_handle_t  pwm_handle = am_lpc82x_sct0_pwm_inst_init ();

    am_pwm_config(pwm_handle, 1, 500000, 1000000);     //PWM 通道 1 对应 PIO0_24
    am_pwm_enable(pwm_handle, 1);                      //使能 PWM 通道 1
    while(1) {
    }
}
```

在第 4 章中,直接使用了蜂鸣器接口控制蜂鸣器发声。回顾其接口,详见程序清单 5.59,各个接口的实现详见程序清单 5.60。

程序清单 5.59　蜂鸣器通用接口

```
#pragma once
#include<stdint.h>

void buzzer_init(void);                         //板级初始化,默认 1 kHz 频率
void buzzer_freq_set(uint32_t freq);            //配置发声频率,freq 指定发声的频率
void buzzer_on(void);                           //打开蜂鸣器,开始鸣叫
void buzzer_off(void);                          //关闭蜂鸣器,停止鸣叫

//蜂鸣器同步鸣叫 ms 毫秒,会等到鸣叫结束后函数才会返回
void buzzer_beep(unsigned int ms);

//蜂鸣器异步鸣叫 ms 毫秒,函数会立即返回,蜂鸣器鸣叫指定的时间后自动停止
void buzzer_beep_async(unsigned int ms);
```

程序清单 5.60　蜂鸣器通用接口实现

```
#include "ametal.h"
#include " am_lpc82x_inst_init.h"
#include "buzzer.h"
#include "am_delay.h"
static am_pwm_handle_t g_pwm_handle;                    //全局 PWM handle 变量
static void __beep_timer_callback (void *p_arg);//蜂鸣器软件定时器回调函数
static am_softimer_t beep_timer;                        //蜂鸣器软件定时器实例

void buzzer_init (void)
{
    g_pwm_handle = am_lpc82x_sct0_pwm_inst_init ();
    am_pwm_config(g_pwm_handle, 1, 500000, 1000000);  //初始化后默认频率 1 kHz
    am_softimer_init(&beep_timer,__beep_timer_callback, &beep_timer);
                                                        //初始化软件定时器
}

void buzzer_freq_set (uint32_t freq)
{
    uint32_t period_ns = 1000000000/freq;
    am_pwm_config(g_pwm_handle, 1, period_ns/2, period_ns); //通道 0 对应 PIO0_13
}

void buzzer_on (void)
{
    am_pwm_enable(g_pwm_handle, 1);                     //使能配置好的通道 PWM 输出
}

void buzzer_off (void)
{
    am_pwm_disable(g_pwm_handle, 1);                    //禁能 PWM 输出
}

void buzzer_beep (unsigned int ms)                      //蜂鸣器鸣叫 ms 毫秒
{
    buzzer_on();
    am_mdelay(ms);
    buzzer_off();
}

static void __beep_timer_callback (void *p_arg)
```

```
{
    am_softimer_t *p_timer = (am_softimer_t *)p_arg;
    am_softimer_stop(p_timer);
    buzzer_off();
}

void buzzer_beep_async (unsigned int ms)
{
    am_softimer_start(&beep_timer, ms);
    buzzer_on();
}
```

5.5 SPI 总线

5.5.1 初始化

在使用 SPI 通用接口前，必须先完成 SPI 的初始化，以获取标准的 SPI 实例句柄。LPC82x 支持 SPI 功能的外设有 SPI0 和 SPI1，为方便用户使用，AMetal 提供了与各外设对应的实例初始化函数，详见表 5.13。

表 5.13 SPI 实例初始化函数(am_lpc82x_inst_init.h)

函数原型	功能简介
am_spi_handle_t am_lpc82x_spi0_int_inst_init (void);	SPI0 实例初始化(中断方式传输数据)
am_spi_handle_t am_lpc82x_spi0_dma_inst_init (void);	SPI0 实例初始化(DMA 方式传输数据)
am_spi_handle_t am_lpc82x_spi1_int_inst_init (void);	SPI1 实例初始化(中断方式传输数据)
am_spi_handle_t am_lpc82x_spi1_dma_inst_init (void);	SPI1 实例初始化(DMA 方式传输数据)

这些函数的返回值均为 am_spi_handle_t 类型的 SPI 实例句柄，该句柄将作为 SPI 通用接口中 handle 参数的实参。类型 am_spi_handle_t(am_spi.h)定义如下：

```
typedef struct am_spi_serv  *am_spi_handle_t;
```

因为函数返回的 SPI 实例句柄仅作为参数传递给 SPI 通用接口，不需要对该句柄做其他任何操作，因此完全不需要了解该类型。注意，若函数返回的实例句柄的值为 NULL，则表明初始化失败，不能使用该实例句柄。

在表 5.13 中，分别对 SPI0 和 SPI1 提供了两个实例初始化函数，一种实例初始化采用的中断方式传输数据，另一种实例初始化采用的 DMA 方式传输数据，用户对中断方式或 DMA 方式无需深入理解，仅需知道，DMA 方式传输数据更快，但是，其需要多使用一个 DMA 驱动，占用的代码空间更大，因此，用户应酌情选择使用何种

方式:

- 小数据量传输,对速率要求不高或对代码体积有严格的要求,则采用中断方式;
- 大数据量传输,对速率要求较高或对代码体积没有严格的要求,则采用 DMA 方式。

一般地,可以先采用 DMA 方式,遇到代码空间瓶颈时,再改为中断方式。例如,使用 SPI0 传输数据(DMA 方式),则直接调用相应的实例初始化函数即可获取对应的实例句柄:

```
am_spi_handle_t  spi0_handle = am_lpc82x_spi0_dma_inst_init();
```

5.5.2 接口函数

MCU 的 SPI 主要用于主从机的通信,AMetal 提供了 8 个接口函数,详见表 5.14。

表 5.14 SPI 标准接口函数

函数原型	功能简介
void am_spi_mkdev(am_spi_device_t * p_dev, am_spi_handle_t handle, uint8_t bits_per_word, uint16_t mode, uint32_t max_speed_hz, int cs_pin, void (* pfunc_cs)(am_spi_device_t * p_dev, int state));	SPI 从机实例初始化
int am_spi_setup (am_spi_device_t * p_dev);	设置 SPI 从机实例
void am_spi_mktrans(am_spi_transfer_t * p_trans, const void * p_txbuf, void * p_rxbuf, uint32_t nbytes, uint8_t cs_change, uint8_t bits_per_word, uint16_t delay_usecs, uint32_t speed_hz, uint32_t flags);	SPI 传输初始化

续表 5.14

函数原型	功能简介

void am_spi_msg_init(
    am_spi_message_t   * p_msg,
    am_pfnvoid_t   pfn_complete,
    void   * p_arg);
	SPI 消息初始化

void am_spi_trans_add_tail(
    am_spi_message_t   * p_msg,
    am_spi_transfer_t   * p_trans);
	添加传输至消息中

int am_spi_msg_start (
    am_spi_device_t   * p_dev,
    am_spi_message_t   * p_msg);
	启动 SPI 消息处理

int am_spi_write_then_read(
    am_spi_device_t   * p_dev,
    const uint8_t   * p_txbuf,
    size_t   n_tx,
    uint8_t   * p_rxbuf,
    size_t   n_rx);
	SPI 先写后读

int am_spi_write_then_write (
    am_spi_device_t   * p_dev,
    const uint8_t   * p_txbuf0,
    size_t   n_tx0,
    const uint8_t   * p_txbuf1,
    size_t   n_tx1);
	执行 SPI 两次写

1. 从机实例初始化

对于用户来说，使用 SPI 往往是直接操作一个从机器件，MCU 作为 SPI 主机，为了与从机器件通信，需要知道从机器件的相关信息，比如，SPI 模式、SPI 速率、数据位宽等。这就需要定义一个与从机器件对应的实例（从机实例），并使用相关信息完成对从机实例的初始化。其函数原型为：

```
void am_spi_mkdev (
    am_spi_device_t   * p_dev,            //待初始化的从机实例
    am_spi_handle_t   handle,             //SPI 句柄(通过 SPI 实例初始化函数获得)
    uint8_t           bits_per_word,      //数据宽度,为 0 默认 8 bit
    uint16_t          mode,               //模式选择,详见表 5.15
    uint32_t          max_speed_hz,       //从设备支持的最高时钟频率
    int               cs_pin,             //片选引脚
    void              ( * pfunc_cs)(am_spi_device_t * p_dev, int state));
```

p_dev 是指向 SPI 从机实例描述符的指针，am_spi_device_t 在 am_spi.h 文件中定义：

```
typedef  struct  am_spi_device  am_spi_device_t;
```

该类型用于定义从机实例，用户无需知道其定义的具体内容，只需要使用该类型定义一个从机实例。即：

```
am_spi_device_t  spi_dev;                    //定义一个 SPI 从机实例
```

handle 用以指定主机使用哪个 SPI 与从机器件通信，若使用 SPI0，则对应的 SPI 句柄应通过 SPI0 实例初始化函数获得。

bits_per_word 指定数据传输的位宽，一般来讲，数据为 8 位，即每个数据为一个字节。

mode 指定使用的模式，SPI 协议定义了 4 种模式，详见表 5.15。各种模式的主要区别在于空闲时钟极性（CPOL）和时钟相位选择（CPHA）的不同。CPOL 和 CPHA 均有两种选择，因此两两组合可以构成 4 种不同的模式，即模式 0～3。当 CPOL 为 0 时，表示时钟空闲时，时钟线为低电平，反之，空闲时为高电平；当 CPHA 为 0 时，表示数据在第 1 个时钟边沿采样，反之，则表示数据在第 2 个时钟边沿采样。

表 5.15　SPI 常用模式标志

模式标志	含义	解释
AM_SPI_MODE_0	SPI 模式 0	CPOL=0,CPHA=0
AM_SPI_MODE_1	SPI 模式 1	CPOL=0,CPHA=1
AM_SPI_MODE_2	SPI 模式 2	CPOL=1,CPHA=0
AM_SPI_MODE_3	SPI 模式 3	CPOL=1,CPHA=1

max_speed_hz 为从机器件支持的最大速率（SCLK 最高时钟频率），往往在从机器件对应的数据手册上有定义。通常情况下，从机器件支持的最大速率都是很高的，有时可能会超过 MCU 中 SPI 主机能够输出的最大时钟频率，此时，将直接使用 MCU 中 SPI 主机能够输出的最大时钟频率。

cs_pin 和 pfunc_cs 均与片选引脚相关。pfunc_cs 是指向自定义片选控制函数的指针，若 pfunc_cs 的值为 NULL，驱动将自动控制由 cs_pin 指定的引脚实现片选控制；若 pfunc_cs 的值不为 NULL，指向了有效的自定义片选控制函数，则 cs_pin 不再被使用，片选控制将完全由应用实现。当需要片选引脚有效时，驱动将自动调用 pfunc_cs 指向的函数，并传递 state 的值为 1。当需要片选引脚无效时，也会调用 pfunc_cs 指向的函数，并传递 state 的值为 0。一般情况下，片选引脚自动控制即可，即设置 pfunc_cs 的值为 NULL，cs_pin 为片选引脚，如 PIO0_13。使用范例详见程序清单 5.61。

程序清单 5.61　am_spi_mkdev()范例程序

```
am_spi_handle_t  spi0_handle = am_lpc82x_spi0_dma_inst_init();  //使用 SPI0 获取
                                                                  //SPI 句柄
am_spi_device_t  spi_dev;                  //定义从机设备
am_spi_mkdev(
    &spi_dev,                              //传递从机设备
    spi0_handle,                           //SPI0 操作句柄
    8,                                     //数据宽度为 8 bit
    AM_SPI_MODE_0,                         //选择模式 0
    3000000,                               //最大频率 3 000 000 Hz
    PIO0_13,                               //片选引脚 PIO0_13
    NULL);                                 //无自定义片选控制函数
```

2. 设置从机实例

设置 SPI 从机实例时，会检查 MCU 的 SPI 主机是否支持从机实例的相关参数和模式。如果不能支持，则设置失败，说明该从机不能使用。其函数原型为：

```
int am_spi_setup (am_spi_device_t * p_dev);
```

其中的 p_dev 是指向 SPI 从机实例描述符的指针，如果返回 AM_OK，说明设置成功；如果返回－AM_ENOTSUP，说明设置失败，不支持的位宽、模式等，详见程序清单 5.62。

程序清单 5.62　am_spi_setup()范例程序

```
am_spi_handle_t  spi0_handle = am_lpc82x_spi0_dma_inst_init();  //使用 SPI0 获取
                                                                  //SPI 句柄
am_spi_device_t  spi_dev;
am_spi_mkdev(
    &spi_dev,
    spi0_handle,
    8,                         //数据宽度为 8 bit
    AM_SPI_MODE_0,             //选择模式 0
    3000000,                   //最大频率 3 000 000 Hz
    PIO0_13,                   //片选引脚 PIO0_13
    NULL);                     //无自定义片选控制函数
am_spi_setup(&spi_dev);        //设置 SPI 从设备
```

3. 传输初始化

在 AMetal 中，将收发一次数据的过程抽象为一个“传输”的概念，要完成一次数据传输，首先就需要初始化一个传输结构体，指定该次数据传输的相关信息。其函数原型为：

```
void am_spi_mktrans(
    am_spi_transfer_t    * p_trans,        //待初始化的 SPI 传输
    const void           * p_txbuf,        //发送数据缓冲区,NULL 无数据
    void                 * p_rxbuf,        //接收数据缓冲区,NULL 无数据
    uint32_t             nbytes,           //传输的字节数
    uint8_t              cs_change,        //传输是否影响片选,0—不影响,1—影响
    uint8_t              bits_per_word,    //为 0 默认使用设备的字大小
    uint16_t             delay_usecs,      //传输结束后的延时(μs)
    uint32_t             speed_hz,         //为 0 默认使用设备中的 max_speed_hz
    uint32_t             flags);           //本次传输的特殊标志,详见表 5.16
```

其中,p_trans 为指向 SPI 传输结构体的指针,am_spi_transfer_t 类型是在 am_spi.h 中定义的。即:

```
typedef struct am_spi_transfer am_spi_transfer_t;
```

在实际使用时,只需要定义一个该类型的传输结构体即可。比如:

```
am_spi_transfer_t spi_trans;                    //定义一个 SPI 传输结构体
```

表 5.16 传输特殊控制标志

标志宏	含义
AM_SPI_READ_MOSI_HIGH	读数据时,MOSI 输出高电平,默认低电平

因为 SPI 是全双工通信协议,所以单次传输过程中同时包含了数据的发送和接收。函数的参数中,p_txbuf 指定了发送数据的缓冲区,p_rxbuf 指定了接收数据的缓冲区,nbytes 指定了传输的字节数。特别地,有时候可能只希望单向传输数据,若只发送数据,则可以设置 p_rxbuf 为 NULL;若只接收数据,则可以设置 p_txbuf 为 NULL。

当传输正常进行时,片选会置为有效状态,cs_change 的值将影响片选何时被置为无效状态。若 cs_change 的值为 0,表明不影响片选,此时,仅当该次传输是消息(多次传输组成一个消息,消息的概念后文会介绍)的最后一次传输时,片选才会被置为无效状态。若 cs_change 的值为 1,表明影响片选,此时,若该次传输不是消息的最后一次传输,则在本次传输结束后会立即将片选设置为无效状态,若该次传输是消息的最后一次传输,则不会立即设置片选无效,而是保持有效直到下一个消息的第一次传输开始,通常情况下,cs_change 的值都为 0。范例程序详见程序清单 5.63。

程序清单 5.63 am_spi_mktrans()范例程序

```
uint8_t              tx_buf[8];
uint8_t              rx_buf[8];
am_spi_transfer_t    spi_trans;
```

```

am_spi_mktrans(
    &spi_trans,
    tx_buf,                    //发送数据缓冲区
    rx_buf,                    //接收数据缓冲区
    8,                         //传输数据个数为 8
    0,                         //本次传输不影响片选
    0,                         //位宽为 0,使用默认位宽(设备中的位宽)
    0,                         //传输后无需延时
    0,                         //时钟频率,使用默认速率
    0);                        //无特殊标志
```

4. 消息初始化

一般来说,与实际的 SPI 器件通信时,往往采用的是“命令”+“数据”的格式,这就需要两次传输:一次传输命令,一次传输数据。为此,AMetal 提出了“消息”的概念,一个消息的处理即为一次有实际意义的 SPI 通信,其间可能包含一次或多次传输。

一次消息处理中可能包含很多次的传输,耗时可能较长,为避免阻塞,消息的处理采用异步方式。这就要求指定一个完成回调函数,当消息处理完毕时,自动调用回调函数以通知用户消息处理完毕。回调函数的指定在初始化函数中完成,初始化函数的原型为:

```
void am_spi_msg_init (
    am_spi_message_t   * p_msg,              //待初始化的 SPI 传输
    am_pfnvoid_t       pfn_complete,         //消息处理完成回调函数
    void               * p_arg);             //回调函数的参数
```

其中的 p_msg 为指向 SPI 消息结构体的指针,am_spi_message_t 类型是在 am_spi.h 中定义的。即:

```
typedef struct am_spi_message am_spi_message_t;
```

实际使用时,仅需使用该类型定义一个消息结构体,即

```
am_spi_message_t  spi_msg;                  //定义一个 SPI 消息结构体
```

pfn_callback 指向的是消息处理完成回调函数,当消息处理完毕时,将调用指针指向的函数。其类型 am_pfnvoid_t 在 am_types.h 中定义的。即:

```
typedef void ( * am_pfnvoid_t) (void * );
```

由此可见,函数指针指向的是参数为 void * 类型的无返回值函数。驱动调用回调函数时,传递给该回调函数的 void * 类型的参数即为 p_arg 的设定值,详见程序清单 5.64。

程序清单 5.64 am_spi_msg_init()范例程序

```
#include "ametal.h"
#include "am_spi.h"

static void __spi_msg_complete_callback (void *p_arg)
{
    //消息处理完毕
}

int am_main()
{
    am_spi_message_t   spi_msg;          //定义一个 SPI 消息结构体

    am_spi_msg_init (
        &spi_msg,
        __spi_msg_complete_callback,     //消息处理完成回调函数
        NULL);                           //未使用回调函数的参数 p_arg,设置为 NULL
}
```

5. 在消息中添加传输

一次消息处理中包含单次或多次的传输,在消息处理前,需要将消息和相关的传输关联起来。该函数用于添加一个传输至消息中,其函数原型为:

```
void am_spi_trans_add_tail (
    am_spi_message_t   *p_msg,                //已初始化的消息
    am_spi_transfer_t  *p_trans);             //待添加的传输
```

其中,p_msg 指向 am_spi_msg_init()初始化的消息,p_trans 指向 am_spi_mktrans()初始化的传输。可以多次使用该函数以便向一个消息中添加多个传输,由于每次都将传输添加在消息的尾部,因此先添加的传输先处理,后添加的传输后处理,详见程序清单 5.65。

程序清单 5.65 am_spi_trans_add_tail()范例程序

```
#include "ametal.h"
#include "am_spi.h"

static void __spi_msg_complete_callback (void *p_arg)
{
    //消息处理完毕
}

int am_main()
```

```
{
    am_spi_message_t  spi_msg;                //定义一个 SPI 消息结构体
    uint8_t           tx_buf[8];
    uint8_t           rx_buf[8];
    am_spi_transfer_t spi_trans;              //定义一个 SPI 传输结构体

    am_spi_mktrans(&spi_trans, tx_buf, rx_buf, 8, 0, 0, 0, 0, 0);
    am_spi_msg_init (&spi_msg, __spi_msg_complete_callback, NULL);
    am_spi_trans_add_tail(&spi_msg, &spi_trans);
}
```

6. 启动 SPI 消息处理

该函数用于启动消息的处理，其函数原型为：

```
int am_spi_msg_start(
    am_spi_device_t     * p_dev,
    am_spi_message_t    * p_msg);
```

其中，p_dev 为指向 SPI 从机实例描述符的指针，用于指定本次消息处理中收发数据的从机对象；p_msg 为指向本次需要处理的 SPI 消息结构体的指针。如果返回 AM_OK，说明启动成功，当消息中所有的传输依次处理完毕时，将调用初始化消息时指定的处理完毕回调函数；如果返回 -AM_EINVAL，说明因参数错误启动失败，详见程序清单 5.66。

程序清单 5.66　am_spi_msg_start ()范例程序

```
static void __spi_msg_complete_callback (void * p_arg)
{
    * (uint8_t * ) p_arg = 1;                       //设置完成标志为 1
}

int am_main()
{
    am_spi_message_t     spi_msg;                   //定义一个 SPI 消息结构体
    uint8_t              tx_buf[8];
    uint8_t              rx_buf[8];
    am_spi_transfer_t    spi_trans;                 //定义一个 SPI 传输结构体
    volatile uint8_t     complete_flag = 0;         //完成标志
    am_spi_handle_t      spi0_handle = am_lpc82x_spi0_dma_inst_init();
    am_spi_device_t      spi_dev;

    am_spi_mkdev(&spi_dev, spi0_handle, 8, AM_SPI_MODE_0, 3000000, PIO0_13, NULL);
    am_spi_setup(&spi_dev);                         //设置 SPI 从设备
```

```
    am_spi_mktrans(&spi_trans, tx_buf, rx_buf, 8, 0, 0, 0, 0, 0);
    am_spi_msg_init (&spi_msg, __spi_msg_complete_callback, (void * )&complete_flag);
    am_spi_trans_add_tail(&spi_msg, &spi_trans);
    am_spi_msg_start(&spi_dev, &spi_msg);
    while (complete_flag == 0);          //等待消息处理结束
    while(1){
    }
}
```

在这里，定义了一个初始值为 0 的变量 complete_flag，在初始化消息时，将它的地址作为回调函数的参数，因此在回调函数中，p_arg 就是指向 complete_flag 的指针，可以通过该指针将 complete_flag 的值修改为 1，如果检测 complete_flag 的值为 1，表明消息处理完成。

7. 先写后读

SPI 传输和 SPI 消息实现数据的发送和接收使得 SPI 的使用非常灵活，可以支持丰富的 SPI 从机器件。但正因为其灵活性，使得接口较多，使用起来较为繁琐。对于绝大部分 SPI 从机器件，并不需要如此灵活，只需要实现简单的数据发送和接收就可以了。基于此，AMetal 提供了两种十分常用的情形：写入一段数据后读取一段数据(先写后读)；写入一段数据后再写入一段数据(连续两次写)。

先写后读即是主机先发送数据至从机(写)，再自从机接收数据(读)。注意，该函数会等待数据传输完成后才会返回，因此该函数是阻塞式的，不应在中断环境中调用。其函数原型为：

```
int am_spi_write_then_read (
    am_spi_device_t    * p_dev,                //SPI 从机设备描述符指针
    const uint8_t      * p_txbuf,              //发送数据缓冲区
    size_t             n_tx,                   //发送数据的字节个数
    uint8_t            * p_rxbuf,              //接收数据缓冲区
    size_t             n_rx);                  //接收数据的字节个数
```

如果返回 AM_OK，说明数据写和读成功完成；如果返回－AM_EINVAL，说明由于参数错误导致数据写和读失败；如果返回－AM_EIO，说明在数据写或读的过程中发生错误，详见程序清单 5.67。

程序清单 5.67　am_spi_write_then_read()范例程序

```
uint8_t  tx_buf[2];
uint8_t  rx_buf[8];

am_spi_write_then_read (&spi_dev, tx_buf, 2, rx_buf, 8);  //先发送 2 个数据，再接
                                                          //收 8 个数据
```

8. 连续两次写

连续两次写即是主机先发送缓冲区 0 的数据至从机(写),再发送缓冲区 1 的数据至从机(写)。如果只需要发送一次数据,可以将第二次发送的数据缓冲区设置为 NULL,并设置发送长度 n_tx1 为 0。值得注意的是,该函数同样是阻塞式的,会等待两次数据发送完成后才会返回,不应在中断环境中调用。其函数原型为:

```
int am_spi_write_then_write (
    am_spi_device_t   * p_dev,          //SPI 从机设备描述符指针
    const uint8_t     * p_txbuf0,       //发送数据缓冲区 0
    size_t            n_tx0,            //缓冲区 0 的数据个数
    const uint8_t     * p_txbuf1,       //发送数据缓冲区 1
    size_t            n_tx1);           //缓冲区 1 的数据个数
```

如果返回 AM_OK,说明消息处理成功;如果返回 -AM_EINVAL,说明参数错误导致数据发送失败;如果返回 -AM_EIO,说明在发送数据的过程中发生错误,详见程序清单 5.68。

程序清单 5.68 am_spi_write_then_write()范例程序

```
//tx_buf0[]和 tx_buf1 中填入要发送的数据
uint8_t  tx_buf0[2];
uint8_t  tx_buf1[8];
am_spi_write_then_write (&spi_dev, tx_buf0, 2, tx_buf1, 8);  //先发送 2 个数据,再
                                                              //发送 8 个数据
```

5.5.3 SPI 扩展接口

MIniPort - 595 对应的电路图详见图 4.25,当其与 AM824_Core 连接时,LPC824 与 74HC595 的硬件连接关系详见表 5.17,当 74HC595 作为 SPI 从机时,数据仅需从 MCU 主机传送至 SPI 从机,无需读取数据。对于 MCU 主机,数据是单向传输,只有数据输出而没有输入,因此无需使用 MISO。显然,扩充 74HC595 仅占用 MCU 的 SCK、MOSI 与 SSEL 引脚,即可实现 8 位数据的输出。

表 5.17 74HC595 硬件连接

74HC595	SPI 信号线	LPC824
CP 时钟信号端	SCK	PIO0_11
D 数据输入端	MOSI	PIO0_10
STR 锁存信号	SSEL	PIO0_14

在使用 SPI 驱动 74HC595 时,必须先调用 am_spi_mkdev()初始化与 74HC595 对应的 SPI 从机实例。为此需要获取到数据宽度、SPI 模式、最高时钟频率和片选引

脚等信息，即

- 数据宽度：74HC595 只有 8 个并行输出口，因此每次传输的数据宽度为 8 位。
- SPI 模式：8 位数据是在 CP 时钟信号上升沿作用下依次送入 74HC595 的，因此在空闲时对时钟没有要求。如果选择空闲时钟极性为低电平（CPOL=0），则必须在第一个时钟边沿（上升沿）采样数据（CPHA=0），即模式 0。反之，如果选择空闲时钟极性为高电平（CPOL=1），则必须在第二个时钟边沿（上升沿）采样数据（CPHA=1），即模式 3。因此选择模式 0 和模式 3 均可，后续的程序选择模式 3 作为范例。
- 最高时钟频率：虽然 74HC595 最高时钟频率高达 100 MHz，但 MCU 的最高主频只有 30 MHz，因此最高时钟频率设置为一个相对合理的范围，比如，3 000 000 Hz（3 MHz）。
- 片选引脚：片选引脚为 PIO0_14。

有了这些信息，即可配置与 74HC595 对应的 SPI 从机实例，详见程序清单 5.69。

程序清单 5.69　初始化与 74HC595 对应的从机实例范例程序

```
am_spi_handle_t  spi1_hanlde = am_lpc82x_spi1_dma_inst_init();
am_spi_device_t  hc595_dev;                    //定义与 HC595 关联的从机设备
//初始化与 74HC595 对应的 SPI 从机实例
am_spi_mkdev(
    &hc595_dev,                                //传递从机设备地址
    spi1_handle,                               //SPI1 操作句柄
    8,                                         //数据宽度为 8 bit
    AM_SPI_MODE_3,                             //选择模式 3
    3000000,                                   //最大频率 3 MHz
    PIO0_14,                                   //片选引脚 PIO0_14
    NULL);                                     //无自定义片选控制函数 NULL
am_spi_setup(&hc595_dev);                      //设置 SPI 从设备
```

接下来，可以使用消息的方式或者 am_spi_write_then_write() 和 am_spi_write_then_read() 进行数据的发送与接收。由于使用消息的方式进行数据发送时参数较多，因此暂不使用消息的方式。因为 MCU 不需要从 74HC595 中读取数据，所以直接使用 am_spi_write_then_write() 进行数据发送，详见程序清单 5.70。

程序清单 5.70　驱动 74HC595 输出的范例程序

```
#include "ametal.h"
#include "am_spi.h"
#include "am_lpc82x_inst_init.h"
#include "am_lpc82x.h"
int am_main()
```

```
{
    am_spi_handle_t   spi1_hanlde = am_lpc82x_spi1_dma_inst_init();
    am_spi_device_t   hc595_dev;                        //定义与 HC595 关联的从机设备
    uint8_t           tx_buf[1] = {0x55};               //假定发送一个 8 位数据 0x55
    //初始化一个与 74HC595 对应的 SPI 从机实例
    am_spi_mkdev(
        &hc595_dev,                                     //传递从机设备地址
        spi1_handle,                                    //SPI1 操作句柄
        8,                                              //数据宽度为 8 bit
        AM_SPI_MODE_3,                                  //选择模式 3
        3000000,                                        //最大频率 3 MHz
        PIO0_14,                                        //片选引脚 PIO0_14
        NULL);                                          //无自定义片选控制函数 NULL
    am_spi_setup(&hc595_dev);                           //设置 SPI 从设备
    am_spi_write_then_write(&hc595_dev,                 //传递从机设备
        tx_buf,                                         //发送数据缓冲区 0 的数据
        1,                                              //发送 1 个数据
        NULL,                                           //发送数据缓冲区 1 无数据
        0);                                             //无数据,则长度为 0
    while(1) {
    }
}
```

在第 4 章中,直接使用了 HC595 接口控制 74HC595 输出数据,将 74HC595 当作 8 位 I/O 扩展接口使用。回顾其接口,详见程序清单 5.71,各个接口的实现详见程序清单 5.72。

程序清单 5.71 hc595.h 接口文件

```
#pragma once
#include "ametal.h"

void hc595_init(void);                       //初始化 74HC595 相关的操作
//串行输入并行输出 8 位 data(同步模式),等到数据全部发送完毕后才会返回
void hc595_send_data(uint8_t data);          //串行输入并行输出函数
```

程序清单 5.72 hc595.c 实现文件

```
#include "ametal.h"
#include "am_spi.h"
#include "am_lpc82x_inst_init.h"
#include "hc595.h"

static am_spi_device_t   g_hc595_dev;
```

```
void hc595_init(void)                          //板级初始化
{
    am_spi_handle_t   spi1_hanlde = am_lpc82x_spi1_dma_inst_init();
    //初始化一个与 74HC595 对应的 SPI 从机实例
    am_spi_mkdev(
        &g_hc595_dev,                          //传递从机设备地址
        spi1_handle,                           //SPI1 操作句柄
        8,                                     //数据宽度为 8 bit
        AM_SPI_MODE_3,                         //选择模式 3
        3000000,                               //最大频率 3 MHz
        PIO0_14,                               //片选引脚 PIO0_14
        NULL);                                 //无自定义片选控制函数 NULL
    am_spi_setup(&g_hc595_dev);                //设置 SPI 从设备
}

void hc595_send_data (uint8_t data)            //串行输入并行输出数据
{   //使用连续两次写函数进行数据发送
    am_spi_write_then_write(
        &g_hc595_dev,
        &data,                                 //发送数据缓冲区 0 的数据
        1,                                     //发送一个数据
        NULL,                                  //发送数据缓冲区 1 无数据
        0);                                    //无数据,长度为 0
}
```

程序中,初始化接口完成了 74HC595 对应的 SPI 从机实例的初始化,数据发送接口直接使用 am_spi_write_then_write()完成了 8 位数据的发送。

在第 4 章中提到,基于 74HC595 的数据发送函数,为了节省引脚,可以使用 74HC595 驱动数码管显示,为了便于用户使用 74HC595 驱动数码管段码,在 digitron1.h 接口中增加了初始化函数 digitron_hc595_init()和数码管扫描函数 digitron_hc595_disp_scan()。这种情况下,用户需要每隔一定时间调用 digitron_hc595_disp_scan()实现数码管的扫描,为了简化用户操作,可以使用软件定时器实现数码管的自动扫描。例如,增加一个带软件定时器的初始化函数:

```
void digitron_hc595_init_with_softimer (void);
```

范例程序详见程序清单 5.73。

程序清单 5.73　新增使用软件定时器相关函数

```
static void timer_hc595_callback(void * p_arg)
{
    digitron_hc595_disp_scan();             //每隔 5 ms 调用扫描函数
```

```
}

static void digitron_hc595_softimer_set (void)
{
    am_softimer_init(&g_timer, timer_hc595_callback, NULL);
    am_softimer_start(&g_timer, 5);     //启动定时器,每 5 ms 调用一次回调函数
}

void digitron_hc595_init_with_softimer (void)
{
    digitron_hc595_init();
    digitron_hc595_softimer_set();
}
```

将该程序与详见程序清单 5.32 中 digitron_init_with_softimer()函数的实现进行对比可以发现，它们的代码基本相同，仅仅是回调函数调用的扫描函数变化了，

同样地，将新的代码添加到 digitron1.c 中，其相应的函数接口添加到程序清单 4.51 所示的 digitron1.h 中，详见程序清单 5.74。

程序清单 5.74　digitron1.h 文件内容

```
#pragma once
#include<am_types.h>

//GPIO 驱动数码管的相关函数
void digitron1_init(void);                          //板级初始化函数
void digitron1_init_with_softimer(void);            //带软件定时器的板级初始化函数
void digitron1_disp_scan(void);                     //动态扫描显示函数

//当 74HC595 驱动数码管时，即可用：
//digitron1_hc595_init()替代 digitron1_init()
//digitron1_hc595_disp_scan()替代 digitron1_disp_scan()
//digitron1_hc595_init_with_softimer()替代 digitron1_init_with_softimer()
void digitron1_hc595_init(void);                    //板级初始化函数
void digitron1_hc595_disp_scan(void);               //动态扫描显示函数
void digitron1_hc595_init_with_softimer(void); //带软件定时器的板级初始化函数

//GPIO 驱动和 74HC595 驱动均可使用的数码管公共函数
void digitron1_disp_code_set(uint8_t pos, uint8_t code); //传送段码到显示缓冲区函数
void digitron1_disp_num_set(uint8_t pos, uint8_t num); //传送 0~9 到显示缓冲区函数
uint8_t digitron1_num_decode(uint8_t num);         //获取待显示数字的段码函数
void digitron1_disp_blink_set(uint8_t pos, am_bool_t isblink); //设定闪烁位函数
```

为了验证程序是否可以正常工作，可以编写一个简单的测试程序，详见程序清单 5.75。

程序清单 5.75　测试软件定时器自动扫描

```
#include "ametal.h"
#include "digitron1.h"
#include "am_delay.h"
int am_main (void)
{
    int sec = 0;                                  //秒计数器清 0

    digitron1_hc595_init_with_softimer();         //板级初始化
    digitron1_disp_num_set(0, 0);                 //秒计数器的十位清 0
    digitron1_disp_num_set(1, 0);                 //秒计数器的个位清 0
    while(1) {
        am_mdelay(1000);
        sec = (sec + 1) % 60;                     //秒计数器 + 1
        digitron1_disp_num_set(0, sec / 10);      //更新秒计数器的十位
        digitron1_disp_num_set(1, sec % 10);      //更新秒计数器的个位
    }
}
```

实际运行可以发现，数码管无法正常显示。这是为什么呢？在数码管扫描函数中，使用了 hc595_send_data()函数传送段码，在该函数中，实际调用的是 am_spi_write_then_write()函数。am_spi_write_then_write()要等到数据发送完毕后才会返回，因此是阻塞式的，不能在中断中调用，而恰好软件定时器的回调函数运行环境是中断环境，因而导致程序无法正常运行。这种情况与在定时器回调函数中调用 buzzer_beep()接口的情况是一致的。

为了避免这种情况，和蜂鸣器类似，应增加一个异步传送数据的接口，例如：

```
void hc595_send_data_async (uint8_t data);
```

显然，其实现不能再使用 am_spi_write_then_write()函数了，在 SPI 的接口介绍中，介绍了基于消息的数据传输方式。基于此，可以尝试使用 SPI 消息的方式发送数据，范例程序详见程序清单 5.76。

程序清单 5.76　hc595_send_data_async()函数范例

```
static am_spi_transfer_t    g_spi_trans;          //仅需要传输一次数据
static am_spi_message_t     g_spi_msg;            //消息
static uint8_t              g_tx_buf[1];          //数据缓冲区，一个 8 位数据

void hc595_send_data_async (uint8_t data)
```

```
{
    g_tx_buf[0] = data;                 //将数据加载至缓冲区中
    am_spi_mktrans(
        &g_spi_trans,
         g_tx_buf,                      //发送数据缓冲区
        NULL,                           //无需接收数据,置接收数据缓冲区为 NULL
        1,                              //传输数据个数为 1
        0,                              //本次传输不影响片选
        8,                              //位宽为 8
        0,                              //传输后无需延时
        3000000,                        //时钟频率,3 MHz
        0);                             //无特殊控制标志
    am_spi_msg_init (
        &g_spi_msg,
        NULL,                           //无回调函数
        NULL);
    am_spi_trans_add_tail(&g_spi_msg, &g_spi_trans);
    am_spi_msg_start(&g_spi_dev, &g_spi_msg);
}
```

在发送数据时,要先将数据 data 保存 g_tx_buf 中。因为使用 SPI 消息的方式发送数据时,函数是异步的,会立即返回,函数返回后,因 data 是局部变量,其地址空间就被释放了。驱动获取需要发送的数据时,是在缓冲区表明的地址中取数据,因此必须保证缓冲区在整个数据传输过程中都是有效的。这里使用了一个全局变量来保存数据,使得缓冲区一直有效。为什么使用 am_spi_write_then_write()函数不需要这样做呢? 因为这个函数是同步的,会等到数据发送完毕后才返回,在整个数据传输过程中,data 的地址是有效的,不会被释放。

这样的异步传输函数可行吗? 如果使用者以较长的时间间隔来调用该函数,每次调用前,上一个数据传输都已经正确完成,则可以正常进行数据发送,不会出现问题。但是如果时间间隔很短,比如,连续 2 次调用了该函数分别发送两个数据,将导致上一个 transfer 被覆盖,造成一种严重错误。可以类似 SPI 消息一样增加一个回调函数,当数据发送完成后,调用回调函数通知用户数据发送完毕,以告知用户可以开始传输下一个数据。由于消息本身就有这一特性,因此只需要直接将用户传递的回调函数作为 SPI 消息初始化的回调函数参数即可,详见程序清单 5.77。

程序清单 5.77　修改 hc595_send_data_async()函数

```
static am_spi_transfer_t  g_spi_trans;        //仅需要传输一次数据
static am_spi_message_t   g_spi_msg;          //消息
static uint8_t            g_tx_buf[1];        //数据缓冲区,一个 8 位数据

```

```
void hc595_send_data_async (
    uint8_t         data,               //发送的数据
    am_pfnvoid_t  pfn_complete,         //消息处理完成回调函数
    void           * p_arg)             //回调函数的参数
{
    g_tx_buf[0] = data;                 //将数据加载至缓冲区中
    am_spi_mktrans(
        &g_spi_trans,
        g_tx_buf,                       //发送数据缓冲区
        NULL,                           //无需接收数据,置接收数据缓冲区为 NULL
        1,                              //传输数据个数为 1
        0,                              //本次传输不影响片选
        8,                              //位宽为 8
        0,                              //传输后无需延时
        3000000,                        //时钟频率,3 MHz
        0);                             //无特殊控制标志
    am_spi_msg_init (
        &g_spi_msg,
        pfn_complete,                   //消息处理完毕后,调用用户回调函数
        p_arg);                         //用户指定的回调函数参数
    am_spi_trans_add_tail(&g_spi_msg, &g_spi_trans);
    am_spi_msg_start(&g_hc595_dev, &g_spi_msg);
}
```

为了便于后续使用,将该函数的声明存放到程序清单 5.71 所示的 hc595.h 文件中,详见程序清单 5.78。

程序清单 5.78　hc595.h 文件内容

```
#pragma once
#include "ametal.h"

void hc595_init(void);                          //初始化 74HC595 相关的操作

//串行输入并行输出 8 位数据 data,需要等到数据发送完成后才会返回
void hc595_send_data(uint8_t data);

//串行输入并行输出 8 位 data(异步模式),函数立即返回,数据发送完成后调用指定的回
//调函数
void hc595_send_data_async(
    uint8_t         data,                       //发送的数据
    am_pfnvoid_t  pfn_callback,                 //数据发送完成回调函数
    void           * p_arg);                    //回调函数的参数
```

实现该异步数据发送函数后，即可实现在中断环境中发送数据。显然，使用软件定时器实现数码管自动扫描需要修改 digitron_hc595_disp_scan()，使其调用 hc595_send_data_async()来实现扫描。不妨使用一个标志位，当标志位置 1 时，说明传输完成，详见程序清单 5.79。

程序清单 5.79　修改 digitron1_hc595_disp_scan()函数(1)

```
uint8_t   g_flag = 0;
void hc595_callback(void * p_arg)
{
    g_flag = 1;                          //传输完成
}

void digitron1_hc595_disp_scan (void)
{
    static uint8_t   pos = 0;
    static uint8_t   cnt = 0;            //每执行一次(5 ms)加 1

    g_flag = 0;
    hc595_send_data_async(0xFF, hc595_callback, NULL);
    while(g_flag == 0);                  //等待消影段码传送完成
    digitron1_com_sel(pos);              //当前显示位
    if (((g_blink_flag & (1<<pos)) && (cnt <= 49)) || ((g_blink_flag & (1<<pos)) == 0)) {
        hc595_send_data_async(g_digitron_disp_buf[pos], NULL, NULL);
    }
    cnt = (cnt + 1) % 100;               //cnt 扫描次数加 1,循环 0~99
    pos = (pos + 1) % 2;                 //切换到下一个显示位
}
```

程序使用 g_flag 变量来标志消影段码是否传输结束，初看起来并没有什么问题，这是一种通用的编程方法。但的确犯了一个很严重的错误，由于该函数直接使用了阻塞式 while()循环等待语句，虽然 hc595_send_data_async()是异步的，但加上等待语句后，又将扫描函数变成阻塞式的了，因此该扫描函数还是无法在中断环境中使用。

扫描一次数码管，首先需要传送消影段码(0xFF)，接着确定相应的位选，然后传送显示段码，即会在极短的时间内调用 2 次段码传送函数(消影段码和显示的段码)。显然，消影段码没有传送完毕不能传送显示段码，由于消影段码传送完毕后会调用回调函数，为何不将后续代码放到消影段码传送完成的回调函数中执行呢？详见程序清单 5.80。

程序清单 5.80 修改 digitron1_hc595_disp_scan()函数(2)

```
static uint8_t  pos = 0;
static uint8_t  cnt = 0;                        //每执行一次(5 ms)加 1

void hc595_callback(void * p_arg)
{
    digitron1_com_sel(pos);                     //当前显示位
    if (((g_blink_flag & (1<<pos)) && (cnt<= 49)) || ((g_blink_flag & (1<<pos)) ==
    0)) {
        hc595_send_data_async(g_digitron_disp_buf[pos], NULL, NULL);
    }
    cnt = (cnt + 1) % 100;                      //cnt 扫描次数加 1,循环 0～99
    pos = (pos + 1) % 2;                        //切换到下一个显示位
}

void digitron1_hc595_disp_scan (void)
{
    //发送消影段码,发送完毕后在回调函数中做下一步操作
    hc595_send_data_async(0xFF, hc595_callback, NULL);
}
```

程序只是将之前的扫描函数分成了两部分,将消影段码后的内容放到了回调函数中实现,解决了等待消影段码传送完毕的问题。那么后续发送正常显示的段码,还需要等待其结束吗？其实在正常显示的段码传送完成后,并不需要再做其他操作,因此可以不用设置回调函数。如果不利用回调函数判断其是否传送完毕,那再次扫描时,是否会因上次消息处理还未完成而产生错误呢？下次扫描是在 5 ms 之后,由于 SPI 传输速率很快,3 MHz 的速率传输 8 位数据只需要几微秒,5 ms 的时间足以使其传输完毕,因此能够确保正常显示的段码传送在下一次传输数据前成功完成。

至此,基于异步数据传送的扫描函数实现完毕,由于仅修改了内部实现,对外接口并没有修改,因此可以直接使用程序清单 5.75 的范例程序来进行测试。

5.6 I²C 总线

绝大部分情况下,MCU 都作为 I²C 主机与 I²C 从机器件通信,因此这里仅介绍 AMetal 中与 I²C 主机相关的接口函数。

5.6.1 初始化

在使用 I²C 通用接口传输数据前,必须先完成 I²C 的初始化,便于获取 I²C 实例句柄。在 LPC824 中,支持 I²C 功能的外设有 I²C0、I²C1、I²C2 和 I²C3,各 I²C 外设都提供了对应的实例初始化函数,详见表 5.18。

表 5.18 I^2C 实例初始化函数(am_lpc82x_inst_init.h)

函数原型	功能简介
am_i2c_handle_t am_lpc82x_i2c0_inst_init (void);	I^2C0 实例初始化
am_i2c_handle_t am_lpc82x_i2c1_inst_init (void);	I^2C1 实例初始化
am_i2c_handle_t am_lpc82x_i2c2_inst_init (void);	I^2C2 实例初始化
am_i2c_handle_t am_lpc82x_i2c3_inst_init (void);	I^2C3 实例初始化

这些函数返回值均为 am_i2c_handle_t 类型的 I^2C 实例句柄，该句柄将作为 I^2C 通用接口中 handle 参数的实参。类型 am_i2c_handle_t(am_i2c.h)定义如下：

```
typedef struct am_i2c_serv * am_i2c_handle_t;
```

因为函数返回的 I^2C 实例句柄仅作为参数传递给 I^2C 通用接口，不需要对该句柄做其他任何操作，因此完全不需要对该类型作任何了解。注意，如果函数返回的实例句柄的值为 NULL，表明初始化失败，该实例句柄不能被使用。

如果使用 I^2C0，则直接调用 I^2C0 实例初始化函，即可获取对应的实例句柄：

```
am_i2c_handle_t  i2c_handle = am_lpc82x_i2c0_inst_init();
```

5.6.2 接口函数

在 AMetal 中，MCU 作为 I^2C 主机与 I^2C 从机器件通信的相关接口函数详见表 5.19。

表 5.19 I^2C 标准接口函数

函数原型	功能简介
int am_i2c_mkdev(am_i2c_device_t * p_dev, am_i2c_handle_t handle, uint16_t dev_addr, uint16_t dev_flags);	I^2C 从机实例初始化
int am_i2c_write(am_i2c_device_t * p_dev, uint32_t sub_addr, const void * p_buf, uint32_t nbytes);	I^2C 写操作
int am_i2c_read(am_i2c_device_t * p_dev, uint32_t sub_addr, void * p_buf, uint32_t nbytes);	I^2C 读操作

1. 从机实例初始化

对于用户来讲,使用 I^2C 的目的就是直接操作一个从机器件,比如 LM75、EEPROM 等。MCU 作为 I^2C 主机与从机器件通信,需要知道从机器件的相关信息,比如,I^2C 从机地址等。这就需要定义一个与从机器件对应的实例,即从机实例,并使用相关信息完成对从机实例的初始化。从机实例初始化函数的原型为:

```
void am_i2c_mkdev(
    am_i2c_device_t    * p_dev,           //指向待初始化从机实例的指针
    am_i2c_handle_t    handle             //用于指定与从机器件通信的 I²C 实例
    uint16_t           dev_addr,          //从机器件的 I²C 地址
    uint16_t           dev_flags);        //从机器件的 I²C 的相关属性标志
```

其中,p_dev 为指向 am_i2c_device_t 类型(am_i2c.h)I^2C 从机实例的指针,该类型定义如下:

```
typedef struct am_i2c_device  am_i2c_device_t;
```

使用时无需知道该类型定义的具体内容,仅需使用该类型完成一个 I^2C 从机实例的定义:

```
am_i2c_device_t  dev;                     //定义一个 I²C 从机实例
```

其中,dev 为用户自定义的从机实例,其地址作为 p_dev 的实参传递。dev_flags 为从机实例的相关属性标志,可分为 3 大类:从机地址的位数、是否忽略无应答和器件内子地址(通常又称之为"寄存器地址")的字节数。具体可用属性标志详见表 5.20。

表 5.20 从机设备属性

设备属性	I^2C 从机实例属性标志	含义
从机地址	AM_I2C_ADDR_7BIT	从机地址为 7 位(默认)
	AM_I2C_ADDR_10BIT	从机地址为 10 位
应答	AM_I2C_IGNORE_NAK	忽略从机设备的无应答
器件内子地址	AM_I2C_SUBADDR_MSB_FIRST	器件内子地址高位字节先传输(默认)
	AM_I2C_SUBADDR_LSB_FIRST	器件内子地址低位字节先传输
	AM_I2C_SUBADDR_NONE	无子地址(默认)
	AM_I2C_SUBADDR_1BYTE	子地址宽度为 1 字节
	AM_I2C_SUBADDR_2BYTE	子地址宽度为 2 字节

多个属性标志可使用"|"(C 语言或运算符)连接,使用范例详见程序清单 5.81。

程序清单 5.81 am_i2c_mkdev()范例程序

```
am_i2c_handle_t  i2c1_handle = am_lpc82x_i2c1_inst_init();  //使用 LPC824 的 I2C1
                                                            //获取 I2C 实例句柄
am_i2c_device_t  dev;                                       //定义一个 I2C 从机实例
am_i2c_mkdev(
    &dev,                                                   //配置从机实例的相关信息
    i2c1_handle,                                            //I2C 句柄
    0x48,                                                   //实例的 7 bit 从机地址
    AM_I2C_ADDR_7BIT | AM_I2C_SUBADDR_1BYTE);               //7 bit 从机地址,1 字节子地址
```

2. 写操作

向 I^{2}C 从机实例指定的子地址中写入数据的函数原型为：

```
int am_i2c_write(
    am_i2c_device_t    *p_dev,     //指向已使用 am_i2c_mkdev()完成初始化的从机实例
    uint32_t           sub_addr,   //器件子地址,指定写入数据的位置
    const void         *p_buf,     //写入数据存放的缓冲区
    uint32_t           nbytes);    //写入数据的字节数
```

如果返回值为 AM_OK，表明写入数据成功；如果返回值为其他值，表明写入数据失败。范例程序详见程序清单 5.82。

程序清单 5.82 am_i2c_write()使用范例

```
am_i2c_handle_t  i2c1_handle = am_lpc82x_i2c1_inst_init();  //使用 LPC824 的 I2C1
                                                            //获取 I2C 句柄
am_i2c_device_t  dev;                                       //定义一个 I2C 从机实例
uint8_t          wr_buf[10];                                //存放写入从机实例的数据

am_i2c_mkdev(
    &dev,                                                   //I2C 从机实例信息初始化
    i2c1_handle,                                            //I2C 句柄
    0x48,                                                   //实例的 7 bit 从机地址
    AM_I2C_ADDR_7BIT | AM_I2C_SUBADDR_1BYTE);               //7 bit 从机地址,1 字节子地址
am_i2c_write(&dev, 0x02, wr_buf,10);                        //向子地址 0x02 写入 10 字节数据
```

3. 读操作

从 I^{2}C 从机实例指定的子地址中读出数据的函数原型为：

```
int am_i2c_read(
    am_i2c_device_t    *p_dev,     //指向已使用 am_i2c_mkdev()完成初始化的从机实例
    uint32_t           sub_addr,   //器件子地址,指定读取数据的位置
    void               *p_buf,     //读取数据存放的缓冲区
    uint32_t           nbytes);    //读取数据的字节数
```

如果返回值为 AM_OK,表明读取数据成功;如果返回值为其他值,表明读取数据失败,其相应的范例程序详见程序清单 5.83。

程序清单 5.83　am_i2c_read()使用范例

```
am_i2c_handle_t  i2c1_handle = am_lpc82x_i2c1_inst_init();  //使用 LPC824 的 I²C1
                                                            //获取 I²C 句柄
am_i2c_device_t  dev;                                 //定义一个 I²C 从机实例
uint8_t          rd_buf[10];                          //接收数据缓冲区

am_i2c_mkdev(
    &dev,                                             //I²C 从机实例信息初始化
    i2c0_handle,                                      //I²C 句柄
    0x48,                                             //器件的 7 bit 从机地址
    AM_I2C_ADDR_7BIT | AM_I2C_SUBADDR_1BYTE);         //7 bit 从机地址,1 字节子地址
am_i2c_read (&dev, 0x02, rd_buf,10);                  //从子地址 0x02 读出 10 字节数据
```

5.6.3　I^{2}C 扩展接口

LM75B 是 I^{2}C 接口的温度传感器,可以使用 I^{2}C 数据读取接口从 LM75B 中读取出温度值。在使用 am_i2c_read()函数前,需要先使用 am_i2c_mkdev()初始化与 LM75B 对应的 I^{2}C 从机实例,便于 LPC824 读取温度值。初始化从机实例时,还需要知道两个重要的信息:器件从机地址和实例属性。

LM75B 的从机地址为 7 位,即 1001xxx,其中地址位 0～2 分别与硬件连接的 A0～A2 一一对应。由于 A0～A2 均与地连接,因此 xxx 的值均为 0,LM75B 的从机地址为 0x48。

实例属性可分为从机地址属性、应答属性和器件内子地址属性,LM75B 的从机地址为 7 位,其对应的属性标志为 AM_I2C_ADDR_7BIT。如果从机实例不能应答,则设置 AM_I2C_IGNORE_NAK 标志。一般来说,标准的 I^{2}C 从机实例可产生应答信号,除非特殊说明,否则都不需要该标志。

LM75B 共计有 4 个寄存器,详见表 5.21。由于寄存器的地址都为 8 位,因此器件内子地址为一个字节,对应的属性标志为:AM_I2C_SUBADDR_1BYTE。由于只有一个字节,所以没有高字节与低字节之分,也就不需要 AM_I2C_SUBADDR_MSB_FIRST 或 AM_I2C_SUBADDR_LSB_FIRST 标志。

表 5.21　寄存器功能

寄存器名	地址	含义	读/写特性
温度值	0x00	当前温度值(2 字节)	只读
配置	0x01	配置寄存器值(1 字节)	读/写
THYST	0x02	温度上限值(2 字节)	读/写
TOS	0x03	温度下限值(2 字节)	读/写

使用 am_i2c_mkdev()初始化一个 LM75 从机实例的示例代码详见程序清单 5.84。

程序清单 5.84　初始化一个与 LM75 对应的 I^2C 从机实例

```
am_i2c_handle_t  i2c1_handle = am_lpc82x_i2c1_inst_init();  //使用 LPC824 的 I²C1
                                                             //获取 I²C 句柄
am_i2c_device_t  lm75_dev;                                   //定义 LM75B 从机实例

am_i2c_mkdev(
    &lm75_dev,                                               //LM75B 从机实例初始化
    i2c1_handle,                                             //主机 I²C 实例句柄
    0x48,                                                    //器件的 7 位地址为 0x48
    AM_I2C_ADDR_7BIT | AM_I2C_SUBADDR_1BYTE);                //7 位从机地址,1 字节子地址
```

初始化从机实例后，即可使用 am_i2c_read()读取温度值。由表 5.21 可知，温度值存于地址为 0x00 的寄存器中，包含了 2 字节的温度值，且是只读的。因此，可以直接使用 am_i2c_read()读取子地址为 0x00 的 2 字节内容，即温度值，使用范例详见程序清单 5.85。

程序清单 5.85　读取温度值

```
uint8_t temp_buf[2];                                 //存放温度值的 2 字节
am_i2c_read (&lm75_dev, 0x00, temp_buf, 2); //从 0x00 寄存器地址处读出 2 字节温度值
```

读取的这 2 字节数据表示的温度值是多少呢？这 2 字节具体表示的温度值的含义可从芯片的数据手册获取。温度是以双字节 16 位二进制补码方式表示的，分别保存在字节 0 和字节 1 中，首先读出的是字节 0 的数据。字节 0 中保存了温度的整数部分，字节 1 中保存了温度的小数部分，仅高 3 位有效，因此温度的分辨率为 1/23 即 0.125℃。

如果将字节 0 和字节 1 合并为一个 16 位有符号整数，则这个 16 位有符号整数便是实际温度的 256(2^8)倍。如果系统支持浮点数，则使用以下公式即可获得当前温度值：

当前温度值(浮点数变量)＝(字节 0 的值×28＋字节 1 的值)/256.0

在没有硬件浮点运算单元的 MCU 中，这样的公式在计算时效率是非常低的。在实际使用过程中，一般也并不需要得出浮点数的温度值，仅仅在使用时稍加处理即可。比如，对于数码管显示温度值，只需要分别显示温度值的整数部分(使用整数表示)和小数部分(使用整数表示)即可，并不需要计算出浮点数。

在第 4 章中，直接使用了 LM75 接口采集了 LM75B 的温度值，回顾其接口，详见程序清单 5.86，各个接口的实现详见程序清单 5.87。

程序清单 5.86　LM75 接口(lm75.h)

```
#pragma once
#include "ametal.h"

void lm75_init(void);                       //LM75 初始化
int16_t lm75_read (void);
```

程序清单 5.87　LM75 接口的实现(lm75.c)

```
#include "ametal.h"
#include "am_i2c.h"
#include "lm75.h"
#include "am_lpc82x_inst_init.h"

static am_i2c_device_t  g_lm75_dev;

void lm75_init (void)
{
    am_i2c_handle_t i2c1_handle = am_lpc82x_i2c1_inst_init();
    am_i2c_mkdev(
        &g_lm75_dev,                  //初始化与 LM75B 对应的从机实例初始化
        i2c1_handle,                  //主机 I2C 实例句柄
        0x48,                         //器件的 7 位地址为 0x48
        AM_I2C_ADDR_7BIT | AM_I2C_SUBADDR_1BYTE);
}
//返回值为读取的温度数值,高字节为整数部分,低字节为小数部分,实际温度应该除以 256.0
int16_t  lm75_read (void)
{
    uint8_t  temp_value[2];           //用于存放读取的值
    int16_t  temp;                    //16 位有符号数,用于保存温度值

    am_i2c_read(&g_lm75_dev, 0x00, temp_value, 2) ;
    temp_value[1] &= 0xE0;   //0xE0 = 1110 0000,小数部分仅高 3 位有效,低 5 位清零
    temp = temp_value[0]<<8 | temp_value[1];
    return temp;
}
```

其中,lm75_read()的作用是读取 LM75 温度值,其返回值(16 位有符号数)为实际温度的 256 倍。

5.7 A/D 转换器

5.7.1 模/数信号转换

1. 基本原理

我们经常接触的噪声和图像信号都是模拟信号，要将模拟信号转换为数字信号，必须经过采样、保持、量化与编码几个过程，详见图 5.4。

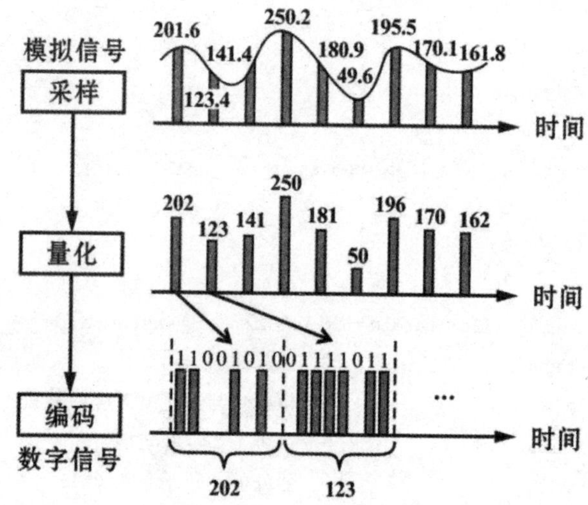

图 5.4 模/数信号转换示意图

将以一定的时间间隔提取信号的大小的操作称为采样，其值为样本值，提取信号大小的时间间隔越短越能正确地重现信号。由于缩短时间间隔会导致数据量增加，所以缩短时间间隔要适可而止。注意，取样频率大于或等于模拟信号中最高频率的 2 倍，就能够无失真地恢复原信号。

将采样所得信号转换为数字信号往往需要一定的时间，为了给后续的量化编码电路提供一个稳定值，采样电路的输出还必须保持一段时间，而采样与保持过程都是同时完成的。虽然通过采样将在时间轴上连续的信号转换成了不连续的(离散的)信号，但采样后的信号幅度仍然是连续的值(模拟量)。此时可以在振幅方向上以某一定的间隔进行划分，决定个样本值属于哪一区间，将记在其区间的值分配给其样本值。图 5.4 将区间分割为 0～0.5，0.5～1.5，1.5～2.5，再用 0，1，2，…代表各区间，对小数点后面的值按照四舍五入处理，比如，201.6 属于 201.5～202.5，则赋值 202；123.4 属于 122.5～123.5，则赋值 123，这样的操作称为量化。

量化前的信号幅度与量化后的信号幅度出现了不同，这一差值在重现信号时将会以噪声的形式表现出来，所以将此差值称为量化噪声。为了降低这种噪声，只要将量化时阶梯间的间隔减小就可以了。但减小量化间隔会引起阶梯数目的增加，导致数据量增大。所以量化的阶梯数也必须适当，可以根据所需的信噪比（S/N）确定。

将量化后的信号转换为二进制数，即用 0 和 1 的码组合来表示的处理过程称为编码，"1"表示有脉冲，"0"表示无脉冲。当量化级数取为 64 级时，表示这些数值的二进制的位数必须是 6 位；当量化级数取为 256 级时，必须用 8 位二进制数表示。

2. 基准电压

基准电压就是模/数转换器可以转换的最大电压，以 8 位 A/D 转换器为例，这种转换器可以将 0 V 到其基准电压范围内的输入电压转换为对应的数值表示。其输入电压范围分别对应 256 个数值（步长），其计算方法为：

参考电压/256＝5/256，即 19.5 mV

看起来这里给出的 8 位 A/D 的步长电压值，但上述公式还定义了该模/数转化器的转换精度，无论如何，所有 A/D 的转换精度都低于其基准电压的精度，而提高输出精度的唯一方法只有增加定标校准电路。

现在很多 MCU 都内置 A/D，既可以使用电源电压作为其基准电压，也可以使用外部基准电压。如果将电源电压作为基准电压使用，假设该电压为 5 V，则对 3 V 输入电压的测量结果为：

（输入电压/基准电压）×255＝（3/5）×255＝99H

显然，如果电源电压升高 1%，则输出值为（3/5.05）×255＝97H。实际上典型电源电压的误差一般在 2%～3%，其变化对 A/D 的输出影响是很大的。

3. 转换精度

A/D 的输出精度是由基准输入和输出字长共同决定的，输出精度定义了 A/D 可以进行转换的最小电压变化。转换精度就是 A/D 最小步长值，该值可以通过计算基准电压和最大转换值的比例得到。对于上面给出的使用 5 V 基准电压的 8 位 A/D 来说，其分辨率为 19.5 mV，也就是说，所有低于 19.5 mV 的输入电压的输出值都为 0，在 19.5～39 mV 之间的输入电压的输出值为 1，而在 39～58.6 mV 之间的输入电压的输出值为 3，以此类推。

提高分辨率的一种方法是降低基准电压，如果将基准电压从 5 V 降到 2.5 V，则分辨率上升到 2.5/256，即 9.7 mV，但最高测量电压降到了 2.5 V。而不降低基准电压又能提高分辨率的唯一方法是增加 A/D 的数字位数，对于使用 5 V 基准电压的 12 位 A/D 来说，其输出范围可达 4 096，其分辨率为 1.22 mV。

在实际的应用场合是有噪声的，显然该 12 位 A/D 会将系统中 1.22 mV 的噪声作为其输入电压进行转换。如果输入信号带有 10 mV 的噪声电压，则只能通过对噪声样本进行多次采样并对采样结果进行平均处理，否则该转换器无法对 10 mV 的真实输入电压进行响应。

4. 累积精度

如果在放大器前端使用误差 5% 的电阻，则该误差将会导致 12 位 A/D 无法正常工作。也就是说，A/D 的测量精度一定小于其转换误差、基准电压误差与所有模拟放大器误差的累计之和。虽然转换精度会受到器件误差的制约，但通过对每个系统单独进行定标，也能够得到较为满意的输出精度。如果使用精确的定标电压作为标准输入，且借助存储在 MCU 程序中的定标电压常数对所有输入进行纠正，则可以有效地提高转换精度，但无论如何无法对温漂或器件老化而带来的影响进行校正。

5. 基准源选型

引起电压基准输出电压背离标称值的主要因素是：初始精度、温度系数与噪声，以及长期漂移等，因此在选择一个电压基准时，需根据系统要求的分辨率精度、供电电压、工作温度范围等情况综合考虑，不能简单地以单个参数为选择条件。

比如，要求 12 位 A/D 分辨到 1LSB，即相当于 $1/2^{12}=244\times10^{-6}$。如果工作温度范围在 10℃，那么一个初始精度为 0.01%（相当于 100×10^{-6}），温度系数为 10×10^{-6}/℃（温度范围内偏移 100×10^{-6}）的基准已能满足系统的精度要求，因为基准引起的总误差为 200×10^{-6}，但如果工作温度范围扩大到 15℃ 以上，该基准就不适用了。

6. 常用基准源

（1）初始精度的确定

初始精度的选择取决于系统的精度要求，对于数据采集系统来说，如果采用 n 位的 ADC，那么其满刻度分辨率为 $1/2^n$，若要求达到 1LSB 的精度，则电压基准的初始精度为

$$\text{初始精度}\leqslant 1/2^n = 1/2^n\times100\%$$

如果考虑到其他误差的影响，则实际的初始精度要选得比上式更高一些，比如，按 1/2 LSB 的分辨率精度来计算，即上式所得结果再除以 2，即

$$\text{初始精度}\leqslant 1/2^{n+1} = 1/2^{n+1}\times100\%$$

（2）温度系数的确定

温度系数是选择电压基准另一个重要的参数，除了与系统要求的精度有关外，温度系数还与系统的工作温度范围有直接的关系。对于数据采集系统来说，假设所用 ADC 的位数是 n，要求达到 1LSB 的精度，工作温度范围是 ΔT，那么基准的温度系数 TC 可由下式确定：

$$\text{TC}\leqslant\frac{10^6}{2^n\times\Delta T}$$

同样地，考虑到其他误差的影响，实际的 TC 值还要选得比上式更小一些。温度范围 ΔT 通常以 25℃ 为基准来计算，以工业温度范围 −40～+85℃ 为例，ΔT 可取 60℃（85℃−25℃），因为制造商通常在 25℃ 附近将基准因温度变化引起的误差调到

最小。

如图 5.5 所示是一个十分有用的速查工具，它以 25℃为变化基准，温度在 1～100℃变化时，8～20 位 ADC 在 1LSB 分辨精度的要求下，将所需基准的 TC 值绘制成图，由该图可迅速查得所需的 TC 值。

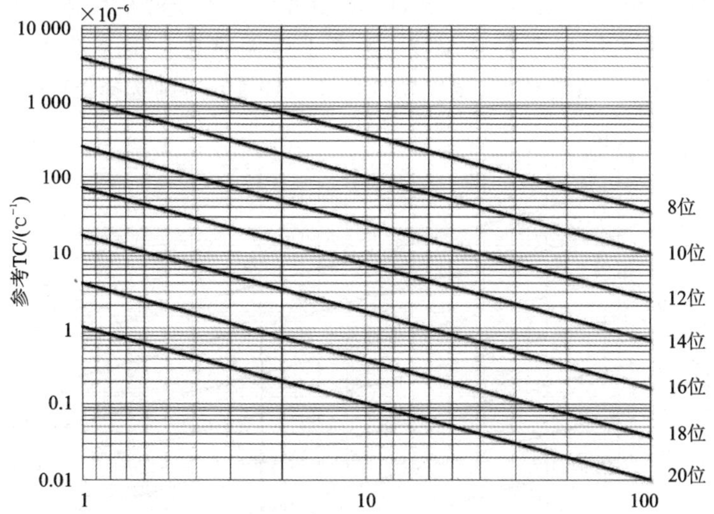

图 5.5 系统精度与基准温度系数 TC 的关系

TL431 和 REF3325/3330 均为典型的电压基准源产品，详见表 5.22。TL431 的输出电压仅用两个电阻就可以在 2.5～36 V 范围内实现连续可调，负载电流为 1～100 mA。在可调压电源、开关电源、运放电路常用它代替稳压二极管。REF3325 输出 2.5 V，REF3330 输出 3.0 V。

表 5.22 电压基准源选型参数表

型号	初始精度/%	输出电压/V	工作电流/mA	输入电压/V	输出电流/mA	温漂/(℃⁻¹)	工作温度/℃
TL431	0.5	2.495～36	1～100		100	50×10^{-6}	−40～85
REF3325	0.15	2.5		2.7～5.5	5	30×10^{-6}	−40～125
REF3330	0.15	3.0		3.2～5.5	5	30×10^{-6}	−40～125

REF33xx 是一种低功耗、低压差、高精密度的电压基准产品，采用小型的 SC70－3 和 SOT23－3 封装。体积小和功耗低(最大电流为 5 μA)的特点使得 REF33xx 系列产品成为众多便携式和电池供电应用的最佳选择。在负载正常的情况下，REF33xx 系列产品可在高于指定输出电压 180 mV 的电源电压下工作，但 REF3312 除外，因为它的最小电源电压为 1.8 V。

从初始精度和温漂特性来看，REF3325/3330 均优于 TL431，但是 TL431 的输出电压范围很宽，且工作电流范围很大，甚至可以代替一些 LDO。由于基准的初始精度和温漂特性是影响系统整体精度的关键参数，因此它们都不能用于高精密的采集系统和高分辨率的场合。而对于 12 位的 A/D 来说，由于精度要求在 0.1%左右的采集系统，到底选哪个型号呢？测量系统的初始精度，均可通过对系统校准消除初始精度引入的误差；对于温漂的选择，必须参考 1LSB 分辨精度来进行选择，详见图 5.6。如果不是工作在严苛环境下，通常工作温度为 $-10\sim50$℃，温度变化为 60℃，如果考虑 0.1%系统精度，温度特性低于 50×10^{-6}，则选择 REF3325/3330。

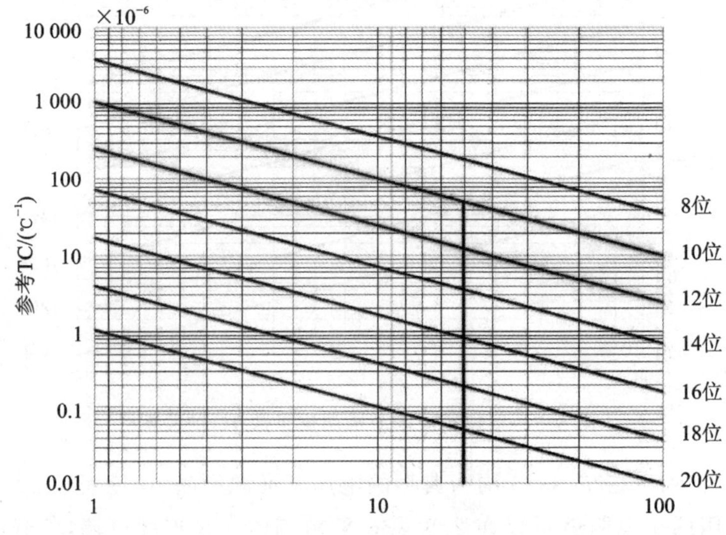

图 5.6　12 位系统基准选择

5.7.2　初始化

在使用 ADC 通用接口前，必须先完成 ADC 的初始化，以获取标准的 ADC 实例句柄。LPC82x 仅包含一个 ADC(ADC0)，为方便用户使用，AMetal 提供了与 ADC0 对应的实例初始化函数，其函数原型为：

```
am_adc_handle_t am_lpc82x_adc0_int_inst_init (void);
```

函数的返回值为 am_adc_handle_t 类型的 ADC 实例句柄，该句柄将作为 ADC 通用接口中 handle 参数的实参。类型 am_adc_handle_t(am_adc.h)定义如下：

```
typedef struct am_adc_serv  * am_adc_handle_t;
```

因为函数返回的 ADC 实例句柄仅作为参数传递给 ADC 通用接口，不需要对该句柄作其他任何操作，因此完全不需要对该类型作任何了解。需要特别注意的是，若函数返回的实例句柄的值为 NULL，则表明初始化失败，该实例句柄不能被使用。如需使用 ADC0，则直接调用 ADC0 实例初始化函即可完成 ADC0 的初始化，并获取对应的实例句柄：

```
am_adc_handle_t  adc0_handle = am_lpc82x_adc0_int_inst_init();
```

ADC0 共支持 12 个通道，可以采集 12 路模拟信号进行模/数转换，每路模拟信号通过 LPC824 的相应 I/O 口输入到 ADC0 中，各通道对应的 I/O 口详见表 5.23。

表 5.23 各通道对应的 I/O 口

通道	对应 I/O 口	通道	对应 I/O 口
0	PIO0_7	6	PIO0_20
1	PIO0_6	7	PIO0_19
2	PIO0_14	8	PIO0_18
3	PIO0_23	9	PIO0_17
4	PIO0_22	10	PIO0_13
5	PIO0_21	11	PIO0_4

5.7.3 接口函数

AMetal 提供了 5 个 ADC 相关的接口函数，详见表 5.24。

表 5.24 ADC 通用接口函数

函数原型	功能简介
int am_adc_rate_get(am_adc_handle_t handle, int chan, uint32_t * p_rate);	获取 ADC 通道的采样率
int am_adc_rate_set(am_adc_handle_t handle, int chan, uint32_t rate);	设置 ADC 通道的采样率
int am_adc_vref_get(am_adc_handle_t handle, int chan);	获取参考电压
int am_adc_bits_get(am_adc_handle_t handle, int chan);	获取 ADC 通道的转换位数
int am_adc_read(am_adc_handle_t handle, int chan, void * p_val, uint32_t length);	获取指定通道的采样值

1. 获取 ADC 通道的采样率

获取当前 ADC 通道的采样率。其函数原型为：

```
int  am_adc_rate_get(
    am_adc_handle_t  handle,         //ADC 实例句柄
    int              chan,           //ADC 通道
    uint32_t         * p_rate);      //用于获取采样率的指针
```

获取到的采样率的单位为 S/s。如果返回 AM_OK，说明获取成功；如果返回

—AM_EINVAL,说明因参数无效导致获取失败,其相应的代码详见程序清单 5.88。

程序清单 5.88 am_adc_rate_get()范例程序

```
uint32_t rate;                                //定义用于保存获取的采样率值的变量
am_adc_rate_get(adc0_handle, 7, &rate);       //获取 ADC0 通道 7 的采样率
```

参数无效通常是由于 handle 不是标准的 ADC handle 或者通道号不支持造成的。

2. 设置 ADC 通道的采样率

设置 ADC 通道的采样率。实际采样率可能与设置的采样率存在差异,实际采样率可由 am_adc_rate_get()函数获取。注意,在一个 ADC 中,所有通道的采样率往往是一样的,因此设置其中一个通道的采样率时,可能会影响其他通道的采样率。其函数原型为:

```
int am_adc_rate_set (
    am_adc_handle_t   handle,          //ADC 实例句柄
    int               chan,            //ADC 通道
    uint32_t          rate);           //设置的采样率,单位 S/s
```

如果返回 AM_OK,说明设置成功;如果返回—AM_EINVAL,说明因参数无效导致设置失败,其相应的代码详见程序清单 5.89。

程序清单 5.89 am_adc_rate_set()范例程序

```
am_adc_rate_set(adc0_handle, 7, 1000000);      //设置 ADC0 通道 7 的采样率为 1 MS/s
```

3. 获取 ADC 通道的参考电压

获取 ADC 通道的参考电压,其函数原型为:

```
int am_adc_vref_get(
    am_adc_handle_t   handle,          //ADC 实例句柄
    int               chan);           //ADC 通道
```

如果返回值大于 0,表示获取成功,其值即为参考电压(单位:mV);如果返回—AM_EINVAL,说明因参数无效导致获取失败,其相应的代码详见程序清单 5.90。

程序清单 5.90 am_adc_vref_get()范例程序

```
int vref = am_adc_vref_get(adc0_handle, 7);            //获取通道 7 的参考电压
if (vref<0 ) {
    //获取失败
}
```

4. 获取 ADC 通道的转换位数

获取 ADC 通道的转换位数,其函数原型为:

```
int am_adc_bits_get(
am_adc_handle_t  handle,          //ADC 实例句柄
int              chan);           //ADC 通道
```

如果返回值大于 0，表示获取成功，其值即为转换位数；如果返回 －AM_EINVAL，说明因参数无效导致获取失败，其相应的代码详见程序清单 5.91。

程序清单 5.91　am_adc_bits_get()范例程序

```
int bits = am_adc_bits_get(adc0_handle, 7);         //获取通道 7 的转换位数
if (bits<0 ) {
    //获取失败
}
```

5. 获取指定通道的采样值

直接获取 ADC 通道的采样值(原始采样值)，该函数会等到指定次数的采样值获取完毕后返回。其函数原型为：

```
int am_adc_read(am_adc_handle_t  handle,        //ADC 实例句柄
                int              chan,          //ADC 通道
                void             * p_val,       //存放采样值的缓冲区
                uint32_t         length);       //缓冲区的长度
```

其中 p_val 是指向存放采样值的缓冲区，类型与具体位数相关，若 ADC 小于 8 位，则其类型应该为 8 位整数类型；若 ADC 为 9～16 位，则其类型应该为 16 位整数类型；若 ADC 为 17～32 位，则其类型应该为 32 位整数类型。

LPC824 片上 ADC0 默认工作在 12 位状态，因此，应使用 16 位整数类型的缓冲区装载采样数据，范例程序详见程序清单 5.92。

程序清单 5.92　am_adc_read()范例程序

```
uint16_t  adc_buf[10];                          //存放 ADC 值的缓冲区
am_adc_handle_t  adc0_handle = am_lpc82x_adc0_int_inst_init();
am_adc_read(adc0_handle, 7, adc_buf, 10); //采集 ADC0 通道 7 对应引脚的 10 次 ADC 值
```

ADC 采样后，通常需要做一定的处理，例如，平均值处理，范例程序详见程序清单 5.93。

程序清单 5.93　am_adc_read()范例程序(均值处理)

```
uint16_t    adc_buf[10];         //存放 ADC 值的缓冲区
int         i;
uint16_t    adc_val;             //保存均值结果
uint32_t    adc_sum = 0;         //保存和值

am_adc_handle_t  adc0_handle = am_lpc82x_adc0_int_inst_init();
```

```
am_adc_read(adc0_handle, 7, adc_buf, 10); //采集 ADC0 通道 7 对应引脚的 10 次 ADC 值
for(i = 0; i<10; i ++ ) {
    adc_sum += adc_buf[i];
}
adc_val = adc_sum / 10;
```

处理结束后，得到了一个采样值 adc_val，实际应用中，往往期望得到的是一个电压值，这就需要将采样值转换为电压值，AMetal 提供了一个简易的辅助宏，用以将采样值转换为电压值：

```
AM_ADC_VAL_TO_MV(handle, chan, val)
```

如需将程序清单 5.93 中的采样结果 adc_val 转换为电压值(单位：mV)，则可使用如下代码：

```
uint16_t adc_vol = AM_ADC_VAL_TO_MV(adc0_handle, 7, adc_val);
```

5.7.4 温度采集

1. 电压采集

热敏电阻器属于敏感元件类型，按照温度系数的不同可分为正温度系数热敏电阻器(PTC)和负温度系数热敏电阻器(NTC)。热敏电阻器的典型特点是对温度敏感，在不同的温度下其电阻值不一样。正温度系数热敏电阻器(PTC)在温度越高时电阻值越大，负温度系数热敏电阻器在温度越高时电阻值越小。

AM824_Core 上有一个负温度系数热敏电阻器 RT1，硬件电路详见图 5.7。热敏电阻 RT1 和 2 kΩ 的 R14 构成了分压电路，选用 MF52E - 103F3435FB - A，C8 使电路输出更加稳定。当测温范围在 0～85℃时，电阻变化范围为 27.6～1.45 kΩ。当温度变化时，热敏电阻的阻值发生变化，单片机采集到的 ADC 值也会发生变化。只要将 J6 通过跳线帽短接，则电阻 R14 的电压直接通过 PIO0_19 输入到了 ADC 的通道 7，即可使用 ADC 采集其电压值。

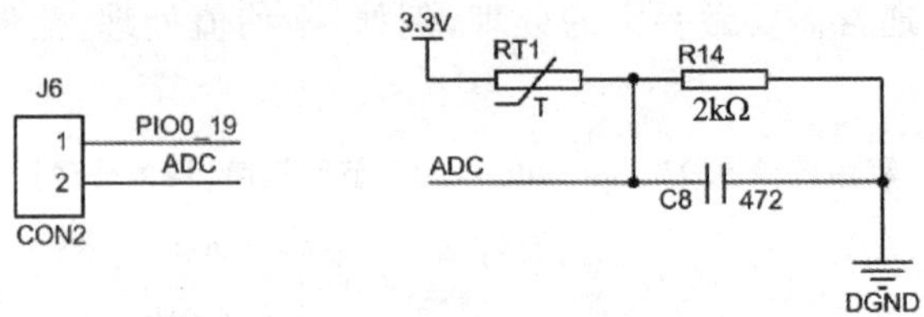

图 5.7 热敏电阻电路

如程序清单 5.94 所示的 ntc.c 的两个函数，其中一个用于初始化，另一个用于读取电压值。由于最终的接口还不确定，所以只创建了 ntc.h。

程序清单 5.94 采集电压值相关函数编写(ntc.c)

```
#include "ametal.h"
#include "am_lpc82x_inst_init.h"
#include "ntc.h"

static am_adc_handle_t  g_adc0_handle;
void ntc_init (void)
{
    g_adc0_handle = am_lpc82x_adc0_int_inst_init();
}

static uint32_t ntc_vol_get (void)
{
    uin16_t  vol_buf[12];              //用于保存 ADC 采集的电压值
    uint16_t  max,min;                 //12 次采样中的最大值与最小值定义
    uint32_t  sum_vol = 0;             //采集的电压和值,便于取平均,初始值为 0
    uint8_t   i;

    am_adc_read (g_adc0_handle, 7, vol_buf,12);  //获取 ADC0 通道 7 的 12 次采样值

    max = vol_buf[0];
    min = vol_buf[0];
    for (i = 0; i<12; i++) {
        sum_vol  += vol_buf[i];        //求和
        if (vol_buf[i]>max) {          //遇到一个更大的值,更新最大值
            max = vol_buf[i];
        }
        if (vol_buf[i]<min) {          //遇到一个更小的值,更新最小值
            min = vol_buf[i];
        }
    }
    //12 次采样值的和去掉最大值和最小值,再求平均值,并且将它转化为温度
    return AM_ADC_VAL_TO_MV(adc0_handle, 7, (sum_vol - max - min) / 10);
}
```

ntc_init()仅用于初始化 ADC,获取一个标准的 ADC 实例句柄。ntc_vol_get()用于获取 ADC 通道 7 对应的电压值,使用了 am_adc_read()函数。

为了使结果更加可信,电压采集时使用了中值平均滤波法(防脉冲干扰平均滤波法),即去掉采样数据中的最大值和最小值,再取余下数据的平均值作为最终结果。程序中,首先使用 am_adc_read()函数获取了 12 个采样值,然后将所有采样值求和,并找出最大值和最小值,然后从和值中减去最大值和最小值后除以 10 作为最终的采

样值，最后将采样值转换为电压值后返回。

2. 获取阻值

假设采集的电压值为 vol，通过热敏电阻器 RT1 和电阻 R14 分压后，则有下式：

$$vol = 3.3 \times \frac{R_{14}}{R_{14} + R_{T_1}}$$

通过简单转换后可得

$$R_{T_1} = \frac{(3.3 - vol) \times R_{14}}{vol}$$

利用该公式，可以将采集的电压值转换为 RT1 的电阻值 R_{T_1}，详见程序清单 5.95，同样将程序直接添加到 ntc.c 中。

程序清单 5.95 获取热敏电阻的阻值(ntc.c)

```
uint32_t ntc_res_get (void)
{
    uint32_t vol = ntc_vol_get();
    return (3300 - vol) * 2000 / vol;
}
```

为了避免小数计算，电压的单位统一为毫伏(mV)，电阻的单位统一为欧姆(Ω)。

3. 阻值与温度的关系

在获取热敏电阻阻值后，将如何找到与该电阻值对应的温度呢？不妨先从分析热敏电阻阻值与温度的关系开始。负温度系数热敏电阻的电阻值(R_T)和温度(T)呈指数关系：

$$R_T = R_N \times e^{B\times(1/T - 1/T_N)}$$

式中，R_T 是在温度 T(单位为 K，即开尔文)时的 NTC 热敏电阻阻值；R_N 是在额定温度 T_N(K)的 NTC 热敏电阻阻值；B 为 NTC 热敏电阻的材料常数，又叫热敏指数。由于该关系式是经验公式，因此只在额定温度 T_N 或额定电阻阻值 R_N 的有限范围内才具有一定的精确度。

如何得到材料常数 B 的值呢？显然，只能通过实验测得。假定在实验环境下，测得在温度 T_1(K)时的零功率电阻值为 R_{T_1}，在温度 T_2(K)时的零功率电阻值为 R_{T_2}。零功率电阻是指在某一温度下测量热敏电阻值时，加在热敏电阻上的功耗极低，低到因其功耗引起的热敏电阻阻值变化可以忽略不计。额定零功率电阻是在环境温度 25℃条件下测得的零功率电阻值，标记为 R_{25}，通常所说 NTC 热敏电阻阻值就是指该值。

根据 T_1、R_{T_1}、T_2、R_{T_2} 和温度与电阻值的关系式，可以得到

$$R_{T_1} = R_N \times e^{B\times(1/T_1 - 1/T_N)}, \quad R_{T_2} = R_N \times e^{B\times(1/T_2 - 1/T_N)}$$

将两个等式相除可得

$$\frac{R_{T_1}}{R_{T_2}}=\frac{R_N \times e^{B\times(1/T_1-1/T_N)}}{R_N \times e^{B\times(1/T_2-1/T_N)}}=e^{B\times\frac{T_2-T_1}{T_1T_2}}$$

等式两边同时对 e 取对数(ln)可得

$$\ln\frac{R_{T_1}}{R_{T_2}}=B\times\frac{T_2-T_1}{T_1T_2}$$

经过变换，可以得到 B 值的计算公式为

$$B=\frac{T_1T_2}{T_2-T_1}\times\ln\frac{R_{T_1}}{R_{T_2}}\quad(\mathrm{K})$$

由此可见，只要测得两个温度点对应的零功率电阻值，就可以求得 B 值。由于精确的测量需要有高精度的温度测量仪和高精度的电阻测量仪，一般条件下很难完成，因此，厂家往往都会提供一些温度点对应的零功率电阻值。比如，AM824_Core 使用的热敏电阻，厂家提供了两个温度点对应的零功率电阻值：$R_{25}=10\ 000\ \Omega$，$R_{85}=1\ 451\ \Omega$。

根据这两个温度值，即可求得 B 值：

$$\begin{aligned}B&=\frac{T_1T_2}{T_2-T_1}\times\ln\frac{R_{T_1}}{R_{T_2}}\\&=\left[\frac{(25+273.15)+(85+273.15)}{(85+273.15)-(25+273.15)}\times\ln\frac{10\ 000}{1\ 451}\right]\ \mathrm{K}=3\ 435\ \mathrm{K}\end{aligned}$$

注意，表达式中的温度都是以开尔文(K)为单位的，因此需要将摄氏度(℃)转换为开尔文温度。其转换关系为

$$T=t+273.15\quad(t\ 为摄氏温度，T\ 为开尔文温度)$$

当求得 B 值后，可以使用电阻值和温度的关系式求得某温度下的电阻值。阻值与温度的关系式中 R_N 为在额定温度 T_N(K)下的阻值，可以直接使用 R_{25} 对应的值，即 $R_N=10\ 000\ \Omega$，$T_N=(25+273.15)\mathrm{K}$。以 60℃为例计算对应的阻值：

$$R_T=R_N\times e^{B\times(1/T-1/T_N)}=10\ 000e^{3435\times[1/(60+273.15)-1/(25+273.15)]}=2\ 981\ \Omega$$

由此可见，上述计算过程是非常繁琐的，且还要涉及复杂的指数运算，所以往往会采用查表法。即先将各个温度对应的电阻值存储到一个表格中，当需要使用时直接查表即可。

AM824_Core 的热敏电阻，厂家提供了如表 5.25 所列的 $R-T$ 表。根据实际应用场合，这里仅列出了－20～ 87℃对应的电阻值，而实际上该热敏电阻支持－40～125℃的温度测量。

通过查表可知 60℃对应的阻值为 3 002 Ω，而计算出来的值却是 2 981 Ω。由于前面的公式仅仅是经验公式，计算值与实测值往往会存在少量差异，但总体上是非常相近的，即 2 981Ω 最接近 60℃。由于温度是连续的，且以 1℃为间距，因此仅需一维数组即可存储所有的阻值，即数组的 0 号元素对应－20℃的阻值，107 号元素对应

87℃的阻值。要想获得温度对应的阻值，则将温度值加上 20 作为数组索引即可。

表 5.25 热敏电阻 R－T 表

T/℃	R/Ω	T/℃	R/Ω	T/℃	R/Ω	T/℃	R/Ω
－20	70 988	7	20 482	34	7 173	61	2 910
－19	67 491	8	19 642	35	6 920	62	2 822
－18	64 191	9	18 842	36	6 677	63	2 737
－17	61 077	10	18 078	37	6 444	64	2 655
－16	58 135	11	17 350	38	6 220	65	2 576
－15	55 356	12	16 656	39	6 005	66	2 500
－14	52 730	13	15 993	40	5 799	67	2 426
－13	50 246	14	15 360	41	5 600	68	2 355
－12	47 896	15	14 756	42	5 410	69	2 286
－11	45 672	16	14 178	43	5 227	70	2 220
－10	43 567	17	13 627	44	5 050	71	2 156
－9	41 572	18	13 100	45	4 881	72	2 094
－8	39 682	19	12 596	46	4 718	73	2 034
－7	37 891	20	12 114	47	4 562	74	1 976
－6	36 192	21	11 653	48	4 411	75	1 920
－5	34 580	22	11 212	49	4 267	76	1 866
－4	33 050	23	10 790	50	4 127	77	1 813
－3	31 597	24	10 387	51	3 995	78	1 763
－2	30 218	25	10 000	52	3 867	79	1 714
－1	28 907	26	9 630	53	3 744	80	1 666
0	27 662	27	9 275	54	3 626	81	1 621
1	26 477	28	8 936	55	3 512	82	1 576
2	25 351	29	8 610	56	3 402	83	1 533
3	24 279	30	8 298	57	3 296	84	1 492
4	23 259	31	7 999	58	3 194	85	1 451
5	22 288	32	7 712	59	3 096	86	1 412
6	21 363	33	7 437	60	3 002	87	1 375

由于最大阻值为 70 988 Ω，因此每个阻值需要一个 32 位的数据来保存，则数组元素的类型设定为 uint32_t 类型。－20～87℃共计对应 108 个阻值，数组大小即为

108，共计 108 个 4 字节存储单元，即 108×4＝432 字节。注意，表格中仅－20℃和－19℃对应的阻值超过了 65 535，其他温度值对应的阻值均可用 16 位来表示。因此可以做一些特殊的处理，比如，将－20℃和－19℃对应的阻值单独保存。如果测温范围不包含这两个温度，则可以去掉这两个温度值对应的阻值。保存温度对应阻值的 ntc.c 详见程序清单 5.96。

程序清单 5.96　定义保存各个温度值对应阻值的数组

```
static const uint32_t g_temp_res_val [] = {
    70988, 67491, 64191, 61077, 58135, 55356, 52730, 50246, 47896, 45672, 43567, 41572,
    //-20~-9℃
    39682, 37891, 36192, 34580, 33050, 31597, 30218, 28907, 27662, 26477, 25351, 24279,
    //-8~3℃
    23259, 22288, 21363, 20482, 19642, 18842, 18078, 17350, 16656, 15993, 15360, 14756,
    //4~15℃
    14178, 13627, 13100, 12596, 12114, 11653, 11212, 10790, 10387, 10000, 9630, 9275,
    //16~27℃
    8936, 8610, 8298, 7999, 7712, 7437, 7173, 6920, 6677, 6444, 6220, 6005,//28~39℃
    5799, 5600, 5410, 5227, 5050, 4881, 4718, 4562, 4411, 4267, 4127, 3995,//40~51℃
    3867, 3744, 3626, 3512, 3402, 3296, 3194, 3096, 3002, 2910, 2822, 2737,//52~ 63℃
    2655, 2576, 2500, 2426, 2355, 2286, 2220, 2156, 2094, 2034, 1976, 1920,//64~75℃
    1866, 1813, 1763, 1714, 1666, 1621, 1576, 1533, 1492, 1451, 1412, 1375,//76~87℃
};
```

由于数组的起始元素为－20℃对应的阻值，因此对应温度与数组索引的关系如下：

对应温度＝数组索引－20

数组索引＝对应温度＋20

由于数组索引与温度存在 20 的差值，如果需得到 25℃对应的阻值，则应该在使用温度值的基础上加上 20 作为数组的索引。即

```
r25 = ntc_res_val[25 + 20];
```

4. 获取温度值

虽然已经得到了热敏电阻阻值与温度的对应关系，但是如何获取阻值对应的温度呢？如果阻值对应的温度刚好是整数，即阻值会与数组中某个元素相等，则只需要扫描一遍数组，如果扫描到阻值相等，即可得到对应的温度，详见程序清单 5.97。

程序清单 5.97　获取温度值(1)

```
int16_t ntc_temp_read (void)
{
    int i;
```

```
    uint32_t  res;
    int16_t   temp;

    res = ntc_res_get();                //得到热敏电阻的阻值
    for (i = 0; i<108; i++ ) {
        if (res == g_temp_res_val[i]) {
            temp = i - 20;              //数组索引减去 20 即为温度值
            break;
        }
    }
    return temp;
}
```

虽然该程序实现起来很简单，却不实用，因为得到的阻值恰好是整数温度的概率太小了。而事实上得到的阻值往往处于某个区间之内，比如，7 500 Ω 对应的温度范围为 32～33℃，那么该如何确定其温度值呢？7 500 Ω 与 32℃对应的 7 712 Ω 相差 212 Ω，与 33℃对应的 7 437 Ω 相差 63Ω，显然与 33℃更加接近，那是不是直接取 33℃就好了呢？如果对精度要求不高，得到的温度全为整数值，如果希望更加精确，比如，要求精确到小数点后两位。

尽管指数关系是非线性关系，其对应的阻值-温度关系图是曲线图，但可以将这一曲线分解为若干小段，将每一小段中的阻值-温度关系近似为线性关系。如将 1℃温度区间内的阻值-温度关系近似为线性关系进行处理。假设已知区间的两个端点 (R_1,T_1)，(R_2,T_2)，那么使用已知两点求直线方程的方法，很容易得到阻值 $R(R_1 \leqslant R \leqslant R_2)$ 对应的温度为

$$T = \frac{T_2 - T_1}{R_2 - R_1} \times (R - R_1) + T_1$$

对于上述例子，若测得电阻阻值为 7 500 Ω，则区间的两个端点为(7 712，32)和(7 437，33)，使用上述式子可得到温度值：

$$\begin{aligned} T &= \frac{T_2 - T_1}{R_2 - R_1} \times (R - R_1) + T_1 \\ &= \left[\frac{33 - 32}{7\,437 - 7\,712} \times (7\,500 - 7\,712) + 32\right] ℃ = 32.77\ ℃ \end{aligned}$$

显然，这样求得的温度更加精确，其相应的代码详见程序清单 5.98。

程序清单 5.98　根据温度区间获取温度值

```
int16_t ntc_temp_get_from_range (int t1,int t2, uint32_t res)
{
    int r1 = g_temp_res_val[t1 + 20];          //得到温度 1 对应的阻值
    int r2 = g_temp_res_val[t2 + 20];          //得到温度 2 对应的阻值
    int r = res;
```

```
    int temp;
    //为避免小数计算左移 8 位
    temp = (((t2 - t1) * (r - r1))<<8)/(r2 - r1) + (t1<<8);
    return temp;
}
```

程序中使用的是带符号数，而电阻值是用无符号数表示的，因此必须将无符号的电阻值事先存放到有符号数中再进行计算。当无符号数与有符号数混合运算时，由于无符号数优先级高，因此会先将有符号数转换为无符号数再作运算，特别是在有负数参与运算的场合，往往会得到意想不到的结果。比如：

```
uint32_t  a = 96;
int       b = - 32;
int       c;
c = a / b;                    //期望 c = - 3,而实际结果却为 0
```

为什么结果等于 0？因为 a 是无符号数，在计算 a/b 时，按照无符号数计算，则会先将－32 转换为无符号数，即 4294967264，96 整除一个这个大的数，结果自然就为 0 了。同时，为了避免小数的计算，将运算结果扩大了 256 倍。由于测量的温度范围为－20～87℃，即便扩大 256 倍后也不会超过 16 位带符号数的范围，因此最终返回一个 16 位的带符号数。

为何要扩大 256 倍而不是 100 倍呢？当然，100 倍更好理解，如果扩大 100 倍，即表示保留 2 位小数，最小表示数值为 0.01。其实扩大 256 倍也是一样的，其最小表示数值为 1/256＝0.003 906 25，具有更高的精度。前面我们已经使用的 LM75B 采集温度值，读取温度值的 lm75_read() 函数返回的实际测量温度值也扩大了 256 倍。这样一来，如果这里返回的温度值同样也扩大 256 倍，则之前的程序就完全可以复用了。

为了使用 ntc_temp_get_from_range() 函数得到温度值，还需要找出阻值对应温度所在的温度区间。如何获取区间呢？由于阻值是顺序递减的，最简单的方法就是顺序寻找，只要找到测得的电阻值大于阻值表中某个温度对应的阻值时，即可确定其处在的区间。如顺序寻找阻值 7 500 的区间时，找到温度为 33℃ 对应的阻值 7 437 时，发现比其小，则说明 33℃ 为其右边界，左边界为上一个温度值，即 32℃，其相应的代码详见程序清单 5.99。

程序清单 5.99　获取温度值(3)

```
int16_t ntc_temp_read (void)
{
    int          i;
    uint32_t     res;
    int16_t      temp;
    int          t1, t2;                  //区间的两个温度值 t1～t2

```

```
    res = ntc_res_get();
    for (i = 0; i<108; i++ ) {
        if (res == g_temp_res_val[i]) {
            temp = (i - 20)<<8;                 //整数温度值,扩大 256 倍
            break;
        }
        if (res>g_temp_res_val[i]) {            //发现区间
            t2 = i - 20;                        //右边界温度值
            t1 = i - 1 - 20;                    //左边界温度值
            temp = ntc_temp_get_from_range(t1, t2, res);
            break;
        }
    }
    return temp;
}
```

实际上,当前的搜索方法效率太低,如果温度是 87℃,则要搜索 108 次,直到将数组元素全部遍历一遍为止。由于阻值是顺序递减的,则不妨用二分法。即每次与中间的数比较,根据比较结果即可将搜索范围缩小一半,接着继续与新的搜索范围中的中间值比较,同样可以根据比较结果将搜索范围缩小一半,以此类推,每次比较都可以直接将搜索范围缩小一半。

下面还是以 7 500 Ω 为例,数组元素总共有 108 个,索引为 0～107,用两个变量 low 和 high 分别表示搜索范围的下界和上界,mid 表示中间位置。则搜索过程如下:

初始时,low＝0,high＝107,中间位置即为(low＋high)/2＝53(直接按照 C 语言整数除法),53 位置(即温度 33℃,直接查表 5.25)对应的阻值为 7 437,7 437 小于 7 500,因此搜索范围锁定至上半部分,因此更新 high＝53。

继续搜索,low＝0,high＝53,mid＝26,26 位置对应的阻值为 21 363,21 363 大于 7 500,因此搜索范围一定在后半部分,更新 low＝26。

继续搜索,low＝26,high＝53,mid＝39,39 位置对应的阻值为 12 596,12 596 大于 7 500,因此搜索范围还是在后半部分,更新 low＝39。

继续搜索,low＝39,high＝53,mid＝46,46 位置对应的阻值为 9 630,9 630 大于 7 500,因此搜索范围还是在后半部分,更新 low＝46。

继续搜索,low＝46,high＝53,mid＝49,49 位置对应的阻值为 8 610,8 610 大于 7 500,因此搜索范围还是在后半部分,更新 low＝49。

继续搜索,low＝49,high＝53,mid＝51,51 位置对应的阻值为 7 999,7 999 大于 7 500,因此搜索范围还是在后半部分,更新 low＝51。

继续搜索,low＝51,high＝53,mid＝52,52 位置对应的阻值为 7 712,7 712 大于 7 500,因此搜索范围还是在后半部分,更新 low＝52。至此,由于 low 与 high 之间只差 1,无法再继续分成两部分,因此,确定要找的值一定在位置 52 与 53 之间,也就是

阻值对应的温度范围为 32～33℃，到此为止搜索结束。

针对 108 个元素，按照二分法搜索，最多搜索 7 次，其相应的代码详见程序清单 5.100。

程序清单 5.100　获取温度值(4)

```
int16_t ntc_temp_read (void)
{
    uint32_t res;
    int16_t  temp;
    int      low, high, mid;
    int      t1,t2;

    res = ntc_res_get();
    low = 0;                               //初始时 low = 0
    high = 107;                            //初始时 high 为最后一个元素的索引
    while(1) {                             //二分法搜索
        mid = (low + high)>>1;             //右移一位，等效于(low + high)/2
        if (res == g_temp_res_val[mid]) {  //恰好相等
            temp = (mid - 20)<<8;          //整数温度值，扩大 256 倍
            break;                         //获取到温度值，结束循环
        }
        if (res>g_temp_res_val[mid]) {
            //阻值大于中间值，则搜索范围为前半部分，更新 high 值
            high = mid;
        } else {
            //阻值小于中间值，则搜索范围为后半部分，更新 low 值
            low = mid;
        }
        if (high - low == 1) {
            //搜索范围确定至 1℃ 内，找到温度所处范围
            t2 = high - 20;                //右边界温度值
            t1 = low - 1 - 20;             //左边界温度值
            temp = ntc_temp_get_from_range(t1, t2, res);
            break;                         //获取到温度值，结束循环
        }
    }
    return temp;
}
```

至此，即可直接调用 ntc_temp_read()获取温度值。相关函数编写完毕，将 ntc_init()和 ntc_temp_read()函数声明详见程序清单 5.101(ntc.h)，其具体实现详见程序清单 5.102(ntc.c)。

程序清单 5.101　ntc.h 文件内容

```
#pragma once
#include "ametal.h"

void        ntc_init(void);              //NTC 热敏电阻相关初始化
int16_t     ntc_temp_read (void);        //读取温度值
```

程序清单 5.102　ntc.c 文件内容

```
#include "ametal.h"
#include "am_lpc82x_inst_init.h"
#include "ntc.h"

static const uint32_t g_temp_res_val [] = {
    70988, 67491, 64191, 61077, 58135, 55356, 52730, 50246, 47896, 45672, 43567, 41572,//-20～-9℃
    39682, 37891, 36192, 34580, 33050, 31597, 30218, 28907, 27662, 26477, 25351, 24279,//-8～3℃
    23259, 22288, 21363, 20482, 19642, 18842, 18078, 17350, 16656, 15993, 15360, 14756,//4～15℃
    14178, 13627, 13100, 12596, 12114, 11653, 11212, 10790, 10387, 10000, 9630, 9275, //16～27℃
    8936, 8610, 8298, 7999, 7712, 7437, 7173, 6920, 6677, 6444, 6220, 6005,      //28～39℃
    5799, 5600, 5410, 5227, 5050, 4881, 4718, 4562, 4411, 4267, 4127, 3995,      //40～51℃
    3867, 3744, 3626, 3512, 3402, 3296, 3194, 3096, 3002, 2910, 2822, 2737,      //52～63℃
    2655, 2576, 2500, 2426, 2355, 2286, 2220, 2156, 2094, 2034, 1976, 1920,      //64～75℃
    1866, 1813, 1763, 1714, 1666, 1621, 1576, 1533, 1492, 1451, 1412, 1375,      //76～87℃
};
const int res_val_num = sizeof(g_temp_res_val) / sizeof(g_temp_res_val[0]);
                                          //阻值的个数
static const int temp_start = -20;  //表格中的起始温度为-20℃

static am_adc_handle_t adc0_handle;
void ntc_init (void)
{
    adc0_handle = am_lpc82x_adc0_int_inst_init();
}
```

```
static uint32_t ntc_vol_get (void)
{
    uint16_t   vol_buf[12];                //保存 ADC 采集的模拟值
    uint16_t   max,min;                    //12 次采样中的最大值与最小值定义
    uint32_t   sum_vol = 0;                //采集的电压和值,便于取平均,初始值为 0
    uint8_t   i;

    am_adc_read(adc0_handle, 7, vol_buf,12);  //获取 ADC0 通道 7 的 12 次采样值
    max = vol_buf[0];
    min = vol_buf[0];
    for (i = 0; i<12; i++) {
        sum_vol  += vol_buf[i];
        if (vol_buf[i]>max) {
            max = vol_buf[i];
        }
        if (vol_buf[i]<min) {
            min = vol_buf[i];
        }
    }
    return AM_ADC_VAL_TO_MV(adc0_handle, 7, (sum_vol - max - min)/10);
}

static uint32_t ntc_res_get(void)
{
    uint32_t vol = ntc_vol_get();
    return (3300 - vol) * 2000 / vol;
}

static int16_t ntc_temp_get_from_range (int t1,int t2, uint32_t res)
{
    int r1 = g_temp_res_val[t1 - temp_start];  //得到温度 1 对应的阻值
    int r2 = g_temp_res_val[t2 - temp_start];  //得到温度 2 对应的阻值
    int r = res;
    int temp;

    temp = (((t2 - t1) * (r - r1))<<8) / (r2 - r1) + (t1 <<8); //为避免小数计算
                                                              //左移 8 位
    return temp;
}

int16_t ntc_temp_read (void)
```

```
{
    uint32_t   res;
    int16_t    temp;
    int        low, high, mid;
    int        t1,t2;

    res = ntc_res_get();                        //获取 NTC 对应的阻值
    low = 0;                                    //初始时 low = 0
    high = res_val_num - 1;                     //初始时 high 为最后一个元素的索引
    while(1) {                                  //二分法搜索
        mid = (low + high)>>1;                  //右移一位,等效于 (low + high)/2
        if (res == g_temp_res_val[mid]) {       //恰好相等
            temp = (mid - 20)<<8;               //整数温度值,扩大 256 倍
            break;                              //获取到温度值,结束循环
        }
        if (res>g_temp_res_val[mid]) {
            //阻值大于中间值,则搜索范围为前半部分,更新 high 值
            high = mid;
        } else {
            //阻值小于中间值,则搜索范围为后半部分,更新 low 值
            low = mid;
        }
        if (high - low == 1) {
            //搜索范围确定至 1℃ 内,找到温度所处范围
            t2 = high + temp_start;             //右边界温度值
            t1 = low - 1 + temp_start;          //左边界温度值
            temp = ntc_temp_get_from_range(t1, t2, res);
            break;                              //获取到温度值,结束循环
        }
    }
    return temp;
}
```

ntc.c 相比于之前的代码,新增了两个变量:

① 新增变量 res_val_num 用于表示数组元素的个数。在范围搜索时,将之前的固定值 107 修改为数组元素个数,这样一来,数组元素就可以继续向后增加,比如,增加至－20～125℃,则所有代码都无需任何修改。

② 新增变量 temp_start 用于表示阻值表的起始温度值。之前的代码固定了起始温度为－20℃,如果向前扩展温度范围为－40～125℃,则程序必须做相应的修改。当增加该变量后,向前扩展温度范围时,仅需修改该变量的值即可,此时数组的起始元素就是 temp_start 温度对应的阻值,因此对应温度与数组索引存在如下关系:

对应温度=数组索引+temp_start，　数组索引=对应温度-temp_start

范例程序可以直接修改此前编写的“智能温控仪”程序，使用热敏电阻获取温度值替换之前的 LM75 获取温度值。仅需修改 3 行代码：

- 将#include "lm75.h" 修改为#include "ntc.h"。
- 将 am_main()函数中的 lm75_init()修改为 ntc_init()。
- 将 am_main()函数中的 lm75_read()修改为 ntc_temp_read()”。

其他复杂的键盘处理和数码管显示等均可复用。

5.8 UART 总线

UART(Universal Asynchronous Receiver/Transmitter)是一种通用异步收发传输器，其使用串行的方式在双机之间进行数据交换，实现全双工通信，数据引脚仅包含用于接收数据的 RXD 和用于发送数据的 TXD。数据在数据线上按位一位一位地串行传输，要正确解析这些数据，必须遵循 UART 协议，作为了解，这里仅简要讲述几个关键的概念：

1. 波特率

波特率决定了数据传输速率，其表示每秒传送数据的位数，值越大，数据通信的速率越高，数据传输得越快。常见的波特率有 4 800、9 600、14 400、19 200、38 400、115 200 等。若波特率为 115 200，则表示每秒钟可以传输 115 200 位(注意：是 bit，不是 byte)数据。

2. 空闲位

数据线上没有数据传输时，数据线处于空闲状态。空闲状态的电平逻辑为“1”。

3. 起始位

起始位表示一帧数据传输的开始，起始位的电平逻辑是“0”。

4. 数据位

紧接起始位后，即为实际通信传输的数据，数据的位数可以是 5、6、7、8 等，数据传输时，从最低位开始依次传输。

5. 奇偶校验位

奇偶校验位用于接收方对数据进行校验，及时发现由于通信故障等问题造成的错误数据。奇偶校验位是可选的，可以不使用奇偶校验位。奇偶校验有奇校验和偶校验两种形式，该位的逻辑电平与校验方法和所有数据位中逻辑“1”的个数相关。

奇校验：通过设置该位的值(“1”或“0”)，使该位和数据位中逻辑“1”的总个数为奇数。例如，数据位为 8 位，值为 10011001，1 的个数为 4 个(偶数)，则奇校验时，为了使 1 的个数为奇数，就要设置奇偶校验位的值为 1，使 1 的总个数为 5 个(奇数)。

偶校验：通过设置该位的值（“1”或“0”），使该位和数据位中逻辑“1”的总个数为偶数。例如，数据位为 8 位，值为 10011001，1 的个数为 4 个（偶数），则偶校验时，为了使 1 的个数为偶数，就要设置奇偶校验位的值为 0，使 1 的个数保持不变，为 4（偶数）。

通信双方使用的校验方法应该一致，接收方通过判断“1”的个数是否为奇数（奇校验）或偶数（偶校验）来判定数据在通信过程中是否出错。

6. 停止位

停止位表示一帧数据的结束，其电平逻辑为“1”，其宽度可以是 1 位、1.5 位、2 位。即其持续的时间为位数乘以传输一位的时间（由波特率决定），例如，波特率为 115 200，则传输一位的时间为（1/115 200） s，约为 8.68 μs。若停止位的宽度为 1.5 位，则表示停止位持续的时间为：$1.5\times 8.68\ \mu s\approx 13\ \mu s$。

常见的帧格式为：1 位起始位，8 位数据位，无校验，1 位停止位。由于起始位的宽度恒为 1 位，不会变化，而数据位、校验位和停止位都是可变的，因此，往往在描述串口通信协议时，都只是描述其波特率、数据位，校验位和停止位，不再单独说明起始位。

注意，通信双方必须使用完全相同的协议，包括波特率、起始位、数据位、停止位等。如果协议不一致，则通信数据会错乱，不能正常通信。在通信中，若出现乱码的情况，应该首先检查通信双方所使用的协议是否一致。

5.8.1 初始化

在使用 UART 接口前，必须先完成 UART 的初始化，以获取标准 UART 实例句柄。在 LPC82x 中，能够提供 UART 服务的外设有 USART0、USART1 和 USART2。注意，USART 和 UART 的概念很容易混淆，USART 比 UART 多了一个 S，即同步（Synchronous），USART 支持同步和异步两种通信方式，而 UART 仅支持异步通信方式。同步方式与异步方式的主要区别在于，同步方式需要使用一根时钟线进行时钟同步。由于使用较多的是异步通信方式，因此 AMetal 仅仅提供了异步通信方式的通用接口，即 LPC824 的 USART 外设也仅被用作 UART。为了方便用户使用，AMetal 提供了与外设对应的实例初始化函数，详见表 5.26。

表 5.26 UART 实例初始化函数（am_lpc82x_inst_init.h）

函数原型	功能简介
am_uart_handle_t am_lpc82x_usart0_inst_init (void)；	串口 0 实例初始化
am_uart_handle_t am_lpc82x_usart1_inst_init (void)；	串口 1 实例初始化
am_uart_handle_t am_lpc82x_usart2_inst_init (void)；	串口 2 实例初始化

这些函数的返回值均为 am_uart_handle_t 类型的 UART 实例句柄，该句柄将

作为 UART 通用接口中 handle 参数的实参。类型 am_uart_handle_t(am_uart.h)定义如下：

```
typedef struct am_uart_serv * am_uart_handle_t;
```

由于函数返回的 UART 实例句柄仅作为参数传递给 UART 通用接口,不需要对该句柄作其他任何操作，因而无需对该句柄类型作更详细的了解。若函数返回的实例句柄的值为 NULL,则表明初始化失败,不能使用该实例句柄。如果使用串口0,则调用串口 0 实例初始化函数,即可获取对应的实例句柄：

```
am_uart_handle_t uart0_handle = am_lpc82x_usart0_inst_init();
```

5.8.2 接口函数

AMetal 提供了 5 个与 UART 相关的标准接口函数(am_uart.h),详见表 5.27。

表 5.27 UART 标准接口函数

函数原型	功能简介
int am_uart_ioctl(am_uart_handle_t handle, int request, void * p_arg);	UART 控制
int am_uart_poll_send(am_uart_handle_t handle, const uint8_t * p_txbuf, uint32_t nbytes);	UART 发送(查询方式)
int am_uart_poll_receive(am_uart_handle_t handle, uint8_t * p_rxbuf, uint32_t nbytes);	UART 接收(查询方式)
int am_uart_callback_set (am_uart_handle_t handle, int callback_type, void * pfn_callback, void * p_callback_arg);	设置回调函数(中断模式)
int am_uart_tx_startup (am_uart_handle_t handle);	启动 UART 发送(中断模式)

1. UART 控制

实现 UART 的常见的控制,比如,波特率、数据位数和奇偶校验等。其函数原型如下：

```
int am_uart_ioctl(
    am_uart_handle_t  handle,        //UART 实例句柄 handle
    int               request,       //UART 控制命令,如设置波特率命令
    void              * p_arg);      //对应命令的参数,如波特率的值为 115200
```

常见命令与对应的 p_arg 参数介绍详见表 5.28,UART 硬件参数与 UART 模式分别详见表 5.29 和表 5.30。

表 5.28　UART 常用控制命令

控制命令	request	对应的 p_arg 参数
设置波特率	AM_UART_BAUD_SET	类型为 uint32_t,如 115 200
获取波特率	AM_UART_BAUD_GET	类型为 uint32_t *,用于获取波特率的指针
设置硬件参数	AM_UART_OPTS_SET	类型为 uint32_t,使用表 5.29 中的宏值,多个宏时,可使用"|"
获取硬件参数	AM_UART_OPTS_GET	类型为 uint32_t *,获取硬件参数,值为表 5.29 中宏的"|"值
模式设置	AM_UART_MODE_SET	类型为 uint32_t,使用表 5.30 中的某个宏值即可
获取模式	AM_UART_MODE_GET	类型为 uint32_t *,获取当前模式,值为表 5.30 中某个宏值
设置 RS485	AM_UART_RS485_SET	类型为 am_bool_t,使能(AM_TRUE)或禁能(AM_FALSE)RS485 模式

表 5.29　UART 硬件参数

硬件参数相关宏	含义
AM_UART_CS5	数据宽度为 5 位
AM_UART_CS6	数据宽度为 6 位
AM_UART_CS7	数据宽度为 7 位
AM_UART_CS8	数据宽度为 8 位
AM_UART_STOPB	停止位为 2 位,默认为 1 位
AM_UART_PARENB	使能奇偶校验,默认奇偶校验是关闭的
AM_UART_PARODD	奇偶校验为奇校验,默认是偶校验

表 5.30　UART 模式

模式相关宏	含义
AM_UART_MODE_POLL	查询模式
AM_UART_MODE_INT	中断模式

为了便于传递不同类型的值，通常将 p_arg 设置为 void * 类型。比如，在设置波特率时，其类型为 uint32_t；而在获取波特率时，其类型为 uint32_t *。如果返回 AM_OK，说明本次控制命令执行成功；如果返回 -AM_EINVAL，说明因参数无效导致控制命令执行失败。比如，设置 UART 为查询模式，波特率为 115 200，8 位数据位，无校验，1 位停止位，使用范例详见程序清单 5.103。

程序清单 5.103　am_uart_ioctl()范例程序

```
//设置为查询模式，设置波特率为 115200，设置数据位为 8 位，无校验，1 停止位
am_uart_ioctl(uart0_handle,AM_UART_MODE_SET, (void *)AM_UART_MODE_POLL);
am_uart_ioctl(uart0_handle,AM_UART_BAUD_SET, (void *)115200);
am_uart_ioctl(uart0_handle,AM_UART_OPTS_SET, (void *)AM_UART_CS8);
```

由于对应控制命令的参数均为 uint32_t 类型，而函数形参为 void *，因此需要使用强制类型转换将 uint32_t 强制转换为 void *。

2. UART 发送(查询模式)

如果以查询的方式发送 UART 数据，则该函数会等待发送结束后返回。其函数原型为：

```
int am_uart_poll_send(
    am_uart_handle_t   handle,          //UART 实例句柄 handle
    const uint8_t      * p_txbuf,       //发送数据缓冲区
    uint32_t           nbytes);         //发送数据的个数
```

在使用该函数前，应确保 UART 工作在查询模式，其返回值为成功发送数据的个数。比如，发送一个字符串“"Hello World!"”，详见程序清单 5.104。

程序清单 5.104　am_uart_poll_send()范例程序

```
uint8_t str[] = "Hello World!";
am_uart_poll_send(uart0_handle, str, sizeof(str)); //发送字符串"Hello World!"
```

3. UART 接收(查询模式)

如果以查询的方式接收 UART 数据，则该函数会等到指定个数的数据接收完成后返回。其函数原型为：

```
int am_uart_poll_receive(
    am_uart_handle_t   handle,          //UART 实例句柄 handle
    uint8_t            * p_rxbuf,       //接收数据缓冲区
    uint32_t           nbytes);         //接收数据的个数
```

在使用该函数前，应确保 UART 工作在查询模式，其返回值为成功接收数据的个数。比如，从串口 0 接收 10 个数据，详见程序清单 5.105。

程序清单 5.105　am_uart_poll_receive()范例程序

```
uint8_t  rxbuf[10];
am_uart_poll_receive(uart0_handle, rxbuf, 10);          //接收 10 个数据
```

4. 设置回调函数(中断模式)

由于在查询模式下收发数据会阻塞程序,因此最好的方式是使用中断模式收发数据。当中断事件发生时,通过回调函数与应用程序交互。其函数原型为:

```
int am_uart_callback_set (
    am_uart_handle_t  handle,              //UART 实例句柄 handle
    int               callback_type,       //本次设置的类型
    void              * pfn_callback,      //本次设置的回调函数
    void              * p_arg);            //回调函数的用户参数
```

其中,callback_type 表示本次设置的类型,即设置发送回调函数还是接收回调函数,详见表 5.31。

表 5.31　callback_type 的含义(am_uart.h)

callback_type	含义	pfn_callback 的类型
AM_UART_CALLBACK _TXCHAR_GET	获取一个待发送的字符	am_uart_txchar_get_t
AM_UART_CALLBACK _RXCHAR_PUT	提交一个已经接收到的字符	am_uart_rxchar_put_t

以获取一个待发送的字符为例,pfn_callback 参数的类型为 am_uart_txchar_get_t:

```
typedef int ( * am_uart_txchar_get_t)(void * p_arg, char * p_char);
```

当可以发送一个字符时,UART 驱动将自动调用设置的该类型回调函数,p_arg 为用户自定义的参数(即为设置该类型回调函数时指定的 p_arg),p_char 指针用于获取一个待发送的字符,详见程序清单 5.106。

程序清单 5.106　设置"获取发送数据的回调函数"范例程序

```
#include "ametal.h"
#include "am_uart.h"
#include "am_lpc82x_inst_init.h"
static int __uart_txchar_get (void * p_arg, char * p_outchar)
{
    // * p_outchar = ? 赋值为需要发送的数据,如发送 0x55, * p_outchar = 0x55;
     * p_outchar = 0x55;
    return AM_OK;
}
int am_main (void)
{
```

```
    am_uart_handle_t uart_handle = am_lpc82x_usart0_inst_init();
    am_uart_callback_set(
        uart_handle, AM_UART_CALLBACK_TXCHAR_GET, __uart_txchar_get, NULL);
    while(1) {
    }
}
```

以提交一个已经接收到的字符为例，pfn_callback 参数的类型为 am_uart_rxchar_put_t：

```
typedef  int ( * pfn_uart_rxchar_put_t)(void * p_arg, char ch);
```

当接收一个字符时，UART 驱动将自动调用设置的该类型函数，p_arg 为用户自定义的参数(即为设置该类型回调函数时指定的 p_arg)，ch 为接收的字符数据，详见程序清单 5.107。

程序清单 5.107　设置“提交已接收数据回调函数”范例程序

```
#include "ametal.h"
#include "am_uart.h"
#include "am_lpc82x_inst_init.h"
static int __uart_rxchar_put (void * p_arg, char ch)
{
    //将接收的数据 ch 保存下来?
}
int am_main (void)
{
    am_uart_handle_t uart_handle = am_lpc82x_usart0_inst_init();
    am_uart_callback_set(
        uart_handle, AM_UART_CALLBACK_RXCHAR_PUT, __uart_rxchar_put, NULL);
    while(1) {
    }
}
```

5. 启动发送(中断模式)

如果启动了 UART 以中断模式发送数据，则当 UART 发送器为空时，就会调用设置的“获取发送数据的回调函数”以获取发送数据。其函数原型为：

```
int am_uart_tx_startup (am_uart_handle_t handle);
```

使用中断模式收发数据的范例程序详见程序清单 5.108。

程序清单 5.108　中断模式范例程序

```
#include "ametal.h"
#include "am_lpc82x_inst_init.h"
```

```
#include "am_uart.h"

static uint8_t    g_buf0[10] = {0};
static uint8_t    g_buf1[10] = {0};
static int        g_rx_index = 0;
static int        g_tx_index = -1;
static int        g_rx_cnt = 0;
static int        g_tx_cnt = 0;

static int __uart_txchar_get (void *p_arg, char *p_outchar)
{
    if (g_tx_index == -1)     return -AM_EEMPTY;
    if (g_tx_cnt == 10) {                    //当前缓冲区中的数据发送完毕
        g_tx_cnt = 0;
        return -AM_EEMPTY;
    }
    if (g_tx_index == 0) {
        *p_outchar = g_buf0[g_tx_cnt++];
    } else {
        *p_outchar = g_buf1[g_tx_cnt++];
    }
    return AM_OK;
}

static int __uart_rxchar_put (void *p_arg, char inchar)
{
    if (g_rx_index == 0) {                   //将数据存放到缓冲区 0
        g_buf0[g_rx_cnt++] = inchar;
    } else {                                 //将数据存放到缓冲区 1
        g_buf1[g_rx_cnt++] = inchar;
    }
    if (g_rx_cnt == 10) {                    //缓冲区存满,发送缓冲区中的数据
        g_rx_cnt    = 0;
        g_tx_index = g_rx_index;             //发送该缓冲区中的数据
        g_rx_index = !g_rx_index;            //接下来的数据存放到另外一个缓冲区中
        am_uart_tx_startup(p_arg);           //启动串口发送
    }
    return AM_OK;
}

int am_main (void)
{
```

```
        am_uart_handle_t uart_handle = am_lpc82x_usart0_inst_init();
        am_uart_callback_set(
            uart_handle, AM_UART_CALLBACK_TXCHAR_GET, __uart_txchar_get, uart_handle);
        am_uart_callback_set(
            uart_handle, AM_UART_CALLBACK_RXCHAR_PUT, __uart_rxchar_put, uart_handle);
        //设置为中断模式
        am_uart_ioctl(uart_handle,AM_UART_MODE_SET, (void *)AM_UART_MODE_INT);
        while(1) {
        }
}
```

该程序的功能是将每次收到的 10 个数据原封不动地发送出去，am_main()函数中的主循环可以不参与任何处理，即可实现串口数据的收发。

5.8.3 带缓冲区的 UART 接口

由于查询模式会阻塞整个应用，因此在实际应用中几乎都使用中断模式。在中断模式下，UART 每收到一个数据都会调用回调函数。如果将数据的处理放在回调函数中，很有可能因当前数据的处理还未结束而丢失下一个数据。基于此，AMetal 提供了带缓冲区的 UART 接收函数，其实现是在 UART 中断接收与应用程序之间，增加一个接收缓冲区。当串口收到数据时，将数据存放在缓冲区中，应用程序直接访问缓冲区即可。

对于 UART 发送，虽然不存在丢失数据的问题，但为了便于开发应用程序，避免在 UART 中断模式下的回调函数接口中一次发送单个数据，同样提供了带缓冲区的 UART 发送函数。当应用程序发送数据时，将发送数据存放在发送缓冲区中，串口在发送空闲时提取发送缓冲区中的数据进行发送。基于此，AMetal 提供了一组带缓冲区的 UART 通用接口，详见表 5.32。如无特殊需求，均建议使用带缓冲区的 UART 通用接口。

表 5.32 带缓冲区的 UART 通用接口函数(am_uart_rngbuf.h)

函数原型	功能简介
am_uart_rngbuf_handle_t am_uart_rngbuf_init(am_uart_rngbuf_dev_t * p_dev, am_uart_handle_t handle, uint8_t * p_rxbuf, uint32_t rxbuf_size, uint8_t * p_txbuf, uint32_t txbuf_size);	初始化

续表 5.32

函数原型	功能简介
int am_uart_rngbuf_send(am_uart_rngbuf_handle_t handle, const uint8_t * p_txbuf, uint32_t nbytes);	发送数据
int am_uart_rngbuf_receive(am_uart_rngbuf_handle_t handle, uint8_t * p_rxbuf, uint32_t nbytes);	接收数据
int am_uart_rngbuf_ioctl(am_uart_rngbuf_handle_t handle, int request, void * p_arg);	控制函数

1. 初始化

指定关联的串口外设(相应串口的实例句柄 handle),以及用于发送和接收的数据缓冲区,初始化一个带缓冲区的串口实例,其函数原型为:

```
am_uart_rngbuf_handle_t am_uart_rngbuf_init(
    am_uart_rngbuf_dev_t    * p_dev,          //带缓冲区的 UART 设备
    am_uart_handle_t        handle,           //UART 实例句柄 handle
    char                    * p_rxbuf,        //接收数据缓冲区
    uint32_t                rxbuf_size,       //接收数据缓冲区的大小
    char                    * p_txbuf,        //发送数据缓冲区
    uint32_t                txbuf_size);      //发送数据缓冲区的大小
```

其中,p_dev 为指向 am_uart_rngbuf_dev_t 类型的带缓冲区的串口实例指针,在使用时,只需要定义一个 am_uart_rngbuf_dev_t 类型(am_uart_rngbuf.h)的实例即可:

```
am_uart_rngbuf_dev_t  g_uart0_rngbuf_dev;
```

其中,g_uart0_rngbuf_dev 为用户自定义的实例,其地址作为 p_dev 的实参传递。handle 为 UART 实例句柄,用于指定该带缓冲区的串口实际关联的串口。p_rxbuf 和 rxbuf_size 用于指定接收缓冲区及其大小,p_txbuf 和 txbuf_size 用于指定发送缓冲区及其大小。

函数的返回值为带缓冲区串口的实例句柄,可用作其他通用接口函数中 handle 参数的实参。其类型 am_uart_rngbuf_handle_t(am_uart_rngbuf.h)定义如下:

```
typedef struct am_uart_rngbuf_dev * am_uart_rngbuf_handle_t;
```

如果返回值为 NULL，表明初始化失败，初始化函数使用范例详见程序清单 5.109。

程序清单 5.109 am_uart_rngbuf_init()范例程序

```
static uint8_t uart_rxbuf[128];        //定义用于接收数据的缓冲区，大小为 128
static uint8_t uart_txbuf[128];        //定义用于发送数据的缓冲区，大小为 128
am_uart_rngbuf_dev_t       g_uart_rngbuf_dev;
am_uart_rngbuf_handle_t    g_uart_rngbuf_handle;

g_uart_rngbuf_handle = am_uart_rngbuf_init(
    &g_uart_rngbuf_dev,
    uart_handle,                       //UART 实例句柄 handle
    uart_rxbuf,                        //用于接收数据的缓冲区
    128,                               //接收缓冲区大小为 128
    uart_txbuf,                        //用于发送数据的缓冲区
    128);                              //发送缓冲区大小为 128
```

虽然程序将缓冲区的大小设置为 128，但实际上缓冲区的大小应根据实际情况确定。若接收数据的缓冲区过小，则可能在接收缓冲区满后又接收新的数据发生溢出而丢失数据。若发送缓冲区过小，则在发送数据时很可能因为发送缓冲区已满需要等待，直至发送缓冲区有空闲空间而造成等待过程。

2. 发送数据

发送数据就是将数据存放到 am_uart_rngbuf_init()指定的发送缓冲区中，串口可以进行数据发送时(发送空闲)，从发送缓冲区中提取需要发送的数据进行发送。其函数原型为：

```
int am_uart_rngbuf_send(
    am_uart_rngbuf_handle_t   handle,         //带缓冲区的串口实例句柄
    const uint8_t             * p_txbuf,      //应用程序发送数据缓冲区
    uint32_t                  nbytes);        //发送数据的个数
```

该函数将数据成功存放到发送缓冲区后返回，返回值为成功写入的数据个数。比如，发送一个字符串“Hello World!”，详见程序清单 5.110。

程序清单 5.110 am_uart_rngbuf_send()范例程序

```
uint8_t   str[] = "Hello World!";
am_uart_rngbuf_send(g_uart0_rngbuf_handle, str, sizeof(str));   //发送字符串"Hello
                                                                 //World!"
```

注意，当该函数返回时，数据仅仅只是存放到了发送缓冲区中，并不代表已经成功地将数据发送出去了。

3. 接收数据

接收数据就是从 am_uart_rngbuf_init()指定的接收缓冲区中提取接收到的数据,其函数原型为:

```
int am_uart_rngbuf_receive(
    am_uart_rngbuf_handle_t   handle,         //带缓冲区的串口实例句柄
    uint8_t                    * p_rxbuf,      //应用程序接收数据缓冲区
    uint32_t                  nbytes);        //接收数据的个数
```

该函数返回值为成功读取数据的个数,使用范例详见程序清单 5.111。

程序清单 5.111 am_uart_rngbuf_receive()范例程序

```
uint8_t     rxbuf[10];
am_uart_rngbuf_receive(g_uart0_rngbuf_handle, rxbuf,  10);  //接收 10 个数据
```

4. 控制函数

与 UART 控制函数类似,用于完成一些基本的控制操作。其函数原型为:

```
int am_uart_rngbuf_ioctl(
    am_uart_rngbuf_handle_t   handle,         //带缓冲区的串口实例句柄
    int                       request,        //控制命令
    void                       * p_arg);       //对应命令的参数
```

"控制命令"和"对应命令的参数",与 UART 控制函数 am_uart_ioctl()的含义类似。带缓冲区的 UART 可以看作是在 UART 基础上的一个扩展,因此绝大部分 UART 控制函数的命令均可直接使用。之所以不支持"模式设置"命令,是因为带缓冲区的 UART 在初始化后始终工作在中断模式,不能修改为查询模式。除支持串口控制函数的绝大部分命令外,还新定义了一些扩展命令,详见表 5.33。

表 5.33 带缓冲区的 UART 扩展控制命令

控制命令	request	对应的 p_arg 参数
获取可读数据的个数	AM_UART_RNGBUF_NREAD	类型为 uint32_t *
获取已经写入数据的个数	AM_UART_RNGBUF_NWRITE	类型为 uint32_t *
清空发送和接收缓冲	AM_UART_RNGBUF_FLUSH	无参数
清空发送缓冲区	AM_UART_RNGBUF_WFLUSH	无参数
清空接收缓冲区	AM_UART_RNGBUF_RFLUSH	无参数
设置读超时时间	AM_UART_RNGBUF_TIMEOUT	类型为 uint32_t,单位:ms

前 5 条命令都是用于操作缓冲区的一些命令,"获取可读数据的个数"命令用于获取接收缓冲区中已经接收的数据个数,"获取已经写入数据的个数"命令可以获取当前已经写入发送缓冲区中的数据个数。当不再需要发送或接收缓冲区的数据时,

即可直接使用“清空缓冲区”命令将对应的缓冲区直接清空，其相应的范例程序详见程序清单 5.112。

程序清单 5.112　am_uart_rngbuf_ioctl()范例程序

```
uint32_t rx_len;
uint32_t tx_len;
//获取已经接收到的数据个数
am_uart_rngbuf_ioctl(g_uart_rngbuf_handle, AM_UART_RNGBUF_NREAD, (void * ) &rx_len);
//获取已经写入发送缓冲区的数据个数(还未成功发送)
am_uart_rngbuf_ioctl(g_uart_rngbuf_handle, AM_UART_RNGBUF_NWRITE, (void * ) &tx_len);
//清空发送和接收缓冲区
am_uart_rngbuf_ioctl(g_uart_rngbuf_handle, AM_UART_RNGBUF_FLUSH, (void * ) &tx_len);
```

“设置读超时时间”命令用于设置读超时时间，该时间在 am_uart_rngbuf_receive()接收数据时起作用。在接收数据时会指定接收数据的个数，在接收数据过程中，可能由于接收缓冲区中无数据可读而进入等待状态。在默认情况下，如果没有设置读超时时间，则会一直等到数据接收完成(接收到指定的数据个数)才会返回。当设置了超时时间后，假设设置超时时间为 50 ms，则在等待过程中超过 50 ms 都没有接收到任何新数据时，函数同样会返回，其返回值为实际接收到的数据个数，其相应的范例详见程序清单 5.113。

程序清单 5.113　设置超时时间范例程序

```
uint8_t   rxbuf[10];
uint8_t len;

am_uart_rngbuf_ioctl(
    g_uart_rngbuf_handle,                //串口(带缓冲区)标准服务 handle
    AM_UART_RNGBUF_TIMEOUT,              //“设置读超时时间”控制命令
    (void * )50);                        //设置超时时间为 50 ms
len = am_uart_rngbuf_receive(g_uart_rngbuf_handle, rxbuf,10); //接收 10 个数据
if (len<10) {                            //接收的数据小于 10,说明超时时间到返回
    //可以做相关的处理
}
```

注意，超时时间并不是每次接收数据前都需要设置，往往只需要设置一次。如果需要修改超时时间，可以使用该函数重新设置一个超时时间。特别地，若希望接收数据不足时立即返回，则可以设置超时时间为 AM_NO_WAIT(am_common.h)，若需要恢复为一直等待到数据接收完成才返回，则可以设置超时时间为 AM_WAIT_FOREVER(am_common.h)。

第6章

重用外设驱动代码

本章导读

开发者的最大问题是核心域和非核心域不分，大部分时间都在编写不可重用的和非核心域的代码。没有聚焦提升产品竞争力的核心域知识，比如，需求、算法、用户体验和软件工程方法等方面，从而导致代码维护的成本远远大于初期的开发投入。

事实上，那些做出优秀产品的团队，不仅员工队伍非常稳定，而且收入也很高，甚至连精神面貌都不一样。因为他们使用了正确的开发策略和方法，而且短时间内掌握的技术远胜那些所谓的“老程序员”。虽然每个企业都有拿高薪的员工，但为何不是你？别人开发的产品大卖，而你开发的产品却卖不掉？不仅浪费了来之不易的资金，而且导致我们失去了更多的创造更大价值的机会。

十几年前，笔者也面临同样的问题，于是毫不犹豫地投身于软硬件标准化平台技术的开发，因为只有方法的突破才能开创未来。AWorks 就是在这样的背景下诞生的，脱胎于 AWorks 子集的 AMetal 不仅实现了跨平台，而且还定义了外围器件的软件接口标准，因此“按需定制”为用户提供有价值的服务也就成为了现实。

基于此，ZLG 为用户提供了大量标准的外设驱动与相关的协议组件，意在建立完整的生态系统。无论你选择什么 MCU，只要支持 AMetal，都可实现“一次编程、终生使用”，其好处是你再也不需要重新发明轮子。

6.1 EEPROM 存储器

EEPROM(Electrically Erasable Programable Read - Only Memory，电可擦除可编程只读存储器)是一种掉电后数据不丢失的存储芯片，本节以 FM24C02 为例详细介绍在 AMetal 中如何使用类似的非易失存储器。

6.1.1 器件简介

FM24C02 总容量为 2K(2 048)位，即 256(2 048/8)字节。每个字节对应一个存储地址，因此其存储数据的地址范围为 0x00～0xFF。FM24C02 页(page)的大小为 8 字节，每次写入数据不能越过页边界，即地址 0x08，0x10，0x18，…；如果写入数据越过页边界，则必须分多次写入，其组织结构详见表 6.1。

FM24C02 的通信接口为标准的 I^2C 接口,仅需 SDA 和 SCL 两根信号线。这里以 8PIN SOIC 封装为例,详见图 6.1。其中的 WP 为写保护,当该引脚接高电平时,将阻止一切写入操作。通常将该引脚直接接地,以便芯片正常读写。

表 6.1 FM24C02 存储器组织结构

页　号	地址范围	
	起始地址	结束地址
0	0x00	0x07
1	0x08	0x0F
⋮	⋮	⋮
30	0xF0	0xF7
31	0xF8	0xFF

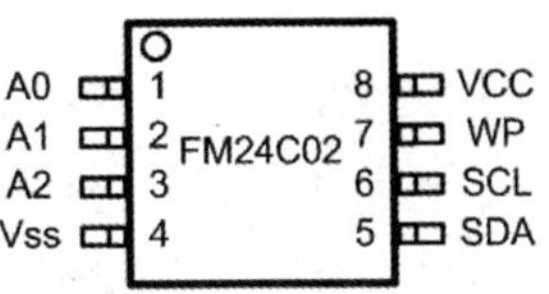

图 6.1 FM24C02 引脚定义

A2、A1、A0 三位决定了 FM24C02 器件的 I^2C 从机地址,其 7 位从机地址为 $1010A_2A_1A_0$。如果 I^2C 总线上仅有一片 FM24C02,则可以将 A2、A1、A0 直接接地,其地址则为 0x50。

在 AMetal 中,由于用户无需关心读/写方向位的控制,因此其地址使用 7 bit 地址表示。MicroPort - EEPROM 模块通过 MicroPort 接口与 AM824_Core 相连,详见图 6.2,其中的 EEPROM 是复旦微半导体提供的 256 字节的 FM24C02C。

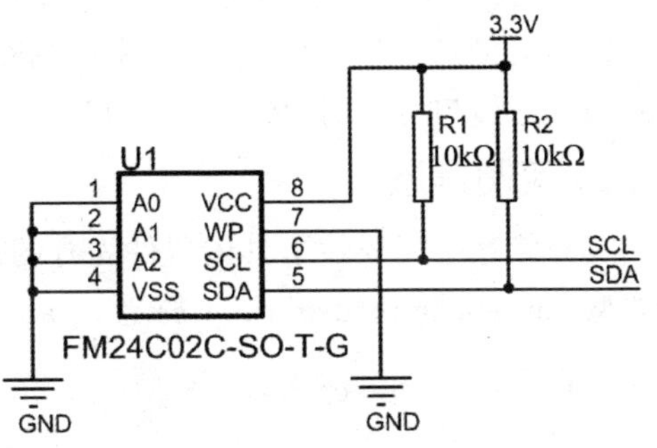

图 6.2 EEPROM 电路原理图

6.1.2 初始化

AMetal 提供了支持 FM24C02、FM24C04、FM24C08 等系列 I^2C 接口 EEPROM 的驱动函数,在使用驱动提供的其他接口函数前,应先初始化器件,以获取到操作器件的 handle。下面将以 FM24C02 为例予以说明,其函数原型(am_ep24cxx.h)为:

```
am_ep24cxx_handle_t am_ep24cxx_init (
    am_ep24cxx_dev_t                *p_dev,
    const am_ep24cxx_devinfo_t      *p_devinfo,
    am_i2c_handle_t                 i2c_handle);
```

该函数意在获取器件实例句柄 fm24c02_handle,其中,p_dev 为指向 am_ep24cxx_dev_t 类型实例的指针,p_devinfo 为指向 am_ep24cxx_devinfo_t 类型实例信息的指针。

1. 实　例

单个 FM24C02 可以看作 EP24Cxx 的一个实例，EP24Cxx 只是抽象了代表一个系列或同种类型的 EEPROM 芯片，显然多个 FM24C02 是 EP24Cxx 的多个实例。如果 I^2C 总线上只外接了一个 FM24C02，定义 am_ep24cxx_dev_t 类型（am_ep24cxx.h）实例如下：

```
am_ep24cxx_dev_t    __g_microport_eeprom_dev;     //定义 ep24cxx 实例(FM24c02)
```

注：在本应用中，由于 FM24C02 实例对应的扩展板名为 MicroPort - EEPROM，因此，将实例名定义为了__g_microport_eeprom_dev。

其中，__g_microport_eeprom_dev 为用户自定义的实例，其地址作为 p_dev 的实参传递。如果同一个 I^2C 总线上还外接了 2 个 FM24C02，则需要再定义 2 个实例。即：

```
am_ep24cxx_dev_t     g_24c02_dev0;          //FM24C02
am_ep24cxx_dev_t     g_24c02_dev1;          //FM24C02
```

每个实例都要初始化，且每个实例的初始化均会返回一个该实例的 handle。便于使用其他接口函数时，传递不同的 handle 操作不同的实例。

2. 实例信息

实例信息主要描述了具体器件固有的信息，即 I^2C 器件的从机地址和具体型号，其类型 am_ep24cxx_devinfo_t 的定义（am_ep24cxx.h）如下：

```
typedef struct am_ep24cxx_devinfo {
    uint8_t      slv_addr;              //器件 7 bit 从机地址
    uint32_t      type;                 //器件型号
} am_ep24cxx_devinfo_t;
```

当前已经支持的器件型号均在 am_ep24cxx.h 中定义了对应的宏，比如，FM24C02 对应的宏为 AM_EP24CXX_FM24C02，实例信息定义即可如下：

```
const am_ep24cxx_devinfo_t __g_microport_eeprom_devinfo = {
    0x50,
    AM_EP24CXX_FM24C02
};
```

其中，__g_microport_eeprom_devinfo 为用户自定义的实例信息，其地址作为 p_devinfo 的实参传递。

3. I^2C 句柄 i2c_handle

以 I^2C1 为例，其实例初始化函数 am_lpc82x_i2c1_inst_init()的返回值将作为实参传递给 i2c_handle。即：

```
i2c_handle = am_lpc82x_i2c1_inst_init ();
```

4. 实例句柄 fm24c02_handle

FM24C02 初始化函数 am_ep24cxx_init ()的返回值 fm24c02_handle，作为实参传递给读写数据函数，其类型 am_ep24cxx_handle_t(am_ep24cxx.h)定义如下：

```
typedef am_ep24cxx_dev_t * am_ep24cxx_handle_t;
```

若返回值为 NULL，说明初始化失败；若返回值不为 NULL，说明返回一个有效的 handle。

基于模块化编程思想，将初始化相关的实例和实例信息等的定义存放到对应的配置文件中，通过头文件引出实例初始化函数接口，源文件和头文件的程序范例分别详见程序清单 6.1 和程序清单 6.2。

程序清单 6.1　实例初始化函数范例程序(am_hwconf_microport_eeprom.c)

```
#include "ametal.h"
#include "am_ep24cxx.h"
#include "am_lpc82x_inst_init.h"
#include "am_i2c.h"
static const am_ep24cxx_devinfo_t __g_microport_eeprom_devinfo = {  //定义实例信息
    0x50,                                            //器件的 I²C 从机地址
    AM_EP24CXX_FM24C02                               //器件型号
};
static am_ep24cxx_dev_t   __g_microport_eeprom_dev;  //定义 FM24C02 器件实例

am_ep24cxx_handle_t  am_microport_eeprom_inst_init (void)
{
    am_i2c_handle_t i2c_handle = am_lpc82x_i2c1_inst_init();
        return am_ep24cxx_init(&__g_microport_eeprom_dev,
                               &__g_microport_eeprom_devinfo,
                               i2c_handle);
}
```

程序清单 6.2　实例初始化函数接口(am_hwconf_microport.h)

```
#pragma once
#include "ametal.h"
#include "am_ep24cxx.h"

am_ep24cxx_handle_t    am_microport_eeprom_inst_init (void);
```

注：在这里，实例初始化函数声明到了 am_hwconf_microport.h 文件中，而不是为其单独建立了一个形如 am_hwconf_microport_eeprom.h 文件。主要原因是实例初始化函

数的声明很简洁，如果每个文件只声明一个函数，将会导致头文件过多，包含起来较为繁琐，因此，这里将所有 MicroPort 模块相关的实例初始化函数均声明到 am_hwconf_microport.h 文件中（当然，程序清单 6.2 仅展示了 MicroPort - EEPROM 的实例初始化函数）其他模块的实例初始化函数将在后文讲解中逐步添加。

后续只需要使用无参数的实例初始化函数，即可获取到 FM24C02 的实例句柄。即：

```
am_ep24cxx_handle_t fm24c02_handle = am_microport_eeprom_inst_init();
```

注意，i2c_handle 用于区分 I^2C0、I^2C1、I^2C2、I^2C3，初始化函数返回值实例句柄用于区分同一系统中连接的多个器件。

6.1.3 读/写函数

读/写 EP24Cxx 系列存储器的函数原型详见表 6.2。

表 6.2 EP24cxx 读/写函数（am_ep24cxx.h）

函数原型	功能简介
int am_ep24cxx_write (am_ep24cxx_handle_t handle, int start_addr, uint8_t * p_buf, int len);	写入数据
int am_ep24cxx_read (am_ep24cxx_handle_t handle, int start_addr, uint8_t * p_buf, int len);	读取数据

注：各 API 的返回值含义都是相同的：AM_OK 表示成功，负值表示失败，失败原因可根据具体的值查看 am_errno.h 文件中相对应的宏定义。正值的含义由各 API 自行定义，无特殊说明时表明不会返回正值。

1. 写入数据

从指定的起始地址开始写入一段数据的函数原型为：

```
int am_ep24cxx_write (
    am_ep24cxx_handle_t  handle,         //ep24cxx 句柄
    int                  start_addr,     //存储器起始数据地址
    uint8_t              * p_buf,        //待写入数据的缓冲区
    int                  len);           //写入数据的长度
```

如果返回值为 AM_OK，则说明写入成功，反之则说明失败。假定从 0x20 地址

开始，连续写入 16 字节数据，范例程序详见程序清单 6.3。

程序清单 6.3　写入数据范例程序

```
uint8_t data[16] = {0, 1, 2, 3, 4, 5, 6, 7, 8, 9, 10, 11, 12, 13, 14, 15};
am_ep24cxx_write(fm24c02_handle, 0x20, &data[0], 16);
```

2. 读取数据

从指定的起始地址开始读取一段数据的函数原型为：

```
int am_ep24cxx_read (
    am_ep24cxx_handle_t    handle,          //ep24cxx 句柄
    int                    start_addr,      //存储器起始数据地址
    uint8_t                *p_buf,          //存放读取数据的缓冲区
    int                    len);            //读取数据的长度
```

如果返回值为 AM_OK，则说明读取成功，反之则说明失败。假定从 0x20 地址开始，连续读取 16 字节数据，详见程序清单 6.4。

程序清单 6.4　读取数据范例程序

```
uint8_t data[16];
am_ep24cxx_read (fm24c02_handle, 0x20, &data[0], 16);
```

如程序清单 6.5 所示为写入 20 字节数据再读出来，然后比较是否相同的范例。

程序清单 6.5　FM24C02 读/写范例程序

```
#include "ametal.h"
#include "am_led.h"
#include "am_delay.h"
#include "am_lpc82x_inst_init.h"
#include "am_ep24cxx.h"
#include "am_hwconf_microport.h"

int app_test_ep24cxx (am_ep24cxx_handle_t handle)
{
    int   i;
    uint8_t data[20];
    for (i = 0; i<20; i++)                          //填充数据
        data[i] = i;
    am_ep24cxx_write(handle, 0, &data[0], 20);  //从 0 地址开始，连续写入 20 字节数据
    for (i = 0; i<20; i++)                          //清零数据
        data[i] = 0;
    am_ep24cxx_read(handle, 0, &data[0], 20);   //从 0 地址开始，连续读出 20 字节数据
    for (i = 0; i<20; i++) {                        //比较数据
        if (data[i] != i)     return AM_ERROR;
```

```
    }
    return AM_OK;
}

int am_main (void)
{
    am_ep24cxx_handle_t fm24c02_handle = am_microport_eeprom_inst_init ();
    if (app_test_ep24cxx(fm24c02_handle) != AM_OK) {
        am_led_on(0);    while(1);
    }
    while (1) {
        am_led_toggle(0);    am_mdelay(100);
    }
}
```

由于 app_test_ep24cxx()的参数为实例 handle，与 EP24Cxx 器件具有依赖关系，因此无法实现跨平台调用。

6.1.4 NVRAM 通用接口函数

由于 FM24C02 等 EEPROM 是典型的非易失存储器，因此使用 NVRAM(非易失存储器)标准接口读/写数据就无需关心具体的器件了。使用这些接口函数前，需将工程配置文件 am_prj_config.h 的 AM_CFG_NVRAM_ENABLE 宏的值设置为 1，相关函数原型详见表 6.3。

表 6.3 NVRAM 通用接口函数

函数原型	功能简介
int am_ep24cxx_nvram_init (am_ep24cxx_handle_t handle, am_nvram_dev_t *p_dev, const char *p_dev_name);	NVRAM 初始化 (am_ep24cxx.h)
int am_nvram_get(char *p_name, int unit, uint8_t *p_buf, int offset, int len);	读取数据 (am_nvram.h)
int am_nvram_set (char *p_name, int unit, uint8_t *p_buf, int offset, int len);	写入数据 (am_nvram.h)

1. 初始化函数

NVRAM 初始化函数意在初始化 FM24C02 的 NVRAM 功能，以便使用 NVRAM 标准接口读/写数据。其函数原型为：

```
int am_ep24cxx_nvram_init(
    am_ep24cxx_handle_t    handle,           //EP24cxx 句柄
    am_nvram_dev_t         * p_dev,          //NVRAM 设备实例
    const char             * p_dev_name);    //分配的 NVRAM 存储器设备的名字
```

其中，EP24cxx 实例句柄 fm24c02_handle 作为实参传递给 handle；p_dev 为指向 am_nvram_dev_t 类型实例的指针；p_dev_name 为分配给 FM24C02 的一个 NVRAM 设备名，便于其他模块通过该名字定位到 FM24C02 存储器。

(1) 实例(NVRAM 存储器)

NVRAM 抽象地代表了所有非易失存储器，FM24C02 可以看作 NVRAM 存储器的一个具体实例。定义 am_nvram_dev_t 类型(am_nvram.h)实例如下：

```
am_nvram_dev_t  __g_microport_eeprom_nvram_dev;    //定义一个 NVRAM 实例
```

其中，__g_microport_eeprom_nvram_dev 为用户自定义的实例，其地址作为 p_dev 的实参传递。

(2) 实例信息

实例信息仅包含一个由 p_dev_name 指针指定的设备名。设备名为一个字符串，如"microport_eeprom"。初始化后，该名字就唯一地确定了一个 FM24C02 存储器设备，如果有多个 FM24C02，则可以命名为"fm24c02_0"，"fm24c02_1"，"fm24c-02_2"，…。

基于模块化编程思想，将初始化 FM24C02 为标准的 NVRAM 设备的代码存放到对应的配置文件中，通过头文件引出相应的实例初始化函数接口，详见程序清单 6.6 和程序清单 6.7。

程序清单 6.6 新增 NVRAM 实例初始化函数(am_hwconf_microport_eeprom.c)

```
#include "ametal.h"
#include "am_ep24cxx.h"
#include "am_lpc82x_inst_init.h"
#include "am_i2c.h"

static am_nvram_dev_t  __g_microport_eeprom_nvram_dev;    //NVRAM 设备实例定义
int am_microport_eeprom_nvram_inst_init (void)            //NVRAM 初始化
{
    am_ep24cxx_handle_t handle = am_microport_eeprom_inst_init();
    return am_ep24cxx_nvram_init(handle,
```

```
                                    &__g_microport_eeprom_nvram_dev,
                                    "microport_eeprom");
}
```

程序清单 6.7　am_hwconf_microport.h 文件更新

```
#pragma once
#include "ametal.h"
#include "am_ep24cxx.h"

am_ep24cxx_handle_t     am_microport_eeprom_inst_init (void);
int                     am_microport_eeprom_nvram_inst_init (void);
```

后续只需要使用无参数的实例初始化函数,即可完成 NVRAM 设备初始化,将 FM24C02 初始化为名为"microport_eeprom"的 NVRAM 存储设备。即:

```
am_microport_eeprom_nvram_inst_init (void);
```

2. 存储段的定义

NVRAM 定义了存储段的概念,读/写函数均对特定的存储段操作。NVRAM 存储器可以被划分为单个或多个存储段。存储段的类型 am_nvram_segment_t 定义(am_nvram.h)如下:

```
typedef struct am_nvram_segment {
    char              * p_name;        //存储段名字,字符串
    int               unit;            //存储段单元号,区分多个名字相同的存储段
    uint32_t          seg_addr;        //存储段在存储器件中的起始地址
    uint32_t          seg_size;        //存储段的大小
        const char    * p_dev_name;    //存储段所处的存储器设备名
} am_nvram_segment_t;
```

存储段的名字 p_name 和单元号 unit 可以唯一确定一个存储段,当名字相同时,使用单元号区分不同的存储段。存储段的名字使得每个存储段都被赋予了实际的意义,比如,名为"ip"的存储段表示保存 IP 地址的存储段,名为"temp_limit"的存储段表示保存温度上限值的存储段。seg_addr 为该存储段在实际存储器中的起始地址;seg_size 为该存储段的容量大小;p_dev_name 表示该存储段对应的实际存储设备的名字。

如需将存储段分配到 MicroPort－EEPROM 上,则需将存储段中的 p_dev_name 设定为"microport_eeprom"。后续针对该存储段的读/写操作实际上就是对 FM24C02 的读/写操作。为了方便管理,所有存储段统一定义在 am_nvram_cfg.c 文件中,默认存储段为空,其定义为:

```
static const am_nvram_segment_t __g_nvram_segs[] = {
    {NULL, 0, 0, 0, NULL}              //空存储段,必须保留
};
```

在具有 FM24C02 存储设备后，即可新增一些段的定义，如应用程序需要使用 4 个存储段分别存储 2 个 IP 地址(4 字节×2)、温度上限值(4 字节)和系统参数(50 字节)，对应的存储段列表(存储段信息的数组)定义如下：

```
static const am_nvram_segment_t __g_nvram_segs[] = {
    {"ip",         0, 0,  4,   "microport_eeprom"}, //存储 IP0,存储地址:0~3
    {"ip",         1, 4,  4,   "microport_eeprom"}, //存储 IP1,存储地址:4~7
    {"temp_limit", 0, 8,  4,   "microport_eeprom"}, //存储温度上限,存储地址:8~11
    {"system",     0, 12, 50,  "microport_eeprom"}, //存储系统参数,存储地址:12~61
    {"test",       0, 62, 194, "microport_eeprom"}, //用于测试,存储地址:62~255
    {NULL,         0, 0,  0,   NULL}                //空存储段,必须保留
};
```

为了使存储段生效，必须在系统启动时调用 am_nvram_inst_init() 函数(am_nvram_cfg.h)，其函数原型为：

```
void am_nvram_inst_init (void);
```

该函数往往在系统启动时自动调用，可以通过工程配置文件(am_prj_config.h)中的 AM_CFG_NVRAM _ENABLE 宏对其进行裁剪，详见程序清单 6.8。

程序清单 6.8　在板级初始化中初始化 NVRAM

```
//......
#if (AM_CFG_NVRAM _ENABLE == 1)
    am_nvram_inst_init();
#endif
//......
```

NVRAM 初始化后，根据在 am_nvram_cfg.c 文件中定义的存储段可知，共计增加了 5 个存储段，它们的名字、单元号和大小分别详见表 6.4，后续即可使用通用的 NVRAM 读/写接口对这些存储段进行读/写操作。

表 6.4　定义的 NVRAM 存储段

新增存储段序号	名字	单元号	大小
1	"ip"	0	4
2	"ip"	1	4
3	"temp_limit"	0	4
4	"system"	0	50
5	"test"	0	194

3. 写入数据

写入数据函数原型为：

```
int am_nvram_set (char * p_name, int  unit, uint8_t  * p_buf, int offset, int len);
```

其中，p_name 和 unit 分别表示存储段的名字和单元号，确定写入数据的存储段；p_buf 提供写入存储段的数据；offset 表示从存储段指定的偏移开始写入数据；len 为写入数据的长度。若返回值为 AM_OK，则说明写入成功，反之则说明失败。比如，保存一个 IP 地址到 IP 存储段，详见程序清单 6.9。

程序清单 6.9　写入数据范例程序

```
unit8_t      ip[4] = {192, 168, 40, 12};
am_nvram_set("ip", 0, &ip[0], 0, 4);                //写入非易失性数据"ip"
```

4. 读取数据

读取数据函数原型为：

```
int am_nvram_get (char * p_name, int  unit, uint8_t  * p_buf,int offset,int  len);
```

其中，p_name 和 unit 分别为存储段的名字和单元号，确定读取数据的存储段；p_buf 保存从存储段读到的数据；offset 表示从存储段指定的偏移开始读取数据；len 为读取数据的长度。若返回值为 AM_OK，则说明读取成功，反之则说明失败。比如，从 IP 存储段中读取出 IP 地址，详见程序清单 6.10。

程序清单 6.10　读取数据范例程序

```
unit8_t  ip[4];
am_nvram_get("ip", 0, &ip[0], 0, 4);           //读取非易失性数据"ip"
```

现在编写 NVRAM 通用接口的简单测试程序，测试某个存储段的数据读/写是否正常。虽然测试程序是一个简单的应用，但基于模块化编程思想，最好还是将测试相关程序分离出来，程序实现和对应接口的声明详见程序清单 6.11 和程序清单 6.12。

程序清单 6.11　测试程序实现(app_test_nvram.c)

```
#include "ametal.h"
#include "am_nvram.h"
#include "app_test_nvram.h"

int app_test_nvram (char * p_name, uint8_t unit)
{
    int       i;
    uint8_t  data[20];
```

```

    for (i = 0; i<20; i ++ )                             //填充数据
        data[i] = i;
    am_nvram_set(p_name, unit, &data[0], 0, 20);  //向"test"存储段中写入 20 字节数据
    for (i = 0; i<20; i ++ )                             //清零数据
        data[i] = 0;
    am_nvram_get(p_name, unit, &data[0], 0, 20);  //从"test"存储段中读取 20 字节数据
    for (i = 0; i<20; i ++ ) {                           //比较数据
        if (data[i] ! = i) {
            return AM_ERROR;
        }
    }
    return AM_OK;
}
```

程序清单 6.12　接口声明(app_test_nvram.h)

```
# pragma once
# include "ametal.h"

int app_test_nvram(char * p_name, uint8_t unit);
```

将待测试的存储段(段名和单元号)通过参数传递给测试程序,NVRAM 通用接口对测试段读/写数据。若读/写数据的结果完全相等,则返回 AM_OK,反之返回 AM_ERROR。

由此可见,应用程序的实现不包含任何器件相关的语句,仅仅调用 NVRAM 通用接口读/写指定的存储段,因此该应用程序是跨平台的,在任何 AMetal 平台中均可使用。进一步整合 NVRAM 通用接口和测试程序的范例详见程序清单 6.13。

程序清单 6.13　NVRAM 通用接口读/写范例程序

```
# include "ametal.h"
# include "am_led.h"
# include "am_delay.h"
# include "am_hwconf_microport.h"
# include "app_test_nvram.h"

int am_main (void)
{
    am_microport_eeprom_nvram_inst_init();
    if (app_test_nvram("test", 0) ! = AM_OK) {
        am_led_on(1);
        while(1);
    }
```

```
    while (1) {
        am_led_toggle(0);    am_mdelay(100);
    }
}
```

显然，NVRAM 通用接口中赋予了名字的存储段，使得程序在可读性和可维护性方面都优于使用 EP24Cxx 读/写接口。而调用 NVRAM 通用接口会耗费一定的内存和 CPU 资源，特别是在要求效率很高或内存紧缺的场合，建议使用 EP24Cxx 读/写接口。

6.2 SPI NOR Flash 存储器

SPI NOR Flash 是一种 SPI 接口的非易失闪存芯片，本节以台湾旺宏电子的 MX25L1606 为例详细介绍在 AMetal 中如何使用类似的 Flash 存储器。

6.2.1 基本功能

MX25L1606 总容量为 16M(16×1 024×1 024)位，即 2M 字节。每个字节对应一个存储地址，因此其存储数据的地址范围为 0x000000～0x1FFFFF。

在 MX25L1606 中，存储器有块(block)、扇区(sector)和页(page)的概念。页大小为 256 字节，每个扇区包含 16 页，扇区大小为 4K(4 096)字节，每个块包含 16 个扇区，块的大小为 64K(65 536)字节，其组织结构示意详见表 6.5。

表 6.5 MX25L1606 存储器组织结构

块号(block)	扇区号(sector)	页号(page)	地址范围	
			起始地址	结束地址
0	0	0	0x000000	0x0000FF
		⋮	⋮	⋮
	⋮	15	0x000F00	0x000FFF
	15	⋮	⋮	⋮
		240	0x00F000	0x00F0FF
		⋮	⋮	⋮
		255	0x00FF00	0x00FFFF

MX25L1606 的通信接口为标准 4 线 SPI 接口(支持模式 0 和模式 3)，即 CS、MOSI、MISO、CLK，详见图 6.3。其中，CS(＃1)、SO(＃2)、SI(＃5)、SCLK(＃6)分别为 SPI 的 CS、MISO、MOSI 和 CLK 信号引脚。特别地，WP(＃3)用于写保护，HOLD(＃7)用于暂停数据传输。一般来说，这两个引脚不会使用，可通过上拉电阻

上拉至高电平。MicroPort - NorFlash 模块通过 MicroPort 接口与 AM824_Core 相连,电路原理图详见图 6.3。

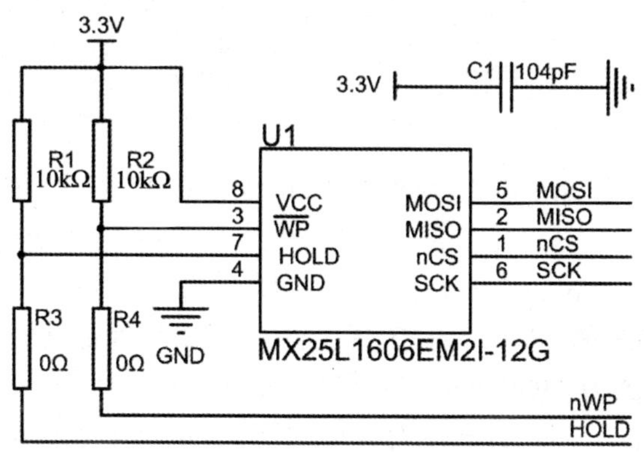

图 6.3 SPI Flash 电路原理图

6.2.2 初始化

AMetal 提供了支持常见的 MX25L8006、MX25L1606 等系列 SPI Flash 器件的驱动函数,使用其他各功能函数前必须先完成初始化,其函数原型(am_mx25xx.h)为:

```
am_mx25xx_handle_t am_mx25xx_init(
    am_mx25xx_dev_t                *p_dev,
    const am_mx25xx_devinfo_t      *p_devinfo,
    am_spi_handle_t                spi_handle);
```

该函数意在获取器件的实例句柄 mx25xx_handle。其中,p_dev 为指向 am_mx25xx_dev_t 类型实例的指针,p_devinfo 为指向 am_mx25xx_devinfo_t 类型实例信息的指针。

1. 实　例

定义 am_mx25xx_dev_t 类型(am_mx25xx.h)实例如下:

```
am_mx25xx_dev_t    __g_microport_flash_dev;    //定义一个 mx25xx 实例
```

其中,__g_microport_flash_dev 为用户自定义的实例,其地址作为 p_dev 的实参传递。

2. 实例信息

实例信息主要描述了具体器件的固有信息,即使用的 SPI 片选引脚、SPI 模式、SPI 速率和器件具体型号等,其类型 am_mx25xx_devinfo_t 的定义(am_mx25xx.h)如下:

```
typedef struct am_mx25xx_devinfo {
    uint16_t            spi_mode;          //SPI 模式
    int                 spi_cs_pin;        //SPI 片选引脚
    uint32_t            spi_speed;         //SPI 速率
    am_mx25xx_type_t    type;              //器件型号
} am_mx25xx_devinfo_t;
```

其中,spi_mode 为 SPI 模式,MX25L1606 支持模式 0(AM_SPI_MODE_0)和模式 3(AM_SPI_MODE_3)。spi_cs_pin 为与实际电路相关的片选引脚,MicroPort-NorFlash 模块通过 MicroPort 接口与 AM824_Core 相连时,默认片选引脚为 PIO0_1。spi_speed 为时钟信号的频率,针对 MX25L1606,其支持的最高频率为 86 MHz,因此可以将该值直接设置为 86000000。但由于 LPC824 芯片的主频为 30 MHz,所以 SPI 最大速率仅 30 MHz。type 为具体器件的型号,其包含了具体型号相关的信息,比如,页大小信息等。当前已经支持的器件型号详见 am_mx25xx.h 中对应的宏,MX25L1606 对应的宏为 AM_MX25XX_MX25L1606。

基于以上信息,实例信息定义如下:

```
const am_mx25xx_devinfo_t   __g_microport_flash_devinfo = {   //MX25xx 实例信息
    AM_SPI_MODE_0,                                            //使用模式 0
    PIO0_1,                                                   //片选引脚
    30000000,                                                 //总线速率
    AM_MX25XX_MX25L1606                                       //器件型号
};
```

其中,__g_microport_flash_devinfo 为用户自定义的实例信息,其地址作为 p_devinfo 的实参传递。

3. SPI 句柄 spi_handle

若使用 LPC824 的 SPI0 与 MX25L1606 通信,则通过 LPC82x 的 SPI0 实例初始化函数 am_lpc82x_spi0_dma_inst_init()获得 SPI 句柄。即:

```
am_spi_handle_t   spi_handle = am_lpc82x_spi0_dma_inst_init();
```

SPI 句柄即可直接作为 spi_handle 的实参传递。

4. 实例句柄

MX25L1606 初始化函数 am_mx25xx_init ()的返回值 MX25L1606 实例的句柄,作为其他功能接口(擦除、读、写)的第一个参数(handle)的实参。

其类型 am_mx25xx_handle_t(am_mx25xx.h)定义如下:

```
typedef struct am_mx25xx_dev  * am_mx25xx_handle_t;
```

若返回值为 NULL,说明初始化失败;若返回值不为 NULL,说明返回了有效的

handle。

基于模块化编程思想，将初始化相关的实例、实例信息等的定义存放到对应的配置文件中，通过头文件引出实例初始化函数接口，源文件和头文件的程序范例分别详见程序清单 6.14 和程序清单 6.15。

程序清单 6.14 实例初始化函数范例程序(am_hwconf_microport_flash.c)

```
#include "ametal.h"
#include "am_lpc82x_inst_init.h"
#include "lpc82x_pin.h"
#include "am_mx25xx.h"
#include "am_mtd.h"

static const am_mx25xx_devinfo_t  __g_microport_flash_devinfo = { //MX25xx 实例信息
    AM_SPI_MODE_0,                        //使用模式 0
    PIO0_1,                               //片选引脚
    30000000,                             //总线速率
    AM_MX25XX_MX25L1606                   //器件型号
};
static am_mx25xx_dev_t  __g_microport_flash_dev;  //定义一个 MX25xx 实例

am_mx25xx_handle_t am_microport_flash_inst_init (void)
{
    am_spi_handle_t spi_handle = am_lpc82x_spi0_dma_inst_init();//获取 SPI0 实例
                                                                //句柄
    return am_mx25xx_init(&__g_microport_flash_dev,
                          &__g_microport_flash_devinfo,
                          spi_handle);
}
```

程序清单 6.15 实例初始化函数接口(am_hwconf_microport.h)

```
#pragma once
#include "ametal.h"
#include "am_mx25xx.h"

am_mx25xx_handle_t am_microport_flash_inst_init (void);
```

后续只需要使用无参数的实例初始化函数，即可获取到 MX25xx 的实例句柄。即：

```
am_mx25xx_handle_t  mx25xx_handle = am_microport_flash_inst_init();
```

注意，spi_handle 用于区分 SPI0、SPI1，mx25xx_handle 用于区分同一系统中的多个 MX25xx 器件。

6.2.3 接口函数

SPI Flash 比较特殊，在写入数据前必须确保相应的地址单元已经被擦除，因此除读/写函数外，还有一个擦除函数，其接口函数详见表 6.6。

表 6.6 MX25xx 接口函数

函数原型	功能简介
int am_mx25xx_erase(am_mx25xx_handle_t handle, uint32_t addr, uint32_t len);	擦除
int am_mx25xx_write(am_mx25xx_handle_t handle, uint32_t addr, uint8_t * p_buf, uint32_t len);	写入数据
int am_mx25xx_read(am_mx25xx_handle_t handle, uint32_t addr, uint8_t * p_buf, uint32_t len);	读取数据

1. 擦　除

擦除就是将数据全部重置为 0xFF，即所有存储单元的位设置为 1。擦除操作并不能直接擦除某个单一地址单元，擦除的最小单元为扇区，即每次只能擦除单个或多个扇区。擦除一段地址空间的函数原型为：

```
int am_mx25xx_erase(am_mx25xx_handle_t  handle,uint32_t  addr, uint32_t  len);
```

其中，handle 为 MX25L1606 的实例句柄，addr 为待擦除区域的首地址，由于擦除的最小单元为扇区，因此该地址必须为某扇区的起始地址 0x000000(0)，0x001000(4096)，0x002000(2×4096)，…。同时，擦除长度必须为扇区大小的整数倍。

如果返回 AM_OK，说明擦除成功，反之说明失败。假定需要从 0x001000 地址开始，连续擦除 2 个扇区，范例程序详见程序清单 6.16。

程序清单 6.16 擦除范例程序

```
am_mx25xx_erase(mx25xx_handle, 0x001000, 2 * 4096);      //擦除两个扇区
```

0x001000～0x3FFF 空间被擦除了，即可向该段地址空间内写入数据。

2. 写入数据

在写入数据前，需确保写入地址已被擦除。即将需要变为 0 的位清 0，但写入操作无法将 0 变为 1。比如，写入数据 0x55 就是将 bit1、bit3、bit5、bit7 清 0，其余位的值保持不变。若存储的数据已经是 0x55，再写入 0xAA(写入 0xAA 实际上就是将

bit0、bit2、bit4、bit6 清 0，其余位不变)，则最终存储的数据将变为 0x00，而不是后面再写入的 0xAA。因此为了保证正常写入数据，写入数据前必须确保相应的地址段已经被擦除了。

从指定的起始地址开始写入一段数据的函数原型为：

```
int am_mx25xx_write(
    am_mx25xx_handle_t   handle,          //MX25xx 实例句柄
    uint32_t             addr,            //写入数据的起始地址
    uint8_t              * p_buf,         //写入数据缓冲区
    uint32_t             len);            //写入数据的长度
```

如果返回 AM_OK，说明写入数据成功，反之说明失败。假定从 0x001000 地址开始，连续写入 128 字节数据，范例程序详见程序清单 6.17。

程序清单 6.17　写入数据范例程序

```
uint8_t  buf[128];
int  i;
for (i = 0 ; i<128; i ++ )      buf[i] = i;                      //装载数据
am_mx25xx_erase(mx25xx_handle, 0x001000, 4096);                  //擦除一个扇区
am_mx25xx_write(mx25xx_handle, 0x001000, buf, 128);              //写入 128 字节数据
```

虽然只写入了 128 字节数据，但由于擦除的最小单元为扇区，因此擦除了 4 096 字节(一个扇区)。已经擦除的区域后续可以直接写入数据，而不必再次擦除，比如，紧接着写入 128 字节数据后的地址，再写入 128 字节数据，详见程序清单 6.18。

程序清单 6.18　写入数据范例程序

```
am_mx25xx_write(mx25xx_handle, 0x001000 + 128, buf, 128);  //再写入 128 字节数据
```

若需要再次从 0x001000 地址连续写入 128 字节数据，由于之前已经写入过数据，因此必须重新擦除后方可再次写入。

3. 读取数据

从指定的起始地址开始读取一段数据的函数原型为：

```
int am_mx25xx_read(
    am_mx25xx_handle_t   handle,          //MX25xx 实例句柄
    uint32_t             addr,            //读取数据的起始地址
    uint8_t              * p_buf,         //读取数据的缓冲区
    uint32_t             len);            //读取数据的长度
```

如果返回值为 AM_OK，则说明读取成功，反之则说明失败。假定从 0x001000 地址开始，连续读取 128 字节数据，详见程序清单 6.19。

程序清单 6.19　读取数据范例程序

```
uint8_tdata[128];
am_mx25xx_read(mx25xx_handle, 0x001000, buf, 128);     //读取 128 字节数据
```

为了便于测试 Flash 工作是否正常,可以编写基于擦除、读/写接口的测试程序,程序实现和接口声明详见程序清单 6.20 和程序清单 6.21。

程序清单 6.20　MX25XX 测试程序实现(app_test_mx25xx.c)

```
#include "ametal.h"
#include "am_mx25xx.h"

int app_test_mx25xx(am_mx25xx_handle_t mx25xx_handle)
{
    int i;
    static uint8_t buf[128];

    am_mx25xx_erase(mx25xx_handle, 0x001000, 4096);     //擦除扇区 1
    for (i = 0; i<128; i ++)     buf[i] = i;            //装载数据
    am_mx25xx_write(mx25xx_handle, 0x001000, buf, 128);

    for (i = 0; i<128; i ++)     buf[i] = 0x0;          //将所有数据清 0
    am_mx25xx_read(mx25xx_handle, 0x001000, buf, 128);

    for(i = 0; i<128; i ++) {
        if (buf[i] != i) {
            return AM_ERROR;
        }
    }
    return AM_OK;
}
```

由于读/写数据需要的缓存空间较大(128 字节),因此在缓存的定义前增加了 static 修饰符,使其内存空间从全局数据区域中分配。如果直接从函数的运行栈中分配 128 字节空间,则完全有可能导致栈溢出,进而系统崩溃。

程序清单 6.21　MX25XX 测试程序接口声明(app_test_mx25xx.h)

```
#pragma once
#include "ametal.h"
#include "am_mx25xx.h"

int app_test_mx25xx (am_mx25xx_handle_t mx25xx_handle);
```

相应的范例程序详见程序清单 6.22。

程序清单 6.22 MX25L1602 读/写范例程序

```
#include "ametal.h"
#include "am_delay.h"
#include "am_led.h"
#include "am_mx25xx.h"
#include "am_hwconf_microport.h"
#include "app_test_mx25xx.h"

int am_main (void)
{
    am_mx25xx_handle_t mx25xx_handle = am_microport_flash_inst_init();
    if (app_test_mx25xx(mx25xx_handle) != AM_OK) {
        am_led_on(0);
        while(1);
    }
    while(1) {
        am_led_toggle(0);    am_mdelay(200);
    }
}
```

由于 app_test_mx25xx()的参数为 MX25XX 的实例 handle，与 MX25xx 器件具有依赖关系，因此无法实现跨平台调用。

6.2.4 MTD 通用接口函数

由于 MX25L1606 是典型的 Flash 存储器件，因此将其抽象为一个读/写 MX25L1606 的 MTD(Memory Technology Device)设备，使应用程序与具体器件无关，实现跨平台调用，其函数原型详见表 6.7。

表 6.7 MTD 通用接口函数

函数原型	功能简介
am_mtd_handle_t am_mx25xx_mtd_init(am_mx25xx_handle_t handle, am_mtd_serv_t *p_mtd, uint32_t reserved_nblks);	MTD 初始化 (am_mx25xx.h)
int am_mtd_erase(am_mtd_handle_t handle, uint32_t addr, uint32_t len);	擦除数据 (am_mtd.h)

续表 6.7

函数原型	功能简介
int am_mtd_read(am_mtd_handle_t handle, uint32_t addr, void * p_buf, uint32_t len);	写入数据 (am_mtd.h)
int am_mtd_read (am_mtd_handle_t handle, uint32_t addr, void * p_buf, uint32_t len);	读取数据 (am_mtd.h)

1. MTD 初始化函数

MTD 初始化函数意在获取 MTD 实例句柄，其函数原型为：

```
am_mtd_handle_t am_mx25xx_mtd_init(
    am_mx25xx_handle_t     handle,
    am_mtd_serv_t          * p_mtd,
    uint32_t               reserved_nblks);
```

其中，MX25L1606 实例句柄（mx25xx_handle）作为实参传递给 handle，p_mtd 为指向 am_mtd_serv_t 类型实例的指针；reserved_nblks 作为实例信息，表明保留的块数。

(1) 实例（MTD 存储设备）

定义 am_mtd_serv_t 类型（am_mtd.h）实例如下：

```
am_mtd_serv_t      __g_microport_flash_mtd_serv;     //定义一个 MTD 实例
```

其中，__g_microport_flash_mtd_serv 为用户自定义的实例，其地址作为 p_mtd 的实参传递。

(2) 实例信息

reserved_nblks 表示实例相关的信息，用于 MX25L1606 保留的块数，这些保留的块不会被 MTD 标准接口使用。保留的块从器件的起始块开始计算，若该值为 5，则 MX25XX 器件的块 0～块 4 将不会被 MTD 使用，MTD 读/写数据将从块 5 开始。如果没有特殊需求，则该值设置为 0。

将 MTD 初始化函数的调用存放到配置文件中，引出对应的实例初始化接口，详见程序清单 6.23 和程序清单 6.24。

程序清单 6.23　新增 MTD 实例初始化函数(am_hwconf_microport_flash.c)

```
static am_mtd_serv_t  __g_microport_flash_mtd_serv;     //定义一个 MTD 实例
```

```
am_mtd_handle_t   am_microport_flash_mtd_inst_init (void)
{
    am_mx25xx_handle_t handle = am_microport_flash_inst_init();
    return am_mx25xx_mtd_init(handle, &__g_microport_flash_mtd_serv, 0);
}
```

程序清单 6.24　am_hwconf_microporrt.h 文件内容更新(1)

```
#pragma once
#include "ametal.h"
#include "am_mx25xx.h"

am_mx25xx_handle_t   am_microport_flash_inst_init (void);
am_mtd_handle_t      am_microport_flash_mtd_inst_init (void);
```

am_microport_flash_mtd_inst_init()函数无任何参数，与其相关实例和实例信息的定义均在文件内部完成，因此直接调用该函数即可获得 MTD 句柄，即

```
am_mtd_handle_t mtd_handle = am_microport_flash_mtd_inst_init();
```

这样一来，在后续使用其他 MTD 通用接口函数时，均可使用该函数的返回值 mtd_handle 作为第一个参数(handle)的实参传递。

显然，若使用 MX25XX 接口，则调用 am_mx25xx_inst_init()获取 MX25XX 实例句柄；若使用 MTD 通用接口，则调用 am_mx25xx_mtd_inst_init()获取 MTD 实例句柄。

2. 擦　除

写入数据前需要确保相应地址已经被擦除，其函数原型为：

```
int am_mtd_erase(
    am_mtd_handle_t     handle,         //MTD 实例句柄
    uint32_t            addr,           //待擦除区域的首地址
    uint32_t            len);           //待擦除区域的长度
```

擦除单元的大小可以使用宏 AM_MTD_ERASE_UNIT_SIZE_GET()获得。比如：

```
uint32_t erase_size = AM_MTD_ERASE_UNIT_SIZE_GET(mtd_handle);
```

其中，addr 表示擦除区域的首地址，必须为擦除单元大小的整数倍。同样地，len 也必须为擦除单元大小的整数倍。由于 MX25L1606 擦除单元的大小与扇区大小(4 096)一样，因此 addr 必须为某扇区的起始地址 0x000000(0)，0x001000(4 096)，0x002000(2×4 096)，…。

如果返回 AM_OK，则说明擦除成功，反之则说明擦除失败。假定从 0x001000

地址开始，连续擦除 2 个扇区，范例程序详见程序清单 6.25。

程序清单 6.25　擦除范例程序

```
am_mtd_erase(mx25xx_handle, 0x001000, 2 * 4096);    //擦除两个扇区
```

使用该段程序后，地址空间 0x001000～0x3FFF 即被擦除了，后续即可向该段地址空间内写入数据。

3. 写入数据

写入数据前需要确保写入地址已被擦除，其函数原型为：

```
int am_mtd_write(
    am_mtd_handle_t    handle,          //MTD 实例句柄
    uint32_t           addr,            //写入数据的起始地址
    uint8_t            *p_buf,          //写入数据缓冲区
    uint32_t           len);            //写入数据的长度
```

如果返回 AM_OK，则说明写入数据成功，反之则说明写入数据失败。假定从 0x001000 地址开始，连续写入 128 字节数据的范例程序详见程序清单 6.26。

程序清单 6.26　写入数据范例程序

```
uint8_t  buf[128];
int  i;
for (i = 0; i<128; i++)
    buf[i] = i;                                         //装载数据
am_mtd_erase(mtd_handle, 0x001000, 4096);               //擦除一个扇区
am_mtd_write(mtd_handle, 0x001000, buf, 128);           //写入 128 字节数据
```

4. 读取数据

从指定的起始地址开始读取一段数据的函数原型为：

```
int am_mx25xx_read(
    am_mx25xx_handle_t  handle,          //MTD 实例句柄
    uint32_t            addr,            //读取数据的起始地址
    uint8_t             *p_buf,          //读取数据的缓冲区
    uint32_t            len);            //读取数据的长度
```

如果返回值为 AM_OK，则说明读取成功，反之则说明读取失败。假定从 0x001000 地址开始，连续读取 128 字节数据的范例程序详见程序清单 6.27。

程序清单 6.27　读取数据范例程序

```
uint8_t  data[128];
am_mtd_read(mtd_handle, 0x001000, buf, 128);      //读取 128 字节数据
```

类似的，为了便于测试 MTD 接口工作是否正常，可以编写基于擦除、读/写接口

的测试程序，实现和接口声明详见程序清单 6.28 和程序清单 6.29。

程序清单 6.28　MTD 测试程序实现(app_test_mtd.c)

```
#include "ametal.h"
#include "am_mtd.h"

int app_test_mtd (am_mtd_handle_t mtd_handle)
{
    int i;
    static uint8_t buf[128];

    am_mtd_erase(mtd_handle, 0x001000, 4096);      //擦除扇区 1
     for (i = 0; i<128; i ++ )
        buf[i] = i;                                 //装载数据
    am_mtd_write(mtd_handle, 0x001000 + 67, buf, 128);
    for (i = 0; i<128; i ++ )
        buf[i] = 0x0;                               //将所有数据清零
    am_mtd_read(mtd_handle, 0x001000 + 67, buf, 128);
    for(i = 0; i<128; i ++ ) {
        if (buf[i] != i) {
            return AM_ERROR;
        }
    }
        return AM_OK;
}
```

程序清单 6.29　接口声明(app_test_mtd.h)

```
#pragma once
#include "ametal.h"
#include "am_mtd.h"

int app_test_mtd (am_mtd_handle_t mtd_handle);
```

由于该程序只需要 MTD 句柄，因此与具体器件无关，可以实现跨平台复用。若读/写数据的结果完全相等，则返回 AM_OK，反之返回 AM_ERROR，范例程序详见程序清单 6.30。

程序清单 6.30　MTD 读/写范例程序

```
#include "ametal.h"
#include "am_delay.h"
#include "am_led.h"
#include "am_mx25xx.h"
```

```
#include "am_hwconf_microport.h"
#include "app_test_mtd.h"

int am_main (void)
{
    am_mtd_handle_t mtd_handle = am_microport_flash_mtd_inst_init();
    if (app_test_mtd(mtd_handle) != AM_OK) {
        am_led_on(0);
        while(1);
    }
    while(1) {
        am_led_toggle(0);
        am_mdelay(200);
    }
    return 0;
}
```

6.2.5 FTL 通用接口函数

由于此前的接口需要在每次写入数据前，确保相应的存储空间已经被擦除，则势必会给编程带来很大的麻烦。与此同时，由于 MX25L1606 的某一地址段擦除次数超过 10 万次的上限，因此在相应段地址空间存储数据将不再可靠。

假设将用户数据存放到 0x001000～0x001FFF 连续的 4K 地址中，则每次更新这些数据都要重新擦除该地址段。而其他存储空间完全没有使用过，MX25L1606 的使用寿命大打折扣。AMetal 提供了 FTL(Flash Translation Layer)通用接口供用户使用，其函数原型详见表 6.8。

表 6.8 FTL 通用接口函数(am_ftl.h)

函数原型	功能简介
am_ftl_handle_t am_ftl_init(am_ftl_serv_t *p_ftl, const am_ftl_info_t *p_info, am_mtd_handle_t mtd_handle);	FTL 初始化
int am_ftl_write (am_mtd_handle_t handle, unsigned int lbn, uint8_t *p_buf);	写入数据
int am_ftl_read (am_mtd_handle_t handle, unsigned int lbn, uint8_t *p_buf);	读取数据

1. FTL 初始化函数

FTL 初始化函数意在获取 FTL 实例句柄,其函数原型为:

```
am_ftl_handle_t am_ftl_init(
    am_ftl_serv_t          *p_ftl,
    const am_ftl_info_t    *p_info,
    am_mtd_handle_t        mtd_handle);
```

其中,p_ftl 为指向 am_ftl_serv_t 类型实例的指针,p_info 为指向 am_ftl_info_t 类型实例信息的指针,mtd_handle 为使用 MTD 初始化函数获得 MTD 实例句柄。

(1) 实　例

定义 am_ftl_serv_t 类型(am_ftl.h)实例如下:

```
am_ftl_serv_t  __g_microport_flash_ftl_serv;          //定义一个 FTL 实例
```

其中,__g_microport_flash_ftl_serv 为用户自定义的实例,其地址作为 p_ftl 的实参传递。

(2) 实例信息

实例信息主要描述了缓存信息,以为 FTL 驱动程序提供必要的 RAM 空间,其类型 am_ftl_info_t 定义如下(am_ftl.h):

```
typedef struct am_ftl_info {
    uint8_t         *p_buf;
    size_t          len;
    size_t          logic_blk_size;
    size_t          nb_log_blocks;
    size_t          reserved_blocks;
} am_ftl_info_t ;
```

其中,p_buf 和 len 用于指定一段 RAM 空间,供 FTL 软件包使用。FTL 驱动程序需要使用一定的 RAM 空间,这也是使用 FTL 通用接口所要付出的代价。该空间的大小与具体器件的容量大小、擦除单元大小、实例信息中的逻辑块大小(logic_blk_size)以及日志块个数(nb_log_blocks)均相关。

器件总容量即 MTD 存储设备的总容量。MX25L1606 对应的 MTD 实例,其大小为除去保留块的总容量,若保留块为 0,则就是 MX25L1606 的容量大小,即 2M。

擦除单元大小即单次最小擦除数据块的大小,对于 MX25L1606,其为扇区大小,即 4 096。

实例信息中的逻辑块大小(logic_blk_size)为用户后续使用 FTL 读/写接口时,单次读/写的数据量,其值可由用户设定。一般情况下,其设置为 MTD 最小写入单元大小的整数倍。对于 MX25L1606,其写入单元为页,且页大小为 256 字节,因此,可以将逻辑块大小设置为 256,512,…。对于部分上层文件系统,由于绝大部分硬盘设备的读/写单元大小为 512，因此，文件系统将每次读/写的块大小限定为了 512，为此，若需进一步在 FTL 设备上移植文件系统，则可以将逻辑块大小设定为 512。

实例信息中的日志块个数(nb_log_blocks)为驱动内部使用的一个参数，其表示使用多少个物理块(擦除单元)来缓存数据。该值越大，效率越高，但相应的可用于存储实际数据的存储块就会减少，一般情况下，可以设置在 2～10 之间，不得小于 2。

实例信息中的保留物理块个数(reserved_blocks)用于指定 MTD 存储设备起始的几个块被保留，这些保留的块不会被 FTL 标准接口使用。注意，这里所说的物理块为一个擦除单元大小(即一个扇区)。如果没有特殊需求，则该值设置为 0。

确定了各项信息后，即可使用 AM_FTL_RAM_SIZE()宏获得 FTL 驱动需要的 RAM 空间大小，其原型为：

```
AM_FTL_RAM_SIZE_GET(size, erase_size, logic_blk_size, nb_log_blocks)
```

其中，size 表示存储器的容量，erase_size 表示擦除单元的大小，logic_blk_size 表示逻辑块大小，nb_log_blocks 表示日志块个数。确定了各个参数的值后，即可使用该宏完成一个数组的定义，例如：

```
#define __FTL_LOGIC_BLOCK_SZIE  256                 //逻辑块大小定义为 256
#define __FTL_LOG_BLOCK_NUM     2                   //日志块个数定位为 2

#define __CHIP_SZIE             (2 * 1024 * 1024)   //芯片容量为 2M
#define __ERASE_UNIT_SZIE       4096                //擦除单元(扇区))大小为 4 096

static uint8_t __g_ftl_buf[AM_FTL_RAM_SIZE_GET(__CHIP_SZIE,
                                               __ERASE_UNIT_SZIE,
                                               __FTL_LOGIC_BLOCK_SZIE,
                                               __FTL_LOG_BLOCK_NUM)];
```

其中，__g_ftl_buf 可作为实例信息中 p_buf 的值，sizeof(__g_ftl_buf)可作为是实例信息中 len 的值。基于此，实例信息可定义如下：

```
am_const am_ftl_info_t __g_ftl_info = {
    __g_ftl_buf,
    sizeof(__g_ftl_buf),
    __FTL_LOGIC_BLOCK_SZIE,
    __FTL_LOG_BLOCK_NUM,
    0
};
```

实测可以发现，__g_ftl_buf 的大小为 1 404，由此可见，对于 MX25L1606，若使用 FTL，则需要大约 1.4 KB 的 RAM 空间。显然，对于一些小型嵌入式系统来说，RAM 的耗费实在“太大”了，所以要根据实际情况选择是否使用 FTL。若 RAM 充足，而又比较在意 Flash 的使用寿命，可以选择使用 FTL。

(3) MTD 句柄 mtd_handle

该 MTD 句柄可以通过 MTD 实例初始化函数获得。即：

```
am_mtd_handle_t mtd_handle = am_microport_flash_ftl_inst_init ();
```

获得的 MTD 句柄即可直接作为 mtd_handle 的实参传递。

(4) 实例句柄

FTL 初始化函数 am_ftl_init ()的返回值为 FTL 实例句柄，该句柄将作为读/写接口第一个参数(handle)的实参。其类型 am_ftl_handle_t(am_ftl.h)定义如下：

```
typedef am_ftl_serv_t * am_ftl_handle_t;
```

若返回值为 NULL，说明初始化失败；若返回值不为 NULL，说明返回了有效的 handle。

类似的，可以将 FTL 初始化函数的调用存放到配置文件中，引出对应的实例初始化接口，详见程序清单 6.31 和程序清单 6.32。

程序清单 6.31　新增 FTL 实例初始化函数(am_hwconf_microport_flash.c)

```
#include "am_ftl.h"

#define __FTL_LOGIC_BLOCK_SZIE  256              //逻辑块大小定义为 256
#define __FTL_LOG_BLOCK_NUM     2                //日志块个数定位为 2

#define __CHIP_SZIE             (2 * 1024 * 1024)//芯片容量为 2M
#define __ERASE_UNIT_SZIE       4096             //擦除单元(扇区))大小为 4096

static uint8_t __g_ftl_buf[AM_FTL_RAM_SIZE_GET(__CHIP_SZIE,
                                               __ERASE_UNIT_SZIE,
                                               __FTL_LOGIC_BLOCK_SZIE,
                                               __FTL_LOG_BLOCK_NUM)];
am_const am_ftl_info_t __g_ftl_info = {
    __g_ftl_buf,
    sizeof(__g_ftl_buf),
    __FTL_LOGIC_BLOCK_SZIE,
    __FTL_LOG_BLOCK_NUM,
    0
};
am_local am_ftl_serv_t __g_microport_flash_ftl_serv;    //定义一个 FTL 实例

am_ftl_handle_t am_microport_flash_ftl_inst_init (void)
{
```

```
    return am_ftl_init(&__g_microport_flash_ftl_serv,
                       &__g_ftl_info,
                       am_microport_flash_mtd_inst_init());
}
```

程序清单 6.32　am_hwconf_microport.h 文件内容更新(2)

```
#pragma once
#include "ametal.h"
#include "am_mx25xx.h"
#include "am_ftl.h"

am_mx25xx_handle_t    am_microport_flash_inst_init (void);
am_mtd_handle_t       am_microport_flash_mtd_inst_init (void);
am_ftl_handle_t       am_microport_flash_ftl_inst_init (void);
```

am_microport_flash_ftl_inst_init()无任何参数，与其相关实例和实例信息的定义均在文件内部完成，因此直接调用该函数即可获得 FTL 句柄。即：

```
am_ftl_handle_t ftl_handle = am_microport_flash_ftl_inst_init();
```

这样一来，在后续使用其他 FTL 通用接口函数时，均可使用该函数的返回值 ftl_handle 作为第一个参数(handle)的实参传递。

2. 写入数据

当调用 FTL 通用接口时，读/写数据都是以块为单位，每块数据的字节数为实例信息中指定的逻辑块大小(logic_blk_size)，在实例信息范例中，将逻辑块大小设定为了 256，因此，使用 FTL 通用接口读/写数据的块大小为 256。其函数原型为：

```
int am_ftl_write (
    am_ftl_handle_t     handle,          //FTL 实例句柄
    unsigned int        lbn,             //逻辑块号
    uint8_t             *p_buf);         //写入数据缓冲区
```

为了延长 Flash 的使用寿命，在实际写入时，会将数据写入到擦除次数最少的区域。因此 lbn 只是一个逻辑块序号，与实际的存储地址没有关系。逻辑块只是一个抽象的概念，每个逻辑块的大小固定为 256 字节(由实例信息指定)，与 MX25L1606 的物理存储块没有任何关系。

由于 MX25L1606 每个逻辑块固定为 256 字节，因此理论上逻辑块的个数为 8 192(2×1 024×1 024÷256)，lbn 的有效值为 0～8 191。但实际上，部分逻辑块在内部被用作了缓存(擦除一块时，先将数据备份到缓存中，避免擦除过程中因突然掉电等意外情况导致数据丢失)，实际可用的逻辑块个数可通过接口函数 am_ftl_max_lbn_get()获得，其函数原型为：

```
size_t    am_ftl_max_lbn_get (am_ftl_handle_t  handle);
```

通过实测可以发现,该函数的返回值为 7 635,即实际可用逻辑块个数为 7 635,相比于理论值 8 192,减少了 557 个逻辑块,存储容量即减少了 557×256=142 592 字节,约 140 KB。由此可见,FTL 不仅要占用 2.5 KB RAM,还要占用 140 KB 的 Flash 存储空间,这也是使用 FTL 要付出的"代价"。

如果返回 AM_OK,说明写入数据成功,反之说明写入数据失败。假定写入一块数据(256 字节)至逻辑块 2 中,其范例程序详见程序清单 6.33。

程序清单 6.33 写入数据范例程序

```
uint8_t  buf[256];
int  i;
for (i = 0 ; i<256; i ++ )
    buf[i] = i & 0xFF;                        //装载数据
am_ftl_write(ftl_handle,2, buf);              //向逻辑块 2 写入一块(256 字节)数据
```

3. 读取数据

读取一块数据的函数原型为:

```
int am_ftl_read (
    am_ftl_handle_t    handle,                //FTL 实例句柄
    unsigned int       lbn,                   //逻辑块号
    uint8_t            * p_buf);              //读取数据缓冲区
```

如果返回值为 AM_OK,则说明读取成功,反之则说明读取失败。假定从逻辑块 2 中读取一块(256 字节)数据,其范例程序详见程序清单 6.34。

程序清单 6.34 读取数据范例程序

```
uint8_t    buf [256];
am_ftl_read(ftl_handle, 2, buf);  //从逻辑块 2 中读出一块(256 字节)数据
```

类似的,为了便于测试 MTD 接口工作是否正常,可以编写基于读/写接口的测试程序,实现和接口声明详见程序清单 6.35 和程序清单 6.36。

程序清单 6.35 FTL 测试程序实现(app_test_ftl.c)

```
#include "ametal.h"
#include "am_ftl.h"

int app_test_ftl (am_ftl_handle_t ftl_handle)
{
    int     i;
    static uint8_t buf[256];

```

```
    for (i = 0; i<256; i++)  buf[i] = i & 0xFF;          //装载数据
    am_ftl_write(ftl_handle, 2, buf);
    for (i = 0; i<256; i++)  buf[i] = 0x0;               //将所有数据清零
    am_ftl_read(ftl_handle, 2, buf);

    for(i = 0; i<256; i++) {
        if (buf[i] != (i & 0xFF)) {
            return AM_ERROR;
        }
    }
    return AM_OK;
}
```

程序清单 6.36　FTL 测试接口声明(app_test_ftl.h)

```
#pragma once
#include "ametal.h"
#include "am_ftl.h"

int app_test_ftl (am_ftl_handle_t  ftl_handle);
```

由于写入前无需再执行擦除操作,所以编写应用程序更加便捷。同样,由于应用程序仅仅只需要 FTL 句柄,则所有接口也全部为 FTL 通用接口,因此应用程序是可以跨平台复用的,范例程序详见程序清单 6.37。

程序清单 6.37　FTL 读写范例程序

```
#include "ametal.h"
#include "am_delay.h"
#include "am_led.h"
#include "am_hwconf_microport.h"
#include "app_test_ftl.h"
int am_main (void)
{
    am_ftl_handle_t ftl_handle = am_microport_flash_ftl_inst_init ();
    if (app_test_ftl(ftl_handle) != AM_OK) {
        am_led_on(0);    while(1);
    }
    while(1) {
        am_led_toggle(0);    am_mdelay(200);
    }
}
```

6.2.6 微型数据库

由于哈希表所使用的链表头数组空间、关键字和记录值等都存储在 malloc 分配的动态空间中,所以这些信息在程序结束或系统掉电后都会丢失。在实际的应用中,往往希望将信息存储在非易失存储器中。典型的应用是将信息存储在文件中,从本质上来看,只要掌握了哈希表的原理,无论信息存储在什么地方,操作的方式都是一样的。

在 AMetal 中,基于非易失存储器实现了一套可以直接使用的哈希表接口,由于数据不会因为掉电或程序终止而丢失,因此可以将其视为一个微型数据库,相关接口详见表 6.9。

表 6.9　数据库接口(hash_kv.h)

函数原型	功能简介
int hash_kv_init (hash_kv_t * p_hash, uint16_t size, uint16_t key_size, uint16_t value_size, hash_func_t hash, const char * file_name);	哈希表初始化
int hash_kv_add (hash_kv_t * p_hash, const void * key, const void * value);	增加一条记录
int hash_kv_search (hash_kv_t * p_hash, const void * key, void * value);	根据关键字查找记录
int hash_kv_del (hash_kv_t * p_hash, const void * key);	删除一条记录
int hash_kv_deinit (hash_kv_t * p_hash);	资源释放

显然,除命名空间由 hash_db_* 修改为了 hash_kv_*(为了与之前的程序进行区分)外,仅仅是初始化函数中,多了一个文件名参数,即内部不再使用 malloc 分配空间存储记录信息,而是使用该文件名指定的文件存储相关信息。如此一来记录存储在文件中,信息不会因掉电或程序终止而丢失。其中,hash_kv_t 为数据库结构体类型,使用数据库前,应使用该类型定义一个数据库实例,比如:

```
hash_kv_t   hash;
```

由于各个函数的功能与《程序设计与数据结构》一书中介绍的哈希表的各个函数的功能完全一致,因此可以使用如程序清单 6.38 所示的代码进行测试验证。

程序清单 6.38　数据库综合范例程序

```
#include<stdio.h>
#include<stdlib.h>
#include "hash_kv.h"
#include "am_vdebug.h"
```

```
typedef struct _student{
    char    name[10];                                  //姓名
    char    sex;                                       //性别
    float   height, weight;                            //身高、体重
} student_t;

int db_id_to_idx (unsigned char id[6])                 //通过 ID 得到数组索引
{
    int i;
    int sum = 0;
    for (i = 0; i<6; i++)
        sum += id[0];
    return sum % 250;
}

int student_info_generate (unsigned char *p_id, student_t *p_student)
                                                       //随机产生一条学生记录
{
    int i;
    for (i = 0; i<6; i++)                              //随机产生一个学号
        p_id[i] = rand();
    for (i = 0; i<9; i++)                              //随机名字,由 'a'~'z' 组成
        p_student->name[i] = (rand() % ('z' - 'a')) + 'a';
    p_student->name[i] = '\0';                         //字符串结束符
    p_student->sex = (rand() & 0x01) ? 'F' : 'M';      //随机性别
    p_student->height = (float)rand() / rand();
    p_student->weight = (float)rand() / rand();
    return 0;
}

int am_main (void)
{
    student_t       stu;
    unsigned char   id[6];
    int             i;
    hash_kv_t       hash_students;

    hash_kv_init(&hash_students, 250, 6, sizeof(student_t), (hash_func_t)db_id_to
    _idx, "hash_students");
    for (i = 0; i<100; i++){                           //添加 100 个学生的信息
```

```
            student_info_generate(id, &stu);//设置学生信息,用随机数作为测试
            if (hash_kv_search(&hash_students, id, &stu) == 0){ //查找到已经存在该 ID
                                                               //的学生记录
                am_kprintf("该 ID 的记录已经存在! \n");
                continue;
            }
            am_kprintf("增加记录:ID: %02x%02x%02x%02x%02x%02x",id[0],id[1],id[2],id[3],id[4],id[5]);
            am_kprintf("信息: %s %c %.2f %.2f\n", stu.name, stu.sex, stu.height, stu.weight);
            if (hash_kv_add(&hash_students, id, &stu) != 0){
                am_kprintf("添加失败");
            }
        }
        am_kprintf("查找 id 为 %02x%02x%02x%02x%02x%02x 的信息\n",id[0],id[1],id[2],id[3],id[4],id[5]);
        if (hash_kv_search(&hash_students, id, &stu) == 0)
            am_kprintf("学生信息: %s %c %.2f %.2f\n", stu.name, stu.sex, stu.height, stu.weight);
        else
            am_kprintf("未找到该 ID 的记录! \r\n");
        hash_kv_deinit(&hash_students);
        return 0;
    }
```

6.3 RTC 实时时钟

本节将以 PCF85063 为例,详细介绍 RTC 通用接口、闹钟通用接口等。在本节的最后两小节,将介绍另外两款 RTC 芯片:RX8025T 和 DS1302,虽然它们与 PCF85063 存在差异,但却可以使用同样的通用接口对其进行操作,实现了 RTC 应用的跨平台复用。

6.3.1 PCF85063

1. 器件简介

PCF85063 是一款低功耗实时时钟/日历芯片,它提供了实时时间的设置与获取、闹钟、可编程时钟输出、定时器/报警/半分钟/分钟中断输出等功能。

NXP 半导体公司的 PCF85063 引脚封装详见图 6.4,其中的 SCL 和 SDA 为 I^2C 接口引脚,VDD 和 VSS 分别为电源端和接地端;OSCI 和 OSCO 为 32.768 kHz 的晶振连接引脚,作为 PCF85063 的时钟源;CLKOUT 为时钟信号输出,供其他外部电

路使用；INT 为中断引脚，主要用于闹钟等功能。

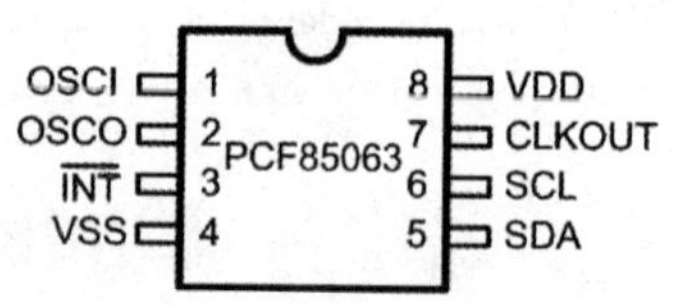

图 6.4 PCF85063 引脚定义

PCF85063 的 7 位 I²C 从机地址为 0x51，MicroPort - RTC 模块通过 MicroPort 接口与 AM824_Core 相连，SCL 和 SDA 分别与 PIO0_16 和 PIO0_18 连接，详见图 6.5。若焊接 R1，则 INT 与 PIO0_1 相连；若焊接 R3，则 INT 与 PIO0_8 相连；若焊接 R2，则 CLKOUT 与 PIO0_24 相连。

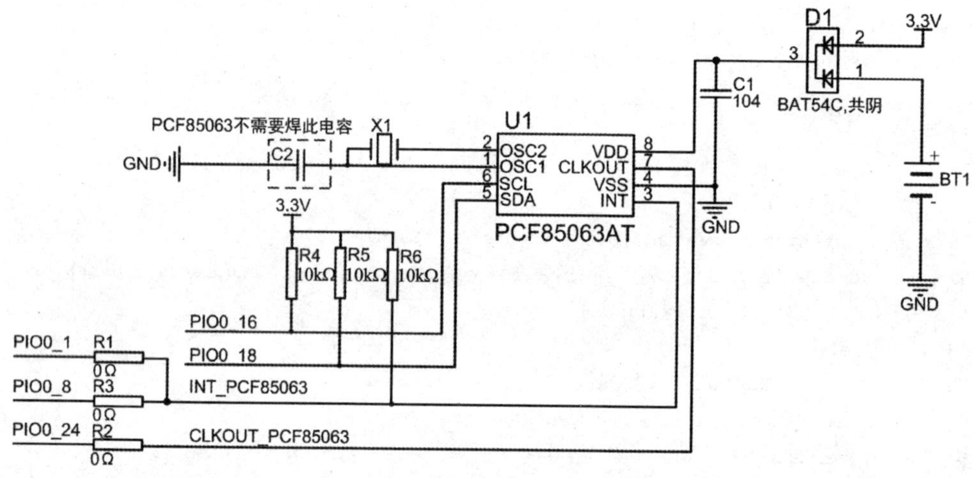

图 6.5 PCF85063 电路原理图

2. 器件初始化

AMetal 提供了 PCF85063 的驱动，在使用 PCF85063 前，必须完成 PCF85063 的初始化操作，以获取到对应的操作句柄，进而使用 PCF85063 的各种功能，初始化函数的原型(am_pcf85063.h)为：

```
am_pcf85063_handle_t am_pcf85063_init(am_pcf85063_dev_t            * p_dev,
                                      const am_pcf85063_devinfo_t  * p_devinfo,
                                      am_i2c_handle_t              i2c_handle);
```

该函数意在获取 PCF85063 器件的实例句柄。其中，p_dev 为指向 am_pcf85063_dev_t 类型实例的指针；p_devinfo 为指向 am_pcf85063_devinfo_t 类型的实例信息的指针；i2c_handle 为 I²C 实例句柄，用于指定与 PCF85063 通信的主机 I²C。

(1) 实　例

定义 am_pcf85063_dev_t 类型(am_pcf85063.h)实例如下：

```
am_pcf85063_dev_t    __g_microport_rtc_dev;           //定义一个 PCF85063 实例
```

其中，__g_microport_rtc_dev 为用户自定义的实例，其地址作为 p_dev 的实参传递。

(2) 实例信息

实例信息主要描述了具体器件的固有信息，比如 PCF85063 的中断引脚信息等。其类型 am_pcf85063_devinfo_t 的定义(am_pcf85063.h)如下：

```
typedef struct am_pcf85063_devinfo {
    int int_pin;          //PCF85063 的中断 INT 引脚所连接到的 GPIO 引脚编号，
    int clk_en_pin;       //PCF85063 的 CLKOE(CLK_EN)引脚所连接到的 GPIO 引脚编号
} am_pcf85063_devinfo_t;
```

其中，int_pin 用于指定 PCF85063 的中断 INT 引脚所连接到的 GPIO 引脚号，由图 6.5 可知，若焊接 R1，则 INT 与 PIO0_1 相连；若焊接 R3，则 INT 与 PIO0_8 相连。假定实际焊接的 R1，则 int_pin 的值为 PIO0_1。

clk_en_pin 为 CLKOUT 输出使能引脚所连接的 GPIO 引脚号。该引脚仅在 PCF85063 的部分封装型号中才存在，对于 MicroPort－RTC 模块使用的 8 引脚 PCF85063，无此引脚，CLKOUT 的输出完全由软件控制。基于此，clk_en_pin 应设置为－1(无效值)。

综上所述，实例信息可定义如下：

```
const am_pcf85063_devinfo_t __g_microport_rtc_devinfo = {
    PIO0_1,
    -1,
};
```

其中，__g_microport_rtc_devinfo 为用户自定义的实例信息，其地址作为 p_devinfo 的实参传递。

(3) I^2C 句柄 i2c_handle

以 I^2C1 为例，其实例初始化函数 am_lpc82x_i2c1_inst_init ()的返回值将作为实参传递给 i2c_handle。即：

```
am_i2c_handle_t i2c_handle = am_lpc82x_i2c1_inst_init ();
```

(4) 实例句柄

PCF85063 初始化函数 am_pcf85063_init ()的返回值，作为实参传递给其他功能接口函数的第一个参数(handle)。am_pcf85063_handle_t 类型的定义(am_pcf85063.h)如下：

```
typedef struct am_pcf85063_dev * am_pcf85063_handle_t;
```

若返回值为 NULL，说明初始化失败；若返回值不为 NULL，说明返回值 handle 有效。

基于模块化编程思想，将初始化相关的实例、实例信息等的定义存放到对应的配置文件中，通过头文件引出实例初始化函数接口，源文件和头文件的程序范例分别详见程序清单 6.39 和程序清单 6.40。

程序清单 6.39　实例初始化函数实现(am_hwconf_microport_rtc.c)

```
#include "ametal.h"
#include "am_lpc82x_inst_init.h"
#include "lpc82x_pin.h"
#include "am_pcf85063.h"
am_local am_const am_pcf85063_devinfo_t __g_microport_rtc_devinfo = {
    PIO0_1,
    -1,
};
am_local am_pcf85063_dev_t __g_microport_rtc_dev;  //定义一个 PCF85063 实例
am_pcf85063_handle_t am_microport_rtc_inst_init (void)
{
    am_i2c_handle_ti2c_handle = am_lpc82x_i2c1_inst_init ();  //获取 I2C1 实例句柄
    return am_pcf85063_init(&__g_pcf85063_dev, &__g_microport_rtc_devinfo , i2c_handle);
}
```

程序清单 6.40　实例初始化函数声明(am_hwconf_microport.h)

```
#pragma once
#include "ametal.h"
#include "am_pcf85063.h"

am_pcf85063_handle_t  am_microport_rtc_inst_init (void);
```

后续只需要使用无参数的实例初始化函数，即可获取到 PCF85063 的实例句柄。即：

```
am_pcf85063_handle_t  pcf85063_handle = am_microport_rtc_inst_init (void);
```

6.3.2　RTC 通用接口

PCF85063 作为一种典型的 RTC 器件，可以使用 RTC(Real - Time Clock)通用接口设置和获取时间，其函数原型详见表 6.10。

表 6.10　RTC 通用接口函数(am_rtc.h)

函数原型	功能简介
int am_rtc_time_set(am_rtc_handle_t handle, am_tm_t * p_tm);	设置时间
int am_rtc_time_get (am_rtc_handle_t handle, am_tm_t * p_tm);	获取时间

可见，这些接口函数的第一个参数均为 am_rtc_handle_t 类型的 RTC 句柄，显然，其并非前文通过 PCF85063 实例初始化函数获取的 am_pcf85063_handle_t 类型的句柄。

RTC 时间设置和获取只是 PCF85063 提供的一个主要功能，PCF85063 还能提供闹钟等功能。PCF85063 的驱动提供了相应的接口用于获取 PCF85063 的 RTC 句柄，以便用户通过 RTC 通用接口操作 PCF85063，其函数原型为：

```
am_rtc_handle_t am_pcf85063_rtc_init (
    am_pcf85063_handle_t    handle,         //PCF85063 实例句柄
    am_rtc_serv_t           *p_rtc);        //RTC 实例
```

该函数意在获取 RTC 句柄。其中，PCF85063 实例的句柄（pcf85063_handle）作为实参传递给 handle，p_rtc 为指向 am_rtc_serv_t 类型实例的指针，无实例信息。定义 am_rtc_serv_t 类型（am_rtc.h）实例如下：

```
am_rtc_serv_t   __g_microport_rtc_rtc_serv;         //定义一个 RTC 实例
```

其中，__g_microport_rtc_rtc_serv 为用户自定义的实例，其地址作为 p_rtc 的实参传递。

基于模块化编程思想，将初始化相关的实例定义存放到对应的配置文件中，通过头文件引出实例初始化函数接口，源文件和头文件分别详见程序清单 6.41 和程序清单 6.42。

程序清单 6.41　新增 PCF85063 的 RTC 实例初始化函数（am_hwconf_microport_rtc.c）

```
static am_rtc_serv_t   __g_microport_rtc_rtc_serv;     //定义一个 RTC 实例

am_rtc_handle_t am_microport_rtc_rtc_inst_init (void)
{
    am_pcf85063_handle_t handle = am_microport_rtc_inst_init();
    return am_pcf85063_rtc_init(handle, &__g_microport_rtc_rtc_serv);
}
```

程序清单 6.42　am_hwconf_pcf85063.h 文件内容更新（1）

```
#pragma once
#include "ametal.h"
#include "am_pcf85063.h"

am_pcf85063_handle_t   am_microport_rtc_inst_init (void);
am_rtc_handle_t        am_microport_rtc_rtc_inst_init (void);
```

后续只需要使用无参数的 RTC 实例初始化函数，即可获取 RTC 实例句柄。即：

```
am_rtc_handle_t rtc_handle = am_microport_rtc_rtc_inst_init ();
```

1. 设置时间

该函数用于设置 RTC 器件的当前时间值，其函数原型为：

```
int am_rtc_time_set (
    am_rtc_handle_t     handle,          //RTC 实例句柄
    am_tm_t             * p_tm);         //细分时间
```

其中，handle 为 RTC 实例句柄，p_tm 为指向细分时间(待设置的时间值)的指针。返回 AM_OK，表示设置成功，反之表示设置失败。其类型 am_tm_t 是在 am_time.h 中定义的细分时间结构体类型，用于表示年/月/日/时/分/秒等信息。即：

```
typedef struct am_tm {
    int    tm_sec;              //秒,0 ～59
    int    tm_min;              //分,0～59
    int    tm_hour;             //小时,0～23
    int    tm_mday;             //日期,1～31
    int    tm_mon;              //月份,0～11
    int    tm_year;             //年
    int    tm_wday;             //星期
    int    tm_yday;             //天数
    int    tm_isdst;            //夏令时
} am_tm_t;
```

其中，tm_mon 表示月份，分别对应 1～12 月；tm_year 表示年，1900 年至今的年数，其实际年为该值加上 1900；tm_wday 表示星期，0～6 分别对应星期日～星期六；tm_yday 表示 1 月 1 日以来的的天数(0～365)，0 对应 1 月 1 日；tm_isdst 表示夏令时，夏季将调快 1 小时。如果不用，则设置为－1。设置年、月、日、时、分、秒的值详见程序清单 6.43，星期等附加的一些信息无需用户设置，主要便于在获取时间时得到更多的信息。

程序清单 6.43　设置时间范例程序

```
am_tm_t tm = {
    30,                                  //30 秒
    32,                                  //32 分
    9,                                   //09 时
    26,                                  //26 日
    8 - 1,                               //08 月
    2016 - 1900,                         //2016 年
    0,                                   //星期(无需设置)
    0,                                   //一年中的天数(无需设置)
    -1                                   //夏令时不可用
};
am_rtc_time_set(pcf85063_handle, &tm); //设置时间值为 2016 年 8 月 26 日 09:32:30
```

2. 获取时间

该函数用于获取当前时间值，其函数原型为：

```
am_rtc_time_get(
    am_rtc_handle_t     handle,           //RTC 实例句柄
    am_tm_t             * p_tm);          //细分时间
```

其中，handle 为 RTC 实例句柄；p_tm 为指向细分时间的指针，用于获取细分时间。返回 AM_OK，表示获取成功，反之表示获取失败，范例程序详见程序清单 6.44。

程序清单 6.44 获取细分时间范例程序

```
am_tm_t tm;
am_rtc_time_get(rtc_handle, &tm);
```

基于 RTC 通用接口，可以编写一个通用的时间显示应用程序：每隔 1 s 通过调试串口打印当前的时间值。应用程序的实现和接口声明分别详见程序清单 6.45 和程序清单 6.46。

程序清单 6.45 RTC 时间显示应用程序(app_rtc_time_show.c)

```
#include "ametal.h"
#include "am_rtc.h"
#include "am_vdebug.h"
#include "am_delay.h"

void app_rtc_time_show (am_rtc_handle_t rtc_handle)
{
    //设定时间初始值为 2016 年 8 月 26 日 09:32:30
    am_tm_t tm = {30, 32, 9, 26, 8 - 1, 2016 - 1900, 0, 0, -1};

    //设置时间为 2016 年 8 月 26 日 09:32:30
    am_rtc_time_set(rtc_handle, &tm);

    while(1) {
        am_rtc_time_get(rtc_handle, &tm);
        AM_DBG_INFO("%04d-%02d-%02d %02d:%02d:%02d \r\n",
                    tm.tm_year + 1900, tm.tm_mon + 1, tm.tm_mday,
                    tm.tm_hour,        tm.tm_min,     tm.tm_sec);
        am_mdelay(1000);
    }
    return 0;
}
```

程序清单 6.46　RTC 时间显示接口声明(app_rtc_time_show.h)

```
#pragma once
#include "ametal.h"
#include "am_rtc.h"

void  app_rtc_time_show (am_rtc_handle_t rtc_handle);
```

为了启动该应用程序,必须提供一个 RTC 实例句柄以指定设置和获取时间的 RTC 对象,若使用 PCF85063,则 RTC 实例句柄可通过 am_microport_rtc_rtc_inst_init ()实例初始化函数获得,范例程序详见程序清单 6.47。

程序清单 6.47　启动 RTC 应用程序(基于 PCF85063)

```
#include "ametal.h"
#include "app_rtc_time_show.h"
#include "am_hwconf_microport.h"

int am_main (void)
{
    am_rtc_handle_t rtc_handle = am_microport_rtc_rtc_inst_init();
    app_rtc_time_show(rtc_handle);
    while(1) {
    }
}
```

6.3.3　闹钟通用接口

PCF85063 除提供基本的 RTC 功能外,还可以提供闹钟功能,可以使用闹钟通用接口设置使用闹钟,其函数原型详见表 6.11。

表 6.11　闹钟通用接口函数(am_alarm_clk.h)

函数原型	功能简介
int am_alarm_clk_time_set (am_alarm_clk_handle_t handle, am_alarm_clk_tm_t *p_tm);	设置闹钟时间
int am_alarm_clk_callback_set (am_alarm_clk_handle_t handle, void *pfn_callback, void *p_arg);	设置闹钟回调函数
int am_alarm_clk_on (am_alarm_clk_handle_t handle);	开启闹钟
int am_alarm_clk_off (am_alarm_clk_handle_t handle);	关闭闹钟

可见,这些接口函数的第一个参数均为 am_alarm_clk_handle_t 类型的闹钟句柄,PCF85063 的驱动提供了相应的接口用于获取 PCF85063 的闹钟句柄,以便用户

通过闹钟通用接口操作 PCF85063，其函数原型为：

```
am_alarm_clk_handle_t  am_pcf85063_alarm_clk_init (
    am_pcf85063_handle_t     handle,             //PCF85063 实例句柄
    am_alarm_clk_serv_t      *p_alarm_clk);      //闹钟实例
```

该函数意在获取闹钟句柄，其中，PCF85063 实例的句柄(pcf85063_handle)作为实参传递给 handle，p_alarm_clk 为指向 am_alarm_clk_serv_t 类型实例的指针，无实例信息。定义 am_alarm_clk_serv_t 类型(am_alarm_clk.h)实例如下：

```
am_alarm_clk_serv_t  __g_microport_rtc_alarm_clk_serv;        //定义一个闹钟实例
```

其中，__g_microport_rtc_alarm_clk_serv 为用户自定义的实例，其地址作为 p_alarm_clk 的实参传递。

基于模块化编程思想，将初始化相关的实例定义存放到对应的配置文件中，通过头文件引出实例初始化函数接口，源文件和头文件分别详见程序清单 6.48 和程序清单 6.49。

程序清单 6.48　新增 PCF85063 的闹钟实例初始化函数(am_hwconf_microport_rtc.c)

```
static am_alarm_clk_serv_t  __g_microport_rtc_alarm_clk_serv; //定义一个闹钟实例

am_alarm_clk_handle_t  am_microport_rtc_alarm_clk_inst_init (void)
{
    am_pcf85063_handle_t  pcf85063_handle = am_microport_rtc_inst_init ();
    return am_pcf85063_alarm_clk_init (pcf85063_handle, &__g_microport_rtc_alarm_
    clk_serv);
}
```

程序清单 6.49　am_hwconf_microport.h 文件内容更新(2)

```
#pragma once
#include "ametal.h"
#include "am_pcf85063.h"

am_pcf85063_handle_t      am_microport_rtc_inst_init (void);
am_rtc_handle_t           am_microport_rtc_rtc_inst_init (void);
am_alarm_clk_handle_t     am_microport_rtc_alarm_clk_inst_init (void);
```

后续只需要使用无参数的闹钟实例初始化函数，即可获取闹钟实例句柄。即：

```
am_alarm_clk_handle_t  alarm_handle = am_microport_rtc_alarm_clk_inst_init ();
```

1. 设置闹钟时间

该函数用于设置闹钟时间，其函数原型为：

```
int am_alarm_clk_time_set (
    am_alarm_clk_handle_t     handle,          //闹钟实例句柄
    am_alarm_clk_tm_t         * p_tm);         //闹钟时间
```

其中,handle 为闹钟实例句柄,p_tm 为指向闹钟时间(待设置的时间值)的指针。返回 AM_OK,表示设置成功,反之表示设置失败。类型 am_alarm_clk_tm_t 是在 am_alarm_clk.h 中定义的闹钟时间结构体类型,用于表示闹钟时间信息。即:

```
typedef struct am_alarm_clk_tm {
    int   min;                       //分,0～59
    int   hour;                      //小时,0～23
    int   wdays;                     //星期
} am_alarm_clk_tm_t;
```

其中,min 表示闹钟时间的分,hour 闹钟时间的小时,wdays 用于指定闹钟在周几有效,可以是周一至周日的任意一天或几天。其可用的值已经使用宏进行了定义,详见表 6.12。

如仅需闹钟在星期三有效,则其值为 AM_ALARM_CLK_WEDNESDAY。

若需闹钟在工作日(星期一至星期五)有效,则其值为 AM_ALARM_CLK_WORKDAY。

表 6.12　闹钟星期标志

宏值	含义
AM_ALARM_CLK_SUNDAY	星期日有效
AM_ALARM_CLK_MONDAY	星期一有效
AM_ALARM_CLK_TUESDAY	星期二有效
AM_ALARM_CLK_WEDNESDAY	星期三有效
AM_ALARM_CLK_THURSDAY	星期四有效
AM_ALARM_CLK_FRIDAY	星期五有效
AM_ALARM_CLK_SATURDAY	星期六有效
AM_ALARM_CLK_WORKDAY	工作日有效
AM_ALARM_CLK_EVERYDAY	每天均有效

若需闹钟在多天同时有效,则可以将多个宏值使用“|”连接起来,例如:要使闹钟在星期一和星期二有效,则其值为 AM_ALARM_CLK_MONDAY | AM_ALARM_CLK_TUESDAY。

若需闹钟在每一天均有效,则其值为 AM_ALARM_CLK_EVERYDAY。设置闹钟的范例程序详见程序清单 6.50。

程序清单 6.50　设置闹钟时间的范例程序

```
am_alarm_clk_tm_t  alarm_tm = {
    34,                                          //34 分
    9,                                           //09 时
    AM_ALARM_CLK_EVERYDAY,                       //每天闹钟均有效
};
am_alarm_clk_time_set(alarm_handle, &alarm_tm);  //设置时间值为每天的 09:34
```

2. 设置闹钟回调函数

PCF85063 可以在指定的时间产生闹钟事件，当事件发生时，由于需要通知应用程序，因此需要由应用程序设置一个回调函数，在闹钟事件发生时自动调用应用程序设置的回调函数。设置闹钟回调函数原型为：

```
int am_alarm_clk_callback_set (am_alarm_clk_handle_t     handle,
                               am_pfnvoid_t              pfn_callback,
                               void                      * p_arg);
```

其中，handle 为闹钟实例句柄，pfn_callback 为指向实际回调函数的指针，p_arg 为回调函数的参数。若返回 AM_OK，表示设置成功，反之表示设置失败。

函数指针的类型 am_pfnvoid_t 在 am_types. h 中定义，即：

```
typedef void ( * am_pfnvoid_t) (void * );
```

当闹钟事件发生时，将自动调用 pfn_callback 指向的回调函数，传递给该回调函数的 void * 类型的参数就是 p_arg 设定值，范例程序详见程序清单 6.51。

程序清单 6.51　设置闹钟回调函数范例程序

```
static void alarm_callback (void * p_arg)
{
    am_buzzer_beep_async(60 * 1000);                //蜂鸣器鸣叫 1 分钟
}

int am_main()
{
    //alarm_callback 回调函数，p_arg 未使用，设置该值为 NULL
    am_alarm_clk_callback_set(alarm_handle, alarm_callback, NULL);
    while (1) {
    }
}
```

3. 打开闹钟

该函数用于打开闹钟，以便当闹钟时间到时，自动调用用户设定的回调函数，其

函数原型为：

```
int am_alarm_clk_on (am_alarm_clk_handle_t handle);
```

其中，handle 为闹钟实例句柄。返回 AM_OK，表示打开成功，反之表示打开失败，范例程序详见程序清单 6.52。

程序清单 6.52　打开闹钟范例程序

```
am_alarm_clk_on(alarm_handle);
```

4. 关闭闹钟

该函数用于关闭闹钟，其函数原型为：

```
int am_alarm_clk_off (am_alarm_clk_handle_t handle);
```

其中，handle 为闹钟实例句柄。返回 AM_OK，表示关闭成功，反之表示关闭失败，范例程序详见程序清单 6.53。

程序清单 6.53　关闭闹钟范例程序

```
am_alarm_clk_off(alarm_handle);
```

基于闹钟通用接口，可以编写一个通用的闹钟测试应用程序：设定当前时间为 09:32:30，闹钟时间为 09:34，一分半后，达到闹钟时间，蜂鸣器鸣叫 1 分钟。闹钟测试应用程序的实现和接口声明分别详见程序清单 6.54 和程序清单 6.55。

程序清单 6.54　闹钟测试应用程序(app_alarm_clk_test.c)

```
#include "ametal.h"
#include "am_rtc.h"
#include "am_vdebug.h"
#include "am_delay.h"
#include "am_buzzer.h"
#include "app_alarm_clk_test.h"

static void alarm_callback (void *p_arg)
{
    am_buzzer_beep_async(60 * 1000);          //蜂鸣器鸣叫 1 分钟
}
void app_alarm_clk_test (am_rtc_handle_t          rtc_handle,
                         am_alarm_clk_handle_t    alarm_handle)
{
    //设定时间初始值为 2016 年 8 月 26 日 09:32:30
    am_tm_t  tm = {30, 32, 9, 26, 8 - 1, 2016 - 1900, 0, 0, -1};

    am_alarm_clk_tm_t  alarm_tm = {            //设置闹钟时间
```

```
        34,                         //34分
        9,                          //09时
        AM_ALARM_CLK_EVERYDAY,      //每天闹钟均有效
    };

    am_alarm_clk_time_set(alarm_handle, &alarm_tm);  //设置时间值为每天的09:34
    am_alarm_clk_callback_set(alarm_handle, alarm_callback, NULL);

    am_rtc_time_set(rtc_handle, &tm);     //设置时间为2016年8月26日09:32:30
    am_alarm_clk_on(alarm_handle);
    while(1) {
        am_rtc_time_get(rtc_handle, &tm);
        AM_DBG_INFO("%04d-%02d-%02d %02d:%02d:%02d \r\n",
                    tm.tm_year + 1900, tm.tm_mon + 1, tm.tm_mday,
                    tm.tm_hour,       tm.tm_min,    tm.tm_sec);
        am_mdelay(1000);
    }
}
```

程序清单 6.55　闹钟测试应用程序接口声明(app_alarm_clk_test.h)

```
#pragma once
#include "ametal.h"
#include "am_rtc.h"
#include "am_alarm_clk.h"

void  app_alarm_clk_test (am_rtc_handle_t          rtc_handle,
                          am_alarm_clk_handle_t    alarm_handle);
```

为了启动该应用程序，必须提供一个 RTC 实例句柄以设置当前时间，以及一个闹钟实例句柄用于设置闹钟，RTC 实例句柄可通过 am_microport_rtc_rtc_inst_init()获得，闹钟实例句柄可通过 am_microport_rtc_alarm_clk_inst_init()获得。范例程序详见程序清单 6.56。

程序清单 6.56　启动闹钟测试应用程序(基于 PCF85063)

```
#include "ametal.h"
#include "app_alarm_clk_test.h"
#include "am_hwconf_microport.h"

int am_main (void)
{
    am_rtc_handle_t   rtc_handle = am_microport_rtc_rtc_inst_init();
    am_alarm_clk_handle_t alarm_handle = am_microport_rtc_alarm_clk_inst_init();
```

```

    app_alarm_clk_test(rtc_handle, alarm_handle);

    while(1) {
    }
}
```

6.3.4 系统时间

AMetal 平台提供了一个系统时间，系统时间相关的函数原型详见表 6.13。

表 6.13 系统时间接口函数(am_time.h)

函数原型	功能简介
int am_time_init (am_rtc_handle_t rtc_handle, unsigned int update_sysclk_ns,, unsigned int update_rtc_s);	初始化
am_time_t am_time (am_time_t * p_time);	获取时间(日历时间形式)
int am_timespec_get (am_timespec_t * p_tv);	获取时间(精确日历时间形式)
int am_timespec_set (am_timespec_t * p_tv);	设置时间(精确日历时间形式)
int am_tm_get (am_tm_t * p_tm);	获取时间(细分时间形式)
int am_tm_set (am_tm_t * p_tm);	设置时间(细分时间形式)

1. 系统时间

系统时间的 3 种表示形式分别为日历时间、精确日历时间、细分时间，细分时间前文已有介绍，这里仅介绍日历时间和精确日历时间。

● 日历时间

与标准 C 的定义相同，日历时间表示从 1970 年 1 月 1 日 1 时 0 分 0 秒开始的秒数。其类型 am_time_t 定义如下：

```
typedef time_t am_time_t;
```

● 精确日历时间

日历时间精度为秒，精确日历时间的精度可以达到纳秒，精确日历时间只是在日历时间的基础上，增加了一个纳秒计数器，其类型 am_timespec_t(am_time.h)定义如下：

```
typedef struct am_timespec {
    am_time_t        tv_sec;          //秒值
    unsigned long    tv_nsec;         //纳秒值
} am_timespec_t;
```

当纳秒值达到 1000000000 时，秒值加 1；当该值复位为 0 时，重新计数。

2. 初始化

使用系统时间前，必须初始化系统时间，其函数原型为：

```
int am_time_init (
    am_rtc_handle_t   rtc_handle,         //RTC 实例句柄
    unsigned int      update_sysclk_ns,   //短时间内使用系统时钟更新的时间间隔(ns)
    unsigned int      update_rtc_s);      //使用 RTC 更新的时间间隔(s)
```

其中，rtc_handle 用于指定系统时间使用的 RTC，系统时间将使用该 RTC 保存时间和获取时间。update_sysclk_ns 和 update_rtc_s 用以指定更新系统时间相关的参数。

● RTC 句柄 rtc_handle

获取 RTC 句柄可通过 RTC 实例初始化函数获取，以作为 rtc_handle 的实参传递。即：

```
am_rtc_handle_t rtc_handle = am_microport_rtc_rtc_inst_init ();
```

● 与系统时间更新相关的参数(update_sysclk_ns 和 update_rtc_s)

每个 MCU 都有一个系统时钟，比如，LPC824，其系统时钟的频率为 30 MHz，常常称之为主频，在短时间内，该时钟的误差是很小的。由于直接读取 MCU 中的数据要比通过 I^2C 读取 RTC 器件上的数据快得多，因此根据系统时钟获取时间值比直接从 RTC 器件中获取时间值要快得多，完全可以在短时间内使用该时钟更新系统时间，比如，每隔 1 ms 将精确日历时间的纳秒值增加 1000000。但长时间使用该时钟来更新系统时间，势必产生较大的误差，这就需要每隔一定的时间重新从 RTC 器件中，读取精确的时间值来更新系统时间，以确保系统时间的精度。

update_sysclk_ns 为指定使用系统时钟更新系统时间的时间间隔，其单位为 ns，通常设置为 1～100 ms，即 1000000～100000000。update_rtc_s 为指定使用 RTC 器件更新系统时间的时间间隔，若对精度要求特别高，将该值设置为 1，即每秒都使用 RTC 更新一次系统时间，通常设置为 10～ 60 较为合理。

基于此，将初始化函数调用在添加到配置文件中，通过头文件引出系统时间的实例初始化函数接口，详见程序清单 6.57 和程序清单 6.58。

程序清单 6.57　PCF85063 用作系统时间的实例初始化(am_hwconf_micoport_rtc.c)

```
#define __UPDATE_SYSCLK_NS   1000000      //每 1 ms 根据系统时钟更新系统时间值
#define __UPDATE_RTC_S       10           //每 10 s 根据 RTC 更新系统时间值

int am_microport_rtc_time_inst_init (void)
{
    am_rtc_handle_t rtc_handle = am_microport_rtc_rtc_inst_init ();
```

```
    return am_time_init(rtc_handle, __UPDATE_SYSCLK_NS, __UPDATE_RTC_S);
}
```

程序清单 6.58　am_hwconf_microport.h 文件内容更新(2)

```
#pragma once
#include "ametal.h"
#include "am_pcf85063.h"
#include "am_time.h"

am_pcf85063_handle_t    am_microport_rtc_inst_init (void);
am_rtc_handle_t         am_microport_rtc_rtc_inst_init (void);
int                     am_microport_rtc_time_inst_init (void);
```

后续只需要简单的调用该无参函数,即可完成系统时间的初始化。即:

```
am_microport_rtc_time_inst_init();
```

3. 设置系统时间

根据不同的时间表示形式,有 2 种设置系统时间的方式。

● 精确日历时间设置的函数原型为:

```
int am_timespec_set(am_timespec_t * p_tv);
```

其中,p_tv 为指向精确日历时间(待设置的时间值)的指针。若返回 AM_OK,表示设置成功,反之表示设置失败,范例程序详见程序清单 6.59。

程序清单 6.59　使用精确日历时间设置系统时间范例程序

```
am_timespec_t  tv = {1472175150, 0};
am_timespec_set(&tv);
```

将精确日历时间的秒值设置为了 1 472 175 150,该值是从 1970 年 1 月 1 日 0 时 0 分 0 秒至 2016 年 8 月 26 日 09 时 32 分 30 秒的秒数。即将时间设置为 2016 年 8 月 26 日 09 时 32 分 30 秒。通常不会这样设置时间值,均是采用细分时间方式设置时间值。

● 细分时间设置的函数原型为:

```
int am_tm_set (am_tm_t * p_tm);
```

其中,p_tm 为指向细分时间(待设置的时间值)的指针。若返回 AM_OK,表示设置成功,反之表示设置失败,范例程序详见程序清单 6.60。

程序清单 6.60　使用细分时间设置系统时间范例程序

```
am_tm_t tm;
//设置时间值为 2016 年 8 月 26 日 09:32:30
am_tm_t tm = {30, 32, 9, 26, 8 - 1, 2016 - 1900, 0, 0, -1};
am_tm_set(&tm);
```

将时间设置为 2016 年 8 月 26 日 09:32:30，当使用细分时间设置时间值时，细分时间的成员 tm_wday，tm_yday 在调用后被更新。如果不使用夏令，则设置为－1。

4. 获取系统时间

根据不同的时间表示形式，有 3 种获取系统时间的方式。

● 获取日历时间的函数原型为：

```
am_time_t am_time(am_time_t * p_time);
```

其中，p_time 为指向日历时间的指针，用于获取日历时间。返回值同样为日历时间，若返回值为－1，表明获取失败，通过返回值获取日历时间的范例程序详见程序清单 6.61。

程序清单 6.61　通过返回值获取日历时间范例程序

```
am_time_t  time;
time = am_time(NULL);
```

也可以通过参数获得日历时间，范例程序详见程序清单 6.62。

程序清单 6.62　通过参数获取日历时间范例程序

```
am_time_t  time;
am_time(&time);
```

● 获取精确日历时间的函数原型为：

```
int am_timespec_get(am_timespec_t * p_tv);
```

其中，p_tv 为指向精确日历时间的指针，用于获取精确日历时间。若返回 AM_OK，表示获取成功，反之表示获取失败，范例程序详见程序清单 6.63。

程序清单 6.63　读取精确日历时间范例程序

```
am_timespec_t  tv;
am_timespec_get(&tv);
```

● 获取细分时间的函数原型为：

```
int am_tm_get (am_tm_t * p_tm);
```

其中，p_tm 为指向细分时间的指针，用于获取细分时间。若返回 AM_OK，表示获取成功，反之表示获取失败，范例程序详见程序清单 6.64。

程序清单 6.64　获取细分时间范例程序

```
am_tm_t tm;
am_tm_get(&tm);
```

基于系统时间相关接口，可以编写一个通用的系统时间测试应用程序：每隔 1 s

通过调试串口打印当前的系统时间值。应用程序的实现和接口声明分别详见程序清单 6.65 和程序清单 6.66。

程序清单 6.65　系统时间测试应用程序(app_sys_time_show.c)

```
#include "ametal.h"
#include "am_rtc.h"
#include "am_vdebug.h"
#include "am_delay.h"

int app_sys_time_show (void)
{
    //设定时间初始值为 2016 年 8 月 26 日 09:32:30
    am_tm_t tm = {30, 32, 9, 26, 8 - 1, 2016 - 1900, 0, 0, -1};

    //设置系统时间为 2016 年 8 月 26 日 09:32:30
    am_tm_set(&tm);
    while(1) {
        am_tm_get(&tm);
        AM_DBG_INFO("%04d-%02d-%02d %02d:%02d:%02d \r\n",
                    tm.tm_year + 1900, tm.tm_mon + 1, tm.tm_mday,
                    tm.tm_hour,        tm.tm_min,     tm.tm_sec);
        am_mdelay(1000);
    }
    return 0;
}
```

程序清单 6.66　系统时间测试应用程序接口声明(app_sys_time_show.h)

```
#pragma once
#include "ametal.h"
#include "am_time.h"

int app_sys_time_show (void);
```

可见,在应用程序中,不再使用任何实例句柄,使得应用程序不与任何具体器件直接关联,系统时间的定义使得应用程序在使用时间时更加便捷。在启动应用程序前,必须完成系统时间的初始化,若使用 PCF85063 为系统时间提供 RTC 服务,则系统时间的初始化可以通过 am_microport_rtc_time_inst_init()完成,范例程序详见程序清单 6.67。

程序清单 6.67　启动系统时间测试应用程序(基于 PCF85063)

```
#include "ametal.h"
#include "app_sys_time_show.h"
```

```
#include "am_hwconf_microport.h"

int am_main (void)
{
    am_microport_rtc_time_inst_init ();
    app_sys_time_show ();
    while(1) {
    }
}
```

6.3.5 特殊功能控制接口

对于 PCF85063,除典型的时钟和闹钟功能外,还具有一些特殊功能,如定时器、时钟输出、1 字节 RAM 等。这些功能由于不是通用功能,只能使用 PCF85063 相应的接口进行操作。以读/写 1 字节 RAM 为例,其相应的接口函数详见表 6.14。

表 6.14 读写 RAM 接口函数(am_pcf85063.h)

函数原型	功能简介
int am_pcf85063_ram_write (am_pcf85063_handle_t handle, uint8_t data);	写入 RAM
int am_pcf85063_ram_read (am_pcf85063_handle_t handle, uint8_t * p_data);	读取 RAM

1. 写入 RAM

该函数用于写入 1 字节数据到 PCF85063 的 RAM 中,其函数原型为:

```
int am_pcf85063_ram_write (am_pcf85063_handle_t handle, uint8_t data);
```

其中,handle 为 PCF85063 实例句柄,data 为写入的单字节数据。若返回 AM_OK,表示数据写入成功,反之表示数据写入失败,写入 0x55 至 RAM 中的范例程序详见程序清单 6.68。

程序清单 6.68 写入 RAM 范例程序

```
am_pcf85063_ram_byte_write (pcf85063_handle,  0x55);
```

2. 读取 RAM

该函数读取存于 PCF85063 的单字节 RAM 中的数据,其函数原型为:

```
int am_pcf85063_ram_read (am_pcf85063_handle_t handle, uint8_t * p_data);
```

其中,handle 为 PCF85063 实例句柄,p_data 为输出参数,用于返回读取到的单字节数据。返回 AM_OK,表示读取成功,反之表示读取失败,范例程序详见程序清单 6.69。

程序清单 6.69　读取范例程序

```
uint8_t data;
am_pcf85063_ram_read (pcf85063_handle, &data);
```

可以使用读/写 RAM 接口简单验证 PCF85063 是否正常，详见程序清单 6.70。

程序清单 6.70　读/写 RAM 数据范例程序

```
#include "ametal.h"
#include "am_hwconf_microport.h"
#include "am_led.h"

int am_main (void)
{
    am_pcf85063_handle_t  pcf85063_handle = am_microport_rtc_inst_init ();
    uint8_t               data = 0x00;

    am_pcf85063_ram_write (pcf85063_handle, 0x55);      //写入数据 0x55
    am_pcf85063_ram_read (pcf85063_handle, &data);      //读取数据

    if (data ! = 0x55) {  //若数据不为 0x55,表明读/写出错,则点亮 LED0
        am_led_on(0);
    }
    while(1) {
    }
}
```

程序中，若读/写数据出错，则点亮 LED0。

6.3.6　RX8025T

在 MicroPort 系列扩展模块中，除主芯片为 PCF85063 的 RTC 模块外，还有 RX8025T 模块和 DS1302 模块，它们均是属于 RTC 扩展模块，可以作为实时时钟。它们的主要区别详见表 6.15。

表 6.15　RTC 芯片对比

功能/特点	芯片名		
	PCF85063	RX8025T	DS1302
通信接口	I^2C	I^2C	3 线串行接口
中断引脚	1 个	1 个	无
实时时钟(RTC)	√	√	√
闹钟功能	√	√	×

续表 6.15

功能/特点	芯片名		
	PCF85063	RX8025T	DS1302
RAM	1 字节	1 字节	31 字节
定时器	√	√	×
时钟输出	√	√	×
软件复位	√	√	×
晶振	使用外部晶振	内部带数字温度补偿的晶振	使用外部晶振

注:"√"表示对应器件支持该功能,"×"表示对应器件不支持该功能。

接下来,首先介绍 RX8025T。

1. 器件简介

RX8025T 是一款内置高稳定度的 32.768 kHz 的 DTCXO(数字温度补偿晶体振荡器)的 I^2C 总线接口方式的实时时钟芯片。它提供了时间日期的设置与获取、闹钟中断、时间更新中断、固定周期中断、温度补偿等功能。所有地址和数据通过 I^2C 总线来传输,最大总线速率可达到 400 kbit/s。

RX8025T 引脚封装详见图 6.6,其中的 SCL 和 SDA 为 I^2C 接口引脚,VDD 和 VSS 分别为电源和地;CLKOUT 为时钟输出引脚,可用于输出时钟信号;T1(CE)、TEST、T2(Vpp)引脚仅供厂家测试使用,NC 为无需连接的引脚,实际使用时,这些引脚直接悬空即可;INT 为中断引脚,主要用于闹钟等功能;CLK_EN 为时钟输出使能引脚,用于控制 CLKOUT 时钟的输出。

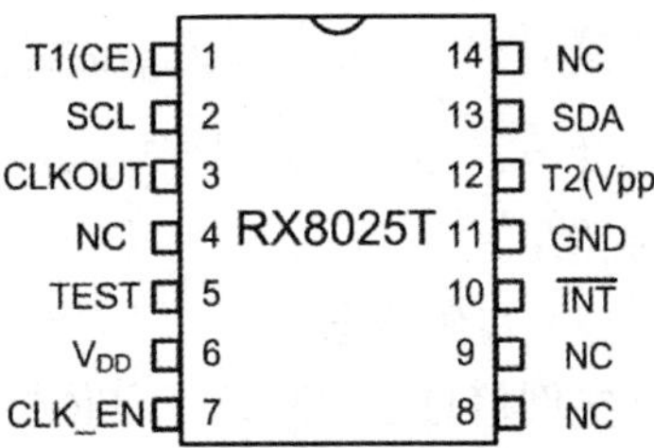

图 6.6 RX8025T 引脚定义

RX8025T 的 7 位 I^2C 从机地址为 0x32,模块原理图详见图 6.7。若将 MicroPort - RX8025T 模块通过 MicroPort 接口与 AM824_Core 相连,则 SCL 和 SDA 分别与 PIO0_16 和 PIO0_18 连接,INT 引脚与 PIO0_1 连接,CLK_EN 与 PIO0_11 连接。

2. 器件初始化

AMetal 提供了 RX8025T 的驱动,在使用 RX8025T 前,必须完成 RX8025T 的初始化操作,以获取到对应的操作句柄,进而使用 RX8025T 的各种功能。初始化函数的原型(am_rx8025t.h)为:

```
am_rx8025t_handle_t am_rx8025t_init (am_rx8025t_dev_t                  * p_dev,
                                     const am_rx8025t_devinfo_t          * p_devinfo,,
                                     am_i2c_handle_t                     i2c_handle);
```

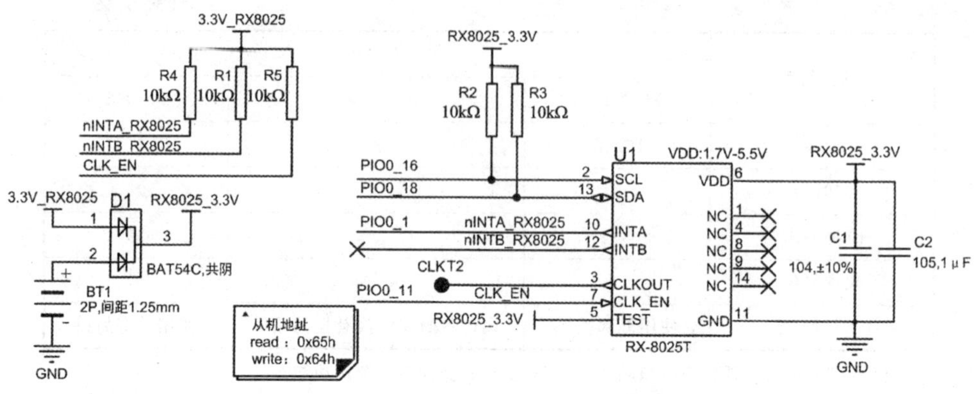

图 6.7　RX8025T 模块电路

该函数意在获取 RX8025T 器件的实例句柄，其中，p_dev 为指向 am_rx8025t_dev_t 类型实例的指针，p_devinfo 为指向 am_rx8025t_devinfo_t 类型的实例信息的指针。

(1) 实　例

定义 am_rx8025t_dev_t 类型(am_rx8025t.h)实例如下：

```
am_rx8025t_dev_t    __g_microport_rx8025t_dev;   //定义一个 RX8025T 实例
```

其中，__g_microport_rx8025t_dev 为用户自定义的实例，其地址作为 p_dev 的实参传递。

(2) 实例信息

实例信息主要描述了具体器件的固有信息，即 RX8025T 的 CLK_EN、INT 引脚与微处理器引脚的连接信息。其类型 am_rx8025t_devinfo_t 的定义(am_rx8025t.h)如下：

```
typedef struct am_rx8025t_devinfo {
    int                         int_pin;          //INT 对应的 I/O 引脚号
    int                         clk_en_pin;       //CE 对应的 I/O 引脚号
} am_rx8025t_devinfo_t;
```

当 MicroPort - RX8025T 模块通过 MicroPort 接口与 AM824_Core 相连时，INT 和 CLK_EN 分别与 PIO0_1 和 PIO0_11 连接。因此，实例信息定义如下：

```
const am_rx8025t_devinfo_t    __g_microport_rx8025t_devinfo = {   //RX8025T 实例信息
    PIO0_1,                                     //INT 对应的 I/O 引脚号
    PIO0_11,                                    //CLK_EN 对应的 I/O 引脚号
};
```

其中，__g_microport_rx8025t_devinfo 为用户自定义的实例信息，其地址作为

p_devinfo 的实参传递。

(3) I²C 句柄 i2c_handle

以 I²C1 为例,其实例初始化函数 am_lpc82x_i2c1_inst_init ()的返回值将作为实参传递给 i2c_handle。即:

```
am_i2c_handle_t i2c_handle = am_lpc82x_i2c1_inst_init ();
```

(4) 实例句柄

RX8025T 初始化函数 am_rx8025t_init ()的返回值,作为实参传递给其他功能接口函数的第一个参数(handle)。am_rx8025t_handle_t 类型的定义(am_rx8025t.h)如下:

```
typedef struct am_rx8025t_dev * am_rx8025t_handle_t;
```

若返回值为 NULL,说明初始化失败;若返回值不为 NULL,说明返回值 handle 有效。

基于模块化编程思想,将初始化相关的实例、实例信息等的定义存放到对应的配置文件中,通过头文件引出实例初始化函数接口。源文件和头文件的程序范例分别详见程序清单 6.71 和程序清单 6.72。

程序清单 6.71 实例初始化函数实现(am_hwconf_microport_rx8025t.c)

```
#include "ametal.h"
#include "am_lpc82x_inst_init.h"
#include "am_lpc82x.h"
#include "am_rx8025t.h"
#include "am_alarm_clk.h"
static am_rx8025t_dev_t __g_microport_rx8025t_dev;      //定义一个 RX8025T 实例

static const am_rx8025t_devinfo_t __g_microport_rx8025t_devinfo = { //RX8025T 实例
                                                                   //信息
    PIO0_1,                             //INT 对应的 I/O 引脚号
    PIO0_11,                            //CLK_EN 对应的 I/O 引脚号
};
am_rx8025t_handle_t am_microport_rx8025t_inst_init (void)
{
    am_i2c_handle_ti2c_handle = am_lpc82x_i2c1_inst_init (); //获取 I²C1 实例句柄
    return am_rx8025t_init(&__g_microport_rx8025t_dev,
                           &__g_microport_rx8025t_devinfo,
                           i2c_handle);
}
```

程序清单 6.72　实例初始化函数声明(am_hwconf_microport.h)

```
#pragma once
#include "ametal.h"
#include "am_rx8025t.h"

am_rx8025t_handle_t  am_microport_rx8025t_inst_init (void);
```

后续只需要使用无参数的实例初始化函数，即可获取到 RX8025T 的实例句柄。即：

```
am_rx8025t_handle_t  rx8025t_handle = am_microport_rx8025t_inst_init();
```

3. 使用 RTC 功能

使用 RTC 功能即使用 RTC 通用接口操作 RX8025T，进行时间的设置和获取。在使用 RTC 通用接口前，需要获取到一个 am_rtc_handle_t 类型的 RTC 句柄。RX8025T 的驱动提供了相应的接口用于获取 RX8025T 的 RTC 句柄，以便用户通过 RTC 通用接口操作 RX8025T，其函数原型为：

```
am_rtc_handle_t am_rx8025t_rtc_init (
    am_rx8025t_handle_t     handle,          //RX8025T 实例句柄
    am_rtc_serv_t           *p_rtc);         //RTC 实例
```

该函数意在获取 RTC 句柄，其中，RX8025T 实例的句柄(rx8025t_handle)作为实参传递给 handle，p_rtc 为指向 am_rtc_serv_t 类型实例的指针，无实例信息。定义 am_rtc_serv_t 类型(am_rtc.h)实例如下：

```
am_rtc_serv_t  __g_microport_rx8025t_rtc;          //定义一个 RTC 实例
```

其中，__g_microport_rx8025t_rtc 为用户自定义的实例，其地址作为 p_rtc 的实参传递。

基于模块化编程思想，将初始化相关的实例定义存放到对应的配置文件中，通过头文件引出实例初始化函数接口，源文件和头文件分别详见程序清单 6.73 和程序清单 6.74。

程序清单 6.73　新增 RX8025T 的 RTC 实例初始化函数(am_hwconf_rx8025t.c)

```
static am_rtc_serv_t  __g_microport_rx8025t_rtc;  //定义一个 RTC 实例

am_rtc_handle_t am_microport_rx8025t_rtc_inst_init (void)
{
    am_rx8025t_handle_t  rx8025t_handle = am_microport_rx8025t_inst_init ();
    return am_rx8025t_rtc_init(rx8025t_handle, &__g_microport_rx8025t_rtc);
}
```

程序清单 6.74　am_hwconf_microport.h 文件内容更新(1)

```
#pragma once
#include "ametal.h"
#include "am_rx8025t.h"

am_rx8025t_handle_t      am_microport_rx8025t_inst_init (void);
am_rtc_handle_t          am_microport_rx8025t_rtc_inst_init (void);
```

后续只需要使用无参数的 RTC 实例初始化函数，即可获取 RTC 实例句柄。即：

```
am_rtc_handle_t rtc_handle = am_microport_rx8025t_rtc_inst_init ();
```

获取到 handle 后，由于基于 RTC 通用接口编写的应用程序是可以跨平台复用的，因此，可以直接基于 RX8025T 启动如程序清单 6.45 所示应用程序。详见程序清单 6.75。

程序清单 6.75　启动 RTC 应用程序(基于 RX8025T)

```
#include "ametal.h"
#include "app_rtc_time_show.h"
#include "am_hwconf_microport.h"

int am_main (void)
{
    am_rtc_handle_t rtc_handle = am_microport_rx8025t_rtc_inst_init ();
    app_rtc_time_show(rtc_handle);
    while(1) {
    }
}
```

由此可见，RTC 模块从 PCF85063 更换为 RX8025T 时，应用程序核心代码无需修改。

4. 使用闹钟功能

使用闹钟功能即使用闹钟通用接口操作 RX8025T。在使用闹钟通用接口前，需要获取到一个 am_alarm_clk_handle_t 类型的闹钟句柄。RX8025T 的驱动提供了相应的接口用于获取 RX8025T 的闹钟句柄，以便用户通过闹钟通用接口操作 RX8025T，其函数原型为：

```
am_alarm_clk_handle_t   am_rx8025t_alarm_clk_init (
    am_rx8025t_handle_t      handle,                //RX8025T 实例句柄
    am_alarm_clk_serv_t      *p_alarm_clk);         //闹钟实例
```

该函数意在获取闹钟句柄，其中，RX8025T 实例的句柄(rx8025t_handle)作为实参传递给 handle，p_alarm_clk 为指向 am_alarm_clk_serv_t 类型实例的指针，无实例信息。定义 am_alarm_clk_serv_t 类型(am_alarm_clk.h)实例如下：

```
am_alarm_clk_serv_t   __g_microport_rx8025t_alarm_clk;     //定义一个闹钟实例
```

其中，__g_microport_rx8025t_alarm_clk 为用户自定义的实例，其地址作为 p_alarm_clk 的实参传递。

基于模块化编程思想，将初始化相关的实例定义存放到对应的配置文件中，通过头文件引出实例初始化函数接口，源文件和头文件分别详见程序清单 6.76 和程序清单 6.77。

程序清单 6.76　新增 RX8025T 的闹钟实例初始化函数(am_hwconf_microport_rx8025t.c)

```
static am_alarm_clk_serv_t   __g_microport_rx8025t_alarm_clk;  //定义一个闹钟实例

am_alarm_clk_handle_t  am_microport_rx8025t_alarm_clk_inst_init (void)
{
    am_rx8025t_handle_t  rx8025t_handle = am_microport_rx8025t_inst_init ();
    return am_rx8025t_alarm_clk_init (rx8025t_handle, & __g_microport_rx8025t_a-
    larm_clk);
}
```

程序清单 6.77　am_hwconf_microport.h 文件内容更新(2)

```
#pragma once
#include "ametal.h"
#include "am_rx8025t.h"

am_rx8025t_handle_t     am_microport_rx8025t_inst_init (void);
am_rtc_handle_t         am_microport_rx8025t_rtc_inst_init (void);
am_alarm_clk_handle_t   am_microport_rx8025t_alarm_clk_inst_init (void);
```

后续只需要使用无参数的闹钟实例初始化函数，即可获取闹钟实例句柄，即

```
am_alarm_clk_handle_t  alarm_handle = am_microport_rx8025t_alarm_clk_inst_init ();
```

获取到 handle 后，由于基于闹钟通用接口编写的应用程序是可以跨平台复用的，因此，可以直接基于 RX8025T 启动如程序清单 6.54 所示的闹钟测试应用程序，详见程序清单 6.78。

程序清单 6.78　启动闹钟测试应用程序(基于 RX8025T)

```
#include "ametal.h"
#include "app_alarm_clk_test.h"
#include "am_hwconf_microport.h"
```

```
int am_main (void)
{
    am_rtc_handle_t  rtc_handle = am_microport_rx8025t_rtc_inst_init ();
    am_alarm_clk_handle_t  alarm_handle = am_microport_rx8025t_alarm_clk_inst_init ();
    app_alarm_clk_test(rtc_handle, alarm_handle);
    while(1) {
    }
}
```

由此可见,若将 RTC 模块由 PCF85063 更换为 RX8025T,闹钟应用程序核心代码无需做任何修改。

5. 为系统时间提供 RTC 服务

若需要使用 RX8025T 为系统时间提供 RTC 服务,只需要在初始化系统时间时,将从 RX8025T 中获取的 RTC 句柄作为系统时间初始化函数的 rtc_handle 参数,即

```
am_rtc_handle_t rtc_handle = am_microport_rx8025t_rtc_inst_init ();
am_time_init(rtc_handle, 1000000, 10);
```

为方便使用,将初始化函数的调用添加到配置文件中,通过头文件引出系统时间的实例初始化函数接口,详见程序清单 6.79 和程序清单 6.80

程序清单 6.79 RX8025T 用作系统时间的实例初始化(am_hwconf_microport_rx8025t.c)

```
#define __UPDATE_SYSCLK_NS   1000000      //每 1 ms 根据系统时钟更新系统时间值
#define __UPDATE_RTC_S       10           //每 10 s 根据 RTC 更新系统时间值

int am_microport_rx8025t_time_inst_init (void)
{
    am_rtc_handle_t rtc_handle = am_microport_rx8025t_rtc_inst_init ();
    return am_time_init(rtc_handle, __UPDATE_SYSCLK_NS, __UPDATE_RTC_S);
}
```

程序清单 6.80 am_hwconf_rx8025t.h 文件内容更新(3)

```
#pragma once
#include "ametal.h"
#include "am_rx8025t.h"
#include "am_time.h"

am_rx8025t_handle_t          am_microport_rx8025t_inst_init (void);
am_rtc_handle_t              am_microport_rx8025t_rtc_inst_init(void);
am_alarm_clk_handle_t        am_microport_rx8025t_alarm_clk_inst_init(void);
int                          am_microport_rx8025t_time_inst_init(void);
```

后续只需要简单地调用该无参函数，即可完成系统时间的初始化，即

```
am_microport_rx8025t_time_inst_init();
```

系统时间初始化后，由于基于系统时间通用接口编写的应用程序是可以跨平台复用的，因此，可以直接基于 RX8025T 启动如程序清单 6.65 所示的系统时间测试应用程序，详见程序清单 6.81。

程序清单 6.81　启动系统时间测试应用程序(基于 RX8025T)

```
#include "ametal.h"
#include "app_sys_time_show.h"
#include "am_hwconf_microport.h"

int am_main (void)
{
    am_microport_rx8025t_time_inst_init ();
    app_sys_time_show ();
    while(1) {
    }
}
```

由此可见，若将 RTC 模块由 PCF85063 更换为 RX8025T，使用系统时间的应用程序无需做任何修改。

6. 特殊功能控制接口

对于 RX8025T，除典型的时钟和闹钟功能外，还具有一些特殊功能，如定时器、时钟输出、1 字节 RAM 等。这些功能由于不是通用功能，只能使用 RX8025T 相应的接口进行操作。以读/写 1 字节 RAM 为例，其相应的接口函数详见表 6.16。

表 6.16　读/写 RAM 接口函数(am_rx8025t.h)

函数原型	功能简介
int am_rx8025t_ram_write (am_rx8025t_handle_t handle, uint8_t data);	写入 RAM
int am_rx8025t_ram_read (am_rx8025t_handle_t handle, uint8_t * p_data);	读取 RAM

(1) 写入 RAM

该函数用于写入 1 字节数据到 RX8025T 的 RAM 中，其函数原型为：

```
int am_rx8025t_write_ram (am_rx8025t_handle_t handle, uint8_t data);
```

其中，handle 为 RX8025T 实例句柄，data 为写入的单字节数据。若返回 AM_OK，表示数据写入成功，反之表示数据写入失败，写入 0x55 至 RAM 中的范例程序详见程序清单 6.82。

程序清单 6.82　写入 RAM 范例程序

```
am_rx8025t_ram_write (rx8025t_handle,  0x55);
```

(2) 读取 RAM

该函数用于读取存于 RX8025T 的单字节 RAM 中的数据，其函数原型为：

```
int am_rx8025t_ram_read (am_rx8025t_handle_t handle, uint8_t * p_data);
```

其中，handle 为 RX8025T 实例句柄，p_data 为输出参数，用于返回读取到的单字节数据。返回 AM_OK，表示读取成功，反之表示读取失败，范例程序详见程序清单 6.83。

程序清单 6.83　读取 RAM 范例程序

```
uint8_t     data;
am_rx8025t_ram_read (rx8025t_handle, &data);
```

可以使用读/写 RAM 接口简单验证 RX8025T 是否正常，详见程序清单 6.84。

程序清单 6.84　读/写 RAM 数据范例程序

```
#include "ametal.h"
#include "am_hwconf_microport.h"
#include "am_led.h"

int am_main (void)
{
    am_rx8025t_handle_t  rx8025t_handle = am_microport_rx8025t_inst_init();
    uint8_t              data = 0x00;

    am_rx8025t_ram_write (rx8025t_handle, 0x55);     //写入数据 0x55
    am_rx8025t_ram_read (rx8025t_handle, &data);     //读取数据
    if (data != 0x55) {     //若数据不为 0x55,表面读/写出错
        am_led_on(0);
    }
    while(1) {
    }
}
```

程序中，若读/写数据出错，则点亮 LED0。由此可见，虽然该程序的逻辑与程序清单 6.70 所示的应用程序基本一致，但由于使用的接口是特殊功能控制接口，与具体芯片相关，因此并不能直接像 RTC 应用程序和闹钟应用程序那样直接跨平台复用。

6.3.7 DS1302

1. 器件简介

DS1302 是一款涓流充电计时芯片，它包含一个实时时钟和 31 字节的静态 RAM，能够提供年、月、日、时、分、秒等信息，具有闰年校正功能。DS1302 被设计工作在非常低的电能下，在低于 1 μW 时还能保持数据和时钟信息。除了基本计时功能以外，DS1302 还具有其他一些特点，如双引脚主电源和备用电源、可编程涓流充电器 VCC1。

DS1302 通过简单的串行接口与微处理器通信，使用同步串行通信简化了 DS1302 与微处理器的接口，通信只需要三根线：CE、I/O（数据线）、SCLK（串行时钟）。DS1302 的引脚封装图详见图 6.8。其中，X1 和 X2 为外接晶振的引脚，需要连接标准的 32.768 kHz 的石英晶体。SCLK、CE、I/O 为与微处理器的串行通信引脚。GND 为电源地，VCC1 和 VCC2 为电源引脚，这也是 DS1302 具有特色的地方，即：双引脚主电源和备用电源，在双引脚中，VCC2 是主电源，VCC1 是备用电源，一般接充电电池。DS1302 是由 VCC1 或 VCC2 两者中的较大者供电。当 VCC2 大于 VCC1＋0.2 V 时，VCC2 给芯片供电。当 VCC2 小于 VCC1 时，芯片由 VCC1 供电。当芯片由 VCC2 供电时，VCC1 不供电，同时，还可以通过可编程涓流充电器，使 VCC2 向 VCC1 流入很小的电流，以便为连接到 VCC1 的电池充电。当然，VCC1 可以不接可充电电池，此时，只需要通过控制可编程涓流充电器，使 VCC2 不向 VCC1 流入电流即可。

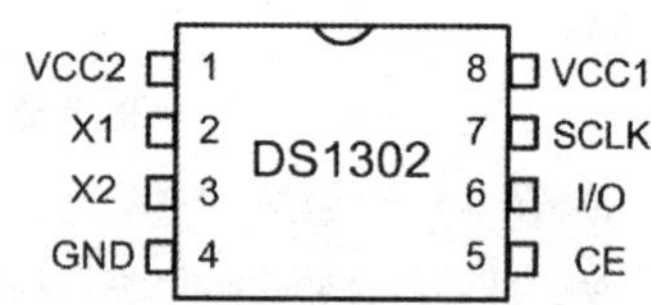

图 6.8 DS1302 引脚定义

DS1032 模块的原理图详见图 6.9，若将 MicroPort - DS1302 模块通过 MicroPort 接口与 AM824_Core 相连，则 SCLK、I/O 和 CE 分别与 PIO0_15、PIO0_13 和 PIO0_14 连接。

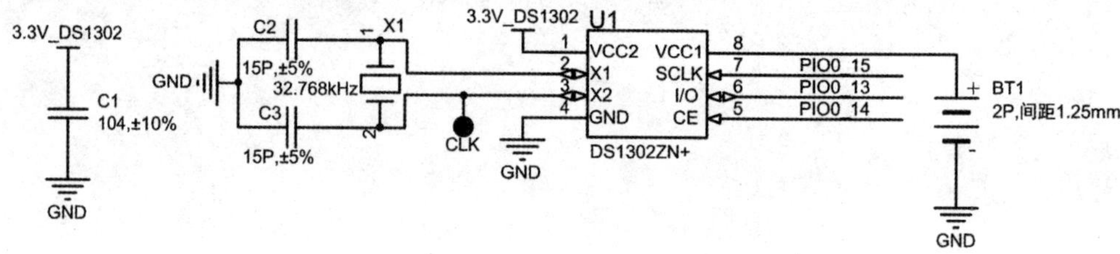

图 6.9 DS1302 模块电路

2. 器件初始化

AMetal 提供了 DS1302 的驱动，在使用 DS1302 前，必须完成 DS1302 的初始化操作，以获取到对应的操作句柄，进而使用 DS1302 的各种功能，初始化函数的原型

(am_ds1302.h)为：

```
am_ds1302_handle_t am_ds1302_gpio_init (am_ds1302_gpio_dev_t          * p_dev,
                                        const am_ds1302_gpio_devinfo_t * p_devinfo);
```

该函数意在获取 DS1302 器件的实例句柄，其中，p_dev 为指向 am_ds1302_gpio_dev_t 类型实例的指针，p_devinfo 为指向 am_ds1302_gpio_devinfo_t 类型的实例信息的指针。

(1) 实　例

定义 am_ds1302_gpio_dev_t 类型(am_ds1302.h)实例如下：

```
am_ds1302_gpio_dev_t   __g_microport_ds1302_gpio_dev;  //定义一个 DS1302 实例
```

其中，__g_microport_ds1302_gpio_dev 为用户自定义的实例，其地址作为 p_dev 的实参传递。

(2) 实例信息

实例信息主要描述了具体器件的固有信息，即 DS1302 的 SCLK、I/O、CE 引脚与微处理器引脚的连接信息。其类型 am_ds1302_gpio_devinfo_t 的定义(am_ds1302.h)如下：

```
typedef struct am_ds1302_gpio_devinfo {
    uint8_t     sck_pin;            //SCLK 对应的 I/O 引脚号
    uint8_t     ce_pin;             //CE 对应的 I/O 引脚号
    uint8_t     io_pin;             //IO 对应的 I/O 引脚号
} am_ds1302_gpio_devinfo_t;
```

当 MicroPort - DS1302 模块通过 MicroPort 接口与 AM824_Core 相连时，SCLK、I/O 和 CE 分别与 PIO0_15、PIO0_13 和 PIO0_14 连接。因此，实例信息定义如下：

```
const am_ds1302_gpio_devinfo_t   __g_microport_ds1302_gpio_devinfo = { //DS1302 实例信息
    PIO0_15,                                  //SCLK 对应的 I/O 引脚号
    PIO0_14,                                  //CE 对应的 I/O 引脚号
    PIO0_13,                                  //IO 对应的 I/O 引脚号
};
```

其中，__g_microport_ds1302_gpio_devinfo 为用户自定义的实例信息，其地址作为 p_devinfo 的实参传递。

(3) 实例句柄

DS1302 的初始化函数 am_ds1302_gpio_init()的返回值，作为实参传递给其他功能接口函数的第一个参数(handle)。am_ds1302_handle_t 类型的定义(am_ds1302.h)如下：

```
typedef am_ds1302_dev_t  * am_ds1302_handle_t;
```

若返回值为 NULL,说明初始化失败;若返回值不为 NULL,说明返回值 handle 有效。

基于模块化编程思想,将初始化相关的实例、实例信息等的定义存放到对应的配置文件中,通过头文件引出实例初始化函数接口。源文件和头文件的程序范例分别详见程序清单 6.85 和程序清单 6.86。

程序清单 6.85　实例初始化函数实现(am_hwconf_microport_ds1302.c)

```
#include "ametal.h"
#include "am_lpc82x_inst_init.h"
#include "am_lpc82x.h"
#include "am_ds1302.h"

static am_ds1302_dev_t __g_microport_ds1302_gpio_dev;   //定义一个 DS1302 实例

static const am_ds1302_gpio_devinfo_t   __g_microport_ds1302_gpio_devinfo = {
                                                              //DS1302 实例信息
    PIO0_15,      //SCLK 对应的 I/O 引脚号
    PIO0_14,      //CE 对应的 I/O 引脚号
    PIO0_13,      //IO 对应的 I/O 引脚号
};

am_ds1302_handle_t   am_microport_ds1302_inst_init (void)
{
    return   am_ds1302_gpio_init(&__g_microport_ds1302_gpio_dev,
                                  & __g_microport_ds1302_gpio_devinfo);
}
```

程序清单 6.86　实例初始化函数声明(am_hwconf_microport.h)

```
#pragma once
#include "ametal.h"
#include "am_ds1302.h"

am_ds1302_handle_t   am_microport_ds1302_inst_init (void);
```

后续只需要使用无参数的实例初始化函数,即可获取到 DS1302 的实例句柄。即:

```
am_ds1302_handle_t   ds1302_handle = am_microport_ds1302_inst_init ();
```

3. 使用 RTC 功能

使用 RTC 功能即使用 RTC 通用接口操作 DS1302,进行时间的设置和获取。在

使用 RTC 通用接口前，需要获取到一个 am_rtc_handle_t 类型的 RTC 句柄。DS1302 的驱动提供了相应的接口用于获取 DS1302 的 RTC 句柄，以便用户通过 RTC 通用接口操作 DS1302，其函数原型为：

```
am_rtc_handle_t am_ds1302_rtc_init (
    am_ds1302_handle_t    handle,        //DS1302 实例句柄
    am_rtc_serv_t         * p_rtc);      //RTC 实例
```

该函数意在获取 RTC 句柄，其中，DS1302 实例的句柄(ds1302_handle)作为实参传递给 handle，p_rtc 为指向 am_rtc_serv_t 类型实例的指针，无实例信息。定义 am_rtc_serv_t 类型(am_rtc.h)实例如下：

```
am_rtc_serv_t    __g_microport_ds1302_rtc;  //定义一个 RTC 实例
```

其中，__g_microport_ds1302_rtc 为用户自定义的实例，其地址作为 p_rtc 的实参传递。

基于模块化编程思想，将初始化相关的实例定义存放到对应的配置文件中，通过头文件引出实例初始化函数接口。源文件和头文件分别详见程序清单 6.87 和程序清单 6.88。

程序清单 6.87　新增 DS1302 的 RTC 实例初始化函数(am_hwconf_microport_ds1302.c)

```
static am_rtc_serv_t    __g_microport_ds1302_rtc;     //定义一个 RTC 实例

am_rtc_handle_t am_microport_ds1302_rtc_inst_init (void)
{
    am_ds1302_handle_t ds1302_handle = am_microport_ds1302_inst_init();
    return am_ds1302_rtc_init(ds1302_handle, & __g_microport_ds1302_rtc);
}
```

程序清单 6.88　am_hwconf_microport.h 文件内容更新(1)

```
#pragma once
#include "ametal.h"
#include "am_ds1302.h"

am_ds1302_handle_t     am_microport_ds1302_inst_init (void);
am_rtc_handle_t        am_microport_ds1302_rtc_inst_init (void);
```

后续只需要使用无参数的 RTC 实例初始化函数，即可获取 RTC 实例句柄。即：

```
am_rtc_handle_t rtc_handle = am_microport_ds1302_rtc_inst_init ();
```

获取到 handle 后，由于基于 RTC 通用接口编写的应用程序是可以跨平台复用的，因此，可以直接基于 DS1302 启动如程序清单 6.89 所示的 RTC 时间显示应用程序。

程序清单 6.89　启动 RTC 应用程序(基于 DS1302)

```
#include "ametal.h"
#include "app_rtc_time_show.h"
#include "am_hwconf_microport.h"

int am_main (void)
{
    am_rtc_handle_t rtc_handle = am_microport_ds1302_rtc_inst_init ();
    app_rtc_time_show(rtc_handle);
    while(1) {
    }
}
```

由此可见,若将 RTC 模块由 PCF85063 更换为 DS1302,应用程序核心代码无需做任何修改。

4. 为系统时间提供 RTC 服务

DS1302 不支持闹钟功能,因此不能使用通用闹钟接口操作 DS1302。若需要使用 DS1302 为系统时间提供 RTC 服务,只需要在初始化系统时间时,将从 DS1302 中获取的 RTC 句柄作为系统时间初始化函数的 rtc_handle 参数。即:

```
am_rtc_handle_t rtc_handle = am_microport_ds1302_rtc_inst_init ();
am_time_init(rtc_handle, 1000000, 10);
```

为方便使用,将初始化函数的调用添加到配置文件中,通过头文件引出系统时间的实例初始化函数接口,详见程序清单 6.90 和程序清单 6.91。

程序清单 6.90　DS1302 用作系统时间的实例初始化(am_hwconf_ds1302.c)

```
#define __UPDATE_SYSCLK_NS    1000000    //每 1 ms 根据系统时钟更新系统时间值
#define __UPDATE_RTC_S        10         //每 10 s 根据 RTC 更新系统时间值

int am_microport_ds1302_time_inst_init (void)
{
    am_rtc_handle_t rtc_handle = am_microport_ds1302_rtc_inst_init ();
    return am_time_init(rtc_handle, __UPDATE_SYSCLK_NS, __UPDATE_RTC_S);
}
```

程序清单 6.91　am_hwconf_microport.h 文件内容更新(2)

```
#pragma once
#include "ametal.h"
#include "am_ds1302.h"
#include "am_time.h"

```

```
am_ds1302_handle_t      am_microport_ds1302_inst_init (void);
am_rtc_handle_t         am_microport_ds1302_rtc_inst_init (void);
int                     am_microport_ds1302_rtc_inst_init (void);
```

后续只需要简单的调用该无参函数，即可完成系统时间的初始化，即

```
am_microport_ds1302_rtc_inst_init ();
```

系统时间初始化后，由于基于系统时间通用接口编写的应用程序是可以跨平台复用的，因此，可以直接基于 DS1302 启动如程序清单 6.65 所示的系统时间测试应用程序，详见程序清单 6.92。

程序清单 6.92　启动系统时间测试应用程序(基于 DS1302)

```
#include "ametal.h"
#include "app_sys_time_show.h"
#include "am_hwconf_microport.h"

int am_main (void)
{
    am_microport_ds1302_rtc_inst_init ();
    app_sys_time_show ();

    while(1) {
    }
}
```

由此可见，若将 RTC 模块由 PCF85063 更换为 DS1302，使用系统时间的应用程序无需做任何修改。

5. 特殊功能控制接口

对于 DS1302，除典型的实时时钟功能外，还具有一些特殊功能，如涓流充电功能、31 字节 RAM 等。这些功能由于不是通用功能，只能使用 DS1302 相应的接口进行操作。以读/写 RAM 和涓流充电功能为例，其相应的接口函数详见表 6.17。

表 6.17　DS1302 特殊功能控制接口(am_ds1302.h)

函数原型	功能简介
int am_ds1302_ram_write (am_ds1302_handle_t handle, uint8_t * p_data, uint8_t data_len, uint8_t pos);	写入 RAM

续表 6.17

函数原型	功能简介
int am_ds1302_ram_read (am_ds1302_handle_t handle, uint8_t *p_data, uint8_t data_len, uint8_t pos);	读取 RAM
int am_ds1302_trickle_enable(am_ds1302_handle_t handle, uint8_t set_val);	使能涓流充电
int am_ds1302_trickle_disable(am_ds1302_handle_t handle);	禁能涓流充电

(1) 写入 RAM

该函数用于写入数据到 DS1302 的 RAM 中(最多 31 字节),其函数原型为:

```
int am_ds1302_ram_write (am_ds1302_handle_t     handle,
                         uint8_t                *p_data,
                         uint8_t                data_len,
                         uint8_t                pos);
```

其中,handle 为 DS1302 实例句柄;p_data 指向待写入数据的首地址;data_len 指定写入数据的字节数,最大为 31 字节;pos 指定了写入 RAM 的起始地址,DS1302 的 RAM 空间大小为 31 字节,对应的地址为 0～30,pos 的有效范围即为 0～30。若返回 AM_OK,表示数据写入成功,反之表示数据写入失败,写入 31 字节数据至 RAM 中的范例程序详见程序清单 6.93。

程序清单 6.93　写入 RAM 范例程序

```
uint8_t   data[31];
int       i;
for (i = 0; i<31; i ++ ) {
    data[i] = i;
}
am_ds1302_ram_write (ds1302_handle, data, 31, 0);//从起始地址 0 开始写入 31 字节数据
```

(2) 读取 RAM

该函数用于读取存于 DS1302 的 RAM 中的数据,其函数原型为:

```
int am_ds1302_ram_read (am_ds1302_handle_t   handle,
                        uint8_t              *p_data,
                        uint8_t              data_len,
                        uint8_t              pos);
```

其中,handle 为 DS1302 实例句柄;p_data 为输出参数,用于返回读取到的数据;

data_len 表示读取数据的字节数；pos 表示读取数据的起始地址(0～30)。若返回 AM_OK，表示读取成功，反之表示读取失败，范例程序详见程序清单 6.94。

程序清单 6.94　读取 RAM 范例程序

```
uint8_t data[31] = {0};
am_ds1302_ram_read(ds1302_handle, data, 31, 0); //从起始地址 0 开始读出 31 字节数据
```

可以使用读/写 RAM 接口简单验证 DS1302 是否正常，详见程序清单 6.95。

程序清单 6.95　读/写 RAM 数据范例程序

```
#include "ametal.h"
#include "am_hwconf_microport.h"
#include "am_led.h"

int am_main (void)
{
    am_ds1302_handle_t  ds1302_handle = am_microport_ds1302_inst_init ();
    uint8_t             data[31];
    int                 i;
    for (i = 0; i<31; i++ ) {
        data[i] = i;
    }
    am_ds1302_ram_write (ds1302_handle, data, 31, 0); //从起始地址 0 开始写入
                                                      //31 字节数据
    for (i = 0; i<31; i++ ) {
        data[i] = 0;
    }
    am_ds1302_ram_read (ds1302_handle, data, 31, 0); //从起始地址 0 开始读出
                                                     //31 字节数据
    for (i = 0; i<31; i++ ) {
        if (data[i] != i) {
            am_led_on(0);
        }
    }
    while(1) {
    }
}
```

(3) 使能涓流充电

DS1302 具有双电源供电，当芯片由 VCC2 供电时，可以通过可编程涓流充电器，使 VCC2 向 VCC1 流入很小的电流，以便为连接到 VCC1 的电池充电。使能涓流充电的函数原型为：

```
int am_ds1302_trickle_enable(am_ds1302_handle_t    handle,
                             uint8_t               set_val);
```

其中，handle 为 DS1302 实例句柄，set_val 为可编程涓流充电器的控制参数，可以控制充电的电流。充电电路的示意图详见图 6.10。当总开关打开后，充电电流的大小是由选择的二极管个数(1 个或 2 个)和电阻阻值(2 kΩ、4 kΩ 或 8 kΩ)决定的。二极管的个数决定了电压的压降，电流的计算公式为：

$$I = \frac{V_{CC2} - V_{CC1} - 0.7 \times Dn}{R}$$

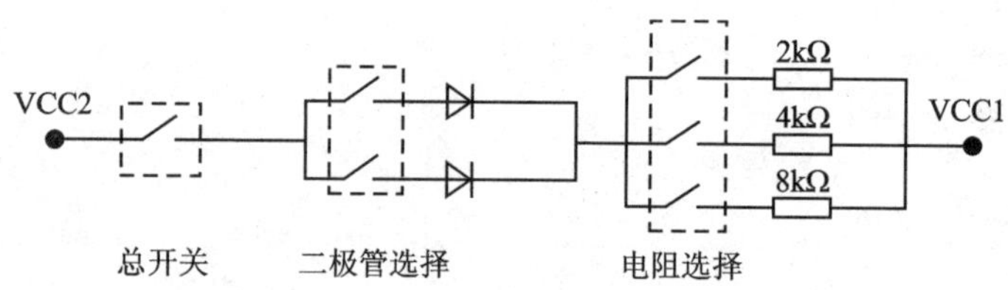

图 6.10　DS1302 充电电路示意图

set_val 可用的值已经使用宏进行了定义，详见表 6.18。实际使用时，应该根据需要的电流大小选择其中一个宏作为 set_val 的值。

表 6.18　充电电路设置标志

宏值	含义
AM_DS1302_TRICKLE_1D_2K	1 个二极管，2 kΩ 电阻
AM_DS1302_TRICKLE_2D_2K	2 个二极管，2 kΩ 电阻
AM_DS1302_TRICKLE_1D_4K	1 个二极管，4 kΩ 电阻
AM_DS1302_TRICKLE_2D_4K	2 个二极管，4 kΩ 电阻
AM_DS1302_TRICKLE_1D_8K	2 个二极管，8 kΩ 电阻
AM_DS1302_TRICKLE_2D_8K	2 个二极管，8 kΩ 电阻

例如，若选择 1 个二极管、2 kΩ 电阻，则应该将 set_val 的值设置为 AM_DS1302_TRICKLE_1D_2K。

由于在 MicroPort－DS1302 中，VCC2 的电压 V_{CC2} 为 3.3 V，因此，此时的实际电流计算公式为：

$$I = \frac{3.3\ \text{V} - V_{CC1} - 0.7\ \text{V}}{2} = \frac{2.6\ \text{V} - V_{CC1}}{2\ \text{k}\Omega}$$

当 V_{CC1} 为 0(电池电量完全耗尽)时，电流达到最大值，其值为：

$$I = \frac{2.6\ \text{V} - V_{CC1}}{2\ \text{k}\Omega} = \frac{2.6\ \text{V}}{2\ \text{k}\Omega} = 1.3\ \text{mA}$$

这就要求电池支持的最大充电电流为 1.3 mA。实际中，随着电池的充电，电池电量增加，VCC1 处的电压值会逐渐增加，充电电流也随之逐渐减小。使能涓流充电的范例程序详见程序清单 6.96。

程序清单 6.96 使能涓流充电范例程序

```
am_ds1302_trickle_enable(ds1302_handle, AM_DS1302_TRICKLE_1D_2K);
```

(4) 禁能涓流充电

当不需要充电时，如使用的非充电电池，可以使用该接口禁能涓流充电，其函数原型为：

```
int am_ds1302_trickle_disable(am_ds1302_handle_t handle);
```

其中，handle 为 DS1302 实例句柄，范例程序详见程序清单 6.97。

程序清单 6.97 禁能涓流充电范例程序

```
am_ds1302_trickle_disable(ds1302_handle);
```

6.4 键盘与数码管接口

6.4.1 ZLG72128 简介

当矩阵扩大到一定数目时，逐行扫描的方法会显得费时，如果需要对 2 个以上的按键“同时”操作，处理起来时更是麻烦。ZLG72128 是 ZLG 自行设计的数码管显示驱动与键盘扫描管理芯片，能够直接驱动 12 位共阴式数码管（或 96 只独立的 LED），同时还可以扫描管理多达 32 个按键，其中的 8 个按键如同电脑键盘上的 Ctrl、Shift 和 Alt 键一样可以作为功能键使用。另外，ZLG72128 内部还设置有连击计数器，能够使某键按下后不松手而连续有效。该芯片为工业级芯片，抗干扰能力强，在工业测控中已有大量应用。

1. 特　点

- 直接驱动 12 位 1 英寸以下的共阴式数码管或 96 只独立的 LED；
- 能够管理多达 32 个按键，其中的 8 个按键可以用作功能键，自动消除抖动；
- 利用功率电路可以方便地驱动 1 英寸以上的大型数码管；
- 具有位闪烁、位消隐、段点亮、段熄灭、功能键、连击键计数等强大功能；
- 具有 10 种数字和 21 种字母的译码显示功能，亦可直接向显示缓存写入显示数据；
- 软件配置支持 0～12 个数码管显示模式；
- 与 MCU 之间采用 I^2C 串行总线接口；
- 工作电压范围：3.0～5.5 V；
- 工作温度范围：－40～＋85℃；

● 封装:TSSOP28,引脚排列详见图 6.11,引脚说明详见表 6.19。

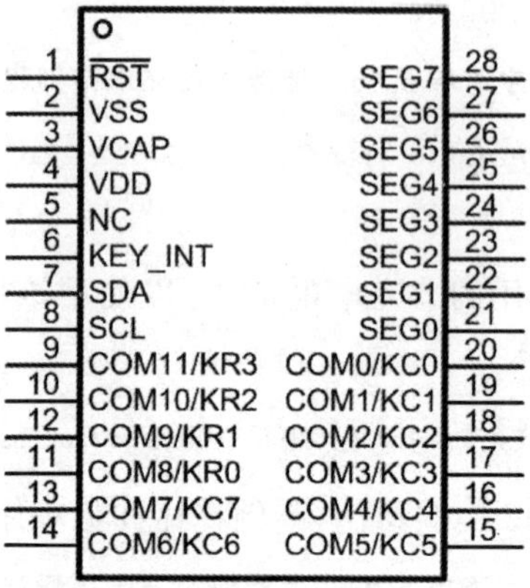

引脚	左侧	右侧	引脚
1	RST (低有效)	SEG7	28
2	VSS	SEG6	27
3	VCAP	SEG5	26
4	VDD	SEG4	25
5	NC	SEG3	24
6	KEY_INT	SEG2	23
7	SDA	SEG1	22
8	SCL	SEG0	21
9	COM11/KR3	COM0/KC0	20
10	COM10/KR2	COM1/KC1	19
12	COM9/KR1	COM2/KC2	18
11	COM8/KR0	COM3/KC3	17
13	COM7/KC7	COM4/KC4	16
14	COM6/KC6	COM5/KC5	15

图 6.11　ZLG72128 引脚排列图

表 6.19　ZLG72128 引脚功能表

引脚序号	引脚名称	功能描述
1	RST	复位信号,低电平有效
2	GND	接地
3	VCAP	外置电容端口
4	VDD	电源
5	NC	未定义
6	KEY_INT	键盘中断输出,低电平有效
7	SDA	I^2C 总线数据信号
8	SCL	I^2C 总线时钟信号
9～12	COM11～8/KR3～0	数码管位选信号 11～8/键盘行信号 3～0
13～20	COM7～0/KC7～0	数码管位选信号 7～0/键盘列信号 7～0
21～28	SEG0～SEG7	数码管 a～dp 段

2. 典型应用电路

如图 6.12 所示为按键电路,ZLG72128 能够管理多达 32 个按键(4 行 8 列),行线分别连接 COM8(KR0)～COM11(KR3)引脚,列线分别连接 COM0(KC0)～COM7(KC7)。特别地,前 3 行按键(共计 24 个按键)是普通按键,按键按下时会通过 INT 引脚通知用户,按键释放时不做任何通知。最后一行按键(共计 8 个按键)是功能键,其以一个 8 位数据表示 8 个键值的状态,F0～F7 分别对应 bit0～bit7。按下时相应位为 0,释放时相应位为 1,只要表示这 8 个按键的 8 位数据值发生变化,则会通过 INT 引脚通知用户，因此对于功能按键，按键按下或释放用户均能够得到通知。

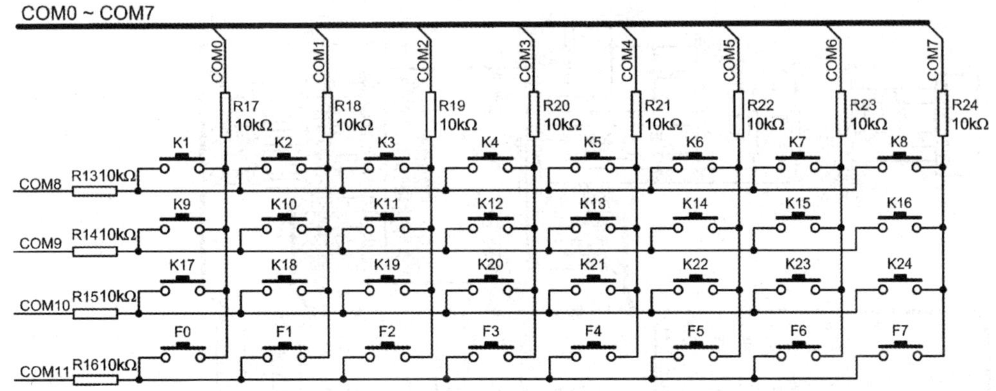

图 6.12　按键电路

在键盘电路与 ZLG72128 芯片引脚之间需连接一个电阻，其典型值为 1 kΩ。在多数应用中可能不需要这么多的键，这时既可以按行也可以按列裁减键盘。需要注意的是，该按键电路对于 3 个或 3 个以上的按键同时按下的情况是不适用的。

如图 6.13 所示是针对 2 个或 2 个以上功能键与普通键搭配使用的情况下的按键电路，在功能键与普通键之间加了一个二极管，注意：二极管应该尽量选择导通压降较小的。

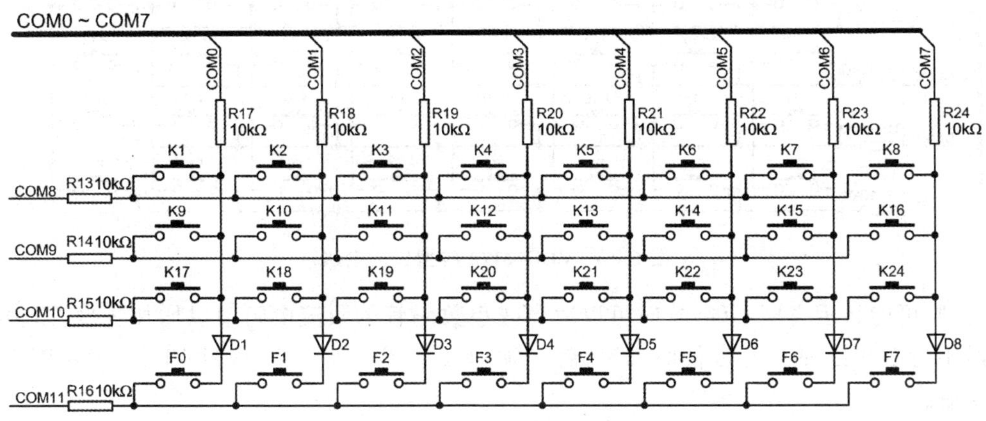

图 6.13　多个功能键复用按键电路

如图 6.14 所示为 ZLG72128 的典型应用电路原理图，用户在使用芯片驱动数码管与管理按键时，可参考该电路进行电路设计。

ZLG72128 只能直接驱动 12 位共阴式数码管驱动，在数码管的段与 ZLG72128 芯片引脚之间需要接一个限流电阻，其典型值为 270 Ω。如果需要增大数码管的亮度，则可以适当减小电阻值。ZLG72128 的驱动能力毕竟有限，当使用大型数码管

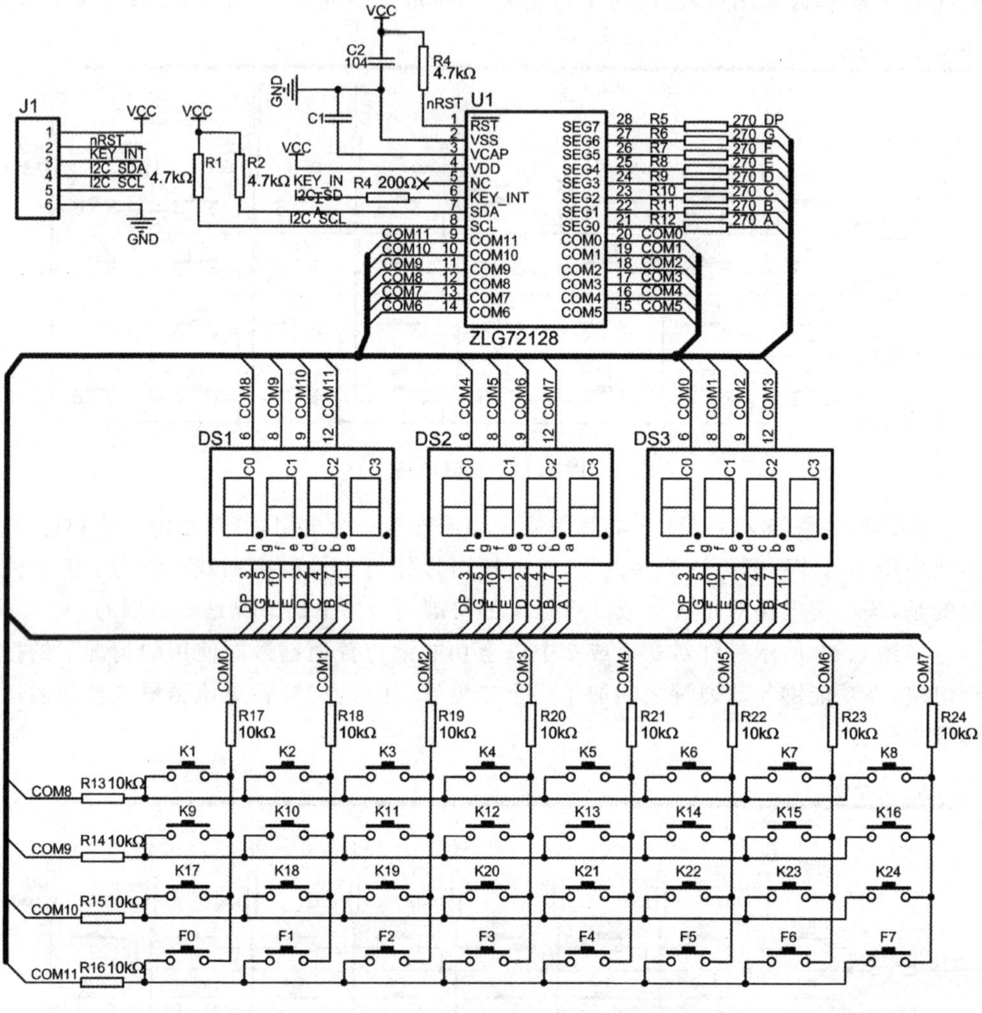

图 6.14 ZLG72128 典型应用电路

时，则可能显示亮度不够，这时可以适当减小数码管的限流电阻值以增加亮度，阻值最小为 200 Ω，如果亮度依旧不够，就必须加入功率驱动电路，详见 ZLG72128 用户手册。

为了使 ZLG72128 芯片电源稳定，一般在 VCC 和 GND 之间接入一个 47～470 μF 的电解电容。按照 I^2C 总线协议的要求，信号线 SCL 和 SDA 上必须分别接上拉电阻，其典型值是 4.7 kΩ。当通信速率大于 100 kbit/s 时，建议减小上拉电阻的值。芯片复位引脚 RST 是低电平有效，可以将其接入到 MCU 的 I/O 来控制其复位。KEY_INT 引脚可输出按键中断请求信号（低电平有效），可以连接到 MCU 的 I/O 来获取按键按下或释放事件。

虽然 ZLG72128 支持高达 12 个数码管和 32 只按键，但在实际应用中，可能不会用到全部的数码管和按键，此时，在设计硬件电路时，就可以根据实际情况进行裁剪。键盘应按照整行和整列的方式进行裁剪，即部分行线和列线引脚不使用，以减少矩阵键盘的行数和列数，进而达到减少按键数量的目的。数码管对应的位选引脚为 COM0～COM11，如果不需要使用全部的 12 位数码管，则只需要从 COM0 开始，根据实际使用的数码管个数，依次将各个数码管的位选线与 COMx 引脚相连即可，例如，使用 8 个数码管，则 COM0～COM7 作为 8 个数码管的位选线。

ZLG 设计了相应的 MiniPort - ZLG72128 配板，可以直接与带有 MiniPort 硬件接口的主板连接使用。作为示例，MiniPort - ZLG72128 配板仅使用了 2 个数码管和 4 个按键(2 行 2 列)，其电路图详见图 6.15。未使用的 COM 口可以直接悬空。

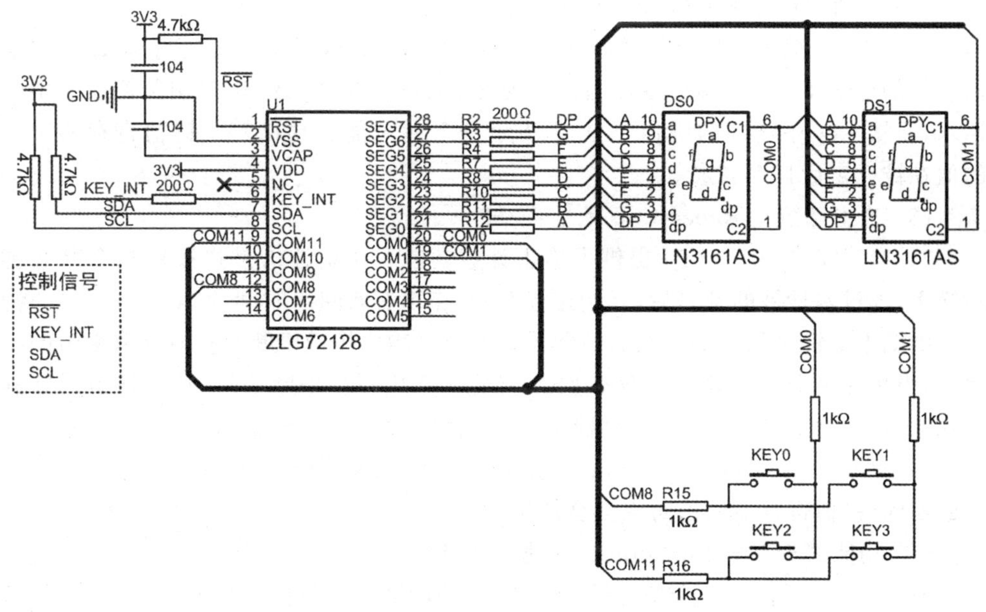

图 6.15 MiniPort - ZLG72128 电路图

主控可以通过 4 个 I/O 口完成对 MiniPort - ZLG72128 的控制。分别为 RST、KEY_INT、SDA 和 SCL。其中，RST 用于复位 ZLG72128；KEY_INT 用于 ZLG72128 检测到按键时，通过 INT 引脚通知主机；SDA 和 SCL 用于 I^2C 通信。当 MiniPort - ZLG72128 与 AM824_Core 连接时，RST 与 PIO0_6 连接，KEY_INT 与 PIO0_1 连接，SDA 和 SCL 分别与 PIO0_8 和 PIO0_9 连接。

3. 寄存器详解

ZLG72128 内部有 12 个显示缓冲寄存器 DispBuf0～DispBuf11，它们直接决定数码管显示的内容。ZLG72128 提供有 2 种显示控制方式，一种是直接向显存写入字型数据，另一种是通过向命令缓冲寄存器写入控制指令实现自动译码显示。访问这些寄存器需要通过 I^2C 总线接口来实现，ZLG72128 的 I^2C 总线器件地址是 60H

(写操作)和 61H(读操作),访问内部寄存器要通过“子地址”实现。

(1) 系统寄存器 SystemReg(地址:00H)

系统寄存器的第 0 位(LSB)称作 KeyAvi,标志着按键是否有效,0 表示没有按键被按下,1 表示有某个按键被按下。SystemReg 寄存器的其他位暂时没有定义。当按下某个键时,ZLG72128 的 KEY_INT 引脚会产生一个低电平的中断请求信号。当读取键值后,中断信号就会自动撤消(变为高电平),而 KeyAvi 也同时予以反映。正常情况下 MCU 只需要判断 KEY_INT 引脚即可。通过不断查询 KeyAvi 位也能判断是否有键按下,这样就可以节省微控制器的一根 I/O 口线,但是 I^2C 总线处于频繁的活动状态,多消耗电流且不利于抗干扰。

(2) 键值寄存器 Key(地址:01H)

如果 K1～K24 的某个普通键被按下,则微控制器可以从键值寄存器 Key 中读取相应的键值 1～24。如果微控制器发现 ZLG72128 的 KEY_INT 引脚产生了中断请求,而从 Key 中读到的键值是 0,则表示按下的可能是功能键。键值寄存器 Key 的值在被读走后自动变成 0。

(3) 连击计数器 RepeatCnt(地址:02H)

ZLG72128 为 K1～K24 提供了连击计数功能。所谓连击是指按住某个普通键不松手,经过两秒钟的延迟后,开始连续有效,连续有效间隔时间约 200 ms。这一特性跟电脑上的键盘很类似。在微控制器能够及时响应按键中断并及时读取键值的前提下,当按住某个普通键一直不松手时:首先会产生一次中断信号,这时连击计数器 RepeatCnt 的值仍然是 0;经过两秒延迟后,会连续产生中断信号,每中断一次 RepeatCnt 就自动加 1;当 RepeatCnt 计数到 255 时就不再增加,而中断信号继续有效。在此期间,键值寄存器的值每次都会产生。

(4) 功能键寄存器 FunctionKey(地址:03H)

ZLG72128 提供的 8 个功能键 F0～F7。功能键常常是配合普通键一起使用的,就像电脑键盘上的 Shift、Ctrl 和 Alt 键。当然功能键也可以单独去使用,就像电脑键盘上的 F1～F12。当按下某个功能键时,在 KEY_INT 引脚也会像按普通键那样产生中断信号。功能键的键值是被保存在 FunctionKey 寄存器中的。功能键寄存器 FunctionKey 的初始值是 FFH,每一个位对应一个功能键,第 0 位(LSB)对应 F0,第 1 位对应 F1,以此类推,第 7 位(MSB)对应 F7。某一功能键被按下时,相应的 FunctionKey 位就清零。功能键还有一个特性就是“二次中断”,按下时产生一次中断信号,抬起时又会产生一次中断信号;而普通键只会在被按下时产生一次中断。

(5) 命令缓冲区 CmdBuf0 和 CmdBuf1(地址:07H 和 08H)

通过向命令缓冲区写入相关的控制命令可以实现段寻址、下载显示数据功能。

(6) 闪烁控制寄存器 FlashOnOff(地址:0BH)

FlashOnOff 寄存器决定闪烁频率和占空比,复位值为 0111 0111B。高 4 位表示闪烁时亮的持续时间,低 4 位表示闪烁时灭的持续时间。改变 FlashOnOff 的值,可以同时改变闪烁频率和占空比。FlashOnOff 取值 00H 时可获得最快的闪烁速度，亮灭时间计算公式如下：

$$T=N\times 50+150\ \text{ms}$$

T 为闪烁时亮或灭的持续时间；N 为寄存器的高 4 位或低 4 位的值，取值 0～15；最快闪烁频率为 3.33 Hz(周期为 300 ms)，最慢闪烁频率为 0.55 Hz(周期为 1.8 s)。特别说明：单独设置 FlashOnOff 寄存器的值，不会看到显示闪烁，而应该配合闪烁控制命令一起使用。

(7) 消隐寄存器 DispCtrl0(地址:0CH)和 DispCtrl1(地址:0DH)

如表 6.20 所列为消隐寄存器，DispCtrl0、DispCtrl1 寄存器决定哪些位是否显示，对应数码管的 1～12 位。寄存器位为 1 时，对应数码管位不显示。复位值都是 0x00，即数码管的 12 个位都扫描显示。

表 6.20　消隐寄存器

DispCtrl0(0CH)								DispCtrl1(0DH)							
D_7	D_6	D_5	D_4	D_3	D_2	D_1	D_0	D_7	D_6	D_5	D_4	D_3	D_2	D_1	D_0
0	0	0	0	B11	B10	B9	B8	B7	B6	B5	B4	B3	B2	B1	B0

在实际应用中可能需要显示的位数不足 12 位，例如只显示 8 位，这时可以把 DispCtrl0 的值设置为 0x0F，把 DispCtrl1 的值设置为 0x00，则数码管的第 0～7 位被扫描显示，而第 8～12 位不会显示。

(8) 闪烁寄存器 Flash0(地址:0EH)和 Flash1(地址:0FH)

表 6.21 所列为闪烁寄存器，Flash0、Flash1 寄存器决定哪些位是否闪烁，对应数码管的 1～12 位。寄存器位为 1 时，对应数码管位闪烁。复位值都是 0x00，即数码管的 12 个位都不闪烁。

表 6.21　闪烁寄存器

Flash0(0EH)								Flash1(0FH)							
D_7	D_6	D_5	D_4	D_3	D_2	D_1	D_0	D_7	D_6	D_5	D_4	D_3	D_2	D_1	D_0
0	0	0	0	B11	B10	B9	B8	B7	B6	B5	B4	B3	B2	B1	B0

在实际应用中可能需要某些位闪烁，例如最后 2 位闪烁，这时可以把 Flash0 的值设置为 0x00，把 Flash1 的值设置为 0x03，则数码管的第 1、2 位闪烁，而第 3～12 位不会闪烁。

(9) 显示缓冲区 DispBuf0～DispBuf11(地址:10H～1BH)

DispBuf0～DispBuf11 这 12 个寄存器的取值直接决定了数码管的显示内容。每个寄存器的 8 个位分别对应数码管的 a、b、c、d、e、f、g、dp 段，MSB 对应 a，LSB 对应 dp。例如大写字母 H 的字型数据为 6EH(不带小数点)或 6FH(带小数点)。

4. 控制命令详解

寄存器 CmdBuf0(地址:07H)和 CmdBuf1(地址:08H)共同组成命令缓冲区。通过向命令缓冲区写入相关的控制命令可以实现段寻址、下载显示数据、控制闪烁等功能。

(1) 段寻址(SegOnOff)

如表 6.22 所列为段寻址寄存器,在段寻址命令中 12 位数码管被看成是 96 个段,每一个段实际上就是一个独立的 LED。

双字节命令在指令格式中,CmdBuff0 的高 4 位“0001”是命令码,CmdBuff0 的最低位 on 位表示该段是否点亮,0 表示熄灭,1 表示点亮。CmdBuff0 的 B3B2B1B0 是位地址,取值 0～11。S3S2S1S0 是 4 位段地址,取值 0～7,对应数码管的 a、b、c、d、e、f、g、dp。

表 6.22　段寻址寄存器

CmdBuf0(07H)								CmdBuf1(08H)							
D_7	D_6	D_5	D_4	D_3	D_2	D_1	D_0	D_7	D_6	D_5	D_4	D_3	D_2	D_1	D_0
0	0	0	1	0	0	0	on	B3	B2	B1	B0	S3	S2	S1	S0

(2) 下载数据并译码(Download)

如表 6.23 所列为下载数据及译码寄存器,双字节命令在指令格式中,CmdBuff0 的高 4 位“0010”是命令码 A3A2A1A0 是数码管显示数据的位地址,位地址编号按从左到右的顺序依次为 11,10,9,8,…,0,dp 控制小数点是否点亮,0 表示熄灭,1 表示点亮。Flash 表示是否要闪烁,0 表示正常显示,1 表示闪烁。d4d3d2d1d0 是要显示的数据,包括 10 种数字和 21 种字母,显示数据按照表 6.24 中的规则进行译码。

表 6.23　下载数据、译码寄存器

CmdBuf0(07H)								CmdBuf1(08H)							
D_7	D_6	D_5	D_4	D_3	D_2	D_1	D_0	D_7	D_6	D_5	D_4	D_3	D_2	D_1	D_0
0	1	1	0	A3	A2	A1	A0	dp	Flash	0	d4	d3	d2	d1	d0

(3) 复位命令(Reset)

单字节命令,在指令格式中,CmdBuf0 的高 4 位的“0011”是命令码,其功能是将所有 LED 熄灭,详见表 6.25。

(4) 测试命令(Test)

单字节命令,在指令格式中,CmdBuf0 的高 4 位的“0100”是命令码,其功能是将所有 LED 按照 0.5 s 的速率闪烁,详见表 6.26。

表 6.24 下载数据并译码命令的数据表

二进制	十六进制	显示	二进制	十六进制	显示	二进制	十六进制	显示
00000	00H	0	01011	0BH	b	10110	16H	p
00001	01H	1	01100	0CH	C	10111	17H	q
00010	02H	2	01101	0DH	d	11000	18H	r
00011	03H	3	01110	0EH	E	11001	19H	t
00100	04H	4	01111	0FH	F	11010	1AH	U
00101	05H	5	10000	10H	G	11011	1BH	y
00110	06H	6	10001	11H	H	11100	1CH	c
00111	07H	7	10010	12H	i	11101	1DH	h
01000	08H	8	10011	13H	J	11110	1EH	T
01001	09H	9	10100	14H	L	11111	1FH	无显示
01010	0AH	A	10101	15H	o			

表 6.25 复位命令寄存器

CmdBuf0(07H)							
D_7	D_6	D_5	D_4	D_3	D_2	D_1	D_0
0	0	1	1	0	0	0	0

表 6.26 测试命令寄存器

CmdBuf0(07H)							
D_7	D_6	D_5	D_4	D_3	D_2	D_1	D_0
0	1	0	0	0	0	0	0

(5) 左移命令(ShiftLeft)

单字节命令,在指令格式中,CmdBuf0 的高 4 位的“0101”是命令码,详见表 6.27。功能是以数码管的位为单位的,左移 n 位。左移后右边空出的位不显示任何内容,即全部 LED 处于熄灭状态。n 的取值范围为 1～11,大于 11 的值无效,n 的值由 CmdBuf0 的低 4 位决定,按下列公式计算:

$$n=(b3\times8)+(b2\times4)+(b1\times2)+b0$$

(6) 循环左移命令(CyclicShiftLeft)

单字节命令,在指令格式中,CmdBuf0 的高 4 位的“0110”是命令码,详见表 6.28。功能是以数码管的位为单位的,循环左移 n 位。

左移后右边显示从最左边移出的内容。n 的取值范围为 1～11,大于 11 的值无效,n 的值由 CmdBuf0 的低 4 位决定,按下列公式计算:

$$n=(b3\times8)+(b2\times4)+(b1\times2)+b0$$

(7) 右移命令(ShiftRight)

单字节命令,在指令格式中,CmdBuf0 的高 4 位的“0111”是命令码,详见表 6.29。功能是以数码管的位为单位的,右移 n 位。

表 6.27 左移命令寄存器

CmdBuf0(07H)							
D_7	D_6	D_5	D_4	D_3	D_2	D_1	D_0
0	1	0	1	b3	b2	b1	b0

表 6.28 循环左移命令寄存器

CmdBuf0(07H)							
D_7	D_6	D_5	D_4	D_3	D_2	D_1	D_0
0	1	1	0	b3	b2	b1	b0

右移后左边空出的位不显示任何内容,即全部 LED 熄灭状态。n 的取值范围为 1～11,大于 11 的值无效,n 的值由 CmdBuf0 的低 4 位决定,按下列公式计算:

$$n=(b3\times8)+(b2\times4)+(b1\times2)+b0$$

(8) 循环右移命令(CyclicShiftRight)

单字节命令,在指令格式中,CmdBuf0 的高 4 位的"1000"是命令码,详见表 6.30。功能是以数码管的位为单位的,循环右移 n 位。右移后左边显示从最右边移出的内容,n 的取值范围为 1～11,大于 11 的值无效,n 的值由 CmdBuf0 的低 4 位决定,按下列公式计算:

$$n=(b3\times8)+(b2\times4)+(b1\times2)+b0$$

表 6.29 右移命令寄存器

CmdBuf0(07H)							
D_7	D_6	D_5	D_4	D_3	D_2	D_1	D_0
0	1	1	1	b3	b2	b1	b0

表 6.30 循环右移命令寄存器

CmdBuf0(07H)							
D_7	D_6	D_5	D_4	D_3	D_2	D_1	D_0
1	0	0	0	b3	b2	b1	b0

(9) 数码管扫描位数设置指令 (Scanning)

单字节命令,在指令格式中 CmdBuf0 的高 4 位的"1001"是命令码,设置数码管扫描位数 n,详见表 6.31。n 的取值为 0～12,大于 12 的按 12 位进行扫描。扫描位数 n 以位选端第 1 位开始到位选端第 n 位扫描有效。n 的值由 CmdBuf0 的低 4 位决定,按下列公式计算。

表 6.31 扫描位数设置寄存器

CmdBuf0(07H)							
D_7	D_6	D_5	D_4	D_3	D_2	D_1	D_0
1	0	0	1	b3	b2	b1	b0

$$n=(b3\times8)+(b2\times4)+(b1\times2)+b0$$

在使用过程中,如果不需要 12 位数码管显示,从最高位开始裁剪,同时将数码扫描位数设置成相应的数码管位数。数码管的扫描位数减少后,有用的显示位由于分配的扫描时间更多,因而显示亮度得以提高。

6.4.2 ZLG72128 初始化

AMetal 已经提供了 ZLG72128 的驱动函数,使用其他各功能函数管理数码管和按键前,必须先完成 ZLG72128 的初始化。其初始化函数(am_zlg72128.h)的原型为:

```
am_zlg72128_handle_t am_zlg72128_init (
    am_zlg72128_dev_t              * p_dev,
    const am_zlg72128_devinfo_t    * p_devinfo,
    am_i2c_handle_t                  i2c_handle);
```

该函数意在获取 ZLG72128 的实例句柄。其中,p_dev 是指向 am_zlg72128_dev_t 类型实例的指针,p_devinfo 是指向 am_zlg72128_devinfo_t 类型实例信息的指针。

1. 实　例

定义类型 am_zlg72128_dev_t(am_zlg72128.h)实例如下:

```
am_zlg72128_dev_t  g_zlg72128_dev;          //定义一个 ZLG72128 实例
```

其中,g_zlg72128_dev 为用户自定义的实例,其地址作为 p_dev 的实参传递。

2. 实例信息

实例信息描述了中断引脚相关的信息,其类型 am_zlg72128_devinfo_t(am_zlg72128.h)定义如下:

```
typedef struct am_zlg72128_devinfo {
    int          rst_pin;         //复位引脚,不使用时如固定为高电平设置为 -1
    am_bool_t    use_int_pin;     //是否使用中断引脚
    int          int_pin;         //与 ZLG72128 的 KEY_INT 连接的中断引脚
    uint32_t     interval_ms;     //若不使用中断引脚,则该参数指定查询键值的时间间隔
} am_zlg72128_devinfo_t;
```

其中,rst_pin 表示 ZLG72128 复位引脚与主控制器(如 LPC824)连接的引脚号,若将 ZLG72128 复位引脚与主控制器连接,则主控制器可以控制 ZLG72128 的复位。一般情况下,为了节省引脚,复位引脚固定连接至高电平,无需由 MCU 控制,此时,rst_pin 应设置为－1。当 MiniPort - ZLG72128 与 AM824_Core 连接时,RST 与 PIO0_6 连接,则 rst_pin 应设置为 PIO0_6。

use_int_pin 表示是否使用 ZLG72128 的中断输出引脚(KEY_INT)。若该值为 AM_TRUE,表明需要使用中断引脚,此时 int_pin 指定与主控制器(如 LPC824)连接的引脚号,按键键值将在引脚中断中获取;若该值为 AM_FALSE,表明不使用中断引脚,此时 interval_ms 指定查询键值的时间间隔。

一般地,只要主控器的 I/O 资源不是非常紧缺,均会使用中断引脚。若为节省一个 I/O 中断资源,可将 use_int_pin 设置为 AM_FALSE,此时将不占用 I/O 中断资源,而系统将会以查询的方式从 ZLG72128 中获取键值,这就会耗费一定的 CPU 资源,因为每隔一段时间就要主动查询一次键值。假设使用 ZLG72128 的中断引脚,主控制器使用 LPC824,ZLG72128 的 KEY_INT 引脚与 LPC824 的 PIO0_1 连接。其实例信息定义如下:

```
const am_zlg72128_devinfo_t g_zlg72128_devinfo = {
    PIO0_6,       //复位引脚
    AM_TRUE,      //通常情况下,均会使用中断引脚
    PIO0_1,       //ZLG72128 的 KEY_INT 引脚与 LPC824 的 PIO0_1 连接
    5  //使用中断引脚时,该值无意义。若不使用中断引脚,可设置为 5,查询间隔为 5 ms
};
```

3. I²C 句柄 i2c_handle

若使用 LPC824 的 I²C2 与 ZLG72128 通信,则 I²C 句柄可以通过 LPC82x 的 I²C2 实例初始化函数 am_lpc82x_i2c2_inst_init()获得。即:

```
am_i2c_handle_t i2c_handle = am_lpc82x_i2c2_inst_init();
```

获得的 I²C 句柄即可直接作为 i2c_handle 的实参传递。

4. 实例句柄

am_zlg72128_init()函数的返回值为 ZLG72128 实例的句柄,该句柄将作为其他功能接口(数码管显示、按键管理等)的第一个参数(handle)的实参。

其类型 am_zlg72128_handle_t(am_zlg72128.h)定义如下:

```
typedef struct am_zlg72128_dev * am_zlg72128_handle_t;
```

若返回值为 NULL,说明初始化失败;若返回值不为 NULL,说明返回一个有效的 handle。

基于模块化编程思想,将初始化相关的实例、实例信息等的定义存放到对应的配置文件中,通过头文件引出实例初始化函数接口。源文件和头文件的程序范例分别详见程序清单 6.98 和程序清单 6.99。

程序清单 6.98　ZLG72128 实例初始化函数实现(am_hwconf_zlg72128.c)

```
#include "ametal.h"
#include "am_lpc82x_inst_init.h"
#include "lpc82x_pin.h"
#include "am_zlg72128.h"

static am_zlg72128_dev_t    __g_zlg72128_dev;   //定义一个 ZLG72128 实例

static const am_zlg72128_devinfo_t __g_zlg72128_devinfo = {
    PIO0_6,       //复位引脚
    AM_TRUE,      //通常情况下,均会使用中断引脚
    PIO0_1,       //ZLG72128 的 KEY_INT 引脚与 LPC824 的 PIO0_1 连接
    5  //使用中断引脚时,该值无意义。若不使用中断引脚表示查询间隔为 5 ms
};

```

```
am_zlg72128_handle_t am_zlg72128_inst_init (void)
{
    am_i2c_handle_t i2c_handle = am_lpc82x_i2c2_inst_init();
    return am_zlg72128_init(&__g_zlg72128_dev, &__g_zlg72128_devinfo, i2c_handle);
}
```

程序清单 6.99　ZLG72128 实例初始化函数声明(am_hwconf_zlg72128.h)

```
#pragma once
#include "ametal.h"
#include "am_zlg72128.h"

am_zlg72128_handle_t am_zlg72128_inst_init(void);
```

后续只需要使用无参数的实例初始化函数即可获取到 ZLG72128 的实例句柄。即：

```
am_zlg72128_handle_t zlg72128_handle = am_zlg72128_inst_init();
```

6.4.3　按键管理接口函数

ZLG72128 支持 32 个键(4 行 8 列矩阵键盘)，其中，前 3 行为普通键，同一时刻只能有一个普通键按下。最后一行为功能键，多个功能键可以同时按下。按键管理仅一个注册按键回调接口函数。

为了在检测到按键事件(有键按下)时，及时将按键事件通知用户，需要用户注册一个回调函数，当有按键事件发生时，将自动调用用户注册的回调函数。其函数原型为：

```
int am_zlg72128_key_cb_set (
    am_zlg72128_handle_t     handle,
    am_zlg72128_key_cb_t     pfn_key_cb,
    void                     *p_arg);
```

其中，pfn_key_cb 为注册的按键回调函数；p_arg 为回调函数的第一个参数的值，即当检测到按键事件自动调用回调函数时，将 p_arg 的值作为回调函数的第一个参数的值。

回调函数的类型 am_zlg72128_key_cb_t(am_zlg72128.h)定义如下：

```
typedef void (*am_zlg72128_key_cb_t) (
    void        *p_arg,         //按键回调函数的用户自定义参数
    uint8_t     key_val,        //普通按键键值
    uint8_t     repeat_cnt,     //连击计数值
    uint8_t     funkey_val);    //功能按键键值
```

由此可见，回调函数有 4 个参数，用户可以通过这些参数获取按键相关的信息。特别地，第一个参数 p_arg 为用户自定义的参数，其值即为注册回调函数时 p_arg 参数设置的值。

key_val、repeat_cnt、funkey_val 表示按键事件的相关信息，ZLG72128 可能的按键事件有以下 3 种：

● 有普通键按下(普通键释放不作为按键事件)

当有普通键按下时，key_val 表示按下键的键值，键值的有效范围为 1～24，普通键的键值已在 am_zlg72128.h 中定义为宏，宏名为 AM_ZLG72128_KEY_X_Y，其中 X 表示行号(1～3)，Y 表示列号(1～8)，如第 2 行第 5 个键的键值为 AM_ZLG72128_KEY_2_5。

● 普通键一直按下(处于连击状态)

普通键按下保持时间超过 2 s 后进入连击状态，处于连击状态时，每隔 200 ms 左右会产生一个按键事件，并使用一个连击计数器对产生的按键事件计数，每产生一个按键事件，连击计数器的值加 1，由于连击计数器的位宽为 8 位，因此，当值达到 255 后不再加 1；但同样还会继续产生按键事件，直到键释放，连击计数器清 0。处于连击状态时，key_val 表示按下键的键值，repeat_cnt 表示连击计数器的值。

● 功能键状态发生变化(功能键按下或释放都会造成状态改变)

funkey_val 的值表示所有功能键的状态。最后一行最多 8 个键，从左至右分别为 F0～F7，与 funkey_val 的 bit0～bit7 一一对应，位值为 0 表示对应功能键按下，位值为 1 表示对应功能键未按下。当无任何功能键按下时，funkey_val 的值为 0xFF。只要 funkey_val 的值发生改变，就会产生一个按键事件，功能键不提供连击功能。可以使用 am_zlg72128.h 中的宏 AM_ZLG72128_FUNKEY_CHECK(funkey_val, funkey_num)来简单判断某一功能键是否按下。funkey_num 用于表示需要检测的功能键，其值已经定义为宏，F0～F7 分别为 AM_ZLG72128_FUNKEY_0～AM_ZLG72128_FUNKEY_7。若对应键按下，则宏值为 TURE；反之，则宏值为 AM_FALSE。例如，通过 funkey_val 判断 F0 是否按下可以使用如下语句：

```
if (AM_ZLG72128_FUNKEY_CHECK(funkey_val, AM_ZLG72128_FUNKEY_0)) {
    //功能键 F0 按下
} else {
    //功能键 F0 未按下
}
```

功能键类似 PC 机上的 Ctrl、Alt、Shift 等按键，使用普通键和功能键很容易实现组合键应用，注册按键回调函数的范例程序详见程序清单 6.100。

程序清单 6.100　ZLG72128 注册按键回调函数使用范例

```
#include "ametal.h"
#include "am_led.h"
```

```
#include "am_zlg72128.h"
#include "am_hwconf_zlg72128.h"

//自定义按键处理回调函数
static void __key_callback (void *p_arg,uint8_t key_val,uint8_t repeat_cnt,uint8_t funkey_val)
{
    if (key_val == AM_ZLG72128_KEY_1_1) {      //第 1 行第 1 个按键按下
        //功能键 F0 按下
        if (AM_ZLG72128_FUNKEY_CHECK(funkey_val, AM_ZLG72128_FUNKEY_0)) {
            am_led_toggle(1);
        } else {                              //功能键 F0 未按下
            am_led_toggle(0);
        }
    }
}

int am_main (void)
{
    am_zlg72128_handle_t zlg72128_handle = am_zlg72128_inst_init();
    am_zlg72128_key_cb_set(zlg72128_handle, __key_callback, NULL);
    //_key_callback 注册的回调函数,回调函数的第一个参数不使用,设置为 NULL
    while (1){
    }
}
```

若只按下第一行第一个键,则 LED0 状态翻转;若按下第一行第一个键的同时,也按下了功能键 F0,则 LED1 状态翻转。该示例简单地展示了组合键的使用方法。

6.4.4 数码管显示接口函数

ZLG72128 支持 12 位共阴式数码管,以及闪烁、位移等功能,虽然接口函数种类繁多,但各个接口函数的功能较为简单,下面将一一介绍各个接口函数的使用方法。

1. 闪烁持续时间

当数码管闪烁时,设置其点亮和熄灭持续时间的函数原型为:

```
int am_zlg72128_digitron_flash_time_cfg(
    am_zlg72128_handle_t    handle,        //ZLG72128 实例句柄
    uint8_t                 on_ms,         //点亮的持续时间(ms)
    uint8_t                 off_ms);       //熄灭的持续时间(ms)
```

上电时,数码管点亮和熄灭的持续时间默认值为 500 ms。on_ms 和 off_ms 有

效的时间值为 150,200,250,…,800,850,900,即 150～900 ms,且间隔为 50 ms。若时间间隔不是这些值,应该选择一个最接近的值。比如,设置数码管以最快的频率闪烁,即亮、灭时间最短为 150 ms,其使用方法如下:

```
am_zlg72128_digitron_flash_time_cfg(
    zlg72128_handle,                //ZLG72128 实例句柄
    150,                            //点亮时间 150 ms
    150);                           //熄灭时间 150 ms
```

注:仅设置闪烁时间还不能立即看到闪烁现象,必须打开某位的闪烁开关后才能看到闪烁现象,详见 am_zlg72128_digitron_flash_ctrl() 函数介绍。

2. 闪烁控制

控制数码管是否闪烁的函数原型为:

```
int am_zlg72128_digitron_flash_ctrl(
    am_zlg72128_handle_t    handle,         //ZLG72128 实例句柄
    uint16_t                ctrl_val);      //控制值
```

其中,ctrl_val 为控制值;bit0～bit11 为有效位,分别对应数码管 0～11,位值为 0 时不闪烁,位值为 1 时闪烁。上电默认值为 0x0000,即所有数码管均不闪烁。比如,控制所有数码管闪烁,其使用方法如下:

```
am_zlg72128_digitron_flash_ctrl(
    zlg72128_handle,                //ZLG72128 实例句柄
    0x0FFF);                        //bit0～bit11 设置为 1,所有数码管闪烁
```

注:由于初始时可能数码管未显示任何内容,这段代码可能看不到闪烁现象,因此可以在设置前,使用后续相关 API 使数码管显示一些实际有效的内容。

3. 显示属性(开或关)

显示属性是指控制哪些数码管显示,哪些数码管不显示。在默认情况下,所有数码管均处于打开显示状态,扫描 12 位数码管。而实际上,可能需要显示的位数并不足 12 位,此时可以使用该函数关闭某些位的显示。其函数原型为:

```
int am_zlg72128_digitron_disp_ctrl (
    am_zlg72128_handle_t    handle,         //ZLG72128 实例句柄
    uint16_t                ctrl_val);      //控制值
```

其中,ctrl_val 为控制值;bit0～bit11 为有效位,分别对应数码管 0～11,位值为 0 时打开显示,位值为 1 时关闭显示。上电的默认值为 0x0000,即所有位均正常显示。比如,只使用了数码管 0～7,基于此,可以关闭数码管 8～11,其使用方法如下:

```
am_zlg72128_digitron_disp_ctrl(
    zlg72128_handle,                //ZLG72128 实例句柄
    0x0F00);                        //bit8～bit11 设置为 1,相应数码管关闭显示
```

注：使用该函数控制显示属性时，对应数码管的段码内容并不会改变。

4. 显示字符

在指定位置显示字符，ZLG72128 已经提供了 0～9 这 10 个数字和常见的 21 种字母的自动译码显示，无需应用再自行译码。其函数原型为：

```
int am_zlg72128_digitron_disp_char (
    am_zlg72128_handle_t   handle,          //ZLG72128 实例句柄
    uint8_t                pos,             //字符显示位置
    char                   ch,              //显示的字符
    am_bool_t              is_dp_disp,      //是否显示小数点
    am_bool_t              is_flash);       //是否闪烁
```

显示的字符必须是 ZLG72128 已经支持的可以自动完成译码的字符，包括字符 '0'～'9' 与 AbCdEFGHiJLopqrtUychT（区分大小写）。注意，若要显示数字 1，则 ch 参数应为字符 '1'，而不是数字 1。

若指定的字符不支持，则返回 －AM_ENOTSUP。只要成功显示，则返回 AM_OK。若需要显示一些自定义的图形，使用 am_zlg72128_digitron_dispbuf_set() 直接设置显示的段码。比如，在数码管 0 显示字符 F，不显示小数点，不闪烁，其使用方法如下：

```
am_zlg72128_digitron_disp_char(
    zlg72128_handle,              //ZLG72128 实例句柄
    0,                            //显示位置，0 号位置
    'F',                          //显示字符 'F'
    AM_FALSE,                     //不显示小数点
    AM_FALSE);                    //不闪烁
```

5. 显示字符串

指定字符串显示的起始位置，开始显示一个字符串。其函数原型为：

```
int am_zlg72128_digitron_disp_str (
    am_zlg72128_handle_t    handle,         //ZLG72128 实例句柄
    uint8_t                 start_pos,      //字符串显示起始位置
    const char              *p_str);        //字符串
```

字符串显示遇到字符结束标志 '\0' 将自动结束，或当超过有效的字符显示区域时，也会自动结束。显示的字符应确保是 ZLG72128 能够自动完成译码的，包括字符 '0'～'9' 与 AbCdEFGHiJLopqrtUychT（区分大小写）。如遇到有不支持的字符，对应位置将不显示任何内容。比如，从数码管 0 开始，显示字符串“0123456789”，其使用方法如下：

```
am_zlg72128_digitron_disp_str (
    zlg72128_handle,                    //ZLG72128 实例句柄
    0,                                  //从数码管 0 开始显示
    "0123456789");                      //字符串"0123456789"
```

6. 显示 0～9 的数字

在指定位置显示 0～9 的数字，其函数原型为：

```
int am_zlg72128_digitron_disp_num(
    am_zlg72128_handle_t    handle,         //ZLG72128 实例句柄
    uint8_t                 pos,            //数字显示位置
    uint8_t                 num,            //显示的数字
    am_bool_t               is_dp_disp,     //是否显示小数点
am_bool_t                   is_flash);      //是否闪烁
```

该函数仅用于显示一个 0～9 的数字，若数字大于 9，应自行根据需要分别显示各个位。注意，num 参数为数字 0～9，不是字符 '0'～'9'。比如，在数码管 0 显示数字 8，不显示小数点，不闪烁。其使用方法如下：

```
am_zlg72128_digitron_disp_num(
    zlg72128_handle,                    //ZLG72128 实例句柄
    0,                                  //显示位置,0 号位置
    8,                                  //显示数字 8
    AM_FALSE,                           //不显示小数点
    AM_FALSE);                          //不闪烁
```

7. 直接设置数码管显示段码

该函数用于设置各个数码管显示的段码，当需要显示一些不能自动译码显示的图形或字符时，可以使用该函数灵活地显示各种各样的图形。其函数原型为：

```
int am_zlg72128_digitron_dispbuf_set (
    am_zlg72128_handle_t    handle,         //ZLG72128 实例句柄
    uint8_t                 start_pos,      //起始位置
    uint8_t                 * p_buf,        //段码缓冲区
    uint8_t                 num);           //本次设置段码的个数
```

该函数一次可以设置多个连续数码管显示的缓冲区内容，起始显示位置由 start_pos 指定，有效值为 0～11，连续显示数码管的个数由参数 num 指定。该函数将依次设置 start_pos～(start_pos＋num－1)的各个数码管的显示内容。

段码为 8 位，bit0～bit7 分别对应段 a～dp。位值为 1 时，对应段点亮；位值为 0 时，对应段熄灭。如显示数字 1，则需要点亮段 b 和段 c，这就需要 bit1 和 bit2 为 1，因此段码为 00000110，即 0x06。其他显示图形可以以此类推。比如，在数码管 0～9

显示数字 0～9,可以使用该函数直接设置各个数码管显示的段码,使用方法如下:

```
    uint8_t seg[10] = {0x3f, 0x06, 0x5b,0x4f,0x66,0x6d,0x7d,0x07,0x7f,0x6f};  //0～9 的段码
    am_zlg72128_digitron_dispbuf_set (
        zlg72128_handle,                        //ZLG72128 实例句柄
        0,                                      //从数码管 0 开始显示
        seg,                                    //要设置显示的数码管段码
        10);                                    //共计设置 10 个数码管显示的段码
```

8. 直接控制段的点亮或熄灭

虽然已经提供了直接设置显示段码的函数,但为了更加灵活地显示一个图形,或控制图形的变换。ZLG72128 支持直接控制某个段的亮灭。其函数原型为:

```
int am_zlg72128_digitron_seg_ctrl(
    am_zlg72128_handle_t     handle,           //ZLG72128 实例句柄
    uint8_t                  pos,              //数码管的位置
    char                     seg,              //控制的段
    am_bool_t                is_on);           //是否点亮该段
```

pos 用于指定数码管的位置,有效值为 0～11。seg 表明要控制的段,有效值为 0～7,分别对应 a～dp。各个段已经在 am_zlg72128.h 文件中使用宏的形式定义好了。建议不要直接使用立即数 0～7,而应使用与 a～dp 相对应的宏 AM_ZLG72128_DIGITRON_SEG_A～AM_ZLG72128_DIGITRON_SEG_DP。比如,在当前显示的基础上,需要在数码管 0 显示出小数点,其他内容不变,此时就可以直接使用该函数控制点亮数码管 0 的 dp 段,其使用方法如下:

```
am_zlg72128_digitron_seg_ctrl(
    zlg72128_handle,                        //ZLG72128 实例句柄
    0,                                      //控制数码管 0
    AM_ZLG72128_DIGITRON_SEG_DP,            //控制 DP 段(小数点)
    AM_TRUE);                               //点亮
```

注:一次只能控制一个段。

9. 显示移位控制

ZLG72128 支持移位控制,可以使所有数码管根据命令进行移位。共支持 4 种移位方式,左移、循环左移、右移和循环右移。其函数原型为:

```
int am_zlg72128_digitron_shift (
    am_zlg72128_handle_t     handle,           //ZLG72128 实例句柄
    uint8_t                  dir,              //移位方向
    am_bool_t                is_cyclic,        //是否是循环移位
    uint8_t                  num);             //移动的位数,有效值 0～11
```

dir 指定移位方向，表示方向的宏值已经在 am_zlg72128.h 文件中使用宏的形式定义好了，应直接使用宏值作为 dir 参数的值，左移为 AM_ZLG72128_DIGITRON_SHIFT_LEFT，右移为 AM_ZLG72128_DIGITRON_SHIFT_RIGHT。

is_cyclic 为 AM_TRUE 时表明是循环移位，否则不是循环移位。如果不是循环移位，则移位后，右边空出的位(左移)或左边空出的位(右移)将不显示任何内容。若是循环移动，则空出的位将会显示被移除位的内容。num 指定移动的位数，一次可以移动 0～11 位。大于 11 的值将视为无效值。比如，要将当前数码管显示循环左移一位，其使用方法如下：

```
am_zlg72128_digitron_shift(
    zlg72128_handle,                          //ZLG72128 实例句柄
    AM_ZLG72128_DIGITRON_SHIFT_LEFT,          //左移
    AM_TRUE,                                  //循环移动
    1);                                       //移动 1 位
```

实际中，可能会发现移位方向与传入的命令恰恰相反，这是由于硬件设计的不同造成的。常见的，可能有以下两种硬件设计方式：

- 最右边为数码管 0，从左至右为 11，10，9，8，7，6，5，4，3，2，1，0；
- 最左边为数码管 0，从左至右为 0，1，2，3，4，5，6，7，8，9，10，11。

这主要取决于硬件设计时 COM0～COM11 引脚所对应数码管所处的物理位置。此处左移和右移的概念是以 ZLG72128 典型应用电路为参考的，其 COM0 对应的是最右边的数码管，即最右边为数码管 0。那么左移和右移的概念分别为：

左移：数码管 0(最右侧数码管)显示切换到 1，数码管 1 显示切换到 2，……，数码管 10 显示切换到 11。

右移：数码管 11(最左侧数码管)显示切换到 10，数码管 1 显示切换到 2，……，数码管 10 显示切换到 11。

若硬件电路设计数码管位置是相反的(如 COM0 对应的是最左边的数码管)，则移位效果恰恰是相反的，此处只需要稍微注意即可。

10. 复位显示

复位显示将数码管显示的内容清空，即所有数码管不显示任何内容。其函数原型为：

```
int am_zlg72128_digitron_disp_reset(am_zlg72128_handle_t handle);
```

11. 测试命令

测试命令主要用于测试数码管的硬件电路是否连接正常。其函数原型为：

```
int am_zlg72128_digitron_disp_test(am_zlg72128_handle_t handle);
```

执行测试命令后，数码管段显示“8.8.8.8.8.8.8.8.8.8.8.8.”，并以 0.5 s 的速

率闪烁。

12. 数码管显示测试

为了判断数码管是否工作正常，实现一个简单的数码管显示测试：系统启动时，数码管进入测试状态，数码管所有段全部点亮，即显示“8.8.8.8.8.8.8.8.8.8.8.8.”，并以 0.5 s 的时间间隔闪烁。历时 3 s 后，清空显示内容。

由于 ZLG72128 自带数码管测试命令，所以该项功能很容易实现，直接调用测试命令接口，延时 3s 后，复位数码管显示即可。范例程序详见程序清单 6.101。

程序清单 6.101　数码管显示测试范例程序

```
void digitron_test_process (am_zlg72128_handle_t handle)
{
    am_zlg72128_digitron_disp_test(handle);      //测试命令
    am_mdelay(3000);                             //延时 3 秒,使测试命令保持 3 秒
    am_zlg72128_digitron_disp_reset(handle);     //复位数码管显示
}
```

13. 单个普通键测试

为了测试各个普通键是否工作正常，实现一个简单的按键测试：按下任何一个普通键，数码管显示当前键的键值(1～24)。

对于普通键，当键按下时，可以通过按键回调函数直接获取到键值(1～24)，获取到键值后，使用数码管显示接口将该值显示出来即可。范例程序详见程序清单 6.102。

程序清单 6.102　普通按键测试范例程序

```
void normal_key_test_process (
    am_zlg72128_handle_t   handle,          //ZLG72128 操作句柄
    uint8_t                key_val)         //普通键键值
{
    //数码管 1 显示十位,十位为 0 时不显示(显示空格),不显示小数点,不闪烁
    if (g_key_event_info.key_val / 10 != 0) {
        am_zlg72128_digitron_disp_num(handle, 1,key_val / 10, AM_FALSE, AM_FALSE);
    } else {
        am_zlg72128_digitron_disp_char(handle, 1, ' ', AM_FALSE, AM_FALSE);
    }
    //在数码管 0 显示个位,不显示小数点,不闪烁
    am_zlg72128_digitron_disp_num(handle, 0, key_val % 10, AM_FALSE, AM_FALSE);
}
```

14. 组合键使用

ZLG72128 有 8 个功能键，功能键如同电脑键盘的 Ctrl、Shift 和 Alt 键，与其他

普通按键组合可以实现丰富的功能，如 Ctrl＋S(保存)、Ctrl＋A(全选)、Ctrl＋Z(撤销)等。

这里，以功能键 F0 为例，展示其如何与普通按键组合使用。为方便观察，定义下列操作及对应的现象：

- F0＋K1：数码管显示循环左移；
- F0＋K2：数码管显示循环右移；
- F0＋K3：所有闪烁显示打开/关闭。

各种组合键对应的功能都有相应的 API，相应的范例程序详见程序清单 6.103。

程序清单 6.103　组合键使用范例程序

```
void combination_key_process(
    am_zlg72128_handle_t  handle,          //ZLG72128 操作句柄
    uint8_t               key_val,         //普通键键值
    uint8_t               funckey_val)     //功能键键值
{
    static uint16_t flash = 0x0000;        //初始时，所有位均不闪烁
    if ((funckey_val & (1<<0)) == 0) {     //F0 按下
        switch (key_val) {
        case 1:                            //循环左移
            am_zlg72128_digitron_shift(
                handle,
                AM_ZLG72128_DIGITRON_SHIFT_LEFT,
                AM_TRUE,
                1);
            break;
        case 2:                            //循环右移
            am_zlg72128_digitron_shift(
                handle,
                AM_ZLG72128_DIGITRON_SHIFT_RIGHT,
                AM_TRUE,
                1);
            break;
        case 3:                            //打开/关闭闪烁
            flash = ~flash;                //取反，所有为闪烁状态改变
            am_zlg72128_digitron_flash_ctrl(handle, flash);
            break;
        default:
            break;
        }
    }
}
```

至此，各个功能的处理函数都编写好了。但对于按键事件的处理，还有关键的一步就是获取到键值。通过上述对 ZLG72128 接口函数的介绍可知，如需获取键值，只需要注册按键回调函数，然后在回调函数中即可通过传递给回调函数的参数获得键值。

按照常规思维，获取键值后，可能直接在回调函数中调用相关处理函数对按键做相应处理，但这是非常不妥的。这是因为，回调函数一般都是在中断环境中执行的，如果回调函数的处理占用了很长的时间，将严重影响整个系统的实时性。应该保证回调函数的处理尽可能快地结束。基于此，在按键回调函数中仅完成键值的保存，实际的处理在 am_main()函数主循环中完成。因此回调函数的处理就非常简单了，只需要保存下键值，并设置一个标志供 am_main()主循环查询即可。范例程序详见程序清单 6.104。

程序清单 6.104　回调函数处理范例程序

```
//按键事件信息结构体
struct key_event_info {
    am_bool_t  key_event;                        //是否有按键事件
    uint8_t    key_val;                          //普通按键键值
    uint8_t    repeat_cnt;                       //普通按键重复计数
    uint8_t    funkey_val;                       //功能键键值
};
static struct key_event_info g_key_event_info;  //存放按键事件信息结构体变量
//自定义按键处理回调函数
static void zlg72128_key_callback(
    void      *p_arg,                            //用户参数，注册回调函数时指定
    uint8_t  key_val,                            //普通键键值
    uint8_t  repeat_cnt,                         //连击计数器
    uint8_t  funkey_val)                         //功能键键值
{
    if (g_key_event_info.key_event == AM_FALSE) {//无按键事件待处理，填充新的键值
        g_key_event_info.key_val  = key_val;
        g_key_event_info.repeat_cnt = repeat_cnt;
        g_key_event_info.funkey_val = funkey_val;
        g_key_event_info.key_event = AM_TRUE;
    }
}
```

这里定义了一个按键事件信息结构体变量，将按键回调函数中的相关信息全部存放在该结构体中。当 key_event 的值为 AM_TRUE 时，说明有按键事件，范例程序详见程序清单 6.105。

程序清单 6.105　综合示例程序

```
#include "ametal.h"
#include "am_zlg72128.h"
#include "am_delay.h"
#include "am_hwconf_zlg72128.h"

struct key_event_info {                          //按键事件信息结构体类型定义
    bool_t   key_event;                          //是否有按键事件
    uint8_t  key_val;                            //普通按键键值
    uint8_t  repeat_cnt;                         //普通按键重复计数
    uint8_t  funkey_val;                         //功能键键值
};
struct key_event_info g_key_event_info; //结构体变量,用以保存按键信息

int am_main (void)
{
    am_zlg72128_handle_t zlg72128_handle = am_zlg72128_inst_init();
    am_zlg72128_key_cb_set(zlg72128_handle, zlg72128_key_callback, NULL);
                                                 //注册按键回调函数
    digitron_test_process(zlg72128_handle);     //数码管显示测试
    while (1) {
        if (g_key_event_info.key_event == AM_TRUE) {
            //仅普通按键按下,按键测试程序
            if ((g_key_event_info.funkey_val == 0xFF) && (g_key_event_info.key_val
            != 0)) {
                normal_key_test_process(zlg72128_handle, g_key_event_info.key_val);
            }
            //组合键按下
            if ((g_key_event_info.funkey_val != 0xFF) && (g_key_event_info.key_val
            != 0)) {
                combination_key _process(
                    zlg72128_handle, g_key_event_info.key_val, g_key_event_info.
                    funkey_val);
            }
            g_key_event_info.key_event = AM_FALSE;
        }
    }
}
```

第 7 章

面向通用接口的编程

本章导读

虽然面向接口的编程简单易懂，但无法做到最大程度地重用应用程序，这是导致软件开发成本居高不下的原因之一。而面向通用接口的编程就是基于 AMetal 框架的应用程序设计，其核心是制定统一的接口规范，使程序员脱离非核心域的束缚聚焦于核心竞争力。

7.1 LED 控制接口

7.1.1 LED 通用接口

为了实现跨平台开发应用软件，AMetal 提供了操作 LED 的通用接口，详见表 7.1。

表 7.1 LED 通用接口(am_led.h)

函数原型	功能简介
int am_led_set (int led_id, am_bool_t state);	设置 LED 的状态(点亮或熄灭)
int am_led_on(int led_id);	点亮 LED
int am_led_off(int led_id);	熄灭 LED
int am_led_toggle(int led_id);	翻转 LED 的状态

1. 设置 LED 的状态

设置 LED 状态的函数原型为：

```
int am_led_set (int led_id, am_bool_t state);
```

其中，led_id 为 LED 编号，AM824_Core 开发板共有两个 LED(LED0 和 LED1)，其编号分别为 0 和 1。如果 LED 的状态 state 值为 AM_TRUE，则点亮 LED；反之 state 值为 AM_FALSE，则熄灭 LED，其相应的范例程序详见程序清单 7.1。

程序清单 7.1　am_led_set()范例程序

```
am_led_set(0, AM_TRUE);
```

2. 点亮 LED

点亮 LED 的函数原型为：

```
int am_led_on(int led_id);
```

其中,led_id 为 LED 编号,其相应的范例程序详见程序清单 7.2。

程序清单 7.2　am_led_on()范例程序

```
am_led_on(0);
```

3. 熄灭 LED

熄灭 LED 的函数原型为：

```
int am_led_off(int led_id);
```

其中,led_id 为 LED 编号,其相应的范例程序详见程序清单 7.3。

程序清单 7.3　am_led_off()范例程序

```
am_led_off(0);
```

4. 翻转 LED 的状态

翻转 LED 的状态就是使 LED 由点亮状态转变为熄灭状态或由熄灭状态转变为点亮状态。其函数原型为：

```
int am_led_off(int led_id);
```

其中,led_id 为 LED 编号,其相应的范例程序详见程序清单 7.4。

程序清单 7.4　am_led_toggle()范例程序

```
while (1) {
    am_led_toggle(0);                  //翻转 LED0 的状态
    am_mdelay(500);                    //延时 500 ms
}
```

通过 LED 通用接口控制 AM824_Core 板载的两个 LED,使两灯交替点亮(两个 LED 的流水灯效果),其相应的范例详见程序清单 7.5。

程序清单 7.5　两个 LED 灯交替点亮(LED 流水灯)

```
#include "ametal.h"
#include "am_delay.h"
#include "am_led.h"

```

```
int am_main (void)
{
    int i = 0;
    while(1) {
        am_led_on(i);                   //点亮 LED(i)
        am_mdelay(200);                 //延时 200 ms
        am_led_off(i);                  //熄灭 LED(i)
        i = (i + 1) % 2;                //仅有 2 个 LED
    }
}
```

7.1.2 LED 驱动

显然，要想使用通用接口操作 LED，则必须为具体的 LED 设备提供相应的驱动。基于此，AMetal 提供了相应的驱动初始化函数。当使用该函数初始化一个 LED 实例后，即可使用通用 LED 接口操作 LED。其函数原型为：

```
int am_led_gpio_init(am_led_gpio_dev_t *p_dev, const am_led_gpio_info_t *p_info);
```

其中，p_dev 为指向 am_led_gpio_dev_t 类型实例的指针；p_info 为指向 am_led_gpio_info_t 类型实例信息的指针。

1. 实 例

定义 am_led_gpio_dev_t 类型(am_led_gpio.h)实例如下：

```
am_led_gpio_dev_t   g_led_gpio;                //定义一个 LED 实例(GPIO 驱动)
```

其中，g_led_gpio 为用户自定义的实例，其地址作为 p_dev 的实参传递。

2. 实例信息

实例信息主要描述了 LED 的相关信息，比如，使用的 GPIO 引脚号，LED 为低电平点亮与相应的 LED 编号等信息。其类型 am_led_gpio_info_t(am_key_gpio.h)定义如下：

```
typedef struct am_led_gpio_info {
    am_led_servinfo_t     serv_info;
    const int             *p_pins;
    am_bool_t             active_low;
} am_led_gpio_info_t;
```

(1) serv_info

serv_info 包含 LED 编号信息，其类型 am_led_servinfo_t 定义如下：

```
typedef struct am_led_servinfo{
    int     start_id;
```

```
    int end_id;
} am_led_servinfo_t;
```

一个 LED 设备可能包含多个 LED，start_id 为 LED 的起始编号，end_id 为 LED 的结束编号，LED 数目为 end_id－start_id＋1。由于 AM824_Core 开发板仅有 LED0 和 LED1 两个 LED，因此其起始编号为 0，结束编号为 1。

(2) p_pins

p_pins 指向存放各个 LED 相应引脚号的数组，比如，AM824_Core 开发板的 LED0 通过 J9 与 MCU 的 PIO0_20 相连，LED1 通过 J10 与 MCU 的 PIO0_21 相连。基于此，定义一个存放引脚号的数组。比如：

```
const int g_led_pins[] = {PIO0_20, PIO0_21};
```

该数组的地址为 p_pins 的值。

(3) active_low

当引脚输出低电平时，点亮 LED，因此 active_low 的值为 AM_TRUE。实例信息定义如下：

```
const int g_led_pins[] = {PIO0_20, PIO0_21};
const am_led_gpio_info_t g_led_gpio_info = {
    {
        0,                      //起始编号为 0
        1                       //结束编号为 1
    },
    g_led_pins,                 //两个 LED 对应的引脚
    AM_TRUE                     //当引脚输出低电平时，点亮 LED
};
```

基于实例和实例信息，即可完成 LED 的初始化。比如：

```
am_led_gpio_init(&g_led_gpio, &g_led_gpio_info);
```

当完成初始化后，即可调用通用 LED 接口操作 LED0 和 LED1。为了便于配置 LED(修改实例信息)，基于模块化编程思想，将初始化相关的实例和实例信息等定义存放在 LED 配置文件中，通过头文件引出实例初始化函数接口，源文件和头文件的程序范例分别详见程序清单 7.6 和程序清单 7.7。

程序清单 7.6　LED 实例初始化函数实现(am_hwconf_led_gpio.c)

```
#include "ametal.h"
#include "am_led_gpio.h"
#include "lpc82x_pin.h"

static const int __g_led_pins[] = {PIO0_20, PIO0_21};
```

```
static const am_led_gpio_info_t __g_led_gpio_info = {
    {
        0,                          //起始编号为 0
        1                           //结束编号为 1,共计 2 个 LED
    },
    __g_led_pins,                   //两个 LED 对应的引脚
    AM_TRUE                         //当引脚输出低电平时,点亮 LED
};

static am_led_gpio_dev_t  __g_led_gpio;
int am_led_gpio_inst_init (void)
{
    return am_led_gpio_init(&__g_led_gpio, &__g_led_gpio_info);
}
```

程序清单 7.7　LED 实例初始化函数声明(am_hwconf_led_gpio.h)

```
#pragma once
#include "ametal.h"

int am_led_gpio_inst_init (void);
```

后续只需要使用无参数的实例初始化函数,即可完成 LED 实例的初始化:

```
am_led_gpio_inst_init();
```

AM824_Core 的 LED0 和 LED1 作为一种板载资源,在系统启动时默认进行了初始化操作,因此应用程序无需再调用实例初始化函数,即可直接使用 LED0 和 LED1。

如果用户不需要使用 LED,为了节省内存空间,可以将工程配置文件(am_prj_config.h)中的 AM_CFG_LED_ENABLE 宏值修改为 0,裁掉 LED 程序,该宏本质上控制了板级初始化函数中的一段程序,详见程序清单 7.8。

程序清单 7.8　在板级初始化中裁剪 LED 的原理

```
void am_board_init (void)
{
    //......
    #if (AM_CFG_LED_ENABLE == 1)
        am_led_gpio_inst_init();
    #endif
    //......
}
```

7.1.3 MiniPort - LED

MiniPort - LED 模块由 8 个 LED 组成，当 MiniPort - LED 与 AM824_Core 的 PIO0_8～PIO0_15 相连时，如果 GPIO 输出低电平，则点亮 LED。由于 MiniPort - LED 也是 GPIO 驱动型 LED，因此可以使用与板载 LED 相同的 LED 驱动。其实例定义如下：

```
am_led_gpio_dev_t   g_miniport_led;
```

为了避免与板载 LED 编号冲突，MiniPort - LED 应该使用与板载 LED 不同的编号，比如，将编号定义为 2～9。如果系统不使用板载 LED0 和 LED1（已将工程配置文件中的 AM_CFG_LED_ENABLE 宏值修改为 0），仅使用 MiniPort - LED，则编号定义为 0～7。其实例信息定义如下：

```
const int g_miniport_led_pins[] = {
    PIO0_8, PIO0_9, PIO0_10, PIO0_11, PIO0_12, PIO0_13, PIO0_14, PIO0_15};

const am_led_gpio_info_t g_miniport_led_info = {
    {
        2,                      //起始编号为 2
        9                       //结束编号为 9
    },
    g_miniport_led_pins,        //8 个 LED 对应的引脚
    AM_TRUE                     //当引脚输出低电平时，点亮 LED
};
```

基于实例和实例信息，即可完成 MiniPort - LED 的初始化。比如：

```
am_led_gpio_init(&g_miniport_led, &g_miniport_led_info);
```

当完成初始化后，即可调用通用 LED 接口操作 LED2～LED9。为了便于配置（修改实例信息）MiniPort - LED，基于模块化编程思想，将初始化相关的实例和实例信息等定义存放在 MiniPort - LED 的配置文件中，通过头文件引出实例初始化函数接口，源文件和头文件的程序范例分别详见程序清单 7.9 和程序清单 7.10。

程序清单 7.9　MiniPort - LED 实例初始化函数实现(am_hwconf_miniport_led.c)

```
#include "ametal.h"
#include "am_led_gpio.h"
#include "lpc82x_pin.h"

static const int __g_miniport_led_pins[] = {
```

```
    PIO0_8, PIO0_9, PIO0_10, PIO0_11, PIO0_12, PIO0_13, PIO0_14, PIO0_15};

static const am_led_gpio_info_t __g_miniport_led_info = {
    {
        2,                          //起始编号为 2
        9                           //结束编号为 9,共计 8 个 LED
    },
    __g_miniport_led_pins,          //8 个 LED 对应的引脚
    AM_TRUE                         //当引脚输出低电平时,点亮 LED
};

static am_led_gpio_dev_t  __g_miniport_led;
int am_miniport_led_inst_init (void)
{
    return am_led_gpio_init(&__g_miniport_led, &__g_miniport_led_info);
}
```

程序清单 7.10　MiniPort - LED 实例初始化函数声明(am_hwconf_miniport.h)

```
#pragma once
#include "ametal.h"

int am_miniport_led_inst_init (void);
```

注:在这里,实例初始化函数声明到了 am_hwconf_miniport.h 文件中,而不是为其单独建立了一个形如 am_hwconf_microport_led.h 文件。主要原因是实例初始化函数的声明很简洁,如果每个文件只声明一个函数,将会导致头文件过多,包含起来较为繁琐,因此,这里将所有 MiniPort 模块相关的实例初始化函数均声明到 am_hwconf_miniport.h 文件中(当然,程序清单 7.10 仅展示了 MiniPort - LED 的实例初始化函数)其他模块的实例初始化函数将在后文讲解中逐步添加。

后续只需要使用无参数的实例初始化函数,即可完成 MiniPort - LED 实例的初始化:

```
am_miniport_led_inst_init();
```

当完成初始化后,即可使用通用 LED 接口操作 LED2～LED9。在 AM824_Core 中,MiniPort - LED 作为可选的配板资源,在系统启动时没有像板载 LED0 和 LED1 那样默认执行初始化操作。如果要使用 MiniPort - LED,则必须调用 MiniPort - LED 实例初始化函数。

7.2 HC595 接口

7.2.1 HC595 通用接口

AMetal 提供了一套操作 HC595 的通用接口，详见表 7.2。

表 7.2 HC595 通用接口(am_hc595.h)

函数原型	功能简介
int am_hc595_enable(am_hc595_handle_t handle);	使能 HC595 输出
int am_hc595_disable(am_hc595_handle_t handle);	禁能 HC595 输出
int am_hc595_send(am_hc595_handle_t handle, const uint8_t * p_data, size_t nbytes);	数据发送

1. HC595 输出

使能 HC595 输出的函数原型为：

```
int am_hc595_enable (am_hc595_handle_t handle);
```

其中，handle 为 HC595 的实例句柄，可通过具体的 HC595 驱动初始化函数获得。其类型 am_hc595_handle_t(am_hc595.h)定义如下：

```
typedef am_hc595_serv_t * am_hc595_handle_t;
```

未使能时，HC595 的输出处于高阻状态，使能后才能正常输出 0 或 1，范例程序详见程序清单 7.11。

程序清单 7.11 am_hc595_enable()范例程序

```
am_hc595_enable(hc595_handle);
```

其中，hc595_handle 可以通过具体的 HC595 驱动获得，若 HC595 使用 SPI 驱动，则可以通过如下语句获得：

```
am_hc595_handle_t hc595_handle = am_miniport_595_inst_init();
```

该实例初始化函数 am_miniport_595_inst_init()会在后面详细介绍。

2. 禁能 HC595 输出

禁能后 HC595 输出处于高阻状态，其函数原型为：

```
int am_hc595_disable (am_hc595_handle_t handle);
```

其中，handle 为 HC595 的实例句柄，范例程序详见程序清单 7.12。

程序清单 7.12　am_hc595_disable()范例程序

```
am_hc595_disable(hc595_handle);
```

3. 输出数据

输出数据的函数原型为：

```
int am_hc595_send (am_hc595_handle_t handle, const uint8_t * p_data, size_t nbytes);
```

其中，handle 为 HC595 的实例句柄，p_data 为指向待输出数据的缓冲区，nbytes 指定了输出数据的字节数。对于单个 HC595，其只能并行输出 8 位数据，即只能输出单字节数据，其范例程序详见程序清单 7.13。

程序清单 7.13　输出单字节数据的范例程序

```
uint8_t data = 0x55;
am_hc595_send(handle, &data, 1);
```

当需要并行输出超过 8 位数据时，可以使用多个 HC595 级联，此时即可输出多字节数据，范例程序详见程序清单 7.14。

程序清单 7.14　输出多字节数据的范例程序

```
uint8_t data[2] = {0x55, 0x55};
am_hc595_send(handle, data, 2);
```

对于 MiniPort－HC595，仅包含一个 HC595，因此每次只能输出 1 字节数据。

7.2.2　HC595 驱动

AMetal 已经提供基于 SPI 的 HC595 的驱动，该驱动提供了一个初始化函数，使用该函数初始化一个 HC595 实例后，即可得到一个通用的 HC595 实例句柄。其函数原型为：

```
am_hc595_handle_t am_hc595_spi_init (
    am_hc595_spi_dev_t * p_dev, const am_hc595_spi_info_t * p_info, am_spi_handle_t
    handle);
```

其中，p_dev 为指向 am_hc595_spi_dev_t 类型实例的指针；p_info 为指向 am_hc595_spi_info_t 类型实例信息的指针。

1. 实　例

定义类型 am_hc595_spi_dev_t(am_hc595_spi.h)实例如下：

```
am_hc595_spi_dev_t  g_miniport_595;                //定义 HC595 实例(MiniPort - 595)
```

其中，g_miniport_595 为用户自定义的实例，其地址作为 p_dev 的实参传递。

2. 实例信息

实例信息主要描述了 HC595 的相关信息，比如，锁存引脚、输出使能引脚以及 SPI 速率等，其类型 am_hc595_spi_info_t(am_hc595_spi.h)定义如下：

```
typedef struct am_hc595_spi_info {
    int            pin_lock;
    int            pin_oe;
    uint32_t       clk_speed;
    am_bool_t      lsb_first;
} am_hc595_spi_info_t;
```

其中，pin_lock 指定了 HC595 的锁存引脚，即 STR 引脚。该引脚与 LPC824 连接的引脚为 PIO0_14，因此 pin_lock 的值应设置为 PIO0_14。

pin_oe 指定了 HC595 的输出使能引脚。该引脚未与 LPC824 连接，固定为低电平，因此 pin_oe 的值应设置为－1。

clk_speed 指定了 SPI 的速率，可根据实际需要设定。若 HC595 的输出用于驱动 LED 或数码管等设备，则对速率要求并不高，可设置为 300 000(300 kHz)。

lsb_first 决定了一个 8 位数据在输出时，输出位的顺序。若该值为 AM_TRUE，则表明最低位先输出，最高位后输出；若该值为 AM_FALSE，则表明最低位后输出，最高位先输出，最先输出的位决定了 HC595 输出端 Q7 的电平，最后输出的位决定了 HC595 输出端 Q0 的电平。如设置为 AM_TRUE，当后续发现输出顺序与期望输出的顺序相反时，可再将该值修改为 AM_FALSE。基于以上信息，实例信息可以定义如下：

```
const am_hc595_spi_info_t  miniport_595_info = {
    PIO0_14,                   //锁存引脚
    -1,                        //输出使能引脚，未使用
    300000,                    //SPI 时钟，300 kHz
    AM_TRUE                    //最低位先发送
};
```

3. SPI 句柄 handle

若使用 LPC824 的 SPI1 驱动 HC595 输出，则通过 LPC82x 的 SPI1 实例初始化函数 am_lpc82x_spi1_dma_inst_init()获得 SPI 句柄。即

```
am_spi_handle_t  spi_handle = am_lpc82x_spi1_dma_inst_init ();
```

SPI 句柄即可直接作为 handle 的实参传递。

4. 实例句柄

HC595 初始化函数 am_hc595_spi_init()的返回值即为 HC595 实例的句柄，其

作为 HC595 通用接口第一个参数(handle)的实参。其类型 am_hc595_handle_t (am_hc595.h)定义如下：

```
typedef am_hc595_serv_t * am_hc595_handle_t;
```

若返回值为 NULL,说明初始化失败;若返回值不为 NULL,说明返回了有效的 handle。

基于模块化编程思想,将初始化相关的实例和实例信息等定义存放在对应的配置文件中,通过头文件引出实例初始化函数接口,源文件和头文件的程序范例分别详见程序清单 7.15 和程序清单 7.16。

程序清单 7.15　实例初始化函数范例程序(am_hwconf_miniport_595.c)

```
#include "ametal.h"
#include "am_lpc82x_inst_init.h"
#include "am_hc595_spi.h"
#include "lpc82x_pin.h"

am_hc595_handle_t am_miniport_595_inst_init (void)
{
    static am_hc595_spi_dev_t          miniport_595;
    static const am_hc595_spi_info_t  miniport_595_info = {
        PIO0_14,                       //锁存引脚
        -1,                            //输出使能引脚,未使用
        300000,                        //SPI 时钟, 300 kHz
        AM_TRUE                        //最低位先发送
    };
    return am_hc595_spi_init(&miniport_595, &miniport_595_info, am_lpc82x_spi1_
    dma_inst_init());
}
```

程序清单 7.16　实例初始化函数接口(am_hwconf_miniport.h)

```
#pragma once
#include "ametal.h"
#include "am_hc595.h"

am_hc595_handle_t am_miniport_595_inst_init (void);
```

后续只需要使用无参数的实例初始化函数,即可获取到 HC595 的实例句柄：

```
am_hc595_handle_t  hc595_handle = am_miniport_595_inst_init();
```

当直接使用 AM824_Core 与 MiniPort-LED 连接时,使用 8 个 GPIO 控制 8 个 LED,得益于 MiniPort 接口的灵活性。当 GPIO 资源不足时,可以在 AM824_Core

与 MiniPort - LED 之间增加 MiniPort - 595，使用它的输出控制 LED，达到节省引脚的目的。

当将 MiniPort - 595 和 MiniPort - LED 连接后，等效的原理图详见图 7.1。

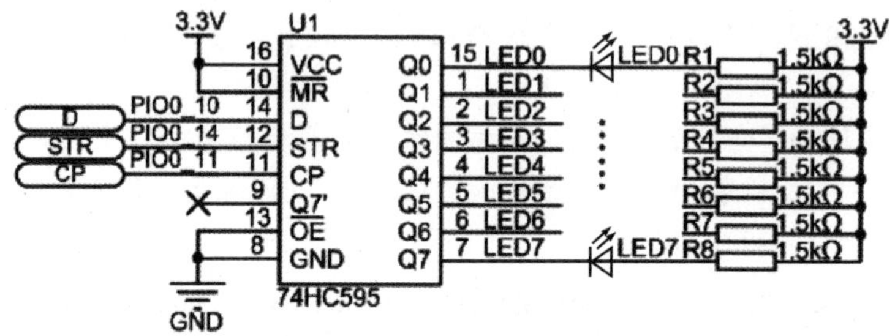

图 7.1　MiniPort - 595 与 MiniPort - LED 连接

通过控制 HC595 的输出，可以达到控制 LED 点亮和熄灭的效果，范例详见程序清单 7.17。

程序清单 7.17　74HC595 驱动 LED 的范例程序

```
#include "ametal.h"
#include "am_hc595.h"
#include "am_delay.h"
#include "am_hwconf_miniport.h"

int am_main(void)
{
    am_hc595_handle_t   hc595_handle = am_miniport_595_inst_init();
    uint8_t             data = 0x01;     //初始化 bit0 为 1,表示点亮 LED0
    while(1) {
        uint8_t temp = ~data;            //data 取反点亮 LED
        am_hc595_send(hc595_handle, &temp, 1);
        am_mdelay(100);
        data <<= 1;
        if (data == 0) {                 //8 次循环结束,重新从 0x01 开始
            data = 0x01;
        }
    }
}
```

由此可见，通用接口的好处就是屏蔽了底层的差异性，使得无论底层硬件怎么变化，应用程序都可以使用同一套接口操作 LED。显然，无论是使用 GPIO 直接驱动 MiniPort - LED，还是使用 HC595 驱动 MiniPort - LED，对于用户来说，都可以使用标准接口访问。AMetal 提供了使用 HC595 控制 LED 的驱动，使用初始化函数完成

相应实例的初始化后，即可使用通用接口操作 LED。

7.2.3 使用 HC595 驱动 LED

AMetal 已经提供了使用 HC595 控制 LED 的驱动，该驱动提供了一个初始化函数，使用该函数初始化一个 LED 实例后，即可使用通用 LED 接口操作 LED。其函数原型为：

```
int am_led_hc595_init(
    am_led_hc595_dev_t *p_dev, const am_led_hc595_info_t *p_info, am_hc595_handle
    _t handle);
```

其中，p_dev 为指向 am_led_hc595_dev_t 类型实例的指针；p_info 为指向 am_led_hc595_info_t 类型实例信息的指针。

1. 实 例

定义类型 am_led_hc595_dev_t(am_led_hc595.h)实例如下：

```
am_led_hc595_dev_t  g_miniport_led_595;          //定义 LED 实例(595 驱动)
```

其中，g_miniport_led_595 为用户自定义的实例，其地址作为 p_dev 的实参传递。

2. 实例信息

实例信息主要描述了 HC595 驱动 LED 的相关信息，比如，LED 是否低电平点亮，对应的 LED 编号等信息。其类型 am_led_hc595_info_t(am_led_hc595.h)定义如下：

```
typedef struct am_led_hc595_info {
    am_led_servinfo_t    serv_info;     //LED 基础服务信息，包含起始编号和结束编号
    int                  hc595_num;     //HC595 的级联个数
    uint8_t              *p_buf;        //数据缓存，大小与 HC595 的级联个数相同
    am_bool_t            active_low;    //LED 是否是低电平点亮
} am_led_hc595_info_t;
```

(1) serv_info

serv_info 包含了通用接口访问 LED 的编号信息，当使用 HC595 驱动时，编号信息可以保持不变，同样为 2～9。

(2) hc595_num

hc595_num 表示 HC595 的个数，显然一个 HC595 只能输出 8 位数据，因此最多控制 8 个 LED。当需要控制的 LED 数目超过 8 个时，则需要使用多个 HC595 级联。对于 MiniPort-LED，其仅仅只有 8 个 LED，恰好使用一个 HC595 控制 8 个 LED，因此 hc595_num 的值应设置为 1。

(3) p_buf

p_buf 是指向一个大小为 hc595_num 的缓冲区的指针，用于缓存各个 HC595 当前的输出值。由于 hc595_num 的值设置为 1，因此缓存的大小也为 1，缓存定义如下：

```
uint8_t g_miniport_led_595_buf[1];
```

其中，g_miniport_led_595_buf 为缓存首地址，即可作为 p_buf 的值。

基于以上信息，实例信息定义如下：

```
const am_led_hc595_info_t g_miniport_led_595_info = {
    {
        2,          //起始编号 2
        9           //结束编号 9,共计 8 个 LED
    },
    1,
    g_miniport_led_595_buf,
    AM_TRUE
};
```

3. HC595 句柄 handle

若使用 MiniPort－595 的输出控制 MiniPort－LED，则应通过 MiniPort－595 的实例初始化函数 am_miniport_595_inst_init()获得 HC595 的句柄。即：

```
am_hc595_handle_t  hc595_handle = am_miniport_595_inst_init();
```

HC595 句柄即可直接作为 handle 的实参传递，基于实例、实例信息和 HC595 句柄，即可完成 LED 实例的初始化：

```
am_led_hc595_init(&g_miniport_led_595, &g_miniport_led_595_info, am_miniport_595_inst_init());
```

由于 HC595 是 LED 的另一种驱动方式，因此将其新增到 am_hwconf_miniport_led.c 文件中。为了便于使用，将实例初始化函数的声明新增到 am_hwconf_miniport_led.h 文件中，详见程序清单 7.18 和程序清单 7.19。

程序清单 7.18　实例初始化函数范例程序(am_hwconf_miniport_led.c)

```
#include "ametal.h"
#include "am_lpc82x_inst_init.h"
#include "am_led_hc595.h"
#include "lpc82x_pin.h"

static am_led_hc595_dev_t          __g_miniport_led_595;   //定义 LED 实例(595 驱动)
static uint8_t                     __g_miniport_led_595_buf[1]; //缓存大小为 1
static const am_led_hc595_info_t   __g_miniport_led_595_info = {
```

```
    {
        2,                  //起始编号 2
        9                   //结束编号 9,共计 8 个 LED
    },
    1,
    __g_miniport_led_595_buf,
    AM_TRUE
};

int am_miniport_led_595_inst_init (void)
{
    return am_led_hc595_init(
        &__g_miniport_led_595, &__g_miniport_led_595_info, am_miniport_595_inst_init());
}
```

程序清单 7.19　am_hwconf_miniport.h 文件更新

```
#pragma once
#include "ametal.h"

int am_miniport_led_inst_init (void);        //MiniPort-LED 单独使用
int am_miniport_led_595_inst_init (void);    //MiniPort-LED 与 MiniPort595 联合使用
```

后续只需要使用无参数的实例初始化函数，即可完成 MiniPort-LED 实例的初始化：

```
am_miniport_led_595_inst_init();
```

当完成初始化后，即可调用通用 LED 接口操作 LED2～LED9。MiniPort-LED 有两种驱动方式：GPIO 驱动和 HC595 驱动。当使用 MiniPort-LED 时，应该根据实际情况选择对应的实例初始化函数。但无论用何种驱动方式，在完成初始化后，对于应用程序来说都是调用通用 LED 接口操作 LED2～LED9。

7.3　蜂鸣器控制接口

7.3.1　蜂鸣器通用接口

为了实现跨平台开发应用软件，AMetal 提供了操作蜂鸣器的通用接口，详见表 7.3。

表 7.3　蜂鸣器通用接口(am_buzzer.h)

函数原型	功能简介
void am_buzzer_on (void);	打开蜂鸣器
void am_buzzer_off (void);	关闭蜂鸣器
void am_buzzer_beep (uint32_t ms);	蜂鸣器鸣叫指定时间(同步)
void am_buzzer_beep_async (uint32_t ms);	蜂鸣器鸣叫指定时间(异步)

1. 打开蜂鸣器

打开蜂鸣器的函数原型为：

```
void am_buzzer_on(void);
```

打开蜂鸣器,使蜂鸣器开始鸣叫的范例程序详见程序清单 7.20。

程序清单 7.20　am_buzzer_on()范例程序

```
am_buzzer_on();
```

2. 关闭蜂鸣器

关闭蜂鸣器的函数原型为：

```
void am_buzzer_off(void);
```

关闭蜂鸣器,使蜂鸣器停止鸣叫的范例程序详见程序清单 7.21。

程序清单 7.21　am_buzzer_off()范例程序

```
am_buzzer_off();
```

3. 蜂鸣器鸣叫指定时间(同步)

该函数用于打开蜂鸣器,使蜂鸣器鸣叫指定时间后自动关闭,该函数会一直等到蜂鸣器鸣叫结束后返回。其函数原型为：

```
void am_buzzer_beep(uint32_t ms);
```

使蜂鸣器鸣叫 50 ms(“嘀”一声)的范例程序详见程序清单 7.22。

程序清单 7.22　am_buzzer_beep()范例程序

```
am_buzzer_beep(50);
```

注意,由于该函数会一直等到蜂鸣器鸣叫结束后才会返回,因此主程序调用该函数后,会阻塞 50 ms。

4. 蜂鸣器鸣叫指定时间(异步)

该函数用于打开蜂鸣器,使蜂鸣器鸣叫指定时间后自动关闭,与 am_buzzer_

beep()函数不同的是，该函数会立即返回，不会等待蜂鸣器鸣叫结束。其函数原型为：

```
void am_buzzer_beep_async(uint32_t ms);
```

使蜂鸣器鸣叫 50 ms（“嘀”一声）的范例程序详见程序清单 7.23。

程序清单 7.23 am_buzzer_beep_async()范例程序

```
am_buzzer_beep_async(50);
```

注意，由于该函数不会等待蜂鸣器鸣叫结束，因此，主程序调用该函数后，会立即返回，不会被阻塞。显然，要使应用程序可以使用通用接口操作蜂鸣器，就需要为具体的蜂鸣器设备提供相应的驱动。

7.3.2 无源蜂鸣器驱动

无源蜂鸣器内部没有振荡源，需要外部加一定频率的方波信号驱动才能发声。AMetal 已经提供了无源蜂鸣器的驱动，直接输出 PWM 驱动无源蜂鸣器发声。其函数原型为：

```
int am_buzzer_pwm_init(
am_pwm_handle_t      pwm_handle,
    int              chan,
    unsigned int     duty_ns,
    unsigned int     period_ns);
```

其中，pwm_handle 为标准的 PWM 服务句柄；chan 为 PWM 通道号；duty_ns 和 period_ns 分别为指定了输出 PWM 波形的脉宽和周期，决定了蜂鸣器鸣叫的响度和频率。AM824_Core 板载了一个无源蜂鸣器。只要短接 J7_1 与 J7_2，则蜂鸣器接入 PIO0_24。

LPC82x 能够提供 PWM 输出功能的外设是 SCT(State Configurable Timer)，AMetal 提供了对应的实例初始化函数，其原型为：

```
am_pwm_handle_t am_lpc82x_sct0_pwm_inst_init (void);
```

若需使用 SCT 输出 PWM，只需调用其对应的实例初始化函数即可获取标准的 PWM 服务句柄：

```
am_pwm_handle_t pwm_handle = am_lpc82x_sct0_pwm_inst_init();
```

获取的 PWM 服务句柄即可作为 am_buzzer_pwm_init()函数 pwm_handle 的实参传递，当 SCT 用作 PWM 功能时，支持 6 个通道，即可同时输出 6 路 PWM，各通道对应的 I/O 口详见表 7.4。

由于无源蜂鸣器使用的引脚为 PIO0_24，其对应的通道为 1，因此，chan 参数的值应设置为 1。duty_ns 和 period_ns 分别为指定了输出 PWM 波形的脉宽和周期，若频率设置为 2 500 Hz，则对应的周期时间为 400 000 ns(1 000 000 000/2 500)，占空比通常为 50%(脉宽时间为周期时间的一半)，即脉宽时间为 200 000 ns。实际中，可以根据实际发声效果修改脉宽时间和周期时间。

表 7.4　各通道对应的 I/O 口

通道	对应 I/O 口	通道	对应 I/O 口
0	PIO0_23	3	PIO0_26
1	PIO0_24	4	PIO0_27
2	PIO0_25	5	PIO0_15

基于对各个参数的分析，即可调用 am_buzzer_pwm_init()完成无源蜂鸣器的初始化：

```
am_buzzer_pwm_init(am_lpc82x_sct0_pwm_inst_init(), 1, 200000, 400000);
```

无源蜂鸣器作为一种板载资源，在系统启动时已经默认进行了初始化操作，因此应用程序无需再手动调用无源蜂鸣器初始化函数，就可以直接使用通用接口操作蜂鸣器。

若用户不需要使用蜂鸣器，为了节省内存空间，可以将工程配置文件(am_prj_config.h)中的 AM_CFG_BUZZER_ENABLE 宏值修改为 0，以裁剪掉蜂鸣器，该宏本质上控制了板级初始化函数中的一段程序，详见程序清单 7.24。

程序清单 7.24　在板级初始化中裁剪蜂鸣器的原理

```
void am_board_init (void)
{
    //......
    #if (AM_CFG_BUZZER_ENABLE == 1)
        am_buzzer_pwm_init(am_lpc82x_sct0_pwm_inst_init(), 1, 200000, 400000);
    #endif
    //......
}
```

注：板级初始化函数在系统启动时自动调用，初始化完毕后才会进入应用程序入口，即 am_main()。

7.4　温度采集接口

7.4.1　温度传感器通用接口

AMetal 提供了温度采集的通用接口，仅包含一个温度读取接口，用于读取当前的温度值，其函数原型(am_temp.h)为：

```
int am_temp_read (am_temp_handle_t handle, int32_t *p_temp);
```

其中，handle 为温度传感器的句柄，其可以通过初始化具体的温度传感器(如 LM75)获得；p_temp 为输出参数，用于返回当前的温度值，为了避免小数运算，这里使用有符号的 32 位整数表示温度值(单位：摄氏度)，且其值为实际温度值的 1 000 倍，表示温度值的分辨率为 0.001℃。读取温度的范例程序详见程序清单 7.25。

程序清单 7.25 am_temp_read()范例程序

```
am_temp_handle_t   handle = //... //由具体的温度传感器初始化函数获得
int32_t            temp = 0;
am_temp_read(handle, &temp);     //当前温度存放在 temp 变量中，为实际温度的 1 000 倍
```

显然要使应用程序可以使用通用接口读取温度，就必须获取温度传感器的 handle，这就需要为具体的温度传感器提供相应的驱动。

7.4.2 LM75B 驱动

LM75B 是 NXP 半导体推出的具有 I^2C 接口的数字温度传感器芯片，AMetal 已经提供了其对应的驱动，仅包含一个初始化函数，其函数原型(am_temp_lm75.h)为：

```
am_temp_handle_t am_temp_lm75_init (
    am_temp_lm75_t                *p_lm75,
    const am_temp_lm75_info_t     *p_info,
    am_i2c_handle_t               i2c_handle);
```

该函数意在获取 LM75 温度传感器的实例句柄，进而使用通用接口读取温度。其中，p_lm75 为指向 am_temp_lm75_t 类型实例的指针；p_devinfo 为指向 am_temp_lm75_info_t 类型实例信息的指针。

1. 实　例

定义类型 am_temp_lm75_t(am_temp_lm75.h)实例如下：

```
am_temp_lm75_t   g_temp_lm75;                //定义一个 LM75 温度传感器实例
```

其中，g_temp_lm75 为用户自定义的实例，其地址作为 p_lm75 的实参传递。

2. 实例信息

实例信息主要描述了与 LM75 相关的信息，即 LM75 的 I^2C 从机地址等，其类型 am_temp_lm75_info_t(am_temp_lm75.h)定义如下：

```
typedef struct am_temp_lm75_info {
    uint8_t   i2c_addr;                  //7 位从机地址
} am_temp_lm75_info_t;
```

其中,i2c_addr 指定了 LM75 的 7 位从机地址(在很多应用中,常常使用 8 位数据表示从机地址,8 位地址的最低位为读/写方向位,由于在 AMetal 中,读/写方向位无需用户控制,驱动会自动实现对读/写方向位的控制,因此在 AMetal 中需要由用户提供的 7 位从机地址不包含读/写方向位),LM75 的 7 位从机地址为 1001A2A1A0,最低 3 位由 A0～A2 引脚电平决定,在 AM824_Core 中,板载了一个 LM75 温度传感器。由此可见,A0～A2 均与地连接,为低电平,因此,板载 LM75 的地址为 1001000,即 0x48。其实例信息定义如下:

```
const am_temp_lm75_info_t   g_temp_lm75_info = {      //LM75 实例信息
    0x48                                              //7 位从机地址
};
```

其中,g_temp_lm75_info 为用户自定义的实例信息,其地址作为 p_info 的实参传递。

3. I^2C 句柄 i2c_handle

以 I^2C1 为例,其实例初始化函数 am_lpc82x_i2c1_inst_init()的返回值即可作为实参传递给 i2c_handle。即:

```
i2c_handle = am_lpc82x_i2c1_inst_init();
```

4. 实例句柄

基于实例、实例信息和 I^2C 句柄,即可完成 LM75 的初始化。比如:

```
am_temp_handle_t handle = am_temp_lm75_init(&g_temp_lm75, &g_temp_lm75_info, i2c_handle);
```

初始化函数的返回值即为温度传感器的句柄,若返回值为 NULL,说明初始化失败;若返回值不为 NULL,说明返回了有效的 handle,其可以作为温度读取接口的参数。为了便于配置 LM75(如修改 7 位从机地址等),基于模块化编程思想,将初始化相关的实例、实例信息等的定义存放到 LM75 的配置文件中,通过头文件引出实例初始化函数接口,源文件和头文件的程序范例分别详见程序清单 7.26 和程序清单 7.27。

程序清单 7.26　LM75 实例初始化函数实现(am_hwconf_lm75.c)

```
#include "ametal.h"
#include "am_temp_lm75.h"
#include "lpc82x_pin.h"
#include "am_lpc82x_inst_init.h"

static am_temp_lm75_t   __g_temp_lm75;                          //定义 LM75 实例

static const am_temp_lm75_info_t __g_temp_lm75_info = {       //定义 LM75 实例信息
    0x48
```

```
};

am_temp_handle_t am_temp_lm75_inst_init (void)
{
    return  am_temp_lm75_init(&__g_temp_lm75, &__g_temp_lm75_info, am_lpc82x_i2c1
    _inst_init());
}
```

程序清单 7.27　LM75 实例初始化函数声明(am_hwconf_lm75.h)

```
#pragma once
#include "ametal.h"
#include "am_temp.h"

am_temp_handle_t am_temp_lm75_inst_init (void);
```

后续只需要使用无参数的实例初始化函数即可完成 LM75 实例的初始化，获取温度传感器句柄，即执行如下语句：

```
am_temp_handle_t handle = am_temp_lm75_inst_init();
```

当完成初始化后，即可使用通用的温度读取接口获取当前温度值，读取并通过串口打印当前温度值的范例程序详见程序清单 7.28。

程序清单 7.28　使用 LM75 检测当前温度的范例程序

```
#include "ametal.h"
#include "am_vdebug.h"
#include "am_temp.h"
#include "am_hwconf_lm75.h"
#include "am_delay.h"

int am_main (void)
{
    am_temp_handle_t     handle = am_temp_lm75_inst_init();
    int32_t              temp;
    while (1) {
        am_temp_read(handle, &temp);
        am_kprintf("Current temperature : %d.%03d\r\n", temp / 1000, temp % 1000);
        am_mdelay(500);
    }
}
```

7.5 键　盘

7.5.1 通用键盘接口

由于此前的按键处理方式与具体的 MCU、键盘的组织形式(独立按键或矩阵键盘等)完全耦合在一起,为此 AMetal 提供了一种通用键盘接口。其函数原型为:

```
int am_input_key_handler_register(
    am_input_key_handler_t      * p_handler,
    am_input_cb_key_t             pfn_cb,
    void                        * p_arg);
```

其中,p_handler 为指向按键事件处理器的指针;pfn_cb 为指向用户自定义按键处理函数的指针;p_arg 为按键处理函数的用户参数。

1. p_handler

am_input_key_handler_t 是按键事件处理器的类型,它是在 am_input.h 文件中使用 typedef 自定义的一个类型。即:

```
typedef struct am_input_key_handler am_input_key_handler_t;
```

基于此,在使用按键时,首先需要定义一个该类型的按键事件处理器实例(对象),其本质是定义一个结构体变量。比如:

```
am_input_key_handler_t  key_handler;     //定义一个按键事件处理器实例(对象)
```

即可将该实例的地址 &key_handler 作为参数传递给函数的形参 p_handler。

2. pfn_cb

am_input_cb_key_t 是按键处理函数的指针类型,它是在 am_input.h 文件中使用 typedef 自定义的一个类型。即:

```
typedef void ( * am_input_cb_key_t) (void * p_arg, int key_code,
                                     int key_state, int keep_time);
```

当有按键事件发生时(按键按下或按键释放),均会调用 pfn_cb 指向的按键处理函数,以完成按键事件的处理。当该函数被调用时,系统会将按键相关的信息通过参数传递给用户,各参数的含义如下:p_arg 为用户参数,即用户调用 am_input_key_handler_register()函数时设置的第三个参数的值;key_code 为按键的编码,它是在 am_input_code.h 文件中使用宏的形式定义的一系列编码值,比如,KEY_1、KEY_2 等,用以区分各个按键;key_state 为按键的状态(按下或释放),详见表 7.5。keep_time 表示状态保持时间(单位:ms),常用于按键长按应用(例如,按键长按 3 s 关机),当按键首次按下时,keep_time 为 0。若按键一直保持按下,则系统会以一定的时间间隔上报按键按下事件(调用 pfn_cb 指向的用户回调函数),keep_time 的值不断增加,表示按键按下已经保持的时间。特别地,若按键不支持长按功能,则 keep_time 始终为-1。

表 7.5　按键状态

宏名	含义
AM_INPUT_KEY_STATE_PRESSED	按键按下
AM_INPUT_KEY_STATE_RELEASED	按键释放

相应的按键处理函数详见程序清单 7.29。

程序清单 7.29　按键处理函数范例程序——使用按键基本功能

```
static void __input_key_proc(void * p_arg, int key_code, int key_state,int keep_time)
{
    if (key_code == KEY_KP0) {
        if (key_state == AM_INPUT_KEY_STATE_PRESSED) {          //有键按下
            am_led_on(0);
        }else if (key_state == AM_INPUT_KEY_STATE_RELEASED){    //按键释放
            am_led_off(0);
        }
    }
}
```

函数名即可作为参数传递给 am_input_key_handler_register()函数的形参 pfn_cb。

在按键处理中,可以使用 keep_time 信息实现按键长按功能。例如:使用按键长按功能模拟开关机,按键长按 3 s,LED0 状态翻转,模拟切换"开关机"状态,LED0 亮表示"开机";LED0 熄灭表示"关机",按键处理范例程序详见程序清单 7.30。

程序清单 7.30　按键处理函数范例程序——使用按键长按功能

```
static void __input_key_proc(void * p_arg, int key_code, int key_state, int keep_time)
{
    if (key_code == KEY_KP0) {
        if ((key_state == AM_INPUT_KEY_STATE_PRESSED) && (keep_time == 3000)) {
            am_led_toggle(0);        // 长按时间达到 3 s, LED0 状态翻转
        }
    }
}
```

3. p_arg

用户调用 am_input_key_handler_register()函数时传递给形参 p_arg 的值会在

调用事件处理回调函数(pfn_cb 指向的函数)时，原封不动地传递给事件处理函数的 p_arg 形参。

如果不使用，则在调用 am_input_key_handler_register()函数时，将 p_arg 的值设置为 NULL，注册按键处理器的范例程序详见程序清单 7.31。

程序清单 7.31　按键处理函数范例程序

```
#include "ametal.h"
#include "am_input.h"
#include "am_led.h"

static am_input_key_handler_t g_key_handler;    //事件处理器实例定义，全局变量，确保
                                                //一直有效

int am_main (void)
{
    am_input_key_handler_register(&g_key_handler, __input_key_proc, (void *)100);
    while (1) {
    }
}
```

注册按键处理器后，当有键按下或按键释放时，均会调用注册按键处理器时指定的回调函数，即程序清单 7.29 中的__input_key_proc()函数。为了分离各个键的处理代码，可以注册多个按键事件处理器，每个处理器负责处理一个或多个键，详见程序清单 7.32。

程序清单 7.32　注册多个按键处理器范例程序

```
#include "ametal.h"
#include "am_input.h"
#include "am_led.h"

static void __input_key1_proc(void *p_arg, int key_code, int key_state, int keep_time)
{
    if (key_code == KEY_KP0) {
        //处理按键 1
    }
}

static void __input_key2_proc (void *p_arg, int key_code, int key_state, int keep_time)
{
    if (key_code == KEY_KP1){
        //处理按键 2
    }
```

```
}

static void __input_key3_proc (void * p_arg, int key_code, int key_state, int keep_time)
{
    if (key_code == KEY_KP2){
        //处理按键 3
    }
}

static am_input_key_handler_t g_key1_handler;
static am_input_key_handler_t g_key2_handler;
static am_input_key_handler_t g_key3_handler;

int am_main (void)
{
    am_input_key_handler_register(&g_key1_handler, __input_key1_proc, NULL);
    am_input_key_handler_register(&g_key2_handler, __input_key2_proc, NULL);
    am_input_key_handler_register(&g_key3_handler, __input_key3_proc, NULL);
    while (1){
    }
}
```

通用键盘接口的特点是屏蔽了底层的差异性,使应用程序与底层 MCU、键盘的具体形式无关,可以轻松地实现应用程序的跨平台。

在实际的应用中,键盘的表现形式是多种多样的,比如,直接使用 GPIO 驱动的独立键盘(一个或多个独立按键组成的键盘)、矩阵键盘和标准的 PS/2 接口键盘,以及使用 ZLG 推出的 I^2C 接口的 ZLG72128 键盘与数码管驱动芯片制作的键盘等。虽然各种按键的检测方法都不相同,但只要提供相应的驱动,即可将接口统一起来。如同在 PC 上使用外部设备时,需要安装对应的驱动软件一样。AMetal 提供了常用键盘的驱动,用户直接使用无需关心按键检测的方法或按键消抖等细节问题。

7.5.2 独立键盘驱动

AMetal 独立键盘的驱动提供了一个初始化函数,使用该函数初始化一个独立键盘实例后,即可由通用接口由按键。其函数原型为:

```
int am_key_gpio_init(am_key_gpio_t * p_dev, const am_key_gpio_info_t * p_info);
```

其中,p_dev 为指向 am_key_gpio_t 类型实例的指针,p_info 为指向 am_key_gpio_info_t 类型实例信息的指针。

1. 实　例

定义类型 am_key_gpio_t(am_key_gpio.h)实例如下:

```
am_key_gpio_t  g_key_gpio;                //定义一个独立键盘实例
```

其中,g_key_gpio 为用户自定义的实例,其地址作为 p_dev 的实参传递。

2. 实例信息

实例信息主要描述与独立键盘相关的信息,比如,使用的 GPIO 引脚号、独立按键的个数,以及对应的按键编码等信息。其类型 am_key_gpio_info_t(am_key_gpio.h)定义如下:

```
typedef struct am_key_gpio_info {
    const int       * p_pins;              //使用的引脚号
    const int       * p_codes;             //各个按键对应的编码(上报)
    int             pin_num;               //按键数目
    am_bool_t       active_low;            //是否低电平激活(按下为低电平)
    int             scan_interval_ms;      //按键扫描时间间隔,通常为 10 ms
} am_key_gpio_info_t;
```

其中,p_pins 指向存放各独立按键对应引脚号的数组,如在 AM824_Core 开发板上,有一个多功能按键可以当独立按键使用。当 J14 的 1 和 2 短接时,KEY 与 PIO_KEY(PIO0_1)连接,此时,按键 KEY 当独立按键使用。基于此,可以定义一个存放引脚号的数组:

```
const int g_key_pins[] = {PIO0_1};
```

该数组的地址即可作为 p_pins 的值。由于 AM824_Core 开发板只有一个独立按键,因此数组仅有一个元素,其值为与该独立按键连接的引脚号,即 PIO0_1。当存在多个独立按键时,继续在该数组后添加数据元素即可。同时,由于引脚号在系统启动后不会修改,因此使用了 const 修饰符。

为了区分各个按键,要求每个按键都具有一个唯一的编码值,因此需要为独立键盘中的各个按键指定一个编码,p_codes 即指向存放各独立按键对应编码的数组,其编码与 p_pins 指向的数组中各个独立按键一一对应。比如,设置 AM824_Core 开发板中的独立按键对应编码为 KEY_KP0,则可以定义如下数组:

```
const int g_key_codes[] = {KEY_KP0};
```

该数组的地址即可作为 p_codes 的值。在通用按键处理接口的程序范例中,使用了按键编码 KEY_F1 作为独立按键的编码,按键编码 KEY_F1 就是在这里配置的,如果需要使用其他按键编码,直接修改即可。按键编码可以是任意整数值,但建议使用类似 KEY_KP0 这样的标准按键编码,其是在 am_input_code.h 文件中定义的宏。

pin_num 指定了独立键盘中独立按键的个数,其应该与 p_pins 和 p_codes 指向的数组大小保持一致,在 AM824_Core 开发板上只有一个独立按键,因此该值为 1。

对于独立按键来讲，不同的电路可能影响按键按下时的电平，为了让驱动准确获取这一信息，使用 active_low 成员表明按键按下时的电平。若按键按下时为低电平，则该值为 AM_TRUE；反之，则该值为 AM_FALSE。查看图 4.18 所示的原理图可知，当按键按下时，GPIO 引脚为低电平，因此 active_low 的值应该设置为 AM_TRUE。

scan_interval_ms 指定了按键扫描的时间间隔，即每隔该段时间执行一次按键检测，检测是否有按键事件发生（按键按下或按键释放），通常将该值设置为 10 ms。基于以上信息，实例信息定义如下：

```
const int g_key_pins[] = {PIO0_1};
const int g_key_codes[] = {KEY_KP0};

static const am_key_gpio_info_t g_key_gpio_devinfo = { //定义独立键盘实例信息
    g_key_pins,
    g_key_codes,
    1,
    AM_TRUE,                                         //按下时，GPIO 是低电平
    10
};
```

基于实例和实例信息，即可完成独立键盘的初始化。比如：

```
am_key_gpio_init(&g_key_gpio, &g_key_gpio_devinfo);
```

初始化完成后，即可使用通用键盘处理接口处理编码为 KEY_KP0 的按键。为了便于配置独立键盘（修改实例信息）。基于模块化编程思想，将初始化相关的实例和实例信息等的定义存放到独立键盘的配置文件中，通过头文件引出实例初始化函数接口，源文件和头文件的程序范例分别详见程序清单 7.33 和程序清单 7.34。

程序清单 7.33　独立键盘实例初始化函数实现（am_hwconf_key_gpio.c）

```
#include "ametal.h"
#include "am_key_gpio.h"
#include "lpc82x_pin.h"
#include "am_input.h"

static const int __g_key_pins[] = {PIO0_1};              //按键对应的引脚
static const int __g_key_codes[] = {KEY_KP0};            //按键对应的编码

static const am_key_gpio_info_t __g_key_gpio_devinfo = {  //定义实例信息
    __g_key_pins,
    __g_key_codes,
    AM_NELEMENTS(__g_key_pins),
    AM_TRUE,
```

```
    10
};

static am_key_gpio_t __g_key_gpio;                           //定义键盘实例
int am_key_gpio_inst_init (void)
{
    return am_key_gpio_init(&__g_key_gpio, &__g_key_gpio_devinfo);
}
```

程序清单 7.34　独立键盘实例初始化函数声明(am_hwconf_key_gpio.h)

```
#pragma once
#include "ametal.h"

int am_key_gpio_inst_init (void);
```

后续只需要使用无参数的实例初始化函数，即可完成独立键盘实例的初始化：

```
am_key_gpio_inst_init();
```

初始化完成后，即可使用通用键盘处理接口处理编码为 KEY_KP0 的按键。

在 AM824_Core 中，独立键盘作为一种板载资源，在系统启动时已经默认进行了独立键盘的初始化操作，因此在程序清单 7.31 所示的范例程序中，没有调用独立键盘实例初始化函数就可以使用板载的独立按键。

若用户不需要使用独立按键，为了节省内存空间，可以将 am_prj_config.h 工程配置文件中的 AM_CFG_KEY_GPIO_ENABLE 宏值修改为 0，裁剪掉独立键盘。该宏本质上控制了板级初始化函数中的一段程序。详见程序清单 7.35。

程序清单 7.35　在板级初始化中裁剪独立键盘的原理

```
void am_board_init (void)
{
    //......
    #if (AM_CFG_KEY_GPIO_ENABLE == 1)
        am_key_gpio_inst_init();
    #endif
    //......
}
```

注：板级初始化函数在系统启动时自动调用，初始化完毕后才会进入应用程序入口，即 am_main()。

7.5.3　矩阵键盘驱动

类似地，AMetal 矩阵按键的驱动也提供了一个初始化函数，使用该函数初始化一个矩阵键盘实例后，即可由通用接口使用按键。其函数原型为：

```
int am_key_matrix_gpio_softimer_init(
am_key_matrix_gpio_softimer_t                *p_dev,
const am_key_matrix_gpio_softimer_info_t     *p_info);
```

其中，p_dev 为指向 am_key_matrix_gpio_softimer_t 类型实例的指针，p_info 为指向 am_key_matrix_gpio_softimer_info_t 类型实例信息的指针。

1. 实　例

定义类型 am_key_matrix_gpio_softimer_t(am_key_matrix_gpio.h)实例如下：

```
am_key_matrix_gpio_softimer_t  miniport_key; //定义一个 MiniPort-Key 矩阵键盘实例
```

其中，miniport_key 为用户自定义的实例，其地址作为 p_dev 的实参传递。

2. 实例信息

实例信息描述了与矩阵键盘相关的信息，其类型 am_key_matrix_gpio_softimer_info_t(am_key_matrix_gpio.h)定义如下：

```
typedef struct am_key_matrix_gpio_softimer_info{
    am_key_matrix_gpio_info_t      key_matrix_gpio_info;
    int                            scan_interval_ms;
} am_key_matrix_gpio_softimer_info_t;
```

其中，key_matrix_gpio_info 成员包含了 GPIO 驱动型矩阵键盘的相关信息；scan_interval_ms 指定了按键扫描的时间间隔(单位：毫秒)，即每隔一段时间执行一次按键检测，检测是否有按键事件发生(按键按下或按键释放)，该值一般设置为 5 ms 即可。

key_matrix_gpio_info 类型 am_key_matrix_gpio_info_t 定义(am_key_matrix_gpio.h)如下：

```
typedef struct am_key_matrix_gpio_info {
    am_key_matrix_base_info_t      base_info;          //矩阵键盘基础信息
    const int                      *p_pins_row;        //行线引脚
    const int                      *p_pins_col;        //列线引脚
} am_key_matrix_gpio_info_t;
```

其中，base_info 成员包含了矩阵键盘的基础信息，如矩阵键盘的行数和列数、各按键对应的编码等；p_pins_row 指向存放矩阵键盘行线对应引脚号的数组；p_pins_col 指向存放矩阵键盘列线对应引脚号的数组。

若使用 MiniPort-Key 与 AM824_Core 相连接，KR0、KR1 为行线，分别与 PIO0_6 和 PIO0_7 连接，KL0、KL1 为列线，分别与 PIO0_17 和 PIO0_23 连接。定义行线引脚数组和列线引脚数组为：

```
const int g_key_pins_row[] = {PIO0_6, PIO0_7};
const int g_key_pins_col[] = {PIO0_17, PIO0_23};
```

两个数组的地址可分别作为 p_pins_row 和 p_pins_col 的值。

base_info 成员的类型 am_key_matrix_base_info_t(am_key_matrix_base.h)定义如下：

```
typedef struct am_key_matrix_base_info {
    int           row;           //行数目
    int           col;           //列数目
    const int     * p_codes;     //各个按键对应的编码,按行的顺序依次对应
    am_bool_t     active_low;    //按键按下后是否为低电平
    uint8_t       scan_mode;     //扫描方式(按行扫描或按列扫描)
} am_key_matrix_base_info_t;
```

其中,row 和 col 分别表示矩阵键盘的行数目和列数目,若使用 MiniPort - Key 矩阵键盘,其为 2×2 的矩阵键盘,因此行数目和列数目均为 2。

p_codes 指向存放矩阵键盘中各按键对应编码的数组,为了与硬件标号一致,分配给各个按键的编码依次为 KEY_0,KEY_1,KEY_2,KEY_3,则可以定义如下数组：

```
const int g_key_codes[] = {KEY_0, KEY_1, KEY_2, KEY_3};
```

该数组的地址即可作为 p_codes 的值。active_low 表明按键按下是否为低电平,由电路的设计可知,行线外接了上拉电阻,配置为输入模式时默认会是高电平。因此,应该使用低电平驱动方式,列线输出低电平,当按键按下时,就会检测到低电平,即该值应为 AM_TRUE。scan_mode 表示扫描方式,支持的方式有行扫描和列扫描方式,它们对应的宏名详见表 7.6。如果使用列扫描,则该值为 AM_KEY_MATRIX_SCAN_MODE_COL。

表 7.6　矩阵键盘扫描方式

宏名	含义
AM_KEY_MATRIX_SCAN_MODE_ROW	按行扫描
AM_KEY_MATRIX_SCAN_MODE_COL	按列扫描

基于以上信息,完整的实例信息可以定义如下：

```
static const int g_key_pins_row[] = {PIO0_6, PIO0_7};
static const int g_key_pins_col[] = {PIO0_17, PIO0_23};
static const int g_key_codes[] = {KEY_0, KEY_1, KEY_2, KEY_3};

const am_key_matrix_gpio_softimer_info_t  miniport_key_info = {
    {
```

```
        {
            2,                                  //行数目
            2,                                  //列数目
            g_key_codes,                        //按键对应的编码
            AM_TRUE,                            //按键按下时为低电平
            AM_KEY_MATRIX_SCAN_MODE_COL,        //扫描方式:按列扫描
        }
        g_key_pins_row,                         //行线对应的引脚
        g_key_pins_col                          //列线对应的引脚
    },
    2                                           //扫描时间间隔,2 ms
};
```

基于实例和实例信息,即可完成 MiniPort - Key 矩阵键盘的初始化。比如:

```
am_key_matrix_gpio_softimer_init(&miniport_key, &miniport_key_info);
```

初始化完成后,即可使用通用键盘处理接口处理编码为 KEY_0～KEY_3 的按键。为了便于配置矩阵键盘(修改实例信息)。基于模块化编程思想,将初始化相关的实例、实例信息等的定义存放到独立键盘的配置文件中,通过头文件引出实例初始化函数接口,源文件和头文件的程序范例分别详见程序清单 7.36 和程序清单 7.37。

程序清单 7.36　矩阵键盘实例初始化函数实现(am_hwconf_miniport _key. c)

```
#include "ametal.h"
#include "am_key_matrix_gpio.h"
#include "lpc82x_pin.h"
#include "am_input.h"

static const int __g_key_pins_row[] = {PIO0_6, PIO0_7};
static const int __g_key_pins_col[] = {PIO0_17, PIO0_23};
static const int __g_key_codes[] = {KEY_0, KEY_1, KEY_2, KEY_3};

static const am_key_matrix_gpio_softimer_info_t  __g_miniport_key_info = {
    {
        {
            2,                                  //行数目
            2,                                  //列数目
            __g_key_codes,                      //按键对应的编码
            AM_TRUE,                            //按键按下时为低电平
            AM_KEY_MATRIX_SCAN_MODE_COL,        //扫描方式:按列扫描
        }
        __g_key_pins_row,                       //行线对应的引脚
        __g_key_pins_col                        //列线对应的引脚
```

```
    },
    2                                              //扫描时间间隔,2 ms
};

static am_key_matrix_gpio_softimer_t __g_miniport_key; //定义 MiniPort - Key 矩阵
                                                       //键盘实例
int am_miniport_key_inst_init (void)
{
    return am_key_matrix_gpio_softimer_init(&__g_miniport_key, &__g_miniport_key_
    info);
}
```

程序清单 7.37　矩阵键盘实例初始化函数声明(am_hwconf_miniport.h)

```
#pragma once
#include "ametal.h"

int am_miniport_key_inst_init (void);
```

后续只需要使用无参数的实例初始化函数,即可完成矩阵键盘实例的初始化:

```
int am_miniport_key_inst_init();
```

当完成初始化后,即可使用通用键盘处理接口处理编码为 KEY_0～KEY_3 的按键。在 AM824_Core 中,矩阵键盘作为可选的配板资源,在系统启动时没有像独立键盘那样默认就执行了初始化操作,因此如需使用矩阵键盘,则必须手动调用矩阵键盘实例初始化函数。

基于按键通用接口编写一个简易的应用程序:当有键按下时,蜂鸣器在发出"嘀"的一声的同时,通过 LED0 和 LED1 的组合显示按键编号。比如,当 KEY0 键按下时,两个 LED 灯均熄灭。当 KEY1 按下时,显示 01,即 LED0 亮,LED1 熄灭,以此类推。将应用程序存放在 app_key_code_led_show.c 文件中,其接口声明在 app_key_code_led_show.h 文件中,详见程序清单 7.38 和程序清单 7.39。

程序清单 7.38　矩阵键盘应用程序实现(app_key_code_led_show.c)

```
#include "ametal.h"
#include "am_input.h"
#include "am_led.h"
#include "am_buzzer.h"

static void __input_key_proc (void * p_arg, int key_code, int key_state, int keep_time)
{
    if (key_state == AM_INPUT_KEY_STATE_PRESSED) { //按键按下
```

```
        am_buzzer_beep_async(100);                          //蜂鸣器"嘀"一声
        switch (key_code) {
        case KEY_0:                                         //KEY0 按下,显示 00
            am_led_off(0);  am_led_off(1); break;
        case KEY_1:                                         //KEY1 按下,显示 01
            am_led_on(0);  am_led_off(1);  break;
        case KEY_2:                                         //KEY2 按下,显示 10
            am_led_on(1);  am_led_off(0);  break;
        case KEY_3:                                         //KEY3 按下,显示 11
            am_led_on(0);  am_led_on(1);  break;
        default:
            break;
        }
    }
}

int app_key_code_led_show (void)                            //应用函数入口
{
    static am_input_key_handler_t  key_handler;
    am_input_key_handler_register(&key_handler, __input_key_proc, NULL);
    return AM_OK;
}
```

程序清单 7.39　矩阵键盘应用程序接口声明(app_key_code_led_show.h)

```
#pragma once
#include "ametal.h"

int app_key_code_led_show (void);              //应用程序入口
```

使用 MiniPort - Key 的 4 个按键展示此应用程序的功能的主程序详见程序清单 7.40。

程序清单 7.40　矩阵键盘应用程序主程序

```
#include "ametal.h"
#include "am_hwconf_miniport.h"
#include "app_key_code_led_show.h"

int am_main (void)
{
    am_miniport_key_inst_init();       //MiniPort - Key 实例初始化
    app_key_code_led_show();           //使用 LED0 和 LED1 对按键编码进行二进制显示
    while (1) {
    }
}
```

7.6 数码管

7.6.1 通用数码管接口

AMetal 提供了一套通用数码管接口，详见表 7.7。

表 7.7 数码管通用接口(am_digitron_disp.h)

函数原型	功能简介
int am_digitron_disp_decode_set (int id, uint16_t (*pfn_decode)(uint16_t ch));	设置段码解码函数
int am_digitron_disp_blink_set (int id, int index, am_bool_t blink);	设置数码管闪烁
int am_digitron_disp_at (int id, int index, uint16_t seg);	显示指定的段码图形
int am_digitron_disp_char_at (int id, int index, const char ch);	显示字符
int am_digitron_disp_str (int id, int index, int len, const char * p_str);	显示字符串
int am_digitron_disp_clr (int id);	显示清屏

1. 设置段码解码函数

数码管的各个段可以组合显示出多种图形，使用该函数可以自定义字符的解码函数，其函数原型为：

```
int am_digitron_disp_decode_set (int id, uint16_t ( * pfn_decode) (uint16_t ch));
```

其中，id 表示设置数码管显示器的编号。这里的 id 指的是显示器的编号，而不是数码管的位索引。一般情况下，只有一个数码管显示器，比如 MiniPort - View 显示器，其包含两位数码管，仅只有一个数码管显示器时，id 为 0。

pfn_decode 为函数指针，其指向的函数即为设置的解码函数，解码函数的参数为 uint16_t 类型的字符，返回值为 uint16_t 类型的编码。

绝大部分情况下，对于 8 段数码管，如字符 '0'～'9' 等都是有默认编码的，为此，AMetal 提供了默认的 8 段数码管解码函数，可以支持常见的字符 '0'～'9' 以及 'A'、'B'、'C'、'D'、'E'、'F' 等的字符的解码。其在 am_digitron_disp.h 文件中声明：

```
uint16_t am_digitron_seg8_ascii_decode (uint16_t ascii_char);
```

如无特殊需求，直接将该函数作为 pfn_decode 的实参传递，范例程序详见程序清单 7.41。

程序清单 7.41 am_digitron_disp_decode_set()范例程序

```
am_digitron_disp_decode_set(0, am_digitron_seg8_ascii_decode);
```

如果应用有特殊需求，要求字符使用自定义的特殊编码，如要使字符 'O' 的编码为 0xFC，则可以自定义如下解码函数：

```
uint16_t my_decode(uint16_t ch)
{
    //……其他字符的解码
    if (ch == 'O') {
        return 0xFC;
    }
}
```

然后将该函数作为 pfn_decode 的实参传递即可：

```
am_digitron_disp_decode_set(0, my_decode);
```

2. 设置数码管闪烁

该函数可以指定数码管显示器的某一位数码管闪烁，其函数原型为：

```
int am_digitron_disp_blink_set (int id, int index, am_bool_t blink);
```

其中，id 为数码管显示器编号；index 为数码管索引，如 MiniPort－View 有两位数码管，则两个数码管的索引分别为 0 和 1；blink 表示该位是否闪烁，若其值为 AM_TRUE，则闪烁，反之则不闪烁，默认情况下，所有数码管均处于未闪烁状态。如设置 1 号数码管闪烁的范例程序详见程序清单 7.42。

程序清单 7.42　am_digitron_disp_blink_set()范例程序

```
am_digitron_disp_blink_set(0, 1, AM_TRUE);
```

3. 显示指定的段码图形

该函数用于不经过解码函数解码，直接显示段码指定的图形，可以灵活地显示任意特殊图形，其函数原型为：

```
int am_digitron_disp_at (int id, int index, uint16_t seg);
```

其中，id 为数码管显示器编号；index 为数码管索引；seg 为显示的段码。如在 8 段数码管上显示字符 '-'，即需要 g 段点亮，对应的段码为 0x02(即 0000 0010)，范例程序详见程序清单 7.43。

程序清单 7.43　am_digitron_disp_at()范例程序

```
am_digitron_disp_at(0, 1, 0x02);
```

4. 显示单个字符

该函数用于在指定位置显示一个字符，字符经过解码函数解码后显示，若解码函数不支持该字符，则不显示任何内容，其函数原型为：

```
int am_digitron_disp_char_at (int id, int index, const char ch);
```

其中,id 为数码管显示器编号,index 为数码管索引,ch 为显示的字符。比如,显示字符 'H',范例程序详见程序清单 7.44。

程序清单 7.44　am_digitron_disp_char_at()范例程序

```
am_digitron_disp_char_at (0, 1, 'H');
```

5. 显示字符串

该函数用于从指定位置开始显示一个字符串,其函数原型为:

```
int am_digitron_disp_str (int id, int index, int len, const char * p_str);
```

其中,id 为数码管显示器编号;index 为显示字符串的数码管起始索引,即从该索引指定的数码管开始显示字符串;len 指定显示的长度;p_str 指向需要显示的字符串。

实际显示的长度是 len 和字符串长度的较小值,若数码管位数不够,则多余字符不显示。

如显示字符"HELLO"的范例程序详见程序清单 7.45。

程序清单 7.45　am_digitron_disp_str()范例程序

```
am_digitron_disp_str(0, 0, 5,"HELLO");
```

若使用的是 MiniPort - View,由于只存在两个数码管,因此最终只会显示"HE"。

通常情况下,需要显示一些数字,如显示变量的值,此时可以先将变量通过格式化字符串函数输出到字符串缓冲区中,然后再使用 am_digitron_disp_str()函数显示该字符串。比如,显示一个变量 num 的值,范例程序详见程序清单 7.46。

程序清单 7.46　使用 am_digitron_disp_str()显示整数变量值的范例程序

```
int     num = 53;
char    buf[3];
am_snprintf(buf, 3, "%2d", num);
am_digitron_disp_str(0, 0, 2, buf);
```

其中,am_snprintf()与标准 C 函数 snprintf()函数功能相同,均用于格式化字符串到指定的缓冲区中。其函数原型(am_vdebug.h)为:

```
int am_snprintf (char * buf, size_t sz, const char * fmt, ...);
```

其与 am_kprintf()函数的区别:am_kprintf()将信息直接通过调试串口打印输出,而 am_snprintf()函数将信息输出到大小为 sz 的 buf 缓冲区中。

6. 显示清屏

该函数用于显示清屏,清除数码管显示器中的所有内容,其函数原型为:

```
int am_digitron_disp_clr (int id);
```

其中,id 为数码管显示器编号,范例程序详见程序清单 7.47。

程序清单 7.47 am_digitron_disp_clr()范例程序

```
am_digitron_disp_clr(0);
```

基于数码管通用接口,可以编写一个简易的 60 s 倒计时程序,当倒计时还剩 5 s 时,数码管闪烁。基于模块化编程思想,将应用程序存放到 app_digitron_count_down.c 文件中,并将其接口声明到 app_digitron_count_down.h 文件中,详见程序清单 7.48 和程序清单 7.49。

程序清单 7.48 倒计时应用程序的实现(app_digitron_count_down.c)

```
#include "ametal.h"
#include "am_digitron_disp.h"
#include "am_vdebug.h"
#include "am_softimer.h"

static void __digitron_show_num (int id, int num)
{
    char buf[3];
    am_snprintf(buf, 3, "%2d", num);
    am_digitron_disp_str(id, 0, 2, buf);
}

static void __count_down_timer_cb (void *p_arg)    //定时器回调函数,每秒调用一次
{
    static unsigned int num = 60;

    if (num>0) {
        num--;
    } else {
        num = 60;
    }
    __digitron_show_num((int)p_arg, num);
    if (num<5) {
        am_digitron_disp_blink_set(0, 1, AM_TRUE);
    } else {
        am_digitron_disp_blink_set(0, 1, AM_FALSE);
    }
}

int app_digitron_count_down (int id)                  //应用函数入口
```

```
{
    static am_softimer_t timer;

    am_digitron_disp_decode_set(0, am_digitron_seg8_ascii_decode); //使用默认的
                                                                   //解码函数
    __digitron_show_num(id, 60);                                   //初始显示 60
    am_softimer_init(&timer, __count_down_timer_cb, (void * )id);
    am_softimer_start(&timer, 1000);  //启动定时器,定时周期 1 s
    return AM_OK;
}
```

程序清单 7.49　倒计时应用程序接口声明(app_digitron_count_down.h)

```
#pragma once
#include "ametal.h"

int app_digitron_count_down (int id);          //应用程序入口
```

由此可见,要使用此应用程序,只需在调用其入口函数 app_digitron_count_down()时,指定应用程序所使用的数码管显示器编号即可。应用程序与具体 MCU、数码管驱动方式无关,可以在任何 AMetal 平台上运行。

显然,要使应用程序可以使用通用操作数接口操作数码管,就需要为具体的数码管提供相应的驱动。AMetal 提供了 MiniPort - View 的驱动,用户可以直接使用。

7.6.2 数码管驱动

AMetal 数码管驱动提供了一个初始化函数,使用该函数初始化一个数码管实例后,即可使用通用数码管接口操作数码管。其函数原型为:

```
int am_digitron_scan_gpio_init (
    am_digitron_scan_gpio_dev_t            * p_dev,
    const am_digitron_scan_gpio_info_t     * p_info);
```

其中,p_dev 为指向 am_digitron_scan_gpio_dev_t 类型实例的指针,p_info 为指向 am_digitron_scan_gpio_info_t 类型实例信息的指针。

1. 实　例

定义类型 am_digitron_scan_gpio_dev_t(am_digitron_scan_gpio.h)实例如下:

```
am_digitron_scan_gpio_dev_t  miniport_view;     //定义一个 MiniPort - View 实例
```

其中,miniport_view 为用户自定义的实例,其地址作为 p_dev 的实参传递。

2. 实例信息

实例信息主要描述与数码管相关的信息,比如,使用的 GPIO 引脚号、数码管个

数，以及本实例对应的显示器编号（通用接口即可使用该显示器编号操作该数码管实例）等。其类型 am_digitron_scan_gpio_info_t（am_digitron_scan_gpio.h）定义如下：

```
typedef struct am_digitron_scan_info {
    am_digitron_scan_devinfo_t   scan_info;          //数码管动态扫描相关信息
    am_digitron_base_info_t      base_info;          //数码管基础信息
    const int                    * p_seg_pins;       //段码 GPIO 驱动引脚
    const int                    * p_com_pins;       //位码 GPIO 驱动引脚
} am_digitron_scan_gpio_info_t;
```

其中，scan_info 是数码管动态扫描相关的信息，包含了扫描频率、扫描方式和缓存的定义等；base_info 是数码管基础信息，如数码管个数、段码位数等；p_seg_pins 指向存放各个段对应引脚号的数组；p_com_pins 指向存放各个位选对应引脚号的数组。若使用 AM824_Core 开发板与 MiniPort - View 直接连接，其段码引脚为 PIO0_8～PIO0_15，位选引脚分别为 PIO0_17 和 PIO0_23。分别定义存放段码引脚号和位选引脚号的数组：

```
const int g_digitron_seg_pins[] = {
    PIO0_8, PIO0_9, PIO0_10, PIO0_11, PIO0_12, PIO0_13, PIO0_14, PIO0_15};

const int g_digitron_com_pins[] = {PIO0_17, PIO0_23};
```

g_digitron_seg_pins 数组的地址即可作为 p_seg_pins 的值；g_digitron_com_pins 数组的地址即可作为 p_com_pins 的值。

scan_info 成员的类型 am_digitron_scan_devinfo_t（am_digitron_scan.h）定义如下：

```
typedef struct am_digitron_scan_devinfo {
    am_digitron_devinfo_t devinfo;    //标准数码管设备信息，包含显示器 ID 号
    uint8_t       scan_freq;          //整个数码管的扫描频率，一般为 50 Hz
    uint16_t      blink_on_time;      //一个闪烁周期内，点亮的时间，如 500 ms
    uint16_t      blink_off_time;     //一个闪烁周期内，熄灭的时间，如 500 ms
    void          * p_disp_buf;       //数码管显存
    void          * p_scan_buf;       //数码管扫描缓存
} am_digitron_scan_devinfo_t;
```

其中，devinfo 是标准数码管设备的信息，仅包含显示器 ID 号。其类型定义（am_digitron_dev.h）如下：

```
typedef struct am_digitron_devinfo {
    uint8_t  id;                      //数码管显示器编号
} am_digitron_devinfo_t;
```

当前只连接了单个数码管实例，因此，将 ID 设置为 0，在使用数码管通用接口

时,将显示器 ID 参数赋值为 0 即可操作此处初始化的数码管实例。

scan_freq 指定扫描的频率,通常情况下,为避免看到闪烁现象,将频率设置为 50 Hz。

blink_on_time 和 blink_off_time 分别指定了数码管闪烁时,数码管点亮的时间和熄灭的时间,以此可以达到调节闪烁效果的作用。通常情况下,数码管以 1 Hz 频率闪烁,点亮和熄灭的时间分别设置为 500 ms。

p_disp_buf 指向数码管的显存,显存的类型为 uint8_t,显存的大小与数码管个数相同。对于 MiniPort - View,共计有两个数码管,因此大小为 2 的显存定义如下:

```
uint8_t g_disp_buf[2];
```

g_disp_buf 数组的地址即可作为 p_disp_buf 的值。

p_scan_buf 指向数码管的扫描缓存,用于存储单次扫描到的数码管的段码。对于 8 段数码管,其缓存的类型为 uint8_t,缓存的大小与单次扫描的数码管个数相同;对于 MiniPort - View,一次只能扫描一个数码管,因此扫描缓存的大小为 1。扫描缓存可定义如下:

```
uint8_t g_scan_buf[1];
```

g_scan_buf 数组的地址即可作为 p_scan_buf 的值。

base_info 成员的类型 am_digitron_base_info_t(am_digitron_base.h)定义如下:

```
typedef struct am_digitron_base_info {
    uint8_t       num_segment;           //数码管段数
    uint8_t       num_rows;              //数码管矩阵的行数
    uint8_t       num_cols;              //数码管矩阵的列数
    uint8_t       scan_mode;             //扫描方式:按行扫描或按列扫描
    am_bool_t     seg_active_low;        //数码管段端的极性
    am_bool_t     com_active_low;        //数码管公共端的极性
} am_digitron_base_info_t;
```

其中,num_segment 表示数码管的段数,对于 MiniPort - View,其数码管为 8 段数码管,因此 num_segment 的值为 8。num_rows 和 num_cols 分别表示数码管的行数和列数,对于 MiniPort - View,其数码管的排布方式为 1×2,即单行两个数码管,因此 num_rows 和 num_cols 的值分别为 1 和 2。

如表 7.8 所列为数码管扫描方式,scan_mode 表示数码管的扫描方式,可选的扫描方式有行扫描和列扫描两种。扫描方式是由硬件决定的,对于 MiniPort - View,仅单行有两个数码管,横向的两个数码管共用段码引脚,因此,只能使用列扫描方式,即一次扫描一列(一个数码管)。scan_mode 的值为 AM_DIGITRON_SCAN_MODE_COL。

表 7.8　数码管扫描方式

宏名	含义
AM_DIGITRON_SCAN_MODE_ROW	按行扫描
AM_DIGITRON_SCAN_MODE_COL	按列扫描

seg_active_low 表示驱动段点亮的有效电平是否为低电平，由于 MiniPort - View 使用的是共阳数码管，因此，段的驱动电平为低电平。seg_active_low 的值为 AM_TRUE。

com_active_low 表示驱动位选有效的电平是否为低电平，虽然共阳数码管的公共端是高电平有效，但由于添加了三极管驱动电路，三极管是 GPIO 输出低电平时导通，进而使数码管公共端为高电平。因此驱动位选有效的同样是低电平，com_active_low 的值为 AM_TRUE。基于以上信息，实例信息定义如下：

```
const int g_digitron_seg_pins[] = {
    PIO0_8, PIO0_9, PIO0_10, PIO0_11, PIO0_12, PIO0_13, PIO0_14, PIO0_15 };
const int g_digitron_com_pins[] = { PIO0_17, PIO0_23 };
uint8_t   g_disp_buf[2];                  //2 个数码管位的显示缓存
uint8_t   g_scan_buf[1];                  //每次扫描一个数码管，当前扫描段码的缓存

const am_digitron_scan_gpio_info_t  miniport_view_info = {
    {
        {
            0                             //数码管对应的数码管显示器 ID 为 0
        },
        50,                               //扫描频率，50 Hz
        500,                              //闪烁时亮的时长:500 ms
        500,                              //闪烁时灭的时长:500 ms
        g_disp_buf,                       //显示缓存
        g_scan_buf                        //扫描缓存
        },
    {
        8,                                //8 段数码管
        1,                                //仅单行数码管
        2,                                //两列数码管
        AM_DIGITRON_SCAN_MODE_COL,        //扫描方式，按列扫描(便于列线引脚复用)
        AM_TRUE,                          //段码低电平有效
        AM_TRUE                           //位选低电平有效
    }
    g_digitron_seg_pins,
     g_digitron_com_pins
};
```

基于实例和实例信息，即可完成 MiniPort - View 数码管的初始化：

```
am_digitron_scan_gpio_init(&miniport_view, &miniport_view_info);
```

当完成初始化后，可使用通用数码管接口操作显示器编号为 0 的数码管设备。为了便于配置数码管(修改实例信息)，基于模块化编程思想，将初始化相关的实例、实例信息等的定义存放到数码管的配置文件中，通过头文件引出实例初始化函数接口，源文件和头文件的程序范例分别详见程序清单 7.50 和程序清单 7.51。

程序清单 7.50　数码管实例初始化函数实现(am_hwconf_miniport_view.c)

```
#include "ametal.h"
#include "am_digitron_scan_gpio.h"
#include "lpc82x_pin.h"

static const int __g_digitron_seg_pins[] = {
    PIO0_8, PIO0_9, PIO0_10, PIO0_11, PIO0_12, PIO0_13, PIO0_14, PIO0_15 };
static const int __g_digitron_com_pins[] = {PIO0_17, PIO0_23};
static uint8_t __g_miniport_view_disp_buf [2];   //2 个数码管位的显示缓存
static uint8_t __g_miniport_view_scan_buf [1];   //每次扫描一个数码管，当前扫描段
                                                 //码的缓存

static const am_digitron_scan_gpio_info_t  __g_miniport_view_info = {
    {
        {
            0                          //本数码管对应的数码管显示器 ID 为 0
        },
        50,                            //扫描频率, 50 Hz
        500,                           //闪烁时亮的时长:500 ms
        500,                           //闪烁时灭的时长 : 500 ms
        __g_miniport_view_disp_buf,    //显示缓存
        __g_miniport_view_scan_buf     //扫描缓存
    },
    {
        8,                             //8 段数码管
        1,                             //仅单行数码管
        2,                             //两列数码管
        AM_DIGITRON_SCAN_MODE_COL,     //扫描方式,按列扫描(便于列线引脚复用)
        AM_TRUE,                       //段码低电平有效
        AM_TRUE                        //位选低电平有效
    },
    __g_digitron_seg_pins,
    __g_digitron_com_pins
```

```
};

static am_digitron_scan_gpio_dev_t   __g_miniport_view_dev; //定义 MiniPort - View
                                                              //数码管实例
int am_miniport_view_inst_init (void)
{
    return am_digitron_scan_gpio_init(&__g_miniport_view_dev, &__g_miniport_view_
    info);
}
```

程序清单 7.51　数码管实例初始化函数声明(am_hwconf_miniport.h)

```
#pragma once
#include "ametal.h"

int am_miniport_view_inst_init (void);
```

后续只需使用无参数的实例初始化函数，即可执行以下语句完成数码管实例的初始化：

```
am_miniport_view_inst_init();
```

当完成初始化后，可使用通用数码管接口操作显示器编号为 0 的数码管设备，运行如程序清单 7.48 所示的倒计时程序，检验能否达到预期的效果，主程序详见程序清单 7.52。

程序清单 7.52　运行倒计时应用程序的主程序

```
#include "ametal.h"
#include "am_hwconf_miniport.h"
#include "app_digitron_count_down.h"

int am_main (void)
{
    am_miniport_view_inst_init();      //MiniPort - View 数码管实例初始化
    app_digitron_count_down(0);        //使用显示器编号为 0 的数码管
    while (1) {
    }
}
```

7.6.3　数码管驱动(HC595 输出段码)

当 GPIO 资源不足时，可以在 AM824_Core 与 MiniPort - View 之间增加 MiniPort - 595，使用 HC595 驱动数码管的段码，达到节省引脚的目的。

显然，在前面的数码管驱动中，8 位段码是直接由 GPIO 输出的，若改由 HC595

输出段码,则使用的驱动也需要发生相应的改变。AMetal 提供了使用 HC595 输出段码的数码管驱动,仅包含一个初始化函数,使用该函数初始化一个数码管实例后,即可使用通用数码管接口操作数码管。其函数原型为:

```
int am_digitron_scan_hc595_gpio_init (
    am_digitron_scan_hc595_gpio_dev_t              * p_dev,
    const am_digitron_scan_hc595_gpio_info_t       * p_info,
    am_hc595_handle_t                              handle);
```

其中,p_dev 为指向 am_digitron_scan_hc595_gpio_dev_t 类型实例的指针;p_info 为指向 am_digitron_scan_hc595_gpio_info_t 类型实例信息的指针。

1. 实　例

am_digitron_scan_hc595_gpio_dev_t 类型(am_digitron_scan_hc595_gpio.h)实例的定义如下:

```
am_digitron_scan_hc595_gpio_dev_t miniport_view_595; //定义数码管实例(595 输出段码)
```

其中,miniport_view_595 为用户自定义的实例,其地址作为 p_dev 的实参传递。

2. 实例信息

实例信息主要描述与数码管相关的信息,比如,使用的位选 GPIO 引脚号、数码管个数,以及本实例对应的显示器编号(通用接口即可使用该显示器编号操作该数码管实例)等。其类型 am_digitron_scan_hc595_gpio_info_t(am_digitron_scan_hc595_gpio.h)定义如下:

```
typedef struct am_digitron_scan_hc595_gpio_info {
    am_digitron_scan_devinfo_t     scan_info;          //数码管动态扫描相关信息
    am_digitron_base_info_t        base_info;          //数码管基础信息
    const int                      * p_com_pins;       //位码引脚
} am_digitron_scan_hc595_gpio_info_t;
```

将其与 GPIO 输出段码的数码管实例信息(am_digitron_scan_gpio_info_t)相比可以发现,其仅仅少了一个数据成员 p_seg_pins,其他信息都是完全一样的。这是由于当使用 HC595 输出段码时,不再需要使用 GPIO 输出段码,因此,也就不用指定段码引脚。基于此,只需要从 GPIO 输出段码的数码管实例信息中去掉段码引脚,即可得到 HC595 输出段码的数码管实例信息,如下:

```
const int g_digitron_com_pins[] = { PIO0_17, PIO0_23 };
uint8_t    g_disp_buf[2];                    //2 个数码管位的显示缓存
uint8_t    g_scan_buf[1];                    //每次扫描一个数码管,当前扫描段码的缓存

const am_digitron_scan_hc595_gpio_info_t  miniport_view_595_info = {
```

```
    {
        {
            0                               //数码管对应的数码管显示器 ID 为 0
        },
        50,                                 //扫描频率,50 Hz
        500,                                //闪烁时亮的时长:500 ms
        500,                                //闪烁时灭的时长:500 ms
        g_disp_buf,                         //显示缓存
        g_scan_buf                          //扫描缓存
    },
    {
        8,                                  //8 段数码管
        1,                                  //仅单行数码管
        2,                                  //两列数码管
        AM_DIGITRON_SCAN_MODE_COL,          //扫描方式,按列扫描(便于列线引脚复用)
        AM_TRUE,                            //段码低电平有效
        AM_TRUE                             //位选低电平有效
    },
    g_digitron_com_pins
};
```

3. HC595 句柄 handle

若使用 MiniPort－595 输出码段,则应通过 MiniPort－595 的实例初始化函数获得 HC595 的句柄。即:

```
am_hc595_handle_t  hc595_handle = am_miniport_595_inst_init();
```

HC595 句柄即可直接作为 handle 的实参传递。

基于实例、实例信息和 HC595 句柄,可以完成数码管实例的初始化。比如:

```
am_digitron_scan_hc595_gpio_init(
    &miniport_view_595, &miniport_view_595_info, am_miniport_595_inst_init());
```

当完成初始化后,可使用通用数码管接口操作显示器编号为 0 的数码管设备。基于模块化编程思想,将初始化相关的实例、实例信息等的定义存放到数码管的配置文件中,将相关内容新增到 am_hwconf_miniport_view.c 文件中,同时,将实例初始化函数的声明新增到 am_hwconf_miniport_view.h 文件中,详见程序清单 7.53 和程序清单 7.54。

程序清单 7.53　数码管实例初始化函数实现(am_hwconf_miniport_view.c)

```
#include "ametal.h"
#include "am_digitron_scan_hc595_gpio.h"
#include "lpc82x_pin.h"
```

```
#include "am_hwconf_miniport_595.h"

static  const int __g_miniport_view_com_pins[] = {PIO0_17, PIO0_23}; //位选引脚
static  uint8_t __g_miniport_view_disp_buf[2];  //2 个数码管位的显示缓存
static  uint8_t __g_miniport_view_scan_buf[1];  //每次扫描一个数码管,当前扫描段
                                                //码的缓存

static const am_digitron_scan_hc595_gpio_info_t  __g_miniport_view_devinfo = {
    {
        {
            0                             //本数码管对应的数码管显示器 ID 为 0
        },
        50,                               //扫描频率,50 Hz
        500,                              //闪烁时亮的时长:500 ms
        500,                              //闪烁时灭的时长:500 ms
        __g_miniport_view_disp_buf,       //显示缓存
        __g_miniport_view_scan_buf        //扫描缓存
    },
    {
        8,                                //8 段数码管
        1,                                //仅单行数码管
        2,                                //两列数码管
        AM_DIGITRON_SCAN_MODE_COL,        //扫描方式,按列扫描(便于列线引脚复用)
        AM_TRUE,                          //段码低电平有效
        AM_TRUE                           //位选低电平有效
    },
    __g_miniport_view_com_pins
};

static am_digitron_scan_hc595_gpio_dev_t  __g_miniport_view_595_dev; //定义数码
                                                                     //管实例
int am_miniport_view_595_inst_init (void)
{
    return am_digitron_scan_hc595_gpio_init(&__g_miniport_view_595_dev,
                                            &__g_miniport_view_595_devinfo,
                                            am_miniport_595_inst_init());
}
```

程序清单 7.54 am_hwconf_miniport.h 文件更新

```
#pragma once
#include "ametal.h"

int am_miniport_view_inst_init (void);      //MiniPort - View 单独使用
int am_miniport_view_595_inst_init (void);  //MiniPort - View 和 MiniPort - 595 联合使用
```

后续只需使用无参数的实例初始化函数，即可执行以下语句完成数码管实例的初始化：

```
am_miniport_view_595_inst_init();
```

当完成初始化后，可调用通用数码管接口操作显示器编号为 0 的数码管，运行如程序清单 7.48 所示的倒计时程序，检验能否达到预期的效果，主程序详见程序清单 7.55。

程序清单 7.55　运行倒计时应用程序的主程序

```
#include "ametal.h"
#include "am_hwconf_miniport.h"
#include "app_digitron_count_down.h"

int am_main (void)
{
    am_miniport_view_595_inst_init();   //MiniPort - View 数码管(HC595 输出段码)
                                        //实例初始化
    app_digitron_count_down(0);   //使用显示器编号为 0 的数码管
    while (1) {
    }
}
```

7.7　数码管与矩阵键盘联合使用

数码管的位选引脚为 PIO0_17 和 PIO0_23，而矩阵键盘的列线引脚同样为 PIO0_17 和 PIO0_23，当数码管和矩阵键盘同时使用时，数码管的位选引脚和矩阵键盘的列线引脚是复用的。这是常见的硬件电路设计，可以达到节省引脚的目的。

AMetal 提供了数码管和矩阵键盘联合使用的驱动，其本质上就是数码管驱动和矩阵键盘驱动的简单整合，避免了在多个实例信息中提供一些相同的信息，如数码管实例信息中的位选引脚在和矩阵键盘实例信息中的列线引脚是完全一样的。

由于存在两种数码管驱动：GPIO 输出段码，对应 MiniPort - View 单独使用；HC595 输出段码，对应 MiniPort - View＋MiniPort - 595。当与矩阵键盘联合使用时，也存在对应的两种情况：GPIO 输出段码的数码管和矩阵键盘联合使用，对应 MiniPort - View＋MiniPort - Key；HC595 输出段码的数码管和矩阵键盘联合使用，对应 MiniPort - View＋MiniPort - 595＋MiniPort - Key。

7.7.1　数码管、键盘与 I/O 驱动

当 MiniPort - View 和 MiniPort - Key 两块配板联合使用时，对应的驱动初始化

函数原型(am_miniport_view_key.h)为：

```
int am_miniport_view_key_init (
    am_miniport_view_key_dev_t              * p_dev,
    const am_miniport_view_key_info_t       * p_info);
```

其中，p_dev 为指向 am_miniport_view_key_dev_t 类型实例的指针；p_info 为指向 am_miniport_view_key_info_t 类型实例信息的指针。

1. 实　例

类型 am_miniport_view_key_dev_t(am_miniport_view_key.h)实例的定义如下：

```
am_miniport_view_key_dev_t  miniport_view_key;     //定义数码管、按键实例
```

其中，miniport_view_key 为用户自定义的实例，其地址作为 p_dev 的实参传递。

2. 实例信息

描述与数码管、矩阵键盘相关的实例信息的类型 am_miniport_view_key_info_t (am_miniport_view_key.h)定义如下：

```
typedef struct am_miniport_view_key_info {
    am_digitron_scan_gpio_info_t     scan_info;          //数码管动态扫描相关信息
    am_key_matrix_base_info_t        key_info;           //按键基础信息
    const int                        * p_pins_row;       //行线引脚(列线复用)
}am_miniport_view_key_info_t;
```

其中，scan_info 是 am_digitron_scan_gpio_info_t 类型的数码管实例信息(GPIO 输出段码)，其对应的定义仅与数码管相关信息有关，详见程序清单 7.50，可以不作任何改动。

key_info 是 am_key_matrix_base_info_t 类型的矩阵键盘的基础信息，在矩阵键盘的实例信息中有定义，详见程序清单 7.36。

在前面矩阵键盘实例信息的定义中，除 am_key_matrix_base_info_t 类型的基础信息外，还包含 p_pins_row 指定的行线引脚信息和 p_pins_col 指定的列线引脚信息，但当数码管和矩阵键盘同时使用时，由于矩阵键盘的列线引脚与数码管的位选引脚是相同的，因此无需再额外指定矩阵键盘的列线引脚，仅需使用 p_pins_row 指定行线引脚即可。结合前面定义的数码管实例信息和矩阵键盘信息，可以定义 MiniPort - View＋MiniPort - Key 设备对应的实例信息如下：

```
static const am_miniport_view_key_info_t   miniport_view_key_info = {
    {
        {
            {
```

```
                0,                          //数码管对应的数码管显示器 ID 为 0
            },
            50,                             //扫描频率,50 Hz
            500,                            //闪烁时亮的时长:500 ms
            500,                            //闪烁时灭的时长:500 ms
            __g_disp_buf,                   //显示缓存
            __g_scan_buf,                   //扫描缓存
        },
        {
            8,                              //8 段数码管
            1,                              //仅单行数码管
            2,                              //两列数码管
            AM_DIGITRON_SCAN_MODE_COL,      //扫描方式,按列扫描
            AM_TRUE,                        //段码低电平有效
            AM_TRUE,                        //位选低电平有效
        },
        __g_digitron_seg_pins,
        __g_digitron_com_pins,
    },
    {
        2,                                  //2 行按键
        2,                                  //2 列按键
        __g_key_codes,                      //各按键对应的编码
        AM_TRUE,                            //按键低电平视为按下
        AM_KEY_MATRIX_SCAN_MODE_COL,        //扫描方式,按列扫描(便于列线引脚复用)
    },
    __g_key_pins_row,
};
```

基于实例、实例信息,即可完成数码管实例的初始化:

```
am_miniport_view_key_init(&miniport_view_key, miniport_view_key_info);
```

它将同时完成数码管和按键的初始化,当完成初始化后,可使用通用数码管接口和通用按键接口操作数码管和按键。基于模块化编程思想,将初始化相关的实例和实例信息等的定义存放到数码管的配置文件中,详见程序清单 7.56 和程序清单 7.57。

程序清单 7.56　数码管、按键联合使用实例初始化函数实现(am_hwconf_miniport_view_key.c)

```
#include "ametal.h"
#include "am_miniport_view_key.h"
#include "lpc82x_pin.h"
#include "am_input.h"

```

```
static  const int __g_miniport_view_key_seg_pins [] = {
    PIO0_8, PIO0_9, PIO0_10, PIO0_11, PIO0_12, PIO0_13, PIO0_14, PIO0_15 };
static  const int __g_miniport_view_key_com_pins [] = {PIO0_17, PIO0_23};
                                                                        //位选引脚
static  uint8_t __g_miniport_view_key_disp_buf [2]; //2 个数码管位的显示缓存
static  uint8_t __g_miniport_view_key_scan_buf [1]; //每次扫描一个数码管，当前扫
                                                    //描段码的缓存
static const int __g_miniport_view_key_codes [] = {KEY_0, KEY_1,KEY_2, KEY_3};
static const int __g_miniport_view_pins_row [] = {PIO0_6, PIO0_7};

static const am_miniport_view_key_info_t  __g_miniport_view_key_devinfo = {
    {
        {
            {
                0,                              //数码管对应的数码管显示器 ID 为 0
            },
            50,                                 //扫描频率，50 Hz
            500,                                //闪烁时亮的时长：500 ms
            500,                                //闪烁时灭的时长：500 ms
            __g_miniport_view_key_disp_buf,     //显示缓存
            __g_miniport_view_key_scan_buf,     //扫描缓存
        },
        {
            8,                                  //8 段数码管
            1,                                  //仅单行数码管
            2,                                  //两列数码管
            AM_DIGITRON_SCAN_MODE_COL,          //扫描方式，按列扫描
            AM_TRUE,                            //段码低电平有效
            AM_TRUE,                            //位选低电平有效
        },
        __g_miniport_view_key_seg_pins,
        __g_miniport_view_key_com_pins,
    },
    {
        2,                                      //2 行按键
        2,                                      //2 列按键
        __g_miniport_view_key_codes,            //各按键对应的编码
        AM_TRUE,                                //按键低电平视为按下
        AM_KEY_MATRIX_SCAN_MODE_COL,  //扫描方式，按列扫描(便于列线引脚复用)
    },
    __g_miniport_view_pins_row,
};
```

```

static am_miniport_view_key_dev_t    __g_miniport_view_key_dev;  //定义数码管、按键实例
int am_miniport_view_key_inst_init (void)
{
    am_miniport_view_key_init(&__g_miniport_view_key_dev,& __g_miniport_view_key_devinfo);
}
```

程序清单 7.57　数码管、按键联合使用实例初始化函数声明(am_hwconf_miniport.h)

```
#pragma once
#include "ametal.h"

int am_miniport_view_key_inst_init (void);  //MiniPort-View 和 MiniPort-Key 联合使用
```

后续只需使用无参数的实例初始化函数，即可执行以下语句完成 MiniPort-View+MiniPort-Key 实例的初始化：

```
am_miniport_view_key_inst_init();
```

当完成初始化后，可使用通用数码管接口和通用按键接口操作数码管和按键。

7.7.2　数码管、键盘与 HC595 驱动

当 MiniPort-View、MiniPort-Key 和 MiniPort-595 三块配板联合使用时，对应的驱动初始化函数原型(am_miniport_view_key_595.h)为：

```
int am_miniport_view_key_595_init (
    am_miniport_view_key_595_dev_t              *p_dev,
    const am_miniport_view_key_595_info_t       *p_info,
    am_hc595_handle_t                           handle);
```

其中，p_dev 为指向 am_miniport_view_key_595_dev_t 类型实例的指针；p_info 为指向 am_miniport_view_key_595_info_t 类型实例信息的指针。

1. 实　例

am_miniport_view_key_595_dev_t 类型(am_miniport_view_key_595.h)实例定义如下：

```
am_miniport_view_key_595_dev_t  miniport_view_key_595;  //定义数码管、按键实例
```

其中，miniport_view_key_595 为用户自定义的实例，其地址作为 p_dev 的实参传递。

2. 实例信息

描述与数码管和矩阵键盘相关的实例信息的类型 am_miniport_view_key_595_

info_t(am_miniport_view_key_595.h)定义如下：

```
typedef struct am_miniport_view_key_595_info {
    am_digitron_scan_hc595_gpio_info_t  scan_info;      //数码管动态扫描相关信息
    am_key_matrix_base_info_t           key_info;       //按键基础信息
    const int                           * p_pins_row;   //行线引脚(列线复用)
} am_miniport_view_key_595_info_t;
```

唯一的不同，仅仅是数码管信息 scan_info 成员的类型由 am_digitron_scan_gpio_info_t 变为了 am_digitron_scan_hc595_gpio_info_t，其余的信息保存不变。因为它们硬件上的区别仅仅是一个使用 GPIO 输出段码，一个使用 595 输出段码，因此实例信息也仅仅是数码管信息存在一点差异。

结合前面定义的数码管和矩阵键盘实例信息，定义 MiniPort－View＋MiniPort－Key＋MiniPort－595 设备对应的实例信息如下：

```
static const am_miniport_view_key_595_info_tminiport_view_key_595_info = {
    {
        {
            {
                0,                          //数码管对应的数码管显示器 ID 为 0
            },
            50,                             //扫描频率，50 Hz
            500,                            //闪烁时亮的时长:500 ms
            500,                            //闪烁时灭的时长:500 ms
            __g_disp_buf,                   //显示缓存
            __g_scan_buf,                   //扫描缓存
        },
        {
            8,                              //8 段数码管
            1,                              //仅单行数码管
            2,                              //两列数码管
            AM_DIGITRON_SCAN_MODE_COL,      //扫描方式,按列扫描
            AM_TRUE,                        //段码低电平有效
            AM_TRUE,                        //位选低电平有效
        },
        __g_digitron_com_pins,
    },
    {
        2,                                  //2 行按键
        2,                                  //2 列按键
        __g_key_codes,                      //各按键对应的编码
        AM_TRUE,                            //按键低电平视为按下
```

```
        AM_KEY_MATRIX_SCAN_MODE_COL,  //扫描方式,按列扫描(便于列线引脚复用)
    },
    __g_key_pins_row,
};
```

3. HC595 句柄 handle

若使用 MiniPort－595 输出码段，则应通过 MiniPort－595 的实例初始化函数获得 HC595 的句柄。即：

```
am_hc595_handle_t  hc595_handle = am_miniport_595_inst_init();
```

HC595 句柄即可直接作为 handle 的实参传递。

基于实例、实例信息和 HC595 句柄，即可完成 MiniPort－View＋MiniPort－Key＋MiniPort－595 设备实例的初始化。比如：

```
am_miniport_view_key_595_init(
    &miniport_view_key_595, &miniport_view_key_595_info, am_miniport_595_inst_init());
```

当完成初始化后，即可使用通用数码管和按键接口操作数码管和按键。基于模块化编程思想，将初始化相关的实例和实例信息等的定义存放到数码管的配置文件中，将相关内容新增到 am_hwconf_miniport_view_key.c 文件中。与此同时，将实例初始化函数的声明新增到 am_hwconf_miniport_view_key.h 文件中，详见程序清单 7.58 和程序清单 7.59。

程序清单 7.58　实例初始化函数实现(am_hwconf_miniport_view_key.c)

```
#include "ametal.h"
#include "am_input.h"
#include "am_lpc82x.h"
#include "am_miniport_view_key.h"
#include "am_miniport_view_key_595.h"
#include "am_hwconf_miniport.h"
static const int __g_miniport_view_key_com_pins[] = {PIO0_17, PIO0_23}; //位选引脚
static uint8_t __g_miniport_view_key_disp_buf[2];  //2 个数码管位的显示缓存
static uint8_t __g_miniport_view_key_scan_buf[1];  //每次扫描一个数码管,当前扫
                                                   //描段码的缓存
static const int __g_miniport_view_key_codes[] = {KEY_0, KEY_1, KEY_2, KEY_3};
static const int __g_miniport_view_pins_row[] = {PIO0_6, PIO0_7};

static const am_miniport_view_key_595_info_t  __g_miniport_view_key_595_devinfo = {
    {
        {
            {
```

```
                  0,                        //数码管对应的数码管显示器 ID 为 0
              },
              50,                           //扫描频率，50 Hz
              500,                          //闪烁时亮的时长:500 ms
              500,                          //闪烁时灭的时长:500 ms
              __g_miniport_view_key_disp_buf, //显示缓存
              __g_miniport_view_key_scan_buf, //扫描缓存
          },
          {
              8,                            //8 段数码管
              1,                            //仅单行数码管
              2,                            //两列数码管
              AM_DIGITRON_SCAN_MODE_COL,    //扫描方式,按列扫描
              AM_TRUE,                      //段码低电平有效
              AM_TRUE,                      //位选低电平有效
          },
          __g_miniport_view_key_com_pins,
      },
      {
          2,                                //2 行按键
          2,                                //2 列按键
          __g_miniport_view_key_codes,      //各按键对应的编码
          AM_TRUE,                          //按键低电平视为按下
          AM_KEY_MATRIX_SCAN_MODE_COL,     //扫描方式,按列扫描(便于列线引脚复用)
      },
      __g_miniport_view_pins_row,
};

static am_miniport_view_key_595_dev_t   __g_miniport_view_key_595_dev;
                                            //定义数码管、按键实例
int am_miniport_view_key_inst_init (void)
{
    return am_miniport_view_key_595_init(
            & __g_miniport_view_key_595_dev,
            & __g_miniport_view_key_595_devinfo,
            am_miniport_595_inst_init());
}
```

程序清单 7.59　am_hwconf_miniport.h 文件更新

```
#pragma once
#include "ametal.h"
```

```
int am_miniport_view_key_inst_init(void); //MiniPort - View 和 MiniPort - Key 联合使用
int am_miniport_view_key_595_inst_init(void); //MiniPort - View,MiniPort - Key,
                                              //MiniPort - 595 联合使用
```

后续只需使用无参数的实例初始化函数，即可执行以下语句完成 MiniPort - View+MiniPort - Key+MiniPort - 595 设备实例的初始化：

```
am_miniport_view_key_595_inst_init();
```

当完成初始化后，即可使用通用数码管和按键接口操作数码管和按键。

通过 MiniPort 系列配板在各种组合方式下的驱动介绍可知，MiniPort 系列配板可以非常灵活地搭配使用。对于用户来说，不同的搭配方式只需要使用对应的实例初始化函数即可，无需关心底层细节，使用数码管和按键通用接口编程的应用程序可以始终保持不变。为了便于查询，表 7.9 列出了 MiniPort - View、MiniPort - Key 和 MiniPort - 595 配板在各种组合方式下应该使用的实例初始化函数。

表 7.9 各种组合方式下应该使用的实例初始化函数

使用方式	配板			实例初始化函数原型
	MiniPort - View	MiniPort - key	MiniPort - 595	
1	●			int am_miniport_view_inst_init (void);
2		●		int am_miniport_key_inst_init (void);
3	●	●		int am_miniport_view_key_inst_init (void);
4	●		●	int am_miniport_view_595_inst_init (void);
5	●	●	●	int am_miniport_view_key_595_inst_init(void);

表 7.9 中展示了共计 5 种使用方式，每种方式对应一行，若配板相应的单元格内容为"● "，则表示在该种方式下会使用该配板；若仅选择了一个配板，则表示该方式仅单独使用该配板。

7.8 ZLG72128——数码管与键盘管理

7.8.1 ZLG72128 简介

当矩阵键盘和数码管扩大到一定数目时，将非常占用系统的 I/O 资源，同时还需要配套软件执行按键的和数码管扫描，对 CPU 资源的耗费也不可忽视。在实际应用中，可能不会用到全部的 32 个按键或 12 个数码管，可以根据实际情况裁剪。ZLG 设计了相应的 MiniPort - ZLG72128 配板，可以直接与 AM824_Core 连接使用，作为示例 MiniPort－ZLG72128 配板，仅使用了 2 个数码管和 4 个按键(2 行 2 列)，当将 MiniProt－ZLG72128 与 AM824_Core 连接时，其等效电路详见图 7.2。

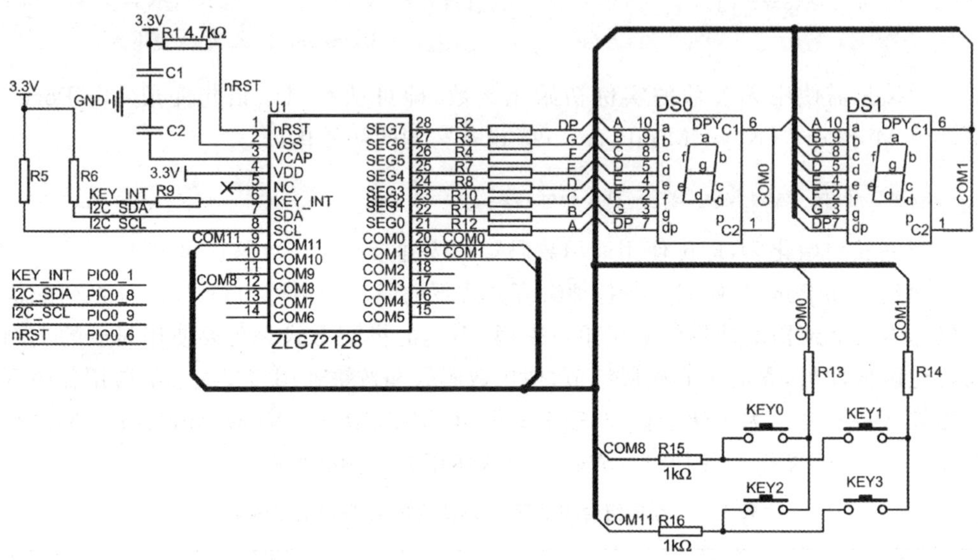

图 7.2　MiniPort－ZLG72128 电路图

当 MiniPort－ZLG72128 与 AM824_Core 连接时，RST 与 PIO0_6 连接，KEY_INT 与 PIO0_1 连接，SDA 和 SCL 分别与 PIO0_8 和 PIO0_9 连接。

7.8.2　ZLG72128 驱动

使用 ZLG72128 时，虽然底层的驱动方式(I^2C 总线接口)与之前使用 GPIO 驱动按键和数码管的方式是完全不同的，但由于 AMetal 已经提供了 ZLG72128 的驱动，对于用户来讲，可以忽略底层的差异性，直接使用通用键盘接口和通用数码管接口编写应用程序。

ZLG 设计了相应的 MiniPort－ZLG72128 配板，可以直接与 AM824_Core 连接使用，在使用通用接口使用数码管和按键前，需要使用初始化函数完成设备实例的初始化操作。其函数(am_zlg72128_std.h)的原型为：

```
int am_zlg72128_std_init (
    am_zlg72128_std_dev_t                *p_dev,
    const am_zlg72128_std_devinfo_t      *p_info,
    am_i2c_handle_t                      i2c_handle);
```

该函数用于将 ZLG72128 初始化为标准的数码管和按键功能，初始化完成后，即可使用通用的按键和数码管接口操作数码管和按键。p_dev 为指向 am_zlg72128_std_dev_t 类型实例的指针；p_info 为指向 am_zlg72128_std_devinfo_t 类型实例信息的指针；i2c_handle 为与 ZLG72128 通信的 I²C 实例句柄。

1. 实　例

定义类型 am_zlg72128_std_dev_t(am_zlg72128_std.h)实例如下：

```
am_zlg72128_std_dev_t   g_miniport_zlg72128;      //定义 MiniPort - ZLG72128 实例
```

其中，g_miniport_zlg72128 为用户自定义的实例，其地址作为 p_dev 的实参传递。

2. 实例信息

实例信息主要描述了与 ZLG72128、键盘和数码管等相关的信息，如按键对应的按键编码、数码管显示器的 ID 等信息。其类型 am_zlg72128_std_devinfo_t(am_zlg72128_std.h)的定义如下：

```
typedef struct am_zlg72128_std_devinfo {
    am_zlg72128_devinfo_t  base_info;           //ZLG72128 基础信息
    am_digitron_devinfo_t  id_info;             //数码管显示器 ID
uint16_t       blink_on_time;        //一个闪烁周期内，点亮的时间，比如，500 ms
    uint16_t blink_off_time;         //一个闪烁周期内，熄灭的时间，比如，500 ms
    uint8_t   key_use_row_flags;     //实际使用行
    uint8_t   key_use_col_flags;     //实际使用列
    const int  * p_key_codes;        //按键编码
    uint8_t   num_digitron;          //实际使用的数码管个数
} am_zlg72128_std_devinfo_t;
```

base_info 是 ZLG72128 的基础信息，其类型(am_zlg72128.h)的定义如下：

```
typedef struct am_zlg72128_devinfo{
    int                    rst_pin;          //复位引脚
    am_bool_t              use_int_pin;      //是否使用中断引脚
    int                    int_pin;          //中断引脚
    uint32_t               interval_ms;      //查询时间间隔
} am_zlg72128_devinfo_t;
```

其主要指定了与 ZLG72128 相关联的引脚信息。其中，rst_pin 为复位引脚，若复位引脚未使用(固定为 RC 上电复位电路，无需主控参与控制)，则该值可设置为 −1。use_int_pin 表示是否使用 ZLG72128 的中断输出引脚(KEY_INT)。若该值为 AM_TRUE，表明使用了中断引脚，此时 int_pin 指定与主控制器(如 LPC824)连接的引脚号，按键的键值将在引脚中断中获取；若该值为 AM_FALSE，表明不使用中断引脚，此时 interval_ms 指定查询键值的时间间隔，使用查询方式时，可以节省一个引脚资源，但也会额外耗费一定的 CPU 资源。当使用 AM824_Core 与 MiniPort - ZLG72128 连接时，其相应的引脚连接详见图 7.2，基于此，各成员可以分别赋值为

PIO0_6，AM_TRUE，PIO0_1，0。id_info 是仅包含显示器 ID 号的标准数码管设备的信息，其类型(am_digitron_dev.h)定义如下：

```
typedef struct am_digitron_devinfo {
    uint8_t         id;             //数码管显示器编号
} am_digitron_devinfo_t;
```

在前面的驱动配置中，将 MiniPort - View 对应的 ID 号设置为 0。在这里，如果 MiniPort - ZLG72128 不会与 MiniPort - View 同时使用，可以将 ID 也设置为 0。如此一来，使用 MiniPort - ZLG72128 可以直接替换 MiniPort - View 配板作为新的显示器，但应用程序无需作任何改变，同样可以继续使用 ID 为 0 的显示器。blink_on_time 和 blink_off_time 分别指定了数码管闪烁时，数码管点亮的时间和熄灭的时间，以此可以达到调节闪烁效果的作用。通常情况下，数码管以 1 Hz 频率闪烁，点亮和熄灭的时间分别设置为 500 ms。

key_use_row_flags 标志指定使用了哪些行，ZLG72128 最多可以支持 4 行按键，分别对应 COM8～COM11。该值由表 7.10 所列的宏值组成，使用多行时应将多个宏值相“或”。对于 MiniPort - ZLG72128，其使用了第 0 行和第 3 行，因此 key_use_row_flags 的值为：

AM_ZLG72128_STD_KEY_ROW_0 | AM_ZLG72128_STD_KEY_ROW_3

key_use_col_flags 标志指定使用了哪些列，ZLG72128 最多可以支持 8 列按键，分别对应 COM0～COM7。该值由表 7.11 所列的宏值组成，使用多列时应将多个宏值相“或”。对于 MiniPort - ZLG72128，其使用了第 0 列和第 1 列，因此 key_use_col_flags 的值为：

AM_ZLG72128_STD_KEY_COL_0 | AM_ZLG72128_STD_KEY_COL_1

表 7.10 行使用宏标志

宏名	含义
AM_ZLG72128_STD_KEY_ROW_0	行 0
AM_ZLG72128_STD_KEY_ROW_1	行 1
AM_ZLG72128_STD_KEY_ROW_2	行 2
AM_ZLG72128_STD_KEY_ROW_3	行 3

表 7.11 列使用宏标志

宏名	含义
AM_ZLG72128_STD_KEY_COL_0	列 0
AM_ZLG72128_STD_KEY_COL_1	列 1
……	
AM_ZLG72128_STD_KEY_COL_6	列 6
AM_ZLG72128_STD_KEY_COL_7	列 7

p_key_codes 指向存放矩阵键盘各按键对应编码的数组，其编码数目与实际使用的按键数目一致，MiniPort - ZLG72128 共计 2×2 个按键。

在配置 MiniPort - key 时，将 MiniPort - key 对应的按键编码设置为 KEY0～KEY3。如果 MiniPort - ZLG72128 与 MiniPort - Key 不同时使用，则将 MiniPort - ZLG72128 对应的按键编码也设置为 KEY0～KEY3，使用 MiniPort - ZLG72128 替

换 MiniPort - Key 配板,但应用程序无需作任何改变。num_digitron 指定了数码管的个数,MiniPort - ZLG72128 仅使用了 2 个数码管,因此 num_digitron 的值为 2。基于以上信息,实例信息可以定义如下:

```
static const int g_key_codes[] = {KEY_0, KEY_1, KEY_2, KEY_3};

static const am_zlg72128_std_devinfo_t g_miniport_zlg72128_info = {
    {
        PIO0_6,                  //复位引脚
        AM_TRUE,                 //使用中断引脚
        PIO0_1,                  //中断引脚
        5                        //使用中断引脚时,该值无意义
    },
    {
        0                        //数码管显示器的编号
    },
    500,                         //一个闪烁周期内,点亮的时间为 500 ms
    500,                         //一个闪烁周期内,熄灭的时间为 500 ms
    AM_ZLG72128_STD_KEY_USE_ROW_0 | AM_ZLG72128_STD_KEY_USE_ROW_3,
    AM_ZLG72128_STD_KEY_USE_COL_0 | AM_ZLG72128_STD_KEY_USE_COL_1,
    g_key_codes,                 //按键编码, KEY0~KEY3
    2
};
```

3. I²C 句柄 i2c_handle

若使用 LPC824 的 I²C2 与 ZLG72128 通信,则 I²C 句柄可以通过 LPC82x 的 I²C2 实例初始化函数 am_lpc82x_i2c2_inst_init()获得。即:

```
am_i2c_handle_t i2c_handle = am_lpc82x_i2c2_inst_init();
```

获得的 I²C 句柄即可直接作为 i2c_handle 的实参传递。

基于实例、实例信息和 I²C 句柄,可以完成 MiniPort - ZLG72128 的初始化。比如:

```
am_zlg72128_std_init(&g_miniport_zlg72128, &g_miniport_zlg72128_info, am_lpc82x_
i2c2_inst_init());
```

当完成初始化后,即可使用通用的数码管接口和通用的按键处理接口。由于标准按键处理接口中,并没有将按键按照普通按键和功能按键进行区分,因此 ZLG72128 对应的第 3 行功能按键也会当作一般按键处理,其按键按下和释放均会触发执行相应的按键处理函数。此外,由于 ZLG72128 不会上报普通按键的释放事件,因此当普通按键释放时,不会触发相应的按键处理函数。为了便于配置矩阵键盘

(修改实例信息)。基于模块化编程思想,将初始化相关的实例、实例信息等的定义存放到相应的配置文件中,通过头文件引出实例初始化函数接口,源文件和头文件的程序范例分别详见程序清单 7.60 和程序清单 7.61。

程序清单 7.60　独立键盘实例初始化函数实现(am_hwconf_miniport_zlg72128.c)

```
#include "ametal.h"
#include "am_lpc82x_inst_init.h"
#include "lpc82x_pin.h"
#include "am_zlg72128_std.h"

static const int __g_miniport_zlg72128_codes[] = {KEY_0, KEY_1,KEY_2, KEY_3};

static const am_zlg72128_std_devinfo_t __g_miniport_zlg72128_info = {
    {
        PIO0_6,                  //复位引脚
        AM_TRUE,                 //使用中断引脚
        PIO0_1,                  //中断引脚
        5                        //使用中断引脚时,该值无意义
    },
    {
        0                        //数码管显示器的编号
    },
    500,                         //一个闪烁周期内,点亮的时间为 500 ms
    500,                         //一个闪烁周期内,熄灭的时间为 500 ms
    AM_ZLG72128_STD_KEY_USE_ROW_0 | AM_ZLG72128_STD_KEY_USE_ROW_3,
    AM_ZLG72128_STD_KEY_USE_COL_0 | AM_ZLG72128_STD_KEY_USE_COL_1,
    __g_miniport_zlg72128_codes,      //按键编码,KEY0～KEY3
    2
};
static am_zlg72128_std_dev_t  __g_miniport_zlg72128_dev;  //定义 MiniPort -
                                                            //ZLG72128 实例
int am_miniport_zlg72128_inst_init (void)
{
    return  am_zlg72128_std_init(& __g_miniport_zlg72128_dev,
                                 &__g_miniport_zlg72128_info,
                                 am_lpc82x_i2c1_inst_init());
}
```

程序清单 7.61　独立键盘实例初始化函数声明(am_hwconf_miniport.h)

```
#pragma once
#include "ametal.h"

int am_miniport_zlg72128_inst_init (void);
```

后续只需要使用无参数的实例初始化函数即可完成 MiniPort - ZLG72128 实例的初始化，即执行如下语句：

```
am_miniport_zlg72128_inst_init();
```

由于在配置信息中，将按键编码和数码管 ID 号设置，与 MiniPort - Key 和 Miport - View 一样，因此可以直接使用 MiniPort - ZLG72128 替换 MiniPort - Key 和 MiniPort - View，应用程序无需作任何修改。比如，可以使用之前编写的按键应用程序和数码管应用程序测试按键和数码管，详见程序清单 7.62。

程序清单 7.62　运行按键和数码管应用程序的主程序

```
#include "ametal.h"
#include "am_hwconf_miniport.h"
#include "app_digitron_count_down.h"
#include "app_key_code_led_show.h"
int am_main (void)
{
    am_miniport_zlg72128_inst_init(); //MiniPort - ZLG72128 实例初始化
    app_key_code_led_show();          //使用 LED0 和 LED1 对按键编码进行二进制显示
    app_digitron_count_down(0);       //60 s 倒计时应用程序
    while (1){
    }
}
```

由此可见，应用程序无需作任何修改。

7.9　温控器

此前，使用自定义的数码管、LED、温度等接口实现了一个简易的温控器，现在将对其进行升级，全部使用通用接口实现。修改较为容易，基本逻辑保持不变，仅仅将其中的非通用接口修改为通用接口就可以实现，详见程序清单 7.63。

程序清单 7.63　使用通用接口实现温控器代码

```
#include "ametal.h"
#include "am_vdebug.h"
#include "am_delay.h"
#include "am_buzzer.h"
#include "am_led.h"
#include "am_input.h"
#include "am_digitron_disp.h"
#include "am_temp.h"
#include "am_hwconf_lm75.h"
```

```
#include "am_hwconf_miniport.h"
#include "string.h"

static uint8_t g_temp_high = 30;  //温度上限值,初始为 30 度
static uint8_t g_temp_low = 28;   //温度下限值,初始为 28 度
static uint8_t adj_state = 0; //0—正常状态,1—调节上限状态, 2—调节下限状态
static uint8_t adj_pos;       //当前调节的位,切换为调节模式时,初始为调节个位

static void __digitron_disp_num (int num)
{
    char buf[3];
    am_snprintf(buf, 3, "%2d", num);
    am_digitron_disp_str(0, 0, strlen(buf), buf);
}

static void key_state_process (void)          //状态处理函数,KEY0
{
    adj_state = (adj_state + 1) % 3;          //状态切换,0～2
    if (adj_state == 1) {
        //状态切换到调节上限状态
        am_led_on(0);
        am_led_off(1);
        adj_pos = 1;
        am_digitron_disp_blink_set(0, adj_pos, AM_TRUE);    //调节位个位闪烁
        __digitron_disp_num(g_temp_high);  //显示温度上限值
    } else if (adj_state == 2) {
        //状态切换到调节下限状态
        am_led_on(1);
        am_led_off(0);
        am_digitron_disp_blink_set(0, adj_pos, AM_FALSE);//当前调节位停止闪烁
        adj_pos = 1;                          //调节位恢复为个位
        am_digitron_disp_blink_set(0, adj_pos, AM_TRUE);
        __digitron_disp_num(g_temp_low);   //显示温度下限值
    } else {
        //切换为正常状态
        am_led_off(0);
        am_led_off(1);
        am_digitron_disp_blink_set(0, adj_pos, AM_FALSE); //当前调节位停止闪烁
        adj_pos = 1;                          //调节位恢复为个位
    }
}

```

```
#define VAL_ADJ_TYPE_ADD       1
#define VAL_ADJ_TYPE_SUB       0

static void key_val_process(uint8_t type)      //调节值设置函数(1—加,0—减)
{
    uint8_t num_single = 0;                    //调节数值时,临时记录个位调节
    uint8_t num_ten = 0;                       //调节数值时,临时记录十位调节

    if (adj_state == 0)                        //正常状态,不允许调节
        return;
    if (adj_state == 1) {
        num_single = g_temp_high % 10;         //调节上限值
        num_ten = g_temp_high / 10;
    } else if (adj_state == 2){
        num_single = g_temp_low % 10;          //调节下限值
        num_ten = g_temp_low / 10;
    }
    if (type == VAL_ADJ_TYPE_ADD) {                     //加 1 操作
        if (adj_pos == 1) {
            num_single = (num_single + 1) % 10;         //个位加 1,0~9
        } else {
            num_ten = (num_ten + 1) % 10;               //十位加 1,0~9
        }
    } else {                                            //减 1 操作
        if (adj_pos == 1) {
            num_single = (num_single - 1 + 10) % 10;    //个位减 1,0~9
        } else {
            num_ten = (num_ten - 1 + 10) % 10;          //十位减 1,0~9
        }
    }

    if (adj_state == 1) {
        if (num_ten * 10 + num_single >= g_temp_low) {
            g_temp_high = num_ten * 10 + num_single;    //确保是有效的设置
        } else {
            num_ten = g_temp_high / 10;                 //无效的设置,值不变
            num_single = g_temp_high % 10;
        }
        __digitron_disp_num(g_temp_high);               //显示温度上限值
    } else if (adj_state == 2) {
        if (num_ten * 10 + num_single <= g_temp_high) {
            g_temp_low = num_ten * 10 + num_single;     //确保是有效的设置
```

```
            }
            __digitron_disp_num(g_temp_low);                          //显示温度下限值
        }
}

static void key_pos_process(void)                                     //调节位切换
{
        if (adj_state != 0) {
            //当前是在调节模式中才允许切换调节位
            am_digitron_disp_blink_set(0, adj_pos, AM_FALSE);
            adj_pos = !adj_pos;
            am_digitron_disp_blink_set(0, adj_pos, AM_TRUE);
        }
}

static void key_callback (void * p_arg,int key_code, int key_state, int keep_time)
{
        if (key_state == AM_INPUT_KEY_STATE_PRESSED) {
            switch (key_code) {
            case KEY_0:                               //调节状态切换
                key_state_process();
                break;
            case KEY_1:                               //当前调节位加 1
                key_val_process(VAL_ADJ_TYPE_ADD);
                break;
            case KEY_2:                               //切换当前调节位
                key_pos_process();
                break;
            case KEY_3:                               //当前调节位减 1
                key_val_process(VAL_ADJ_TYPE_SUB);
                break;
            default:
                break;
            }
        }
}

int am_main (void)
{
     am_temp_handle_t          temp_handle = am_temp_lm75_inst_init();;
                                              //温度传感器句柄
     am_input_key_handler_t    key_handler;
```

```
    int32_t                 temp;

    //初始化,并设置 8 段 ASCII 解码
    am_miniport_view_key_inst_init();
    am_digitron_disp_decode_set(0, am_digitron_seg8_ascii_decode);
    am_input_key_handler_register(&key_handler, key_callback, NULL);
    while(1) {
        //温度读取模块,正常模式下,显示温度值,500 ms 执行一次,LED 闪烁
        if (adj_state == 0) {
            am_temp_read(temp_handle, &temp);
            if (temp<0) {
                temp = -1 * temp;           //温度为负时,也只显示温度数值
            }
            temp = temp / 1000;             //temp_cur 只保留温度整数部分
            __digitron_disp_num(temp);
            if (temp>g_temp_high || temp<g_temp_low ) {
                am_buzzer_on();
            } else {
                am_buzzer_off();
            }
            am_led_toggle(0);
            am_led_toggle(1);
            am_mdelay(500);
        }
    }
}
```

由于使用通用接口时,数码管、按键均会自动扫描,无需每隔一定的时间定时扫描一次,因此主程序中没有再执行数码管和按键扫描的语句。

第 8 章

深入理解 AMetal

本章导读

面向通用接口的编程使得应用程序与具体硬件无关，可以很容易地实现跨平台复用。但究其本质，具体是怎样实现的呢？

8.1 LED 通用接口

本节将以 LED 通用接口为例，详细介绍通用接口的设计方法。

8.1.1 定义接口

合理的接口应该是易阅读的、职责明确的，下面将从接口的命名、参数和返回值三个方面阐述在 AMetal 中定义接口的一般方法。

1. 接口命名

在 AMetal 中，所有通用接口均以“am_”开头，紧接着是操作对象的名字。对于 LED 控制接口来说，所有接口应该以“am_led_”为前缀。

当接口的前缀定义好之后，需要考虑定义哪些功能性接口，然后根据功能完善接口名。对于 LED 来说，核心的操作是控制 LED 的状态，点亮或熄灭 LED，因此需要提供一个设置(set)LED 状态的函数，比如：

am_led_set

显然，通过该接口可以设置 LED 的状态，为了区分是点亮还是熄灭 LED，需要通过一个参数指定具体的操作。

在大多数应用场合中，可能需要频繁地操作开灯和关灯，每次开关灯都需要通过传递参数给 am_led_set()接口实现开灯和关灯，这样做会非常繁琐。因此可以为常用的开灯和关灯操作定义专用的接口，也就不再需要额外参数区分具体的操作。比如，使用 on 和 off 分别表示开灯和关灯，则定义开灯和关灯的接口名为：

am_led_on

am_led_off

在一些特殊的应用场合种，比如，LED 闪烁，其可能并不关心具体的操作是开灯还是关灯，它仅仅需要 LED 的状态发生翻转。此时，可以定义一个用于翻转(toggle)LED 状态的接口，其接口名为：

am_led_toggle

2. 接口参数

在 AMetal 中，通用接口的第一个参数表示要操作的具体对象。显然，一个系统可能有多个 LED，为了确定操作的 LED，最简单的方法是为每个 LED 分配一个唯一编号，即 ID 号，然后通过 ID 号确定需要操作的 LED。ID 号是一个从 0 开始的整数，其类型为 int，基于此，所有接口的第一个参数定义为 int 类型的 led_id。

对于 am_led_set 接口来说，除使用 led_id 确定需要控制的 LED 外，还需要使用一个参数区分是点亮 LED 还是熄灭 LED。由于是二选一的操作，因此该参数的类型使用布尔类型：am_bool_t。当值为真(AM_TRUE)时，点亮 LED；当值为假(AM_FALSE)时，熄灭 LED。基于此，包含参数的 am_led_set 接口函数原型(还未定义返回值)为：

```
am_led_set (int led_id, am_bool_tstate);
```

对于 am_led_on、am_led_off 和 am_led_toggle 接口来说，它们的职责单一，仅仅需要指定控制的 LED，即可完成点亮、熄灭或翻转操作，无需额外的其他参数。因此对于这类接口，参数仅仅只需要 led_id。其函数原型如下：

```
am_led_on(int led_id);
am_led_off(int led_id);
am_led_toggle(int led_id);
```

实际上，在 AMetal 通用接口的第一个参数中，除使用 ID 号表示操作的具体对象外，还可能直接使用指向具体对象的指针，或者表示具体对象的一个句柄来表示。它们的作用在本质上是完全一样的。

3. 返回值

对于用户来说，调用通用接口后，应该可以获取本次执行的结果，比如成功还是失败，或一些其他的有用信息。例如，当调用接口时，如果指定的 led_id 超过有效范围，由于没有与 led_id 对应的 LED 设备，操作必定会失败，此时必须返回错误，告知用户操作失败，且失败的原因是 led_id 不在有效范围内，无与之对应的 LED 设备。

在 AMetal 中，通过返回值返回接口执行的结果，其类型为 int，返回值的含义为：若返回值为 AM_OK，则表示操作成功；若返回值为负数，则表示操作失败，失败原因可根据返回值，查找 am_errno.h 文件中定义的宏，根据宏的含义确定失败的原因；若返回值为正数，其含义与具体接口相关，由具体接口定义，无特殊说明时，表明不会返回正数。

AM_OK 在 am_common.h 文件中定义，其定义如下：

```
#define AM_OK   0
```

错误号在 am_errno.h 文件中定义，几个常见错误号的定义详见表 8.1。比如，在调用 LED 通用接口时，若 led_id 不在有效范围内，则该 led_id 没有对应的 LED 设备，此时接口应该返回－AM_ENODEV。注意：AM_ENODEV 的前面有一个负号，以返回负值。

基于此，将所有 LED 控制接口的返回值定义为 int，LED 控制接口的完整定义详见表 8.2，其对应的类图详见图 8.1。

表 8.1　常见错误号定义(am_errno.h)

错误号	含义
AM_ENODEV	无此设备
AM_EINVAL	无效参数
AM_ENOTSUP	不支持该操作
AM_ENOMEM	内存不足

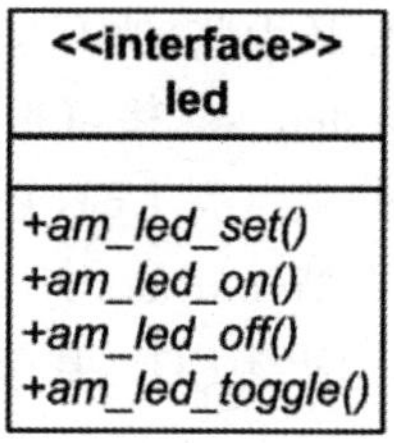

<<interface>>
led

+am_led_set()
+am_led_on()
+am_led_off()
+am_led_toggle()

图 8.1　LED 对应的类图

表 8.2　LED 通用接口(am_led.h)

函数原型	功能简介
int am_led_set (int led_id, am_bool_t state);	设置 LED 的状态
int am_led_on(int led_id);	点亮 LED
int am_led_off(int led_id);	熄灭 LED
int am_led_toggle(int led_id);	翻转 LED 的状态

8.1.2　实现接口

当完成接口定义后，还需要提供相应的驱动实现这些接口，才能使用这些接口操作 LED。

1. 实现接口初探

LED 有 4 个通用接口函数，其中的 am_led_on() 和 am_led_off() 接口是基于 am_led_set() 接口实现的，详见程序清单 8.1。

程序清单 8.1　am_led_on() 和 am_led_off() 接口的实现

```
int am_led_on (int led_id)
{
    return am_led_set(led_id, AM_TRUE);
}

int am_led_off (int led_id)
{
    return am_led_set(led_id, AM_FALSE);
}
```

实现接口的核心是实现 am_led_set()和 am_led_toggle()接口。通用接口在于屏蔽底层的差异性，即无论底层硬件如何变化，用户都可以调用通用接口操作 LED。但对于不同的硬件电路，比如，GPIO 和 HC595 控制 LED 的硬件电路，设置 LED 状态和 LED 翻转的具体实现是不同的。下面以设置 LED 状态的具体实现为例进行详细说明。

对于 GPIO 控制 LED 的硬件电路来说，当使用 GPIO 控制 AM824_Core 的两个板载 LED 时，LED0 通过 J9 与 MCU 的 PIO0_20 相连，LED1 通过 J10 与 MCU 的 PIO0_21 相连。使用短路帽将 J9 和 J10 短路后即可使用 PIO0_20 和 PIO0_21 控制 LED0 和 LED1，当引脚输出低电平时，则点亮 LED；当引脚输出高电平时，则熄灭 LED，直接使用 GPIO 通用接口实现 am_led_set()接口详见程序清单 8.2。

程序清单 8.2　am_led_set()的实现(GPIO 控制 LED)

```
static const int g_led_pins[] = {PIO0_20, PIO0_21};
int am_led_set (intled_id,am_bool_t state)
{
    if (led_id>= sizeof(g_led_pins) / sizeof(g_led_pins[0])) {
        return - AM_ENODEV;              //无此 ID 对应的 LED
    }
    am_gpio_set(g_led_pins[led_id], !state);
    return AM_OK;
}
```

对于 HC595 控制 LED 的硬件电路来说，当联合使用 MiniPort - 595 和 MiniPort - LED 时，通过控制 HC595 的输出，可以达到控制 LED 点亮和熄灭的效果。当相应引脚输出低电平时，则点亮 LED；当相应输出高电平时，则熄灭 LED，直接使用 HC595 通用接口实现 am_led_set()接口详见程序清单 8.3。

程序清单 8.3　am_led_set()的实现(HC595 控制 LED)

```
static am_hc595_handle_t   __g_hc595_handle;
static uint8_t   __g_output = 0x00;     //当前输出,初始值为 0

int am_led_set (int  led_id, am_bool_t state)
{
    if (led_id>= sizeof(g_led_pins) / sizeof(g_led_pins[0])) {
        return - AM_ENODEV;            //无此 ID 对应的 LED
    }
    if (!state) {
        __g_output |= (1<<(led_id & 0x07));
    } else {
        __g_output &= ~(1<<(led_id & 0x07));
    }
```

```
        am_hc595_send(__g_hc595_handle, &__g_output, 1);
        return AM_OK;
}
```

在实际的应用中，__g_hc595_handle 需要赋值后才能使用。比较程序清单 8.2 和程序清单 8.3 发现，它们设置 LED 状态的实现是完全不同的。显然，在同一个应用中，一个接口的实现代码只能有一份，因此程序清单 8.2 和程序清单 8.3 所示的实现是不能在一个应用程序中共存的。在这种情况下，要么选择使用 GPIO 控制 LED，要么使用 HC595 控制 LED。

2. 抽象的 LED 设备类

在使用不同方式控制 LED 时，虽然它们对应 am_led_set() 和 am_led_toggle() 的实现方法不同，但它们要实现的功能却是一样的。这是它们的共性：均要实现设置 LED 状态和翻转 LED 状态的功能。由于一个接口的实现代码只能有一份，因此它们的实现不能直接作为通用接口的实现代码。为此，可以对它们的共性进行抽象，即抽象为如下两个方法：

```
int (*pfn_led_set) (void *p_cookie, int led_id, am_bool_t state);
int (*pfn_led_toggle) (void *p_cookie, int led_id);
```

相对通用接口来说，抽象方法多了一个 p_cookie 参数。在面向对象的编程中，对象中的方法都能通过隐形指针 p_this 访问对象自身，引用自身的一些私有数据。而在 C 语言中则需要显式的声明，这里的 p_cookie 就有相同的作用。

为了节省内存空间，将所有抽象方法放在一个结构体中，形成一个虚函数表，比如：

```
typedef struct am_led_drv_funcs {
    int (*pfn_led_set)(void *p_cookie, int led_id, am_bool_t state);
    int (*pfn_led_toggle)(void *p_cookie, int led_id);
} am_led_drv_funcs_t;
```

这里定义了一个虚函数表，包含了两个方法，分别用于设置 LED 的状态和翻转 LED。针对不同的硬件设备，都可以根据自身特性实现这两个方法。GPIO 控制 LED 的伪代码详见程序清单 8.4，HC595 控制 LED 的伪代码详见程序清单 8.5。

程序清单 8.4 抽象方法的实现(GPIO 控制 LED)

```
static int __led_gpio_set (void *p_cookie, int led_id, am_bool_t state)
{
    //设置 LED 的状态,am_gpio_set()
    return AM_OK;
}

```

```
static int __led_gpio_toggle (void * p_cookie, int led_id)
{
    //翻转 LED, am_gpio_toggle()
    return AM_OK;
}

static const am_led_drv_funcs_t __g_led_gpio_drv_funcs = {
    __led_gpio_set,
    __led_gpio_toggle
};
```

程序清单 8.5　抽象方法的实现(HC595 控制 LED)

```
static int __led_hc595_set (void * p_cookie, int led_id, am_bool_t state)
{
    //设置 LED 的状态,使用 am_hc595_send()更新 HC595 的输出
    return AM_OK;
}

static int __led_hc595_toggle (void * p_cookie, int led_id)
{
    //翻转 LED,使用 am_hc595_send()更新 HC595 的输出
    return AM_OK;
}

static const am_led_drv_funcs_t __g_led_hc595_drv_funcs = {
    __led_hc595_set,
    __led_hc595_toggle
};
```

显然,__g_led_gpio_drv_funcs 和__g_led_hc595_drv_funcs 分别是使用 GPIO 和 HC595 控制 LED 的一种具体实现,它们在形式上是两个不同的结构体常量,在同一系统中是可以共存的。当有了针对不同硬件的驱动后,在 am_led_set()接口的实现中,就需要根据实际情况找到对应的驱动,然后调用其中实现的 pfn_led_set 方法。在调用 pfn_led_set()方法时,该方法的第一个参数为 p_cookie,p_cookie 代表了具体的对象。实际上,驱动函数和 p_cookie 一起唯一地确定了一个具体的 LED 设备。基于此,可以将驱动函数和 p_cookie 定义在一起,形成一个新的 LED 设备类型,即

```
typedef struct am_led_dev {
    const am_led_drv_funcs_t    * p_funcs;      //设备的驱动函数
        void                    * p_cookie;     //驱动函数参数
} am_led_dev_t;
```

其中,p_funcs 为指向驱动虚函数表的指针,比如,指向__g_led_gpio_drv_funcs 或__g_led_hc595_drv_funcs;p_cookic 为指向设备的指针,即传递给驱动函数的第一个参数。

此时,在 am_led_set()接口的实现中,无需完成真实的设置 LED 状态的操作,仅需调用设备中的 pfn_led_set 方法即可,其范例程序详见程序清单 8.6。

程序清单 8.6　am_led_set()实现(1)

```
am_led_dev_t * __gp_led_dev;
int am_led_set (int led_id, am_bool_t state)
{
    am_led_dev_t * p_dev = __gp_led_dev;
    if (p_dev == NULL) {
        return - AM_ENODEV;
    }
    if (p_dev ->p_funcs ->pfn_led_set) {
        return p_dev ->p_funcs ->pfn_led_set(p_dev ->p_cookie, led_id, state);
    }
    return - AM_ENOTSUP;
}
```

假定 LED 设备为全局变量__gp_led_dev 指向的设备,展示了 pfn_led_set 方法的调用形式。而实际上,LED 设备往往不止一个,比如,用 GPIO 控制 LED 的设备和使用 HC595 控制 LED 的设备,就需要在系统中管理多个 LED 设备。由于它们的具体数目无法确定,因此需要使用单向链表进行动态管理。在 am_led_dev_t 中增加一个 p_next 成员,用于指向下一个设备,即

```
typedef struct am_led_dev {
const am_led_drv_funcs_t    * p_funcs;          //本设备的驱动
    void                    * p_cookie;         //驱动函数参数
    struct am_led_dev       * p_next;           //指向下一个 LED 设备
} am_led_dev_t;
```

此时,系统中的多个 LED 设备使用链表的形式管理。那么在通用接口的实现中,如何确定该使用哪个 LED 设备呢?在定义通用接口时,使用了 led_id 区分不同 LED,若将一个 LED 设备和该设备对应的 led_id 绑定在一起,则在通用接口的实现中就可以根据 led_id 找到对应的 LED 设备,然后使用驱动中提供的相应方法完成 LED 的操作。

显然,一个 LED 设备可能包含多个 LED,在 AM824_Core 中,GPIO 控制了 2 个 LED,HC595 控制了 8 个 LED。如果两个设备同时使用,则整个系统中共有 10 个 LED,编号为 0~9。一般来说,一个设备中的所有 LED 编号是连续的,比如,两个 LED 设备的编号分别为 0~1,2~9。如需获得一个 LED 设备中所有 LED 的编号,

仅需知道 LED 的起始编号和结束编号即可，为此定义 LED 设备对应的 led_id 信息为：

```
typedef struct am_led_servinfo {
    int   start_id;                     //本设备提供的 LED 服务的起始编号
    int   end_id;                       //本设备提供的 LED 服务的结束编号
} am_led_servinfo_t;
```

在设备中新增指向 LED 信息的 p_info 指针，便于在通用接口实现中根据 led_id 查找到对应的 LED 设备，即：

```
typedef struct am_led_dev {
    const am_led_drv_funcs_t      * p_funcs;          //本设备的驱动
    void                          * p_cookie;         //驱动函数参数
    const am_led_servinfo_t       * p_info;           //LED 服务信息
    struct am_led_dev             * p_next;           //指向下一个 LED 设备
} am_led_dev_t;
```

基于此，am_led_set()函数的实现详见程序清单 8.7。

程序清单 8.7　am_led_set()实现(2)

```
int am_led_set (int led_id, am_bool_t state)
{
    am_led_dev_t * p_dev = __led_dev_find_with_id(led_id);   //根据 led_id 找到
                                                             //对应设备
    if (p_dev == NULL) {
        return -AM_ENODEV;
    }
    if (p_dev->p_funcs->pfn_led_set) {
        return p_dev->p_funcs->pfn_led_set(p_dev->p_cookie, led_id, state);
    }
    return -AM_ENOTSUP;
}
```

其中，__led_dev_find_with_id()的作用就是遍历设备链表，与各个设备中的 ID 信息一一比对，以找到 led_id 对应的 LED 设备，其实现详见程序清单 8.8。

程序清单 8.8　查找指定 led_id 的 LED 设备

```
static am_led_dev_t * __gp_head = NULL;
static am_led_dev_t *  __led_dev_find_with_id (int id)
{
    am_led_dev_t * p_cur = __gp_head;
    while (p_cur != NULL) {
        if ((id >= p_cur->p_info->start_id) && (id <= p_cur->p_info->end_id)) {
```

```
            break;          //找到该 ID 对应的设备
        }
        p_cur = p_cur ->p_next;
    }
    return p_cur;           //返回找到的设备,若未找到,则为 NULL
}
```

其中,__gp_head 是一个全局变量,初始为 NULL,表示初始时系统中无任何 LED 设备。同理,可得到 am_led_toggle()接口的实现,详见程序清单 8.9。

程序清单 8.9　am_led_toggle()实现

```
int am_led_toggle (int led_id)
{
    am_led_dev_t *p_dev = __led_dev_find_with_id(led_id);  //根据 led_id 找到
                                                            //对应设备
    if (p_dev == NULL) {
        return -AM_ENODEV;
    }
    if (p_dev ->p_funcs ->pfn_led_toggle) {
        return p_dev ->p_funcs ->pfn_led_toggle(p_dev ->p_cookie, led_id);
    }
    return -AM_ENOTSUP;
}
```

至此,实现了所有通用接口。由于当前没有任何 LED 设备,因此__led_dev_find_with_id()为 NULL,通用接口的返回值也始终为-AM_ENODEV。

为了使通用接口能够操作到具体有效的 LED,就必须向系统中添加一个有效的 LED 设备。根据 LED 设备类型的定义,添加一个设备时,需要完成 p_funcs、p_cookie 和 p_info 的正确赋值,这些成员的赋值需要具体的 LED 设备对象来完成,如 GPIO 控制 LED 的设备。为此,可以为驱动提供一个添加 LED 设备的接口。比如:

```
int am_led_dev_add (
    am_led_dev_t                *p_dev,
    const am_led_servinfo_t     *p_info,
    const am_led_drv_funcs_t    *p_funcs,
    void                        *p_cookie);
```

其中,为了方便驱动直接添加一个设备,避免直接操作 LED 设备的各个成员,将需要赋值的成员通过参数传递给接口函数。其实现详见程序清单 8.10。

程序清单 8.10　向系统中添加 LED 设备

```
int am_led_dev_add (
    am_led_dev_t                    *p_dev,
```

```
3        const am_led_servinfo_t      *p_info,
4        const am_led_drv_funcs_t     *p_funcs,
5        void                         *p_cookie)
6    {
7        if ((p_dev == NULL) || (p_funcs == NULL) || (p_info == NULL)) {
8            return -AM_EINVAL;
9        }
10       if (__led_dev_find_with_id(p_info->start_id) != NULL) {
11           return -AM_EPERM;
12       }
13       if (__led_dev_find_with_id(p_info->end_id) != NULL) {
14           return -AM_EPERM;
15       }
16       p_dev->p_info = p_info;
17       p_dev->p_funcs = p_funcs;
18       p_dev->p_next = NULL;
19       p_dev->p_cookie = p_cookie;
20       p_ dev->p_next  = __gp_head;
21       __gp_head = p_dev;
22       return AM_OK;
23   }
```

该程序首先通过新设备的起始 LED 编号和结束 LED 编号是否已经存在于系统之中来判断 ID 是否是有效范围，确保添加的各个 LED 设备的 ID 不冲突，即保证了 LED 编号的唯一性，然后将设备中的各个成员赋值。最后通过程序清单 8.10 的 21～22 行共计 2 行代码将新设备添加到链表首部。

显然，接下来需要在具体的 LED 设备驱动实现中，使用 am_led_dev_add()接口向系统中添加设备，使得用户可以使用 LED 通用接口操作到具体有效的 LED。

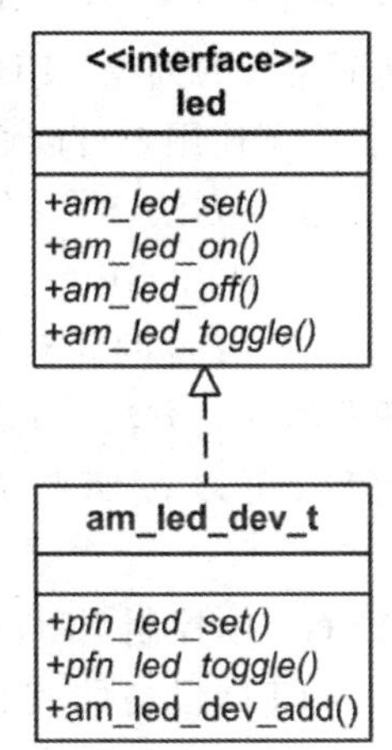

图 8.2　抽象的 LED 设备类

在上述分析的过程中，定义了 LED 设备类，在其中完成了 LED 通用接口的实现，可以用类图来表示这个关系，详见图 8.2。LED 设备中存在抽象方法 pfn_led_set 和 pfn_led_toggle，这两个抽象方法是以虚函数表的形式存在 LED 设备类中的。由于存在抽象方法，因此 LED 设备类是一个抽象类，它本身不能够直接实例化，必须由其派生的具体类实现这两个抽象方法。为了便于查阅，如程序清单 8.11 所示展示了 LED 设备的接口文件 am_led_dev.h 的内容。

程序清单 8.11 am_led_dev.h 文件内容

```
#pragma once
#include "ametal.h"

typedef struct am_led_drv_funcs {
    int (*pfn_led_set)(void *p_cookie, int led_id, am_bool_t state);
    int (*pfn_led_toggle)(void *p_cookie, int led_id);
} am_led_drv_funcs_t;

typedef struct am_led_servinfo {
    int  start_id;              //本设备提供的 LED 服务的起始编号
    int  end_id;                //本设备提供的 LED 服务的结束编号
} am_led_servinfo_t;

typedef struct am_led_dev {
     const am_led_drv_funcs_t      *p_funcs;          //本设备的驱动
         void                      *p_cookie;         //驱动函数参数
         const am_led_servinfo_t   *p_info;           //LED 服务信息
    struct am_led_dev              *p_next;           //指向下一个 LED 设备
} am_led_dev_t;

int am_led_dev_add (
    am_led_dev_t                   *p_dev,
    const am_led_servinfo_t        *p_info,
    const am_led_drv_funcs_t       *p_funcs,
    void                           *p_cookie);
```

3. 具体的 LED 设备类

前面定义的抽象 LED 设备类中包含了两个抽象方法：pfn_led_set 和 pfn_led_toggle。为了使用户可以通过 LED 通用接口操作 LED，就必须根据实际硬件连接，实现两个抽象方法，然后将具体设备添加到系统设备链表中。

下面分别以 GPIO 控制 LED 的驱动实现和 HC595 控制 LED 的驱动实现为例，阐述 LED 设备驱动开发的一般方法，如果后续有其他类型的 LED 控制电路，可以按照此方法添加自定义的 LED 驱动。

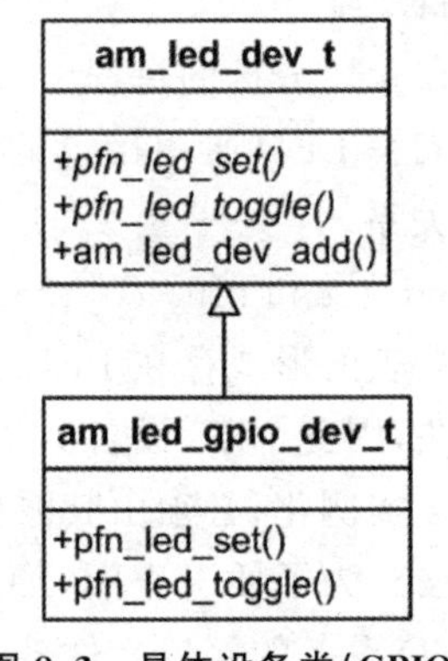

图 8.3 具体设备类(GPIO)

(1) GPIO 控制 LED 的驱动实现

具体 LED 设备的核心功能是实现抽象设备类中定义的方法，首先应该基于抽象设备类派生一个具体的设备类，其类图详见图 8.3，可直接定义具体的 LED 设备类。比如：

```
typedef struct am_led_gpio_dev {
    am_led_dev_t     isa;
} am_led_gpio_dev_t;
```

am_led_gpio_dev_t 即为具体的 LED 设备类。具有该类型后，即可使用该类型定义一个具体的 LED 设备实例：

```
am_led_gpio_dev_t  g_led_gpio;
```

在使用 GPIO 控制 LED 时，需要知道对应的引脚信息和 LED 点亮的电平信息。为了便于修改配置，这些信息往往由用户传递给驱动。此外，还需要提供 LED 设备的 ID 信息，包含起始 ID 和结束 ID，以确定为设备中的每个 LED 分配一个唯一 ID。基于此，可以将需要由用户提供的设备相关信息存放到一个新的结构体类型中，将其作为需要由用户提供的设备信息，即

```
typedef struct am_led_gpio_info {
    am_led_servinfo_t  serv_info;       //LED 基础服务信息，包含起始编号和结束编号
    const int          *p_pins;         //使用的 GPIO 引脚
    am_bool_t          active_low;      //LED 点亮电平信息：是否是低电平点亮
} am_led_gpio_info_t;
```

对于 AM824_Core 的两个板载 LED 来说，若编号为 0～1，则可以使用该类型定义其对应的设备实例信息如下：

```
const int g_led_pins[] = {PIO0_20, PIO0_21};
const am_led_gpio_info_t g_led_gpio_info = {
    {
        0,                  //起始编号为 0
        1                   //结束编号为 1
    },
    g_led_pins,             //两个 LED 对应的引脚
    AM_TRUE                 //当引脚输出低电平时，点亮 LED
};
```

为了便于通过设备直接找到对应的设备信息，在设备类中往往直接维持一个指向设备信息的指针，即

```
typedef struct am_led_gpio_dev {
    am_led_dev_t                isa;
    const am_led_gpio_info_t   *p_info;
} am_led_gpio_dev_t;
```

显然，在使用 GPIO 控制 LED 前，引脚需要初始化为输出模式。此外，在完成初始化后，还需要将具体的 LED 设备添加到系统中，便于使用通用接口操作 LED。这

些工作通常在驱动的初始化函数中完成，初始化函数的原型为：

```
int am_led_gpio_init (am_led_gpio_dev_t * p_dev,const am_led_gpio_info_t * p_info);
```

其中，p_dev 指向 am_led_gpio_dev_t 类型的设备，p_info 为指向 am_led_gpio_info_t 类型实例信息的指针。其调用形式如下：

```
am_led_gpio_init(&g_led_gpio, &g_led_gpio_info);
```

初始化函数的的实现详见程序清单 8.12。

程序清单 8.12　初始化函数实现(GPIO 控制 LED)

```
int am_led_gpio_init (am_led_gpio_dev_t * p_dev,const am_led_gpio_info_t * p_info)
{
    int i;
    int num;

    if ((p_dev == NULL) || (p_info == NULL)) {
        return - AM_EINVAL;
    }
    num = p_info -> serv_info.end_id - p_info -> serv_info.start_id + 1;
    if (num <= 0) {
        return - AM_EINVAL;
    }
    p_dev -> p_info = p_info;
    for (i = 0; i < num; i ++ ) {
        if (p_info -> active_low) {     //低电平点亮，初始输出高电平熄灭 LED
            am_gpio_pin_cfg(p_info -> p_pins[i], AM_GPIO_OUTPUT_INIT_HIGH);
        } else {                        //高电平点亮，初始输出低电平熄灭 LED
            am_gpio_pin_cfg(p_info -> p_pins[i], AM_GPIO_OUTPUT_INIT_LOW);
        }
    }
    return am_led_dev_add(&p_dev -> isa, &p_info -> serv_info, &__g_led_gpio_drv_funcs, p_dev);
}
```

程序中，首先通过 LED 的起始编号和结束编号，得到了 LED 的数目，由于 GPIO 的引脚数目与 LED 数目相等，因此，也就得到了 GPIO 引脚的数目。然后将所有引脚配置为输出模式，并根据是否为低电平点亮，初始时使所有 LED 处于熄灭状态。最后，通过 am_led_dev_add()函数将具体的 LED 设备添加到了系统之中。

在添加 LED 设备时，LED 的 ID 信息直接使用了设备信息中的 ID 信息，抽象方法的实现使用了__g_led_gpio_drv_funcs 中实现的方法(其定义详见程序清单 8.4)，p_cookie 直接设置为指向设备自身的指针，正因为如此，在抽象方法的实现中，

p_cookie 参数即为指向设备自身的指针，可以通过 p_cookie 得到具体设备相关的信息，如 GPIO 信息等，进而实现 LED 的相关操作，完善程序清单 8.4 中实现的抽象方法，详见程序清单 8.13。

程序清单 8.13 抽象方法的实现(GPIO 控制 LED)

```
static int __led_gpio_set (void * p_cookie, int led_id, am_bool_t state)
{
    am_led_gpio_dev_t * p_dev = (am_led_gpio_dev_t * )p_cookie;
    led_id = led_id - p_dev->p_info->serv_info.start_id;
    am_gpio_set(p_dev->p_info->p_pins[led_id], state ^ p_dev->p_info->active_low);
    return AM_OK;
}

static int __led_gpio_toggle (void * p_cookie, int led_id)
{
    am_led_gpio_dev_t * p_dev = (am_led_gpio_dev_t * )p_cookie;
    led_id = led_id - p_dev->p_info->serv_info.start_id;
    am_gpio_toggle(p_dev->p_info->p_pins[led_id]);
    return AM_OK;
}

static const am_led_drv_funcs_t __g_led_gpio_drv_funcs = {
    __led_gpio_set,
    __led_gpio_toggle
};
```

在抽象方法的实现中，首先通过类型强制转换将 p_cookie 转换为指向具体设备的指针。然后通过它找到相应的引脚信息，进而实现 LED 的相关操作。在设置 LED 状态的实现中，巧妙地使用了“异或(^)”运算。因为 active_low 的值与实际的点亮电平是恰好相反的，即若 active_low 为 AM_TRUE，表明输出低电平点亮，反之，输出高电平点亮。state 及 active_low 的值都将影响本次 GPIO 的输出电平，GPIO 的输出电平与 state 和 active_low 的真值表详见表 8.3。由此可见，当 state 与 active_low 相同时，GPIO 输出 0；当 state 与 active_low 不同时，GPIO 输出 1，恰好是“异或”关系。

表 8.3 GPIO 输出增值表

state	active_low	GPIO 输出
0	0	0
0	1	1
1	0	1
1	1	0

为了便于查阅，如程序清单 8.14 所示展示了 LED 设备接口文件 am_led_gpio.h

的内容。

程序清单 8.14 am_led_gpio.h 文件内容

```
#pragma once
#include "ametal.h"
#include "am_led_dev.h"

typedef struct am_led_gpio_info {
    am_led_servinfo_t  serv_info;    //LED 基础服务信息,包含起始编号和结束编号
    const int           *p_pins;     //使用的 GPIO 引脚
    am_bool_t          active_low;   //LED 点亮电平信息:是否是低电平点亮
} am_led_gpio_info_t;

typedef struct am_led_gpio_dev {
    am_led_dev_t                  isa;
    const am_led_gpio_info_t     *p_info;
} am_led_gpio_dev_t;

int am_led_gpio_init (am_led_gpio_dev_t *p_dev,const am_led_gpio_info_t *p_info);
```

(2) HC595 控制 LED 的驱动实现

同样,首先基于抽象设备类派生一个具体的设备类,其类图详见图 8.4,可直接定义具体的 LED 设备类:

```
typedef struct am_led_hc595_dev {
    am_led_dev_t    isa;
} am_led_hc595_dev_t;
```

am_led_hc595_dev_t 为具体的 LED 设备类。当具有该类型后,即可使用该类型定义一个具体的 LED 设备实例:

```
am_led_hc595_dev_t  g_led_hc595;
```

在使用 HC595 控制 LED 时,需要知道 LED 和 HC595 相关的信息,如 LED 点亮的电平信息和 HC595 的数目。虽然 MiniPort - 595 只有一个 HC595,但作为一个通用的驱动,应考虑到这些基础的扩展,以便驱动可以尽可能地支持更多的硬件电路。

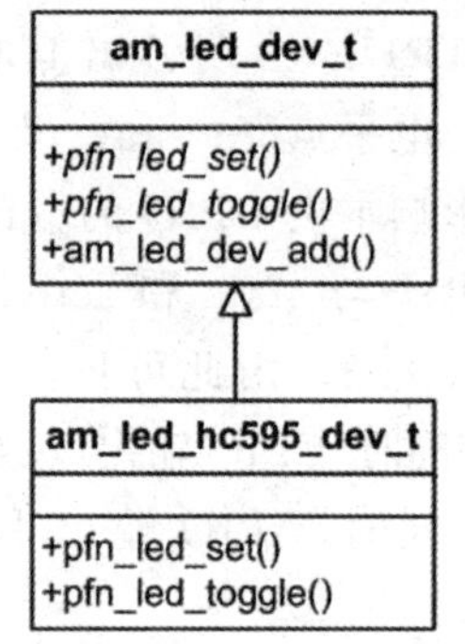

图 8.4 具体设备类(HC595)

特别地,HC595 的每次输出都是完整的输出,如对于单个 HC595,其每次输出都只能输出完整的 8 位数据,不能单独输出 1 位数据;而 LED 的控制

又是对单个 LED 进行的，因此，为了在控制一个 LED 时，不影响到其他 LED，必须使其他位的输出保持不变。这就需要实时保存当前的输出，为了保存当前所有 HC595 的输出信息，需要用户提供一个缓冲区，缓冲区的大小与 HC595 的个数相等。

此外，还需要提供包含起始 ID 和结束 ID 的 ID 信息。基于此，可以将需要由用户提供的设备相关信息存放到一个新的结构体类型中，将其作为需要由用户提供的设备信息：

```
typedef struct am_led_hc595_info {
    am_led_servinfo_t   serv_info;      //LED 基础服务信息，包含起始编号和结束编号
    int                 hc595_num;      //HC595 的数目
    uint8_t            *p_buf;          //存储 HC595 输出的缓存，大小为 hc595_num
    am_bool_t           active_low;     //LED 点亮电平信息：是否是低电平点亮
} am_led_hc595_info_t;
```

对于 MiniPort-595 和 MiniPort-LED 联合使用的情况，共计 8 个 LED，若分配的编号为 2～9，则可以使用该类型定义其对应的设备实例信息如下：

```
uint8_t  g_miniport_led_595_buf[1];

const am_led_hc595_info_t g_miniport_led_595_info = {
    {
        2,                      //起始编号 2
        9                       //结束编号 9，共计 8 个 LED
    },
    1,                          //仅 1 个 595
    g_miniport_led_595_buf,
    AM_TRUE
};
```

同理，在设备类中需要维持一个指向设备信息的指针。此外，由于使用 HC595 驱动 LED 时，需要使用 HC595 的句柄 handle 来传输数据，因此，用户还需要提供一个 595 的句柄。handle 需要保存到设备中：

```
typedef struct am_led_hc595_dev {
    am_led_dev_t                isa;
    am_hc595_handle_t           handle;
    const am_led_hc595_info_t  *p_info;
} am_led_hc595_dev_t;
```

注意，由于句柄往往需要通过动态的调用实例初始化函数获得，比如，HC595 的句柄可通过如下语句获得：

```
am_hc595_handle_t  hc595_handle = am_miniport_595_inst_init();
```

而设备信息往往在系统启动后不会改变，可以定义为常量，因此，handle 往往由用户单独提供，不存放在设备信息中。

显然，在使用 HC595 控制 LED 前，需要完成设备中各成员的赋值，并熄灭所有 LED；此外，在初始化完成后，还需要将具体的 LED 设备添加到系统中。这些工作通常在驱动的初始化函数中完成，初始化函数的原型为：

```
int am_led_hc595_init (
    am_led_hc595_dev_t              *p_dev,
    const am_led_hc595_info_t       *p_info,
    am_hc595_handle_t               handle);
```

其中，p_dev 为指向 am_led_hc595_dev_t 类型实例的指针，p_info 为指向 am_led_hc595_info_t 类型实例信息的指针。其调用形式如下：

```
am_led_hc595_init(&g_miniport_led_595,&g_miniport_led_595_info,am_miniport_595_inst_init());
```

初始化函数的实现详见程序清单 8.15。

程序清单 8.15　初始化函数的实现(HC595 控制 LED)

```
int am_led_hc595_init (
    am_led_hc595_dev_t          *p_dev,
    const am_led_hc595_info_t   *p_info,
    am_hc595_handle_t           handle)
{
    if ((p_dev == NULL) || (p_info == NULL)) {
        return -AM_EINVAL;
    }
    p_dev->p_info = p_info;
    if (p_info->active_low) {
        memset(p_info->p_buf, 0xFF, p_info->hc595_num);
    } else {
        memset(p_info->p_buf, 0x00, p_info->hc595_num);
    }
    am_hc595_send(handle, p_info->p_buf, p_info->hc595_num);
    return am_led_dev_add(&p_dev->isa, &p_info->serv_info, &__g_led_hc595_drv_
    funcs, p_dev);
}
```

首先将缓存中的值设置为使所有 LED 熄灭的值，然后使用 am_hc595_send()将缓存中的值输出，使所有 LED 处于熄灭状态。最后，通过 am_led_dev_add()函数，将具体的 LED 设备添加到了系统之中。

在添加 LED 设备时，LED 的 ID 信息直接使用了设备信息中的 ID 信息；抽象方法的实现使用了__g_led_hc595_drv_funcs 中实现的方法(其定义详见程序清单 8.5)；p_cookie 直接设置为了指向设备自身的指针，正因为如此，在抽象方法的实现中，p_cookie 参数即为指向设备自身的指针，可以通过 p_cookie 得到具体设备相关的信息，如 HC595 句柄、HC595 缓存等，进而实现 LED 的相关操作。完善程序清单 8.5 中实现的抽象方法详见程序清单 8.16。

程序清单 8.16　抽象方法的实现(HC595 控制 LED)

```
static int __led_hc595_set (void * p_cookie, int led_id, am_bool_t state)
{
    am_led_hc595_dev_t * p_dev = (am_led_hc595_dev_t * )p_cookie;
    led_id = led_id - p_dev ->p_info ->serv_info.start_id;
    if (state ^ p_dev ->p_info ->active_low) {
        p_dev ->p_info ->p_buf[led_id>>3] |= (1<<(led_id & 0x07));
    } else {
        p_dev ->p_info ->p_buf[led_id>>3] &= ~(1<<(led_id & 0x07));
    }
    am_hc595_send(p_dev ->handle, p_dev ->p_info ->p_buf, p_dev ->p_info ->hc595_num);
    return AM_OK;
}

static int __led_hc595_toggle (void * p_cookie, int led_id)
{
    am_led_hc595_dev_t * p_dev = (am_led_hc595_dev_t * )p_cookie;
    led_id = led_id - p_dev ->p_info ->serv_info.start_id;
    p_dev ->p_info ->p_buf[led_id>>3] ^= (1<<(led_id & 0x07));
    am_hc595_send(p_dev ->handle, p_dev ->p_info ->p_buf, p_dev ->p_info ->hc595_num);
    return AM_OK;
}

static const am_led_drv_funcs_t __g_led_hc595_drv_funcs = {
    __led_hc595_set,
    __led_hc595_toggle
};
```

在抽象方法的实现中，首先通过类型强制转换将 p_cookie 转换为指向具体设备的指针。然后通过它找到相关的信息，进而实现 LED 的相关操作。为了便于查阅，如程序清单 8.17 所示展示了 LED 设备接口文件 am_led_hc595.h 的内容。

程序清单 8.17　am_led_hc595.h 文件内容

```
#pragma once
#include "ametal.h"
#include "am_led_dev.h"
#include "am_hc595.h"

typedef struct am_led_hc595_info{
    am_led_servinfo_t  serv_info;    //LED 基础服务信息,包含起始编号和结束编号
    int                hc595_num;    //HC595 的数目
    uint8_t            *p_buf;       //存储 HC595 输出的缓存,大小为 hc595_num
    am_bool_t          active_low;   //LED 点亮电平信息:是否是低电平点亮
}am_led_hc595_info_t;

typedef struct am_led_hc595_dev{
    am_led_dev_t                  isa;
    am_hc595_handle_t             handle;
    const am_led_hc595_info_t     *p_info;
}am_led_hc595_dev_t;

int am_led_hc595_init(
    am_led_hc595_dev_t            *p_dev,
    const am_led_hc595_info_t     *p_info,
    am_hc595_handle_t             handle);
```

8.2　HC595 接口

HC595 是一种“串转并”的外围器件,可以通过 GPIO 控制数据引脚和时钟引脚实现数据的输出。但在一些具有 SPI 外设的 MCU 中,往往使用 SPI 控制 HC595 输出,使驱动程序更简洁。为了屏蔽底层数据输出方式的差异性,可以按照 LED 通用接口的设计方法为 HC595 定义相关接口。

8.2.1　定义接口

1. 接口命名

由于操作的对象是 HC595,因此接口命名以“am_hc595_”作为前缀。HC595 基本的操作是输出并行数据,其相应的接口名为:

am_hc595_send

特别地,HC595 的输出为三态输出,其由 OE 引脚控制,因此可以定义相应接口使能输出(正常输出数据)或禁能输出(高阻状态)。其相应的接口名为:

am_hc595_enable

am_hc595_disable

2. 接口参数

在 LED 通用接口的设计中,通常可能存在多个 LED,因而使用了唯一 ID 号 led_id 对多个 LED 进行区分。按照这种逻辑,是否也需要使用 hc595_id 来区分不同的 HC595 呢?

在 LED 通用接口中,使用了 ID 号区分不同的 LED,这就要求在接口实现中完成 led_id 到对应 LED 设备之间的转换,即通过 ID 号搜索到对应的 LED 设备。显然,随着 LED 设备的增加,搜索耗时也将增加。使用 ID 号区分不同的 LED,虽然简洁易懂,但效率不高。

对于操作 LED 而言,通常都是秒级的,不会以极快的速率操作 LED。如果 LED 变化太快,则肉眼无法观察到相应的现象,这是没有意义的。因此搜索耗时的影响对于 LED 来说,可以忽略不计。虽然 HC595 输出控制的具体器件是不确定的,但作为通用输出器件,其输出的效率应该尽可能高,不要因为驱动实现的策略而影响了输出效率,比如,常见的 GPIO 能够以 MHz 的速率输出,这种变化是 μs 级别的,显然此时搜索耗时会对输出效率产生一定的影响。

为了达到快速输出的目的,最好不存在任何搜索过程,直接操作相应的 HC595 对象实现输出即可。在这种情况下,使用指向对象的指针就是很好的解决办法,只要具有指向对象的指针,就可以直接使用对象提供的方法。

显然使用指向对象的指针,只是为了提高接口实现的效率,与用户并无直接关系。对于用户来说,其无需关心这个指针的具体类型。为了对用户屏蔽"指针"的概念,可以为该指针单独定义一个类型,这就是本书中常常提及的"句柄"概念。由于现在还不清楚 HC595 对象的指针类型,可以先定义一个无类型的指针类型作为句柄类型。比如:

```
typedef void * am_hc595_handle_t;
```

该类型的句柄本质上是指向 HC595 对象的指针,其本身就代表了系统中确定的一个 HC595 对象。基于此,所有接口均使用该类型作为第一个参数,即

am_hc595_enable (am_hc595_handle_t   handle);

am_hc595_disable (am_hc595_handle_t   handle);

am_hc595_send (am_hc595_handle_t   handle);

特别地,对于 am_hc595_send(),还需要使用参数指定发送的数据,往往使用一个指向数据首地址的指针和数据的字节数表示一段数据,即可为 am_hc595_send() 新增两个参数:

am_hc595_send (am_hc595_handle_t handle, const void * p_data, size_t nbytes);

其中,p_data 指向了数据的首地址,使用 void *类型,使其可以指向任意数据类型的首地址,使用 const 修饰符,表明本接口仅用于发送数据,不会改变数据内容;nbytes 指定了发送数据的字节数,若只有单个 HC595,则输出是单个字节(8 位),若有多个 HC595 级联,则输出是 n 个字节(n 为 HC595 的个数,共计 $8\times n$ 位)。

实际中,单个 HC595 只能输出 8 位数据,为了输出更多位数的数据,可以使用级联的方式将多个 HC595 级联起来。因此,这里的 HC595"句柄"代表的 HC595 设备可能包含多个级联的 HC595,以实现多位数据的输出。

3. 返回值

接口无特殊说明,直接将所有接口的返回值定义为 int 类型的标准错误号。基于此,HC595 接口的完整定义详见表 8.4。其对应的类图详见图 8.5。

表 8.4　HC595 通用接口(am_hc595.h)

函数原型	功能简介
int am_hc595_enable(am_hc595_handle_t　handle);	使能 HC595 输出
int am_hc595_disable(am_hc595_handle_t　handle);	禁能 HC595 输出
int am_hc595_send (am_hc595_handle_t　handle, const uint8_t　*p_data, size_t　nbytes);	数据发送

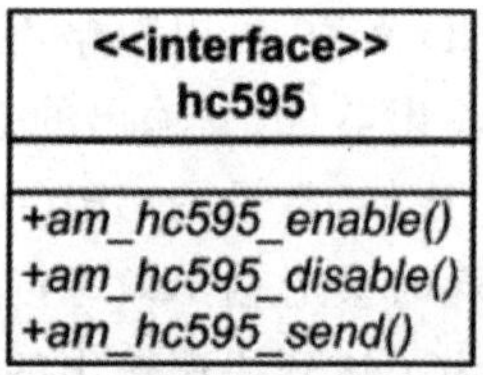

<<interface>>
hc595

+am_hc595_enable()
+am_hc595_disable()
+am_hc595_send()

图 8.5　HC595 对应的类图

特别注意,当前接口中的 am_hc595_handle_t 类型为 void *类型,最终,其需要是指向对象的指针类型。随着后文对接口实现的介绍,会定义相应的设备类型,到时再更新具体的定义。

8.2.2　实现接口

1. 抽象的 HC595 设备类

与 LED 通用接口的实现类似,为了屏蔽底层实现的差异性,可以将一些与底层硬件相关的功能进行抽象,根据三个接口,可以定义相应的三个抽象方法,并将其存放在一个虚函数表中,即

```
struct am_hc595_drv_funcs {                              //虚函数表
    int (*pfn_hc595_enable) (void *p_cookie);      //抽象方法 1:使能 HC595 输出
    int (*pfn_hc595_disable) (void *p_cookie);     //抽象方法 2:禁能 HC595 输出
    int (*pfn_send) (void *p_cookie, const void *p_data, size_t nbytes);
                                                         //抽象方法 3:数据发送
};
```

类似地,将抽象方法和 p_cookie 定义在一起,即为抽象的 HC595 设备。比如:

```
typedef struct am_hc595_dev {
    const struct am_hc595_drv_funcs      * p_funcs;          //设备的驱动函数
    void                                 * p_cookie;         //驱动函数参数
} am_hc595_dev_t;
```

显然,具体的 HC595 设备直接从抽象的 HC595 设备派生,然后由具体的 HC595 设备根据实际的硬件,实现三个抽象方法。

与抽象 LED 设备的定义相比可以发现,这里定义抽象设备的方法和抽象 LED 设备定义的方法是完全一致的,可以将这种方法作为定义一种抽象设备的模板,即首先根据接口的定义,整理需要具体设备实现哪些功能;然后将这些功能一一抽象为方法,并将它们存放在一个虚函数表中,这些抽象方法的第一个参数均为 p_cookie。最后,将虚函数表和 p_cookie 整合在一个新的结构体中,该结构体类型即为抽象设备类型。伪代码详见程序清单 8.18。

程序清单 8.18 抽象设备定义的一般方法

```
typedef struct am_[name]_drv_funcs {                        //虚函数表
    int ( * pfn_function1) (void * p_cookie, ...);          //抽象方法 1
    int ( * pfn_ function2) (void * p_cookie, ...);         //抽象方法 2
    //......                                                //抽象方法 n
} am_[name]_drv_funcs_t;

typedef struct am_[name]_dev {
    const am_led_drv_funcs_t     * p_funcs;                 //设备的驱动函数
    void                         * p_cookie;                //驱动函数参数
    //...                                                   //其他可能的成员,如抽象 LED 设
                                                            //备中的 p_next
} am_[name]_dev_t;
```

伪代码中,[name]表示当前模块的具体名字,如 led。当然,如果需要,可以在抽象筹备中添加其他需要的成员,如 LED 设备中,使用链表管理多个 LED 设备,因此还具有 p_next 指针成员。

在 HC595 接口中,使用了 handle 作为第一个参数,其本质上是指向设备的指针,由于所有具体设备都是从抽象的 HC595 设备派生的,因此,handle 的类型可以定义为:

```
typedef am_hc595_dev_t * am_hc595_handle_t;
```

如此一来,所有接口的实现都可以直接调用抽象方法实现,而抽象方法的具体实现是由具体的 HC595 设备完成的。各 HC595 接口的实现详见程序清单 8.19。

程序清单 8.19 HC595 接口实现

```
int am_hc595_enable (am_hc595_handle_t handle)
{
    if (handle && handle ->p_funcs && handle ->p_funcs ->pfn_hc595_enable) {
        return handle ->p_funcs ->pfn_hc595_enable(handle ->p_cookie);
    }
    return - AM_EINVAL;
}

int am_hc595_disable (am_hc595_handle_t handle)
{
    if (handle && handle ->p_funcs && handle ->p_funcs ->pfn_hc595_disable) {
        return handle ->p_funcs ->pfn_hc595_disable(handle ->p_cookie);
    }
    return - AM_EINVAL;
}

int am_hc595_send (am_hc595_handle_t handle, const void * p_data, size_t nbytes)
{
    if (handle && handle ->p_funcs && handle ->p_funcs ->pfn_send) {
        return handle ->p_funcs ->pfn_send(handle ->p_cookie, p_data, nbytes);
    }
    return - AM_EINVAL;
}
```

由于 handle 是直接指向设备的指针，可以通过 handle 直接找到相应的方法，因此，在整个接口的实现过程中，没有任何查询搜索的过程，效率较高。除此之外，当 handle 直接指向设备后，也就无需再集中对各个 HC595 设备进行管理，如 LED 设备，由于存在查询搜索过程，因此不得不使用单向链表将系统中的各个 LED 设备链接起来，便于查找。

在接口实现中，没有与硬件相关的实现代码，仅仅是简单地调用了抽象方法。抽象方法需要由具体的 HC595 设备来完成。由于各个接口的实现非常简单，往往将其实现直接以内联函数的形式存放在.h 文件中。

为便于查阅，如程序清单 8.20 所示展示了抽象 HC595 设备接口文件(am_hc595.h)的内容。其对应的类图详见图 8.6。

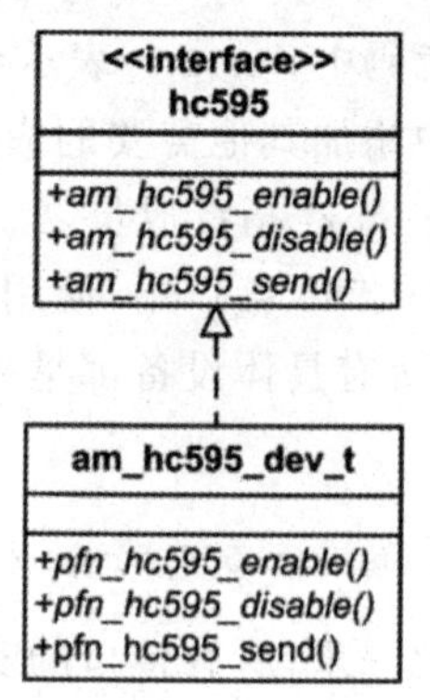

图 8.6 抽象的 HC595 设备类

程序清单 8.20 am_hc595.h 文件内容

```
#pragma once

#include "am_common.h"

struct am_hc595_drv_funcs {                                  //虚函数表
    int (*pfn_hc595_enable) (void *p_cookie);                //抽象方法 1:使能 HC595 输出
    int (*pfn_hc595_disable) (void *p_cookie);               //抽象方法 2:禁能 HC595 输出
    int (*pfn_send) (void *p_cookie, const void *p_data, size_t nbytes);
                                                             //抽象方法 3:数据发送
};

typedef struct am_hc595_dev {
    const struct am_hc595_drv_funcs      *p_funcs;     //设备的驱动函数
    void                                 *p_cookie;    //驱动函数参数
} am_hc595_dev_t;

typedef am_hc595_dev_t * am_hc595_handle_t;

am_static_inline
int am_hc595_enable (am_hc595_handle_t handle)
{
    if (handle && handle->p_funcs && handle->p_funcs->pfn_hc595_enable) {
        return handle->p_funcs->pfn_hc595_enable(handle->p_cookie);
    }
    return -AM_EINVAL;
}

am_static_inline
int am_hc595_disable (am_hc595_handle_t handle)
{
    if (handle && handle->p_funcs && handle->p_funcs->pfn_hc595_disable) {
        return handle->p_funcs->pfn_hc595_disable(handle->p_cookie);
    }
    return -AM_EINVAL;
}

am_static_inline
int am_hc595_send (am_hc595_handle_t handle, const void *p_data, size_t nbytes)
{
    if (handle && handle->p_funcs && handle->p_funcs->pfn_send) {
```

```
            return handle ->p_funcs ->pfn_send(handle ->p_cookie, p_data, nbytes);
        }
        return - AM_EINVAL;
    }
```

程序中,am_static_inline 是内联函数的标识,其在 am_types.h 文件中定义,定义的实际内容与编译器相关,如使用 GCC 编译器,则其定义如下:

```
#define  am_static_inline  static inline
```

由于在不同编译器中,内联函数的标识不尽相同,为了使用户使用统一的标识,AMetal 统一将内联标识符定义为了 am_static_inline,使得用户在任何编译器中均可使用该标识作为内联标识,无需关心与编译器相关的细节问题。

2. 具体的 HC595 设备类

以使用 SPI 控制 HC595 输出数据为例,简述具体 HC595 设备的实现方法。

首先应该基于抽象设备类派生一个具体的设备类,其类图详见图 8.7,可直接定义具体的 HC595 设备类:

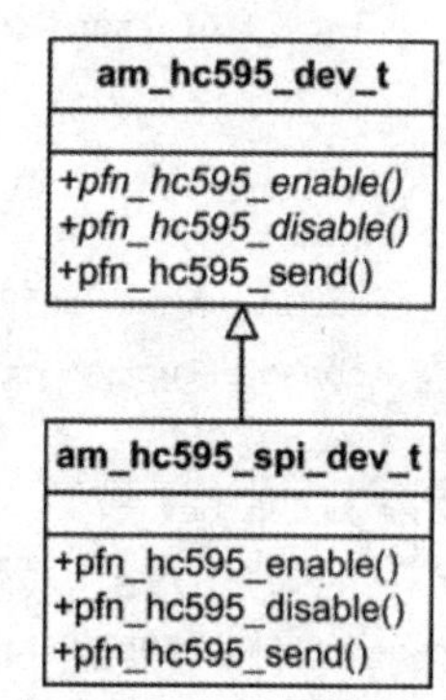

图 8.7　具体的 HC595 设备类

```
typedef struct am_hc595_spi_dev {
    am_hc595_dev_t  isa;     //派生至抽象 HC595 设备
} am_hc595_spi_dev_t;
```

am_hc595_spi_dev_t 即为具体的 HC595 设备类。具有该类型后,即可使用该类型定义一个具体的 HC595 设备实例:

```
am_hc595_spi_dev_t   g_hc595_spi;
```

在使用 SPI 控制 HC595 时,需要知道 HC595 相关的信息,如锁存引脚、输出使能引脚、SPI 时钟频率等信息。

特别地,当 SPI 输出数据时,可以指定数据输出时的位顺序:最高位先输出或最低位先输出。最先输出的位决定了 HC595 输出端 Q7 的电平,最后输出的位决定了 HC595 输出端 Q0 的电平。显然,位的输出顺序直接影响了 HC595 的输出,因此,具体输出顺序应该是由用户来决定的。

基于此,将需要由用户提供的设备相关信息存放到一个新的设备信息结构体类型中:

```
typedef struct am_hc595_spi_info {
    int             pin_lock;          //锁存引脚
    int             pin_oe;            //输出使能引脚,未使用
```

```
    uint32_t          clk_speed;          //SPI 时钟频率
    am_bool_t         lsb_first;          //是否最低位先发送
} am_hc595_spi_info_t;
```

若使用 MiniPort - 595，其与 AM824_Core 联合使用时，则其对应的设备实例信息可以定义如下：

```
const am_hc595_spi_info_t  g_hc595_spi_info = {
    PIO0_14,                    //锁存引脚
    -1,                         //输出使能引脚，未使用
    300000,                     //SPI 时钟，300 kHz
    AM_TRUE                     //最低位先发送
};
```

同理，在设备类中需要维持一个指向设备信息的指针。此外，由于使用 SPI 控制 HC595 时，HC595 相当于是一个 SPI 从设备，为了使用 SPI 接口与之通信，需要为 HC595 定义一个与之对应的 SPI 从设备，新增两个成员。完整的 HC595 设备定义即为：

```
typedef struct am_hc595_spi_dev {
    am_hc595_dev_t               isa;          //派生至抽象 HC595 设备
    am_spi_device_t              spi_dev;      //SPI 从设备
    const am_hc595_spi_info_t   *p_info;       //设备信息
} am_hc595_spi_dev_t;
```

显然，在使用 SPI 控制 HC595 前，需要完成设备中各成员的赋值，这些工作通常在驱动的初始化函数中完成。定义初始化函数的原型为：

```
am_hc595_handle_t am_hc595_spi_init (
    am_hc595_spi_dev_t             *p_dev,
    const am_hc595_spi_info_t      *p_info,
    am_spi_handle_t                handle);
```

其中，p_dev 为指向 am_hc595_spi_dev_t 类型实例的指针；p_info 为指向 am_hc595_spi_info_t 类型实例信息的指针；handle 为 SPI 句柄，便于使用 SPI 输出数据，初始化函数的返回值即为 HC595 句柄。基于前面定义的设备实例和实例信息，其调用形式如下：

```
am_hc595_handle_t handle =
    am_hc595_spi_init(&g_hc595_spi, &g_hc595_spi_info, am_lpc82x_spi0_inst_init ());
```

返回值即为 HC595 实例的句柄，可以作为 HC595 通用接口的第一个参数(handle)的实参。初始化函数的实现范例详见程序清单 8.21。

程序清单 8.21　初始化函数实现范例(SPI 控制 HC595)

```
am_hc595_handle_t am_hc595_spi_init (
    am_hc595_spi_dev_t          * p_dev,
    const am_hc595_spi_info_t   * p_info,
    am_spi_handle_t              handle)
{
    if ((p_dev == NULL) || (handle == NULL) || (p_info == NULL)) {
        return NULL;
    }
    am_spi_mkdev(
        &(p_dev -> spi_dev),
        handle,
        8,
        AM_SPI_MODE_3 | ((p_info -> lsb_first) ? AM_SPI_LSB_FIRST : 0),
        p_info -> clk_speed,
        p_info -> pin_lock,
        NULL);
    if (am_spi_setup(&(p_dev -> spi_dev))<0) {
        return NULL;
    }
    p_dev -> p_info = p_info;
    p_dev -> isa.p_funcs = &__g_hc595_spi_drv_funcs;
    p_dev -> isa.p_cookie = p_dev;
    return &p_dev -> isa;
}
```

程序中,首先建立了标准的 SPI 从设备,便于后续使用 SPI 接口发送数据;然后初始化了 p_info 成员,接着完成了抽象 HC595 设备中 p_funcs 和 p_cookie 的赋值;最后,返回设备地址作为用户操作 HC595 的句柄。其中,pfuncs 赋值为了 &__g_hc595_spi_drv_funcs,其中包含了 3 个抽象方法的具体实现,完整定义详见程序清单 8.22。

程序清单 8.22　抽象方法的实现(SPI 控制 HC595)

```
static int __hc595_spi_enable (void * p_cookie)
{
    am_hc595_spi_dev_t * p_dev = (am_hc595_spi_dev_t *)p_cookie;
    if (p_dev -> p_info -> pin_oe == -1) {   //若 OE 连接到了有效的控制引脚
        return AM_OK;
    }
    return am_gpio_set(p_dev -> p_info -> pin_oe, 0);  //输出低电平,使能输出
}
```

```

static int __hc595_spi_disable (void * p_cookie)
{
    am_hc595_spi_dev_t * p_dev = (am_hc595_spi_dev_t * )p_cookie;
    if (p_dev -> p_info -> pin_oe == -1) {
        return -AM_ENOTSUP;
    }
    return am_gpio_set(p_dev -> p_info -> pin_oe, 1);
}

static int __hc595_spi_data_send (void * p_cookie, const void * p_data, size_t nbytes)
{
    am_hc595_spi_dev_t * p_dev = (am_hc595_spi_dev_t * )p_cookie;
    return am_spi_write_then_write(&(p_dev -> spi_dev), p_data, nbytes, NULL, 0);
    //发送数据
}

static const struct am_hc595_drv_funcs __g_hc595_spi_drv_funcs = {
    __hc595_spi_enable,
    __hc595_spi_disable,
    __hc595_spi_data_send,
};
```

由此可见,使用 GPIO 接口 am_gpio_set()控制 OE 引脚的输出电平实现了 HC595 的使能和禁能函数,使用 SPI 接口函数 am_spi_write_then_write()实现了发送数据函数。

为了便于查阅,程序清单 8.23 展示了具体 HC595 设备接口文件(am_hc595_spi.h)的内容。

程序清单 8.23 am_hc595_spi.h 文件内容

```
#pragma once
#include "am_common.h"
#include "am_hc595.h"
#include "am_spi.h"

typedef struct am_hc595_spi_info {
    int           pin_lock;                  //锁存引脚
    int           pin_oe;                    //输出使能引脚,未使用
    uint32_t      clk_speed;                 //SPI 时钟频率
    am_bool_t     lsb_first;                 //是否最低位先发送
} am_hc595_spi_info_t;

```

```
typedef struct am_hc595_spi_dev {
    am_hc595_dev_t                isa;          //派生至抽象 HC595 设备
    am_spi_device_t               spi_dev;      //SPI 从设备
    const am_hc595_spi_info_t     *p_info;      //设备信息
} am_hc595_spi_dev_t;

am_hc595_handle_t am_hc595_spi_init (
    am_hc595_spi_dev_t            *p_dev,
    const am_hc595_spi_info_t     *p_info,
    am_spi_handle_t               handle);
```

8.3 蜂鸣器接口

8.3.1 定义接口

1. 接口命名

由于操作的对象是蜂鸣器(buzzer),因此,接口命名以“am_buzzer_”作为前缀。对于蜂鸣器,基本的操作是打开和关闭蜂鸣器,可定义相应的两个接口名为:

am_buzzer_on

am_buzzer_off

特别地,在一些应用场合,还需要类似蜂鸣器“嘀一声”这样的操作,即鸣叫一定的时间后自动停止。可以定义其接口名为:

am_buzzer_beep

am_buzzer_beep_async

这里定义了两个接口,都是用于蜂鸣器鸣叫指定的时间,二者的区别在于函数返回的时机不同。am_buzzer_beep 会等待鸣叫结束后返回,am_buzzer_beep_async 不会等待,函数立即返回,蜂鸣器鸣叫指定时间后自动停止。

显然,对于 am_buzzer_beep_async 接口,在最开始的蜂鸣器接口设计中,很可能是不会想到的,该接口是在大量实际应用中得出的,由于在一些特殊的应用场景,不希望程序被阻塞,因此,需要提供 am_buzzer_beep_async 这样的异步接口。

2. 接口参数

在 LED 通用接口的设计中,由于在一个系统中可能存在多个 LED,这就必须使用某种方法区分不同的 LED,如使用了唯一 ID 号 led_id 表示来区分系统中的多个 LED。按照这种逻辑,是否也需要一个 buzzer_id 来区分不同的蜂鸣器呢?

蜂鸣器的功能单一,是一种发声器件,在一个具体应用中,发声器件往往只有一个,没有必要使用多个蜂鸣器。因此,蜂鸣器可以看作系统的一个单实例设备,基于此，也就无需使用类似于 buzzer_id 这样的参数来区分多个蜂鸣器了，对于打开和关闭蜂鸣器的接口，则无需任何参数，即

am_buzzer_on(void);

am_buzzer_off(void);

特别地，对于 am_buzzer_beep 和 am_buzzer_beep_async 接口，虽无需参数来区分多个蜂鸣器，但由于其功能是鸣叫一定的时间，因此，还需要一个用于指定鸣叫时长的参数，如下：

am_buzzer_beep(uint32_t ms);

am_buzzer_beep_async (uint32_t ms);

其中，ms 用于指定鸣叫时长，单位为毫秒。

3. 返回值

接口无特殊说明，直接将所有接口的返回值定义为 int 类型的标准错误号。基于此，蜂鸣器控制接口的完整定义详见表 8.5。其对应的类图详见图 8.8。

表 8.5 蜂鸣器通用接口(am_buzzer.h)

函数原型	功能简介
void am_buzzer_on(void);	打开蜂鸣器
void am_buzzer_off(void);	关闭蜂鸣器
void am_buzzer_beep(uint32_t ms);	鸣叫指定时间(同步)
void am_buzzer_beep_async(uint32_t ms);	鸣叫指定时间(异步)

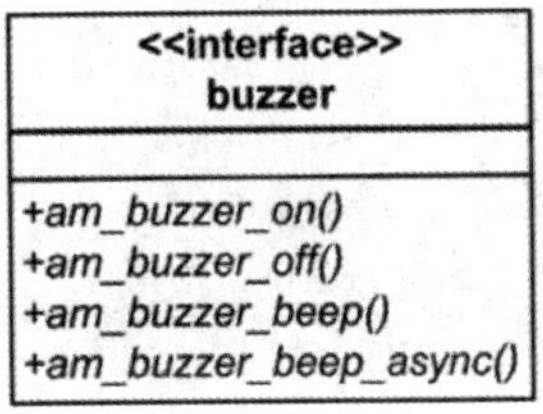

<<interface>>
buzzer

+am_buzzer_on()
+am_buzzer_off()
+am_buzzer_beep()
+am_buzzer_beep_async()

图 8.8 蜂鸣器接口类图

8.3.2 实现接口

1. 抽象的蜂鸣器设备类

蜂鸣器共计 4 个通用接口，其中，am_buzzer_beep()和 am_buzzer_beep_async()接口可以直接基于 am_buzzer_on()和 am_buzzer_off()接口实现。am_buzzer_beep()的实现详见程序清单 8.24。

程序清单 8.24 am_buzzer_beep()的实现

```
int am_buzzer_beep (uint32_t ms)
{
    int ret = am_buzzer_on();
    if (ret<0) {
        return ret;
    }
    am_mdelay(ms);
    return am_buzzer_off();
}
```

程序中，首先使用 am_buzzer_on()打开蜂鸣器，若打开蜂鸣器失败(返回值为负数)，则直接返回相应的错误号，若打开成功，则使用 am_mdelay()延时指定的时间，最后关闭蜂鸣器。对于 am_buzzer_beep_async()接口，其需要立即返回，不能在函数内部直接使用延时函数，可以基于软件定时器实现，范例程序详见程序清单 8.25。

程序清单 8.25 am_buzzer_beep_async()的范例程序

```
static am_softimer_t          __g_beep_timer;
static void __beep_timer      __callback (void * p_arg)
{
    am_softimer_stop((am_softimer_t * )p_arg);
    am_buzzer_off();
}

int am_buzzer_beep_async (uint32_t ms)
{
    int ret = am_buzzer_on();
    if (ret<0) {
        return ret;
    }
    am_softimer_start(&__g_beep_timer, ms);
    return AM_OK;
}
```

程序中，首先使用 am_buzzer_on()打开蜂鸣器。若打开蜂鸣器失败(返回值为负数)，则直接返回相应的错误号；若打开成功，则启动软件定时器。定时时间为指定的鸣叫时间，启动定时器后，函数立即返回。软件定时器定时时间到后，需要调用自定义回调函数__beep_timer_callback()，在回调函数中，关闭了软件定时器和蜂鸣器，鸣叫结束。

显然，软件定时器在使用前，需要初始化，以将__beep_timer_callback()函数作为其定时时间到后的回调函数，如：

```
am_softimer_init(&__g_beep_timer, __beep_timer_callback, &__g_beep_timer);
```

初始化语句放在哪里呢？这里仅仅展示了使用软件定时器实现 am_buzzer_beep_async()函数的范例，后文再介绍初始化软件定时器的合适时机。

由于 am_buzzer_beep()和 am_buzzer_beep_async()接口可以直接基于 am_buzzer_on()和 am_buzzer_off()实现，因此实现蜂鸣器接口的核心是实现 am_buzzer_on()和 am_buzzer_off()接口，按照 LED 或 HC595 的设计方法，可以抽象对应的两个方法，即

```
int ( * pfn_buzzer_on) (void * p_cookie);
int ( * pfn_buzzer_off) (void * p_cookie);
```

虽然按照这种设计方法是完全可行的，但是考虑到 on 和 off 是一组相互对称的接口，功能是同属一类的，具有很大的相似性，因此，可以仅抽象一个方法，使用一个布尔类型的参数区分操作是打开还是关闭，比如：

```
int ( * pfn_buzzer_set) (void * p_cookie, am_bool_t on);
```

可见，定义抽象方法并不一定是原封不动地按照接口定义抽象方法，可以做适当的调整，只要基于抽象方法，能够实现通用接口即可。

虽然只有一个抽象方法，但是为了保证结构的统一，也为了方便后续扩展（如新增抽象方法等），往往还是将抽象方法放到一个虚函数表中，即

```
typedef struct am_buzzer_drv_funcs {
    int ( * pfn_buzzer_set) (void * p_cookie, am_bool_t on);   //抽象方法：打开或关
                                                               //闭蜂鸣器
} am_buzzer_drv_funcs_t;
```

类似地，将抽象方法和 p_cookie 定义在一起，即为抽象的蜂鸣器设备。如：

```
typedef struct am_buzzer_dev {
    const am_buzzer_drv_funcs_t       * p_funcs;        //驱动函数
    void                              * p_cookie;       //驱动函数参数
} am_buzzer_dev_t;
```

在前面实现 am_buzzer_beep_async()接口时，使用到了软件定时器。显然，软件定时器是用于实现一个蜂鸣器鸣叫功能的，是与蜂鸣器设备相关的，其不应定义为全局变量，取而代之的是，直接定义在抽象设备结构体中，即

```
typedef struct am_buzzer_dev {
    const am_buzzer_drv_funcs_t       * p_funcs;        //驱动函数
    void                              * p_cookie;       //驱动函数参数
    am_softimer_t                     timer;            //软件定时器
} am_buzzer_dev_t;
```

抽象设备中定义的抽象方法需要由具体的蜂鸣器设备来完成，am_buzzer_on()和 am_buzzer_off()接口则可以直接基于抽象方法实现。

在定义蜂鸣器接口时，由于蜂鸣器是单实例设备（系统中只有一个），因此没有在接口中定义区分蜂鸣器对象的参数，如 ID 号或者句柄参数等。那么，在实现接口时，如何找到相应的设备呢？由于在系统中只有一个蜂鸣器设备，因此，可以直接使用一个全局变量来指向蜂鸣器设备，am_buzzer_on()和 am_buzzer_off()的实现详见程序清单 8.26。

程序清单 8.26　am_buzzer_on 和 am_buzzer_off()的范例程序

```
static am_buzzer_dev_t   * __gp_buzzer_dev = NULL;
int am_buzzer_on (void)
```

```
{
    if ((NULL != __gp_buzzer_dev) && (NULL != __gp_buzzer_dev->p_funcs)) {
        return __gp_buzzer_dev->p_funcs->pfn_buzzer_set(__gp_buzzer_dev->p_cookie, AM_TRUE);
    }
    return -AM_ENODEV;
}

int am_buzzer_off (void)
{
    if ((NULL != __gp_buzzer_dev) && (NULL != __gp_buzzer_dev->p_funcs)) {
        return __gp_buzzer_dev->p_funcs->pfn_buzzer_set(__gp_buzzer_dev->p_cookie, AM_FALSE);
    }
    return -AM_ENODEV;
}
```

其中，__gp_buzzer_dev 是指向蜂鸣器设备的指针，初始没有任何有效的蜂鸣器设备，因此初始值为 NULL。显然，要正常使用蜂鸣器，就必须使__gp_buzzer_dev 指向有效的蜂鸣器设备，这就需要由具体蜂鸣器设备实现 pfn_buzzer_set 抽象方法。

为了完成__gp_buzzer_dev 的赋值，需要定义一个设备注册接口，用于向系统中注册一个有效蜂鸣器设备：

```
int am_buzzer_dev_register (
    am_buzzer_dev_t                     *p_dev,
    const am_buzzer_drv_funcs_t         *p_funcs,
    void                                *p_cookie);
```

其中，为了方便向系统中添加一个蜂鸣器设备时，避免直接操作蜂鸣器设备的各个成员，将需要赋值的成员通过参数传递给接口函数。其实现详见程序清单 8.27。

程序清单 8.27　向系统中添加蜂鸣器设备

```
int am_buzzer_dev_register (
    am_buzzer_dev_t                     *p_dev,
    const am_buzzer_drv_funcs_t         *p_funcs,
    void                                *p_cookie)
{
    if ((p_dev == NULL) || (p_funcs == NULL) || (p_funcs->pfn_buzzer_set == NULL)) {
        return -AM_EINVAL;
    }
    p_dev->p_funcs = p_funcs;
    p_dev->p_cookie = p_cookie;
    __gp_buzzer_dev = p_dev;
```

```
    am_softimer_init(&p_dev->timer, __beep_timer_callback, &p_dev->timer);
    return AM_OK;
}
```

该程序首先判定参数的有效性，然后完成了抽象设备中抽象方法和 p_cookie 赋值，接着给全局变量__gp_buzzer_dev 赋值，使其指向有效的蜂鸣器设备。最后，初始化抽象设备中的软件定时器，便于实现异步的蜂鸣器鸣叫接口。由此可见，软件定时器的初始化操作是在添加一个蜂鸣器设备时完成的。

显然，接下来就需要基于抽象的蜂鸣器设备派生具体的蜂鸣器设备。其对应的类图详见图 8.9。在具体的蜂鸣器设备中，完成抽象方法 pfn_buzzer_set 的实现，并使用 am_buzzer_dev_register()接口向系统中添加一个蜂鸣器设备，使得用户可以使用蜂鸣器通用接口操作到具体有效的蜂鸣器。

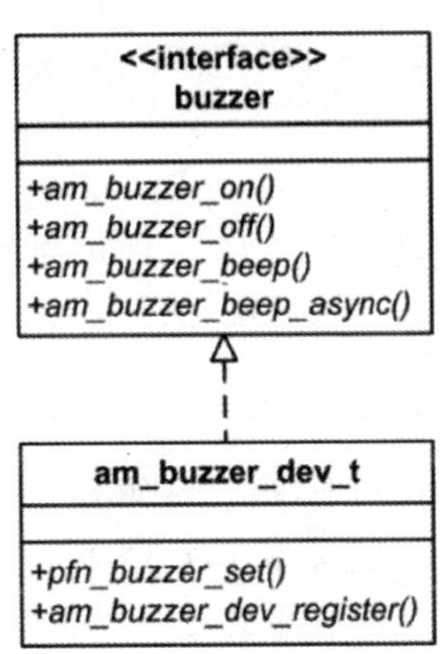

图 8.9 抽象的蜂鸣器设备类

为了便于查阅，如程序清单 8.28 所示展示了蜂鸣器设备接口文件(am_buzzer_dev.h)的内容。

程序清单 8.28 am_buzzer_dev.h 文件内容

```
#pragma once
#include "am_common.h"

typedef struct am_buzzer_drv_funcs {
    int (*pfn_buzzer_set) (void *p_cookie, am_bool_t on);   //抽象方法:打开或
                                                            //关闭蜂鸣器
} am_buzzer_drv_funcs_t;

typedef struct am_buzzer_dev {
    const am_buzzer_drv_funcs_t      *p_funcs;        //驱动函数
    void                             *p_cookie;       //驱动函数参数
    am_softimer_t                    timer;           //软件定时器
} am_buzzer_dev_t;

int am_buzzer_dev_register (
    am_buzzer_dev_t                  *p_dev,
    const am_buzzer_drv_funcs_t      *p_funcs,
    void                             *p_cookie);
```

2. 具体的蜂鸣器设备类

以使用 PWM 输出控制蜂鸣器发声为例，简述具体蜂鸣器设备的实现方法。首

先应该基于抽象设备类派生一个具体的设备类，其类图详见图 8.10，可直接定义具体的蜂鸣器设备类，如：

```
typedef struct  am_buzzer_pwm_dev {
    am_buzzer_dev_t     isa;     //派生至抽象的蜂鸣器设备
} am_buzzer_pwm_dev_t;
```

am_buzzer_pwm_dev_t 即为具体的蜂鸣器设备类。具有该类型后，即可使用该类型定义一个具体的蜂鸣器设备实例，即

```
am_buzzer_pwm_dev_t  g_buzzer_pwm;
```

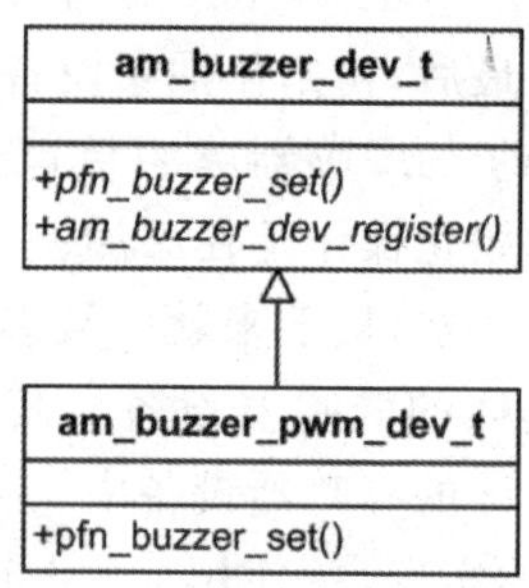

图 8.10 具体的蜂鸣器设备类

特别地，由于蜂鸣器是单实例设备，不能够使用该类型定义多个实例，因此，可以直接在具体设备实现的文件内部定义一个蜂鸣器设备实例，无需用户使用该类型自定义设备实例。基于此，am_buzzer_pwm_dev_t 类型无需开放给用户，可以直接定义在.c 文件中，由于 am_buzzer_pwm_dev_t 类型无需开放给用户，仅内部使用，因此可以修改类型名为双下划线“__”开头，如在 am_buzzer_pwm.c 文件中定义设备类型以及对应的设备实例如下：

```
typedef struct __buzzer_pwm_dev {                          //具体的蜂鸣器设备类型定义
    am_buzzer_dev_t         isa;                           //派生至抽象的蜂鸣器设备
} __buzzer_pwm_dev_t;

static struct __buzzer_pwm_dev __g_buzzer_pwm_dev; //单实例设备，直接在文件内部定义
```

在使用 PWM 输出控制蜂鸣器时，需要知道 PWM 的句柄、通道号等相关信息，这些信息需要保存在设备中，因此更新设备类型的定义如下：

```
typedef struct __buzzer_pwm_dev {
    am_buzzer_dev_t         isa;          //派生至抽象的蜂鸣器设备
    int                     chan;         //PWM 通道号
    am_pwm_handle_t         handle;       //PWM 句柄
} __buzzer_pwm_dev_t;
```

显然，这些成员需要初始化后才能使用，定义初始化函数的原型为：

```
int am_buzzer_pwm_init (
    am_pwm_handle_t  pwm_handle,
    int              chan,
    unsigned int     duty_ns,
    unsigned int     period_ns);
```

其中,pwm_handle 为标准的 PWM 服务句柄;chan 为 PWM 通道号;duty_ns 和 period_ns 分别指定了输出 PWM 波形的脉宽和周期,决定了蜂鸣器鸣叫的响度和频率,比如,AM824_Core 板载的蜂鸣器。

若使用 SCT 输出 PWM,由于 PIO0_24 对应 SCT 的通道 1,因此初始化函数的调用形式如下:

```
am_buzzer_pwm_init(am_lpc82x_sct0_pwm_inst_init(), 1, 200000, 400000);
```

程序中,使用了 am_lpc82x_sct0_pwm_inst_init()函数获取到了 PWM 句柄,使用了通道 1,并设定输出 PWM 的周期为 400 000 ns,即 2.5 kHz(1 000 000 000/400 000),脉宽恰好为周期的一半,即输出 PWM 的占空比为 50%。初始化函数的实现范例详见程序清单 8.29。

程序清单 8.29 初始化函数实现范例

```
int am_buzzer_pwm_init (
    am_pwm_handle_t     pwm_handle,
    int                 chan,
    unsigned int        duty_ns,
    unsigned int        period_ns)
{
    if (pwm_handle == NULL) {
        return -AM_EINVAL;
    }
    __g_buzzer_pwm_dev.chan = chan;
    __g_buzzer_pwm_dev.handle = pwm_handle;
    am_buzzer_dev_register(
        &__g_buzzer_pwm_dev.isa, &__g_buzzer_pwm_drv_funcs, &__g_buzzer_pwm_dev);
    return am_pwm_config(pwm_handle, chan, duty_ns, period_ns);
}
```

该程序首先判定了参数的有效性,然后完成了设备实例中相关成员的赋值,接着调用了 am_buzzer_dev_register()函数,将蜂鸣器设备添加到系统中,最后配置了 PWM 输出通道的脉宽和周期。添加设备时,将 p_funcs 赋值为 &__g_buzzer_pwm_drv_funcs,将 p_cookie 赋值为具体设备的地址,即 p_cookie 指向了设备自身。__g_buzzer_pwm_drv_funcs 中包含了抽象方法的具体实现,完整定义详见程序清单 8.30。

程序清单 8.30 抽象方法的实现

```
static int __buzzer_pwm_set (void *p_cookie, am_bool_t on)
{
    struct __buzzer_pwm_dev *p_this = (struct __buzzer_pwm_dev *)p_cookie;
    if (p_this != NULL && p_this->handle != NULL) {
```

```
            if (on) {
                return am_pwm_enable(p_this ->handle, p_this ->chan);
            } else {
                return am_pwm_disable(p_this ->handle, p_this ->chan);
            }
        }
        return - AM_ENODEV;
}

static const am_buzzer_drv_funcs_t    __g_buzzer_pwm_drv_funcs = {
        __buzzer_pwm_set,
};
```

为了便于查阅，如程序清单 8.31 所示展示了蜂鸣器设备接口文件(am_buzzer_pwm.h)的内容。

程序清单 8.31　am_buzzer_pwm.h 文件内容

```
#pragma once
#include "am_common.h"
#include "am_pwm.h"

int am_buzzer_pwm_init (
    am_pwm_handle_t      pwm_handle,
    int                  chan,
    unsigned int         duty_ns,
    unsigned int         period_ns);
```

由此可见，与其他具体设备的接口文件(详见程序清单 8.14、程序清单 8.17 和程序清单 8.23)相比，不同的是，其没有包含具体设备类型的定义，初始化接口的第一个参数，也不是指向具体设备的指针。这是由于蜂鸣器是单实例设备，系统中最多只能定义一个，因此，直接在实现文件的内部完成了设备实例的定义，相关类型无需开放给用户。同理，由于是单实例设备，初始化函数初始化的必然是文件内部定义的设备实例，无需额外使用指向设备的指针指定要初始化的设备。

至此，详细介绍了 LED 通用接口、HC595 接口和蜂鸣器接口，它们代表了 AMetal 中典型的 3 种类型的设备接口。

- LED 通用接口：使用唯一 ID 区分不同设备；
- HC595 接口：使用句柄区分不同的设备，句柄本质上是指向设备的指针；
- 蜂鸣器接口：不使用任何参数区分不同设备，是一种单实例设备。

8.4 温度采集接口

8.4.1 定义接口

1. 接口命名

由于操作的对象是温度(temperature),为了缩短接口名,将 temperature 缩写为 temp,因此,接口命名以“am_temp_”作为前缀。对于温度采集,主要的操作就是读取当前温度,可定义接口名为:

am_temp_read

2. 接口参数

显然,一个系统中可能存在多个温度传感器,可以简单地使用句柄来区分不同的温度传感器,因此,第一个参数的类型定义为温度传感器句柄。和 HC595 设备类似,其应该定义为指向抽象温度设备的指针,假定抽象温度设备的类型为 am_temp_dev_t,则 handle 的类型可以定义为:

```
typedef am_temp_dev_t * am_temp_handle_t;
```

读取温度接口的核心功能是返回当前的温度值。首先需要定义温度值的类型,然后再确定温度值的返回方式,即通过返回值返回或通过出口参数返回。

通常使用 1 位小数表示温度值,比如,37.5 ℃。由此可见,温度值需要使用小数表示,但要求的精度并不高,往往只会精确到小数点后一位,因此温度值可以使用 float 类型表示。

由于 AMetal 运行的实际硬件平台往往是以低端的 Cortex－M0、Cortex－M0＋和 Cortex－M3 等作为内核的芯片,这些芯片没有硬件浮点运算单元,浮点运算的效率很低。因此,AMetal 平台中,不建议使用浮点类型,据此,可以使用整数表示温度值,同时,为了保证一定的精度,使用整数表示扩大 1 000 倍后的温度值。如实际温度为 37.5 ℃,则使用整数 37 500 表示。这种方法巧妙地避免了使用浮点类型,而且也能保证实际温度的精度为小数点后三位。由于温度可能存在负值,因此,使用有符号的 32 位数据来表示温度值,即温度值的类型定义为 int32_t。

在通用接口中,返回值往往定义为 int 类型的错误号,且使用负数表示出错,显然,如果使用返回值直接返回温度,用户将无法区分温度为负数和读取温度出错的情况。为此,使用一个输出参数,用以返回温度值,即定义一个 int32_t 类型的指针作为输出参数:

am_temp_read(am_temp_handle_t handle, int32_t * p_temp)

其中,handle 为温度传感器的句柄;p_temp 为输出参数,用于返回当前的温度值,其表示的温度值为实际温度值的 1 000 倍。

3. 返回值

接口无特殊说明,直接将所有接口的返回值定义为 int 类型的标准错误号。基于此,完整的读取温度接口的原型为:

```
int am_temp_read (am_temp_handle_t handle,
                  int32_t * p_temp);
```

其对应的类图详见图 8.11。

<<interface>>
temperature

+am_temp_read()

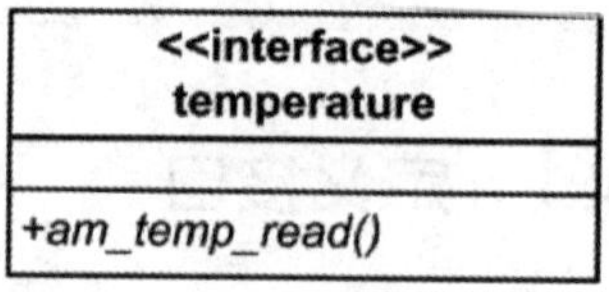

图 8.11　温度采集接口

8.4.2　实现接口

1. 抽象的温度采集设备类

根据读取温度接口,可以定义相应的抽象方法,并将其存放在一个虚函数表中,即

```
struct am_temp_drv_funcs {                                            //虚函数表
    int ( * pfn_temp_read) (void * p_cookie, int32_t * p_temp); //抽象方法:读取当前温度
};
```

类似地,将抽象方法和 p_cookie 定义在一起,即为抽象的温度采集设备。如:

```
typedef struct am_temp_dev {
    const struct am_temp_drv_funcs      * p_funcs;          //设备的驱动函数
    void                                * p_cookie;         //驱动函数参数
} am_temp_dev_t;
```

显然,具体的温度采集设备直接从抽象的温度采集设备派生,然后由具体的温度采集设备根据实际的硬件,实现读取温度的抽象方法。

在读取温度接口中,使用了 handle 作为第一个参数,其本质上是指向设备的指针,读取温度接口可以直接调用抽象方法实现,详见程序清单 8.32。

程序清单 8.32　读取温度接口实现

```
int am_temp_read (am_temp_handle_t handle, int32_t * p_temp)
{
    return handle ->p_funcs ->pfn_temp_read(handle ->p_drv, p_temp);
}
```

在接口实现中,没有与硬件相关的实现代码,仅仅是简单地调用了抽象方法。抽象方法需要由具体的温度采集设备来实现。类似地,由于读取温度接口的实现非常简单,往往将其实现直接以内联函数的形式存放在.h 文件中。

为便于查阅,如程序清单 8.33 所示展示了抽象温度采集设备接口文件(am_temp.h)的内容,其包含了抽象温度采集设备相关的抽象方法定义、类型定义和接口实现,对应的类图详见图 8.12。

程序清单 8.33　am_temp.h 文件内容

```
#pragma once
#include "am_common.h"

struct am_temp_drv_funcs {                                           //虚函数表
    int ( * pfn_temp_read)(void * p_cookie, int32_t * p_temp);  //抽象方法:读取当前温度
};

typedef struct am_temp_dev {
    const struct am_temp_drv_funcs      * p_funcs;           //设备的驱动函数
    void                                * p_cookie;          //驱动函数参数
} am_temp_dev_t;
typedef am_temp_dev_t   * am_temp_handle_t;

am_static_inline
int am_temp_read (am_temp_handle_t handle, int32_t * p_temp)
{
    return handle ->p_funcs ->pfn_temp_read(handle ->p_drv, p_temp);
}
```

2. 具体的温度采集设备类

以使用 LM75B 温度传感器实现温度采集为例,简述具体温度采集设备的实现方法。首先应该基于抽象设备类派生一个具体的设备类,其类图详见图 8.13,可直接定义具体的温度采集设备类,如:

```
typedef struct am_temp_lm75 {
    am_temp_dev_t    isa;     //派生至抽象的温度采集设备
} am_temp_lm75_t;
```

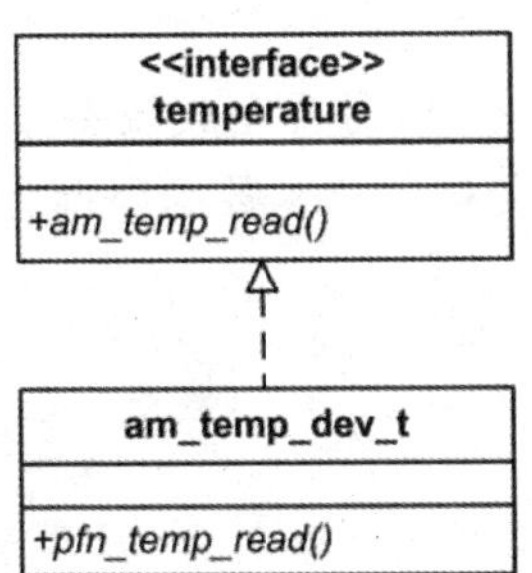

图 8.12　抽象的温度采集设备类

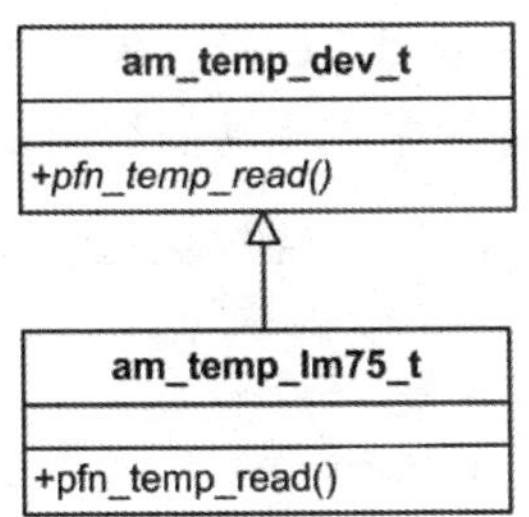

图 8.13　具体的温度采集设备类

am_temp_lm75_t 即为具体的温度采集设备类。具有该类型后，即可使用该类型定义一个具体的温度采集设备实例，即

```
am_temp_lm75_t    g_temp_lm75;
```

LM75B 是标准的 I²C 从机器件，需要知道 LM75B 的从机地址，才能使用 I²C 总线读取 LM75B 中的温度数据。由于从机地址与 LM75 外部引脚电平相关，因此 LM75 的地址信息需要由用户根据实际硬件电路设置。将需要由用户提供的设备相关信息存放到一个新的设备信息结构体类型中。比如：

```
typedef struct am_temp_lm75_info {
    uint8_t     i2c_addr;                 //7 位从机地址
} am_temp_lm75_info_t;
```

当使用 AM824_Core 上板载的 LM75B 时，LM75B 的 7 位 I²C 从机地址为 $1001A_2A_1A_0$，由于 A_0、A_1、A_2 均与地连接为低电平，因此可得板载 LM75B 的 7 位从机地址为 1001000，即 0x48。基于此，板载 LM75B 对应的设备实例信息可以定义如下：

```
const am_temp_lm75_info_t   g_temp_lm75_info = {
    0x48                                  //7 位从机地址
};
```

同理，在设备类中需要维持一个指向设备信息的指针。此外，由于使用 I²C 接口从 LM75B 中读取温度数据时，LM75B 相当于是一个 I²C 从设备，为了使用 I²C 接口与之通信，需要为 LM75B 定义一个与之对应的 I²C 从设备，新增两个成员，完整的温度采集设备定义为：

```
typedef struct am_temp_lm75 {
    am_temp_dev_t                  isa;          //派生至抽象的温度采集设备
    am_i2c_device_t                dev;          //I²C 从设备
    const am_temp_lm75_info_t     *p_info;       //LM75B 设备信息
} am_temp_lm75_t;
```

显然，在使用 I²C 接口从 LM75B 中读取温度之前，需要完成设备中各成员的赋值，这些工作通常在驱动的初始化函数中完成，定义初始化函数的原型为：

```
am_temp_handle_t am_temp_lm75_init (
    am_temp_lm75_t                 *p_lm75,
    const am_temp_lm75_info_t      *p_info,
    am_i2c_handle_t                handle);
```

其中，p_lm75 为指向 am_temp_lm75_t 类型实例的指针；p_devinfo 为指向 am_temp_lm75_info_t 类型实例信息的指针；handle 为 I²C 句柄，便于使用 I²C 接口读取

温度数据，初始化函数的返回值即为温度采集设备句柄，其调用形式如下：

```
am_temp_handle_t handle =
    am_temp_lm75_init(&g_temp_lm75, &g_temp_lm75_info, am_lpc82x_i2c1_inst_init ());
```

返回值即为温度采集设备的句柄，可以作为温度采集接口的第一个参数(handle)的实参。初始化函数的实现范例详见程序清单 8.34。

程序清单 8.34　初始化函数实现范例

```
am_temp_handle_t am_temp_lm75_init (
    am_temp_lm75_t                  * p_lm75,
    const am_temp_lm75_info_t       * p_info,
    am_i2c_handle_t                 handle)
{
    if ((p_lm75 == NULL) || (p_info == NULL)) {
        return NULL;
    }
    am_i2c_mkdev(
        &p_lm75 ->dev,
        handle,
        p_info ->i2c_addr,
        AM_I2C_ADDR_7BIT | AM_I2C_SUBADDR_1BYTE);
    p_lm75 ->p_info = p_info;
    p_lm75 ->isa.p_funcs = &__g_temp_lm75_drv_funcs;
    p_lm75 ->isa.p_cookie = p_lm75;
    return &p_lm75 ->isa;
}
```

程序中，首先建立了标准的 I^2C 从设备，便于后续使用 I^2C 接口读取数据；然后初始化了 p_info 成员，接着完成了抽象温度采集设备中 p_funcs 和 p_cookie 的赋值；最后，返回设备地址作为用户操作温度采集设备的句柄。p_funcs 赋值为了 &__g_temp_lm75_drv_funcs，其中包含了读取温度抽象方法的具体实现，完整定义详见程序清单 8.35。

程序清单 8.35　抽象方法的实现

```
static int __temp_lm75_read (void * p_arg, int32_t * p_temp)
{
    am_temp_lm75_t * p_lm75 = (am_temp_lm75_t * )p_arg;
    int16_t     temp;
    uint8_t     temp_value[2];
    int ret = am_i2c_read(&p_lm75 ->dev, 0x00, temp_value, 2);
    if (ret<0) {
        return ret;
```

```
9         }
10        temp_value[1] &= 0xE0;                  //仅最高 3 位有效
11        temp = temp_value[0]<<8 | temp_value[1];
12        if (p_temp) {
13            *p_temp = temp * 125 / 32;
14        }
15        return AM_OK;
16    }
17
18    static const struct am_temp_drv_funcs __g_temp_lm75_drv_funcs = {
19        __temp_lm75_read,
20    };
```

在读取温度的实现函数__temp_lm75_read()中，首先使用 I^2C 接口从 LM75B 中读取出当前的实际温度值，详见程序清单 8.35 第 6 句；接着对数据进行简单处理，两字节数据整合为一个 16 位有符号的温度值 temp，详见程序清单 8.35 第 10、11 句；最后，确认 p_temp 指针有效后，将 temp 乘以 125，再除以 32，最终的结果作为输出的温度值。

为什么将 temp 乘以 125，然后再除以 32 呢？这是因为 LM75B 中直接读取的数据是实际温度值的 256 倍，即：

$$实际温度 = temp/256$$

而温度采集接口需要返回的温度值是实际温度的 1 000 倍，即

$$*p\_temp = 实际温度 \times 1\ 000 = temp/256 \times 1\ 000 = temp \times 1\ 000/256$$

化简后可得

$$*p\_temp = \frac{temp \times 1\ 000}{256} = \frac{temp \times 125 \times 8}{32 \times 8} = \frac{temp \times 125}{32}$$

为了便于查阅，如程序清单 8.36 所示展示了具体温度采集设备(LM75B)接口文件(am_temp_lm75.h)的内容。

程序清单 8.36　am_temp_lm75.h 文件内容

```
#pragma once
#include "am_common.h"
#include "am_temp.h"
#include "am_i2c.h"

typedef struct am_temp_lm75_info {
    uint8_t     i2c_addr;                               //7 位从机地址
} am_temp_lm75_info_t;

typedef struct am_temp_lm75 {
```

```
    am_temp_dev_t                   isa;          //派生至抽象的温度采集设备
    am_i2c_device_t                 dev;          //I2C 从设备
    const am_temp_lm75_info_t      *p_info;       //LM75B 设备信息
} am_temp_lm75_t;

am_temp_handle_t am_temp_lm75_init (
    am_temp_lm75_t                 *p_lm75,
    const am_temp_lm75_info_t      *p_info,
     am_i2c_handle_t                handle);
```

8.5 通用按键接口

8.5.1 定义接口

1. 接口命名

由于操作的对象是按键(key),按键是一种输入设备,为了使含义更加清晰,接口命名增加关键字 input,因此,接口命名以“am_input_key_”作为前缀。

按键的操作主要分为两大部分:按键检测和按键处理。按键检测与具体硬件相关,按键处理与应用相关,由用户完成。

对于用户,其只需关心如何对按键进行处理,进而定义相应的按键处理方法(函数),不需要关心按键检测的具体细节。

对于按键检测,其只需要检测是否有按键事件发生(按键按下或按键释放)。当检测到按键事件时,应该通知到用户,以便进行相关的按键处理。

显然,按键处理方法是由用户定义的,只有用户知道,按键检测模块无从得知。当检测到按键事件时,为了能够执行到相应的按键处理方法,必须使按键检测模块可以通过某种方法调用到相应的按键处理方法。

由此可见,按键处理方法是由用户定义的,但却需要由按键检测模块调用,可以使用典型的回调机制来处理这种情况,即将按键处理方法视为需要由按键检测模块回调的函数,用户将按键处理函数注册到按键检测模块中(将函数地址传递给按键处理模块,按键处理模块使用函数指针将其保存),当检测到按键事件时,查找模块中已经注册的按键处理函数,然后一一调用(通过函数指针调用)。

虽然使用单一的回调机制可以实现按键管理,但是,却使得按键检测模块的职责变得不单一,其不仅要处理与硬件相关的按键检测,还要管理用户注册的回调函数,有悖于单一职责原则。

基于按键检测模块的本质:检测按键事件。可以将管理用户注册回调函数的部分分离出来,形成一个单独的按键管理模块。

基于此，用户不再直接与按键检测模块产生交互，用户将按键处理方法注册到按键管理模块中。当按键检测模块检测到按键事件时，通知按键管理模块，告知有按键事件发生，按键管理模块接收到通知后，查找模块中已经注册的按键处理函数，然后一一调用。

可见，新增按键管理模块后，用户和按键检测都仅仅与按键管理模块交互，实现了用户和按键检测的完全分离。这就是典型的分层设计思想，用户属于应用层，按键管理模块属于中间层，按键检测属于硬件层，结构图详见图 8.14，中间层将应用层与硬件层完全隔离。

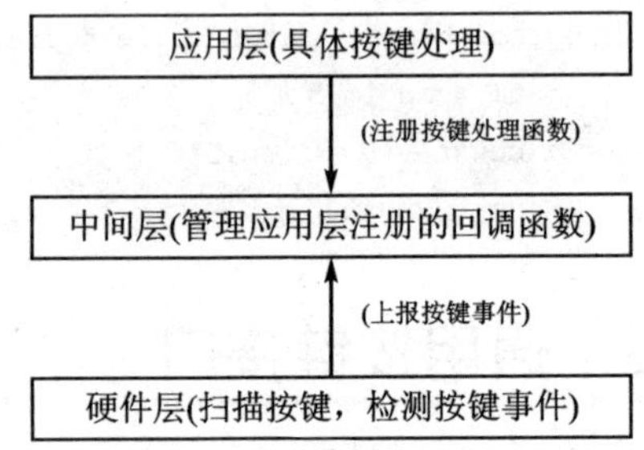

图 8.14　按键系统分层结构图

中间层需要为应用层提供一个注册按键处理函数的接口，其接口名定义为：

am_input_key_handler_register

同时，中间层还需要为硬件层提供一个上报按键事件的接口，用于当检测到按键事件时，使用该接口通知中间层有按键事件发生，进而使中间层调用用户注册的按键处理函数。其接口名定义为：

am_input_key_report

2. 接口参数

要使用 am_input_key_handler_register()接口注册按键处理函数，首先必须定义好按键处理函数的类型。

在 AMetal 中，一般将回调函数的第一个形参设置为 void * 类型的 p_arg 参数，在用户注册回调函数时，指定一个 void * 类型的变量作为调用回调函数时传递给第一个参数的实参，以便在回调函数中处理用户自定义的一些上下文数据。

此外，系统中可能存在多个按键，为了使用户可以区分各个按键，以便针对不同的按键做不同的处理，可以为每个按键分配一个唯一编码 key_code。编码是一个整数，如 0，1，2，…。为了可读性好，可以使用宏的形式定义一些常见的具有实际意义的按键编码，如对应 PC 键盘，可以定义 KEY_A～KEY_Z(字母键)、KEY_0～KEY_9(数字键)、KEY_KP0～KEY_KP9(小键盘数字键)等，将按键编码定义在 am_input_code.h 文件中，如 KEY_0～KEY_9 的定义详见程序清单 8.37。

程序清单 8.37　按键编码定义范例(am_input_code.h)

```
#define KEY_1        2
#define KEY_2        3
#define KEY_3        4
#define KEY_4        5
#define KEY_5        6
```

```
#define KEY_6       7
#define KEY_7       8
#define KEY_8       9
#define KEY_9       10
#define KEY_0       11
```

如此一来，应用程序可以直接使用具有实际意义的按键编码宏，而无需关心其对应的具体编码值，这样不仅增加了应用程序的可读性，也使应用程序不依赖于具体的编码值，更有利于跨平台复用。例如，在一个应用中，其使用了数字键 0，在当前平台中，数字键 0 对应的按键编码值为 11，假如在另外的某一平台中，数字键 0 的编码值为 12。若当前应用程序是使用数字键 0 对应的宏 KEY_0 实现的，则更换平台后，应用程序无需作任何修改；但若应用程序直接使用了编码值 11，则更换平台后需要修改程序，将编码值修改为 12。

虽然在绝大部分情况下都只需要处理按键按下事件，但是，作为通用接口，还需要考虑到，在一些特殊的应用场合，可能需要处理按键释放事件。为此，可以使用一个表示按键状态的 key_state 参数。由于 key_state 仅用于表示按下或释放，可以使用宏的形式将可能的取值定义出来，其定义如下(am_input.h)：

```
#define   AM_INPUT_KEY_STATE_PRESSED         0        //按键按下
#define   AM_INPUT_KEY_STATE_RELEASED        1        //按键释放
```

此外，在部分按键应用中，可能对按键的时间长短比较关心，例如，按键长按应用：长按 3 s 关机等。为此，应该增加一个按键时间参数(该时间在按键按下时开始计时，按键释放时停止计时)keep_time，用以向用户反馈按键已经按下的时间。

回调函数作为按键处理函数，不需要反馈任何信息给实际调用者(中间层)，因此无需返回值。基于此，按键处理函数的类型即为无返回值，且具有 4 个参数(p_arg，key_code，key_state，keep_time)的函数。注册的回调函数需要使用函数指针来存储函数的地址，以便当按键事件发生时，使用函数指针调用实际的按键处理函数，函数指针的类型定义为：

```
typedef void (*am_input_key_cb_t) (void *p_arg, int key_code, int key_state, keep_time);
```

注册按键处理函数时，需要指定注册的按键回调函数以及一个 void * 类型的 p_arg 参数作为按键处理函数的第一个参数。am_input_key_handler_register()的函数原型为：

```
am_input_key_handler_register (am_input_key_cb_t pfn_cb, void *p_arg);
```

实际中，回调函数和 p_arg 需要存储在内存中，才能在合适的时候使用它们。可以定义一个专门的结构体类型存储它们，假定类型为 am_input_key_handler_t(按键处理器)，其具体的定义在后文根据实现来定义。显然，每注册一个按键回调函数，都需要提供这样一个类型的内存空间。因此，注册按键处理函数时，需要使用该类型的指针指定一个按键处理器空间，完善 am_input_key_handler_register()的函数原型为：

```
am_input_key_handler_register(
am_input_key_handler_t    * p_handler,     //按键处理器,用于存储按键处理函数等信息
    am_input_key_cb _t    pfn_cb,          //按键处理函数
    void                  * p_arg);        //按键处理函数参数
```

根据前面分析的按键处理函数类型，在按键管理模块调用回调函数时，需要知道按键的编码和按键的状态(按键时间可以在按键管理模块中使用软件定时器计时：按键按下时开始计时，按键释放时停止计时)，以便应用程序根据实际情况进行处理。

显然，按键编码和按键状态需要由按键检测模块进行检测，当检测到某一编码的按键发生按键事件时，就将按键编码和按键状态上报给按键管理模块，按键管理模块进而根据这些信息调用按键处理函数。基于此，使用 am_input_key_report 接口上报按键事件时，需要指定按键编码 key_code 和按键状态 key_state，其函数原型为：

```
am_input_key_report (int key_code, int key_state);
```

3. 返回值

接口无特殊说明，直接将所有接口的返回值定义为 int 类型的标准错误号。按键管理模块接口的完整定义详见表 8.6。其对应的类图详见图 8.15。

<<interface>> key
+am_input_key_handler_register() +am_input_key_report()

图 8.15　按键管理接口

表 8.6　按键管理通用接口(am_input.h)

函数原型	功能简介
int am_input_key_handler_register(am_input_key_handler_t * p_handler am_input_key_cb_t pfn_cb， void * p_arg)；	注册按键处理函数 (应用层用户使用)
int am_input_key_report(int key_code，int key_sate)；	上报按键事件 (硬件层按键检测模块使用)

8.5.2　实现接口

1. 实现 am_input_key_handler_register()接口

由于按键管理器是一个中间层模块，其本身与具体硬件无关，因此，可以直接实现相应的接口，无需为适应不同的硬件而定义抽象方法。

在定义接口参数时，提到了使用 am_input_key_handler_t 类型的按键处理器来存储指向回调函数的指针和回调函数的 p_arg 参数。基于该用途，其类型定义为：

```
typedef struct am_input_key_handler {
    am_input_key_cb_t     pfn_cb;          //指向回调函数的指针
    void                  * p_usr_data;    //回调函数的参数
} am_input_key_handler_t;
```

显然，一个系统中，可能远不止一个按键处理器。比如，A 应用需要处理编码为 KEY_1 的按键，B 应用需要处理编码为 KEY_2 的按键，它们可以分别定义按键处理函数以处理各自的 KEY_1 或 KEY_2 按键，此时，就需要两个按键处理器来分别存储 A 应用和 B 应用的按键处理函数。

当系统中有多个按键处理器时，就存在一个如何管理的问题。由于按键处理器的个数与应用相关，具体个数不定，因此，采用单向链表的方式进行管理。为此，在按键处理器类型中新增一个 p_next 成员，使其指向下一个按键处理器：

```
typedef struct am_input_key_handler {
    am_input_key_cb_t              pfn_cb;          //指向回调函数的指针
    void                           * p_usr_data;    //回调函数的参数
    struct am_input_key_handler    * p_next;        //指向下一个按键处理器
} am_input_key_handler_t;
```

基于此，可以实现注册按键处理函数接口，其范例程序详见程序清单 8.38。

程序清单 8.38　am_input_key_handler_register()接口实现范例程序

```
static am_input_key_handler_t * __gp_handler_head = NULL;

int am_input_key_handler_register (
    am_input_key_handler_t      * p_handler,
    am_input_key_cb_t           pfn_cb,
    void                        * p_arg)
{
    if ((p_handler == NULL) || (pfn_cb == NULL)) {
        return -AM_EINVAL;
    }
    p_handler->pfn_cb = pfn_cb;
    p_handler->p_usr_data = p_arg;
    p_handler->p_next = __gp_handler_head;
    __gp_handler_head = p_handler;
    return AM_OK;
}
```

该程序首先判定了参数的有效性，然后完成了按键处理器中 pfn_cb 和 p_usr_

data 的赋值,将用户的按键处理函数和用户参数保存到了按键处理器中,接着通过程序清单 8.38 第 14、15 行两行代码将新的按键处理器添加到链表首部。全局变量 __gp_handler_head 指向了链表头,初始时,由于没有注册任何按键处理器,因此其值为 NULL。

2. 实现 am_input_key_report()接口

该接口用于当硬件层检测到按键事件时,通过该接口上报按键事件。先不考虑按键长按的计时,当接收到上报事件时,需要遍历当前系统中所有的按键处理器,并一一调用它们的按键处理函数。基于此实现按键事件上报接口的范例程序详见程序清单 8.39。

程序清单 8.39　am_input_key_report()接口实现范例程序(1)

```
int am_input_key_report (int key_code, int key_state)
{
    am_input_key_handler_t *p_handler = __gp_handler_head;
    while (p_handler != NULL) {
        if (p_handler->pfn_cb != NULL) {
            p_handler->pfn_cb(p_handler->p_usr_data, key_code, key_state,0);
        }
        p_handler = p_handler->p_next;
    }
    return AM_OK;
}
```

该程序从链表的头节点开始,依次遍历各个按键处理器,然后通过函数指针调用其中的按键处理函数,在调用按键处理函数时,将按键处理器中存储的用户参数 p_usr_data 作为按键处理函数的用户参数传递,key_code 和 key_state 则直接使用上报的按键编码和按键状态,程序中暂未考虑按键的计时,keep_time 直接设置为 0。

上述程序作为一种范例,实现非常简洁,和其他通用接口的实现不同的是,这里没有定义任何抽象方法,仅仅通过简短的代码直接实现了相应接口。这是由于按键管理器本身是基于分层设计的思想定义出来的,其不依赖于具体硬件,它为具体硬件检测模块提供了一个 am_input_key_report()接口,用于上报按键事件。

在程序清单 8.39 中,没有考虑按键长按的计时,在调用用户回调函数时,直接将 keep_time 设置为了 0。计时的基本原理是:按键按下时,开始计时;按键释放时,停止计时。显然,在计时过程中,需要将长按时间反馈给用户,反馈这一信息的时机如何确定呢? 在 PC 键盘中,当长按一个按键时,如在字符输入过程中,长按一个字母键,其现象为:按下时立即输入一个字符,等待一段时间后,快速连续的输入字符。基于此,作为一种示例,可以将反馈时机定义为:首次通知用户后,等待 1 s,然后以 200 ms 为时间间隔向用户反馈按键长按事件。范例程序详见程序清单 8.40。

程序清单 8.40 am_input_key_report()接口实现范例程序(2)

```
static am_softimer_t   __g_timer;
static int             __g_keep_time;
static int             __g_key_code = -1;    //当前长按的按键编码(初始无效)
static am_bool_t       __g_timer_is_init = AM_FALSE;

static int __key_report (int key_code, int key_state, int keep_time)
                                                      //向用户报告按键事件
{
    am_input_key_handler_t *p_handler = __gp_handler_head;
    while (p_handler != NULL) {
        if (p_handler->pfn_cb != NULL) {
            p_handler->pfn_cb(p_handler->p_usr_data, key_code, key_state, keep_time);
        }
        p_handler = p_handler->p_next;
    }
    return AM_OK;
}

static void __timer_callback (void *p_arg)
{
    if (__g_keep_time == 0) {
        __g_keep_time = 1000;        //首次定时 1 s,按键时间达到 1 s 时上报
        am_softimer_start(&__g_timer, 200); //首次上报后,后续每隔 200 ms 上报一次
    } else {
        __g_keep_time += 200;        //后续每隔 200 ms 上报一次
    }
    __key_report(__g_key_code, AM_INPUT_KEY_STATE_PRESSED, __g_keep_time);
                                           //上报长按事件
}

int am_input_key_report (int key_code, int key_state)
{
    if (__g_timer_is_init == AM_FALSE) {
        am_softimer_init(&__g_timer, __timer_callback, NULL);  //初始化定时器
        __g_timer_is_init = AM_TRUE;
    }
    __key_report(key_code, key_state, 0);      //立即上报首次按下或释放事件
    if (key_state == AM_INPUT_KEY_STATE_PRESSED) {
        __g_key_code    = key_code;
        __g_keep_time = 0;
```

```
        am_softimer_start(&__g_timer, 1000);//首次定时 1 s,按键时间达到 1 s 时上报
    } else {
        am_softimer_stop(&__g_timer);         //按键释放,停止计时
        __g_keep_time = 0;
        __g_key_code = -1;
    }
    return AM_OK;
}
```

增加按键计时功能后可以发现,按键按下和按键释放的处理存在较大差异,基于单一职责原则,可以将该接口拆分为两个接口:一个用于上报按键按下事件,一个用于上报按键释放事件。范例程序详见程序清单 8.41。

程序清单 8.41　将事件上报接口拆分为两个

```
int am_input_key_pressed (int key_code)
{
    if (__g_timer_is_init == AM_FALSE) {
        am_softimer_init(&__g_timer, __timer_callback, NULL);  //初始化定时器
        __g_timer_is_init = AM_TRUE;
    }
    __key_report(key_code, AM_INPUT_KEY_STATE_PRESSED, 0); //立即上报首次按下事件
    __g_key_code = key_code;
    __g_keep_time = 0;
    am_softimer_start(&__g_timer, 1000);  //首次定时 1 s,按键时间达到 1 s 时上报
    return AM_OK;
}

int am_input_key_released (int key_code)
{
    __key_report(key_code, AM_INPUT_KEY_STATE_RELEASED, 0);  //上报释放事件
    am_softimer_stop(&__g_timer);     //按键释放,停止计时
    __g_keep_time = 0;
    __g_key_code = -1;
    return AM_OK;
}
```

当接口拆分为两个后,接口名已经包含了按键状态信息(按键按下或按键释放),因此,接口中无需再保留 key_state 参数。

在程序清单 8.41 中,定时器的初始化放在事件上报函数中,为使程序更加简洁明了,可以将初始化相关程序存放到一个单独的初始化函数中,详见程序清单 8.42。

程序清单 8.42　新增初始化函数用以完成按键管理模块的初始化

```
int am_input_key_init (void)
{
    am_softimer_init(&__g_timer, __timer_callback, NULL);          //初始化定时器
    return AM_OK;
}
```

初始化函数通常只会调用一次，因此，无需再增加__g_timer_is_init 变量对其是否已经初始化进行标识。此类通用模块的初始化通常在系统启动过程中（如板级初始化函数 am_board_init()）自动调用，应用程序无需处理。

在前面的示例代码中（程序清单 8.40），按键长按事件的上报策略是：首次通知用户后，等待 1 s，然后以 200 ms 为时间间隔向用户反馈按键长按事件。显然，不同用户可能有不同的需求，可能期望启动时间更短（如按下 500 ms 后就开始上报）或上报得更快（如每隔 100 ms 就上报一次），因此，这两个时间参数最好是用户可配置的，简单地，可以通过初始化函数传入两个参数：key_long_press_time_start_ms 和 key_long_press_time_period_ms，分别表示启动时间和上报周期，详见程序清单 8.43。

程序清单 8.43　初始化函数更新(1)

```
static int __g_key_long_press_time_start_ms; //长按多长时间后开始上报按键长按事件
static int __g_key_long_press_time_period_ms; //达到启动时间后，周期性上报长按事件

int am_input_key_init (int key_long_press_time_start_ms,
                       int key_long_press_time_period_ms)
{
    am_softimer_init(&__g_timer, __timer_callback, NULL);
    __g_key_long_press_time_start_ms = key_long_press_time_start_ms;
    __g_key_long_press_time_period_ms = key_long_press_time_period_ms;
    return AM_OK;
}
```

程序中，启动时间和上报周期通过函数参数传入，实际应用中，考虑到程序的可扩展性，后续可能增加其他配置信息，因此，可以将相关信息打包到一个结构体中，即：

```
typedef struct am_input_key_info {
    int  key_long_press_time_start_ms;      //长按多长时间后开始上报按键长按事件
    int  key_long_press_time_period_ms;     //达到启动时间后，周期性上报长按事件
} am_input_key_info_t;
```

基于此，可以继续更新初始化函数，范例程序详见程序清单 8.44。

程序清单 8.44 初始化函数更新(2)

```
static const am_input_key_info_t * __gp_input_key_info = NULL;
int am_input_key_init (const am_input_key_info_t * p_info)
{
    am_softimer_init(&__g_timer, __timer_callback, NULL);      //初始化定时器
    __gp_input_key_info = p_info;
    return AM_OK;
}
```

典型的,如需设定启动时间为 1 s,上报周期为 200 ms,则初始化函数的调用范例详见程序清单 8.45。

程序清单 8.45 初始化函数使用范例

```
const am_input_key_info_t key_info = {1000, 200};
am_input_key_init(&key_info);
```

在接口实现中,当需要使用启动时间或上报周期时,直接从_gp_input_key_info 指针中获取即可,完整的范例程序详见程序清单 8.46。

程序清单 8.46 事件上报相关接口的实现范例

```
static am_input_key_handler_t   * __gp_handler_head = NULL;
static am_softimer_t              __g_timer;
static int                        __g_keep_time;
static int                        __g_key_code = -1;//当前长按的按键编码(初始无效)
static const am_input_key_info_t   * __gp_input_key_info = NULL;

static int __key_report (int key_code, int key_state, int keep_time)  //向用户报告
                                                                      //按键事件
{
    am_input_key_handler_t * p_handler = __gp_handler_head;
    while (p_handler != NULL) {
        if (p_handler ->pfn_cb != NULL) {
            p_handler ->pfn_cb(p_handler ->p_usr_data, key_code, key_state, keep_time);
        }
        p_handler = p_handler ->p_next;
    }
    return AM_OK;
}

static void __timer_callback (void * p_arg)
{
    if (__g_keep_time == 0) {
```

```
            __g_keep_time = __gp_input_key_info ->key_long_press_time_start_ms;
            am_softimer_start(&__g_timer, __gp_input_key_info ->key_long_press_time_
                              period_ms);
        } else {
            __g_keep_time += __gp_input_key_info ->key_long_press_time_period_ms;
        }
        __key_report(__g_key_code, AM_INPUT_KEY_STATE_PRESSED, __g_keep_time);
                                                //上报长按事件
}

int am_input_key_init (const am_input_key_info_t *p_info)
{
    am_softimer_init(&__g_timer, __timer_callback, NULL);    //初始化定时器
    __gp_input_key_info = p_info;
    return AM_OK;
}

int am_input_key_pressed (int key_code)
{
    __key_report(key_code, AM_INPUT_KEY_STATE_PRESSED, 0);//立即上报首次按下事件
    __g_key_code = key_code;
    __g_keep_time = 0;
    am_softimer_start(&__g_timer, 1000);    //首次定时 1 s,按键时间达到 1 s 时上报
    return AM_OK;
}

int am_input_key_released (int key_code)
{
    __key_report(key_code, AM_INPUT_KEY_STATE_RELEASED, 0); //上报释放事件
    am_softimer_stop(&__g_timer);                    //按键释放,停止计时
    __g_keep_time = 0;
    __g_key_code = -1;
    return AM_OK;
}
```

上面展示了整个按键管理器的设计过程,可见,接口并不一定在分析阶段就定义完全,在实现接口的过程中,可以根据具体情况,对接口作出相应的调整,以便最终接口更加完善。但值的注意的是,一旦接口对外发布后,就应该尽可能避免修改,以免影响过多的用户。

为了便于查阅,如程序清单 8.47 所示展示了按键管理接口文件(am_input.h)的内容。

程序清单 8.47　am_input.h 文件内容

```
#pragma once
#define  AM_INPUT_KEY_STATE_PRESSED        0     //按键按下
#define  AM_INPUT_KEY_STATE_RELEASED       1     //按键释放

typedef void (*am_input_key_cb_t) (void *p_arg, int key_code,
                                    int key_state, int keep_time);

typedef struct am_input_key_handler {
    am_input_key_cb_t              pfn_cb;        //指向回调函数的指针
    void                          *p_usr_data;    //回调函数的参数
    struct am_input_key_handler   *p_next;        //指向下一个按键处理器
} am_input_key_handler_t;

int am_input_key_handler_register (
    am_input_key_handler_t        *p_handler,
    am_input_key_cb_t              pfn_cb,
    void                          *p_arg);

int am_input_key_init (const am_input_key_info_t *p_info); //按键管理模块初始化
int am_input_key_pressed (int key_code);                   //上报按键按下事件
int am_input_key_released (int key_code);                  //上报按键释放事件
```

注:实际中,事件上报是由具体按键驱动完成的,用户并不需要关心,因此,事件上报接口不必放在通用接口文件中,在 AMetal 中,将其挪到了专门的事件上报接口文件中(am_event_intput_key.h,增加了 event 关键字,表明与事件上报相关,相应地,对接口前缀也做了修改),仅供驱动使用。此外,将其与 AMetal 代码仓库中的 am_input.h 文件对比可以发现,该文件中部分类型的定义及相关函数的实现可能存在一定的差异。本书中介绍的是核心原理,而 AMetal 框架在设计时,还考虑将除按键事件外的其他事件一并纳入统一的框架中进行管理(如触摸屏、鼠标等),因此,部分内容在实现上存在差异,但核心原理是完全相同的,读者在理解了书中代码之后,很容易再去理解其他代码。

◆ 思考

在程序清单 8.45 中,使用了一个软件定时器,用以记录一个按键的长按时间,显然,由于只使用了一个定时器,因此,同一时刻只能对一个长按按键进行计时,如果需要支持多个按键同时长按,该如何处理呢?虽然实际中需要同时支持多个按键长按的应用极少,PS/2 键盘也支持一个按键的长按,但作为一种扩展,读者可以思考这个问题,如何使按键管理模块更加完善?

8.5.3　检测按键的实现

前面实现了按键管理器的接口,按键管理器作为一个中间层,其为上层应用提供了注册按键处理函数的接口，为下层硬件驱动提供了按键事件的上报接口。显然，对于不同的硬件，其按键扫描的方法是不同的，但当扫描按键事件时，均只需要调用相应的接口上报按键事件即可。

本节以独立键盘为例，讲述硬件层检测按键的具体实现方法。根据面向对象的设计思想，将独立键盘看作一个对象，定义其类型为 am_key_gpio_t，即

```
typedef struct am_key_gpio {
    //待添加
} am_key_gpio_t;
```

具体需要包含哪些成员呢？为了实现按键定时自动扫描，需要用到软件定时器，可以新增一个软件定时器 timer 成员；在扫描过程中，为了实现消抖，需要将当前扫描的键值和前一次扫描得到的键值比较，可以新增一个 key_prev 成员，用以保存前一次扫描到的键值；当检测到有效的扫描键值时（本次扫描得到的键值和前一次扫描得到的键值相同），需要和前一次有效的扫描键值进行比较，以确定哪些按键的状态发生了变化，可以新增一个 key_press 成员，用以保存前一次有效的扫描键值。据此，独立键盘的类型可以定义为：

```
typedef struct am_key_gpio {
    am_softimer_t     timer;          //软件定时器
    uint32_t          key_prev;       //前一次扫描键值
    uint32_t          key_press;      //有效键值
} am_key_gpio_t;
```

am_key_gpio_t 即为独立键盘设备类。具有该类型后，即可使用该类型定义一个独立键盘设备实例，即

```
am_key_gpio_t  g_key_gpio;                  //定义一个独立键盘实例
```

此外，为了正常使用独立键盘，还需要知道一些硬件相关的基本信息，如引脚信息、按键按下的电平信息（按下为高电平还是低电平）和按键数目；同时，还可以指定一个键盘扫描的时间间隔，即软件定时器的定时周期，决定了键盘扫描的快慢。据此，可以定义独立键盘的信息类型为：

```
typedef struct am_key_gpio_info {
    const int         * p_pins;               //使用的引脚号
    int               pin_num;                //按键数目
    am_bool_t         active_low;             //是否低电平激活（按下为低电平）
    int               scan_interval_ms;       //按键扫描时间间隔，一般为 10 ms
} am_key_gpio_info_t;
```

特别地，当检测到某一按键事件时，需要使用 am_input_key_pressed() 或 am_input_key_released() 上报按键事件，上报按键事件时，必须指定按键对应的编码。

由于按键编码是为了便于用户区分不同按键，为每个按键分配的唯一编码值，相当于唯一 ID 号，因此，按键的编码值只能由用户决定，按键扫描程序是无法决定的。为了在上报按键事件时使用正确的编码，需要由用户提供各个按键的编码信息，为此，在独立键盘的信息中，新增 p_codes 成员，使其指向按键的编码信息。完整的独立键盘信息类型定义为：

```
typedef struct am_key_gpio_info {
    const int           * p_pins;              //使用的引脚号
        const int       * p_codes;             //各个按键对应的编码(用于上报)
        int             pin_num;               //按键数目
        am_bool_t       active_low;            //是否低电平激活(按下为低电平)
        int             scan_interval_ms;      //按键扫描时间间隔，一般 10 ms
} am_key_gpio_info_t;
```

AM824_Core 上板载了一个独立按键，当 J14 的 1 和 2 短接时，KEY 与 PIO_KEY(PIO0_1)连接。假定为其分配的按键唯一编码为 KEY_KP0，则独立键盘的信息可以定义为：

```
const int g_key_pins[] = {PIO0_1};
const int g_key_codes[] = {KEY_KP0};

static const am_key_gpio_info_t g_key_gpio_devinfo = {    //定义独立键盘实例信息
    g_key_pins,                                           //按键引脚信息
    g_key_codes,                                          //按键编码信息
    1,                                                    //按键个数，1 个
    AM_TRUE,                                              //按下时，GPIO 是低电平
    10                                                    //扫描间隔，10 ms
};
```

类似地，在独立键盘的设备类型中需要维持一个指向独立键盘信息的指针，以便在任何时候都可以从独立键盘设备中取出相关的信息使用。完整的独立键盘设备类型定义为：

```
typedef struct am_key_gpio {
    am_softimer_t                 timer;         //软件定时器
    const am_key_gpio_info_t      * p_info;      //独立键盘信息
    uint32_t                      key_prev;      //上一次扫描键值
    uint32_t                      key_press;     //有效键值
} am_key_gpio_t;
```

显然，要使按键能够正常扫描，需要完成设备中各成员的赋值。在完成初始赋值后，则可以启动软件定时器，进而以设备信息中指定的扫描时间间隔自动扫描按键。这些工作通常在驱动的初始化函数中完成，定义初始化函数的原型为：

```
int am_key_gpio_init(am_key_gpio_t * p_dev, const am_key_gpio_info_t * p_info);
```

其中，p_dev 为指向 am_key_gpio_t 类型实例的指针，p_info 为指向 am_key_gpio_info_t 类型实例信息的指针。基于前面定义的设备实例和实例信息，其调用形式如下：

```
am_key_gpio_init(&g_key_gpio, &g_key_gpio_devinfo);
```

初始化函数的实现范例详见程序清单 8.48。

程序清单 8.48　独立键盘初始化函数实现范例

```
int am_key_gpio_init (am_key_gpio_t * p_dev, const am_key_gpio_info_t * p_info)
{
    int i;
    if ((p_dev == NULL) || (p_info == NULL)) {
        return - AM_EINVAL;
    }
    if (p_info ->pin_num>32) {
        return - AM_ENOTSUP;
    }
    if (p_info ->active_low) {
        p_dev ->key_prev = p_dev ->key_press = 0xFFFFFFFF;
        for (i = 0; i<p_info ->pin_num; i ++ ) {
            am_gpio_pin_cfg(p_info ->p_pins[i], AM_GPIO_INPUT | AM_GPIO_PULLUP);
        }
    } else {
        p_dev ->key_prev = p_dev ->key_press = 0x00000000;
        for (i = 0; i<p_info ->pin_num; i ++ ) {
            am_gpio_pin_cfg(p_info ->p_pins[i], AM_GPIO_INPUT | AM_GPIO_PULLDOWN);
        }
    }
    p_dev ->p_info = p_info;
    am_softimer_init(&p_dev ->timer, __key_gpio_timer_cb, p_dev);
    am_softimer_start(&p_dev ->timer, p_info ->scan_interval_ms);
    return AM_OK;
}
```

该程序首先判定了参数的有效性，需要特别注意的是，由于当前设备中使用了 uint32_t 类型的数据存储扫描键值(如 key_prev，key_press)，最多只能支持 32 个按键，因此，当按键数目超过 32 时，返回“不支持”的错误号。若为了支持更多的独立按键，可以使用位宽更宽的数据类型；但实际上，独立键盘每个按键需要占用一个引脚，往往独立按键的数目都不会过多，具有大量按键时，往往采用矩阵键盘。

接着，根据按键按下时的电平，将引脚配置为了输入模式，并将 key_prev 和

key_press 初始赋值为所有按键均未按下时对应的键值。最后，初始化并启动了软件定时器，将软件定时器的定时周期设定为了独立键盘信息中的扫描时间间隔，软件定时器的周期性回调函数设置为了__key_gpio_timer_cb，即在该函数中完成独立键盘的扫描，其实现详见程序清单 8.49。

程序清单 8.49　独立键盘扫描函数实现

```
static uint32_t __key_val_read (am_key_gpio_t * p_dev)
{
    int         i;
    uint32_t  val = 0x00;
    for (i = 0; i<p_dev ->p_info ->pin_num; i ++ ) {
        if (am_gpio_get(p_dev ->p_info ->p_pins[i])) {
            val |= (1<<i);
        }
    }
    return val;
}

static void __key_gpio_timer_cb (void * p_arg)
{
    am_key_gpio_t    * p_dev = (am_key_gpio_t * )p_arg;
    uint32_t          key_value = __key_val_read(p_dev);
    uint32_t          key_change;
    int               i;
    if (p_dev ->key_prev == key_value) {
        if (key_value != p_dev ->key_press) {
            key_change = p_dev ->key_press ^ key_value;
            for (i = 0; i<p_dev ->p_info ->pin_num; i ++ ) {
                if (key_change & (1u<<i)) {
                    if (!!(key_value & (1u<<i)) == !!p_dev ->p_info ->active_low) {
                        am_input_key_released(p_dev ->p_info ->p_codes[i]);
                                                      //按键释放
                    } else {
                        am_input_key_pressed(p_dev ->p_info ->p_codes[i]);
                                                      //按键按下
                    }
                }
            }
            p_dev ->key_press = key_value;
```

```
        }
    }
    p_dev ->key_prev = key_value;
}
```

首先使用了__key_val_read()函数读取当前的扫描键值，在__key_val_read()函数的实现中，依次读取各个按键对应的引脚电平，将各个引脚的电平信息保存在对应的位中。当前扫描到的键值存储在 key_value 中。

然后将 key_value 与前一次的扫描键值 p_dev ->key_prev 比较，若二者相等，表明本次扫描键值 key_value 是有效的键值。此时将有效键值 key_value 与前一次的有效扫描键值 p_dev ->key_press 比较，若二者不等，则表明有按键事件发生，通过“异或”运算找出二者之间发生变化了的位，其值存储在 key_change 中。

接着遍历 key_change 的各个位，若 key_change 的相应位为 1，则表明对应按键的状态发生变化，需要上报。按键位值和 active_low 共同决定了当前按键的状态（按下或者未按下），其对应的真值表详见表 8.7。可见，当按键扫描的值与 active_low 相等时，表明当前按键未处于按下状态，此次状态变化是由于按键释放产生的，应该上报按键释放事件。反之，表明当前按键处于按下状态，此次状态变化是由于按键按下产生的，应该上报按键按下事件。上报事件时，按键编码是从独立键盘信息中的编码信息中得到的。注意，在进行比较之前，将它们连续进行了两次“取非”操作，即“!!”，确保待比较的值只能为 0 或 1。

表 8.7　按键状态真值表

按键值	active_low	按键状态
0	0	未按下
0	1	按下
1	0	按下
1	1	未按下

在所有按键事件上报结束后，表明完成了对一次有效扫描键值的处理，需要更新前一次的有效扫描键值 p_dev ->key_press 为 key_value。无论有效按键的键值是否发生变化，在程序的末尾都会更新前一次的扫描键值 p_dev ->key_prev 为本次的扫描键值 key_value。

为了便于查阅，如程序清单 8.50 所示展示了独立键盘接口文件(am_key_gpio.h)。

程序清单 8.50　am_key_gpio.h 文件内容

```
#pragma once
#include "ametal.h"
#include "am_types.h"
#include "am_softimer.h"

typedef struct am_key_gpio_info {
    const int              *p_pins;             //使用的引脚号
```

```
    const int            * p_codes;         //各个按键对应的编码(用于上报)
    int                  pin_num;           //按键数目
    am_bool_t            active_low;        //是否低电平激活(按下为低电平)
    int                  scan_interval_ms;  //按键扫描时间间隔,一般 10 ms
} am_key_gpio_info_t;

typedef struct am_key_gpio {
    am_softimer_t                timer;     //软件定时器
    const am_key_gpio_info_t     * p_info;  //独立键盘信息
    uint32_t                     key_prev;  //前一次扫描键值
    uint32_t                     key_press; //有效键值
} am_key_gpio_t;

int am_key_gpio_init(am_key_gpio_t * p_dev, const am_key_gpio_info_t * p_info);
```

8.6 通用数码管接口

8.6.1 定义接口

1. 接口命名

由于操作的对象是数码管(digitron),因此接口命名以"am_digitron_"作为前缀。数码管最常见的操作是设置数码管的显示内容,提供一个显示字符和字符串的接口,其对应的接口名为:

am_digitron_disp_char_at

am_digitron_disp_str

当显示字符或字符串时,需要将各个字符解码为对应的段码后,数码管才能正常显示。为此需要提供一个设置解码函数的接口,便于用户根据实际数码管自定义解码函数,然后通过该接口设置到系统中。当需要显示一个字符时,系统首先会使用该解码函数将字符解码为段码。其对应的接口名为:

am_digitron_disp_decode_set

在一些应用场合,可能需要显示特殊的图形,此时仅仅有显示字符或字符串的接口是不够的,还需要提供一个直接显示段码的接口,其对应的接口名为:

am_digitron_disp_at

此外,作为一个显示器,还需要清除当前数码管显示的所有内容,便于重新设置显示内容,其对应的接口名为:

am_digitron_disp_clr

特别地,除设置显示内容相关的操作外,还需要数码管闪烁显示,其对应的接口名为：

am_digitron_disp_blink_set

2. 接口参数

通常系统存在多个数码管，比如，同时使用 MiniPort - View 和 MiniPort - ZLG72128。在一个数码管设备中，又可能包含多个数码管，比如，MiniPort - View 和 MiniPort - ZLG72128 均包含两个数码管。

为了区分不同的数码管设备，需要为每个数码管设备分配一个唯一 ID，基于此，将所有接口的第一个参数设定为数码管 ID，用于指定需要操作的数码管设备。

am_digitron_disp_char_at()接口用于显示一个字符，虽然有数码管设备 ID 用于确定显示该字符的数码管设备，但仅仅通过数码管设备 ID 还不能确定在数码管设备中显示的具体位置，为此需要新增一个索引参数，用于指定字符显示的位置，索引的有效范围为 0～n（数码管个数－1），如 MiniPort - View 有两个数码管，则索引的有效范围为 0～1。此外，该接口还需要一个参数用以指定要显示的字符。定义该接口的函数原型（暂未定义返回值类型）为：

```
am_digitron_disp_char_at (int id, int index, const char ch);
```

对于 am_digitron_disp_str()接口，其用于显示一个字符串，除数码管设备 ID 外，同样需要一个索引参数以指定字符串显示的起始位置。此外，还需要使用参数指定要显示的字符串以及显示字符串的长度。定义该接口的函数原型（暂未定义返回值类型）为：

```
int am_digitron_disp_str (int id, int index, int len, const char * p_str);
```

其中，len 指定显示的长度；p_str 指定要显示的字符串，实际显示的长度为字符串长度和 len 中的较小值。

对于 am_digitron_disp_decode_set()接口，其用于设定字符的解码函数，显然，一个数码管设备中的多个数码管往往是相同的，可以使用同样的解码规则，共用一个解码函数。因而接口仅需使用 ID 指定数码管设备，无需使用 index 指定具体的数码管索引。解码函数的作用是对字符进行解码，输入一个字符，输出该字符对应的编码。基于此，定义该接口的函数原型（暂未定义返回值类型）为：

```
am_digitron_disp_decode_set (int id, uint16_t( * pfn_decode) (uint16_t ch));
```

其中，pfn_decode 是指向解码函数的指针，表明了解码函数的类型：具有一个 16 位无符号类型的 ch 参数，返回值为 16 位无符号类型的编码。这里使用 16 位的数据表示字符和编码，是为了具有更好的扩展性。如除 8 段数码管外，还存在 14 段的米字型数码管、16 段数码管等，这些情况下，8 位数据就无法表示完整的段码了。

对于 am_digitron_disp_at()接口，其用于直接设置显示的段码，和显示一个字符类似。除数码管设备 ID 外，同样需要使用参数指定显示的位置以及要显示的内容

(段码),可定义该接口的原型(暂未定义返回值类型)为:

```
am_digitron_disp_at (int id, int index, uint16_t seg);
```

对于 am_digitron_disp_clr()接口,其用于清除一个数码管设备显示的所有内容,仅需使用 ID 指定需要清除的数码管设备,无需其他额外参数。定义该接口的原型(暂未定义返回值类型)为:

```
am_digitron_disp_clr (int id);
```

对于 am_digitron_disp_blink_set()接口,其用于设置数码管的闪烁属性,除数码管设备 ID 外,还需要使用参数指定设置闪烁属性的数码管位置以及使用本次设置的闪烁属性(打开闪烁还是关闭闪烁)。定义该接口的原型(暂未定义返回值类型)为:

```
am_digitron_disp_blink_set (int id, int index, am_bool_t blink);
```

其中,index 指定本次设置闪烁属性的数码管位置;blink 指定闪烁属性。当值为 AM_TRUE 时,打开闪烁;当值为 AM_FALSE 时,关闭闪烁。

3. 返回值

接口无特殊说明,直接将所有接口的返回值定义为 int 类型的标准错误号。数码管接口的完整定义详见表 8.8。其对应的类图详见图 8.16。

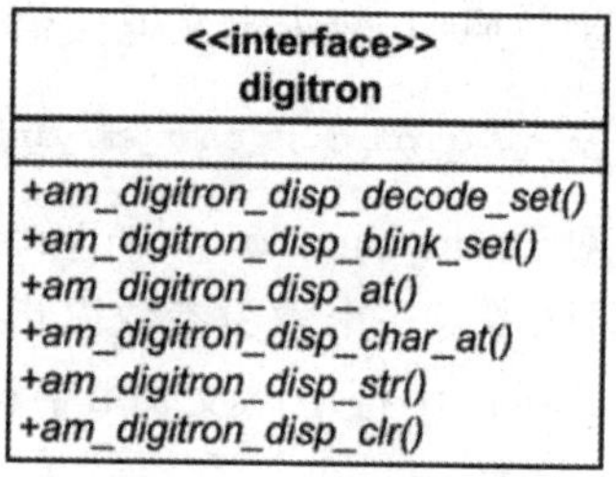

<<interface>>
digitron

+am_digitron_disp_decode_set()
+am_digitron_disp_blink_set()
+am_digitron_disp_at()
+am_digitron_disp_char_at()
+am_digitron_disp_str()
+am_digitron_disp_clr()

图 8.16 数码管接口类图

表 8.8 数码管通用接口(am_digitron_disp.h)

函数原型	功能简介
int am_digitron_disp_decode_set (int id, uint16_t (* pfn_decode)(uint16_t ch));	设置段码解码函数
int am_digitron_disp_blink_set (int id, int index, am_bool_t blink);	设置数码管闪烁
int am_digitron_disp_at (int id, int index, uint16_t seg);	显示指定的段码图形
int am_digitron_disp_char_at (int id, int index, const char ch);	显示字符
int am_digitron_disp_str (int id, int index, int len, const char * p_str);	显示字符串
int am_digitron_disp_clr (int id);	显示清屏

8.6.2 实现接口

1. 抽象的数码管设备类

类似地,应该根据通用数码管接口,定义相应的抽象方法,以显示字符函数为例,按照前面的通用做法，其抽象方法定义为：

```
int ( * pfn_disp_char_at)(void * p_cookie, int id, int index, const char ch);
```

相比于通用接口，其新增了一个用于指向设备自身的 p_cookie 参数。在定义数码管通用接口时，使用 ID 唯一代表了一个数码管设备，可见，在这里，p_cookie 和 id 均代指了某一确定的数码管设备。由于抽象方法是由具体数码管设备实现的，p_cookie 也用于指向设备自身，通过 p_cookie 已经能够唯一的确定某一具体设备，因此，ID 参数在抽象方法中再无实际用处，将 ID 参数从抽象方法中移除，即

```
int ( * pfn_disp_char_at)(void * p_cookie, int index, const char ch);
```

实际上，可以看作是参数由抽象意义的 ID(仅是一个数字)变为了具有实际意义的 p_cookie(指向设备自身的指针)。

基于此，根据其他通用数码管通用接口，为它们一一定义相应的抽象方法，并将其存放在一个虚函数表中，即

```
typedef struct am_digitron_disp_ops {
    int ( * pfn_decode_set) (void * p_cookie, uint16_t ( * pfn_decode) (uint16_t ch));
                                                    //设置解码函数
    int ( * pfn_blink_set)(void * p_cookie, int index, am_bool_t blink);
                                                    //设置闪烁属性
    int ( * pfn_disp_at)(void * p_cookie, int index, uint16_t seg);
                                                    //在指定位置显示段码
    int ( * pfn_disp_char_at)(void * p_cookie, int index, const char ch);
                                                    //在指定位置显示字符
    int ( * pfn_disp_str)(void * p_cookie, int index, int len, const char * p_str);
                                                    //在指定位置显示字符串
    int ( * pfn_clr)(void * p_cookie);
                                                    //显示清屏
} am_digitron_disp_ops_t;
```

读者可能会发现，在实现 LED 接口时，定义的抽象方法同时包含了 p_cookie 和 led_id 参数，即

```
typedef struct am_led_drv_funcs {
    int ( * pfn_led_set)(void * p_cookie, int led_id, am_bool_t state); //设置 LED 状态
    int ( * pfn_led_toggle)(void * p_cookie, int led_id);              //翻转 LED
} am_led_drv_funcs_t;
```

这是由于在通用 LED 接口的设计中，ID 并非是对 LED 设备进行的编号，而是对系统中所有 LED 进行的编号，如 AM824_Core 板载了 2 个 LED，MiniPort - LED 上有 8 个 LED，如果它们同时使用，则系统中有两个 LED 设备，但总共有 10 个

LED,LED 编号为 0～9。因此,虽然 p_cookie 能够确定要操作的 LED 设备,但还是不能确定要操作的具体 LED,因此,必须将 LED 的编号作为参数传递给具体方法,以便准确地操作到某一具体的 LED。

在通用数码管接口的设计中,ID 是对数码管设备的编号,如同时使用 MiniPort-View 和 MiniPort-ZLG72128 时,系统中有两个数码管设备,虽总共有 4 个数码管,但数码管设备的编号只会是 0～1。因为如此,数码管设备 ID 中并不包含具体数码管的位置信息,为了将显示内容显示到某一确定的数码管上,需要使用额外的 index 参数指定。

类似地,将抽象方法和 p_cookie 定义在一起,即为抽象的数码管设备。比如:

```
typedef struct am_digitron_dev {
    const am_digitron_disp_ops_t        * p_ops;        //驱动函数(抽象方法)
    void                                * p_cookie;     //驱动函数参数
} am_digitron_dev_t;
```

和 LED 抽象设备类似,实际上可能存在多个数码管设备,由于它们的具体数目是无法预先确定的,因此这里使用单向链表进行动态管理,在 am_digitron_dev_t 中增加一个 p_next 成员,用以指向下一个设备,即

```
typedef struct am_digitron_dev {
        const am_digitron_disp_ops_t        * p_ops;        //驱动函数(抽象方法)
        void                                * p_cookie;     //驱动函数参数
        struct am_digitron_dev              * p_next;       //指向下一个数码管设备
} am_digitron_dev_t;
```

此时,系统中的多个数码管设备使用链表的形式管理。由于在通用接口中,使用 ID 区分不同的数码管设备。因此,在通用接口的实现中,需要能够通过 ID 号找到对应的数码管设备,以便使用其中的抽象方法。和 LED 设备类似,可以将一个数码管设备和该设备对应的 ID 信息绑定在一起,就可以通过 ID 找到对应的数码管设备。

一个数码管设备对应了一个唯一的 ID,可以定义数码管设备 ID 信息的类型为:

```
typedef struct am_digitron_devinfo {
    uint8_t         id;                             //数码管设备 ID
} am_digitron_devinfo_t;
```

在设备中新增指向 ID 信息的 p_info 指针,便于在通用接口实现中根据 ID 查找到对应的数码管设备,即

```
typedef struct am_digitron_dev {
    const am_digitron_disp_ops_t        * p_ops;        //驱动函数(抽象方法)
    void                                * p_cookie;     //驱动函数参数
    const am_digitron_devinfo_t         * p_info;       //数码管设备 ID 信息
```

```
    struct am_digitron_dev            * p_next;          //指向下一个数码管设备
} am_digitron_dev_t;
```

基于此，am_digitron_disp_char_at()函数的接口实现详见程序清单 8.51。

程序清单 8.51　am_digitron_disp_char_at()接口实现范例

```
int am_digitron_disp_char_at (int id, int index, const char ch)
{
    am_digitron_dev_t * p_dd = __digitron_dev_find_with_id(id);
    if (p_dd == NULL) {
        return - AM_ENODEV;
    }
    if (p_dd -> p_ops -> pfn_disp_char_at) {
        return p_dd -> p_ops -> pfn_disp_char_at(p_dd -> p_cookie, index, ch);
    }
    return - AM_ENOTSUP;
}
```

其中，__digitron_dev_find_with_id()的作用就是遍历设备链表，与各个设备中的 ID 信息一一比对，以找到数码管 ID 对应的数码管设备，其实现详见程序清单 8.52。

程序清单 8.52　查找指定 ID 的数码管设备

```
static am_digitron_dev_t * __gp_head;

static am_digitron_dev_t *  __digitron_dev_find_with_id (int id)
{
    am_digitron_dev_t * p_cur = __gp_head;
    while (p_cur != NULL) {
        if (p_cur -> p_info -> id == id) {
            break;                          //找到该 ID 对应的设备
        }
        p_cur = p_cur -> p_next;
    }
    return p_cur;                           //返回找到的设备，若未找到，则为 NULL
}
```

其中，__gp_head 是一个全局变量，指向数码管设备的链表头，初始为 NULL，表示初始时系统中无任何数码管设备。同理可得到其他接口的实现，详见程序清单 8.53，它们的实现都非常类似，均为首先通过__digitron_dev_find_with_id()函数找到 ID 对应的数码管设备，然后直接调用设备中的抽象方法。

程序清单 8.53　其他数码管接口的实现范例

```
int am_digitron_disp_decode_set (int id, uint16_t (*pfn_decode) (uint16_t ch))
{
    am_digitron_dev_t *p_dd = __digitron_dev_find_with_id(id);
    if (p_dd == NULL) {
        return -AM_ENODEV;
    }
    if (p_dd->p_ops->pfn_decode_set) {
        return p_dd->p_ops->pfn_decode_set(p_dd->p_cookie, pfn_decode);
    }
    return -AM_ENOTSUP;
}

int am_digitron_disp_blink_set (int id, int index, am_bool_t blink)
{
    am_digitron_dev_t *p_dd = __digitron_dev_find_with_id(id);
    if (p_dd == NULL) {
        return -AM_ENODEV;
    }
    if (p_dd->p_ops->pfn_blink_set) {
        return p_dd->p_ops->pfn_blink_set(p_dd->p_cookie, index, blink);
    }
    return -AM_ENOTSUP;
}

int am_digitron_disp_at (int id, int index, uint16_t seg)
{
    am_digitron_dev_t *p_dd = __digitron_dev_find_with_id(id);
    if (p_dd == NULL) {
        return -AM_ENODEV;
    }
    if (p_dd->p_ops->pfn_disp_at) {
        return p_dd->p_ops->pfn_disp_at(p_dd->p_cookie, index, seg);
    }
    return -AM_ENOTSUP;
}

int am_digitron_disp_str (int id, int index, int len, const char *p_str)
```

```
{
    am_digitron_dev_t * p_dd = __digitron_dev_find_with_id(id);
    if (p_dd == NULL) {
        return - AM_ENODEV;
    }
    if (p_dd ->p_ops ->pfn_disp_str) {
        return p_dd ->p_ops ->pfn_disp_str(p_dd ->p_cookie, index, len, p_str);
    }
    return - AM_ENOTSUP;
}

int am_digitron_disp_clr (int id)
{
    am_digitron_dev_t * p_dd = __digitron_dev_find_with_id(id);
    if (p_dd == NULL) {
        return - AM_ENODEV;
    }
    if (p_dd ->p_ops ->pfn_clr) {
        return p_dd ->p_ops ->pfn_clr(p_dd ->p_cookie);
    }
    return - AM_ENOTSUP;
}
```

由于当前没有任何数码管设备，因此__digitron_dev_find_with_id()的返回值始终为 NULL，使得通用接口的返回值始终为－AM_ENODEV（错误：无此设备）。

为了使通用接口能够操作到具体有效的数码管设备，就必须在使用通用数码管接口前，向系统中添加有效的数码管设备。根据数码管设备类型的定义，添加一个设备时，需要完成 p_ops、p_cookie 和 p_info 的正确赋值，这些成员的值是由具体数码管设备实现或定义的。为此，可以为具体数码管的设备驱动提供一个添加数码管设备的接口，定义其函数原型为：

```
int am_digitron_dev_add(
    am_digitron_dev_t                   * p_dd,
    const am_digitron_devinfo_t         * p_info,
    const am_digitron_disp_ops_t        * p_ops,
    void                                * p_cookie);
```

其中，为了方便，直接添加一个设备，避免直接操作数码管设备的各个成员，将需要赋值的成员通过参数传递给接口函数。其实现详见程序清单 8.54。

程序清单 8.54　向系统中添加数码管设备

```
1    int am_digitron_dev_add(
2        am_digitron_dev_t                  * p_dd,
3        const am_digitron_devinfo_t        * p_info,
4        const am_digitron_disp_ops_t       * p_ops,
5        void                               * p_cookie)
6    {
7        if ((p_dd == NULL) || (p_ops == NULL) || (p_info == NULL)) {
8            return - AM_EINVAL;
9        }
10       if (__digitron_dev_find_with_id(p_info -> id) ! = NULL) {
11           return - AM_EPERM;
12       }
13       p_dd -> p_info = p_info;
14       p_dd -> p_ops = p_ops;
15       p_dd -> p_next = NULL;
16       p_dd -> p_cookie = p_cookie;
17       p_dd -> p_next = __gp_head;
18       __gp_head = p_dd;
19       return AM_OK;
20   }
```

首先检查了各个参数的有效性，然后使用__digitron_dev_find_with_id()函数判断新设备的 ID 号是否已经在系统中。若系统中已经存在该 ID，则添加失败，直接返回操作不允许错误（－AM_EPERM）；若系统中不存在该 ID，则继续执行，以确保添加的各个数码管设备的 ID 不冲突，保证了数码管设备编号的唯一性。接着将设备中的各个成员赋值，最后通过程序清单 8.54 第 17、18 两行代码将新设备添加到链表首部。

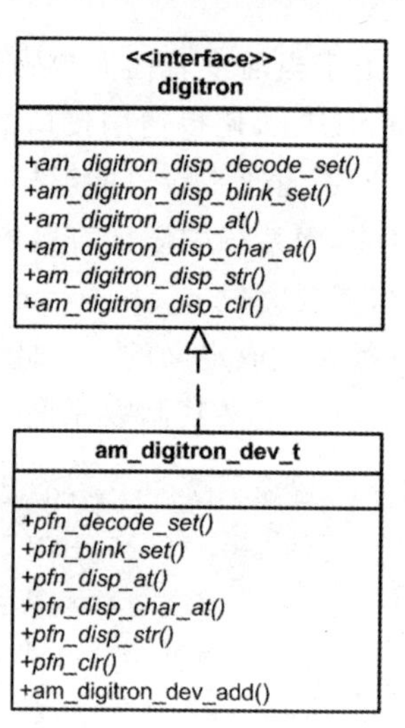

图 8.17　抽象的数码管设备类

显然，接下来需要在具体的数码管设备中实现相应的抽象方法，然后使用 am_digitron_dev_add()接口将设备添加到系统中，使得用户可以使用数码管通用接口操作到具体有效的数码管。抽象的数码管设备类图如图 8.17 所示。为了便于查阅，如程序清单 8.55 所示展示了数码管设备接口文件(am_digitron_dev.h)的内容。

程序清单 8.55 am_digitron_dev.h 文件内容

```
#pragma once
#include "ametal.h"

typedef struct am_digitron_disp_ops{
    int (*pfn_decode_set)(void *p_cookie, uint16_t (*pfn_decode) (uint16_t ch));
                                                    //设置解码函数
    int (*pfn_blink_set)(void *p_cookie, int index, am_bool_t blink);
                                                    //设置闪烁属性
    int (*pfn_disp_at)(void *p_cookie, int index, uint16_t seg);
                                                    //在指定位置显示段码
    int (*pfn_disp_char_at)(void *p_cookie, int index, const char ch);
                                                    //在指定位置显示字符
    int (*pfn_disp_str)(void *p_cookie, int index, int len, const char *p_str);
                                                    //在指定位置显示字符串
    int (*pfn_clr)(void *p_cookie);                 //显示清屏
}am_digitron_disp_ops_t;

typedef struct am_digitron_devinfo {
    uint8_t     id;                                 //数码管设备 ID
} am_digitron_devinfo_t;

typedef struct am_digitron_dev {
    const am_digitron_disp_ops_t     *p_ops;        //驱动函数(抽象方法)
    void                             *p_cookie;     //驱动函数参数
    const am_digitron_devinfo_t      *p_info;       //数码管设备 ID 信息
    struct am_digitron_dev           *p_next;       //指向下一个数码管设备
} am_digitron_dev_t;

int am_digitron_dev_add (
    am_digitron_dev_t               *p_dd,
    const am_digitron_devinfo_t     *p_info,
    const am_digitron_disp_ops_t    *p_ops,
    void                            *p_cookie);
```

2. 具体的数码管设备类

以使用 GPIO 驱动的 MiniPort - View 为例，简述具体数码管设备的实现方法。首先应该基于抽象设备类派生一个具体的设备类，其类图详见图 8.18，定义具体的数码管设备类如下：

```
typedef struct am_digitron_miniport_view {
    am_digitron_dev_t    isa;     //派生至抽象的数码管设备
} am_digitron_miniport_view_t;
```

am_digitron_miniport_view_t 即为具体的数码管设备类。具有该类型后，即可使用该类型定义一个具体的数码管设备实例，即

```
am_digitron_scan_gpio_dev_t  g_digitron_miniport_view;
```

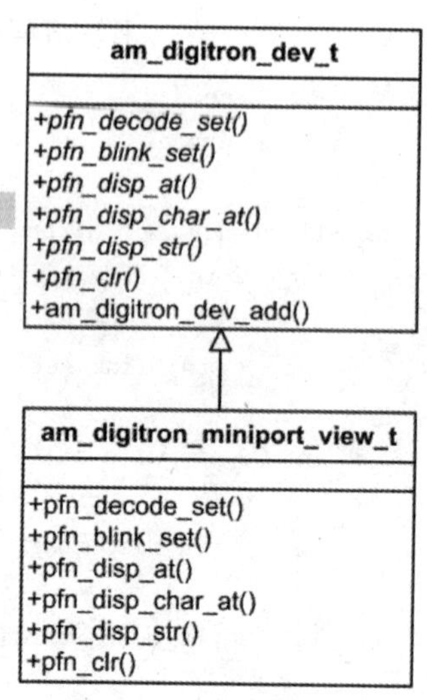

图 8.18 具体的数码管设备类

对于动态扫描类的数码管，需要将数码管显示的段码缓存到一段内存中，然后定时扫描，依次扫描各个数码管，从缓存中取出当前扫描数码管的段码，然后将段码输送到相应的引脚上显示。

为了实现数码管定时自动扫描，需要用到软件定时器，可以新增一个软件定时器 timer 成员；在扫描过程中，需要实时记录当前的扫描位置，以便从相应的数码管缓存中取出对应的段码，一个数码管扫描结束后，扫描位置要更新为下一个数码管的位置，可以新增 scan_idx 成员来实时存储当前数码管的扫描位置。即设备类型可定义为：

```
typedef struct am_digitron_miniport_view {
    am_digitron_dev_t    isa;           //派生至抽象的数码管设备
    am_softimer_t        timer;         //使用软件定时器以自动扫描
    uint8_t              scan_idx;      //当前扫描索引
} am_digitron_miniport_view_t;
```

此外，为了保存闪烁属性，可以新增一个 blink_flags 的成员表示各个需要数码管的闪烁属性，某一位的值为 1 时，表明对应的数码管需要闪烁。在一个闪烁周期中，一段时间需要点亮，一段时间需要熄灭，为了判定当前应该处于何种状态，可以新增一个闪烁计时器成员 blink_cnt，用于在一个闪烁周期内计时。特别地，在通用接口中，有一个设置数码管解码函数的接口，为了在用户显示字符时，能够使用其设置的解码函数对字符进行解码，则需要一个函数指针保存用户设置的解码函数。基于此，设备类型可定义为：

```
typedef struct am_digitron_miniport_view {
    am_digitron_dev_t  isa;                              //派生至抽象的数码管设备
    am_softimer_t      timer;                            //使用软件定时器以自动扫描
    uint8_t            scan_idx;                         //当前扫描索引
    uint32_t           blink_flags;                      //闪烁属性标志
    uint16_t           blink_cnt;                        //闪烁计时器
    uint16_t           (* pfn_decode)(uint16_t code);    //函数指针,指向用户设定的
                                                         //解码函数
} am_digitron_miniport_view_t;
```

此外，为了正常使用数码管，还需要知道一些硬件相关的基本信息，如：位选引脚信息、段码引脚信息、数码管个数、段码数目等。据此，可以定义数码管设备的信息类型为：

```
typedef struct am_digitron_miniport_view_info {
    uint8_t          num_digitron;              //数码管个数
    uint8_t          num_segment;               //数码管段码个数
    am_bool_t        seg_active_low;            //数码管段端的极性
    am_bool_t        com_active_low;            //数码管公共端的极性
    const int        * p_seg_pins;              //段码 GPIO 驱动引脚
    const int        * p_com_pins;              //位码 GPIO 驱动引脚
} am_digitron_miniport_view_info_t;
```

同时，对于动态扫描类数码管，需要一个缓存用于存储显示的段码，缓存的大小应该与数码管个数相同，可以新增一个 p_disp_buf 指针以指向相应的缓存。此外，数码管动态扫描时，扫描的频率必须大于 25 Hz，才能使肉眼看不到动态扫描的过程，使整个数码管的显示完整、流畅。显然，频率越高，扫描越快，显示就越流畅，但扫描数码管时占用的 CPU 资源也就越多；频率越低，系统 CPU 资源占用也就越少，但也不能过低。为此，可以在设备信息中新增一个 scan_freq 成员，用于指定扫描的频率，使得扫描频率可以由用户根据实际情况配置。扫描频率直接决定了定时器定时扫描的周期，若扫描频率为 50 Hz，则扫描一次数码管的时间为 20 ms，由于 MiniPort - View 存在两个数码管，因此定时器定时扫描的周期为 10 ms。可见，定时器定时扫描的时间间隔为：1 000/scan_freq/digitron_num。

此外，当数码管需要闪烁时，为了更加个性化地定制闪烁的效果，可以使用 blink_on_time 和 blink_off_time 分别指定一个闪烁周期内点亮的时间和熄灭的时间。它们的时间之和即为闪烁周期，决定了闪烁的频率。

同时，在数码管通用接口中，各个数码管设备使用 ID 号进行区分。显然，这就要求为具体的数码管设备分配一个唯一 ID，可以在设备信息中新增表示 ID 信息的成员 dev_info。完整的数码管设备信息的类型定义为：

```
typedef struct am_digitron_miniport_view_info {
    am_digitron_devinfo_t  devinfo;           //数码管设备的 ID 信息
    uint8_t                scan_freq;         //整个数码管的扫描频率，一般 50 Hz
    uint16_t               blink_on_time;     //一个闪烁周期内，点亮的时间，比如，500 ms
    uint16_t               blink_off_time;    //一个闪烁周期内，熄灭的时间，比如，500 ms
    uint8_t                * p_disp_buf;      //数码管显示缓存
    uint8_t                num_digitron;      //数码管个数
    uint8_t                num_segment;       //数码管段码个数
    am_bool_t              seg_active_low;    //数码管段端的极性
    am_bool_t              com_active_low;    //数码管公共端的极性
```

```
    const int                   * p_seg_pins;           //段码 GPIO 驱动引脚
    const int                   * p_com_pins;           //位码 GPIO 驱动引脚
} am_digitron_miniport_view_info_t;
```

当将 AM824_Core 与数码管配板 MiniPort - View 联合使用时，若分配给数码管设备的 ID 号为 0，扫描频率为 50 Hz，那么在一个闪烁周期内，数码管点亮和熄灭的时间均为 500 ms。基于等效电路图以及数码管信息，定义与 MiniPort - View 对应的设备实例信息为：

```
uint8_t g_disp_buf[2];

static const int g_digitron_seg_pins[] = {
    PIO0_8, PIO0_9, PIO0_10, PIO0_11, PIO0_12, PIO0_13, PIO0_14, PIO0_15
};

static const int g_digitron_com_pins[] = {
    PIO0_17, PIO0_23
};

am_digitron_miniport_view_t              g_miniport_view;
const am_digitron_miniport_view_info_t   g_miniport_view_info = {
    {
        0,                      //ID 为 0
    },
    50,                         //扫描频率 50 Hz
    500,                        //一次闪烁中，点亮时间为 500 ms
    500,                        //一次闪烁中，熄灭时间为 500 ms
    g_disp_buf,                 //显示缓存
    2,                          //数码管个数
    8,                          //8 段数码管
    AM_TRUE,                    //数码管段码引脚低电平有效
    AM_TRUE,                    //数码管位选引脚低电平有效
    g_digitron_seg_pins,        //段码引脚
    g_digitron_com_pins         //位选引脚
};
```

类似地，在数码管的设备类型中需要维持一个指向数码管设备信息的指针，以便在任何时候都可以从数码管设备中取出相关的信息使用。完整的数码管设备类型定义为：

```
typedef struct am_digitron_miniport_view {
    am_digitron_dev_t   isa;                    //派生至抽象的数码管设备
    am_softimer_t       timer;                  //使用软件定时器以自动扫描
```

```
    uint8_t              scan_idx;                        //当前扫描索引
    uint32_t             blink_flags;                     //闪烁属性标志
    uint16_t             blink_cnt;                       //闪烁计时器
    uint16_t             (* pfn_decode)(uint16_t code);   //函数指针,指向用户设定的解
                                                          //码函数
    const am_digitron_miniport_view_info_t * p_info;      //指向数码管设备信息的
                                                          //指针
} am_digitron_miniport_view_t;
```

实际开发过程中,通常并不能一次性完整地定义出设备或设备信息的结构体类型,往往是在定义好基本结构后,在后续实现各个抽象方法的过程中,根据需要增加成员,不断完善结构体类型的定义。

为了正常扫描数码管,需要完成设备中各成员的赋值,在完成初始赋值后,则可以启动软件定时器,进而以设备信息中指定的扫描频率自动扫描数码管。这些工作通常在驱动的初始化函数中完成,定义初始化函数的原型为:

```
int am_digitron_miniport_view_init (
    am_digitron_miniport_view_t                  * p_dev,
    const am_digitron_miniport_view_info_t       * p_info);
```

其中,p_dev 为指向 am_digitron_miniport_view_t 类型实例的指针,p_info 为指向 am_digitron_miniport_view_info_t 类型实例信息的指针,其调用形式如下:

```
am_digitron_miniport_view_init(&g_digitron_miniport_view, &g_digitron_miniport_view_info);
```

初始化完成后,可使用通用数码管接口操作编号为 0 的数码管设备,初始化函数的实现范例详见程序清单 8.56。

程序清单 8.56 初始化函数实现范例

```
int am_digitron_miniport_view_init (
    am_digitron_miniport_view_t                  * p_dev,
    const am_digitron_miniport_view_info_t       * p_info)
{
    int i;
    if ((p_dev == NULL) || (p_info == NULL)) {
        return -AM_EINVAL;
    }
    p_dev->p_info = p_info;             //将设备信息保存到设备中
    p_dev->pfn_decode = NULL;           //解码函数,初始为 NULL
    p_dev->blink_flags = 0x00;          //闪烁标识,初始为 0,所有数码管不闪烁
    p_dev->blink_cnt = 0;               //闪烁计数值,初始为 0
    p_dev->scan_idx = 0;                //扫描索引,初始为 0
    if (p_info->com_active_low) {       //根据激活电平,初始位选引脚
```

```
        for (i = 0; i<p_info->num_digitron; i++) {
            am_gpio_pin_cfg(p_info->p_com_pins[i], AM_GPIO_OUTPUT_INIT_HIGH);
        }
    } else {
        for (i = 0; i<p_info->num_digitron; i++) {
            am_gpio_pin_cfg(p_info->p_com_pins[i], AM_GPIO_OUTPUT_INIT_LOW);
        }
    }
    if (p_info->seg_active_low) {     //根据激活电平，初始段码引脚
        for (i = 0; i<p_info->num_segment; i++) {
            am_gpio_pin_cfg(p_info->p_seg_pins[i], AM_GPIO_OUTPUT_INIT_HIGH);
        }
    } else {
        for (i = 0; i<p_info->num_segment; i++) {
            am_gpio_pin_cfg(p_info->p_seg_pins[i], AM_GPIO_OUTPUT_INIT_LOW);
        }
    }
    am_softimer_init(&p_dev->timer, __digitron_dynamic_scan_timer_cb, p_dev);
    am_softimer_start(&p_dev->timer, 1000/p_info->scan_freq/p_info->num_digitron);
    //添加标准的数码管设备
    return am_digitron_dev_add(&p_dev->isa, &p_info->devinfo, &__g_digitron_dev_ops, p_dev);
}
```

该程序首先检查了参数的有效性，然后完成了设备中各个成员的初始赋值，接着根据位选引脚和段码引脚的激活电平，将位选引脚和段码引脚配置成输出模式，并将初始电平设置为未激活电平，以使数码管初始处于完全熄灭状态。

紧接着初始化并启动了软件定时器，根据扫描频率设定了软件定时器的定时周期，并将软件定时器的周期性回调函数设置为了__digitron_dynamic_scan_timer_cb()，即在该函数中完成数码管的扫描。最后，使用 am_digitron_dev_add()接口将设备添加到了系统中，并将数码管 ID 号信息作为该接口 p_info 的实参，&__g_digitron_dev_ops 作为该接口 p_ops 的实参，指向自身的指针 p_dev 作为了接口 p_cookie 的实参，__g_digitron_dev_ops 中即包含了各个抽象方法的实现。

由此可见，实现整个具体数码管设备的关键，是在__digitron_dynamic_scan_timer_cb()中完成数码管的扫描，以及实现各个抽象方法并存于__g_digitron_dev_ops 中。

定时器回调函数__digitron_dynamic_scan_timer_cb()的实现详见程序清单 8.57。

程序清单 8.57　定时器回调函数的实现(数码管扫描)

```
static void __digitron_dynamic_scan_timer_cb (void * p_arg)
{
    am_digitron_miniport_view_t * p_dev = (am_digitron_miniport_view_t * )p_arg;

    if (p_dev->blink_flags == 0) {
        p_dev->blink_cnt = 0;
    } else {
        p_dev->blink_cnt += 1000 / p_dev->p_info->scan_freq / p_dev->p_info->num
        _digitron;
        if (p_dev->blink_cnt >= p_dev->p_info->blink_on_time + p_dev->p_info->
        blink_off_time) {
            p_dev->blink_cnt = 0;
        }
    }
    __scan_seg_send(p_dev, p_dev->p_info->seg_active_low ? 0xFF : 0x00);
    __scan_com_sel(p_dev, p_dev->scan_idx);
    if ((!(p_dev->blink_flags &(1<<p_dev->scan_idx))) ||
        (p_dev->blink_cnt<= p_dev->p_info->blink_on_time)) {
        __scan_seg_send(p_dev, p_dev->p_info->p_disp_buf[p_dev->scan_idx]);
    }
    p_dev->scan_idx = (p_dev->scan_idx + 1) % p_dev->p_info->num_digitron;
}
```

该程序首先处理闪烁计时器,若存在闪烁的数码管,则增加闪烁计时器 p_dev->blink_cnt,增加的值即为扫描时间间隔。特别地,若值增加后超过了闪烁周期,则重新回到 0。然后使用__scan_seg_send()发送消影段码,使用__scan_com_sel()处理位选。若当前数码管需要正常显示,即当前数码管不需要闪烁,或者虽然需要闪烁,但根据闪烁计时器判定当前时间处在点亮数码管的时间周期,则从显示缓存中取出当前数码管的段码,并使用__scan_seg_send()发送出去。最后更新了扫描位置索引 scan_idx 的值,以便下一次扫描时继续扫描下一个数码管。段码发送函数和位选函数的实现详见程序清单 8.58。

程序清单 8.58　段码发送函数和位选函数的实现

```
static void __scan_seg_send (am_digitron_miniport_view_t * p_dev, uint16_t seg)
{
    const int    * p_pins = p_dev->p_info->p_seg_pins;
    int          bit;
    for (bit = 0; bit< p_dev->p_info->num_segment; bit ++ ) {
        if (seg& (1<<bit)) {
```

```
                am_gpio_set(p_pins[bit], 1);
            } else {
                am_gpio_set(p_pins[bit], 0);
            }
        }
}

static void __scan_com_sel (am_digitron_miniport_view_t * p_dev, int idx)
{
    const int    * p_pins = p_dev ->p_info ->p_com_pins;
    int          i;

    for (i = 0; i<p_dev ->p_info ->num_digitron; i ++ ) {
        if (i == idx) {
            am_gpio_set(p_pins[i], !p_dev ->p_info ->com_active_low);
        } else {
            am_gpio_set(p_pins[i], p_dev ->p_info ->com_active_low);
        }
    }
}
```

接下来,需要一一实现，抽象数码管设备中共计定义了 6 个抽象方法,以完成 __g_digitron_dev_ops 的定义。

- pfn_decode_set

该方法用于设定解码函数,便于显示时,对各个字符进行解码。显然,需要将其保存到设备中,以便后续使用。范例程序详见程序清单 8.59。

程序清单 8.59　设置解码函数的实现范例程序

```
static int __digitron_decode_set (void * p_cookie, int16_t ( * pfn_decode) (uint16_t ch))
{
    am_digitron_miniport_view_t * p_dev = (am_digitron_miniport_view_t * )p_cookie;
    if ((p_dev == NULL) || (pfn_decode == NULL)) {
        return - AM_EINVAL;
    }
    p_dev ->pfn_decode = pfn_decode;          //将解码函数保存到设备中
    return AM_OK;
}
```

- pfn_blink_set

该方法用于设定某一个数码管的闪烁属性,设置闪烁属性时,只需要将设备中的闪烁标记 blibk_flags 相应位置 1(闪烁)或清零(不闪烁)即可。范例程序详见程序清单 8.60。

程序清单 8.60　设置闪烁属性函数的实现范例程序

```
static int __digitron_blink_set (void * p_cookie, int index, am_bool_t blink)
{
    am_digitron_miniport_view_t * p_dev = (am_digitron_miniport_view_t * )p_cookie;
    if ((p_dev == NULL) || (index >= p_dev -> p_info -> num_digitron)) {
        return - AM_EINVAL;
    }
    if (blink) {
        p_dev -> blink_flags |= (1 << index);
    } else {
        p_dev -> blink_flags &= ~(1 << index);
    }
    return AM_OK;
}
```

● pfn_disp_at

该方法用于在指定数码管上显示指定的段码图形，只需要将段码存放在数码管缓存中即可。范例程序详见程序清单 8.61。

程序清单 8.61　显示段码函数的实现范例程序

```
static int __digitron_disp_at (void * p_cookie, int index, uint16_t seg)
{
    am_digitron_miniport_view_t * p_dev = (am_digitron_miniport_view_t * )p_cookie;
    if ((p_dev == NULL) || (index >= p_dev -> p_info -> num_digitron)) {
        return - AM_EINVAL;
    }
    __digitron_disp_buf_set(p_dev, index, seg);
    return AM_OK;
}
```

该程序调用了__digitron_disp_buf_set()函数将段码设置到缓存中，详见程序清单 8.62。

程序清单 8.62　__digitron_disp_buf_set()函数实现

```
static void __digitron_disp_buf_set(am_digitron_miniport_view_t * p_dev, int index, uint16_t data)
{
    if (p_dev -> p_info -> seg_active_low) {
        p_dev -> p_info -> p_disp_buf[index] = ~data;
    } else {
        p_dev -> p_info -> p_disp_buf[index] = data;
    }
}
```

该程序根据数码管段的激活电平决定是否需要将用户设置的段码取反后存入缓冲区中。

● pfn_disp_char_at

该方法用于在指定位置显示字符，这就需要先使用解码函数得到字符对应的段码，然后将段码设置到缓冲区中。范例程序详见程序清单 8.63。

程序清单 8.63　显示字符函数的实现范例程序

```
static int __digitron_disp_char_at (void * p_cookie, int index, const char ch)
{
    am_digitron_miniport_view_t * p_dev = (am_digitron_miniport_view_t *)p_cookie;
    uint16_t seg = 0x00;
    if ((p_dev == NULL) || (index >= p_dev -> p_info -> num_digitron)) {
        return - AM_EINVAL;
    }
    if (p_dev -> pfn_decode) {
        seg = p_dev -> pfn_decode(ch);
    }
    if ('.' == ch) {
        __digitron_disp_buf_xor(p_dev, index, seg);
    } else {
        __digitron_disp_buf_set(p_dev, index, seg);
    }
    return AM_OK;
}
```

该程序首先通过解码函数得到字符的段码存于 seg 中。然后将段码保存到相应的缓冲区中，且在保存段码时对小数点做了特殊处理。

当字符为小数点时，使用__digitron_disp_buf_xor()函数将段码设置到函数区；否则直接使用__digitron_disp_buf_set()函数将段码设置到缓存区中。

由于小数点比较特殊，因此显示小数点时，往往不希望影响该位数码管的正常显示内容。比如，如果当前数码管显示数字 3，又需要在该数码管添加小数点，则期望的结果是显示“3.”，而不是仅显示一个小数点，将之前的 3 覆盖掉。由此可见，在显示小数点时，可视为显示内容的一种叠加，而不是直接改变显示内容。__digitron_disp_buf_xor()函数的实现详见程序清单 8.64。

程序清单 8.64　__digitron_disp_buf_xor()函数实现

```
static void __digitron_disp_buf_xor(am_digitron_miniport_view_t * p_dev, int index, uint16_t data)
{
    if (p_dev -> p_info -> seg_active_low) {
        p_dev -> p_info -> p_disp_buf[index] &= ~data;
```

```
    } else {
        p_dev->p_info->p_disp_buf[index] |= data;
    }
}
```

若数码管段为低电平激活，则需要在原缓冲区段码的基础上，将显示小数点需要点亮的段清零，以显示小数点；反之则将显示小数点需要点亮的段置 1，以显示小数点。

- pfn_disp_str

该方法用于从指定位置开始显示一个字符串，范例程序详见程序清单 8.65。

程序清单 8.65　字符串显示函数实现范例程序

```
static int __digitron_disp_str (void *p_cookie, int index, int len, const char *p_str)
{
    am_digitron_miniport_view_t *p_dev = (am_digitron_miniport_view_t *)p_cookie;
    if ((p_dev == NULL) || (index >= p_dev->p_info->num_digitron) || (p_str ==
    NULL)) {
        return -AM_EINVAL;
    }
    uint16_t     last_ch = 0, ch;
    int          idx = index - 1;
    uint8_t      str_len = strlen(p_str);
    //字符串长度取字符串实际长度和参数 len 中的较小值
    if (len>str_len) {
        len = str_len;
    }
    while ((len) && ((ch = *p_str++) != '\0')) {
        if (('.' != ch) || ('.' == last_ch) || (idx<0)) {
            ++idx;
        }
        if (idx >= p_dev->p_info->num_digitron) {
            return AM_OK;
        }
        __digitron_disp_char_at(p_dev, idx, ch);
        len--;
        last_ch = ch;
    }
    return AM_OK;
}
```

该程序首先确定了字符串的长度，字符串长度取字符串实际长度和参数 len 中的较小值，然后在 while 循环中调用了__digitron_disp_char_at()函数，依次显示单个字符。

其中的 idx 用于指定显示位置，初始值为 index－1，即字符串显示起始位置的上一个数码管位置。若起始位置为 0，则 idx 的初始值表示了一个无效的位置。每次显示新内容前，需要更新 idx 的值（将 idx 加 1）。但在某种特殊情况下，小数点不需要更新显示位置，例如，显示字符串“3.5”，期望显示的效果是只占用 2 个数码管，分别显示“3.”和“5”，而不是占用 3 个数码管。这种情况下，当显示小数点时，直接显示在“3”所在的数码管中即可，无需将其单独显示到一个数码管上。程序需要更新显示位置的条件为：

```
if (('.' != ch) || ('.' == last_ch) || (idx<0)) {
    ++ idx;
}
```

由此可见，不需要更新位置的条件即为上述条件的反面：

```
if (('.' == ch) &&('.' != last_ch) && (idx >= 0)) {
    //不需要更新位置
}
```

不需要更新位置的条件为：当前显示的字符为小数点，且上一个字符不为小数点，同时 idx 指定的显示位置有效。

● pfn_clr

该方法用于清空数码管显示，需要将缓冲区中的内容全部设置为熄灭段码。范例程序详见程序清单 8.66。

程序清单 8.66　清空显示内容函数的实现范例程序

```
static int __digitron_clr (void * p_cookie)
{
    am_digitron_miniport_view_t * p_dev = (am_digitron_miniport_view_t *)p_cookie;
    int i;
    for (i = 0; i<(p_dev->p_info->num_digitron); i ++ ) {
        __digitron_disp_buf_set(p_dev, i, 0x00);
    }
    return AM_OK;
}
```

至此，实现了各个抽象方法，基于各个抽象方法的实现函数，__g_digitron_dev_ops 的定义详见程序清单 8.67。

程序清单 8.67　__g_digitron_dev_ops 的定义

```
static const am_digitron_disp_ops_t __g_digitron_dev_ops = {
    __digitron_decode_set,
    __digitron_blink_set,
    __digitron_disp_at,
```

```
    __digitron_disp_char_at,
    __digitron_disp_str,
    __digitron_clr,
};
```

当用户使用初始化函数完成一个具体数码管设备的初始化后，即可使用通用数码管接口操作数码管，显示具体内容。但是，在显示字符或字符前，必须使用通用接口设置一个解码函数。对于 8 段数码管，可以将各个 ASCII 字符的段码定义在一个数组中，然后实现一个解码函数，详见程序清单 8.68。

程序清单 8.68　解码函数的实现

```
static const uint8_t segcodeTab[] = {
    0x40, 0x00, 0x00, 0x3F, 0x06, 0x5B, 0x4F, 0x66, 0x6D, 0x7D,    //45~54
    0x07, 0x7F, 0x6F, 0x00, 0x00, 0x00, 0x00, 0x00, 0x00, 0x00,    //55~64
    0x77, 0x7C, 0x39, 0x5e, 0x79, 0x71, 0x00, 0x00, 0x00, 0x00,    //65~74
    0x00, 0x00, 0x00, 0x37, 0x3F, 0x73, 0x00, 0x50, 0x00, 0x00,    //75~84
    0x00, 0x00, 0x00, 0x00, 0x00, 0x00, 0x00, 0x00, 0x00, 0x00,    //85~94
    0x00, 0x00, 0x77, 0x7C, 0x39, 0x5E, 0x79, 0x71, 0x00, 0x00,    //95~104
    0x00, 0x00, 0x00, 0x00, 0x00, 0x37, 0x3F, 0x73, 0x00, 0x50     //105~114
};

uint16_t am_digitron_seg8_ascii_decode (uint16_t  ch)
{
    if (ch>='-' && (ch<'-'+ sizeof(segcodeTab))) {  //编码表从'-'开始
        return segcodeTab[ch - '-'];
    }
    return 0x00;
}
```

基于此，在用户使用数码管接口显示字符或字符串前，可以使用设置解码函数的接口将该解码函数设置到系统中，以便正确解码。比如：

```
am_digitron_disp_decode_set(0, am_digitron_seg8_ascii_decode);
```

如果用户每次使用数码管前，都需要自定义一个解码函数，则显得非常麻烦。对于 8 段数码管，常见图形的显示方法是固定的，对应的段码是可以确定的，如数字 0～9。用户如果没有特殊需求，使用程序清单 8.68 所示的解码函数是能满足绝大部分应用的。基于此，可以将程序清单 8.68 所示的解码函数定义在系统中，直接供用户使用。为方便用户使用，可以将该解码函数声明到数码管接口文件中。

为了便于查阅，如程序清单 8.69 所示展示了具体数码管设备(MiniPort_View)接口文件(am_digitron_miniport_view.h)的内容。

程序清单 8.69　am_digitron_miniport_view.h 文件内容

```
#pragma once
#include "am_common.h"
#include "am_digitron_disp.h"
#include "am_digitron_dev.h"

typedef struct am_digitron_miniport_view_info {
    am_digitron_devinfo_t  devinfo;         //数码管设备的 ID 信息
    uint8_t                scan_freq;       //整个数码管的扫描频率,一般 50 Hz
    uint16_t               blink_on_time;   //一个闪烁周期内,点亮的时间,比如,500 ms
    uint16_t               blink_off_time;  //一个闪烁周期内,熄灭的时间,比如,500 ms
    uint8_t                *p_disp_buf;     //数码管显示缓存
    uint8_t                num_digitron;    //数码管个数
    uint8_t                num_segment;     //数码管段码个数
    am_bool_t              seg_active_low;  //数码管段端的极性
    am_bool_t              com_active_low;  //数码管公共端的极性
    const int              *p_seg_pins;     //段码 GPIO 驱动引脚
    const int              *p_com_pins;     //位码 GPIO 驱动引脚
} am_digitron_miniport_view_info_t;

typedef struct am_digitron_miniport_view {
    am_digitron_dev_t   isa;                      //派生至抽象的数码管设备
    am_softimer_t       timer;                    //使用软件定时器以自动扫描
    uint8_t             scan_idx;                 //当前扫描索引
    uint32_t            blink_flags;              //闪烁属性标志
    uint16_t            blink_cnt;                //闪烁计时器
    uint16_t            (*pfn_decode)(uint16_t code); //函数指针,指向用户设定的
                                                       //解码函数
    const am_digitron_miniport_view_info_t  *p_info; //指向数码管设备信息的指针
} am_digitron_miniport_view_t;

int am_digitron_miniport_view_init (
    am_digitron_miniport_view_t              *p_dev,
    const am_digitron_miniport_view_info_t   *p_info);
```

第 9 章

BLE & ZigBee 无线模块

本章导读

市面上现有的 BLE&ZigBee 模块最大的不足就是不能很好地支持用户进行二次开发，即便某些模块能够实现二次开发，却也不具备完整的软硬件生态链和稳定可靠的组网协议软件。因此用户还需要花很多时间学习与 BLE&ZigBee 相关的知识，非得将自己培养成通晓 BLE&ZigBee 技术的专家，才有可能开发出稳定且具有竞争力的产品。

其实，人与人之间的差别不在于知识和经验，而是思维方面的差异，其决定了每个人的未来。虽然大多数开发者都很勤奋，但其奋斗目标不是企业和个人收益最大化，而是以学习与 MCU 和 BLE&ZigBee 相关的非核心域技术为乐趣。不愿意与市场人员和用户交流，不注重提升个人挖掘用户需求的创造力，还为自己的错误行为贴上高大上的标签——一切都在掌握之中。

事实上，每个人不可能做到面面俱全，你只是自己所在领域的专家，所以不要将精力用错了地方。以至于很多人在辛辛苦苦奋斗十多年之后，还是找不到失败的原因时，只是表面地叹息自己怀才不遇，甚至将失败的责任推给他人。这种落后的开发思维，导致很多企业无法开发出具有行业领先地位的产品。

基于此，ZLG 推出了各种功能的 MCU＋ZigBee 或 BLE 模块，MCU 包括 M0＋、M4、ARM9、A7 和 A8 内核，支持 AMetal 和 AWorks 平台。

9.1 BLE 核心板

9.1.1 产品简介

AW824BPTBLE 核心板是广州致远电子有限公司基于 NXP 的蓝牙 4.0 BLE 芯片和 MCU 芯片 LPC824 开发的，一款低功耗、高性能，支持二次开发的蓝牙 4.0 BLE 模块。其中的 LPC824 是基于 ARM® Cortex®-M0＋内核设计的 32 位处理器，30 MHz 主频，32 KB 片内 Flash 和 8 KB 片内 SRAM，支持 4 种低功耗模式。

如图 9.1 所示的 AW824BPT 核心板采用外置天线的封装，通过半孔工艺将 I/O 引出，帮助用户绕过繁琐的射频硬件设计、开发与生产，加快产品上市。

完善的软件开发平台可满足快速开发需求，减少软件投入，缩短研发周期。该模块方便迅速桥接电子产品和智能移动设备，可广泛应用于有此需求的各种电子设备，如仪器仪表、健康医疗、智能家居、运动计量、汽车电子和休闲玩具等。

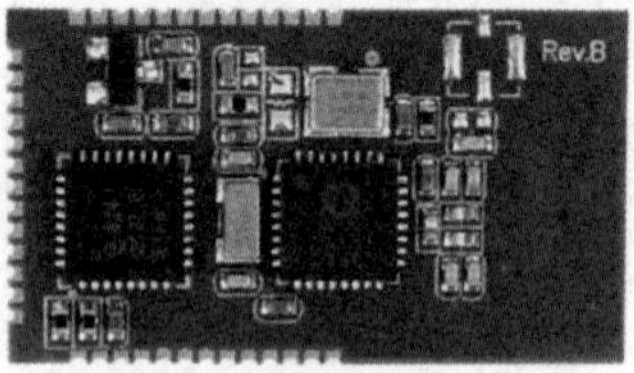

图 9.1　AW824BPT 实物图

1. 产品特征

- 32 位 ARM® Cortex®-M0＋内核处理器 LPC824，32 KB 片内 Flash，8 KB 片内 SRAM；
- 3 路 USART(可分配给任意 I/O 引脚)，4 路 I^2C，2 路 SPI，12 路 ADC，6 路 PWM；
- 支持主从模式，主机最多连接 8 个从机；
- 高达 50 kbit/s 数据传输速率，支持蓝牙 4.0；
- 宽工作电压 2.4～3.6 V；
- 接收灵敏度：－93 dBm；
- 发射功率：－20～4 dBm，通过 AT 指令可调；
- 天线类型：外置天线。

AW824BPT 模块相关参数详见表 9.1。

表 9.1　AW824BPT 模块相关参数

参数	AW824BPT	参数	AW824BPT
天线类型	PCB 天线	SPI	2 路
处理器	LPC824	ADC	12 路
最高主频	30 MHz	PWM	6 路
SRAM	8 KB	GPIO	29 路
Flash	32 KB	蓝牙协议	蓝牙 4.0
UART	3 路(一路与蓝牙模块相连)	发射功率	－20～4 dBm(通过 AT 指令可调)
I^2C	4 路	接收灵敏度	－93 dBm

2. 硬件描述

AW824BPT 无线核心模块默认运行在桥接模式(透传模式)下，模块启动后会自动进行广播，已打开特定 APP 的手机会对其进行扫描和对接，连接成功之后就可以通过 BLE 在模块和手机之间进行数据传输。

在桥接模式下，用户 MCU 可以通过模块的通用串口和移动设备进行双向通信；用户也可以通过特定的串口 AT 指令，对某些通信参数进行修改，比如，串口波特率、广播周期等。

AW824BPT 的引脚分布详见图 9.2，引脚说明详见表 9.2。

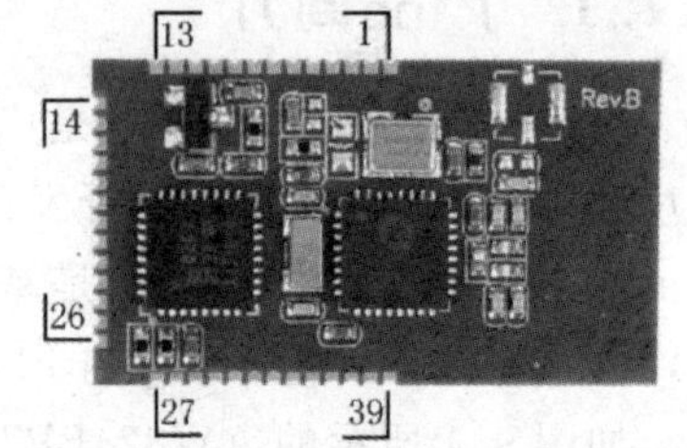

图 9.2　AW824BPT 引脚分布

表 9.2 AW824BPT 引脚说明

引脚号	引脚名	描述
1	BLE_LKSLP	蓝牙模块工作指示，正常工作时输出方波
2	BLE_LKCON	蓝牙模块连接指示，连接成功时输出方波
3	PIO0_15	MCU 的 PIO0_15
4	PIO0_1	MCU 的 PIO0_1
5	PIO0_9	MCU 的 PIO0_9
6	PIO0_8	MCU 的 PIO0_8
7	GND	GND
8	3.3V	供电电源，电压范围为 2.4～3.6 V
9	3.3VA	模拟电源
10	VREFN	ADC 的负参考电压，接 AGND
11	VREFP	ADC 的正参考电压，必须低于供电电压 VDD
12	PIO0_7	MCU 的 PIO0_7
13	PIO0_6	MCU 的 PIO0_6
14	PIO0_14	MCU 的 PIO0_14
15	PIO0_23	MCU 的 PIO0_23
16	PIO0_22	MCU 的 PIO0_22
17	PIO0_21	MCU 的 PIO0_21
18	PIO0_20	MCU 的 PIO0_20
19	PIO0_19	MCU 的 PIO0_19
20	PIO0_18	MCU 的 PIO0_18
21	PIO0_17	MCU 的 PIO0_17
22	PIO0_13	MCU 的 PIO0_13
23	PIO0_12	MCU 的 PIO0_12，也是 MCU 的 ISP 引脚
24	PIO0_5	MCU 的 PIO0_5，也是 MCU 的外部复位引脚(默认)
25	PIO0_0	MCU 的 PIO0_0
26	PIO0_4	MCU 的 PIO0_4
27	PIO0_3	MCU 的 PIO0_3
28	PIO0_2	MCU 的 PIO0_2
29	PIO0_11	MCU 的 PIO0_11
30	PIO0_10	MCU 的 PIO0_10

续表 9.2

引脚号	引脚名	描述
31	GND	GND
32	PIO0_28	MCU 的 PIO0_28,模块内与蓝牙模块复位信号输入引脚 BLE_nRST 相连
33	PIO0_16	MCU 的 PIO0_16
34	BLE_TXD0	蓝牙模块的串口 0 发送引脚
35	BLE_RXD0	蓝牙模块的串口 0 接收引脚
36	PIO0_24	MCU 的 PIO0_24,模块内与蓝牙模块的接收检测引脚 BCTS 相连
37	PIO0_25	MCU 的 PIO0_25,模块内与蓝牙模块的发送使能引脚 BRTS 相连
38	PIO0_26	MCU 的 PIO0_26,模块内与蓝牙模块串口接收端 BLE_RXD1 相连
39	PIO0_27	MCU 的 PIO0_27,模块内与蓝牙模块串口发送端 BLE_TXD1 相连

为了便于快速开发,在 AW824BPT 内部,已经固定地将 LPC824 的一些引脚(PIO0_16、PIO0_24～PIO0_28)与 AW824BPT 中的蓝牙模块相连接,示意图详见图 9.3。

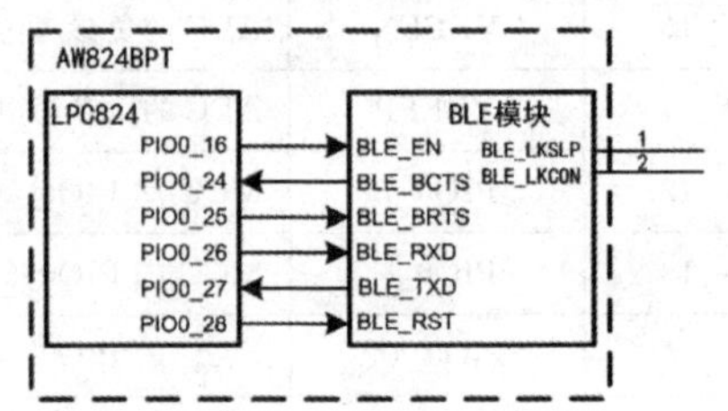

图 9.3 LPC824 与蓝牙模块连接示意图

蓝牙模块相关的引脚有 8 个,但其中 6 个引脚已经在 AW824BPT 内部与 LPC824 连接,另外两个引脚 BLE_LKSLP 和 BLE_LKCON 作为蓝牙模块的输出信号,直接通过 AW824BPT 的 1、2 引脚引出。蓝牙模块的相关引脚功能描述详见表 9.3。

表 9.3 蓝牙模块引脚功能描述

引脚名	描述
BLK_LKSLP	指示睡眠状态。当模块进入极低功耗模式时,该引脚输出高电平;否则,该引脚输出周期为 1 s 的方波。通常情况下,该引脚可以外接一个 LED(低电平点亮),低功耗模式下熄灭,正常状态下 LED 闪烁
BLK_LKCON	指示蓝牙连接的状态。当蓝牙模块与其他模块或手机成功连接时,输出周期为 1 s 的方波;否则,该引脚输出高电平。通常情况下,该引脚可以外接一个 LED(低电平点亮),BLE 未连接时,LED 熄灭,BLE 连接时,LED 闪烁
BLE_EN	EN 为模块使能引脚。设置该引脚为低电平时使能模块,模块可以正常工作,为高电平时模块被禁用,进入极低功耗模式
BLE_TXD	蓝牙模块串口 TX 引脚
BLE_RXD	蓝牙模块串口 RX 引脚
BLE_BRTS	BRTS 为数据发送请求引脚。当 MCU 需要发送数据至 ZLG9021 时,需设置该引脚为低电平,以便蓝牙模块准备好接收数据。若设置该引脚为高电平,蓝牙模块将不接收 UART 数据,进入低功耗模式

续表 9.3

引脚名	描述
BLE_BCTS	BCTS 为蓝牙模块的输出端。用以表明蓝牙模块是否有数据需要发送至 LPC824。有数据时输出低电平,无数据时输出高电平
BLE_RST	用于复位蓝牙模块,大于 1 μs 的低电平信号有效

特别注意,LPC824 的 PIO0_26 和 PIO0_27 与蓝牙模块的串口相连。当使用 AW824BPT 进行二次开发时,需要将 LPC824 的 PIO0_26 配置为串口 TX 功能,PIO0_27 配置为串口的 RX 功能。

9.1.2 协议说明

AW824BPT 中包含蓝牙模块,AW824BPT 可以快捷地与其他 BLE 设备(如手机)之间进行双向数据通信。在 BLE 的连接过程中,AW824BPT 是从机设备,与之连接的其他 BLE 设备(如手机)是主机设备。

为叙述方便,后文描述时,均假定与 AW824BPT 连接的主机设备为手机端。由于 BLE 属于蓝牙 4.0 的范畴,因此要求手机的蓝牙模块是 4.0 以上的版本。iPhone 4S 及后续版本的苹果手机都支持;Android 手机则需要 4.3.1 以上的版本才能够支持。

AW824BPT 中蓝牙模块发送数据的速率理论可达 5.5 kB/s,速率主要与 BLE 的连接间隔相关,若 BLE 连接间隔较短,则速率较高,平均功耗也较高;反之,若 BLE 连接间隔较长,则数据传输的速率会降低,但同样平均功耗也会降低。蓝牙模块的 BLE 连接间隔默认值为 20 ms(最小值),可以使用接口函数对其进行修改,最大支持 2 000 ms。

每个连接间隔最多传输 110 个字节的数据,若连接间隔为 T(单位:ms),那么最高传输速率为:

$$V = 110 \times 1\,000 \div T \quad \text{(单位:字节 / 秒)}$$

式中乘以 1 000 是由于 T 的单位为 ms。显然,T 值越小,数据传输速率越高,当 T 为最小值 20 ms 时,可得到最高传输速率:

$$V_{max} = (110 \times 1\,000 \div 20)\ \text{B/s} = 5\,500\ \text{B/s} = 5.5\ \text{kB/s}$$

当然,这只是理论值,实际测试表明,转发速率在 4 kB/s 以下时,丢包率很低;高于 4 kB/s 时,丢包率将有所提高。但为了安全起见,无论是低速还是高速转发大数据量应用时,都建议在上层做校验重传处理。

使用蓝牙进行数据传输是双向的。对于 AW824BPT 发送数据至手机端,其流程是首先通过 LPC824 的串口发送数据至蓝牙模块,然后蓝牙模块通过 BLE 将数据转发至手机端。这就存在一个速率匹配的问题。若串口传输速率高于 BLE 传输速率,则数据通过串口发送至蓝牙模块的速率高,而通过 BLE 转发数据的速率低。若数据不间断传输，则会导致蓝牙模块内部 200 字节的缓冲区很快被填满，使得后续数据不得不丢弃。这种情况下，LPC824 通过串口每发送 200 字节数据至蓝牙模块后，均需要延时一段时间，以确保下次发送数据前，蓝牙模块已经通过 BLE 完成对数据的转发，内部有可用空间用于装载新的数据。

同理，对于手机端发送数据至主控 AW824BPT，其流程是首先手机端通过 BLE 发送数据至蓝牙模块，然后蓝牙模块通过串口将数据发送至 LPC824。若串口传输速率低于 BLE 传输速率，则数据通过 BLE 发送至 ZLG9021 的速率高，而通过串口转发数据的速率低，也将导致传输速率的不匹配。

最理想的情况就是，串口波特率与 BLE 数据传输速率刚好匹配，发送至蓝牙模块一个数据的时间与 BLE 转发一个数据的时间恰好相等，这样就不存在速率不匹配的问题了。若 BLE 的传输速率为 5.5 kB/s，则平均传输一个数据的时间为：

$$T_{\text{byte\_ble}} = \frac{1}{5\ 500}\ \text{s} \approx 1.8 \times 10^{-4}\ \text{s} = 0.18\ \text{ms}$$

设串口波特率为 baudrate，由于串口使用格式为 1 位起始位、8 位数据位、无校验位、1 位停止位，因此发送一个字节数据大约需要传输 10 位的时间，公式如下：

$$T_{\text{byte\_uart}} = \frac{1}{\text{baudrate}} \times 10\ \text{s} = \frac{10\ 000}{\text{baudrate}}\ \text{ms}$$

若 UART 传输速率与 BLE 传输速率恰好相等，则可以得出：

$$\text{baudrate} = \frac{10\ 000}{0.18} \approx 55\ 556$$

由此可见，当 BLE 传输速率为 5.5 kB/s 时，串口波特率为 55 556 时，可以达到速率匹配。若波特率高于此值，则 UART 传输速率高于 BLE 传输速率。若波特率低于此值，则 UART 传输速率低于 BLE 传输速率。

实际上，蓝牙模块的 UART 只支持常见的波特率：4 800、9 600、19 200、38 400、57 600、115 200。因此，若使用 AW824BPT 主要是用于发送大数据至手机端，则 UART 传输速率应该低于 BLE 传输速率，此时，波特率设置为 38 400 较为合适。若使用 AW824BPT 主要用于接收来自手机端的大数据，则 UART 传输速率应该高于 BLE 传输速率，此时，波特率设置为 57 600 较为合适。一般地，若双方都有大数据传输，则确保每发送 200 字节数据之间存在一定的时间间隔（30～60 ms）即可。

9.1.3 蓝牙模块初始化

AMetal 已经支持 AW824BPT 中的蓝牙模块，提供了相应的驱动，可以直接使用相应的 API 完成蓝牙模块的配置及数据的收发，用户无需关心底层的通信协议，即可快速使用 AW824BPT 进行 BLE 数据通信。使用其他各功能函数前必须先完成初始化，初始化函数的原型（am_zlg9021.h）为：

```
am_zlg9021_handle_t am_zlg9021_init(
am_zlg9021_dev_t                    * p_dev,
```

```
    const am_zlg9021_devinfo_t        * p_devinfo,
    am_uart_handle_t                  uart_handle);
```

其中，p_dev 为指向 am_zlg9021_dev_t 类型实例的指针，p_devinfo 为指向 am_zlg9021_devinfo_t 类型实例信息的指针。

注：AW824BPT 中的蓝牙模块为 ZLG9021，因此，接口使用 zlg9021 作为蓝牙模块驱动的命名空间。对于用户来讲，只需要使用接口进行蓝牙相关的操作即可，无需关心具体使用的何种蓝牙模块。

1. 实　例

定义 am_zlg9021_dev_t 类型(am_zlg9021.h)实例如下：

```
am_zlg9021_dev_t  g_zlg9021_dev;                    //定义一个 ZLG9021 实例
```

其中，g_zlg9021_dev 为用户自定义的实例，其地址作为 p_dev 的实参传递。

2. 实例信息

实例信息主要描述了与 ZLG9021 通信时，与引脚、UART 波特率、缓冲区等相关的信息。其类型 am_zlg9021_devinfo_t 的定义(am_zlg9021.h)如下：

```
typedef struct am_zlg9021_devinfo {
    int          pin_en;              //EN 引脚
    int          pin_brts;            //BRTS 引脚
    int          pin_rst;             //复位引脚
    int          pin_restore;         //RESTORE 引脚，用于恢复出厂设置
    uint32_t     baudrate;            //与 ZLG9021 通信的波特率
    uint8_t      * p_uart_rxbuf;      //用于串口接收的缓冲区，建议大小在 64 以上
    uint8_t      * p_uart_txbuf;      //用于串口发送的缓冲区，建议大小在 64 以上
    uint16_t     rxbuf_size;          //用于串口接收的缓冲区大小
    uint16_t     txbuf_size;          //用于串口发送的缓冲区大小
} am_zlg9021_devinfo_t;
```

其中，pin_en、pin_brts、pin_rst、pin_restore 分别表示 LPC824 与蓝牙模块对应功能引脚相连接的引脚号，通过图 9.3 可知，pin_en 与 PIO0_16 连接，pin_brts 与 PIO0_25 连接，pin_rst 与 PIO0_28 连接。RESTORE 引脚用于恢复出厂设置，AW824BPT 未使用该引脚，pin_restore 的值设置为－1 即可。

baudrate 表示 UART 使用的波特率，ZLG9021 出厂默认波特率为 9 600，对于出厂设置的模块，该值必须设置为 9 600。初始化完成后，后续可以使用 ZLG9021 控制函数修改波特率(支持的波特率有：4 800、9 600、19 200、38 400、57 600、115 200)。若修改了波特率，则必须确保下次调用初始化函数时，实例信息中 baudrate 的值为修改后的波特率值。

为了提高数据处理的效率和确保接收数据不会因为正在处理事务而丢失。

UART 发送和接收都需要一个缓冲区，用于缓存数据。缓冲区的实际大小由用户根据实际情况确定，建议在 64 字节以上，一般设置为 128 字节。p_uart_rxbuf 和 rxbuf_size 描述了接收缓冲区的首地址和大小，p_uart_txbuf 和 txbuf_size 描述了发送缓冲区的首地址和大小。如分别定义大小为 128 字节的缓冲区供发送和接收使用，定义如下：

```
uint8_t    g_zlg9021_uart_txbuf[128];
uint8_t    g_zlg9021_uart_rxbuf[128];
```

其中，g_zlg9021_uart_txbuf[128]为用户自定义的数组空间，供发送使用，充当发送缓冲区，其地址（数组名 g_zlg9021_uart_txbuf 或首元素地址 &g_zlg9021_uart_txbuf[0]）作为实例信息中 p_uart_txbuf 成员的值，数组大小（这里为 128）作为实例信息中 txbuf_size 成员的值。同理，g_zlg9021_uart_rxbuf[128]充当接收缓冲区，其地址作为实例信息中 p_uart_rxbuf 成员的值，数组大小作为实例信息中 rxbuf_size 成员的值。

基于以上信息，实例信息可以定义如下：

```
uint8_t  g_zlg9021_uart_txbuf[128];
uint8_t  g_zlg9021_uart_rxbuf[128];


const am_zlg9021_devinfo_t    g_zlg9021_devinfo = {
    PIO0_16,                      //EN 引脚
    PIO0_25,                      //BRTS 引脚
    PIO0_28,                      //复位引脚
    -1,                           //RESTORE 引脚不使用，设置为 -1
    9600,                         //与 ZLG9021 通信的波特率，出厂默认值为 9 600
    g_zlg9021_uart_rxbuf,         //用于串口接收的缓冲区
    g_zlg9021_uart_txbuf,         //用于串口发送的缓冲区
    128,                          //接收数据缓冲区的大小
    128                           //发送数据缓冲区的大小
};
```

其中，g_zlg9021_devinfo 为用户自定义的实例信息，其地址作为 p_devinfo 的实参传递。

3. UART 句柄 uart_handle

若使用 LPC824 的 USART2 与 ZLG9021 通信，则 UART 句柄可以通过 LPC82x 的 USART2 实例初始化函数 am_lpc82x_usart2_inst_init()获得，即

```
am_uart_handle_t uart_handle = am_lpc82x_usart2_inst_init();
```

获得的 UART 句柄即可直接作为 uart_handle 的实参传递。

4. 实例句柄

ZLG9021 初始化函数 am_zlg9021_init()的返回值即为 ZLG9021 实例的句柄。该句柄将作为其他功能接口函数的 handle 参数的实参。

其类型 am_zlg9021_handle_t(am_zlg9021.h)定义如下：

```
typedef am_zlg9021_serv_t   * am_zlg9021_handle_t;
```

若返回值为 NULL，说明初始化失败；若返回值不为 NULL，说明返回了一个有效的 handle。基于模块化编程思想，将初始化相关的实例、实例信息等的定义存放到 ZLG9021 的配置文件(am_hwconf_zlg9021.c)中，通过头文件(am_hwconf_zlg9021.h)引出实例初始化函数接口。源文件和头文件的程序范例分别详见程序清单 9.1 和程序清单 9.2。

程序清单 9.1 ZLG9021 实例初始化函数实现(am_hwconf_zlg9021.c)

```
#include "ametal.h"
#include "am_lpc82x.h"
#include "am_lpc82x_inst_init.h"
#include "am_zlg9021.h"

static uint8_t   __g_zlg9021_uart_txbuf[128];
static uint8_t   __g_zlg9021_uart_rxbuf[128];

static const am_zlg9021_devinfo_t __g_zlg9021_devinfo = { //定义 ZLG9021 实例信息
    PIO0_16,                         //EN 引脚
    PIO0_25,                         //BRTS 引脚
    PIO0_28,                         //复位引脚
    -1,                              //RESTORE 引脚不使用，设置为 - 1
    9600,                            //默认波特率，9 600
    __g_zlg9021_uart_rxbuf,
    __g_zlg9021_uart_txbuf,
    sizeof(__g_zlg9021_uart_rxbuf),
    sizeof(__g_zlg9021_uart_txbuf)
};

static am_zlg9021_dev_t   __g_zlg9021_dev;   //定义 ZLG9021 实例

am_zlg9021_handle_t am_zlg9021_inst_init (void)
{
    am_uart_handle_t uart_handle = am_lpc82x_usart2_inst_init();
    return am_zlg9021_init(&__g_zlg9021_dev, &__g_zlg9021_devinfo, uart_handle);
}
```

程序清单 9.2 ZLG9021 实例初始化函数声明(am_hwconf_zlg9021.h)

```
#pragma once
#include "ametal.h"
#include "am_zlg9021.h"

am_zlg9021_handle_t  am_zlg9021_inst_init (void);
```

后续只需要使用无参数的实例初始化函数即可获取到 ZLG9021 的实例句柄，即

```
am_zlg9021_handle_t  zlg9021_handle = am_zlg9021_inst_init();
```

9.1.4 蓝牙模块控制接口

ZLG9021 控制接口用于控制 ZLG9021，完成所有与 ZLG9021 相关的控制，如参数设置、参数获取、软件复位等。其函数原型(am_zlg9021.h)为：

```
int am_zlg9021_ioctl(am_zlg9021_handle_t handle, int cmd, void * p_arg);
```

其中，cmd 用于指定控制命令，不同的命令对应不同的操作。p_arg 为与命令对应的参数。当命令不同时，对应 p_arg 的类型可能不同，因此，这里 p_arg 使用的类型为 void *，其实际类型应该与命令指定的类型一致。常见命令(am_zlg9021.h)及命令对应的 p_arg 类型详见表 9.4。

表 9.4 支持的命令及命令对应的 p_arg 类型

序号	操作	命令	p_arg 类型
1	设置 BLE 连接间隔	AM_ZLG9021_BLE_CONNECT_INTERVAL_SET	uint32_t
2	获取 BLE 连接间隔	AM_ZLG9021_BLE_CONNECT_INTERVAL_GET	uint32_t *
3	模块重命名	AM_ZLG9021_RENAME	char *
4	模块重命名(带 MAC)	AM_ZLG9021_RENAME_MAC_STR	char *
5	获取模块名称	AM_ZLG9021_NAME_GET	char *
6	设置 UART 波特率	AM_ZLG9021_BAUD_SET	uint32_t
7	获取 UART 波特率	AM_ZLG9021_BAUD_GET	uint32_t *
8	获取 MAC 地址	AM_ZLG9021_MAC_GET	char *
9	复位模块	AM_ZLG9021_RESET	—
10	设置 BLE 广播周期	AM_ZLG9021_BLE_ADV_PERIOD_SET	uint32_t
11	获取 BLE 广播周期	AM_ZLG9021_BLE_ADV_PERIOD_GET	uint32_t *
12	设置发射功率	AM_ZLG9021_TX_POWER_SET	int
13	获取发射功率	AM_ZLG9021_TX_POWER_GET	int *

续表 9.4

序号	操作	命令	p_arg 类型
14	设置数据延时	AM_ZLG9021_BCTS_DELAY_SET	uint32_t
15	获取数据延时	AM_ZLG9021_BCTS_DELAY_GET	uint32_t *
16	进入低功耗	AM_ZLG9021_POWERDOWN	—
17	获取软件版本	AM_ZLG9021_VERSION_GET	uint32_t *
18	获取 BLE 连接状态	AM_ZLG9021_CONSTATE_GET	am_bool_t *
19	断开 BLE 连接	AM_ZLG9021_DISCONNECT	—
20	设置 BLE 配对码	AM_ZLG9021_PWD_SET	char *
21	获取 BLE 配对码	AM_ZLG9021_PWD_GET	char *
22	设置传输加密	AM_ZLG9021_ENC_SET	am_bool_t
23	获取传输加密状态	AM_ZLG9021_ENC_GET	am_bool_t *
24	获取缓冲区已接收数据量	AM_ZLG9021_NREAD	uint32_t *
25	设置数据接收超时时间	AM_ZLG9021_TIMEOUT	uint32_t

有些命令无需参数(表中 p_arg 类型标识为"—"),如复位模块命令。此时,调用 am_zlg9021_ioctl()函数时,只需将 p_arg 的值设置为 NULL 即可。带"*"的类型表示指针类型。若函数返回值为 AM_OK,表示操作成功,否则表示操作失败。

虽然控制命令较多,看似使用起来较为复杂,但由于在绝大部分应用场合下,默认值即可正常工作,因此,若无特殊需求,可以直接使用读/写数据接口完成"透传数据"的发送和接收。一般地,也仅可能使用少量命令完成一些特殊应用需求。下面详细介绍各个命令的使用方法。

1. 设置/获取 BLE 连接间隔

模块与手机相连时,会定时进行同步,保证手机与模块一直处于连接状态,且数据交互操作也是在同步的时候进行的。若 BLE 连接间隔较短,则速率较高,平均功耗也较高;反之,若 BLE 连接间隔较长,则数据传输的速率会降低,但同样平均功耗也会降低。

连接间隔的单位为 ms,有效值有:20,50,100,200,300,400,500,1 000,1 500,2 000,出厂默认值为 20,即最小时间间隔。

如设置连接间隔为 50 ms,范例程序详见程序清单 9.3。注意,设置连接间隔后掉电会丢失,并且连接间隔的修改只有在重新连接后才生效。

程序清单 9.3 设置 BLE 连接间隔范例程序

```
am_zlg9021_ioctl(zlg9021_handle, AM_ZLG9021_BLE_CONNECT_INTERVAL_SET, (void *)50);
```

连接间隔设置成功与否主要取决于手机端对连接间隔的限制。不同手机的实际连接间隔也可能不同,如魅族手机的实际连接间隔会比设定值少 25%左右;iPhone 手机在连接时均是先以 30 ms 间隔运行 1 min,然后切换成设定值。

可以通过命令获取当前的连接间隔,范例程序详见程序清单 9.4。

程序清单 9.4　获取 BLE 连接间隔范例程序

```
uint32_t   interval_ms;
am_zlg9021_ioctl(
    zlg9021_handle, AM_ZLG9021_BLE_CONNECT_INTERVAL_GET, (void *)&interval_ms);
```

程序执行结束后,interval_ms 的值即为当前使用的连接间隔。若使用程序清单 9.3 所示的代码修改了时间间隔,则此处获取的值应该为 50。

2. 模块重命名/获取模块名

模块名即手机端发现 ZLG9021 时,显示的 ZLG9021 模块的名字。模块名限定在 15 字节以内。如修改模块名为"ZLGBLE",范例程序详见程序清单 9.5。注意,修改模块名后,掉电不会丢失。

程序清单 9.5　模块重命名范例程序

```
am_zlg9021_ioctl(zlg9021_handle, AM_ZLG9021_RENAME, "ZLGBLE");
```

修改模块名为"ZLGBLE"后,手机端发现 ZLG9021 时,将显示其名字为"ZLGBLE"。

显然,当使用 ZLG9021 开发实际产品时,在同一应用场合,可能存在多个 ZLG9021 模块,若全部命名为"ZLGBLE",将不容易区分具体的 ZLG9021 模块。此时,可以使用自动添加 MAC 后缀的模块重命名命令,使用方法与 AM_ZLG9021_RENAME 相同,范例程序详见程序清单 9.6。

程序清单 9.6　模块重命名(自动添加 MAC 后缀)范例程序

```
am_zlg9021_ioctl(zlg9021_handle, AM_ZLG9021_RENAME_MAC_STR, "ZLGBLE");
```

使用该命令修改模块名后,会自动添加 6 个字符(MAC 地址后 3 个字节的 Hex 码),若 ZLG9021 模块的 MAC 地址为 08:7C:BE:CA:A5:5E,则重命名后,ZLG9021 的模块名被设置为"ZLGBLECAA55E"。可以通过命令获取当前的模块名,范例程序详见程序清单 9.7。

程序清单 9.7　获取 ZLG9021 模块名范例程序

```
char   name[16];
am_zlg9021_ioctl(zlg9021_handle, AM_ZLG9021_NAME_GET, (void *)name);
```

程序中,由于模块名的最大长度为 15 个字符,为了存放 '\0',需将存储模块名的缓冲区大小设置为 16。程序执行结束后,name 中即存放了 ZLG9021 的模块名。

3. 设置/获取波特率

ZLG9021 支持的波特率有 4 800,9 600,19 200,38 400,57 600,115 200。在大

数据传输时，由于 BLE 数据转发速率有限，为了数据可靠稳定传输，建议将波特率设置为 38 400 及以下。如设置波特率为 38 400，范例程序详见程序清单 9.8。注意，修改波特率后，掉电不会丢失。

程序清单 9.8　波特率修改范例程序

```
am_zlg9021_ioctl(zlg9021_handle, AM_ZLG9021_BAUD_SET, (void * )38400);
```

设置成功后，会在 2 s 后启用新的波特率，因此，建议修改波特率成功 2 s 后，再进行传输数据或其他命令操作。由于设置波特率后，掉电不会丢失，因此，下次启动时，将直接使用修改后的波特率。这就要求修改波特率后，在下次启动调用初始化函数初始化 ZLG9021 时，需确保实例信息中波特率(baudrate)的值为修改后的值(如 38 400)。

可以通过命令获取当前使用的波特率，范例程序详见程序清单 9.9。

程序清单 9.9　获取模块使用的波特率范例程序

```
uint32_t  baudrate = 0;
am_zlg9021_ioctl(zlg9021_handle, AM_ZLG9021_BAUD_GET, (void * )&baudrate);
```

程序执行结束后，baudrate 的值即为当前使用的波特率。若使用程序清单 9.8 所示的代码修改了波特率，则此处获取的值应该为 38 400。

4. 获取 ZLG9021 的 MAC 地址

应用程序可以使用命令直接获取 ZLG9021 的 MAC 地址，获取的值为字符串，范例程序详见程序清单 9.10。

程序清单 9.10　获取 MAC 地址范例程序

```
char  mac[13];
am_zlg9021_ioctl(zlg9021_handle, AM_ZLG9021_MAC_GET, (void * )mac);
```

程序中，由于 MAC 字符串的长度为 12(MAC 地址为 48 位，数值需要 6 个字节表示，每个字节的十六进制对应的字符串为两个字符)，为了存放 '\0'，需将存储 MAC 字符串的缓冲区大小设置为 13。程序执行结束后，mac 中即存放了 ZLG9021 的 mac 字符串。

若 ZLG9021 模块的 MAC 地址为 08:7C:BE:CA:A5:5E，则对应的 MAC 字符串为“087CBECAA55E”。

5. 复位模块

可以使用复位命令对 ZLG9021 进行一次软件复位，程序范例详见程序清单 9.11。

程序清单 9.11　复位模块范例程序

```
am_zlg9021_ioctl(zlg9021_handle, AM_ZLG9021_RESET, NULL);
```

6. 设置/获取 BLE 广播周期

当使能 ZLG9021 模块后(EN 引脚设置为低电平时),ZLG9021 将以广播周期为时间间隔,广播自身信息,以便被手机端发现,直到与手机端连接成功。广播周期越短,ZLG9021 被发现的速度越快,进而可以更快地建立连接,但其平均功耗也会更高;反之,广播周期越长,被发现的速率就越慢,建立连接的过程就更长,但平均功耗会更低。

BLE 的广播周期单位为 ms,有效值有:200,500,1 000,1 500,2 000,2 500,3 000,4 000,5 000。出厂默认为 200 ms,即最小广播周期。如设置广播周期为 1 000 ms,范例程序详见程序清单 9.12。注意,修改广播周期后,掉电不丢失。

程序清单 9.12 设置 BLE 广播周期范例程序

```
am_zlg9021_ioctl(zlg9021_handle, AM_ZLG9021_BLE_ADV_PERIOD_SET, (void *)1000);
```

可以通过命令获取当前的广播周期,范例程序详见程序清单 9.13。

程序清单 9.13 获取 BLE 广播周期范例程序

```
uint32_t    period_ms = 0;
am_zlg9021_ioctl(zlg9021_handle, AM_ZLG9021_BLE_ADV_PERIOD_GET, (void *)&period_ms);
```

程序执行结束后,period_ms 的值即为当前使用的广播周期。若使用程序清单 9.12 所示的代码修改了广播周期,则此处获取的值应该为 1 000。

7. 设置/获取 BLE 发射功率

BLE 发射功率影响着模块的传输距离,功率越大传输的距离越远,相应的平均功耗也会越大。BLE 的发射功率的单位为 dBm,有效值有:−20,−18,−16,−14,−12,−10,−8,−6,−4,−2,0,2,4。出厂默认为 0 dBm。如设置发射功率为 −2 dBm,范例程序详见程序清单 9.14。注意,修改发射功率后,掉电不丢失。

程序清单 9.14 设置 BLE 发射功率范例程序

```
am_zlg9021_ioctl(zlg9021_handle, AM_ZLG9021_TX_POWER_SET, (void *)(-2));
```

可以通过命令获取当前的广播周期,范例程序详见程序清单 9.15。

程序清单 9.15 获取 BLE 发射功率范例程序

```
int  tx_power = 0;
am_zlg9021_ioctl(zlg9021_handle, AM_ZLG9021_TX_POWER_GET, (void *)&tx_power);
```

程序执行结束后,tx_power 的值即为当前使用的发射功率。若使用程序清单 9.14 所示的代码修改了发射功率,则此处获取的值应该为 −2。特别注意,tx_power 可能为负值。

8. 设置/获取数据延时

在介绍 ZLG9021 引脚和硬件电路时,描述了引脚 BCTS 的作用。当 ZLG9021

有数据需要发送至主控 MCU 时，BCTS 引脚会立即输出为低电平。设置为低电平后，延时一段时间才开始传输数据。这里设置的数据延时，即为引脚输出低电平至实际开始传输数据之间的时间间隔。

该延时在一些低功耗应用场合中非常有用，主控 MCU 正常情况下均处于低功耗模式以降低功耗，并将 BCTS 引脚作为主控 MCU 的唤醒源，使得仅仅有数据需要接收时，主控 MCU 才被唤醒工作。由于 MCU 唤醒是需要时间的，因此提供了该数据延时功能，以确保主控 MCU 被完全唤醒后再发送数据，避免数据丢失。

延时时间的单位为 ms，有效值有：0，10，20，30。默认值为 0，即不延时。如设置数据延时为 10 ms，范例程序详见程序清单 9.16。注意，修改数据延时时间后，掉电不会丢失。

程序清单 9.16 设置数据延时范例程序

```
am_zlg9021_ioctl(zlg9021_handle, AM_ZLG9021_BCTS_DELAY_SET, (void *)10);
```

可以通过命令获取当前的数据延时，范例程序详见程序清单 9.17。

程序清单 9.17 获取数据延时范例程序

```
uint32_t  bcts_delay = 0;
am_zlg9021_ioctl(zlg9021_handle, AM_ZLG9021_BCTS_DELAY_GET, (void *)&bcts_delay);
```

程序执行结束后，bcts_delay 的值即为当前使用的数据延时。若使用程序清单 9.16 所示的代码修改了数据延时，则此处获取的值应该为 10。

9. 进入低功耗模式

可以使用进入低功耗命令使 ZLG9021 进入低功耗模式，范例程序详见程序清单 9.18。

程序清单 9.18 进入低功耗模式范例程序

```
am_zlg9021_ioctl(zlg9021_handle, AM_ZLG9021_POWERDOWN, NULL);
```

注意，在介绍 ZLG9021 引脚和硬件电路时，描述了引脚 EN 的作用。当 EN 为高电平时，模块被禁能，处于极低功耗模式。只有变为低电平后模块才能正常工作。若 EN 引脚未使用(固定为低电平)，此时可以使用该命令使 ZLG9021 进入低功耗模式，进入低功耗模式后会关闭 BLE 端和串口端，数据透传被禁止，也不能使用串口发送命令至 ZLG9021。此时，只有当 EN 引脚或 BRTS 引脚发生边沿跳变时才能唤醒 ZLG9021，唤醒后方可正常工作。

10. 获取软件版本号

当前 ZLG9021 最新的软件版本号为“V1.01”，历史版本有“V1.00”。可以使用获取版本号命令获取当前 ZLG9021 的软件版本号。范例程序详见程序清单 9.19。

程序清单 9.19　获取软件版本号范例程序

```
uint32_t  version = 0;
am_zlg9021_ioctl(zlg9021_handle, AM_ZLG9021_VERSION_GET, (void *)&version);
```

程序执行结束后，version 的值即表示了 ZLG9021 的软件版本号。注意，获取的值为整数类型，100 表示“V1.00”版本，101 表示“V1.01”版本，以此类推。

11. 获取 BLE 连接状态

可以使用命令直接获取当前 BLE 的连接状态，范例程序详见程序清单 9.20。

程序清单 9.20　获取 BLE 连接状态范例程序

```
am_bool_t  conn_stat = AM_FALSE;
am_zlg9021_ioctl(zlg9021_handle, AM_ZLG9021_CONSTATE_GET, (void *)&conn_stat);
```

程序执行结束后，conn_stat 的值即表示了当前的连接状态。若值为 AM_TRUE，则表示当前 BLE 已连接；若值为 AM_FALSE，则表示当前 BLE 未连接。

12. 断开 BLE 连接

若当前 BLE 处于连接状态，可以使用命令强制断开当前的 BLE 连接，范例程序详见程序清单 9.21。

程序清单 9.21　断开 BLE 连接范例程序

```
am_zlg9021_ioctl(zlg9021_handle, AM_ZLG9021_DISCONNECT, NULL);
```

13. 设置/获取 BLE 配对码

出厂默认情况下，ZLG9021 的 BLE 未设置配对码，此时，任何手机端均可连接 ZLG9021。为了防止非法手机连接，可以设置一个配对码。设置配对码后，在手机端与 ZLG9021 模块刚连接的 10 s 内，必须发送配对码字符串至 ZLG9021。如果配对码错误或者 ZLG9021 在 10 s 内没有接收到配对码，ZLG9021 会主动断开此连接。

配对码是由 6 个数字字符（字符 '0'～'9'）组成的字符串。如设置配对码为“123456”，范例程序详见程序清单 9.22。注意，修改配对码后，掉电不会丢失。

程序清单 9.22　设置 BLE 配对码范例程序

```
am_zlg9021_ioctl(zlg9021_handle, AM_ZLG9021_PWD_SET, (void *)"123456");
```

设置配对码成功后，手机端与 ZLG9021 建立连接时，必须输入配对码“123456”才能连接成功。特别地，若设置配对码为“000000”，则表示取消配对码。

可以通过命令获取当前的配对码，范例程序详见程序清单 9.23。

程序清单 9.23　获取 BLE 配对码范例程序

```
char  pwd[7];
am_zlg9021_ioctl(zlg9021_handle, AM_ZLG9021_PWD_GET, (void *)pwd);
```

程序中，由于配对码的长度为 6 字符，为了存放 '\0'，需将存储配对码的缓冲区大小设置为 7。程序执行结束后，pwd 中即存放了 ZLG9021 当前使用的配对码。特别地，若获取的配对码为“000000”，表示当前未使用配对码功能。

14. 传输加密的设置和状态获取

出厂默认情况下，ZLG9021 未对传输加密，此时，数据都是明文传输，很容易被破解。为了确保数据通信的安全性，可以使能 ZLG9021 传输加密的功能，详见程序清单 9.24。

程序清单 9.24 使能 BLE 传输加密范例程序

```
am_zlg9021_ioctl(zlg9021_handle, AM_ZLG9021_ENC_SET, (void * )AM_TRUE);
```

程序中，将 p_arg 参数的值设置为了 AM_TRUE，表示使能传输加密。若将 p_arg 的值设置为 AM_FALSE，则表示禁能传输加密。注意，修改传输加密的设置后，掉电不会丢失。

可以通过命令获取当前传输加密的状态，范例程序详见程序清单 9.25。

程序清单 9.25 获取 BLE 传输加密的状态范例程序

```
am_bool_t  enc;
am_zlg9021_ioctl(zlg9021_handle, AM_ZLG9021_ENC_GET, (void * )&enc);
```

程序执行结束后，enc 的值表示了当前传输加密的状态。若值为 AM_TRUE，则表示当前已经使能传输加密；若值为 AM_FALSE，则表示当前未使能传输加密。

15. 获取接收缓冲区已存储数据量

在初始化 ZLG9021 时，提供了一个接收缓冲区供 UART 接收使用，当 ZLG9021 发送数据至主控 MCU 时，首先会将 UART 接收到的数据存储到接收缓冲区中，应用程序使用接收函数（详见表 9.5）接收数据时，直接提取出接收缓冲区中的数据返回给应用即可。

应用程序可以实时查询当前接收缓冲区中已经存储的数据量（字节数），以便决定是否使用接收数据函数（详见表 9.5）接收数据。范例程序详见程序清单 9.26。

程序清单 9.26 获取接收缓冲区已接收数据量范例程序

```
uint32_t  nread = 0;
am_zlg9021_ioctl(zlg9021_handle, AM_ZLG9021_NREAD, (void * )&nread);
```

程序执行结束后，nread 的值即表示了当前接收缓冲区中已存储的数据量。

16. 设置数据接收超时时间

默认情况下，没有设置接收超时时间，使用接收数据函数（详见表 6.24）接收数据时，若接收缓冲区中的数据不够，将会一直“死等”，直到达到期望接收的字节数后才会返回。为了避免出现“死等”，可以使用该命令设置一个超时时间，当等待时间达到超时时间时，也会直接返回。特别地，可以将超时时间设置为 0，即不进行任何等待，接收函数会立即返回。如设置超时时间为 100 ms，范例程序详见程序清单 9.27。注意，设置超时时间后，掉电会丢失。

程序清单 9.27　设置数据接收超时时间范例程序

```
am_zlg9021_ioctl(zlg9021_handle, AM_ZLG9021_TIMEOUT, (void *)100);
```

9.1.5　蓝牙模块读/写数据接口

读/写数据接口实现了数据的透传，详见表 9.5。只有当 BLE 处于连接状态时，ZLG9021 才能正确地将数据透传至与之连接的 BLE 设备，否则 ZLG9021 会将数据丢弃。

表 9.5　ZLG9021 读/写数据接口函数(am_zlg9021.h)

函数原型	功能简介
int am_zlg9021_send (am_zlg9021_handle_t handle, const uint8_t *p_buf, int len);	发送数据
int am_zlg9021_recv (am_zlg9021_handle_t handle, uint8_t *p_buf, int len);	接收数据

1. 发送数据

发送数据的函数原型为：

```
int am_zlg9021_send(am_zlg9021_handle_t handle, const uint8_t * p_buf, int len);
```

其中，p_buf 为待发送数据存放的缓冲区首地址，len 为发送数据的长度(字节数)。若返回值为负数，表示发送失败，非负数表示成功发送的字节数。

如程序清单 9.28 所示，为发送一个字符串“Hello World!”的范例程序。

程序清单 9.28　发送数据范例程序

```
am_zlg9021_send(zlg9021_handle,"Hello World!",strlen("Hello World!"));
```

若已经有 BLE 设备(如手机)与 ZLG9021 相连，则在手机 APP 端可以接收到使用该段程序发送的“Hello World!”字符串。

注意，由于 ZLG9021 会将“TTM:”开始的数据视为命令数据，因此，使用此接口发送的数据不应该包含“TTM:”。

2. 接收数据

接收数据的函数原型为：

```
int am_zlg9021_recv (am_zlg9021_handle_t  handle, uint8_t * p_buf, int len);
```

其中,p_buf 为接收数据存放的缓冲区首地址,len 为期望接收的长度(字节数)。若返回值为负数,表示接收失败,非负数表示成功接收的字节数。

如程序清单 9.29 所示,为接收 10 字节数据的范例程序。

程序清单 9.29　接收数据范例程序

```
uint8_t  buf[10];
am_zlg9021_recv(zlg9021_handle, buf, 10);
```

默认情况下,没有设置接收超时时间,该段程序会直到 10 个数据接收完成后才会返回。若发送端迟迟未发送满 10 个字节,则会一直"死等"。

在一些应用中,可能不期望出现"死等"的情况,此时,可以使用"设置数据接收超时时间(AM_ZLG9021_TIMEOUT)"命令设置一个超时时间,从而避免"死等"。实际读取的字节数可以通过返回值得到。

可以实现一个简单的数据收发测试应用:AW824BPT 收到主机端(往往是手机 APP 端)发送的数据后,将数据原封不动地回复到手机端。范例程序详见程序清单 9.30。

程序清单 9.30　AW824BPT 蓝牙模块与主机相互收发数据范例程序

```
#include "ametal.h"
#include "am_zlg9021.h"
#include "am_hwconf_zlg9021.h"

int am_main (void)
{
    uint8_t buf[10];
    am_zlg9021_handle_t zlg9021_handle = am_zlg9021_inst_init();
    //复位 ZLG9021
    am_zlg9021_ioctl(zlg9021_handle, AM_ZLG9021_RESET, NULL);
    //设置超时时间为 100 ms
    am_zlg9021_ioctl(zlg9021_handle, AM_ZLG9021_TIMEOUT, (void *)100);
    while(1) {
        int len = am_zlg9021_recv(zlg9021_handle, buf, 10);
        if (len>0) {  //成功接收到长度为 len 字节的数据
            am_zlg9021_send(zlg9021_handle, buf, len);
        }
    }
    return 0;
}
```

程序中,首先通过实例初始化函数得到了蓝牙模块的句柄,然后使用控制接口对蓝牙模块进行了复位操作;接着,设置了接收数据的超时时间为 100 ms;最后,在主循环中接收数据,若接收到数据,则再将数据发送出去,回传给主机。设置超时的作用是,当接收数据不足 10 个字符时,也能在超时后返回,并及时将数据回发给主机。

为了测试该范例程序,需要一个蓝牙主机来进行对应的收发数据操作,主机端往往通过手机 APP 来模拟。相关的测试蓝牙串口透传的 APP 有很多,读者可以自行下载,使用方法非常简单,和平常在 PC 上使用的串口调试助手进行数据的收发非常类似。安卓端可以下载 ZLG 提供的 QppDemo. apk 安装使用,IOS 端可以在 App Store 中搜索 BLE 助手、LightBlue 等蓝牙工具软件进行测试。

以安卓端 QppDemo 为例,首先下载 QppDemo. apk,然后按照默认设置进行安装,安装完成后,会在手机桌面上新增一个名为 Qpp Demo 的应用。打开手机蓝牙,然后启动该 APP,启动后界面详见图 9.4(a)。若程序清单 9.30 所示的范例程序正在运行,则启动后会发现一个名为 Quintic BLE 的蓝牙设备;若未发现,则可以点击右上角的【scan】启动扫描,以发现 BLE 设备。

点击名为 Quintic BLE 的蓝牙设备进入收发数据界面,详见图 9.4(b),界面顶部显示了蓝牙设备的名字、MAC 地址、数据速率、发送计数和接收计数等信息。接着是发送窗口和接收窗口,为了正常显示接收到的信息,需要使能接收显示,点击接收窗口中的【View】即可使能接收显示,点击后【View】为高亮,详见图 9.4(c)。在发送窗口中输入 hello 字符串,点击【send】发送,由于测试程序会将接收到的信息原封不动地回发到主机,因此可以在接收窗口中看到 hello 字符串,表明接收的信息与发送的信息一致,测试成功。

(a) 启动界面

(b) 收发数据界面

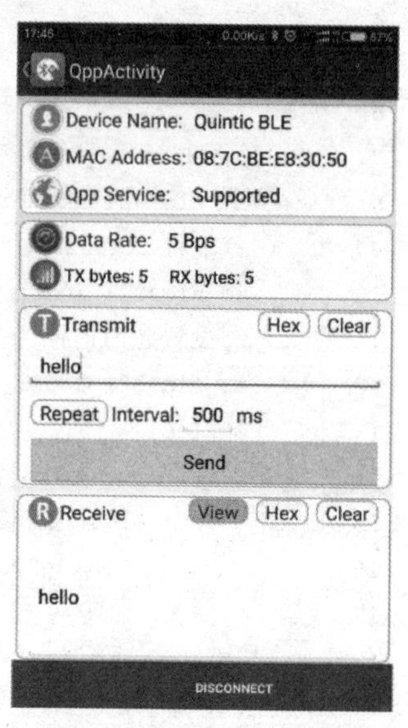

(c) 使能接收并发送hello

图 9.4　Qpp Demo 界面

9.1.6 应用案例

AM824BLE 是广州致远电子有限公司基于 AW824BPT 开发的蓝牙 4.0 二次开发评估板，评估板集成了多种实验用的电路，比如，看门狗、蜂鸣器、数字温度传感器、热敏电阻、按键等，方便用户使用蓝牙进行无线通信的交互实验。AM824BLE 开发板的示意图详见图 9.5，主控核心为 AW824BPT。

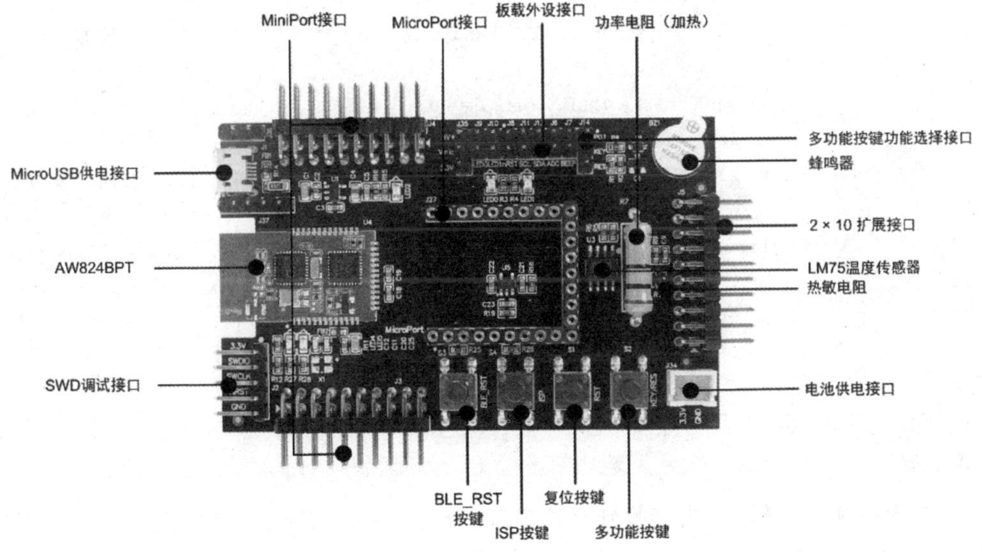

图 9.5 AM824BLE 开发板

其完整资料详见 www.zlg.cn（广州致远电子有限公司）和 www.zlgmcu.com（广州周立功单片机科技有限公司）网站，索取样品请联系各地办事处。

1. 应用程序编写

为了实现该应用案例，作为简单的示例，我们定义：主机发送字符串"on"、"off"和"tog"作为控制字符串，分别用于点亮、熄灭和翻转 LED0。应用程序的实现详见程序清单 9.31。

程序清单 9.31 使用 BLE 控制 LED 的应用程序范例（app_ble_led_control.c）

```
#include "ametal.h"
#include "am_zlg9021.h"
#include "string.h"
#include "am_led.h"

int app_ble_led_control (am_zlg9021_handle_t zlg9021_handle)
{
    uint8_t  buf[4];
```

```
    am_zlg9021_ioctl(zlg9021_handle, AM_ZLG9021_RESET, NULL); //复位 ZLG9021
    am_zlg9021_ioctl(zlg9021_handle, AM_ZLG9021_TIMEOUT, (void *)100);
                                                    //设置超时时间为 100 ms
    while(1) {
        memset(buf, '\0', 4);                 //清空 buf 中的内容,全部设置为 '\0'
        am_zlg9021_recv(zlg9021_handle, buf, 3);  //接收 3 个字节数据
        if (strcmp((char *)buf, "on") == 0) {  //控制字符串 "on"
            am_led_on(0);
            am_zlg9021_send(zlg9021_handle, (uint8_t *)"ok!", 3);  //回复"ok!"
        }
        if (strcmp((char *)buf, "off") == 0) {                //控制字符串 "off"
            am_led_off(0);
            am_zlg9021_send(zlg9021_handle, (uint8_t *)"ok!", 3);  //回复"ok!"
        }
        if (strcmp((char *)buf, "tog") == 0) {                //控制字符串 "tog"
            am_led_toggle(0);
            am_zlg9021_send(zlg9021_handle, (uint8_t *)"ok!", 3);  //回复"ok!"
        }
    }
    return 0;
}
```

应用程序的逻辑为:当接收到字符串"on"时,点亮 LED0;当接收到字符串"off"时,熄灭 LED0;当接收到字符串"tog"时,翻转 LED0 的状态。只要控制字符串有效,就回复一个“OK!”字符串。由于控制字符串("on"、"off"或"tog")的最大长度为 3,因此将缓冲区大小定义为了 4,多一个字节空间是为了存放字符串结束符 '\0',便于使用 strcmp()函数进行字符串比较。每次接收数据前,都将缓冲区 buf 中的内容全部设置为 '\0',便于清除之前的数据,同时保证字符串比较时,最后一个字符为 '\0'。

值得注意的是,程序在一开始就将接收超时时间设置为了 100 ms。这是由于控制字符串"on"仅包含两个字符,其长度达不到期望的长度(期望长度为 3),如果不设置超时,就会导致控制字符串为"on"时接收数据函数始终不返回。

在这里,由于实例初始化函数在不同硬件平台中可能存在不同,因此,为了应用程序的通用化和跨平台复用,蓝牙模块的句柄不在应用程序中获取,应用程序使用的句柄通过参数传递给应用程序。为了便于主程序使用,将其接口声明到 app_ble_led_control.h 文件中,详见程序清单 9.32。

程序清单 9.32　应用程序接口声明(app_ble_led_control.h)

```
#pragma once
#include "ametal.h"
```

```
#include "am_zlg9021.h"

int app_ble_led_control (am_zlg9021_handle_t zlg9021_handle);
```

2. 主程序编写

主程序的核心职责就是启动应用程序，显然要启动应用程序，就需要先获取到一个蓝牙模块句柄，以便通过应用程序接口的参数传递给应用程序使用，详见程序清单 9.33。

程序清单 9.33 使用 BLE 控制 LED 亮灭的主程序

```
#include "ametal.h"
#include "am_hwconf_zlg9021.h"
#include "app_ble_led_control.h"

int am_main (void)
{
    am_zlg9021_handle_t  zlg9021_handle = am_zlg9021_inst_init();
    app_ble_led_control(zlg9021_handle);
    while (1) {
    }
}
```

9.2 ZigBee 核心板

AW824P2EF 是由广州致远电子有限公司开发的，基于 LPC824+JN5161 组合而成的支持 FastZigBee 组网协议和用户二次开发的核心板。JN5161 是 NXP 半导体公司提供的 ZigBee 芯片，其支持的频段为 IEEE 802.15.4 标准 ISM(2.4～2.5 GHz)。该模块最大的特点是具备完整的软硬件生态链，因此可快速应用于工业控制、数据采集、农业控制、矿区人员定位、智能家居和智能遥控器等场合。

9.2.1 产品简介

AW824P2EF 核心板的特性如下：

- 工作电压 2.1～3.6 V；
- 最大发射功率 20 dBm；
- 最大接收灵敏度 −95 dBm；
- 内置 ZigBee 串口透传；
- ARM Cortex-M0+处理器，内置 8 KB SRAM 和 32 KB Flash，支持 12 位 ADC、SPI、I^2C 和 UART。

AW824P2EF核心板将无线产品极其复杂的通信协议集成到内置的MCU中，极大地简化了无线产品复杂的开发过程，用户只需通过串口就可以对核心板进行配置和透明收发数据。AW824P2EF核心板共计35个引脚，引脚分布详见图9.6，引脚功能描述详见表9.6。

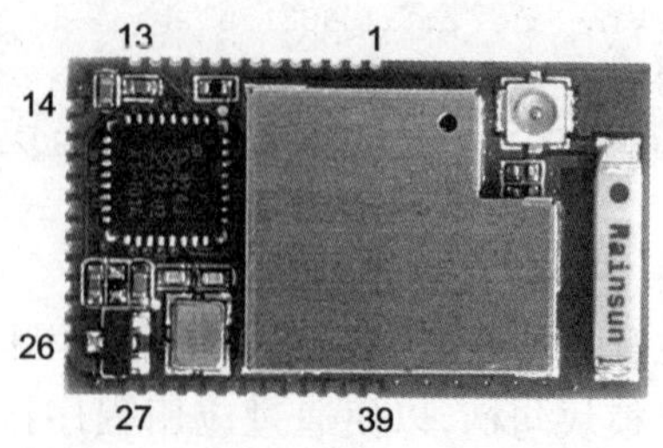

图9.6　AW824P2EF引脚分布图

表9.6　AW824P2EF核心板引脚功能描述

引脚号	引脚名	描述
1	ZB_DETECT	ZB_DETECT引脚有大于3 s的低电平时，ZigBee模块进入重新组网模式
2	PIO0_0	MCU的PIO0_0
3	PIO0_7	MCU的PIO0_7
4	PIO0_6	MCU的PIO0_6
5	PIO0_14	MCU的PIO0_14
6	PIO0_23	MCU的PIO0_23
7	PIO0_22	MCU的PIO0_22
8	PIO0_21	MCU的PIO0_21
9	PIO0_20	MCU的PIO0_20
10	PIO0_19	MCU的PIO0_19
11	PIO0_18	MCU的PIO0_18
12	PIO0_17	MCU的PIO0_17
13	ZB_WAKE	ZigBee模块的休眠唤醒引脚
14	GND	GND
15	VDD	供电电源，电压范围2.1～3.6 V
16	PIO0_13	MCU的PIO0_13
17	PIO0_5	MCU的PIO0_5，也是MCU的外部复位引脚(默认)
18	PIO0_3	MCU的PIO0_3
19	PIO0_2	MCU的PIO0_2
20	ZB_STA	ZigBee正常工作时，会输出1 Hz的方波
21	PIO0_27	MCU的PIO0_27，模块内与ZigBee串口接收端ZB_RXD相连
22	PIO0_26	MCU的PIO0_26，模块内与ZigBee串口发送端ZB_TXD相连
23	PIO0_28	MCU的PIO0_28，模块内与ZigBee复位信号输入引脚ZB_RST相连

续表 9.6

引脚号	引脚名	描述
24	ZB_ISP	拉低后上电,ZigBee 进入 ISP 固件升级模式
25	AGND	ADC 的负参考电压,接 AGND
26	VREFP	ADC 的正参考电压,必须低于供电电压 VDD
27	3.3VA	模块模拟电源 3.3 V 输入
28	PIO0_24	MCU 的 PIO0_24
9	PIO0_16	MCU 的 PIO0_16
30	PIO0_15	MCU 的 PIO0_15
31	PIO0_12	MCU 的 PIO0_12
32	PIO0_11	MCU 的 PIO0_11
33	PIO0_10	MCU 的 PIO0_10
34	PIO0_9	MCU 的 PIO0_9
35	GND	GND
36	PIO0_8	MCU 的 PIO0_8
37	PIO0_4	MCU 的 PIO0_4
38	PIO0_1	MCU 的 PIO0_1
39	ZB_JOIN	当 ZB_JOIN 引脚为低电平时,主机模块工作在组网模式,此时主机模块允许从机模块加入网络;当 ZB_JOIN 引脚变为高电平时,主机模块进入正常工作流程,此时从机模块不能再加入网络

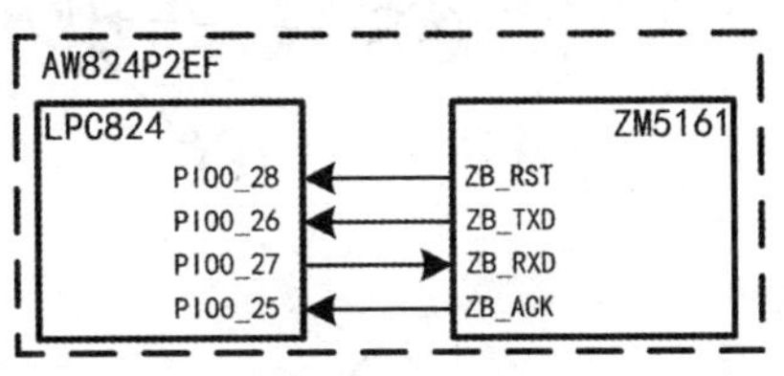

图 9.7　硬件连接示意图

为了便于快速开发,在 AW824P2EF 内部已经将 LPC824 的串口 1(PIO0_26 和 PIO0_27)与内置的 ZigBee 芯片的串口相连,并将 PIO0_28 连接到了 ZM5161 的复位引脚,PIO0_25 连接到了 ZM5161 的 ACK 引脚,示意图详见图 9.7。当对 AW824P2EF 进行二次开发时,需要将 LPC824 的 PIO0_26 配置为串口 RX 功能,PIO0_27 配置为串口 TX 功能。

ZB_RST 是 ZM5161 的复位引脚,当通过 PIO0_28 引脚输出大于 1 μs 的低电平信号时,可以让核心板可靠地复位。

ack_pin 是 ZM5161 的应答引脚,当 ZM5161 模块成功发送一包数据后,会通过 ACK 引脚反馈给主机,表明数据已成功发送,主机可以据此决定是否重发数据。

在 AW824P2EF 中,ZigBee 核心板默认运行的是广州致远电子有限公司结合多年的行业应用经验,自主研发的适合各种工业领域应用的 ZigBee 协议栈:FastZigBee。

为与原始芯片 JN5161 进行区分，将该 ZigBee 模块命名为 ZM5161。

9.2.2 组网应用

ZM516X 系列模块除支持 FastZigBee 协议外，还可以支持其他多行业的无线协议栈，比如，ZigBee Pro、ZigBee Pro Home Automation、ZigBee Pro Smart Energy、ZigBee Pro Light Link、ZigBee RF4CE、JenNet－IP 等。AW824P2EF ZigBee 模块默认运行的是 FastZigBee 协议栈。FastZigBee 具有以下特点：

- 设备启动速度、响应速度、数据传输效率出众；
- 网络容量终端节点数真正达到 65 535 个；
- 终端节点功耗低至 100 nA，低于目前 100％的 ZigBee 模块；
- 支持多级中继功能，网络具备自调整、自修复等特性；
- 支持多路远程 I/O 和远程 ADC，支持短地址功能，可随用户应用自由修改；
- 具有更大的链路预算。

使用 ZM516X 模块搭载的健壮的 FastZigBee 组网透传协议网络，可构建多种型态的网络拓扑结构，其最大的特点是实用性极强，传输效率高，性能可靠稳定，二次开发简单，工程布网灵活。FastZigBee 的网络拓扑图详见图 9.8。

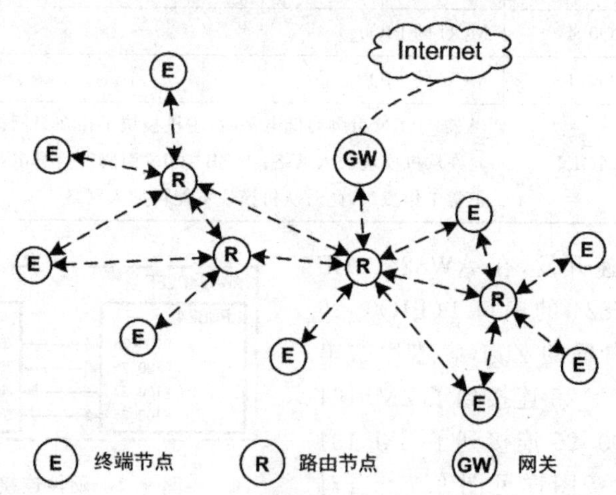

图 9.8 FastZigBee 网络拓扑图

FastZigBee 的终端节点负责传感设备的数据采集，一般是使用电池供电间歇工作，要求设备功耗很低；FastZigBee 的路由节点负责信号的中继，当终端节点信号不能直接到达网关节点时，由路由节点负责终端节点信号的中继，路由节点还有一个功能是给终端节点提供多条信号路径，保证信号传递的健壮性，路由节点不能休眠；FastZigBee 网关节点负责把终端节点采集的数据上传到云端服务器，网关节点可使用有线的以太网络或无线 3/4G 网络传输采集数据到云端服务器。组建 FastZigBee 网络需配置几个重要的参数。

1. 通道号

通道号决定了 ZigBee 网络使用哪个无线频率工作，ZigBee 可以工作在 2.4 GHz（全球流行）、868 MHz（欧洲流行）、915 MHz（美国流行）3 个频段上。2.4 GHz 频段的 ZigBee 网络使用的频率范围为 2 405～2 480 MHz，共分为 16 个通道，通道号为 11～26，每个通道的中心频率间隔是 5 MHz。同一个 ZigBee 网络的所有节点必须工作在同一个通道，通过把两个不同的 ZigBee 网络分配在不同的通道上，可以把两个不同的网络物理上隔离，杜绝了两个不同网络的无线干扰。

2. 节点类型

FastZigBee 网络把 ZigBee 节点分为两种类型：终端节点和路由节点。终端节点是负责执行具体功能的节点，该节点需要休眠；路由节点是负责信号的中继，当终端节点间信号不可达时，可通过加装路由节点实现信号的中继，增加无线的传输距离。FastZigBee 网络是一个对等网路，所有终端节点和路由节点都是对等的，都能相互收发数据，不需要像传统的 ZigBee 网络一样需要有一个协调器建立网络，对等网络使网络组建更加简单、稳定可靠。

3. PanID

PanID 为 ZigBee 的网络 ID 号，通过 PanID 可以把两个不同的 ZigBee 网络区分开来，跟通道号不同的是，PanID 只是逻辑上把两个网络区分开来，如果两个不同 PanID 的网络工作在同一个通道下，也会造成相互的无线干扰。

4. 网络地址

同一个 ZigBee 网络下的所有节点都有一个唯一的 16 位地址，通过这个地址标识每个节点和进行数据收发的寻址。

5. 数据发送模式

ZigBee 数据发送模式分为单播和广播两种方式。单播是发送数据时需要指定一个目标网络地址，只有这个目标网络地址的节点能接收这个数据；广播是一个节点发送数据，在同一网络下其他所有节点都能接收这个数据。

9.2.3 ZigBee 初始化

AMetal 平台已经支持 ZM516X 模块，可以直接使用相应的 API 完成相关网络参数的配置与收发数据，用户无需关心底层的通信协议。在使用各个功能函数前必须先完成初始化，其函数原型（am_zm516x.h）为：

```
am_zm516x_handle_t am_zm516x_init(
    am_zm516x_dev_t                *p_dev,
    const am_zm516x_dev_info_t     *p_devinfo,
    am_uart_handle_t               uart_handle);
```

该函数意在获取 ZM516X 模块的实例句柄。其中，p_dev 为指向 am_zm516x_dev_t 类型实例的指针；p_devinfo 为指向 am_zm516x_devinfo_t 类型实例信息的指针；uart_handle 为与 ZigBee 模块通信使用的串口句柄。

1. 实 例

定义 am_zm516x_dev_t 类型(am_zm516x.h)实例如下：

```
am_zm516x_dev_t   g_zm516x_dev;                    //定义一个 ZM516X 模块实例
```

其中，g_zm516x_dev 为用户自定义的实例，其地址作为 p_dev 的实参传递。

2. 实例信息

实例信息主要描述了与 ZigBee 模块相关的信息，其类型 am_zm516x_devinfo_t 的定义(am_zm516x.h)如下：

```
typedef struct am_zm516x_dev_info{
    int             rst_pin;
    int             ack_pin;
    uint16_t        ack_timeout;
    uint8_t         *p_txbuf;
    uint32_t        txbuf_size;
    uint8_t         *p_rxbuf;
    uint32_t        rxbuf_size;
} am_zm516x_dev_info_t;
```

其中，rst_pin 表示模块的复位引脚，以便程序在需要复位模块时，通过该引脚复位 ZigBee 模块。在 AW824P2EF 中，ZigBee 的复位引脚 ZB_RST 与 LPC824 的 PIO0_28 相连接，因此 rst_pin 的值应该赋值为 PIO0_28。

ack_pin 表示模块的应答引脚，当模块成功发送一包数据后，会通过 ACK 引脚反馈给主机，表明数据已成功发送，主机可以据此决定是否重发数据。在 AW824P2EF 中，ZigBee 的 ACK 引脚与 LPC824 的 PIO0_25 相连接，因此 ack_pin 的值应该赋值为 PIO0_25。

ack_timeout 表示等待应答信号的超时时间，单位：ms。若在 ack_timeout 指定的时间内，没有收到应答信号，则视为数据发送失败。一般地，可以将该时间设置为 10 ms 以上。

为了提高数据处理的效率和确保接收数据不会因为正在处理事务而丢失，ZigBee 模块的数据发送和接收都需要一个用于缓存数据的缓冲区。缓冲区的实际大小由用户根据实际情况指定，建议在 256 字节以上，一般设置为 256 字节。p_txbuf 和 txbuf_size 描述了发送缓冲区的首地址和大小，p_rxbuf 和 rxbuf_size 描述了接收缓冲区的首地址和大小。比如，分别定义其大小为 256 字节的缓冲区供发送和接收使用：

```
uint8_t  g_zm516x_txbuf[256];
uint8_t  g_zm516x_rxbuf[256];
```

其中,g_zm516x_txbuf[128]为用户自定义的数组空间,供发送使用,充当发送缓冲区,其地址(数组名 g_zm516x_txbuf 或首元素地址 &g_zm516x_txbuf[0])作为实例信息中 p_txbuf 成员的值,数组大小作为实例信息中 txbuf_size 成员的值。同理,g_zm516x_rxbuf[256]充当接收缓冲区,其地址作为实例信息中 p_rxbuf 成员的值,数组大小作为实例信息中 rxbuf_size 成员的值。基于以上信息,实例信息可以定义如下:

```
uint8_t  g_zm516x_txbuf[256];
uint8_t  g_zm516x_rxbuf[256];
const am_zm516x_devinfo_tg_zm516x_devinfo = {
    PIO0_28,                  //复位引脚
    PIO0_25,                  //ACK 引脚
    10,                       //等待应答的超时时间为 10 ms
    g_zm516x_txbuf,           //发送缓存
    256,                      //发送缓存的大小
    g_zm516x_rxbuf,           //接收缓存
    256                       //接收缓存的大小
};
```

其中,g_zm516x_devinfo 为用户自定义的实例信息,其地址作为 p_devinfo 的实参传递。

3. UART 句柄 uart_handle

若使用 LPC824 的 USART1 与 ZM516X 通信,则通过 LPC82x 的 USART1 实例初始化函数 am_lpc82x_usart1_inst_init()获得 UART 句柄作为 uart_handle 的实参传递。即:

```
am_uart_handle_t uart_handle = am_lpc82x_usart1_inst_init();
```

4. 实例句柄

ZM516X 初始化函数 am_zm516x_init ()的返回值即为 ZM516X 实例的句柄,该句柄将作为其他功能接口函数的 zm516x_handle 参数的实参。

其类型 am_zm516x_handle_t(am_zm516x.h)定义如下:

```
typedef struct am_zm516x_dev * am_zm516x_handle_t;
```

若返回值为 NULL,说明初始化失败;若返回值不为 NULL,说明返回了一个有效的 handle。基于模块化编程思想,将初始化相关的实例、实例信息等的定义存放到 ZM516X 的配置文件(am_hwconf_zm516x.c)中,通过头文件(am_hwconf_zm516x.h)

引出实例初始化函数接口。源文件和头文件的程序范例分别详见程序清单 9.34 和程序清单 9.35。

程序清单 9.34　ZM516X 实例初始化函数实现(am_hwconf_zm516x.c)

```
#include "ametal.h"
#include "am_lpc82x_inst_init.h"
#include "am_zm516x.h"
#include "lpc82x_pin.h"

static uint8_t    __g_zm516x_txbuf[256];
static uint8_t    __g_zm516x_rxbuf[256];
static am_zm516x_dev_t    __g_zm516x_dev;           //定义 ZM516X 实例
static const am_zm516x_dev_info_t __g_zm516x_devinfo = {   //定义 ZM516X 实例信息
    PIO0_28,                                         //复位引脚
    PIO0_25,                                         //ACK 引脚
    10,                                              //等待应答的超时时间为 10 ms
    __g_zm516x_txbuf,                                //发送缓存
    sizeof(__g_zm516x_txbuf),                        //发送缓存长度
    __g_zm516x_rxbuf,                                //接收缓存
    sizeof(__g_zm516x_rxbuf)                         //接收缓存长度
};

am_zm516x_handle_t am_zm516x_inst_init (void)
{
    return am_zm516x_init(&__g_zm516x_dev, &__g_zm516x_devinfo, am_lpc82x_usart1_
    inst_init());
}
```

程序清单 9.35　ZM516X 实例初始化函数声明(am_hwconf_zm516x.h)

```
#pragma once
#include "ametal.h"
#include "am_zm516x.h"

am_zm516x_handle_tam_zm516x_inst_init (void);
```

后续只需要使用无参数的实例初始化函数即可获取到 ZM516X 的实例句柄,即

```
am_zm516x_handle_t  zm516x_handle = am_zm516x_inst_init();
```

9.2.4　ZigBee 配置接口

AMetal 提供了 10 个 ZM516X 模块配置相关的接口函数,用户可以直接使用这些接口函数完成 ZigBee 模块的配置,详见表 9.7。

表 9.7 ZM516X 模块配置接口函数

函数原型	功能简介
int am_zm516x_cfg_info_get (am_zm516x_handle_t handle, am_zm516x_cfg_info_t * p_info);	获取 ZM516X 模块的配置信息
int am_zm516x_cfg_info_set (am_zm516x_handle_t handle, am_zm516x_cfg_info_t * p_info);	修改 ZM516X 模块的配置信息
void am_zm516x_reset(am_zm516x_handle_t handle);	使 ZM516X 模块复位
int am_zm516x_default_set (am_zm516x_handle_t handle);	恢复 ZM516X 模块出厂设置
int am_zm516x_channel_set(am_zm516x_handle_t handle, uint8_t chan);	设置 ZM516X 模块通道号
int am_zm516x_dest_addr_set(am_zm516x_handle_t handle, am_zm516x_addr_t zb_addr);	设置 ZM516X 模块目标地址
int am_zm516x_display_head_set(am_zm516x_handle_t handle, am_bool_t flag);	设置 ZM516X 模块接收的数据包包头是否显示源地址
void am_zm516x_enter_sleep(am_zm516x_handle_t handle);	设置 ZM516X 模块进入睡眠模式
int am_zm516x_mode_set(am_zm516x_handle_t handle, am_zm516x_comm_mode_t mode);	设置 ZM516X 模块的通信模式
int am_zm516x_sigal_get(am_zm516x_handle_t handle, am_zm516x_addr_t zb_addr, uint8_t * p_signal);	读取指定地址 ZM516X 模块的信号强度

1. 读取本地配置

该函数用于读取当前永久配置参数的信息，其函数原型为：

```
int am_zm516x_cfg_info_get(
    am_zm516x_handle_t      handle,         //ZM516X 句柄
    am_zm516x_cfg_info_t    * p_info);      //配置信息结构
```

其中，p_info 是用于获取配置信息的指针；am_zm516x_cfg_info_t 为配置信息结构体的类型，包含了 ZM516X 模块所有的永久配置参数的信息。其定义详见程序清单 9.36。

程序清单 9.36　ZM516X 永久配置信息结构

```
typedef struct am_zm516x_cfg_info {
    char      dev_name[16];          //设备名称
    char      dev_pwd[16];           //设备密码
    uint8_t   dev_mode;              //工作类型
    uint8_t   chan;                  //通道号
    uint8_t   panid[2];              //PanID
    uint8_t   my_addr[2];            //本地网络地址
    uint8_t   my_mac[8];             //本地 MAC 地址
    uint8_t   dst_addr[2];           //目标网络地址
    uint8_t   dst_mac[8];            //目标 MAC 地址
    uint8_t   reserve;               //保留
    uint8_t   power_level;           //发射功率
    uint8_t   retry_num;             //发送数据重试次数
    uint8_t   tran_timeout;          //发送数据重试时间间隔(10 ms)
    uint8_t   serial_rate;           //串口波特率
    uint8_t   serial_data;           //串口数据位
    uint8_t   serial_stop;           //串口停止位
    uint8_t   serial_parity;         //串口校验位
    uint8_t   send_mode;             //发送模式:0—单播,1—广播
}am_zm516x_cfg_info_t;
```

各参数的详细描述详见表 9.8。

表 9.8　ZM516X 模块永久配置参数描述

序号	参数	描述
1	dev_name	模块名称,用于标识每个节点模块
2	dev_pwd	模块密码,保留,没有使用
3	dev_mode	模块节点类型,配置值为 0 是终端节点,为 1 是路由节点
4	chan	模块的通道号,配置值范围为 11～26
5	panid	模块的 PanID,配置值为 2 个字节,使用大端的方式组成 16 位的数据
6	my_addr	模块的网络地址,配置值为 2 个字节,使用大端的方式组成 16 位的数据
7	my_mac	模块的 MAC 地址,配置值为 8 个字节,每个模块都有唯一的 MAC 地址,用户不能配置
8	dst_addr	模块的目标网络地址,配置值为 2 个字节,使用大端的方式组成 16 位的数据,模块发送无线数据时,向该目标网络地址发送
9	dst_mac	模块的目标 MAC 地址,保留,没有使用
10	reserve	保留,没有使用

续表 9.8

序号	参数	描述
11	power_level	模块的输出功率,可配置为四级输出功率。配置值为 0 表示 −32 dBm,为 1 表示 −20.5 dBm,为 2 表示 −9 dBm,为 3 表示 2.5 dBm。配置的功率值是相对 P0 模块;P1 模块的输出功率不能配置,固定为 10 dBm;P2 模块的输出功率是在 P0 模块四级输出功率基础上加上 20 dBm 的增益
12	retry_num	无线发送重试的次数
13	tran_timeout	无线发送重试的时间间隔,单位是 10 ms,配置为 10 表示无线重发的时间间隔是 100 ms
14	serial_rate	模块的串口波特率。配置值为 1~7,分别对应波特率:2 400,4 800,9 600,19 200,38 400,57 600,115 200
15	serial_data	模块的串口数据位。配置值为 5~8
16	serial_stop	模块的串口停止位。配置值为 1~2
17	serial_parity	模块的串口校验位。配置值为 0 表示无校验,为 1 表示奇校验,为 2 表示偶校验
18	send_mode	模块的数据发送模式。配置值为 0 表示单播,为 1 表示广播

读取 ZM516X 本地配置的范例程序详见程序清单 9.37。

程序清单 9.37　读取 ZM516X 本地配置范例程序

```
am_zm516x_cfg_info_t  info;
am_zm516x_cfg_info_get (zm516x_handle, &info);      //读取 ZM516X 本地配置
```

2. 修改本地配置

该函数用于修改当前永久配置参数的信息,修改后的配置信息在掉电后不会丢失,其函数原型为:

```
int am_zm516x_cfg_info_set (
am_zm516x_handle_t     handle,              //ZM516X 句柄
am_zm516x_cfg_info_t   * p_info);           //配置信息结构
```

其中,p_info 是指向配置信息的指针。在函数执行完毕后,如果要想配置参数生效,需要执行模块复位函数去复位模块,让模块重新加载新的配置参数运行,修改本地配置的范例程序详见程序清单 9.38。

程序清单 9.38　修改 ZM516X 本地配置范例程序

```
am_zm516x_cfg_info_t  info;
am_zm516x_cfg_info_get (zm516x_handle, &info);      //读取 ZM516X 本地配置
info.dst_addr[0] = 0x20;
info.dst_addr[1] = 0x02;                            //修改模块的目标地址为 0x2002
am_zm516x_cfg_info_set (zm516x_handle, &info);      //修改模块的配置
```

3. 模块复位

该函数用于控制ZM516X模块产生硬件复位，其函数原型为：

```
void am_zm516x_reset(am_zm516x_handle_t handle);
```

复位函数让用户可以对模块执行复位操作，如用户使用am_zm516x_cfg_info_set()函数修改配置后，需要执行模块复位函数，让模块复位后重新加载新的参数运行。模块复位的范例程序详见程序清单9.39。

程序清单9.39 模块复位范例程序

```
am_zm516x_reset(zm516x_handle);
```

4. 恢复出厂设置

该函数用于将ZM516X模块的永久参数恢复为出厂的默认参数，其函数原型为：

```
int am_zm516x_default_set(am_zm516x_handle_t handle);
```

模块恢复出厂设置的范例程序详见程序清单9.40。

程序清单9.40 恢复出厂设置范例程序

```
am_zm516x_default_set(zm516x_handle);
```

5. 设置通道号

该函数用于在系统运行过程中临时改变ZM516X模块的通道号，其函数原型为：

```
int am_zm516x_channel_set(
    am_zm516x_handle_t  handle,              //ZM516X句柄
    uint8_t             chan);               //设置的通道号
```

该函数设置的通道号仅临时有效，模块重新启动(掉电重启或软件复位)后，该设置将丢失，模块会重新使用永久参数配置信息中的通道号。设置模块通道号的范例程序详见程序清单9.41。

程序清单9.41 设置模块通道号范例程序

```
am_zm516x_channel_set(zm516x_handle, 25);     //设置模块的通道号为25
```

6. 设置目的地址

该函数用于在系统运行过程中临时改变ZM516X模块的目的地址，其函数原型为：

```
int am_zm516x_dest_addr_set(
    am_zm516x_handle_t  handle,              //ZM516X句柄
    am_zm516x_addr_t    *p_zb_addr);         //设置的目的地址
```

其中,p_zb_addr 是指向目标节点的 ZigBee 模块地址的指针。类型 am_zm516x_addr_t(am_zm516x.h)定义如下:

```
typedef struct am_zm516x_addr {
    uint8_t      * p_addr;
    uint8_t     addr_size;
}am_zm516x_addr_t;
```

其中,p_addr 指向按字节存放的网络地址的缓冲区,addr_size 指定地址的长度。如目标地址为 0x2002,则其 ZigBee 模块地址可以定义如下:

```
uint8_t  dst_addr[2] = {0x20, 0x02};          //按字节存放的目标网络地址 0x2002
am_zm516x_addr_t  zb_addr;
zb_addr.p_addr = dst_addr;
zb_addr.addr_size = sizeof(dst_addr);          //长度为 2,表示两个字节
```

该函数设置的目的地址仅临时有效,模块重新启动后,该设置将丢失,模块会重新使用永久参数配置信息中的目的地址。设置模块目的地址的范例程序详见程序清单 9.42。

程序清单 9.42　设置模块目的地址范例程序

```
am_zm516x_addr_t zb_addr;
uint8_t dst_addr[2] = {0x20, 0x02};
zb_addr.p_addr = dst_addr;
zb_addr.addr_size = sizeof(dst_addr);
am_zm516x_dest_addr_set(zm516x_handle, &zb_addr); //设置模块的目的地址为 0x2002
```

7. 设置包头显示

ZM516X 模块提供的是透明的数据传输通道,如果只有两个模块进行通信,就不用关心接收到的数据是从哪个模块发送过来的,但如果是接收多个模块的数据,用户想知道当前接收到的数据到底是从哪个模块发过来的,就可以使用该函数设置显示接收数据的来源。其函数原型为:

```
int am_zm516x_display_head_set(
    am_zm516x_handle_t     handle,              //ZM516X 句柄
    am_bool_t              flag);               //显示包头标志
```

其中,flag 为包头显示标志。若其值为 AM_TRUE,表示当模块收到一帧数据时,数据包的前 2 个字节为数据包源节点的网络地址,用户就可以区分当前接收到的数据是从哪个模块发送过来的;反之,若值为 AM_FLASE,则不会增加前 2 个字节来表示数据包源节点的网络地址。该设置仅临时有效,模块重新启动后,设置的信息将丢失。设置模块包头显示的范例程序详见程序清单 9.43。

程序清单 9.43　设置模块包头显示范例程序

```
am_zm516x_display_head_set(zm516x_handle, AM_TRUE); //接收的数据包头包含源地址
```

8. 进入休眠

该函数用于使 ZM516X 模块进入休眠以降低功耗，其函数原型为：

```
void am_zm516x_enter_sleep(am_zm516x_handle_t zm516x_handle);
```

模块进入休眠后不保存临时的参数配置，通过复位模块函数可以唤醒模块。使模块进入休眠的范例程序详见程序清单 9.44。

程序清单 9.44　使模块进入休眠范例程序

```
am_zm516x_enter_sleep(zm516x_handle);
```

9. 设置通信模式

ZM516X 模块支持单播（默认）和广播两种通信模式，使用该函数可以改变使用的通信模式，其函数原型为：

```
int am_zm516x_mode_set(
am_zm516x_handle_t        handle,                //ZM516X 句柄
am_zm516x_comm_mode_t     mode);                 //通信模式
```

其中，mode 表示通信模式，其类型 am_zm516x_comm_mode_t 是枚举类型，枚举了所有可能的取值。am_zm516x_comm_mode_t 定义如下：

```
typedef enum am_zm516x_comm_mode{
    AM_ZM516X_COMM_UNICAST = 0,            //单播
    AM_ZM516X_COMM_BROADCAST,              //广播
} am_zm516x_comm_mode_t;
```

该函数设置的通信模式仅临时有效，模块重新启动后，该设置将丢失。设置模块通信方式的范例程序详见程序清单 9.45。

程序清单 9.45　设置模块通信方式范例程序

```
am_zm516x_mode_set(zm516x_handle, AM_ZM516X_COMM_UNICAST); //设置模块为单播通信
                                                             //方式
```

10. 读取信号强度

该函数用于读取指定地址的节点与本地节点之间的信号强度，用于评估两个节点间链路的质量。其函数原型为：

```
int am_zm516x_sigal_get(
    am_zm516x_handle_t  handle,           //ZM516X 句柄
    am_zm516x_addr_t    *p_zb_addr,       //指定的模块地址
    uint8_t             *p_signal);       //获取到的信号强度
```

其中，* p_zb_addr 是指向目标节点的 ZigBee 模块地址的指针，p_signal 用于得到信号强度。读取模块信号强度的范例程序详见程序清单 9.46。

程序清单 9.46 读取模块信号强度范例程序

```
am_zm516x_addr_t   zb_addr;
uint8_t            dst_addr[2] = {0x20, 0x02};
uint8_t            signal;
zb_addr.p_addr = dst_addr;
zb_addr.addr_size = sizeof(dst_addr);
am_zm516x_sigal_get(zm516x_handle, &zb_addr, &signal); //读取模块与 0x2002 地址模
                                                        //块间的信号强度
```

9.2.5 ZigBee 数据传输接口

数据传输接口实现了数据的透传，数据传输包含数据的发送与接收，其接口详见表 9.9。

表 9.9 ZM516X 数据传输接口函数(am_zm516x.h)

函数原型	功能简介
int am_zm516x_send (am_zm516x_handle_t handle, const void * p_buf, size_t nbytes);	发送数据
int am_zm516x_receive(am_zm516x_handle_t handle, void * p_buf, size_t nbytes);	接收数据

1. 发送数据

ZM516X 模块在参数配置好后提供给用户的是一个透明的通道，用户只需往 ZM516X 模块的串口发送数据，模块就会把数据发送到配置好的目的地址。AMetal 提供了专门的发送数据接口函数，用户只需调用该接口即可完成用户数据的发送。该函数原型为：

```
ssize_t am_zm516x_send(
    am_zm516x_handle_t      zm516x_handle,         //ZM516X 句柄
    const void              * p_buf,               //发送的数据指针
    size_t                  nbytes);               //发送的数据长度
```

ZM516X 模块发送函数调用的是带有环形队列的串口发送函数，环形队列的长度在驱动初始化函数里定义。发送的数据指针定义为 void *，用户可发送指定长度

的任意类型的数据。

发送数据的范例程序详见程序清单 9.47。

程序清单 9.47 发送数据范例程序

```
char *p_dat = "zm516x running\r\n";
am_zm516x_send(zm516x_handle, p_dat, strlen(p_dat));
```

2. 接收数据

AMetal 也提供了专门的接收数据接口函数,用户只需调用该接口函数即可完成用户数据的接收。该函数原型为:

```
ssize_t am_zm516x_receive(
    am_zm516x_handle_t    zm516x_handle,          //ZM516X 句柄
    void                  *p_buf,                 //存放接收数据的缓存
    size_t                maxbytes);              //缓存最大长度
```

接收函数调用的是带有环形队列的串口接收函数,用户根据系统的需要在驱动初始化函数里定义环形队列的长度。接收函数存放数据的指针定义为 void *,可将接收的数据放在任意类型的数据缓存里。接收数据的范例程序详见程序清单 9.48。

程序清单 9.48 接收数据范例程序

```
uint8_t buf[20];
am_zm516x_receive(zm516x_handle, buf, sizeof(buf));
```

其中一个模块配置本地网络地址为 0x2001,目标网络地址为 0x2002;另一个模块配置本地网络地址为 0x2002,目标网络地址为 0x2001。两个模块间隔 1 s 发送一次数据,然后接收对方的数据,将接收到的数据打印出来。范例程序详见程序清单 9.49。

程序清单 9.49 两个模块相互收发数据范例程序

```
#include "ametal.h"
#include "am_zm516x.h"
#include "string.h"
#include "am_led.h"
#include "am_delay.h"
#include "am_hwconf_zm516x.h"

int am_main (void)
{
    uint8_t                  buf[20];
    uint32_t                 snd_tick = 0;
    am_zm516x_cfg_info_t     zm516x_cfg_info;
    am_zm516x_handle_t       zm516x_handle = am_zm516x_inst_init();
```

```
14
15        //获取 ZM516X 模块的配置信息
16        if (am_zm516x_cfg_info_get(zm516x_handle, &zm516x_cfg_info) != AM_OK) {
17            while (1);
18        }
19        //修改 ZM516X 模块的配置信息
20        zm516x_cfg_info.my_addr[0] = 0x20;
21        zm516x_cfg_info.my_addr[1] = 0x01;      //一个模块设置为 0x02
22        zm516x_cfg_info.dst_addr[0] = 0x20;
23        zm516x_cfg_info.dst_addr[1] = 0x02;     //另一个模块设置为 0x01
24        if (am_zm516x_cfg_info_set(zm516x_handle, &zm516x_cfg_info) != AM_OK) {
25            while (1);
26        }
27        //使 ZM516X 模块复位
28        am_zm516x_reset(zm516x_handle);
29        am_mdelay(10);
30        while (1) {
31            //间隔 1 s 发送一次数据
32            if (snd_tick++ >100) {
33                snd_tick = 0;
34                am_zm516x_send(zm516x_handle, "zm516x running\r\n", strlen("zm516x
                  running\r\n"));
35            }
36            //am_zm516x_receive 函数的读超时为 10 ms
37            if (am_zm516x_receive(zm516x_handle, buf, sizeof(buf))>0) {
38                am_kprintf("%s", buf);
39            }
40        }
41    }
```

程序中 ZM516X 模块的数据接收函数接收超时时间为 10 ms，snd_tick 累加到 100 后，即时间累加到 1 s 后调用一次数据发送函数，向目标节点发送一次数据。

上述应用程序将本地网络地址配置为 0x2001，目标网络地址配置为 0x2002。而另一个模块的地址恰恰是相反的，因此另一模块的程序需要修改程序清单 9.49 第 20～23 行，如下：

```
20    zm516x_cfg_info.my_addr[0] = 0x20;
21    zm516x_cfg_info.my_addr[1] = 0x02;
22    zm516x_cfg_info.dst_addr[0] = 0x20;
23    zm516x_cfg_info.dst_addr[1] = 0x01;
```

9.2.6 应用案例

AM824ZB 是广州致远电子有限公司基于 AW824P2EF 开发的 ZigBee 二次开发评估板。评估板集成了多种实验用的电路，如看门狗、蜂鸣器、数字温度传感器、热敏电阻、按键等，方便用户使用 ZigBee 进行无线通信的交互实验。

AM824ZB 开发套件包括两块 AM824ZB 开发板、MiniCK100 仿真器和两根天线（远距离组网应用）。AM824ZB 开发板的接口分布详见图 9.9，主控核心为 AW824P2EF，详见广州致远电子有限公司网站（www.zlg.cn）。

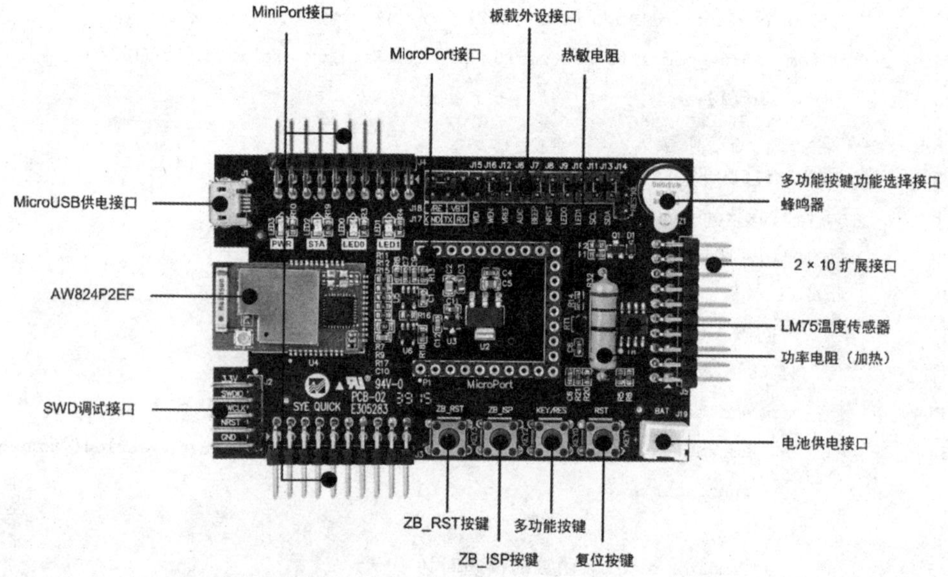

图 9.9 AM824ZB 开发板接口分布

其完整资料详见 www.zlg.cn（广州致远电子有限公司）和 www.zlgmcu.com（广州周立功单片机科技有限公司）网站，索取样品请联系各地办事处。

基于开发套件中的两块 AM824ZB 开发板，可以做一个简单的应用：通过独立按键控制对方 LED0 灯状态的翻转，每次按键按下，对方 LED0 的状态就发生变化（由点亮变为熄灭，或由熄灭变为点亮）。

1. 应用程序编写

为了实现该应用案例，作为简单的示例，我们定义，当按键按下时，发送一个字符串“key_pressed”到目标节点，当目标节点收到“key_pressed”字符串时，翻转 LED0。

对于两块模块，虽然应用程序的逻辑是完全一样的，但是在组网应用中，必须为各个节点分配不同的网络地址，比如，它们的地址分别设定为 0x2001 和 0x2002。为此，需要编写一个通用的函数，实现核心的应用逻辑，不同之处（比如，本地地址和目标地址）通过参数指定，详见程序清单 9.50。

程序清单 9.50　使用 ZigBee 实现 LED 控制的应用程序范例(app_led_control.c)

```
#include "ametal.h"
#include "am_zm516x.h"
#include "string.h"
#include "am_led.h"
#include "am_delay.h"
#include "am_input.h"

static void __input_key_proc (void *p_arg, int key_code, int key_state, int keep_time)
{
    //按键按下,发送"key_pressed"字符串
    if ((key_code == KEY_F1) && (key_state == AM_INPUT_KEY_STATE_PRESSED)) {
        am_zm516x_send(p_arg, "key_pressed", strlen("key_pressed"));
    }
}

int app_led_control (am_zm516x_handle_t zm516x_handle, uint16_t my_addr, uint16_t dst_addr)
{
    uint8_t                   buf[20];
    am_zm516x_cfg_info_t      zm516x_cfg_info;
    am_input_key_handler_t    key_handler;

    //获取 ZM516X 模块的配置信息
    if (am_zm516x_cfg_info_get(zm516x_handle, &zm516x_cfg_info) != AM_OK) {
        return AM_ERROR;
    }
    //修改 ZM516X 模块的配置信息
    zm516x_cfg_info.my_addr[0] = (my_addr>>8) & 0xFF;
    zm516x_cfg_info.my_addr[1] = my_addr & 0xFF;
    zm516x_cfg_info.dst_addr[0] = (dst_addr>>8) & 0xFF;
    zm516x_cfg_info.dst_addr[1] = dst_addr & 0xFF;
    if (am_zm516x_cfg_info_set(zm516x_handle, &zm516x_cfg_info) != AM_OK) {
        return AM_ERROR;
    }
    //使 ZM516X 模块复位,以使设置生效
    am_zm516x_reset(zm516x_handle);
    am_mdelay(10);

    //注册按键处理函数
```

```
    am_input_key_handler_register(&key_handler, __input_key_proc, (void * )zm516x_handle);
    while (1) {
        memset(buf, 0, sizeof(buf));
        am_zm516x_receive(zm516x_handle, buf, sizeof(buf));
        if (strcmp((const char * )buf, "key_pressed") == 0) { //接收到"key_pressed"
            am_led_toggle(0);                                  //翻转 LED0 的状态
        }
        am_mdelay(10);
    }
}
```

在这里，首先根据参数完成本地地址和通信目标地址的配置，配置完成后，通过模块复位使设置生效；然后在 while(1) 主循环中检测是否有按键按下，按键按下时发送字符串“key_pressed”；接着接收数据，若接收到“key_pressed”，则翻转本地 LED0 的状态。

为了便于主程序使用，将其接口声明到 app_led_control.h 文件中，详见程序清单 9.51。

程序清单 9.51　应用程序接口声明(app_led_control.h)

```
#pragma once
#include "ametal.h"
#include "am_zm516x.h"

int app_led_control (am_zm516x_handle_t zm516x_handle, uint16_t my_addr, uint16_t dst_addr);
```

2. 主程序编写

为了便于区分，特将两块板分别称为 A 板和 B 板。其中，A 板的网络地址为 0x2001，目标地址为 0x2002，详见程序清单 9.52。

程序清单 9.52　A 板主程序

```
#include "ametal.h"
#include "am_hwconf_zm516x.h"
#include "am_hwconf_key_gpio.h"
#include "app_led_control.h"

int am_main (void)
{
    am_zm516x_handle_t zm516x_handle = am_zm516x_inst_init();
    app_led_control(zm516x_handle, 0x2001, 0x2002);
    while (1) {
```

```
    }
}
```

B 板的网络地址为 0x2002,目标地址为 0x2001,详见程序清单 9.53。

程序清单 9.53 B 板主程序

```
#include "ametal.h"
#include "am_hwconf_zm516x.h"
#include "app_led_control.h"

int am_main (void)
{
    am_zm516x_handle_t zm516x_handle = am_zm516x_inst_init();
    app_led_control(zm516x_handle, 0x2002, 0x2001);
    while (1) {
    }
}
```

9.3 MVC 框架

9.3.1 MVC 模式

模型-视图-控制器(Model - View - Controller,MVC)模式是应用面向对象编程 SoC 原则(Separation of Concerns,关注点分离原则)的典型示例,模式的名称来自应用软件被切分后的三个主要部分,即模型部分、视图部分和控制器部分。它是 Smalltalk 中的用户界面框架,其目的是将模型从用户界面解耦。因为 Model 相对来说比较稳定,而 View 和 Controller 相对来说容易变化,所以通过分层可以隔离变化。而且视图与模型的分离带来的好处允许美工专心设计 UI 部分,程序员专心开发软件,互相不会干扰。

MVC 包括 3 类组件:

- Model:模型代表应用信息,负责"内部实现"的具体功能,包含和管理(业务)逻辑、数据、状态以及应用的规则,不依赖 UI。
- View:通常在一个人机接口上呈现 Model 信息的抽象视图,即视图是模型的外在表现——用户界面的一部分,视图只是展示数据,但不处理数据。视图并非一定是图形化的,文本输出也是视图。
- Controller:将用户输入分配到模型与视图中去,控制器也是用户界面的一部分,定义用户界面对用户输入的响应方式。

图 9.10 所示为 MVC 框架的示意图,视图和控制器合起来组成用户界面,用户界面包括输入和输出两部分:视图相当于输出部分——显示结果给用户,控制器相当

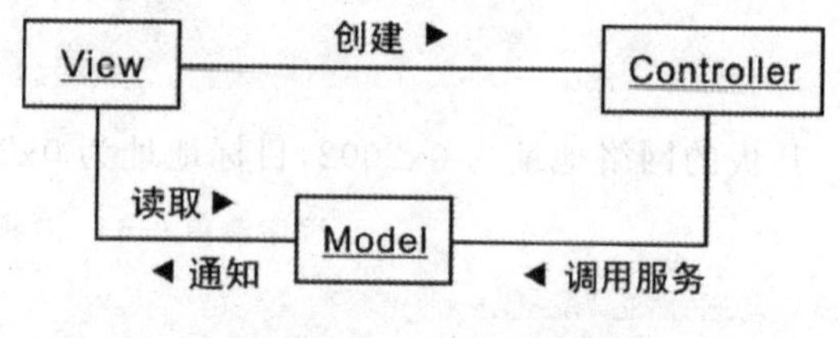

图 9.10 MVC 框架示意图

于输入部分——响应用户的操作。这 3 类组件通过交互进行协作，View 创建 Controller 后，Controller 根据用户交互调用 Model 的相应服务。而 Model 会将自身状态的改变通知 View，View 则会读取 Model 的信息更新自身。比如，当用户通过单击(键入或触摸等)某个按钮触发一个视图时，视图将用户操作告知控制器。控制器处理用户输入，并与模型交互。模型执行所有必要的校验和状态改变，并通知控制器应该做什么。控制器按照模型给出的指令，指导视图更新显示内容输出。

通常 MVC 被认为是一种框架模式，而不是一种设计模式，因为框架模式与设计模式之间的区别在于，前者比后者的范畴更广泛。其主要特征在于它能够为多个不同的视图提供数据，即同一个模型可以支持多个视图，模型的代码只需要写一次就可以被多个视图重用。假设在两个视图中使用同一个模型的数据，无论何时更改了模型，都需要更新两个视图，可以使用观察者模式解决。

9.3.2 观察者模式

观察者模式定义了一对多的对象之间的依赖关系，当一个对象的状态发生变化时，所有依赖于它的对象都会得到通知并自动更新，因此观察者模式是一种行为模式，其适用于根据观察对象状态进行相应处理的场景。

在温度检测仪中，当温度传感器得到的值发生变化时，希望视图的内容同步改变。虽然可以在温度检测代码中附加更新显示的功能，但在本质上更新显示与温度检测是完全不同的两种处理方法，因此相互之间形成了高度依赖性的关系。

观察者模式就是一种避免高度依赖性的方法，构成观察者模式的有两个对象：发生变化的对象称为观察对象(Subject)，而被通知的对象称为观察者(Observer)。如果观察对象的状态发生变化，则所有的观察者都会收到消息，同步更新自己的状态，因此这种交互方式又被称为“依赖”或“发布—订阅”。虽然观察对象是消息的发布者，但它发布消息时并不需要知道谁是它的观察者，因此观察者的数量是不限的，即观察对象维护了观察者对象的结合。现在的问题是，如果观察者与观察对象互相引用，它们变得互相依赖，这可能会对一个系统的分层和重用性产生负面影响。基于此，观察者模式通过定义一个接口通知观察对象发生了变化，从而将观察者与观察对象解耦，只依赖于观察者和观察对象的抽象类，从而保证了订阅系统的灵活性和可扩展性。

在如图 9.11 所示的观察者模式的实现结构图中，观察者类(Observer)、观察对象类(Subject)、具体的观察者类(ConcreteObserver)和具体的观察对象类(ConcreteSubject)共同完成观察者模式的各项职责，使用添加、通知和删除的方法实现观察者模式。

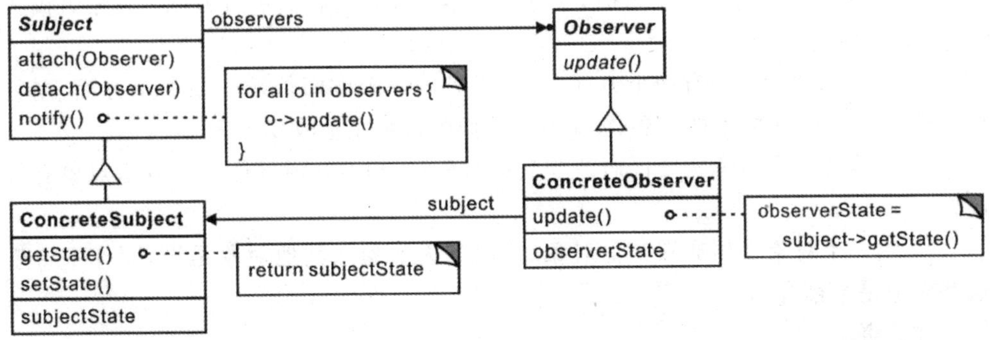

图 9.11 观察者模式的实现结构

Observer(观察者)：Observer 角色负责接收来自 Subject 角色状态变化的通知，即 Subject 调用每个 Observer 的 update 方法，发消息通知所有的 Observer，从而将 Subject 和 Observer 解耦。因此，当对象间有数据依赖时，最好用观察者模式对它们解耦。

由于 Observer 角色是抽象的，虽然它声明了 update 方法，但不提供任何实现，该方法在子类中实现。

Subject(观察对象)：Subject 角色表示观察对象，定义观察对象必须实现的职责：管理(添加或删除)观察者并通知观察者。从 Subject 指向 Observer 的箭头线表明 Subject 包含了 Observer 类型的实例，箭头前面的实心圆点表示多于一个实例。

当观察对象的状态变化时，由于它不知道该将消息发送给谁，因此 Subject 角色定义了一个可以存储 N 个观察者对象“列表”，以及添加(attach)、删除(detach)和通知(notify)观察者的抽象方法。

当观察对象决定通知它的所有观察者对象时，notify 遍历观察者对象“列表”，调用每个 Observer 的 update 方法，发消息通知所有的 Observer，告诉它们“我的状态改变了，请更新显示内容”。如果在 Subject 角色中注册了多个 Observer 角色，谁先注册就先调用谁的 update 方法，不能改变调用顺序。

ConcreteObserver(具体的观察者)：ConcreteObserver 角色表示具体的观察者，当它的方法被调用后，就会去获取具体的观察对象的最新状态。从 ConcreteObserver 指向 ConcreteSubject 的箭头线表明 ConcreteObserver 包含了 ConcreteSubject 类型的实例，由于没有实心圆点，则表示有且仅有一个实例。

ConcreteSubject(具体的观察对象)：ConcreteSubject 角色表示具体的观察对象，其职责非常明确，即谁能观察，谁不能观察。它不仅提供函数的实现，而且提供获取和管理它发布数据的方法。当自身的状态发生改变时，它会通知所有已经注册的 Observer 角色。除了要支持 Subject 角色外，根据业务的不同，可能还需要提供诸如 getState()、setState()这样的函数，用于具体的观察者获取或设置相关的状态。

观察者模式中的 Subject 和 Observer 接口是为了处理 Subject 的变化而设计的，因此当对象之间有数据依赖时，最好用观察者模式对它们进行解耦。观察者模式的适用范围如下：

① 当一个抽象模型有两个方面时，如果其中一个方面依赖于另一个方面，则只要将这两者封装在独立的对象中，即可使它们各自独立地改变和复用。

② 当改变一个对象需要同时改变其他对象时，却不知道具体有多少个对象有待改变。

③ 当一个对象必须通知其他对象时，而又无法预知其他对象是谁，而你不希望这些对象是紧耦合的。

注意事项：

① 在观察者模式中，观察对象通知了观察者，而这个观察者同时也是一个观察对象，它会通知其他的观察者。因而常常会产生过于复杂的设计，并且使调试变得更加困难。当遇到这种情况时，Mediator(仲裁)模式可能会帮助我们改进这类代码。

根据经验建议，最多允许出现一个对象既是观察者也是观察对象，即消息最多转发一次(两次)，否则逻辑关系就会比较复杂且难以维护。

② 如果观察者比较多，且处理时间比较长，虽然可以使用异步处理方式，但要考虑线程安全和队列问题。

③ 当观察者与观察对象的关系是一对多时，一是使用多线程技术(异步)，不管谁启动线程，都可以明显地提高系统性能；二是使用缓存技术(同步)，但需要足够多的资源。

④ 观察对象可以自己做主决定是否通知观察者，以达到减轻负担的目的。

MVC 框架是一个典型的观察者模式示例，Model 提供的数据是 View 的观察对象，发布者是 Model，订阅者是 View。Model 是指操作"不依赖于显示形式的内部模型"，View 是管理 Model"如何显示"的，通常一个 Model 对应多个 View。

下面将以 AM824ZB 开发板为载体展示 MVC 框架，当视图观察到模型生成的布尔类型 value 值时，既可以通过 LED0 显示，也可以通过 ZigBee 发送出去，使其可以无线远程监控 value 的值。其用例描述如下：

在初始状态时，value 为 AM_FALSE，LED 熄灭，ZigBee 发送"0"。当有键按下时，value 值为 AM_TRUE，LED 点亮，ZigBee 发送"1"；当键再次按下时，value 值为 AM_FALSE，LED0 熄灭，ZigBee 发送"1"……如此周而复始。

其中，value 值对应于 Observer 模式中的模型，LED 和 ZigBee 对应于 Observer 模式中的视图，Observer 模式描述了基本数据和它可能为数众多的用户界面元素之间的关系。

- 每份数据都被封装在一个 Subject 对象中；
- 与 Subject 对应的每个用户界面元素被封装在一个 Observer 对象中；
- 一个 Subject 同时可以有多个 Observer；

- 当一个 Subject 改变时，会通知它所有的 Observer；
- Observer 也会从对应的 Subject 处获取相应的信息，并及时更新显示内容。

最终的信息存储在 Subject 中，当 Subject 中的信息发生变化时，Observer 会及时更新相应的显示内容。当用户保存数据时，其保存的是 Subject 中的信息，而 Observer 中的信息不需要保存，因为它们显示的信息来自对应的 Subject。

Observer 模式规定了单独的 Subject 类层次和 Observer 类层次，其中的抽象基类定义了通知的协议，以及用于添加(attach)和删除(detach)视图的 Observer 的接口。ConcreteSubject 子类实现特定的接口，为了让具体的 Observer 知道什么东西发生了变化，它还需要增加相应的接口，同时 ConcreteObserver 子类通过它们的 update 操作指定如何对自己进行更新，从而以独一无二的方式显示它们的 Subject。

9.3.3 领域模型

1. 类模型

创建类模型的第一步就是从问题域寻找相关的对象类，类常常与名词对应，不要精挑细选，要记下所有可能的每个类。因为我们的目的是捕获概念，一方面并不是所有的名词都是概念，另一方面概念也会在语句的其他部分中得到体现。比如，暂定类为 value(bool 值)、key(按键)、LED(发光二极管)和 ZigBee，然后通过共性和差异化分析，将它们归类到更广泛的范畴内。

虽然 LED 和 ZigBee 属于不同类型的对象，且它们的显示函数也不一样，但它们共同的概念是“视图”和“显示函数”。LED 具有“编号(led_id)”属性，比如，LED0 的编号“0”用 led_id 表示，而 ZigBee 具有“实例句柄(zm516x_handle)”属性，通过实例句柄即可进行数据的收发。因此将共同的概念用抽象类 observer_t 表示，其中的属性通过具体类 view_led_t 和 view_zigbee_t 实现。

虽然 value 是一个 am_bool_t 值，可以将它归类到业务逻辑，但同样要对它建模，创建相应的基类 model_t 和具体类 model_bool_t，而 value 是 model_bool_t 的属性。

下一步是寻找类间的关联，两个或多个类之间的结构化关系就是关联，从一个类到另一个类的引用也是关联，因此 model_t 与 observer_t 是一对多的关系。接着使用继承共享公共结构组织类，其相应的类模型详见图 9.12。

2. 交互模型

显然有了类，即可创建模型对象 model_bool 与视图对象 view_led0 和 view_zigbee。由于视图需要知道如何调用显示函数，因此将通过在类中定义方法表示这些职责。当模型对象的状态变化时，需要调用视图对应的显示函数 view_update 才能更新显示内容。虽然不同视图(LED 视图、ZigBee 视图)的显示函数的实现不一样(LED 亮灭、ZigBee 发送“0”或“1”)，但其共性是“显示函数”，因此可以共用 pfn_up-

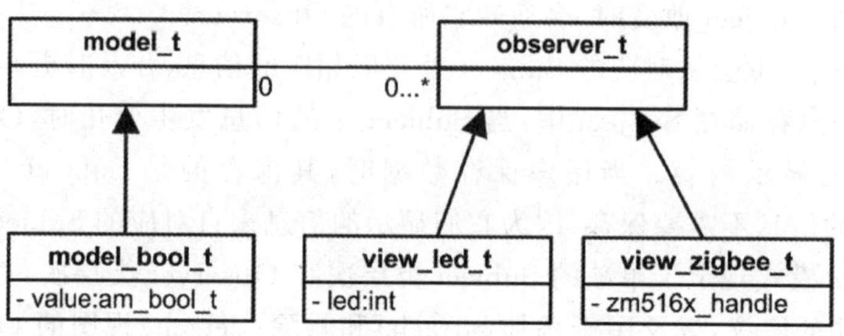

图 9.12 类模型

date_view 函数指针调用显示函数。

如图 9.13 所示的类-职责-协作序列图展示了 model_bool、view_led0 和 view_zigbee 对象之间的消息流和由消息引起的方法调用。

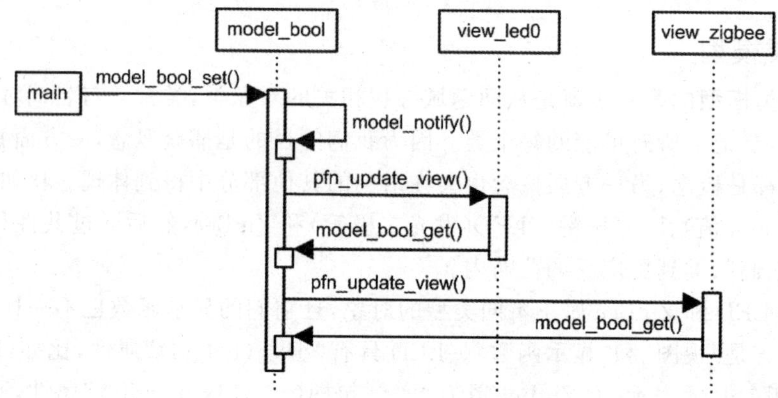

图 9.13 类-职责-协作序列图

当有键按下时，即可调用 model_bool_set()修改模型对象的 value 值。当模型对象 value 值改变后，调用 model_notify()遍历视图对象链表通知所有的视图，即调用视图显示函数 pfn_update_view()。视图对象在 pfn_update_view()函数的实现中，调用 model_bool_get()从模型对象中获取 value 值，以便更新显示内容。

9.3.4 子系统体系结构

集成通信图是所有开发用于支持用例的通信图的合成，其形象地描述了对象之间的相互连接以及所传递的消息。通常不同用例之间存在执行的优先顺序，通信图合成的顺序应该与用例执行的顺序一致，MVC 框架的子系统接口图详见图 9.14。

1. 按 键

当 key1 键按下时，布尔模型的值发生改变。首先通过 model_bool_get()得到当前的布尔值，接着将该布尔值取反，然后调用 model_bool_set()将取反后的布尔值重新设置到布尔模型中。

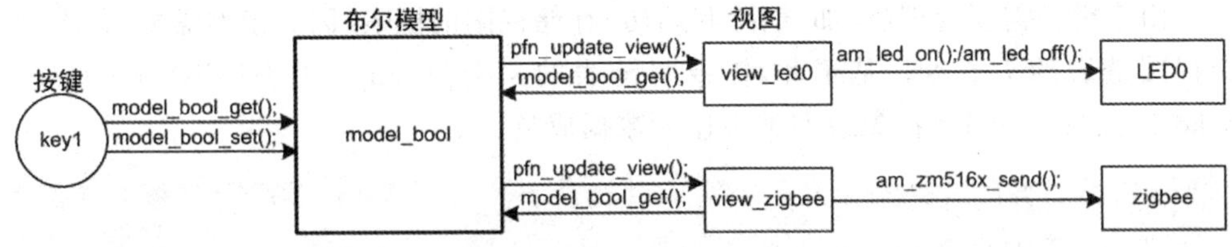

图 9.14　子系统接口图

2. 布尔模型

布尔模型负责维护一个布尔值，外界可以通过 model_bool_set()设置布尔值，也可以通过 model_bool_get()获取布尔值。当布尔值发生改变时，布尔模型将依次调用各个视图的显示更新函数 pfn_update_view()通知各个视图更新显示，各视图根据自身功能决定显示方式。

3. 视　图

图 9.14 中包含了两个视图：view_led0 和 view_zigbee。

当 LED0 视图(view_led0)接收到布尔模型发出的更新显示通知时，首先通过模型接口 model_bool_get()获取当前模型的布尔值。若值为 AM_TRUE，则调用 am_led_on()点亮 LED0；若值为 AM_FALSE，则调用 am_led_off()熄灭 LED0。

当 ZigBee 视图(view_zigbee)接收到布尔模型发出的更新显示通知时，首先通过模型接口 model_bool_get()获取当前模型的布尔值，然后将 am_zm516x_send ()函数将布尔值通过 ZigBee 发送出去。

9.3.5　软件体系结构

1. 设计模型类图

由于触发事件的模型对象无法预测订阅该事件的所有视图对象，因此要求将视图添加到模型的列表中保存起来。虽然可以将与模型关联的视图对象存放在数组中，却不利于在运行时动态地添加和删除视图，因此选择单向链表。

如图 9.15 所示为单向链表示意图。

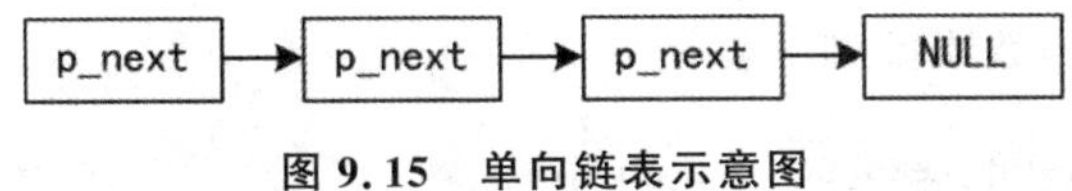

图 9.15　单向链表示意图

单向链表是由一个 slist_head_t 类型的头节点和若干个 slist_node_t 类型的普通节点“链”起来的，链表的数据结构定义如下：

```
typedef struct _slist_node{
    struct _slist_node * p_next;
}slist_node_t;
typedef slist_node_t slist_head_t;
```

由于模型需要管理(添加、删除和遍历)存储视图的链表,因此模型需要"持有"整个视图链表的头节点。基于此,需要将链表的 slist_head_t 类型(slist.h)头节点 head 包含在 model_t 抽象模型类中作为数据成员:

```
#include "slist.h"
typedef struct _model{
    slist_head_t  head;
    //其他内容
}model_t;
model_t model;
```

其中,head 为链表的头节点指针,指向存储视图的链表,其相应的数据结构示意图详见图 9.16。由于视图对象是存储在单向链表中的一个节点,因此需要将链表的 slist_node_t 类型(slist.h)普通节点 node 包含在 observer_t 抽象视图类中作为数据成员:

```
#include "slist.h"
typedef struct _observer{
    slist_node_t node;
    //其他内容
}observer_t;
observer_t observer;
```

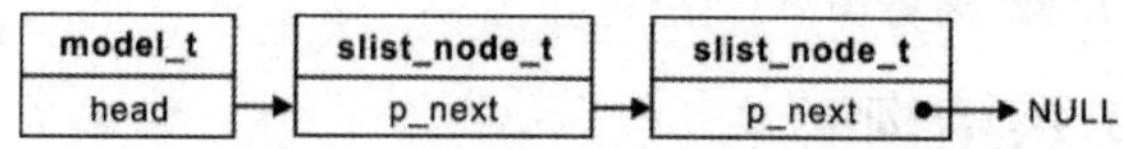

图 9.16　模型数据结构图

当需要增加视图、删除视图或遍历视图时,将会用到与链表对应的 4 个接口函数。下面将逐一介绍,并在定义了 model_t 类型的模型对象 model 和 observer_t 类型的视图对象 observer 的前提下,展示了接口的调用形式。

(1) 链表初始化

链表初始化的函数原型如下:

```
int slist_init(slist_head_t * p_head);
```

其调用形式如下:

```
slist_init(&model.head);
```

在初始状态时,模型与视图没有任何关系,而添加和删除视图是调用 model_attach()和 model_detach()实现的,这是分别调用插入链表节点函数 slist_add_head()和删除链表节点函数 slist_del()实现的。

(2) 添加视图

添加视图的 slist_add_head()函数原型如下：

```
int slist_add_head(slist_head_t *p_head, slist_node_t *p_node);
```

其调用形式如下：

```
slist_add_head(&model.head,&observer.node);
```

(3) 删除视图

删除视图的 slist_del()函数原型如下：

```
int slist_del(slist_head_t *p_head, slist_node_t *p_node);
```

其调用形式如下：

```
slist_del(&model.head, &observer.node);
```

如图 9.17 所示在模型内部的链表中添加和删除视图的状态图，图中的 attach/detach 省略了 model_固定前缀。当调用 model_attach()时，模型关联了一个视图，即从初始状态转移到关联一个视图状态。当再次调用 model_attach()时，模型对象则关联了两个视图，即从关联一个视图状态转移到两个视图状态，以此类推。

图 9.17　模型内部状态图

在观察对象的声明周期中，如果不需要删除视图的功能，则不要实现 model_detach()。如果不需要在运行时动态地添加和删除视图，即可在初始化时将视图存储在数组中，那么不再需要 model_attach()和 model_detach()函数。

(4) 遍历视图

当模型的状态发生变化时，需要调用 model_notify()遍历保存在模型中的视图链表，并调用每个视图的 pfn_update_view()，才能通知所有的视图更新显示内容。而 model_notify()又是调用遍历链表函数 slist_foreach()实现的，遍历视图的 slist_foreach()函数原型如下：

```
int slist_foreach(slist_head_t *p_head, slist_node_process_t pfn_proc, void *p_arg);
```

其调用形式如下：

```
int view_process (void *p_arg, slist_node_t *p_node)
{
    //进行视图的相关处理
}
slist_foreach(&model.head, __view_process, NULL);
```

除了在序列图中显示了对象协作的动态视图外，还需要设计模型类图表示类定义的静态视图描述类的属性和方法。由于链表属于基础设施领域的概念，不是业务逻辑领域的概念，说明复用级别是基于基础设施域的，没有基于核心域，因此存储视图的是数组、链表还是其他的容器，都不影响核心域的概念。这就是链表不会出现在分析工作流中，只有设计工作流中才考虑的原因。基于此，不仅需要将链表的 slist_head_t 类型(slist. h)头节点 head 包含在 model_t 抽象模型类中作为数据成员，而且需要将链表的 slist_node_t 类型(slist. h)普通节点 node 包含在 observer_t 抽象视图类中作为数据成员。

如图 9.18 所示为 MVC 框架的设计模型类图，图中的"0.. * "说明模型与视图呈现一对多的关系。显然基类的方法子类也有，由于 model_attach()、model_detach() 和 model_notify()是在 model_t 类的接口中实现的，而在 model_bool_t 子类中没有实现，因此在绘制 UML 图时则不需要重复表示，但子类还是继承了父类的方法。而 observer_t 基类的 pfn_update_view()抽象方法是在子类中实现的，因此在绘制 UML 图时必须显式地表示。

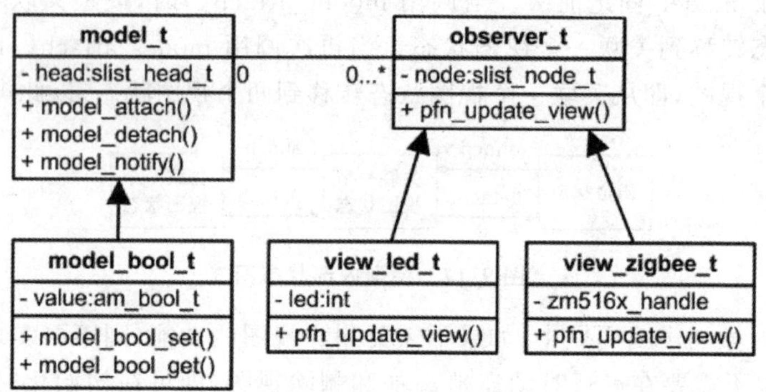

图 9.18　设计模型类图

2. 抽象视图/模型

(1) 抽象视图类

当模型对象的状态变化时，所有视图共用函数指针 pfn_update_view，调用各自对应的显示函数 view_update 更新显示内容。update_view_t 类型定义如下：

```
typedef void ( * update_view_t)(struct _observer * p_this, struct _model * p_model);
```

在面向对象 C++编程中时，方法是通过一个隐式的 p_this 指针，使其指向函数要操作的对象，访问自身的数据成员。而在面向对象 C 编程时，需要显式地声明 p_this 指针，使其指向函数将要操作的视图对象，访问视图对象的数据成员。

p_model 指向视图观察的模型，其目的是获取模型的数据，使显示数据与模型数据保持一致。由于 pfn_update_view()方法使用了模型类定义的指针变量 p_model，而在该函数的实现中调用了模型类的方法 model_bool_get()，即一个类使用了另一个类的操作，因此可以说视图依赖于模型。

依赖是两个元素之间的一种关系，其中一个元素变化，将会导致另一个元素变化。虽然依赖的同义词就是耦合和共生，但依赖是不可避免的，重要的是如何务实地应付变化，这就是良性依赖原则。通常在 UML 中将依赖画成一条有向的虚线，指向被依赖的类。

由此可见，良性依赖可以帮助我们抵御 SOLID 原则与设计模式的诱惑，以免陷入过度设计的陷阱，带来不必要的复杂性。

由于链表的每个节点存储都是视图，因此遍历视图链表需要从头节点 node 开始。这是一种常见的 is - a 层次结构，其共同的概念用抽象类表示，差异化分析所发现的变化将通过从抽象类派生而来的具体类实现。observer_t 抽象类的定义如下：

```
struct _observer;
//定义视图函数指针类型
typedef void ( * update_view_t)(struct _observer * p_this, struct _model * p_model);
//定义视图抽象类
typedef struct _observer{
    slist_node_t      node;
    update_view_t     pfn_update_view;
}observer_t;
```

其中，node 为链表节点成员；pfn_update_view 指向与视图对应的显示函数，比如，view_update。抽象类 observer_t 的类图详见图 9.19。

observer_t
- node:slist_node_t
+pfn_update_view()

图 9.19　抽象视图类

显然，有了 observer_t 类，就可以定义相应的实例 view，当将对象 view 的地址传给形参 p_this 后：

```
observer_t          view;
struct_observer   * p_this = &view;
```

即可按 p_this 的指向引用其他成员。

虽然 pfn_update_view 看起来是一个“数据成员”，但从概念视角来看，其定义的是一个在具体视图类中实现的抽象方法，其目的是将模型和视图“解耦”。

在面向对象编程时，每个对象(类)都有一个用于对象初始化的“构造函数”、初始化成员变量等，而 C 语言则需要显式地调用 view_init()初始化函数。其函数原型如下：

```
int view_init(observer_t * p_this,update_view_t pfn_update_view);
```

其中，p_this 指向视图对象，pfn_update_view 指向与视图对应的显示函数。其调用形式详见程序清单 9.54。

程序清单 9.54　视图初始化函数范例程序

```
void view_update(observer_t * p_view, struct _model * p_model)    //视图显示函数
{
    //...
}

int am_main()
{
    observer_t  view;
    view_init(&view, view_update);
}
```

在 main()中调用对象 view 的初始化函数 view_init(),用 OOP 术语来说,这是给对象 view 发送一条消息,通知它进行自我初始化。view_init()的实现详见程序清单 9.55。

程序清单 9.55　view_init()初始化函数

```
int view_init(observer_t * p_this,update_view_t pfn_update_view)
{
    if ((p_this == NULL) || (pfn_update_view == NULL)){
        return -1;
    }
    p_this ->pfn_update_view = pfn_update_view;
    return 0;
}
```

在面向对象 C++编程时,虽然每个类都有“构造函数”,但有时候可能为空,因此不会将构造函数作为方法展示在类图中。而面向对象 C 编程——虽然 view_init()看起来像抽象视图类提供的接口,但其功能类似于“构造函数”,因此没有呈现在相应的类图中。

(2) 抽象模型类

由于抽象模型仅需管理与之关联的视图,其本质上是管理了一个视图链表,因此仅包含一个链表头节。此外,还需提供增加、删除、遍历视图的方法,model_t 抽象类的定义如下:

```
//定义抽象模型类
typedef struct _model{
    slist_head_t  head;
}model_t;
```

其中,head 为链表的头节点,其类图详见图 9.20。

显然有了 model_t 类,即可定义相应的实例,当将 model 的地址传给形参

p_model 后，如下：

```
odel_t     model;
model_t    * p_model = &model;
```

即可按 p_model 的指向引用其他成员。

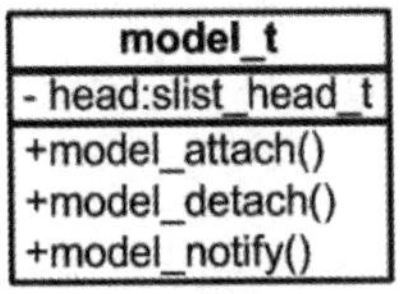

model_t
- head:slist_head_t
+model_attach()
+model_detach()
+model_notify()

图 9.20 抽象模型类

类似地，需要初始化模型中的各个成员，其函数原型如下：

```
int model_init(model_t * p_this);
```

其中，p_this 指向模型对象。其调用形式如下：

```
model_t  model;
model_init(&model);
```

model_init()模型初始化函数的实现详见程序清单 9.56。

程序清单 9.56 model_init()模型初始化函数

```
int model_init(model_t * p_this)
{
    if (p_this == NULL){
        return -1;
    }
    slist_init(&p_this->head);
    return 0;
}
```

初始化后，需要将视图保存到链表中。当模型的状态变化时，即可遍历链表找到与视图对应的显示函数，通知视图更新显示内容。其函数原型如下：

```
int model_attach(model_t * p_this, observer_t * p_observer);
```

其中，p_this 指向模型对象，p_observer 指向视图对象。其调用形式详见程序清单 9.57。

程序清单 9.57 添加视图范例程序

```
int am_main()
{
    observer_t    view;
    model_t       model;

    view_init(&view, view_update);
    model_init(&model);
    model_attach(&model, &view);
}
```

为了避免直接访问数据，将通过接口函数和对象交互，model_attach()添加视图函数的实现详见程序清单 9.58。

程序清单 9.58　model_attach()添加视图函数

```
int model_attach(model_t *p_this, observer_t *p_observer)
{
    if ((p_this == NULL) || (p_observer == NULL)) {
        return -1;
    }
    slist_add_head(&(p_this->head), &( p_observer->node));
    p_observer->pfn_update_view(p_observer, p_this);
    return 0;
}
```

如果观察者只对某一事件感兴趣，则可以扩展观察对象的注册接口，让观察者注册为“仅对特定时间感兴趣”，以提高更新的效率。

当不再使用某个视图时，则将其从链表中删除。其函数原型如下：

```
int model_detach(model_t *p_this, observer_t * p_observer);
```

其中，p_this 指向模型对象，p_observer 指向视图对象。其调用形式详见程序清单 9.59。

程序清单 9.59　删除视图范例程序

```
int am_main()
{
    observer_t    view;
    model_t       model;

    view_init(&view, view_update);
    model_init(&model);
    model_attach(&model, &view);
    //处理具体事务……，当处理完毕后，如果不再使用视图，则删除
    model_detach(&model, &view);
}
```

model_detach()删除视图函数的实现详见程序清单 9.60。

程序清单 9.60　model_detach()删除视图函数

```
int model_detach(model_t *p_this, observer_t *p_observer)
{
    if ((p_this == NULL) || (p_observer == NULL)){
        return -1;
    }
```

```
    slist_del(&(p_this->head), &( p_observer->node));         //删除视图
    return 0;
}
```

当模型对象的状态变化时，需要遍历保存在模型中的视图对象链表，并调用每个视图对象的 pfn_update_view()，才能通知所有的视图更新显示内容。其函数原型如下：

```
int model_notify(model_t *p_this);
```

其中，p_this 指向模型对象。其调用形式详见程序清单 9.61。

程序清单 9.61 遍历视图链表范例程序

```
int am_main()
{
    observer_t  view;
    model_t     model;

    view_init(&view, view_update);
    model_init(&model);
    model_attach(&model, &view);
    while (1){
        //状态变化，通知所有视图
        model_notify(&model);
        //...
    }
}
```

model_notify()通知更新显示内容函数的实现详见程序清单 9.62。

程序清单 9.62 model_notify()通知更新显示函数

```
static int __view_process(void *p_arg, slist_node_t *p_node)
{
    observer_t    *p_observer = (observer_t *)p_node;
    model_t       *p_model = (model_t *)p_arg; //此处的 p_arg 为指向模型自身的指针
    p_observer->pfn_update_view(p_observer, p_model);
    return 0;
}

int model_notify(model_t *p_this)
{
    if (p_this == NULL){
        return -1;
    }
```

```
    slist_foreach(&p_this->head, __view_process, p_this);//遍历链表,模型自身作
                                                         //为遍历函数的参数
    return 0;
}
```

其中,slist_foreach()为遍历视图链表函数;__view_process()回调函数依次处理各个链表节点(即视图),“处理”就是调用视图中的 pfn_update_view 函数。其对应的函数原型为:

```
typedef void (*update_view_t)(struct _observer *p_this, struct _model *p_model);
```

通常在调用 pfn_update_view 函数时,需要传递 2 个参数,其分别为指向视图的指针和指向模型的指针。

由于视图的第一个成员为 node,p_node 为指向 node 的指针,其值为视图首元素的地址,与视图的地址相等,强制转换即可得到指向视图自身的指针:

```
observer_t *p_observer = (observer_t *)p_node;
```

此外,在 model_notify()函数调用 slist_foreach()函数时,将指向模型的指针作为回调函数的参数,因此__view_process()函数中的 p_arg 为指向模型的指针。为了类型匹配,强制转换即可得到指向模型的指针:

```
model_t *p_model = (model_t *)p_arg;
```

此前介绍的示例只是为了展示接口的使用,实际上 model_t 和 observer_t 并没有提供具体的实现,需要在应用中定义具体的视图类和模型类,比如,针对 LED 显示可以定义一个 LED 视图类,针对布尔模型可以定义一个布尔模型类。

为了便于查阅,程序清单 9.63 展示了 mvc.h 文件的内容。

程序清单 9.63 mvc.h 文件内容

```
#pragma once
#include "ametal.h"
#include "slist.h"
struct _model;
struct _observer;

//定义视图函数类型
typedef void (*update_view_t)(struct _observer *p_this, struct _model *p_model);

//定义视图基类
typedef struct _observer{
    slist_node_t        node;               //链表节点
    update_view_t       pfn_update_view;    //更新视图
}observer_t;
```

```

//定义 Model 基类
typedef struct _model{
    slist_head_t  head;                              //链表头节点
}model_t;

int view_init(observer_t * p_this, update_view_t pfn_update_view);  //视图初始化
int model_init(model_t * p_this);                                    //模型初始化
int model_attach(model_t * p_this, observer_t * p_observer);         //添加视图
 int model_detach(model_t * p_this, observer_t * p_observer);        //删除视图
int model_notify(model_t * p_this);                                  //通知并更新视图
```

对称性

其实程序中处处充满了对称性，比如，model_attach()方法总会伴随着 model_detach()方法，一组方法接受同样的参数，一个对象中所有的成员都具有相同的生命周期。识别出对称性，将它清晰地表达出来，使代码更容易阅读。一旦阅读者理解了对称性所涵盖的某一半，自然也就很快地理解了另一半。

程序中的对称性指的是概念上的对称，无论在什么地方，同样的概念都会以同样的形式呈现。在准备消灭重复之前，常常需要寻找并表示出代码中的对称性。

3. 具体模型/视图

(1) 布尔模型

虽然 model_bool_t 实现了 model_t 接口，但抽象模型中并没有与应用相关的业务逻辑，所以要在布尔模型中增加相应的数据，因为视图的核心就是观察数据并实时同步显示。

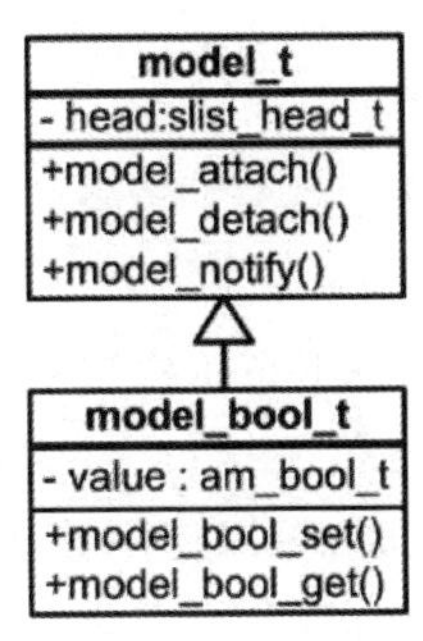

图 9.21　布尔模型

虽然作为示例布尔模型仅包含一个值为 AM_TRUE 或 AM_FALSE 的布尔值，但是各个视图都可以观察这个布尔值并实时同步显示。其职责是管理观察对象的状态，实现 model_bool_get()获取布尔值和 model_bool_set()修改布尔值的方法，以及在状态发生改变时，调用基类的方法 model_notify()通知所有关联的视图更新显示内容。布尔模型的类图详见图 9.21，其定义如下：

```
//派生 model_bool_t 模型类
typedef struct _model_bool{
    model_t          isa;
    am_bool_t        value;                    //bool 模型的数据
}model_bool_t;
```

其中，am_bool_t 是 AMetal 在 am_types.h 中自定义的类型，其值为 AM_

TRUE 或 AM_FALSE。由于有了布尔模型，即可定义相应的实例，当将 model_bool 的地址传给形参 p_this 后，如下：

```
model_bool_t  model_bool;
model_bool_t  * p_this = &model_bool;
```

即可按 p_this 的指向引用其他成员。

value 的初值将通过参数传递给初始化函数，其函数原型如下：

```
int model_bool_init (model_bool_t * p_this, am_bool_t init_value);
```

其中，p_this 指向模型对象，init_value 为布尔模型初值。其调用形式如下：

```
model_bool_t  model_bool;
model_bool_init(&model_bool, AM_FALSE);
```

通常应该先初始化基类化，接着再初始化自身特有数据，model_bool_init()的实现详见程序清单 9.64。

程序清单 9.64 model_bool_init()模型初始化函数

```
int model_bool_init (model_bool_t * p_this, am_bool_t init_value)
{
    if (p_this == NULL) {
        return -1;
    }
    model_init(&(p_this -> isa));
    p_this -> value = init_value;
    return 0;
}
```

由于布尔模型维护了一个 am_bool_t 类型 value 值，因此需要提供设置和获取 value 值的接口。model_bool_set()用于设置布尔模型当前的布尔值，比如，当有键按下时，可以使用该接口修改布尔模型的值。在设置布尔模型的值时，可能会使布尔模型的值发生变化。当 value 值改变时，视为布尔模型的状态发生变化，此时需要调用 model_notify()通知所有的视图。如果布尔值未发生任何改变，则无需做任何实际动作。其函数原型如下：

```
int model_bool_set(model_bool_t * p_this, am_bool_t value);
```

其中，p_this 指向模型对象，value 为设置的当前值。设置布尔模型当前值 value 的范例程序详见程序清单 9.65。

程序清单 9.65 设置布尔模型当前值 value 的范例程序

```
int am_main()
{
```

```
    model_bool_t  model_bool;
    model_bool_init(&model_bool, AM_FALSE);
    while(1){
        if (需要将 value 值设置为 AM_TRUE){
            model_bool_set(&model_bool, AM_TRUE);
        }else (需要将 value 值设置为 AM_FALSE){
            model_bool_set(&model_bool, AM_FALSE);
        }
    }
}
```

model_bool_set()函数的实现详见程序清单 9.66。

程序清单 9.66　model_bool_set()函数

```
int model_bool_set(model_bool_t *p_this, am_bool_t value)
{
    if (p_this == NULL){
        return -1;
    }
    if (p_this->value != value){
        p_this->value = value;
        model_notify((model_t *)p_this);
    }
    return 0;
}
```

类似地，model_bool_get()用于获取布尔模型当前的布尔值，比如，当布尔模型的值发生变化时，模型会通知所有的视图更新显示。此时，在视图显示函数中，则需要调用该函数得到当前最新的布尔值，同步更新显示。获取 value 当前值的函数原型如下：

```
int model_bool_get(model_bool_t *p_this, am_bool_t *p_value);
```

其中，p_this 指向模型对象，p_value 为获取当前值的指针。获取布尔模型当前值的范例程序详见程序清单 9.67。

程序清单 9.67　获取布尔模型当前值的范例程序

```
void __view_update(observer_t *p_view, model_t *p_model)
{
    am_bool_t    value;
    model_bool_get((model_bool_t *)p_model, &value);
    if (value) {
        //value 为 AM_TRUE,进行相应的显示
    } else {
```

```
            //value 为 AM_FALSE,进行相应的显示
        }
    }

    int am_main()
    {
        observer_t       view;
        model_bool_t     model_bool;
        model_bool_init(&model_bool, AM_FALSE);
        view_init(&view, __view_update);
        model_attach(&(model_bool.isa), &view);
        while(1){
            if (需要将 value 值设置为 AM_TRUE){
                model_bool_set(&model_bool, AM_TRUE);
            }else (需要将 value 值设置为 AM_FALSE){
                model_bool_set(&model_bool, AM_FALSE);
            }
        }
    }
```

model_bool_get()函数的实现详见程序清单 9.68。

程序清单 9.68　model_bool_get()函数

```
int model_bool_get(model_bool_t * p_this, am_bool_t * p_value)
{
    if ((p_this == NULL) || (p_value == NULL)){
        return -1;
    }
    * p_value = p_this ->value;
    return 0;
}
```

为了便于查阅,程序清单 9.69 展示了 model_bool.h 文件的内容。

程序清单 9.69　model_bool.h 文件内容

```
#pragma once
#include "ametal.h"
#include "mvc.h"

//定义布尔模型类型
typedef struct _model_bool{
    model_t       isa;
    am_bool_t     value;           //布尔值变量
```

```
    } model_bool_t;

    int model_bool_init (model_bool_t *p_this, am_bool_t init_value); //模型初始化
    int model_bool_set (model_bool_t *p_this, am_bool_t value); //设置模型的 value 值
    int model_bool_get (model_bool_t *p_this, am_bool_t *p_value); //获取模型的 value 值
```

（2）具体视图

由于具体视图类实现了 observer_t 接口，因此具体视图还必须实现在抽象视图 observer_t 中定义的 update 方法，即要给抽象视图中的 pfn_update_view 函数指针赋值，使其指向实际的 update 函数。

当布尔模型的数据发生变化时，视图显示函数需要调用 model_bool_get()获取最新的布尔值。当获取布尔值后，即可根据具体视图的实际功能同步显示相应的数据。

对于 LED 视图来说，则将观察到的 bool 值通过 LED 显示出来，即 bool 值为 AM_FALSE 时 LED 熄灭，bool 值为 AM_TRUE 时 LED 点亮；对于 ZigBee 视图来说，则将观察到的 bool 值通过 ZigBee 发送出去，即 bool 值为 AM_FALSE 时 ZigBee 发送“0”，bool 值为 AM_TRUE 时 ZigBee 发送“1”。

● LED 视图

LED 视图继承自抽象视图，同时具有一个私有数据成员 led_id，用于表示 LED 灯的 ID 号，LED 视图定义如下：

```
//定义 LED 视图类
typedef struct _view_led{
    observer_t   isa;
    int          led_id;
}view_led_t;
```

其中，led_id 为 LED 的下标编号。LED 视图类 view_led_t 实现了 observer 接口，其对应的类图详见图 9.22。显然有了 LED 视图，即可定义相应的视图对象，当将 view_led 的地址传给形参 p_view_led 后，如下：

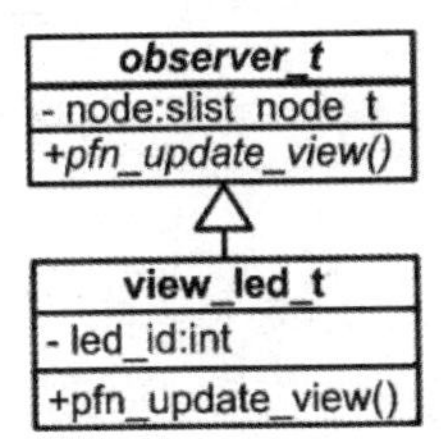

图 9.22　LED 视图类

```
view_led_t   view_led;
view_led_t   *p_view_led = &view_led;
```

即可按 p_view_led 的指向引用其他成员。

接着初始化视图对象，显然只要将 view_led、led_id 值传递给 view_led_init()函数，即可初始化 LED 视图对象。其函数原型（view_led.h）如下：

```
int view_led_init (view_led_t *p_view_led, int led_id);
```

其中,p_view_led 指向 LED 视图对象,led_id 为 LED 的编号。其调用形式如下:

```
view_led_t  view_led;
view_led_init(&view_led, 0);
```

通常需要先初始化抽象视图(基类),接着再初始化私有数据成员 led_id 等,初始化抽象视图的函数原型(mvc.h)如下:

```
int view_init (observer_t * p_this, update_view_t pfn_update_view);
```

在实现 view_led_init()时,需要先实现与其对应的显示函数,详见程序清单 9.70。

程序清单 9.70 LED 视图显示函数的实现

```
static void __view_led_update (observer_t * p_view, model_t * p_model)
{
    view_led_t * p_view_led = (view_led_t * )p_view;
    am_bool_t value;
    if (model_bool_get((model_bool_t * )p_model, &value) == 0) {
        if (value) {
            am_led_on(p_view_led -> led_id);
        } else {
            am_led_off(p_view_led -> led_id);
        }
    }
}
```

基于此,LED 视图初始化函数的实现详见程序清单 9.71。

程序清单 9.71 LED 视图初始化函数的实现

```
int view_led_init (view_led_t * p_view_led, int led_id)
{
    if (p_view_led == NULL) {
        return -1;
    }
    view_init(&(p_view_led -> isa), __view_led_update);
    p_view_led -> led_id   = led_id;           //使用的 LED 号
    return 0;
}
```

视图在得到通知后,需要知道究竟是 model_t 类中哪个状态发生了变化,发生了何种变化。通常在通知接口 pfn_update_view 中不传送这些信息,而是在视图得到通知后,再反过来调用 model_bool_get()查询状态的函数。然后视图再决定自己应该做什么事情，这时 pfn_update_view 的参数就是 model_t 类的指针。

当布尔模型的状态发生变化时，为了实现自动调用 LED 视图对应的显示函数，那么 LED 视图需要预先将自己添加到模型对象的链表中保存起来。比如：

```
model_attach(&(model_bool.isa), &(view_led.isa));
```

为了便于查阅，程序清单 9.72 展示了 view_led.h 文件的内容。

程序清单 9.72 view_led.h 文件内容

```
#pragma once
#include "ametal.h"
#include "mvc.h"

//定义 LED 视图类
typedef struct _view_led{
    observer_t    isa;
    int           led_id;
} view_led_t;

int view_led_init (view_led_t *p_view_led, int led_id);
```

至此，实现了一个具体模型（布尔模型）和一个具体视图（LED 视图），具有单个视图的模型完整示例详见程序清单 9.73。

程序清单 9.73 单个视图的范例程序(main.c)

```
#include "ametal.h"
#include "am_led.h"
#include "am_input.h"
#include "model_bool.h"
#include "view_led.h"

static model_bool_t __g_model_bool;                //定义一个布尔型模型实例
static void __input_key_proc (void *p_arg, int key_code, int key_state, int keep_time)
{
    am_bool_t value;

    if ((key_code == KEY_F1) && (key_state == AM_INPUT_KEY_STATE_PRESSED)) {
        if (model_bool_get(&__g_model_bool, &value) == 0) {
            model_bool_set(&__g_model_bool, !value);
        }
    }
}

```

```
int am_main (void)
{
    view_led_t              view_led0;     //定义一个 LED 视图实例
    am_input_key_handler_t  key_handler;   //定义一个按键处理器

    //注册按键事件
    am_input_key_handler_register(&key_handler, __input_key_proc, (void * )NULL);
    //初始化模型,value 的初值为 AM_FALSE
    model_bool_init(&__g_model_bool, AM_FALSE);
    //初始化视图实例
    view_led_init(&view_led0, 0);
    //添加视图
    model_attach(&(__g_model_bool.isa), &(view_led0.isa));
     while (1) {
    }
    return 0;
}
```

● ZigBee 视图

ZigBee 视图继承自抽象视图,同时具有一个私有数据成员 zm516x_handle,其为 ZigBee 实例句柄,通过该句柄,即可使用相应的接口函数操作 ZigBee 模块。ZigBee 视图定义如下:

```
//定义 ZigBee 视图类
typedef struct _view_zigbee{
    observer_t              isa;
    am_zm516x_handle_t      zm516x_handle;
}view_zigbee_t;
```

ZigBee 视图类 view_zigbee_t 实现了 observer_t 接口,其对应的类图详见图 9.23。有了 ZigBee 视图,即可定义相应的视图对象,当将 view_zigbee 的地址传给 p_view_zigbee 后,如下:

```
view_zigbee_t   view_zigbee;
view_zigbee_t   * p_view_zigbee = &view_zigbee;
```

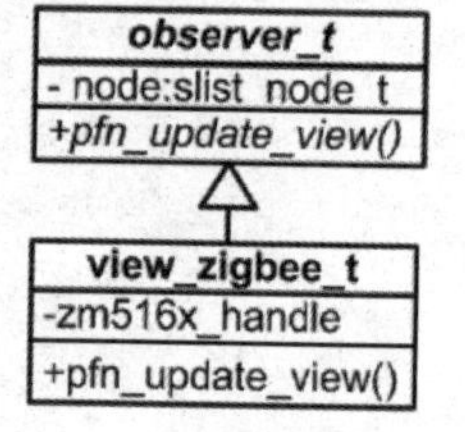

图 9.23　ZigBee 视图类

即可按 p_view_zigbee 的指向引用其他成员。

类似地,定义 ZigBee 视图的初始化函数原型如下:

```
int view_zigbee_init (view_zigbee_t * p_view_zigbee, am_zm516x_handle_t zm516x_handle);
```

其中,p_view_zigbee 指向 ZigBee 视图对象,zm516x_handle 是 ZigBee 模块的实例句柄,可通过 ZM516X 模块的实例初始化函数获得。其调用形式如下:

```
am_zm516x_handle_t  zm516x_handle = am_zm516x_inst_init();
view_zigbee_t       view_zigbee;
view_zigbee_init(&view_zigbee, zm516x_handle);
```

在实现 view_zigbee_init()时，也需要先实现与其对应的显示函数，详见程序清单 9.74。

程序清单 9.74　ZigBee 视图显示函数的实现

```
static void __view_zigbee_update (observer_t * p_view, model_t * p_model)
{
    view_zigbee_t    * p_view_zigbee = (view_zigbee_t * )p_view;
    am_bool_t        value;
    if (model_bool_get((model_bool_t * )p_model, &value) == 0) {
        if (value) {
            am_zm516x_send(p_view_zigbee -> zm516x_handle, "1", strlen("1"));
        }else{
            am_zm516x_send(p_view_zigbee -> zm516x_handle, "0", strlen("0"));
        }
    }
}
```

其中，am_zm516x_send()函数的作用是通过 ZigBee 发送字符串至目标地址的节点(目标地址在初始化时配置)，其函数原型(am_zm516x.h)为：

```
ssize_t am_zm516x_send(am_zm516x_handle_t handle, const void * p_buf, size_t nbytes);
```

基于此，ZigBee 视图初始化函数的实现详见程序清单 9.75，其除了初始化抽象视图类外，还完成了 ZigBee 模块的地址配置，配置本地地址为 0x2001，目标地址为 0x2002。

程序清单 9.75　ZigBee 视图初始化函数的实现

```
int view_zigbee_init (view_zigbee_t * p_view_zigbee, am_zm516x_handle_t  zm516x_handle)
{
    am_zm516x_cfg_info_t  zm516x_cfg_info;
    if ((p_view_zigbee == NULL) || (zm516x_handle == NULL)) {
        return -1;
    }
    p_view_zigbee -> zm516x_handle = zm516x_handle;
    //获取 ZM516X 模块的配置信息
    if (am_zm516x_cfg_info_get(zm516x_handle, &zm516x_cfg_info) != AM_OK) {
        return AM_ERROR;
    }
    //修改 ZM516X 模块的配置信息，本地地址：0x2001，目标地址：0x2002
```

```
        zm516x_cfg_info.my_addr[0] = 0x20;
        zm516x_cfg_info.my_addr[1] = 0x01;
        zm516x_cfg_info.dst_addr[0] = 0x20;
        zm516x_cfg_info.dst_addr[1] = 0x02;
        if (am_zm516x_cfg_info_set(zm516x_handle, &zm516x_cfg_info) != AM_OK) {
            return AM_ERROR;
        }
        //使 ZM516X 模块复位,以使设置生效
        am_zm516x_reset(zm516x_handle);
        am_mdelay(10);
        view_init(&(p_view_zigbee->isa), __view_zigbee_update);
        return 0;
    }
```

为了便于查阅,程序清单 9.76 展示了 view_zigbee.h 文件的内容。

程序清单 9.76 view_zigbee.h 文件内容

```
#pragma once
#include "ametal.h"
#include "mvc.h"
#include "model_bool.h"
#include "am_zm516x.h"

//定义 ZigBee 视图类
typedef struct _view_zigbee{
    observer_t          isa;
    am_zm516x_handle_t  zm516x_handle;
}view_zigbee_t;

//初始化一个 ZigBee 视图实例
int view_zigbee_init (view_zigbee_t *p_view_zigbee, am_zm516x_handle_t zm516x_handle);
```

由此可见,当新增加 ZigBee 视图后,虽然与 LED 视图不一样,但可以共用同一个模型。且 LED 视图和布尔模型都不需要做任何修改,同时也没有一行重复的视图代码,说明“用户界面与内部实现”真正做到了分离。

4. MVC 应用

在 MVC 模式中,其核心是视图接收来自模型和控制器的数据并决定如何显示,控制器捕捉用户的输入事件和系统产生的事件。当控制器检测到有键按下时,它将外部的事件转换为内部的数据请求,控制器决定调用模型的那个函数进行处理,然后确定用哪个视图来显示模型提供的数据,详见程序清单 9.77。

程序清单 9.77　MVC 模式应用范例程序(main.c)

```
#include "ametal.h"
#include "am_led.h"
#include "am_input.h"
#include "am_zm516x.h"
#include "model_bool.h"
#include "view_led.h"
#include "view_zigbee.h"
#include "am_hwconf_zm516x.h"

static model_bool_t __g_model_bool;      //定义一个布尔型模型实例

static void __input_key_proc (void * p_arg, int key_code, int key_state, int keep_time)
{
    am_bool_t value;

    if ((key_code == KEY_F1) && (key_state == AM_INPUT_KEY_STATE_PRESSED)) {
        if (model_bool_get(&__g_model_bool, &value) == 0) {
            model_bool_set(&__g_model_bool, !value);
        }
    }
}

int am_main (void)
{
    view_led_t                view_led0;        //定义一个 LED 视图实例
    view_zigbee_t             view_zigbee;      //定义一个 ZigBee 视图实例
    am_input_key_handler_t    key_handler;      //定义一个按键处理器
    am_zm516x_handle_t        zm516x_handle = am_zm516x_inst_init();

    //注册按键事件
    am_input_key_handler_register(&key_handler, __input_key_proc, (void *)NULL);
    //初始化模型,value 的初值为 AM_FALSE
    model_bool_init(&__g_model_bool, AM_FALSE);
    //初始化视图实例
    view_led_init(&view_led0, 0);
    view_zigbee_init(&view_zigbee, zm516x_handle);
    //添加视图
    model_attach(&(__g_model_bool.isa), &(view_led0.isa));
    model_attach(&(__g_model_bool.isa), &(view_zigbee.isa));
    while (1) {
    }
}
```

至此，实现了具有 LED 和 ZigBee 两个视图的 MVC 应用程序，为了验证 ZigBee 视图，实现远程“监控”，需要使用另外一个 ZigBee 来接收 MVC 应用中 ZigBee 视图发出的数据“0”或“1”。为便于观察，使用另外一块 AM824ZB 开发板来接收数据，当接收到“0”时，其 LED0 熄灭，当接收到“1”时，其 LED0 点亮，范例程序详见程序清单 9.78。

程序清单 9.78　新增 AM84ZB 板用以接收 ZigBee 数据的范例程序

```
#include "ametal.h"
#include "am_led.h"
#include "am_delay.h"
#include "am_zm516x.h"
#include "am_hwconf_zm516x.h"

int am_main (void)
{
    am_zm516x_cfg_info_t     zm516x_cfg_info;
    am_zm516x_handle_t       zm516x_handle = am_zm516x_inst_init();

    //获取 ZM516X 模块的配置信息
    if (am_zm516x_cfg_info_get(zm516x_handle, &zm516x_cfg_info) != AM_OK)
        return AM_ERROR;
    //修改 ZM516X 模块的配置信息，本地地址:0x2002，目标地址:0x2001
    zm516x_cfg_info.my_addr[0] = 0x20;
    zm516x_cfg_info.my_addr[1] = 0x02;
    zm516x_cfg_info.dst_addr[0] = 0x20;
    zm516x_cfg_info.dst_addr[1] = 0x01;
    if (am_zm516x_cfg_info_set(zm516x_handle, &zm516x_cfg_info) != AM_OK) {
        return AM_ERROR;
    }
    //使 ZM516X 模块复位，以使设置生效
    am_zm516x_reset(zm516x_handle);
    am_mdelay(10);
    while (1) {
        char c;
        if (am_zm516x_receive(zm516x_handle, &c, 1) == 1) {
            if (c == '0') {
                am_led_off(0);
            }
            if (c == '1') {
                am_led_on(0);
            }
        }
```

```
        }
    }
```

在 MVC 应用中，ZigBee 视图将 ZigBee 的本地地址设置为 0x2001，目标地址设置为 0x2002。新的 AM824ZB 开发板为了能够接收到其发出的数据，需要对应将本地地址设置为 0x2002，目标地址设置为 0x2001。

实际上，MVC 模式常用于处理 GUI 窗口事件，比如，每个窗口部件都是 GUI 相关事件的发布者，其他对象可以订阅所关注的事件。比如，当按下 A 按钮时，会发布相应的“动作事件”。另一个对象对这个按钮进行注册，便于在此按钮按下时，得到相应的消息，然后完成某一动作。

由此可见，观察者模式背后的思想等同于关注点分离原则背后的思想，其目的是降低发布者和订阅者之间的耦合，便于在运行时动态地添加和删除订阅者。模式在抽象的原则和具体的实践之间架起了一座桥梁，其主要动机是将变化带来的影响局部化。

局部化影响的必然结果就是“捆绑逻辑和数据”，如果有可能尽量将其放在一个方法中，至少要放在一个对象里，最起码也要放到一个包下面。在发生变化时，逻辑和数据很可能会同时被改动。如果将它们放在一起，那么修改它们所造成的的影响停留在局部。

其次，观察者模式的最大推动力来自于 OCP 开放闭合原则，其动机就是为了在增加新的观察者对象时，无需更改观察对象，从而使观察对象保持封闭。这对于系统的扩展性和灵活性有很大的提高。显然由继承实现的 OCP，使设计模式成为应变能力更强的工具。

9.3.6 MVC 应用程序优化

在整个布尔模型的应用中，使用的硬件外设资源有 1 个按键、1 个 LED 和 ZigBee 模块，这些资源都有相应的可以跨平台的通用接口。虽然程序清单 9.77 中绝大部分程序都没有与硬件绑定，可以跨平台复用，但是唯一的不足之处在于在应用程序中调用了实例初始化函数 am_zm516x_inst_init()，而实例初始化函数是与平台相关的，不同平台可能就会不同。因此若实例初始化函数修改，则应用程序必须进行对应的修改。

显然，实例初始化函数是初始化具体实例的，而应用程序并不关心具体实例，其只需要使用具体实例提供的通用服务(如 LED、ZigBee、KEY)。基于此，将实例初始化函数的调用从应用程序中“分离”出去，应用程序全部使用通用接口实现。使用 LED，需要 LED 对应的 ID 号，使用按键，需要按键对应的编码，使用 ZigBee，需要 ZigBee 的操作句柄，这些信息都可以通过参数传递。优化后的应用程序范例详见程序清单 9.79。

程序清单 9.79　应用程序实现(app_mvc_bool_main.c)

```
#include "ametal.h"
#include "am_led.h"
#include "am_input.h"
#include "am_zm516x.h"
#include "model_bool.h"
#include "view_led.h"
#include "view_zigbee.h"

static model_bool_t __g_model_bool;      //定义一个布尔型模型实例
static void __input_key_proc (void *p_arg, int key_code, int key_state, int keep_time)
{
    int             code = (int)p_arg;
    am_bool_t       value;

    if ((key_code == code) && (key_state == AM_INPUT_KEY_STATE_PRESSED)) {
        if (model_bool_get(&__g_model_bool, &value) == 0) {
            model_bool_set(&__g_model_bool, !value);
        }
    }
}

int app_mvc_bool_main (int led_id, int key_code, am_zm516x_handle_t zm516x_handle)
{
    view_led_t                view_led0;     //定义一个 LED 视图实例
    view_zigbee_t             view_zigbee;   //定义一个 ZigBee 视图实例
    am_input_key_handler_t    key_handler;   //定义一个按键处理器

    //注册按键事件,将按键对应的编码通过用户参数传递给回调函数
    am_input_key_handler_register(&key_handler, __input_key_proc, (void *)key_code);
    //初始化模型,value 的初值为 AM_FALSE
    model_bool_init(&__g_model_bool, AM_FALSE);
    //初始化视图实例
    view_led_init(&view_led0, led_id);
    view_zigbee_init(&view_zigbee, zm516x_handle);
    //添加视图
    model_attach(&(__g_model_bool.isa), &(view_led0.isa));
    model_attach(&(__g_model_bool.isa), &(view_zigbee.isa));
    while (1) {
    }
}
```

显然，只需要准备好1个LED、1个按键和一个ZigBee资源(调用它们对应的实例初始化函数)，然后调用app_mvc_bool_main()函数即可。为了便于调用app_mvc_bool_main()函数，将该函数声明在app_mvc_bool_main.h中，详见程序清单9.80。

程序清单9.80　应用程序入口函数声明(app_mvc_bool_main.h)

```
#pragma once
#include "ametal.h"
#include "am_led.h"
#include "am_input.h"
#include "am_zm516x.h"
//应用程序入口
int app_mvc_bool_main (int led_id, int key_code, am_zm516x_handle_t zm516x_handle);
```

在主程序中调用app_mvc_bool_main()函数即可启动应用，范例程序详见程序清单9.81。

程序清单9.81　启动应用程序(main.c)

```
#include "app_mvc_bool_main.h"
#include "am_hwconf_zm516x.h"

int am_main (void)
{
    am_zm516x_handle_t zm516x_handle = am_zm516x_inst_init();
    return app_mvc_bool_main(0, KEY_F1, zm516x_handle);
}
```

注意，AM824ZB板载的独立按键KEY1和LED均在系统启动时自动调用了实例初始化函数，因此，无需再次调用。默认情况下，LED0的ID为0，KEY1的按键编码为KEY_F1。

此时，若应用程序需要移动到其他硬件平台上运行，或相关资源的ID发生变化，则只需要完善“启动应用程序”这一部分代码即可，其往往就是根据实际情况调用各个硬件实例的初始化函数。将资源的“准备”工作(初始化)从原先的应用程序中分离出来，使应用程序彻底地通用化了，与具体硬件实现了完全的分离，可以灵活跨平台应用。

第10章 温度检测仪

本章导读

关于温度检测技术的话题，虽然每个人多多少少都能说上几句，但这个看起来很简单的领域，却不容易做好。简单的应用只要一个I^2C温度传感器、几十条C语言瞬间就搞定了。由于温度检测技术应用非常广泛，因此也就呈现了复杂性的一面。虽然各行各业的需求不同，但从模型的角度来看，温度检测模型始终没有改变，那就是设置与获取当前温度值、上/下限温度值和异常报警状态。

温控器是一个麻雀虽小五脏俱全的小产品。难就难在这个“小”字上，这是一个经济学的问题。因为如何做出既经济又能满足用户需求的温控器，确实不容易。它既牵扯到不同要求的模拟电路设计、执行机构和可重用的软件设计等多个方面，还要牵扯到温度槽和校准仪器的投入；而且测试和制造的每个环节，都与那些高大上一样一步不少；甚至在低成本的前提下如何保证做到更好的性价比，这些都是非常大的挑战。

10.1 业务建模

因为温度检测仪是一个非常成熟的产品，且开发者本身就是领域专家，所以就省略了业务建模和需求建模的一些细节。

10.1.1 问题描述

温度检测仪几乎是无处不用，需求是非常明显的，其用例文本摘要如下：

检测温度为45 ℃，精度为±2 ℃，使用2位数码管显示温度值。可以人工设置上/下限值，既可以用LED和蜂鸣器显示当前温度值、上/下限温度值和报警状态，也可以通过ZigBee将当前温度值、上/下限温度值和报警状态等信息发送至远程监控设备。

温度检测仪的需求详细描述如下：

(1) 正常/异常状态显示

- LED0亮：表明当前值为上限值，数码管显示上限值，蜂鸣器鸣叫；
- LED1亮：表明当前值为下限值，数码管显示下限值，蜂鸣器鸣叫；

- 两灯闪烁：表明正常运行状态，数码管显示当前值，蜂鸣器关闭。

（2）功能键

- SET 键：进入设置状态。首次点击进入上限温度值设置状态，再次点击进入温度下限值设置状态，再次点击回到正常运行状态。
- 左/右移键：切换当前调节位（个位/十位）。当进入设置状态后，当前调节位不断闪烁。点击该键切换当前调节位置，由个位切换到十位，或由十位切换到个位。
- 加 1 键：进入设置状态，当前调节位不断闪烁，按下该键，数码管的数值加 1。
- 减 1 键：进入设置状态，当前调节位不断闪烁，按下该键，数码管的数值减 1。

（3）上/下限值设置

- 设置上限值：首次按下 SET 键进入上限值设置状态，此时 LED0 点亮，数码管显示上限值温度，个位闪烁。按下"加 1 键"或"减 1 键"可调整当前闪烁位的值，按下"左移/右移键"可切换当前调节位。
- 设置下限值：在设置上限值的基础上，再次点击 SET 键即可进入下限值设置状态，此时 LED1 点亮，数码管显示下限值温度，个位闪烁。按"加 1 键"或"减 1 键"调整当前闪烁位的值，按"左移/右移键"切换当前调节位。

10.1.2 系统用例图

通常程序员往往容易被非核心域的问题所"迷惑"，在温度检测仪中，由于按键调节处理逻辑较为复杂，因此程序员很有可能将需求分析的重点聚集在按键的处理上，而忽略了核心域的温度检测功能。

实际上，温度检测技术应用非常广泛，无论使用何种温度传感器和任何显示方式，其核心参数上/下限值和当前值，以及正常和异常状态永远不会改变。甚至其他的传感器也有类似的特性，比如，湿度和气压传感器同样也可以复用这个模型，因此在建模的过程中，一定要树立"为复用而设计——有意识地创建可复用的资源"和"善于复用设计——复用构造块创建新系统"的理念。一旦建立了真正的领域模型，其价值之大是难以估量的；而且表明你已经脱离了业务定制，脱离了满足当前需求，已经理解并真正掌握了业务领域的原理，站在了行业领导者的位置，也就意味着具备了全面超越同业竞争对手的核心竞争力。

其实按键调节只是设置上/下限温度值的一种具体方式，并非温度检测的核心业务逻辑。如果使用 RS－485 通信方式设置上/下限温度值，就不需要按键了。因此应该先抛开按键调节的处理，聚焦温度检测的本质，其系统用例图详见图 10.1。

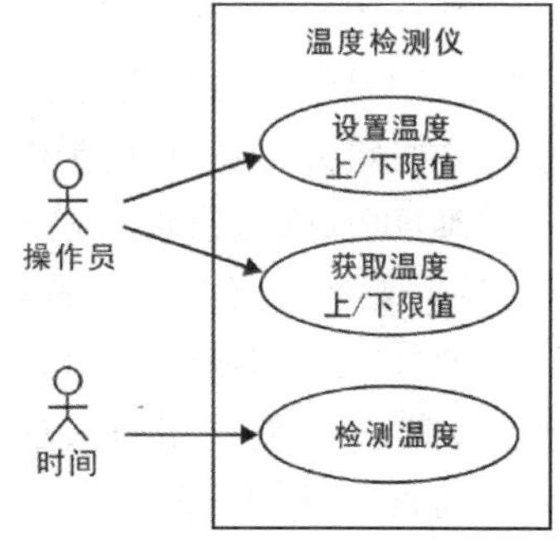

图 10.1 系统用例图

10.2 分析建模

10.2.1 领域词典

领域词典是我们开发的问题域中的技术术语目录，其中的字和短语来自于用户、需求文档和我们的经验。多数的软件开发都是由用户提出的明确的问题驱动的，而大部分问题域语句的“具体”特性，妨碍了我们发现它们的共性，因为用户很少考虑他们所面临的共性问题。

通常用户不大可能向开发者提出“通用”的需求，以获得普遍的解决方案。但对于分析者和实现者来说，我们需要研究该“业务”是否适用于具有类似抽象的其他应用。我们需要开阔视野，以增加发现跨领域的共性的可能。对于一个明确定义的领域检查得越细致，则发现的共性就会越多。因此要注重“领域分析”，而不是仅仅一般性的分析。

领域分析的第一个好处是它可以支持复用。比如，既可以建立一个满足特定需求，而又不排斥其他需求的通用温度检测模型。这种通用性是有代价的，需要花费更多的精力研究温度检测的通用属性。从长远来看，如果相同的抽象能被复用，那么付出这样的代价还是非常值得的。第二个好处是其“面对变化时的弹性”，随着用户需求的变化，实际上等于产生了一个新用户。如果设计更加宽泛的话，就能够更从容地适应需求的变化。事实上，不仅共性是跨时间、空间稳定的，变化趋势也是跨时间、空间稳定的。

开发领域词典应该是一个团队的活动，它为领域设计、定义了设计的语言。领域词典的开发是一个迭代的过程，当词典的规模逐渐扩大时，大家一起静下心来，反思已经获得的进展是非常有必要的。可以问一问自己，之前完成的领域词典的一些重要问题：

- 定义是否清楚？框架团队和用户对这些属于是否已经达成了共识？
- 所有的术语是否都适合预期的应用领域？这些定义都用到了吗？
- 所需要的条目都进行定义了吗？
- 这些定义与需求文档中出现的术语都相符吗？需要与用户多次审核领域词典，可以确保需求文档语境中的这些术语保持前后一致。

这些问题有助于激发思考，而不会约束过程。因为作者非常熟悉“温度检测”模型，于是直接从“对象协作序列图”开始，最后发现在某些问题上还是卡壳了，所以不要急于求成，一定要按照前人总结的经验和步骤进行。其实建模的过程就是合理转移职责，将复杂的问题简单化。温度检测仪的领域词典如下：

- 数码管(digitron)：显示 2 位温度值；
- 蜂鸣器(buzzer)：正常与关闭，异常与鸣叫；

- 温度值：上限值(temp_max)、下限值(temp_min)和当前值(temp_cur)；
- 状态(status)：正常和异常；
- 按键：SET 键、左/右移键、加 1 键和减 1 键；
- ZigBee：将当前温度、上/下限值和报警状态使用 ZigBee 发送出去，实现远程“监控”；
- LED：异常状态，上限值 LED0 亮，下限值 LED1 亮；正常状态，两灯闪烁。

领域分析的下一步是找到子领域，并在每个子领域中建立抽象。理想的划分是模块化的，所划出的子领域应该是内聚而去耦的。这一步要凭借直觉，依赖于对应用领域的了解。利用领域词典，有经验的设计者会从剥离输入与输出部分开始。当剥离温度检测仪的按键、数码管、LED 和蜂鸣器后，系统余下的只有温度传感器了，显然温度检测就是核心域。

通常领域是由带有多个成员的族组成的，每个族都通过主要的共性组合各个成员。比如，“视图组件”是一个可以组合到设计中的所有订阅者的领域，其包括数码管视图、蜂鸣器视图和 ZigBee 视图。根据用例文本的描述，可以得出三种状态：正常状态、下限值调节状态和上限值调节状态，同时存在 4 种外部事件，其分别对应 4 个按键，这同样是一个子系统。

10.2.2 类模型

当有了领域词典后，建立类模型首先要从问题描述中寻找概念类，将其绘制为 UML 类图中的类。接着添加属性，并使其关联起来，然后再从类模型开始驱动后续的分析和设计。

在温度检测仪中，按键调节处理逻辑较为复杂，但其并非核心域，因此暂不对其进行建模。温度检测仪的本质是“温度检测”，其核心的概念类是 temp_monitor，其包含 status、temp_cur、temp_max 和 temp_mix 属性。还有一些重要的概念，比如 ZigBee、digitron 和 buzzer，其相应的类模型详见图 10.2。其详细描述如下：

对于温度检测模型来说，首先应该有一个表示当前温度值的成员。比如：

```
float temp_cur;                    //当前温度值
```

显然，还需要检测当前温度值。在温度值超过上限值或低于下限值时都需要“报警”，因此需要添加上/下限温度值成员。比如：

```
float temp_max;                    //温度最大值，上限值
float temp_min;                    //温度最小值，下限值
```

当前温度值存在三种可能的情况：低于下限值，介于上/下限值之间，超过上限值。虽然当温度超过上限值或低于下限值时都需要“报警”，但是模型只负责核心逻辑的处理，并不关心“如何报警”或 LED 闪烁或蜂鸣器鸣叫，因而需要模型提供一个状态数据，便于视图以各种不同的形式展示温度值的状态。比如：

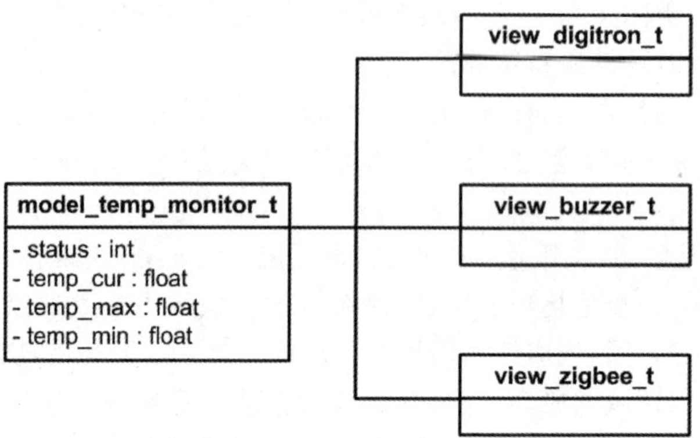

图 10.2 温度检测仪类模型

```
int status;                    //当前温度状态
```

虽然只是简单地标出关键术语,但类模型中的那些术语,也会被用作软件类的名称。因为在类模型和交互模型中使用相似的命名,可以减少交互模型和头脑中思维之间的表示差异。由于类模型中的类不是软件类,因此只需要描述领域的实体,不需要关注方法。

10.2.3 交互模型

在交互建模的过程中,首先要确定参与用例的对象,然后分析对象之间的交互序列。第一步是分析如何将“温度检测系统”分解为一系列类和对象,当完成类和对象的组织之后,才开始交互建模为每个用例开发交互图。

当通过类模型类的名字和属性映射后,剩下的就是如何提炼方法了。既然不能从类模型中获取软件类的方法,那么只能从“用例”中寻找方法(动词)。通过分析 temp_monitor 就会从中发现有 set 和 get 方法,set 和 get 方法可以设置和获取当前温度值和上/下限温度值,以及获取温度的状态。这种意义上的类似性反映在运算符的外部可见行为上,并在给予它们的名字中传达出来,使用“名字”set 和 get 表示温度检测的共性。

当将观察者模式用于温度检测的 MVC 框架时,温度检测模型就是具体模型,其对象协作序列图详见图 10.3。其中,操作员 UI 为边界类对象,temp_monitor 为控制类对象,temp_stored 为实体类对象。由于报警数据存储在 RAM 存储器中,因此不再创建 temp_stored 实体类。

由于操作员主动发起了设置与获取温度上/下限值,因此操作员是系统的执行者。那么设置当前温度值是由谁发起的呢? 是系统外的时间,因此时间也是执行者。尽管有无数的 timer 定时器,但世界上只有一个时间系统,因此 time 是其他系统和时间打交道的边界类对象。

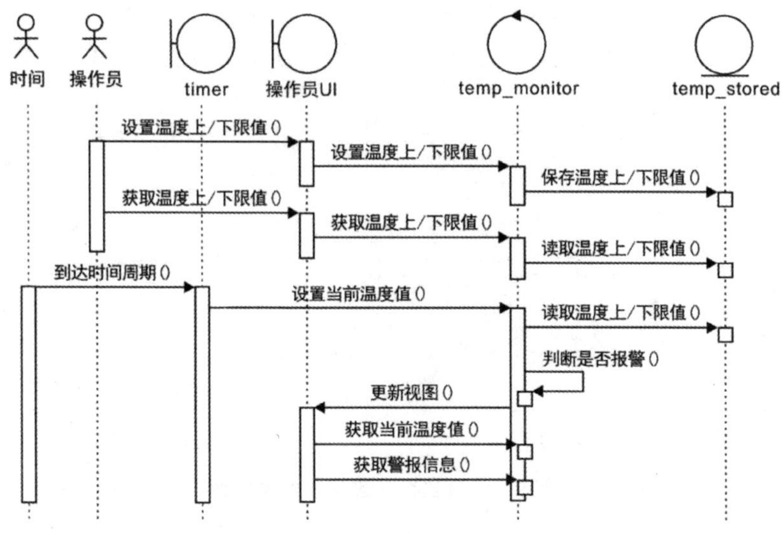

图 10.3　对象协作序列图

接着细化序列图，从中导出子系统接口图。当系统的执行者是操作员时，其职责是设置下限温度值和上限温度值，这是分别调用 min_set()和 min_set()实现的（省略了固定前缀 model_temp_monitor_，下同）。当系统的执行者是 timer 定时器时，其职责是设置当前温度值，这是调用 cur_set()实现的。

图 10.4 所示是类-职责-协作序列图。其中，model_temp 为模型类对象，view_zigbee、view_buzzer 和 view_digitron_temp 分别为 ZigBee 视图对象、蜂鸣器视图对象和数码管视图对象。注意，这里省略了设置上限温度值和当前温度值的序列图。

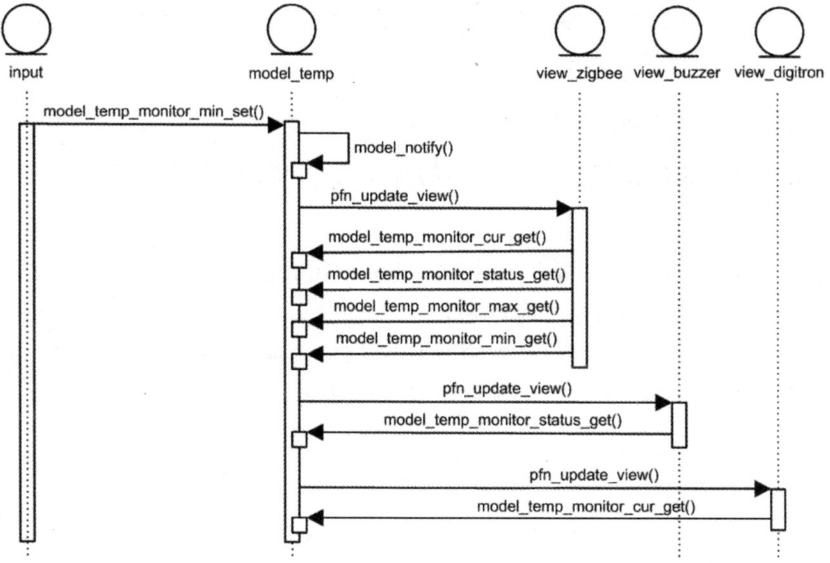

图 10.4　类-职责-协作序列图

这里暂不考虑通过按键设置上/下限值,设置当前温度值的子系统结构图详见图 10.5,从子系统结构图中可以清晰地看到各个模块需要提供的接口。

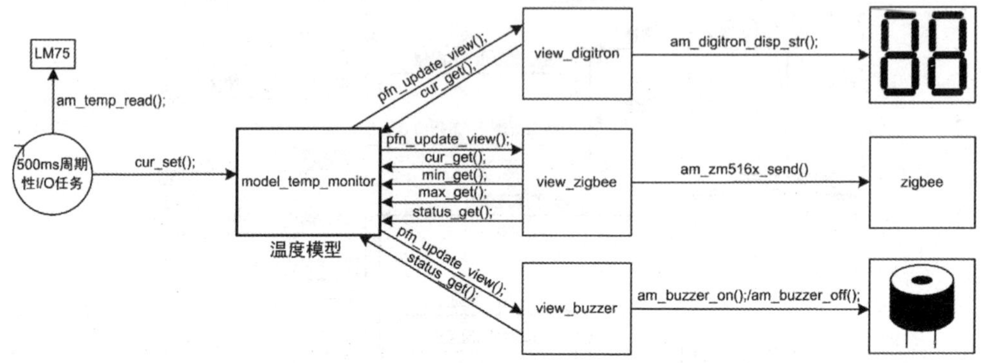

图 10.5　设置当前温度子系统结构图

注意,模型的接口以"model_temp_monitor_"为前缀命名,因此 cur_set 对应的接口应该为 model_temp_monitor_cur_set()。为简化表示,图中的模型接口都省略了固定前缀。

1. 周期性 I/O 任务

周期性 I/O 任务以 500 ms 为一个周期单位,负责采集温度,即使用通用接口 am_temp_read()读取当前温度值,然后将读取的温度值作为参数,通过模型的 cur_set()接口设置到温度模型中。am_temp_read()的函数原型为:

```
int am_temp_read (am_temp_handle_t handle, int32_t *p_temp);
```

其中,handle 是温度传感器的句柄,其可以通过具体的温度传感器的实例初始化函数获得,如使用 LM75 的实例初始化函数获得:

```
am_temp_handle_t temp_handle = am_temp_lm75_inst_init();
```

p_temp 为输出参数,用于返回当前的温度值,其值为实际温度值的 1 000 倍。

2. 温度模型

温度模型负责维护温度检测仪的核心业务逻辑,保存当前温度值,并根据上限温度值和下限值进行判定,在异常时报警。

当温度模型的状态发生变化时,温度模型将依次通过调用各个视图的显示更新函数 pfn_update_view()通知各个视图更新显示内容,各个视图根据自身功能决定显示方式。

3. 视　图

图中包含了三个视图,分别为 view_buzzer、view_zigbee 和 view_digitron。

- 蜂鸣器视图

当蜂鸣器视图(view_buzzer)收到温度模型发出的更新显示通知时,首先通过模型接口 status_get()获取当前模型的状态。如果状态异常,则调用 am_buzzer_on()打开蜂鸣器;如果状态正常,则调用 am_buzzer_off()关闭蜂鸣器。

am_buzzer_on()和 am_buzzer_off()是通用的蜂鸣器操作接口,其中的 am_buzzer_on()用于打开蜂鸣器,其函数原型为:

```
void am_buzzer_on(void);
```

am_buzzer_off()用于关闭蜂鸣器,其函数原型为:

```
void am_buzzer_off(void);
```

● ZigBee 视图

当 ZigBee 视图(view_zigbee)收到温度模型发出的更新显示通知时,首先通过模型接口 cur_get()获取当前温度值,min_get()获取下限值,max_get()获取上限值,status_get()获取当前温度状态(是否报警),然后调用 am_zm516x_send()函数将这些信息通过 ZigBee 发送出去。am_zm516x_send()函数用于通过 ZigBee 发送字符串信息。其函数原型为:

```
ssize_t am_zm516x_send(am_zm516x_handle_t handle, const void *p_buf, size_t nbytes);
```

其中,handle 为 ZigBee 模块的实例句柄;p_buf 指向需要发送的数据;nbytes 为发送数据的字节数,返回值为实际成功发送的字节数。

● 数码管视图

当数码管视图(view_digitron)收到温度模型发出的更新显示通知时,首先通过模型接口 cur_get()获取当前温度值,然后将获取的温度值作为 am_digitron_disp_str()函数的参数传递给数码管显示。am_digitron_disp_str()函数是通用的数码管显示函数,其函数原型为:

```
int am_digitron_disp_str (int id, int index, int len, const char *p_str);
```

其中,id 为数码管显示器编号;index 为显示字符串的数码管起始索引,即从该索引指定的数码管开始显示字符串;len 指定显示的长度;p_str 指向需要显示的字符串。

10.2.4 按键处理模型

温度检测仪共有 4 个按键,分别用于调节上/下限温度值参数。其功能如下:

- 系统启动后,随即进入正常状态(normal),两个 LED 闪烁;
- 首次按下 SET 键,进入下限值调节状态(adjust_min),此时 LED1 点亮;
- 接着按下 SET 键,进入上限值调节状态(adjust_max),此时 LED0 点亮;
- 再次按下 SET 键,退出调节状态,回到正常状态,两个 LED 灯闪烁……循环往复；

- 只要处于上/下限值调节状态，均可通过“左移/右移键”切换当前的调节位置（个位/十位，调节位会不断闪烁），并通过“加 1/减 1 键”调整当前调节位置的值。

此前，分别基于自定义接口和通用接口实现了简易的温控器。按键的处理都是直接放在主应用程序中，没有模块化编程。在这里，可以为按键处理单独建模，将其视为一个对象，专门处理 4 个按键。显然，对于用户来说，4 个按键对应 4 个按键处理函数，因此按键处理模型需要相应地对外提供 4 个接口函数。

通过对温度检测仪按键功能的简要分析，可以得出按键处理模型需要完成的具体事务。当系统上电启动后，默认运行在正常状态。在正常状态下，当 SET 键按下时，表示需要调节下限值，此时应该从模型中获取当前的下限值作为调节的初始值。在调节下限值时，INC(加)或 DEC(减)键对个位或十位进行加 1 或减 1 操作，L/R 键改变调节的位置，即调节位置在十位和个位之间切换。

若在调节下限值时按下 SET 键，则表示下限值调节结束，接下来继续上限值调节，此时应该将调节后的下限值作为新的下限值重新设置到模型中，并从模型中获取当前的下限值作为调节的初始值。INC、DEC 和 L/R 键同样可以对当前的值进行调节。

若在调节上限值时按下 SET 键，则表示上限值调节结束，接下来回到正常状态，此时应该将调节后的上限值作为新的上限值重新设置到模型中。

如果正在调节上限值或下限值，数码管需要显示当前的调节值，不再显示温度值。只有在正常状态下，才显示温度值。因此在调节上限值或下限值时，需要使用 model_detach()解除温度模型与数码管视图的关联，当调节完毕后，再重新使温度模型和数码管关联。

10.3 温度检测设计

10.3.1 子系统接口

在这里，以温度检测仪为例，详细介绍基于 MVC 框架的软件体系结构。温度检测仪的核心业务逻辑是检测当前温度并判定温度是否异常，而温度显示、蜂鸣器报警和 ZigBee 信息发送都可以作为视图，用于显示温度检测仪的数据或状态。

需求文档中篇幅最大的是按键的具体操作，按键处理作为控制器的一部分，相对来说较为复杂。按键处理是典型的事件驱动范例，完美的方案是使用“状态机”实现，详见图 10.6。

1. 周期性 I/O 任务

周期性 I/O 任务以 500 ms 为一个周期单位，负责采集温度，即使用通用接口 am_temp_read()读取当前温度值，然后将读取的温度值作为参数，通过模型的

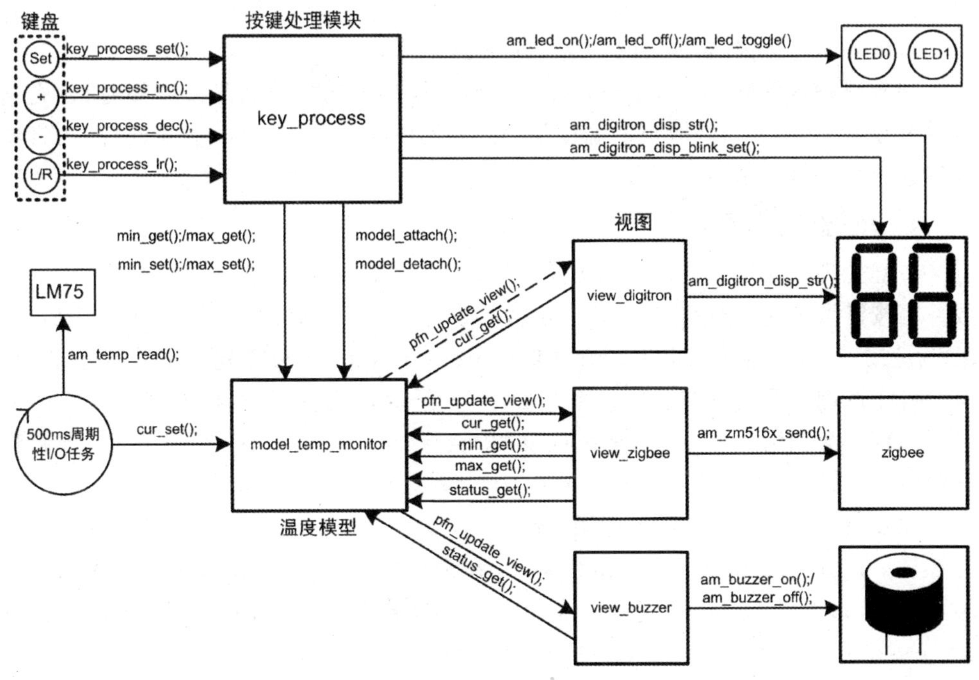

图 10.6　温度检测仪子系统接口图

cur_set()接口设置于温度模型中。

注意，模型的接口名以“model_temp_monitor_”为前缀，因此 cur_set 对应的接口名应该为 model_temp_monitor_cur_set()，为简化表示，图中的模型接口都省略了固定前缀。

2. 温度模型

温度模型负责维护温度检测仪的核心业务逻辑，保存当前温度值，并根据上限温度值和下限温度值进行判定，在异常时报警。

当温度模型的状态发生变化时，温度模型将依次通过调用各个视图的显示更新函数 pfn_update_view()通知各个视图更新显示内容，各个视图根据自身功能决定显示方式。

3. 视　图

图 10.6 中包含了三个视图，其分别为 view_buzzer、view_zigbee 和 view_digitron。

当蜂鸣器视图(view_buzzer)接收到温度模型发出的更新显示通知时，首先通过模型接口 status_get()获取当前模型的状态。若状态异常，则调用 am_buzzer_on()打开蜂鸣器；若状态正常，则调用 am_buzzer_off()关闭蜂鸣器。

当 ZigBee 视图(view_zigbee)接收到温度模型发出的更新显示通知时，首先通过模型接口 cur_get()获取当前温度值、上/下限值和报警状态，然后调用 am_zm516x_send()函数通过 ZigBee 将当前信息发送出去。

当数码管视图(view_digitron)接收到温度模型发出的更新显示通知时，首先通过模型接口 cur_get()获取当前温度值，然后使用 am_digitron_disp_str()函数将温度传递给数码管显示。

4. 按键处理模块

按键处理模块用于处理 4 个按键事件，每个按键事件对应一个按键处理接口函数。当按键按下时，调用相应的接口函数将事件送入按键处理模块中处理。比如，当 SET 键按下时，调用状态机接口函数 key_process_set()对 SET 键按下进行处理。

操作按键主要是调节温度模型中的上/下限值，因此在状态机处理过程中调节上/限值前，会调用 min_get()或 max_get()获取温度模型当前的上/下限值，当调节完毕后，会继续调用 min_set()或 max_set()设置新的上/下限值。

此外，在调节过程中，需要调用 digitron_disp_num_set()函数将调节值传递给数码管显示，调用 digitron_disp_blink_set()函数将当前的调节位设置为闪烁显示。

同时，为了向用户展示当前状态机所处的状态，在状态机处理过程中，会使用 am_led_on()和 am_led_off()使 LED 处于正确的显示界面。

5. 特别说明

状态机在处理事件的过程中，会使用数码管显示调节值。为了避免与数码管视图冲突，在显示调节值时，状态机会使用 model_detach()将温度模型与数码管视图断开连接。此时，若温度模型的状态发生变化，将不会使用 pfn_update_view()通知数码管视图更新显示，数码管视图接收不到通知，也就不会执行温度显示相关的操作。当然，在状态机不需要显示调节值时，需要调用 model_attach()重新关联温度模型与数码管视图，以便数码管视图正常接收更新通知，显示当前温度值。

图 10.6 中将温度模型与数码管视图之间的通信线使用了虚线表示，因为该通信线根据情况的不同，可能存在，也可能不存在。

10.3.2 设计模型

1. 子领域与框架

为了成功地管理软件系统开发所固有的复杂性，必须将子领域分成若干可以单独开发的可重用的结构。而构成软件的单元具有不同粒度等级，粒度最小的单元是“类”，几个类紧密协作形成“模块”，完全独立的多个功能的模块构成了“子系统”，多个子系统相互配合构成了一个“系统”，而多套系统通过相互操作又集成为更大的“系统”。显然，无论是类、模块、子系统、系统和集成系统，都是具体的软件单元形态，其不同之处只是粒度不同而已。

对于大多数开发者来说，结构的共性依赖于直觉，相反，有经验的面向对象的程序员更倾向于使用继承解析其中的共性，温度检测模型就是从 MVC 框架中重用的抽象类 model_t 派生的一个具体模型类框架，详见图 10.7。

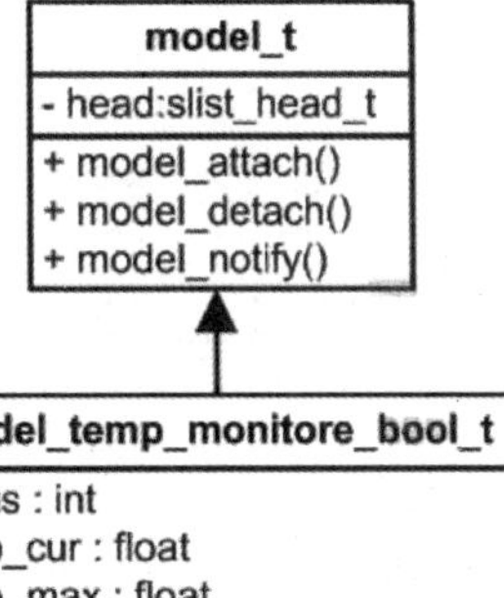

图 10.7　温度检测设计模型类图

由此可见，设计的核心是如何将这些共性和可变性匹配到实现的技术结构，比如，类、类层次、函数和数据结构等。显然，框架是针对结构的，当将“结构”和框架关联起来时，框架就成了设计的主要产物。

通常一个框架对应一个“子领域”，便于我们理解设计过程如何处理问题。有时，单独的子领域能非常接近地映射到框架上去，好的框架可以独立交付、维护和进化，而紧密耦合的子领域很难作为独立的框架进行管理。

一旦确定了子领域，就必须设计和实现每个子领域。而且每个子领域都必须划分为可管理的部分(比如，算法步骤和对象结构)，并将它们分组到抽象中(比如，函数和类)。

通常框架捕获了整个领域共同的实现，最共同的框架可以支持用户接口。MVC 是一个非常通用的人机交互模型，它是相关框架族的基础。典型的框架定义了一个接口，用户为其提供了一个实现、抽象基类或框架中的类之间的耦合关系。

显然，框架有助于将通用关注点和专用关注点彻底分离，其结果是带来了更好的易修改性和可扩展性。

2. 温度检测模型

由于温度检测仪只有三种状态：正常温度、超过上限温度值和低于下限温度值，因此将 status 可能的取值用宏定义表示。虽然也可以使用枚举类型定义这几个可能的状态，但是，由于枚举变量的长度是不确定的(在不同的编译器下，其长度可能不同)，因此在 AMetal 中不建议使用枚举变量。具体温度检测模型类的定义如下：

```
#include "mvc.h"
//定义模块状态
#define MODEL_TEMP_MONITOR_STATUS_NORMAL    0   //正常温度
#define MODEL_TEMP_MONITOR_STATUS_UPPER     1   //超过上限温度值
#define MODEL_TEMP_MONITOR_STATUS_LOWER     2   //低于下限温度值
//定义温度检测模型类型
typedef struct _model_temp_monitor{
```

```
    model_t     isa;                     //model_t 基类派生
    int         status;                  //当前温度状态
    float       temp_cur;                //当前温度值
    float       temp_max;                //上限温度值
    float       temp_min;                //下限温度值
}model_temp_monitor_t;
```

有了具体模型类,即可定义一个 model_temp_monitor_t 类的实例,当将 model_temp 的地址传给形参 p_model 后,如下:

```
model_temp_monitor_t    model_temp;            //定义一个温控器模型实例
model_temp_monitor_t     * p_model = &model_temp;
```

即可按 p_model 的指向引用其他成员。

10.3.3 模型初始化

过程是最早的编程抽象之一,过程的解析是一种经久不衰的设计模式。现在不妨考虑自上而下设计中的共性,设计一个可以从上下文中多个不同的点进行调用的过程。

通常创建类之后,首先是初始化模型的各个成员,即根据当前温度值与上/下限温度值的关系设置 status 值,详见程序清单 10.1。

程序清单 10.1 更新模型的状态值函数

```
static void __update_status (model_temp_monitor_t * p_model)  //更新模型的状态值
{
    if (p_model -> temp_cur>p_model -> temp_max) {
        p_model -> staus = MODEL_TEMP_MONITOR_STATUS_UPPER;
    } else if (p_model -> temp_cur<p_model -> temp_min) {
        p_model -> staus = MODEL_TEMP_MONITOR_STATUS_LOWER;
    } else {
        p_model -> staus = MODEL_TEMP_MONITOR_STATUS_NORMAL;
    }
}
```

其中,p_model 为指向当前模型对象的指针,用于请求对象对自身执行某些操作。当更新了模型的状态值后,则初始化模型时无需指定 status 的初值,仅需要传入参数:模型对象、上限值、下限值和当前值。初始化函数原型(model_temp_monitor.h)如下:

```
int model_temp_monitor_init (model_temp_monitor_t * p_model, float max, float min,
float cur);
```

其中,p_model 指向当前模型对象,max、min 和 cur 分别表示上/下限温度值和当前温度值的初值。其调用形式如下：

```
float  cur = lm75_read() / 256.0f;                    //从温度传感器中获取当前温度值
model_temp_monitor_init(&model_temp, 43, 47, cur);//初始化温控器模型,下限值 43,
                                                      //上限值 47
```

model_temp_monitor_init ()模型初始化函数的实现详见程序清单 10.2。

程序清单 10.2　model_temp_monitor_init()模型初始化函数

```
int model_temp_monitor_init (model_temp_monitor_t * p_model, float min, float max, float cur)
{
    if (p_model == NULL) {
        return -1;
    }
    if (min>max) {
        return -1;
    }
    model_init(&(p_model->isa));
    p_model->temp_max = max;
    p_model->temp_min = min;
    p_model->temp_cur = cur;
    __update_status(p_model);     //根据初始值更新状态值,初始化状态值
    return 0;
}
```

当完成初始化后,还需要考虑提供合适的接口访问各个成员。

10.3.4　设置与获取数据

1. 当前温度值

由于当前实际的温度值 float_cur,模型本身无法获取,只能从温度传感器采集,因此需要提供一个设置当前温度值的接口。当从温度传感器采集到数据时,即可通过该接口修改当前温度值,确保模型中的当前温度值与实际温度值相同。

值得注意的是,当温度值发生改变时,模型的状态将发生改变,需要及时更新 status 成员的值,同时需要调用 model_notify()通知所有的视图。设置当前温度值的函数原型如下：

```
int  model_temp_monitor_cur_set(model_temp_monitor_t * p_model, float value);
```

其中,p_model 指向模型对象,value 为当前的温度值,其调用形式如下：

```
model_temp_monitor_cur_set(&model_temp, lm75_read() / 256.0f);
```

model_temp_monitor_cur_set()函数的实现详见程序清单 10.3。

程序清单 10.3　model_temp_monitor_cur_set()函数实现

```
int model_temp_monitor_cur_set(model_temp_monitor_t * p_model, float value)
{
    if (p_model == NULL) {
        return -1;
    }
    if (p_model -> temp_cur != value){
        p_model -> temp_cur = value;
        __update_status(p_model);                //更新状态
        model_notify((model_t *)p_model);    //通知所有视图
    }
    return 0;
}
```

当温度值发生改变时，将调用__update_status()更新 status 成员的值，并调用 model_notify()通知所有视图。显然，模型对应的视图很有可能需要获取当前温度值以便显示，基于此，需要提供获取当前温度值的接口。获取当前温度值的函数原型如下：

```
int model_temp_monitor_cur_get (model_temp_monitor_t * p_model, float * p_value);
```

其中，p_model 指向模型对象，p_value 为输出参数，以获取当前的温度值。其调用形式如下：

```
float  cur;
model_temp_monitor_cur_get(&model_temp ,&cur);
```

model_temp_monitor_cur_get()函数的实现详见程序清单 10.4。

程序清单 10.4　model_temp_monitor_cur_get()函数实现

```
int model_temp_monitor_cur_get (model_temp_monitor_t * p_model, float * p_value)
{
    if ((p_model == NULL) || (p_value == NULL)) {
        return -1;
    }
    * p_value = p_model -> temp_cur;
    return 0;
}
```

2. 上/下限温度值

由于用户需要设置和修改上限温度值 temp_max 和下限温度值 temp_min，因此需要提供相应的接口。当上/下限温度值改变时，模型的状态则发生了改变，需要及时更新 status 成员的值，并调用 model_notify()通知所有的视图。设置上/下限温度值的函数原型如下：

```
int model_temp_monitor_max_set (model_temp_monitor_t * p_model, float value);
int model_temp_monitor_min_set (model_temp_monitor_t * p_model, float value);
```

其中，p_model 指向模型对象，value 为设置的上/下限温度值，其调用形式如下：

```
model_temp_monitor_max_set(&model_temp, 47);      //设置上限温度值为 47
model_temp_monitor_min_set(&model_temp, 43);      //设置下限温度值为 43
```

model_temp_monitor_max_set()函数的实现详见程序清单 10.5。

程序清单 10.5　model_temp_monitor_max_set()函数实现

```
int model_temp_monitor_max_set (model_temp_monitor_t * p_model, float value)
{
    if ((p_model == NULL) || (value < p_model -> temp_min)) {
        return -1;
    }
    if (p_model -> temp_max != value) {
        p_model -> temp_max = value;
        __update_status(p_model);                   //更新状态
        model_notify((model_t *)p_model);           //通知所有视图
    }
    return 0;
}
```

model_temp_monitor_min_set()函数的实现详见程序清单 10.6。

程序清单 10.6　model_temp_monitor_min_set()函数实现

```
int model_temp_monitor_min_set (model_temp_monitor_t * p_model, float value)
{
    if ((p_model == NULL) || (value > p_model -> temp_max)) {
        return -1;
    }
    if (p_model -> temp_min != value) {
        p_model -> temp_min = value;
        __update_status(p_model);                   //更新状态
        model_notify((model_t *)p_model);           //通知所有视图
    }
    return 0;
}
```

同理，在模型对应的视图中，为了便于显示，很有可能需要获取上/下限温度值，基于此，需要提供获取上/下限温度值的接口。其函数原型(model_temp_monitor.h)

如下：

```
int model_temp_monitor_max_get (model_temp_monitor_t *p_model, float *p_value);
int model_temp_monitor_min_get (model_temp_monitor_t *p_model, float *p_value);
```

其中，p_model 指向模型对象，p_value 为输出参数，以获取当前的上/下限值。其调用形式如下：

```
float  min, max;
model_temp_monitor_max_get(&model_temp, &max);     //获取上限温度值
model_temp_monitor_min_get(&model_temp, &min);     //获取下限温度值
```

model_temp_monitor_max_get()函数的实现详见程序清单 10.7。

程序清单 10.7　model_temp_monitor_max_get()函数实现

```
int model_temp_monitor_max_get (model_temp_monitor_t *p_model, float *p_value)
{
    if ((p_model == NULL) || (p_value == NULL)) {
        return -1;
    }
    *p_value = p_model->temp_max;
    return 0;
}
```

model_temp_monitor_min_get()函数的实现详见程序清单 10.8。

程序清单 10.8　model_temp_monitor_min_get()函数实现

```
int model_temp_monitor_min_get (model_temp_monitor_t *p_model, float *p_value)
{
    if ((p_model == NULL) || (p_value == NULL)) {
        return -1;
    }
    *p_value = p_model->temp_min;
    return 0;
}
```

10.3.5　报警状态

为了视图获取模型当前的报警状态，以便根据当前温度状态进行相应的“报警”显示，比如，LED 闪烁，蜂鸣器鸣叫，同样需要提供获取状态的接口函数。是否需要提供设置状态的接口函数呢？status 的值在初始化时、温度值改变时和上/下限温度值改变时，在模型内部是自动更新的，即模型自身完成了对 status 的设置。此外，status 的值是温度比较判断的结果，温度的比较逻辑是温度检测模型的核心业务逻辑，应该由模型自身维护，因此无需对外提供设置 status 值的接口。基于此，仅需提

供获取状态的函数,其函数原型如下:

```
int model_temp_monitor_status_get(model_temp_monitor_t * p_model);
```

其中,p_model 指向模型对象,其调用形式如下:

```
int   status = model_temp_monitor_status_get(&model_temp);
if (status == MODEL_TEMP_MONITOR_STATUS_NORMAL){              //温度正常
    printf("The temp is normal! \r\n\r\n", status);
}else if (status == MODEL_TEMP_MONITOR_STATUS_UPPER) {     //超过上限温度值
    printf("WARNING : The temp is upper than max!!! \r\n\r\n", status);
}else{                                                          //低于下限温度值
    printf("WARNING : The temp is lower than min!!! \r\n\r\n", status);
}
```

model_temp_monitor_status_get()函数的实现详见程序清单 10.9。

程序清单 10.9　model_temp_monitor_status_get()函数实现

```
int model_temp_monitor_status_get (model_temp_monitor_t * p_model)
{
    if (p_model == NULL){
        return -1;
    }
    return p_model ->status;
}
```

为了便于查阅,如程序清单 10.10 所示展示了 model_temp_monitor.h 文件的内容。

程序清单 10.10　温度检测模型接口(model_temp_monitor.h)

```
#pragma once
#include "ametal.h"
#include "mvc.h"

//定义模块状态
#define MODEL_TEMP_MONITOR_STATUS_NORMAL      0     //温度正常
#define MODEL_TEMP_MONITOR_STATUS_UPPER       1     //超过上限温度值
#define MODEL_TEMP_MONITOR_STATUS_LOWER       2     //低于下限温度值

//定义温度检测模型类型
typedef struct _model_temp_monitor {
    model_t    isa;                    //model 基类派生
    int        status;                 //当前温度状态
    float      temp_cur;               //当前温度值
```

```
    float          temp_max;                              //上限温度值
    float          temp_min;                              //下限温度值
} model_temp_monitor_t;

int model_temp_monitor_init (model_temp_monitor_t *p_model, float max, float min, float cur);

int model_temp_monitor_cur_set (model_temp_monitor_t *p_model, float value);
int model_temp_monitor_max_set (model_temp_monitor_t *p_model, float value);
int model_temp_monitor_min_set (model_temp_monitor_t *p_model, float value);
int model_temp_monitor_cur_get (model_temp_monitor_t *p_model, float *p_value);
int model_temp_monitor_max_get (model_temp_monitor_t *p_model, float *p_value);
int model_temp_monitor_min_get (model_temp_monitor_t *p_model, float *p_value);
int model_temp_monitor_status_get(model_temp_monitor_t *p_model);
```

10.4 视图设计

如图 10.8 所示，显然，数码管视图、蜂鸣器视图和 ZigBee 视图都是从 observer_t 抽象视图派生而来的，且各自实现了自己的 pfn_update_view()方法。

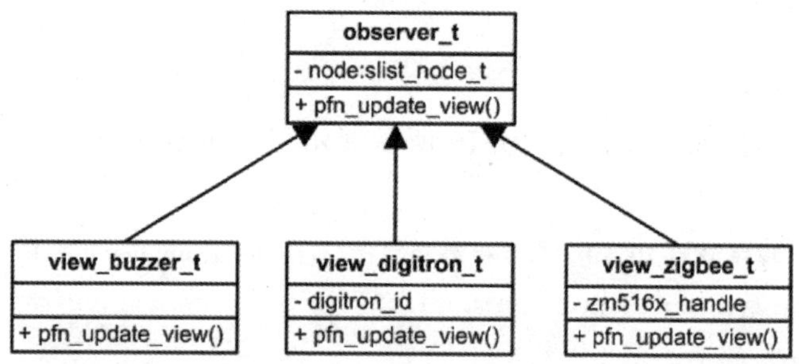

图 10.8 视图结构图

10.4.1 数码管视图

数码管视图仅用于显示当前温度值，在 MVC 框架中，数码管视图是从抽象类 observer_t 派生的具体视图，同时，为了指定数码管视图使用的数码管显示器的编号，还存在一个私有数据 digitron_id。数码管视图定义如下：

```
typedef struct _view_digitron {
    observer_t          isa;
    int                 digitron_id;     //数码管显示器 ID 号
} view_digitron_t;
```

显然有了数码管视图，即可定义相应的视图对象，当将 view_digitron 的地址传给形参 p_view 后，如下：

```
view_digitron_t   view_digitron;
view_digitron_t   *p_view_digitron = &view_digitron;
```

即可按 p_view 的指向引用其他成员。

接着初始化视图对象，只要将 view_digitron 和数码管显示器的编号(通常只有一个数码管显示器，编号为 0)传递给 view_digitron_init()函数，即可初始化数码管视图对象。其函数原型(view_digitron.h)如下：

```
int view_digitron_init (view_digitron_t *p_view_digitron, int digitron_id);
```

其中，p_view_digitron 指向数码管视图对象。其调用形式如下：

```
view_digitron_t   view_digitron;
view_digitron_init(&view_digitron, 0);
```

在初始化数码管视图对象时，需要先实现数码管视图对应的显示函数，详见程序清单 10.11。

程序清单 10.11　数码管视图显示函数的实现

```
static void __view_update (observer_t *p_view, model_t *p_model)
{
    view_digitron_t *p_this = (view_digitron_t *)p_view;
    float   cur;
    char    buf[3];

    //获取当前温度值
    model_temp_monitor_cur_get((model_temp_monitor_t *)p_model, &cur);
    //将温度转换为字符串
    am_snprintf(buf, 3, "%2d", (int)cur);
    am_digitron_disp_str(p_this->digitron_id, 0, strlen(buf), buf);
}
```

数码管视图初始化函数的实现详见程序清单 10.12。

程序清单 10.12　数码管视图初始化函数的实现

```
int view_digitron_init (view_digitron_t *p_view_digitron, int digitron_id)
{
    if (p_view_digitron == NULL) {
        return -1;
    }
    view_init(&(p_view_digitron->isa), __view_update);
    p_view_digitron->digitron_id = digitron_id;
```

```
        return 0;
    }
```

为了在温度模型的状态发生变化时，自动调用数码管视图对应的显示函数，数码管视图需要预先将自己添加到模型对象的链表中保存起来。比如：

```
model_attach(&(model_temp.isa), &(view_digitron.isa));
```

为了便于查阅，程序清单 10.13 展示了 view_digitron.h 文件的内容。

程序清单 10.13　view_digitron.h 文件内容

```
#pragma once
#include "ametal.h"
#include "mvc.h"

typedef struct _view_digitron {
    observer_t     isa;                //基类派生
    int            digitron_id;        //数码管显示器 ID 号
} view_digitron_temp_t;

//数码管视图初始化
int view_digitron_init (view_digitron_t * p_view_digitron, int digitron_id);
```

10.4.2　蜂鸣器视图

当温度状态出现“异常”时，需要通过蜂鸣器报警，基于此可以使用一个蜂鸣器视图观察当前温度模型的状态，从抽象类 observer_t 派生的具体蜂鸣器视图类如下：

```
typedef struct _view_buzzer {
    observer_t   isa;
} view_buzzer_t;
```

显然有了蜂鸣器视图，即可定义相应的视图对象，当将 view_buzzer 的地址传给形参 p_view_buzzer 后，如下：

```
view_buzzer_t   view_buzzer;
view_buzzer_t   * p_view_buzzer = &view_buzzer;
```

即可按 p_view 的指向引用其他成员。

接着初始化视图对象，只要将 view_buzzer 传递给 view_buzzer_init()函数，即可初始化蜂鸣器视图对象。其函数原型如下：

```
int view_buzzer_init (view_buzzer_t * p_view_buzzer);
```

其中，p_view_buzzer 指向蜂鸣器视图对象。其调用形式如下：

```
view_led_t  view_buzzer;
view_led_init(&view_buzzer);
```

在初始化蜂鸣器视图对象时，需要先实现蜂鸣器视图对应的显示函数，详见程序清单 10.14。

程序清单 10.14　蜂鸣器视图显示函数的实现

```
static void __view_buzzer_update (observer_t * p_view, model_t * p_model)
{
    int status = model_temp_monitor_status_get((model_temp_monitor_t * )p_model);
    if (status == MODEL_TEMP_MONITOR_STATUS_NORMAL) {
        am_buzzer_off();
    } else {
        am_buzzer_on();          //异常报警
    }
}
```

由此可见，首先需要获取温度模型的状态，然后才能根据状态是否异常决定蜂鸣器是否鸣叫。蜂鸣器视图初始化函数的实现详见程序清单 10.15。

程序清单 10.15　蜂鸣器视图初始化函数的实现

```
int view_buzzer_init (view_buzzer_t * p_view_buzzer)
{
    if (p_view == NULL) {
        return -1;
    }
    view_init(&(p_view_buzzer->isa), __view_buzzer_update);
    return 0;
}
```

为了在温度模型的状态发生变化时，自动调用蜂鸣器视图对应的显示函数，蜂鸣器视图需要预先将自己添加到模型对象的链表中保存起来。比如：

```
model_attach(&(model_temp.isa), &(view_buzzer.isa));
```

为了便于查阅，程序清单 10.16 展示了 view_buzzer.h 文件的内容。

程序清单 10.16　view_buzzer.h 文件内容

```
#pragma once
#include "ametal.h"
#include "mvc.h"

typedef struct _view_buzzer {
    observer_t  isa;                    //基类派生
```

```
} view_buzzer_t;

int view_buzzer_init (view_buzzer_t * p_view_buzzer);     //蜂鸣器视图初始化
```

10.4.3 ZigBee 视图

当需要实现远程控制时，经常采用 RS－485 组网实现集散控制，当然也可以用更可靠的 CAN－bus 总线和协议组网传输数据。随着技术和需求的发展，使用无线技术组网和传输数据已经成为趋势。由于有了 MVC 框架，因此任意添加各种接口而又不破坏原有的软件结构就成为了现实。基于此需要再新增一个 ZigBee 视图，当模型状态发生变化时，通过无线 ZigBee 将当前温度值、上限温度值、下限温度值以及温度报警的状态发送出去。

类似地，从抽象类 observer_t 派生的具体 ZigBee 视图类，同时增加一个私有数据成员 zm516x_handle，其为 ZigBee 实例句柄，通过该句柄，即可使用相应的接口函数操作 ZigBee 模块。ZigBee 视图类定义如下：

```
//定义 ZigBee 视图类
typedef struct _view_zigbee{
    observer_t              isa;
    am_zm516x_handle_t      zm516x_handle;
}view_zigbee_t;
```

显然有了 ZigBee 视图，即可定义相应的视图对象，当将 view_zigbee 的地址传给形参 p_view_zigbee 后，如下：

```
view_zigbee_t  view_zigbee;
view_zigbee_t  * p_view_zigbee = &view_zigbee;
```

即可按 p_view_zigbee 的指向引用其他成员。

接着初始化视图对象，只要将 view_zigbee 和 ZigBee 模块的实例句柄 zm516x_handle 传递给 view_zigbee_init1()函数，即可初始化 ZigBee 视图对象。其函数原型如下：

```
int view_zigbee_init1(view_zigbee_t * p_view_zigbee, am_zm516x_handle_t zm516x_handle);
```

注：为了避免与第 9 章中定义的 ZigBee 视图冲突，这里特意增加了“1”作为命名空间后缀。

其中，p_view_zigbee 指向 ZigBee 视图对象，zm516x_handle 是 ZigBee 模块的实例句柄，可通过 ZM516X 模块的实例初始化函数获得。其调用形式如下：

```
am_zm516x_handle_t  zm516x_handle = am_zm516x_inst_init();
view_zigbee_t  view_zigbee;
view_zigbee_init1(&view_zigbee, zm516x_handle);
```

同样，在实现该初始化函数时，首先应该完成基类的初始化，需要提供一个与视图对应的显示函数。基于 ZigBee 视图的定义，显示函数的实现详见程序清单 10.17。

程序清单 10.17　ZigBee 视图显示函数的实现

```
static void __view_zigbee_update (observer_t * p_view, model_t * p_model)
{
    model_temp_monitor_t * p_model_temp = (model_temp_monitor_t * )p_model;
    view_zigbee_t          * p_view_zigbee = (view_zigbee_t * )p_view;
    char      buf[100];
    int       status;
    float     cur, min, max;

    model_temp_monitor_cur_get (p_model_temp, &cur);
    model_temp_monitor_max_get (p_model_temp, &max);
    model_temp_monitor_min_get (p_model_temp, &min);
    status = model_temp_monitor_status_get(p_model_temp);
    am_snprintf(
        buf,
        100,
        "cur = %d.%02d, max = %d.%02d, min = %d.%02d, status = %d\r\n",
        (int)cur, abs(((int)((cur) * 100))) % 100,
        (int)max, abs(((int)((max) * 100))) % 100,
        (int)min, abs(((int)((min) * 100))) % 100,
        status);
    am_zm516x_send(p_view_zigbee->zm516x_handle, buf, strlen(buf));
}
```

程序中，首先获取了模型当前的所有信息，然后使用 am_snprintf()函数将这些信息以字符串的信息存放到 buf 缓冲区中，最后，使用 am_zm516x_send 函数将字符串信息通过 ZigBee 发送出去。其中，am_snprintf()与标准 C 函数 snprintf()函数功能相同，均用于格式化字符串到指定的缓冲区中，其函数原型为(am_vdebug.h)：

```
int am_snprintf (char * buf, size_t sz, const char * fmt, ...);
```

其与 am_kprintf()的区别是，am_kprintf()将信息通过调试串口打印输出，而 am_snprintf()函数将信息输出到大小为 sz 的 buf 缓冲区中。

ZigBee 视图初始化函数的实现详见程序清单 10.18。其除了初始化抽象视图类外，还完成了 ZigBee 模块的地址配置，配置本地地址为 0x2001，目标地址为 0x2002。

程序清单 10.18　ZigBee 视图初始化函数的实现

```
int view_zigbee_init1(view_zigbee_t * p_view_zigbee, am_zm516x_handle_t zm516x_handle)
{
```

```
    am_zm516x_cfg_info_t  zm516x_cfg_info;
    if ((p_view_zigbee == NULL) || (zm516x_handle == NULL)) {
        return -1;
    }
    view_init(&(p_view_zigbee->isa), __view_zigbee_update);
    p_view_zigbee->zm516x_handle = zm516x_handle;
    //获取 ZM516X 模块的配置信息
    if (am_zm516x_cfg_info_get(zm516x_handle, &zm516x_cfg_info) != AM_OK) {
        return AM_ERROR;
    }
    //修改 ZM516X 模块的配置信息,本地地址:0x2001,目标地址:0x2002
    zm516x_cfg_info.my_addr[0] = 0x20;
    zm516x_cfg_info.my_addr[1] = 0x01;
    zm516x_cfg_info.dst_addr[0] = 0x20;
    zm516x_cfg_info.dst_addr[1] = 0x02;
    if (am_zm516x_cfg_info_set(zm516x_handle, &zm516x_cfg_info) != AM_OK) {
        return AM_ERROR;
    }
    //使 ZM516X 模块复位,以使设置生效
    am_zm516x_reset(zm516x_handle);
    am_mdelay(10);
    return 0;
}
```

为了便于查阅,如程序清单 10.19 所示展示了 view_zigbee1.h 文件的内容。

程序清单 10.19　view_zigbee1.h 文件内容

```
#pragma once
#include "ametal.h"
#include "mvc.h"
#include "am_zm516x.h"

//定义 ZigBee 视图类
typedef struct _view_zigbee{
    observer_t          isa;
    am_zm516x_handle_t  zm516x_handle;
}view_zigbee_t;
//初始化一个 ZigBee 视图实例
int view_zigbee_init1(view_zigbee_t *p_view_zigbee, am_zm516x_handle_t zm516x_handle);
```

基于温度模型和以上的 3 个视图,在主程序中实现基本的控制代码,即可完成一个简易的温度监测仪,详见程序清单 10.20。

程序清单 10.20 温度检测仪范例程序

```c
#include "ametal.h"
#include "am_delay.h"
#include "am_vdebug.h"
#include "am_digitron_disp.h"
#include "am_temp.h"
#include "am_zm516x.h"
#include "model_temp_monitor.h"
#include "view_zigbee1.h"
#include "view_digitron.h"
#include "view_buzzer.h"
#include "am_hwconf_zm516x.h"
#include "am_hwconf_lm75.h"
#include "am_hwconf_miniport.h"

int am_main (void)
{
    model_temp_monitor_t    model_temp;
    view_zigbee_t           view_zigbee;
    view_buzzer_t           view_buzzer;
    view_digitron_t         view_digitron;
    int32_t                 temp_cur;

    am_zm516x_handle_t     zm516x_handle = am_zm516x_inst_init();
    am_temp_handle_t       temp_handle = am_temp_lm75_inst_init();
    //初始化,并设置 8 段 ASCII 解码
    am_miniport_view_key_inst_init();
    am_digitron_disp_decode_set(0, am_digitron_seg8_ascii_decode);
    am_temp_read(temp_handle, &temp_cur);
    //初始化温控器模型,初始下限值 10,上限值 40
    model_temp_monitor_init(&model_temp, 10, 40, temp_cur / 1000.0f);
    //视图初始化
    view_digitron_init(&view_digitron, 0);
    view_zigbee_init1(&view_zigbee, zm516x_handle);
    view_buzzer_init(&view_buzzer);
    model_attach(&(model_temp.isa), &(view_zigbee.isa));
    model_attach(&(model_temp.isa), &(view_buzzer.isa));
    model_attach(&(model_temp.isa), &(view_digitron.isa));
    while (1) {
        am_temp_read(temp_handle, &temp_cur);   //每隔 500 ms 读取一次温度值
        model_temp_monitor_cur_set(&model_temp, temp_cur / 1000.0f);
```

```
            am_mdelay(500);
        }
}
```

到此为止，实现了具有数码管、蜂鸣器和 ZigBee 三个视图的温度检测仪应用程序，由于还未对按键做任何处理，因此暂时还不支持通过按键调节上/下限值，但可以正常显示温度值。为了验证 ZigBee 视图，实现远程“监控”，需要使用另外一个 ZigBee 节点来接收温度检测仪应用中 ZigBee 视图发出的信息。为便于观察，使用另外一块 AM824ZB 开发板来接收数据，当接收到数据时，直接通过调试串口发送到上位机，使用户可以直接远程在 PC 上观察到温度检测仪相关的信息，范例程序详见程序清单 10.21。

程序清单 10.21　新增 AM824ZB 板用以接收 ZigBee 数据的范例程序

```
#include "ametal.h"
#include "am_led.h"
#include "am_delay.h"
#include "am_zm516x.h"
#include "am_hwconf_zm516x.h"
#include "am_vdebug.h"

int am_main (void)
{
    uint8_t                    buf[20];
    am_zm516x_cfg_info_t       zm516x_cfg_info;
    am_zm516x_handle_t         zm516x_handle = am_zm516x_inst_init();

    //获取 ZM516X 模块的配置信息
    if (am_zm516x_cfg_info_get(zm516x_handle, &zm516x_cfg_info) != AM_OK) {
        return AM_ERROR;
    }
    //修改 ZM516X 模块的配置信息，本地地址：0x2002，目标地址：0x2001
    zm516x_cfg_info.my_addr[0] = 0x20;
    zm516x_cfg_info.my_addr[1] = 0x02;
    zm516x_cfg_info.dst_addr[0] = 0x20;
    zm516x_cfg_info.dst_addr[1] = 0x01;
    if (am_zm516x_cfg_info_set(zm516x_handle, &zm516x_cfg_info) != AM_OK) {
        return AM_ERROR;
    }
    //使 ZM516X 模块复位，以使设置生效
    am_zm516x_reset(zm516x_handle);
    am_mdelay(10);
    while (1) {
```

```
        int ret = am_zm516x_receive(zm516x_handle, buf, 100);
        if (ret>0) {
            buf[ret] = '\0';          //末尾添加结束符
            am_kprintf(" %s", buf);
        }
    }
}
```

由于在温度检测仪应用中，ZigBee 视图将 ZigBee 的本地地址设置为 0x2001，目标地址设置为 0x2002，新的 AM824ZB 开发板为了能够接收到其发出的数据，需要对应地将本地地址设置为 0x2002，目标地址设置为 0x2001。

10.5 按键处理模块设计

与所有其他对象一样，首先应该定义一个按键处理类(key_process.h)：

```
typedef struct _key_process {
    //类成员待添加
} key_process_t;

int  key_process_set (key_process_t * p_this);          //SET 键处理
int  key_process_lr (key_process_t * p_this);           //L/R 键处理
int  key_process_inc (key_process_t * p_this);          //加键处理
int  key_process_dec (key_process_t * p_this);          //减键处理
```

类中需要包含的成员暂不确定，可以在后续分析设计中根据需要添加。其需要提供的方法就是对应处理 4 个按键的方法。下面分别对各个按键的处理方法进行详细分析。

10.5.1 SET 键处理

对 SET 键的处理，会根据当前所处状态的不同而不同。若处于正常状态，则 SET 键表示要进入下限值调节；若正在调节下限值，则 SET 键表示要退出下限值调节，进入上限值调节；若正在调节上限值，则表示要退出上限值调节，回归正常状态。显然，SET 键按下时，会根据当前所处的状态做不同的处理动作，为此，可以在类中新增一个 adj_state 变量，表示当前所处的状态。如使用 0 表示处于正常状态，使用 1 表示正在调节下限值，使用 2 表示正在调节上限值。为了程序的可读性，可以使用三个宏来分别表示 3 种状态，即

```
#define __ADJ_STATE_NORMAL     0
#define __ADJ_STATE_MIN        1
#define __ADJ_STATE_MAX        2
```

注意，由于这些宏仅在内部使用，用于帮助 SET 键处理函数进行正确的事务处理，因此，仅需要定义在.c 文件中，不需要定义在头文件中。

由于新增了一个类成员 adj_state，因此可以更新类的定义如下：

```
typedef struct _key_process {
    uint8_t  adj_state;
} key_process_t;
```

adj_state 的值只能为 0、1 或 2，使用 8 位数据类型即可。SET 按键的处理伪代码详见程序清单 10.22。

程序清单 10.22　SET 键处理函数伪代码

```
int key_process_set (key_process_t * p_this)
{
    if (p_this ->adj_state == __ADJ_STATE_NORMAL) {
        //正常状态按下 SET 按键的处理
    } else if (p_this ->adj_state == __ADJ_STATE_MIN) {
        //正在调节下限值时按下 SET 按键的处理
    } else if (p_this ->adj_state == __ADJ_STATE_MAX) {
        //正在调节上限值时按下 SET 按键的处理
    }
    return AM_OK;
}
```

由此可见，实现该函数的核心是需要完成三种情况下对 SET 键按下的处理。

值的调节是有一个过程的，如将值“15”调节至“48”，需要先将个位调节至 8（中间过程会出现 16、17、18），再将十位调节至 4（中间过程会出现 28、38）。显然，并不需要将中间过程产生的调节值设置到温度模型中，只需要将最终的“48”设置到温度模型中即可。这就需要一个临时变量来保存整个调节的中间过程，如在类中新增一个 adj_val 成员来表示调节值，adj_pos 成员来表示当前的调节位（个位、十位……），如下：

```
typedef struct _key_process {
    uint8_t       adj_state;
    uint32_t      adj_val;
    uint8_t       adj_pos;
} key_process_t;
```

同时，根据温控器功能描述，在调节过程中，需要在数码管上显示当前的调节值，并使用两个 LED 指示当前的状态，正常状态时两灯闪烁。调节下限值时，仅 LED1 点亮，调节上限值时，仅 LED0 点亮。可见，在按键处理中，使用到了数码管和 LED，为了使用通用接口操作数码管和 LED，需要知道数码管显示器和 LED 的 ID 号，可以在类中新增 digitron_id 成员表示使用的数码管显示器的 ID,led0_id 和 led1_id 表示使用的 LED ID,如下:

```
typedef struct _key_process {
    uint8_t         adj_state;
    uint32_t        adj_val;
    uint8_t         adj_pos;
    int             led0_id;
    int             led1_id;
    int             digitron_id;
} key_process_t;
```

特别地,当正在调节上限值或下限值时,数码管需要显示当前的调节值,不再显示温度值,只有在正常状态下,才显示温度值。在 MVC 模型中,数码管视图作为温度模型的一个视图,会实时显示当前温度值,为了避免在调节上限值或下限值时显示当前温度值,需要临时使用 model_detach()解除温度模型与数码管视图的关联,调节完毕后再重新使温度模型和数码管关联。那么按键处理模块就必须要知道对应的温度模型和数码管视图,基于此,需要在类中新增两个成员 p_model 和 p_view,使其分别指向温度模型和对应的数码管视图,以便在合适的时机"连接"或"断开连接"数码管视图和温度模型,如下:

```
typedef struct _key_process {
    uint8_t                    adj_state;
    uint32_t                   adj_val;
    uint8_t                    adj_pos;
    int                        led0_id;
    int                        led1_id;
    int                        digitron_id;
    model_temp_monitor_t       *p_model;
    view_digitron_t            *p_view;
} key_process_t;
```

在正常状态下,当 SET 键按下时,表示需要调节下限值,此时,应该从模型中获取当前的下限值作为调节值 adj_val 的初始值,并将调节位重置为个位,作为指示,点亮 LED1,熄灭 LED0。同时,需要断开温度模型和数码管视图,以在数码管上显示最新的调节值,也是当前正在调节的位闪烁。完成这些操作后,表明已经处于调节下限值状态,可以开始使用 INC、DEC、L/R 调节下限值,更新 adj_state 的值为__ADJ_STATE_MIN。正常状态下 SET 按键的处理详见程序清单 10.23。

程序清单 10.23　正常状态下 SET 按键的处理

```
//从模型中取得当前的下限值作为调节的初始值
```

```
    float min;
    model_temp_monitor_min_get(p_this ->p_model, &min);
    p_this ->adj_val = (int)min;
    model_detach(&(p_this ->p_model ->isa), &(p_this ->p_view ->isa));
                                                    //断开模型和数码管视图连接
    //数码管显示当前的调节值
    char buf[3];
    am_snprintf(buf, 3, "%2d", num);
    am_digitron_disp_str(p_this ->digitron_id, 0, strlen(buf), buf);
    //设置调节位为个位,并使调节位闪烁
    p_this ->adj_pos = 1;
    am_digitron_disp_blink_set(p_this ->digitron_id, p_this ->adj_pos, AM_TRUE);
    //LED 指示
    am_led_on(1);
    am_led_off(0);
    //更新状态变量为调节下限值
    p_this ->adj_state = __ADJ_STATE_MIN;
```

由于数码管通用接口只提供了显示字符串的函数,因此在显示调节值前,需要使用 am_snprintf()格式化字符串函数将数值转变为字符串。可以将其实现为一个独立的函数,便于复用,也使数码管显示调节值的语句更加简洁,详见程序清单 10.24。

程序清单 10.24　数码管显示数值函数

```
static void __digitron_disp_num (key_process_t *p_this, int num)
{
    char buf[3];
    am_snprintf(buf, 3, "%2d", num);
    am_digitron_disp_str(p_this ->digitron_id, 0, strlen(buf), buf);
}
```

此外,由于数值显示的个位对应的数码管显示器的索引为 1,因此,初始时,将调节位设置为 1,这样,在设置闪烁时,仅需将 adj_pos 作为闪烁位数码管的索引即可。虽然这样的设计非常简便,但却不符合人们的思维习惯,而且程序可读性下降,使用 0 表示个位、1 表示十位是更符合思维习惯的。

另一方面,调节位在本质上是用于决定加键和减键的权重。例如,调节位为个位时,权重为 1(10^0),加键和减键对应的是对调节值进行加 1 或减 1 操作;调节位为十位时,权重为 10(10^1),加键和减键对应的是对调节值进行加 10 或减 10 操作,如果有更多的调节位,可以以此类推。显然,如果使用 0 表示个位,1 表示十位,则调节的权重恰好为 $10^{调节位}$。可见,从调节位本质作用的角度,使用 0 表示个位,1 表示 10 位也更加合理。

实际中,温度值可能不仅仅只有两位,这里将调节位限定为个位和十位是由于当前的数码管只能显示两位，随着后续的扩展，数码管可能支持更多的位数。基于此，可以将调节位的个数使用宏定义出来，便于后期扩展、修改。比如：

```
#define __ADJ_POS_NUM   2
```

此时，设置数码管闪烁时，就需要简单地转换一下了。数码管的索引是从左到右递增的，最左边为 0 号数码管，最右边为 1 号数码管；而对于 adj_pos 来说，0 表示个位（最右边），1 表示十位（最左边）。adj_pos 对应需要闪烁的数码管索引详见表 10.1。

表 10.1　adj_pos 与数码管索引的关系

adj_pos	数码管索引	调节位
0	1(__ADJ_POS_NUM−1)	个位
1(__ADJ_POS_NUM−1)	0	十位

由此可见，adj_pos 与数码管索引的值存在如下关系：

p_this ->adj_pos＋数码管索引＝__ADJ_POS_NUM－1

数码管索引＝__ADJ_POS_NUM－1－p_this ->adj_pos

基于此，在设置调节位闪烁时，需要将 adj_pos 转换为数码管索引，即

```
am_digitron_disp_blink_set(
    p_this ->digitron_id, __ADJ_POS_NUM - 1 - p_this ->adj_pos, AM_TRUE);
                                                    //调节位开始闪烁
```

为了避免每次设定闪烁属性时都要处理此转换关系，可以编写一个设置闪烁属性的函数，供内部使用，详见程序清单 10.25。

程序清单 10.25　数码管闪烁属性设置函数

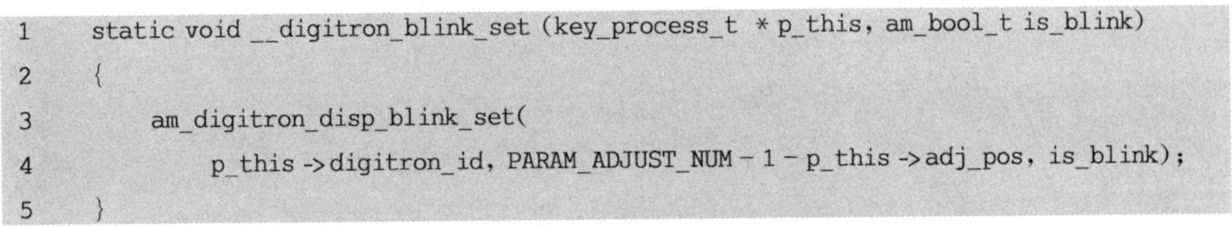

```
static void __digitron_blink_set (key_process_t *p_this, am_bool_t is_blink)
{
    am_digitron_disp_blink_set(
        p_this ->digitron_id, PARAM_ADJUST_NUM - 1 - p_this ->adj_pos, is_blink);
}
```

基于以上分析，更新正常状态下 SET 按键的处理程序，详见程序清单 10.26。

程序清单 10.26　正常状态下 SET 按键的处理程序更新

```
//从模型中取得当前的下限值作为调节的初始值
float min;
model_temp_monitor_min_get(p_this ->p_model, &min);
p_this ->adj_val = (int)min;
model_detach(&(p_this ->p_model ->isa), &(p_this ->p_view ->isa));
                                        //断开温度模型和数码管视图连接
```

```
__digitron_disp_num(p_this, p_this->adj_val);     //数码管显示当前的调节值
p_this->adj_pos = 0;     //设置调节位为个位,并使调节位闪烁
__digitron_blink_set(p_this, AM_TRUE);
//LED 指示
am_led_on(1);
am_led_off(0);
//更新状态变量为调节下限值
p_this->adj_state = __ADJ_STATE_MIN;
```

至此,完成了在正常状态下对 SET 键的处理,另外两种情况也基本类似,主要的区别有:在调节下限值时按下 SET 键,需要将调节的结果作为新的下限值设置到模型中;在调节上限值时按下 SET 键,需要将调节的结果作为新的上限值设置到模型中。特别地,在回到正常状态时,需要使两个 LED 闪烁。在 LED 通用接口中,只有点亮 LED(am_led_on())、熄灭 LED(am_led_off())或翻转 LED(am_led_toggle())等基础的操作,并没有直接控制一个 LED 闪烁的接口。为此,可以使用软件定时器设定一个周期性任务,以一定的时间间隔翻转 LED 即可实现 LED 闪烁。周期性任务的实现详见程序清单 10.27。

程序清单 10.27　LED 闪烁的周期性任务

```
static void __timer_callback (void *p_arg)
{
    key_process_t *p_this = (key_process_t *)p_arg;
    am_led_toggle(p_this->led0_id);
    am_led_toggle(p_this->led1_id);
}
```

只要通知软件定时器以一定的时间间隔调用该函数,并将按键处理器作为其 p_arg 参数(以便获取 LED 的编号),即可实现 LED 闪烁。

为了使用软件定时器,需要在按键处理类中新增一个软件定时器实例:

```
typedef struct _key_process {
    uint8_t                   adj_state;
    uint32_t                  adj_val;
    uint8_t                   adj_pos;
    int                       led0_id;
    int                       led1_id;
    int                       digitron_id;
    model_temp_monitor_t      *p_model;
    view_digitron_t           *p_view;
    am_softimer_t             timer;          //用于 LED 闪烁的软件定时器
} key_process_t;
```

初始化软件定时器时，需要将自定义周期性任务__timer_callback 作为其回调函数，并将按键处理器自身作为回调函数的参数，如：

```
am_softimer_init(&p_this->timer, __timer_callback, p_this);
```

注意：状态机中存在多个数据成员，在启动状态机前，必然要完成各个成员的初始化，这往往是在状态机本身的初始化函数中完成的，这里仅简单地示意了 timer 定时器成员的初始化范例，完整的状态机初始化函数在后文介绍。

需要两灯闪烁时，启动定时器：

```
am_softimer_start(&p_this->timer, 500);      //以 500 ms 的时间间隔翻转，实现闪烁
```

不需要两灯闪烁时，停止定时器：

```
am_softimer_stop(&p_this->timer);
```

基于以上分析，SET 键处理函数的完整实现详见程序清单 10.28。

程序清单 10.28　SET 键处理函数实现

```
int  key_process_set (key_process_t *p_this)
{
    if (p_this->adj_state == __ADJ_STATE_NORMAL) {
        float min;
        model_temp_monitor_min_get(p_this->p_model, &min);
        model_detach(&(p_this->p_model->isa), &(p_this->p_view->isa));
        p_this->adj_val = (int)min;
        __digitron_disp_num(p_this, p_this->adj_val);      //显示调节值
        p_this->adj_pos = 0;
        __digitron_blink_set(p_this, AM_TRUE);      //调节位个位闪烁
        am_led_on(1);
        am_led_off(0);
        p_this->adj_state = __ADJ_STATE_MIN;

    } else if (p_this->adj_state == __ADJ_STATE_MIN) {
        //调节值作为新的下限值设置到模型中，并从模型中获取上限值作为新的调节值
        float max;
        model_temp_monitor_min_set(p_this->p_model, (float)p_this->adj_val);
        model_temp_monitor_max_get(p_this->p_model, &max);
        p_this->adj_val = (int)max;
        __digitron_disp_num(p_this, p_this->adj_val);      //显示调节值
        __digitron_blink_set(p_this, AM_FALSE);            //原调节位停止闪烁
        p_this->adj_pos = 0;
        __digitron_blink_set(p_this, AM_TRUE);             //调节位个位闪烁
        am_led_on(0);
```

```
            am_led_off(1);
            p_this ->adj_state = __ADJ_STATE_MAX;
        } else if (p_this ->adj_state == __ADJ_STATE_MAX) {
            //调节值作为新的上限值设置到模型中
            model_temp_monitor_max_set(p_this ->p_model, (float)p_this ->adj_val);
            //调节位停止闪烁
            __digitron_blink_set(p_this, AM_FALSE);
            //回到正常状态,两灯闪烁,重新连接温度模型和数码管视图
            am_softimer_start(&p_this ->timer, 500);    //两灯闪烁
            model_attach(&(p_this ->p_model ->isa), &(p_this ->p_view ->isa));
            p_this ->adj_state = __ADJ_STATE_NORMAL;
        }
        return AM_OK;
    }
```

10.5.2 INC(加)键处理

当系统不处于正常状态时,加键按下时就是根据当前的调节位对调节值进行加值操作,增加的值与调节位相关,为 10 调节位,加键处理函数的实现详见程序清单 10.29。

程序清单 10.29 INC 键处理函数实现

```
static uint32_t __pow (uint32_t x, uint32_t y)
{
    uint32_t i = 1;
    while (y-- )
        i *= x;
    return i;
}
int key_process_inc (key_process_t *p_this)
{
    if (p_this ->adj_state != __ADJ_STATE_NORMAL) {
        p_this ->adj_val = (p_this ->adj_val +
                          __pow(10, p_this ->adj_pos)) % __pow(10, PARAM_ADJUST_NUM);
    __digitron_disp_num(p_this, p_this ->adj_val);
    }
    return AM_OK;
}
```

为了计算增加的权重,即求 10 的“调节位”次方,定义了一个__pow 函数。该函数是自定义的用于求 x^y 的函数。调节值增加后,为了确保调节值不会超过可调范围的最大值(与可调位数相关,如可调 2 位,则可调范围的最大值为 $10^2-1=99$),将

其对最大值+1 进行了取余操作,保证了调节值始终处于有效范围。

注:在标准 C 的数学库中提供了 pow 函数,只需要包含 math. h 文件即可使用。标准 C 库的 pow 函数功能十分全面,其支持浮点数的浮点数幂,比如,$0.3^{0.4}$。但是功能的全面也造成了程序体积的庞大,显然这里并不需要使用浮点数等全面功能。如果使用标准库提供的 pow()函数,就会造成大量程序空间的浪费。在这里使用标准库提供的 pow 函数时,会多占用 12 KB 左右的 Flash 空间。

10.5.3 DEC(减)键处理

当系统不处于正常状态时,减键按下时就是根据当前的调节位对调节值进行减值操作,减少的值与调节位相关,为 10 调节位,减键处理函数的实现详见程序清单 10.30。

程序清单 10.30 DEC 键处理函数实现

```
int key_process_dec (key_process_t *p_this)
{
    if (p_this ->adj_state != __ADJ_STATE_NORMAL) {
        p_this ->adj_val = (p_this ->adj_val + __pow(10, __ADJ_POS_NUM) -
                        __pow(10, p_this ->adj_pos)) % __pow(10, __ADJ_POS_NUM);
        __digitron_disp_num(p_this, p_this ->adj_val);
    }
    return AM_OK;
}
```

程序中,在进行减法以前,将调节值增加了"可调范围的最大值+1",避免出现不够减的情况。为了确保调节值不会超过可调范围的最大值,调节值减少后同样进行了取余操作。

10.5.4 L/R 键处理

当系统不处于正常状态时,L/R 减用于切换调节位,由于要使调节位处于闪烁状态,因此,调节位切换前,需要停止原调节位的闪烁;调节位切换后,需要使能新的调节位闪烁。L/R 键处理函数的实现详见程序清单 10.31。

程序清单 10.31 L/R 键处理函数实现

```
void key_process_lr (key_process_t *p_this)
{
    if (p_this ->adj_state != __ADJ_STATE_NORMAL) {
        __digitron_blink_set(p_this, AM_FALSE);        //旧的调节位停止闪烁
        p_this ->adj_pos = (p_this ->adj_pos + 1) % __ADJ_POS_NUM;
        __digitron_blink_set(p_this, AM_TRUE);         //新的调节位开始闪烁
    }
```

```
        return AM_OK;
    }
```

10.5.5 初始化

当前按键处理类中包含了 LED 的 ID 号，指向模型的指针等成员，显然，这些成员在使用前都需要初始化为正确的值。为此，可以提供一个初始化函数，用于类成员相关的初始化操作，其本质上就是类的构造函数。

根据按键处理类的定义，初始化时，需要用户传入的参数有：待初始化的按键处理模块本身、温度模型、数码管视图、LED0 的 ID 号、LED1 的 ID 号和数码管显示器的 ID 号。其函数原型(key_process.h)如下：

```
int key_process_init (
    key_process_t              * p_this,
    model_temp_monitor_t       * p_model,
    view_digitron_t            * p_view,
    int                        led0_id,
    int                        led1_id,
    int                        digitron_id);
```

其中，p_this 指向按键处理模块自身；p_model 指向温度模型对象；p_view 指向温度模型的数码管视图对象；led0_id 和 led1_id 分别指定了两个 LED 的编号；digitron_id 指定了数码管显示器的编号。其调用形式如下：

```
static key_process_t           key_process;                    //按键处理模块实例
static model_temp_monitor_t    model_temp;                     //温度模型
static view_digitron _t        view_digitron;                  //温度模型的数码管视图
model_temp_monitor_init(&model_temp, 10, 40, 25);              //温度模型初始化
view_digitron _init(&view_digitron, 0);                        //数码管视图初始化
key_process_init(&key_process, &model_temp, &view_digitron, 0, 1, 0);
                                                               //按键处理模块初始化
```

key_process_init()函数的实现详见程序清单 10.32，在完成 p_model、p_view、led0_id、led1_id 和 digitron_id 各成员的赋值后，初始化了用于 LED 闪烁的软件定时器，将__timer_callback 作为回调函数，以便周期性地执行翻转 LED 的任务实现 LED 闪烁。最后，由于初始化时系统默认处于正常状态，因此将 adj_state 的值设置为__ADJ_STATE_NORMAL，并打开软件定时器，使 LED 开始闪烁，同时将温度模型和数码管视图关联，使数码管当前显示温度值。

程序清单 10.32　按键处理模块初始化函数实现

```
int key_process_init (
    key_process_t              * p_this,
```

```
    model_temp_monitor_t        * p_model,
    view_digitron_t             * p_view,
    int                         led0_id,
    int                         led1_id,
    int                         digitron_id)
{
    p_this ->p_model = p_model;
    p_this ->p_view = p_view;
    p_this ->led0_id = led0_id;
    p_this ->led1_id = led1_id;
    p_this ->digitron_id = digitron_id;

    p_this ->adj_state = __ADJ_STATE_NORMAL;
    am_softimer_init(&p_this ->timer, __timer_callback, p_this);
    am_softimer_start(&p_this ->timer, 500);
    model_attach(&(p_this ->p_model ->isa), &(p_this ->p_view ->isa));
    return AM_OK;
}
```

基于按键处理程序,实现完整的温度检测仪程序,详见程序清单 10.33。

程序清单 10.33　状态机综合范例程序

```
#include "ametal.h"
#include "am_delay.h"
#include "am_vdebug.h"
#include "am_input.h"
#include "am_digitron_disp.h"
#include "am_temp.h"
#include "am_zm516x.h"
#include "model_temp_monitor.h"
#include "view_zigbee1.h"
#include "view_digitron.h"
#include "view_buzzer.h"
#include "key_process.h"
#include "am_hwconf_zm516x.h"
#include "am_hwconf_lm75.h"
#include "am_hwconf_miniport.h"

static void key_callback (void * p_arg,int key_code, int key_state, int keep_time)
{
    if (key_state == AM_INPUT_KEY_STATE_PRESSED) {
        switch (key_code) {
```

```
            case KEY_0:                  //SET 键按下
                key_process_set(p_arg);
                break;
            case KEY_1:                  //加 1 键按下
                key_process_inc(p_arg);
                break;
            case KEY_2:                  //L/R 键按下
                key_process_lr(p_arg);
                break;
            case KEY_3:                  //减 1 键按下
                key_process_dec(p_arg);
                break;
            default:
                break;
            }
        }
}

int am_main (void)
{
    model_temp_monitor_t          model_temp;
    view_zigbee_t                 view_zigbee;
    view_buzzer_t                 view_buzzer;
    view_digitron_t               view_digitron;
    int32_t                       temp_cur;
    am_input_key_handler_t        key_handler;
    key_process_t                 key_process;
    am_zm516x_handle_t            zm516x_handle = am_zm516x_inst_init();
    am_temp_handle_t              temp_handle = am_temp_lm75_inst_init();

    //初始化,并设置 8 段 ASCII 解码
    am_miniport_view_key_inst_init();
    am_digitron_disp_decode_set(0, am_digitron_seg8_ascii_decode);
    am_temp_read(temp_handle, &temp_cur);
    //初始化温控器模型,初始下限值 10,上限值 40,当前温度值
    model_temp_monitor_init(&model_temp, 10, 40, temp_cur / 1000.0f);
    //视图初始化
    view_digitron_init(&view_digitron, 0);
    view_zigbee_init1(&view_zigbee, zm516x_handle);
    view_buzzer_init(&view_buzzer);
    //按键处理模块初始化
    key_process_init(&key_process, &model_temp, &view_digitron, 0, 1, 0);
```

```
        model_attach(&(model_temp.isa), &(view_zigbee.isa));
        model_attach(&(model_temp.isa), &(view_buzzer.isa));
        am_input_key_handler_register(&key_handler, key_callback, &key_process);
        while (1) {
            //每隔 500 ms 读取一次温度值
            am_temp_read(temp_handle, &temp_cur);
            model_temp_monitor_cur_set(&model_temp, temp_cur / 1000.0f);
            am_mdelay(500);
        }
    }
```

为了便于查阅，如程序清单 10.34 所示展示了 key_process.h 状态机文件的内容。

程序清单 10.34　key_process.h 状态机文件内容

```
#pragma once
#include "ametal.h"
#include "model_temp_monitor.h"
#include "view_digitron.h"
#include "am_softimer.h"

typedef struct _key_process {
    uint8_t                  adj_state;
    uint32_t                 adj_val;
    uint8_t                  adj_pos;
    int                      led0_id;
    int                      led1_id;
    int                      digitron_id;
    model_temp_monitor_t     *p_model;
    view_digitron_t          *p_view;
    am_softimer_t            timer;
} key_process_t;

int key_process_init (
    key_process_t            *p_this,
    model_temp_monitor_t     *p_model,
    view_digitron_t          *p_view,
    int                      led0_id,
    int                      led1_id,
    int                      digitron_id);

int  key_process_set (key_process_t *p_this);       //SET键处理
```

```
int   key_process_lr (key_process_t * p_this);           //L/R 键处理
int   key_process_inc (key_process_t * p_this);          //加键处理
int   key_process_dec (key_process_t * p_this);          //减键处理
```

上面是按照传统的事件驱动型设计方法，分别对可能产生的 4 种按键事件进行一一处理。实际上，对于同一事件，发生的时机不同，对应的处理方法可能是不同的。比如，对 SET 键的处理，若处于正常状态，则 SET 键表示要进入下限值调节；若正在调节下限值，则 SET 键表示要退出下限值调节，进入上限值调节；若正在调节上限值，则表示要退出上限值调节，回归正常状态。这就导致在 SET 键处理函数中，需要过多的分支判断语句。

“不同状态对应不同的处理”“大量的分支判断”，这些特征的出现，表明应该使用 State 模式来处理问题了。

10.6 状态机设计

10.6.1 状态模型

通过按键的功能描述以及前面实现普通按键处理模块的过程可知，整个系统存在三种状态：正常状态、下限值调节状态和上限值调节状态。它们之间的状态切换是通过 SET 键实现的，其状态图详见图 10.9。

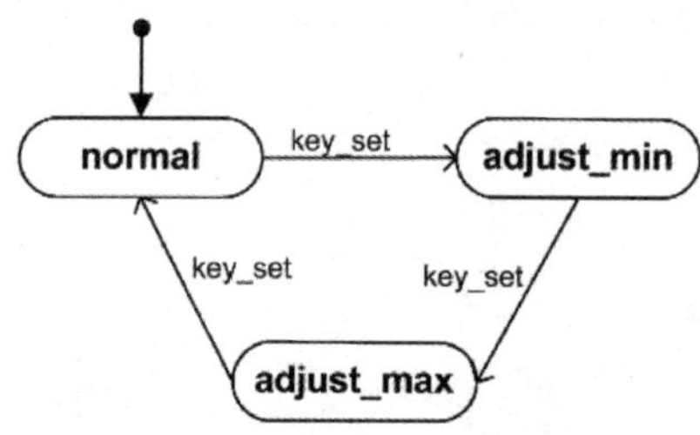

图 10.9 按键操作的状态机样例

由于只有 SET 键可能导致状态转换，因此状态转换图非常直观，接下来需要考虑各个状态下的对事件的处理。

1. 外部事件

4 个键对应 4 种外部事件，除 SET 键用于状态切换外，需要处理的事件还有 3 个键对应的事件：key_lr、key_inc、key_dec，它们不会导致状态的转换，仅在状态内部响应事件。

由于 key_lr、key_inc、key_dec 仅用于调节当前的下限值（adjust_min 状态）或上限值（adjust_max 状态），在正常状态下，无需对任何值进行调节，因此不需要对这 3 种事件作出响应。

2. 内部事件

在设计状态机时，除外部事件外，每个状态还额外定义了两种内部事件：进入事件和退出事件，对应的响应动作分别为“进入动作”和“退出动作”，完整的状态转移表详见表 10.2。

表 10.2 状态转移表

状态	事件			
	key_set	key_lr	key_inc	key_dec
normal	adjust_min	忽略	忽略	忽略
adjust_min	adjust_max	切换调节位	值增加	值减小
adjust_max	normal	切换调节位	值增加	值减小

当系统上电启动后，FSM 处于 normal 状态，此时，无论触发任何事件 key_lr、key_inc 或 key_dec，都会被系统忽略，而不执行任何动作。

在 normal 状态时，如果发生 key_set 事件，则 FSM 从 normal 状态转移为 adjust_min 状态。在 adjust_min 状态时，调节下限值，需要从模型中获取当前值作为调节的初始值，初始调节位为个位。此时，如果发生 key_lr 事件，则调节位从个位切换为十位；如果继续发生 key_lr 事件，则调节位从十位切换为个位，以此类推。

key_inc 和 key_dec 分别为＋1 或－1 操作键。调节位反映了＋1 或－1 的权重，如果调节位为个位，则权重为"1"；如果调节位为十位，则权重为"10"。在 adjust_min 状态下，如果发生 key_set 事件，则结束下限值调节，需要将调节好的下限值重新设置到模型中，FSM 从 adjust_min 状态转移为 adjust_max 状态。

在 adjust_max 状态时，调节上限值，需要从模型中获取当前值作为调节的初始值，初始调节位为个位。此时，FSM 对 key_lr、key_inc 和 key_dec 事件的响应与 adjust_min 状态完全相同。在 adjust_max 状态时，如果发生 key_set 事件，则结束上限值调节，需要将调节好的上限值重新设置到模型中，FSM 从 adjust_max 状态转移为 normal 状态。

由此可见，无论是 adjust_max 状态还是 adjust_min 状态，它们都存在一个进入动作（启动上/下限值调节）和退出动作（结束上/下限值调节）。当进入一个状态时，无论是什么转移使你进入，都会执行进入动作；当离开一个状态时，无论是什么转移使你离开，都会执行它的退出动作。在状态图中，进入动作和退出动作分别是以 entry 和 exit 标记的动作。这是在状态转移表中没有体现的，其相应的状态图详见图 10.10。

10.6.2 设计模型

在状态模型的分析中，每个状态包含 6 个事件处理函数（key_set、key_inc、key_dec、key_add 共计 4 个外部事件，以及"进入动作"和"退出动作"）。

基于 State 状态模式的状态机类图详见图 10.11。其中，param_adjust_sm_t 是参数调节类，其包含一个指向当前状态的 p_state 指针，并提供了 4 个外部事件的处理方法。当外部事件产生时，将具体处理委托给 adjust_state_t。由于在具体的实现

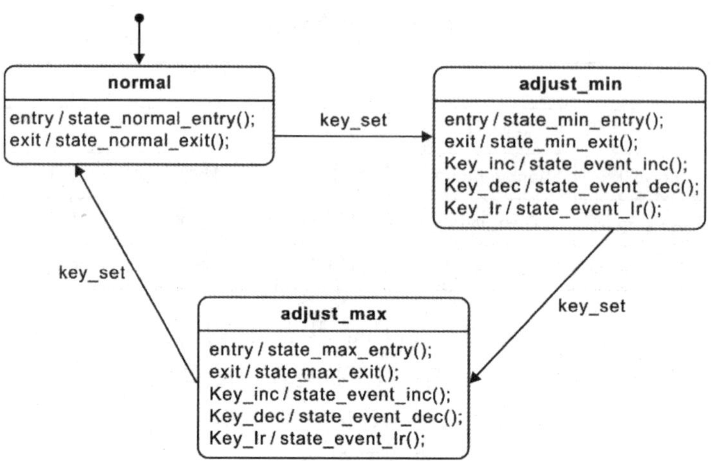

图 10.10 上/下限值调节状态图

方法中，需要修改参数调节类的 p_state 以切换参数调节类的状态，因此状态派生类与参数调节类是关联的。注意，entry 和 exit 仅在进入一个状态和退出一个状态时自动调用，与外部事件无关。

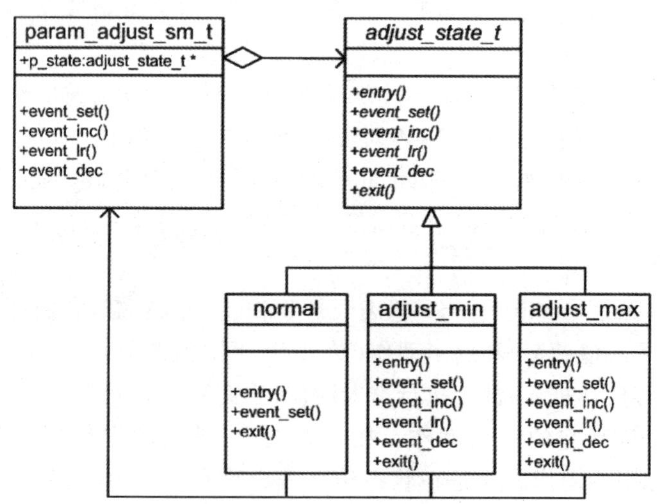

图 10.11 状态机类图

● 状态机类型

默认情况下，由于状态机仅需维护表示当前状态的 p_state 成员，因此 FSM 的定义如下：

```
typedef struct _param_adjust_sm {
    const  adjust_state_t    * p_state;                //当前状态
} param_adjust_sm_t;
```

● 状态类型

由于每个状态下都存在 6 个可能发生的动作(包括 4 个外部事件对应的动作以及进入与退出动作),因此状态的定义如下:

```
typedef struct _adjust_state {
    event_handle_t  pfn_entry;              //进入动作
    event_handle_t  pfn_event_set;          //SET 事件处理函数
    event_handle_t  pfn_event_inc;          //加 1 事件处理函数
    event_handle_t  pfn_event_lr;           //左移/右移事件处理函数
    event_handle_t  pfn_event_dec;          //减 1 事件处理函数
    event_handle_t  pfn_exit;               //退出动作
} adjust_state_t;
```

其中,event_handle_t 是每个动作的类型,其定义如下:

```
typedef void ( * event_handle_t) (param_adjust_sm_t * p_this);
```

一个具体状态作为抽象状态类的子类,其核心任务是完成抽象类中定义的 6 个方法。

除 p_state 成员外,通过在"按键处理模块的设计"中的分析可知:

① 值的调节存在一个过程,需要增加 adj_val 和 adj_pos 成员来临时保存整个调节的中间过程。

② 调节过程中使用了数码管和 LED,需要增加 digitron_id 成员来表示使用的数码管显示器的 ID,增加 led0_id 和 led1_id 成员来表示使用的 LED ID。

③ 当显示调节值时,需要断开温度模型和数码管视图的关联,使数码管不再显示当前温度值,增加分别指向温度模型和对应的数码管视图的 p_model 和 p_view 成员,以便在合适的时机"连接"或"断开连接"数码管视图和温度模型。

④ 在正常状态中,需要 LED 闪烁,增加 timer 软件定时器实例,使用该软件定时器开启一个周期性任务,使 LED 周期性翻转实现闪烁。

基于此,完整的状态机类型定义如下:

```
typedef struct _param_adjust_sm {
    const  adjust_state_t      * p_state;       //当前状态
    uint32_t                   adj_val;         //当前调节的值
    uint8_t                    adj_pos;         //调节状态下的调节位置
    int                        led0_id;         //LED0 的 ID 号
    int                        led1_id;         //LED1 的 ID 号
    int                        digitron_id;     //数码管显示器编号
    model_temp_monitor_t       * p_model;       //温度模型
    view_digitron_t            * p_view;        //温度模型的数码管视图
    am_softimer_t              timer;           //用于 LED 闪烁的软件定时器
} param_adjust_sm_t;
```

与按键处理模块类 key_process_t 对比可知，它们的定义是基本一样的，唯一的区别是整型的 adj_state 变为了 adjust_state_t * 类型的 p_state。这就是 State 状态模式核心：使用类表示状态。添加状态机类的各个成员，完整的状态机类图详见图 10.12。

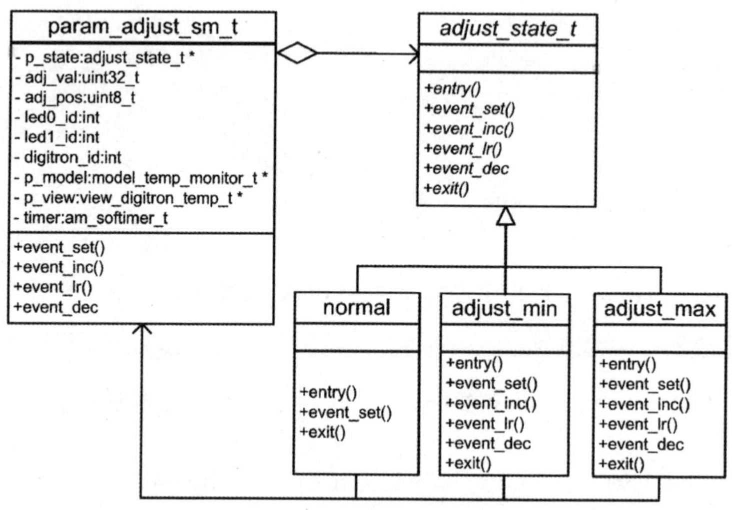

图 10.12　完整的状态机类图

当使用状态机处理按键事件后，整个温控检测仪的子系统接口图将发生变化，详见图 10.13。

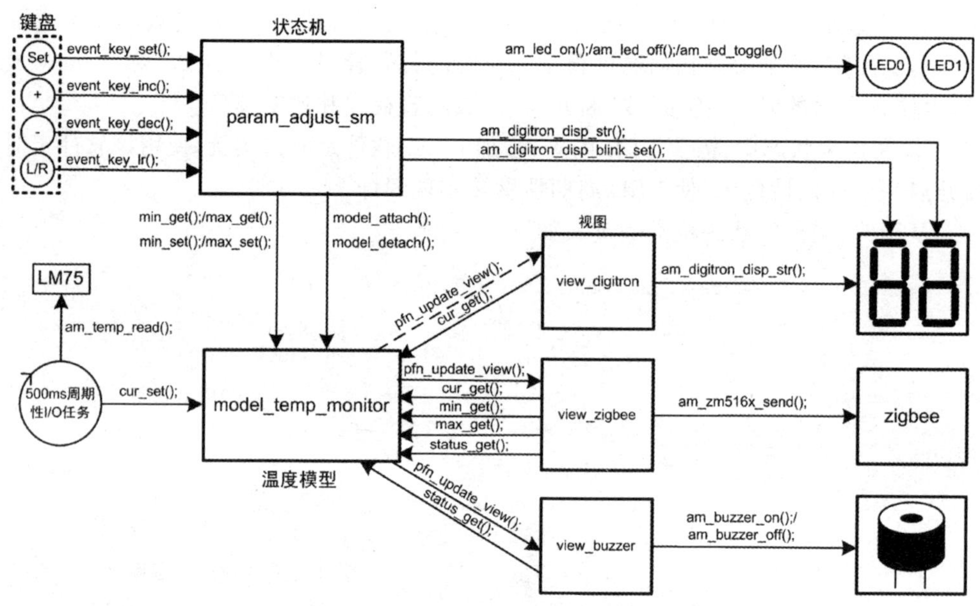

图 10.13　温度检测仪子系统接口图

10.6.3 状态机

1. normal 状态

在正常状态下，除了需要响应 key_set 事件外，还要考虑进入动作和退出动作。

(1) 进入动作

进入 normal 时，两个 LED 闪烁，数码管正常显示当前温度值，即要将温度模型与数码管视图关联。normal 进入动作的实现详见程序清单 10.35。

程序清单 10.35 normal 的进入动作

```
static void state_normal_entry(param_adjust_sm_t *p_this)
{
    am_softimer_start(&p_this->timer, 500);  //以 500 ms 的时间间隔翻转，实现 LED
                                             //闪烁
    model_attach(&(p_this->p_model->isa), &(p_this->p_view->isa)); //“连接”
}
```

(2) 退出动作

通常退出动作与进入动作是成对出现的，在进入动作中开启了 LED 闪烁，则在退出时就要关闭 LED 闪烁；在进入动作中关联了温度模型和数码管视图，则在退出时就要解除关联。正常状态退出动作的实现详见程序清单 10.36。

程序清单 10.36 正常状态的退出动作

```
static void state_normal_exit(param_adjust_sm_t *p_this)
{
    am_softimer_stop(&p_this->timer);      //停止闪烁
    am_led_off(p_this->led0_id);
    am_led_off(p_this->led1_id);
    model_detach(&(p_this->p_model->isa), &(p_this->p_view->isa));
                                                                   //“断开连接”
}
```

(3) SET 事件处理

key_set 事件会触发 FSM 从 normal 状态转换到 adjust_min 状态，SET 事件处理函数定义如下：

```
static void state_normal_event_set(param_adjust_sm_t *p_this)
{
    p_this->p_state = &state_adjust_min;          //转换至最小值调节状态
}
```

显然这样的转换操作是不完整的，状态转换还需要按照正确的顺序执行，使原状态“退出动作”和新状态“进入动作”，通用状态转换函数的实现详见程序清单 10.37。

程序清单 10.37　状态转换函数的实现

```
static void state_transition(param_adjust_sm_t * p_this, const adjust_state_t * p_new_state)
{
    p_this->p_state->pfn_exit(p_this);
    p_this->p_state = p_new_state;
    p_this->p_state->pfn_entry(p_this);
}
```

此时,正常状态的 SET 事件处理函数的实现详见程序清单 10.38。

程序清单 10.38　“正常状态”的“SET 事件”处理函数实现

```
static void state_normal_event_set(param_adjust_sm_t * p_this)
{
    state_transition(p_this, &state_adjust_min);        //转换至最小值调节状态
}
```

还有一种特殊情况,初始状态转换——从初始状态无条件地转换至某一状态。状态图使用一个实心圆点到某一状态的转换表示这一过程,详见图 10.14。

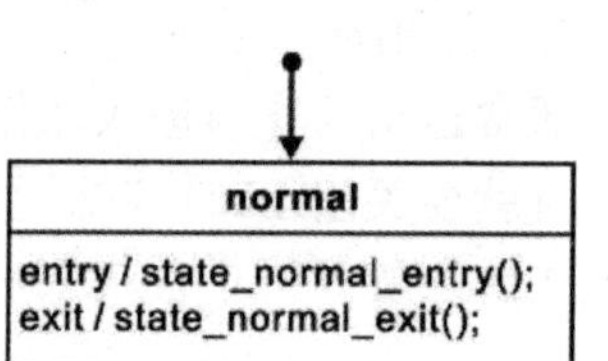

图 10.14　初始状态转换

由于此时还不存在旧的状态,因此不需要使其从原状态退出,仅需进入新状态,初始状态切换函数的实现详见程序清单 10.39。

程序清单 10.39　初始状态切换函数实现

```
static void state_init_transition(param_adjust_sm_t * p_this, const adjust_state_t * p_new_state)
{
    p_this->p_state = p_new_state;
    p_this->p_state->pfn_entry(p_this);
}
```

初始状态转换一般在状态机初始化时调用,如果 FSM 初始状态为正常状态,则应该在状态机初始化函数中调用该函数,将初始状态转换为正常状态,比如:

```
state_init_transition(p_this, &state_normal);        //初始转换,切换至正常状态
```

由于“正常状态”不会响应“加 1 键”事件、“减 1 键”事件和“左移/右移”事件,因此这 3 个事件对应的处理函数是空的。有两种方式来处理这种情况:一是相应的成员位置直接存放 NULL,比如:

```
const adjust_state_t  state_normal = {
    state_normal_entry,
    state_normal_event_set,
    NULL,
    NULL,
    NULL,
    state_normal_exit
};
```

如此一来，在调用事件处理函数时，就需要判断对应的事件处理函数是否为NULL，不为 NULL 时才能调用，比如，当“加 1 键”事件产生时调用当前状态的对应函数：

```
if (p_this ->p_state ->pfn_event_inc) {
    p_this ->p_state ->pfn_event_inc(p_this);
}
```

这无形之中增加了程序的“负担”，少量的 NULL 影响了全局调用事件处理函数的策略。因此在这种情况下，通常使用第二种方式解决，即填充一个空函数作为对应事件的处理函数，比如，定义一个空函数：

```
static void state_event_ignore (state_param_adjust_t * p_this)
{
}
```

在不需要做任何处理的事件中，填充该空函数即可，正常状态的定义如下：

```
const adjust_state_t  state_normal = {
    state_normal_entry,                //详见程序清单 10.35
    state_normal_event_set,            //详见程序清单 10.38
    state_event_ignore,                //忽略函数,处理为空
    state_event_ignore,                //忽略函数,处理为空
    state_event_ignore,                //忽略函数,处理为空
    state_normal_exit                  //详见程序清单 10.36
};
```

2. adjust_min 状态

在 adjust_min 下，其响应所有事件。

(1) 进入动作

在进入 adjust_min 时，需要将温度模型的最小值作为调节值的初始值，设置调节位的初始值为个位，并设置数码管对应位闪烁，同时，使用 LED1 作为调节最小值时的指示。adjust_min 状态进入动作的实现详见程序清单 10.40。

程序清单 10.40 adjust_min 的“进入动作”实现

```
static void __digitron_disp_num (param_adjust_sm_t * p_this, int num)
{
    char buf[3];
    am_snprintf(buf, 3, "%2d", num);
    am_digitron_disp_str(p_this ->digitron_id, 0, PARAM_ADJUST_NUM, buf);
}

static void __digitron_blink_set (param_adjust_sm_t * p_this, am_bool_t is_blink)
{
    am_digitron_disp_blink_set(
        p_this ->digitron_id, PARAM_ADJUST_NUM - 1 - p_this ->adj_pos, is_blink);
}

static void state_min_entry(param_adjust_sm_t * p_this)
{
    float min;
    model_temp_monitor_min_get(p_this ->p_model, &min);
    p_this ->adj_val = (int)min;
    p_this ->adj_pos = 0;
    am_led_on(p_this ->led1_id);
    __digitron_blink_set(p_this, AM_TRUE);          //调节位开始闪烁
    __digitron_disp_num(p_this, p_this ->adj_val);
}
```

该程序使用了宏 PARAM_ADJUST_NUM 来表示当前可调节的位数，其定义为：

```
#define PARAM_ADJUST_NUM   2
```

为了便于复用，单独实现了显示数值函数__digitron_disp_num()和闪烁属性设置函数__digitron_blink_set()，其本质上，实现的方法与“按键处理模块设计”中是完全一样的。

(2) 退出动作

在退出动作中，需要关闭进入动作中打开的 LED1 灯和数码管闪烁位，同时，需要将调节的结果作为下限值设置到温度模型中。其实现详见程序清单 10.41。

程序清单 10.41 adjust_min 的“退出动作”实现

```
static void state_min_exit (param_adjust_sm_t * p_this)
{
    model_temp_monitor_min_set(p_this ->p_model, p_this ->adj_val);
    am_led_off(p_this ->led1_id);
```

```
    __digitron_blink_set(p_this, AM_TRUE);          //调节位停止闪烁
}
```

(3) key_lr 事件处理

key_lr 事件用于切换调节位,其将 adj_pos 加 1 即可。值得注意的是,若其值增加后达到了调节位数(PARAM_ADJUST_NUM),则需要重新回到 0,以便达到循环切换调节位的效果。其实现详见程序清单 10.42。

程序清单 10.42 adjust_min 的 key_lr 事件处理

```
static void state_event_lr(param_adjust_sm_t * p_this)
{
    __digitron_blink_set(p_this, AM_FALSE);          //旧的调节位停止闪烁
    p_this ->adj_pos = (p_this ->adj_pos + 1) % PARAM_ADJUST_NUM;
    __digitron_blink_set(p_this, AM_TRUE);           //新的调节位停止闪烁
}
```

(4) key_inc 事件处理

key_inc 事件用于增加调节值,其根据调节位决定增加的权重。若调节位为个位,则权重为"1";若调节位为十位,则权重为"10"。其实现详见程序清单 10.43。

程序清单 10.43 adjust_min 的 key_inc 事件处理

```
static void state_event_inc(param_adjust_sm_t * p_this)
{
    p_this ->adj_val = (p_this ->adj_val +
                        __pow(10, p_this ->adj_pos)) % __pow(10, PARAM_ADJUST_NUM);
    __digitron_disp_num(p_this, p_this ->adj_val);
}
```

(5) key_dec 事件处理

key_dec 事件用于减小调节值,其根据调节位决定减小的权重。如果调节位为个位,则权重为"1";如果调节位为十位,则权重为"10"。其实现详见程序清单 10.44。

程序清单 10.44 adjust_min 的 key_dec 事件处理

```
static void state_event_dec(param_adjust_sm_t * p_this)
{
    p_this ->adj_val = (p_this ->adj_val + __pow(10, PARAM_ADJUST_NUM) -
                       __pow(10, p_this ->adj_pos)) % __pow(10, PARAM_ADJUST_NUM);
    __digitron_disp_num(p_this, p_this ->adj_val);
}
```

(6) SET 事件处理

在 adjust_min 时,当发生 key_set 事件时,FSM 从 adjust_min 转移至 adjust_

max，其实现详见程序清单 10.45。

程序清单 10.45 “调节最小值”状态的“SET 事件”处理函数实现

```
static void state_min_event_set(param_adjust_sm_t * p_this)
{
    state_transition(p_this, &state_adjust_max);          //转换至 adjust_max
}
```

adjust_min 的定义如下：

```
static const adjust_state_t state_adjust_min = {
state_min_entry,                          //详见程序清单 10.40
state_min_event_set,                      //详见程序清单 10.48
state_event_inc,                          //详见程序清单 10.43
state_event_lr,                           //详见程序清单 10.42
state_event_dec,                          //详见程序清单 10.44
state_min_exit,                           //详见程序清单 10.41
};
```

3. adjust_max 状态

在 adjust_max 时，由于 FSM 不能同时处于 adjust_min 和 adjust_max，因此 FSM 中的 adj_val 和 adj_pos 同样可以在 adjust_max 中使用。基于此，adjust_max 下的 key_lr、key_inc 和 key_dec 事件的响应与 adjust_min 完全相同，可以复用这些事件的处理函数。

(1) 进入动作

与 adjust_min 不同的是，进入 adjust_max 时，需要将温度模型的最大值作为初始调节值，并使用 LED0 作为调节最大值时的显示。进入动作的实现详见程序清单 10.46。

程序清单 10.46 adjust_max 的“进入动作”实现

```
static void state_max_entry (param_adjust_sm_t * p_this)
{
    float max;

    model_temp_monitor_max_get(p_this->p_model, &max);
    p_this->adj_val = (int)max;
    p_this->adj_pos = 0;
    am_led_on(p_this->led0_id);
    __digitron_blink_set(p_this, AM_TRUE);          //调节位开始闪烁
    __digitron_disp_num(p_this, p_this->adj_val);
}
```

(2) 退出动作

在退出动作中,需要关闭进入动作中打开的 LED0 灯和数码管闪烁位,同时需要将调节的结果作为上限值设置到温度模型中。其实现详见程序清单 10.47。

程序清单 10.47　adjust_max 的"退出动作"实现

```
static void state_max_exit (param_adjust_sm_t * p_this)
{
    model_temp_monitor_max_set(p_this ->p_model, p_this ->adj_val);
    am_led_off(p_this ->led0_id);
    __digitron_blink_set(p_this, AM_FALSE);           //调节位停止闪烁
}
```

(3) SET 事件处理

在 adjust_max 时,当发生 key_set 事件时,FSM 从 adjust_max 转移为 normal,其实现详见程序清单 10.48。

程序清单 10.48　adjust_max 的"SET 事件"处理函数实现

```
static void state_max_event_set (state_param_adjust_t * p_this)
{
    state_transition(p_this, &state_normal);           //转换至 normal 状态
}
```

基于此,adjust_max 的定义如下:

```
static const adjust_state_t state_adjust_max = {
    state_max_entry,                  //详见程序清单 10.46
    state_max_event_set,              //详见程序清单 10.48
    state_event_inc,                  //详见程序清单 10.43
    state_event_lr,                   //详见程序清单 10.42
    state_event_dec,                  //详见程序清单 10.44
    state_max_exit,                   //详见程序清单 10.47
};
```

10.6.4　状态机接口

虽然已经完成了各个状态的定义,但对于用户(使用状态机的角色)来讲,其对内部的各个状态的具体实现以及相互之间的转换是无需关心的,其仅关心如何使用状态机提供的各个接口操作状态机即可。

在使用状态机前,需要使用状态机类型 param_adjust_sm_t 定义相应的状态机实例 param_adjust_sm,当将对象 param_adjust_sm 的地址传给形参 p_this 后:

```
param_adjust_sm_t  param_adjust_sm;
param_adjust_sm_t  * p_this = &param_adjust_sm;
```

即可按 p_this 的指向引用其他成员。

类似地，需要初始化状态机对象，根据状态机结构体的定义，初始化状态机时，需要用户传入的参数有：状态机对象、温度模型、数码管视图、LED0 的 ID 号、LED1 的 ID 号和数码管显示器的 ID 号。其函数原型（param_adjust_sm.h）如下：

```
int param_adjust_sm_init (
    param_adjust_sm_t          * p_this,
    model_temp_monitor_t       * p_model,
    view_digitron_t            * p_model_view,
    int                        led0_id,
    int                        led1_id,
    int                        digitron_id);
```

其中，p_this 指向状态机对象；p_model 指向温度模型对象；p_model_view 指向温度模型的数码管视图对象；led0_id 和 led1_id 分别指定了状态机使用的两个 LED 的编号；digitron_id 指定了状态机使用的数码管显示器的编号。其调用形式如下：

```
static param_adjust_sm_t        param_adjust_sm;            //状态机实例
static model_temp_monitor_t     model_temp;                 //温度模型
static view_digitron _t         view_digitron;              //温度模型的数码管视图
model_temp_monitor_init(&model_temp, 10, 40, 25);           //温度模型初始化
view_digitron _init(&view_digitron, 0);                     //数码管视图初始化
param_adjust_init(&param_adjust_sm, &model_temp, &view_digitron, 0, 1, 0);
                                                            //状态机初始化
```

param_adjust_sm_init()函数的实现详见程序清单 10.49。在完成 p_model、p_view、led0_id、led1_id 和 digitron_id 各成员的赋值后，初始化了用于 LED 闪烁的软件定时器，将__timer_callback 作为其回调函数，以便周期性地执行翻转 LED 的任务，实现 LED 闪烁，最后，根据状态图（详见图 10.10），状态初始转换是转换至“正常状态”，因此程序中使用 state_init_transition()函数将状态初始转换为了“正常状态”。

程序清单 10.49　状态机初始化函数

```
int param_adjust_sm_init (
    param_adjust_sm_t          * p_this,
    model_temp_monitor_t       * p_model,
    view_digitron_t            * p_model_view,
    int                        led0_id,
    int                        led1_id,
    int                        digitron_id)
{
    if ((p_this == NULL) || (p_model == NULL)) {
```

```
            return - AM_EINVAL;
        }
        p_this ->p_model = p_model;
        p_this ->p_view = p_model_view;
        p_this ->led0_id = led0_id;
        p_this ->led1_id = led1_id;
        p_this ->digitron_id = digitron_id;
        am_softimer_init(&p_this ->timer, __timer_callback, p_this);
        state_init_transition(p_this, &state_normal);  //初始转换,切换至“正常状态”
        return AM_OK;
    }
```

除初始化接口外,用户与状态机主要的交互就是向状态机发送事件,根据前面的分析可知,共计有 4 种外部事件:“加 1 键”事件、“减 1 键”事件、“左移/右移键”事件和“SET 键”事件。对应的,可以提供 4 个接口函数,分别用于向状态机发送 4 种事件。对应的函数原型(param_adjust_sm. h)如下:

```
int param_adjust_sm_event_key_set (param_adjust_sm_t * p_this);     //SET 键按下
int param_adjust_sm_event_key_lr (param_adjust_sm_t * p_this);      //L/R 键按下
int param_adjust_sm_event_key_inc (param_adjust_sm_t * p_this);     //加键按下
int param_adjust_sm_event_key_dec (param_adjust_sm_t * p_this);     //减键按下
```

接口原型都非常类似,均仅含有一个 p_this 参数,指向事件发送的目标状态机,其调用形式详见程序清单 10.50。

程序清单 10.50　事件发送函数使用范例

```
static void key_callback (void * p_arg,int key_code, int key_state, int keep_time)
{
    if (key_state == AM_INPUT_KEY_STATE_PRESSED) {
        switch (key_code) {
        case KEY_0:                            //SET 键按下
            param_adjust_sm_event_key_set(p_arg);
            break;
        case KEY_1:                            //加 1 键按下
            param_adjust_sm_event_key_inc(p_arg);
            break;
        case KEY_2:                            //L/R 键按下
            param_adjust_sm_event_key_lr(p_arg);
            break;
        case KEY_3:                            //减 1 键按下
            param_adjust_sm_event_key_dec(p_arg);
            break;
        default:
```

```
                break;
            }
        }
}

int am_main (void)
{
    param_adjust_sm_t           param_adjust_sm;
    model_temp_monitor_t        model_temp;
    view_digitron_temp_t        view_digitron;

    model_temp_monitor_init(&model_temp, 10, 40, 25);      //温度模型初始化
    view_digitron _init(&view_digitron, 0);                 //数码管视图初始化
    param_adjust_init(&param_adjust_sm, &model_temp, &view_digitron, 0, 1, 0);
                                                            //状态机初始化
    am_input_key_handler_register(&key_handler, key_callback, &param_adjust_sm);
    while (1) {
        //...
    }
    return 0;
}
```

外部事件发生时，只需要调用当前状态下的对应的事件处理函数。各事件处理函数的实现详见程序清单 10.51。

程序清单 10.51　事件发送函数的实现

```
int param_adjust_sm_event_key_set (param_adjust_sm_t *p_this)
{
    if (p_this == NULL) {
        return -AM_EINVAL;
    }
    p_this->p_state->pfn_event_set(p_this);
    return AM_OK;
}

int param_adjust_sm_event_key_lr (param_adjust_sm_t *p_this)
{
    if (p_this == NULL) {
        return -AM_EINVAL;
    }
    p_this->p_state->pfn_event_lr(p_this);
    return AM_OK;
```

```
}

int param_adjust_sm_event_key_inc (param_adjust_sm_t * p_this)
{
    if (p_this == NULL) {
        return - AM_EINVAL;
    }
    p_this ->p_state ->pfn_event_inc(p_this);
    return AM_OK;
}

int param_adjust_sm_event_key_dec (param_adjust_sm_t * p_this)
{
    if (p_this == NULL) {
        return - AM_EINVAL;
    }
    p_this ->p_state ->pfn_event_dec(p_this);
    return AM_OK;
}
```

基于状态机程序，在程序清单 10.20 的基础上增加状态机，实现完整的温度检测仪程序，详见程序清单 10.52。

程序清单 10.52　状态机综合范例程序

```
#include "ametal.h"
#include "am_delay.h"
#include "am_vdebug.h"
#include "am_input.h"
#include "am_digitron_disp.h"
#include "am_temp.h"
#include "am_zm516x.h"
#include "model_temp_monitor.h"
#include "view_zigbee1.h"
#include "view_digitron.h"
#include "view_buzzer.h"
#include "param_adjust_sm.h"
#include "am_hwconf_zm516x.h"
#include "am_hwconf_lm75.h"
#include "am_hwconf_miniport.h"

static void key_callback (void * p_arg,int key_code, int key_state, int keep_time)
{
```

```
        if (key_state == AM_INPUT_KEY_STATE_PRESSED) {
            switch (key_code) {
            case KEY_0:                          //SET 键按下
                param_adjust_sm_event_key_set(p_arg);
                break;
            case KEY_1:                          //加 1 键按下
                param_adjust_sm_event_key_inc(p_arg);
                break;
            case KEY_2:                          //L/R 键按下
                param_adjust_sm_event_key_lr(p_arg);
                break;
            case KEY_3:                          //减 1 键按下
                param_adjust_sm_event_key_dec(p_arg);
                break;
            default:
                break;
            }
        }
}

int am_main (void)
{
    model_temp_monitor_t              model_temp;
    view_zigbee_t                     view_zigbee;
    view_buzzer_t                     view_buzzer;
    view_digitron_t                   view_digitron;
    int32_t                           temp_cur;
    am_input_key_handler_t            key_handler;
    param_adjust_sm_t                 param_adjust_sm;
    am_zm516x_handle_t                zm516x_handle = am_zm516x_inst_init();
    am_temp_handle_t                  temp_handle = am_temp_lm75_inst_init();

    //初始化,并设置 8 段 ASCII 解码
    am_miniport_view_key_inst_init();
    am_digitron_disp_decode_set(0, am_digitron_seg8_ascii_decode);

    am_temp_read(temp_handle, &temp_cur);
    //初始化温控器模型,初始下限值 10,上限值 40,当前温度值
    model_temp_monitor_init(&model_temp, 10, 40, temp_cur/1000.0f);
    //视图初始化
    view_digitron_init(&view_digitron, 0);
```

```
        view_zigbee_init1(&view_zigbee, zm516x_handle);
        view_buzzer_init(&view_buzzer);
        //状态机初始化
        param_adjust_sm_init(&param_adjust_sm, &model_temp, &view_digitron, 0, 1, 0);
        model_attach(&(model_temp.isa), &(view_zigbee.isa));
        model_attach(&(model_temp.isa), &(view_buzzer.isa));
        am_input_key_handler_register(&key_handler, key_callback, &param_adjust_sm);
        while (1) {
            //每隔 500 ms 读取一次温度值
            am_temp_read(temp_handle, &temp_cur);
            model_temp_monitor_cur_set(&model_temp, temp_cur / 1000.0f);
            am_mdelay(500);
        }
    return 0;
    }
```

为了便于查阅，如程序清单 10.53 所示展示了 param_adjust_sm.h 文件的内容。

程序清单 10.53　param_adjust_sm.h 状态机文件内容

```
#pragma once
#include "ametal.h"
#include "model_temp_monitor.h"
#include "view_digitron.h"
#include "am_softimer.h"

struct _adjust_state;
typedef struct _adjust_state adjust_state_t;

//定义参数调节状态机
typedef struct _param_adjust_sm {
    const adjust_state_t     *p_state;      //当前状态
    int                      led0_id;       //LED0 的 ID 号
    int                      led1_id;       //LED1 的 ID 号
    am_softimer_t            timer;         //用于 LED 闪烁的软件定时器
    model_temp_monitor_t     *p_model;      //温度模型
    view_digitron_t          *p_view;       //温度模型的数码管视图
    int                      digitron_id;   //数码管显示器编号
    uint32_t                 adj_val;       //当前调节的值
    uint8_t                  adj_pos;       //调节状态下的调节位置，个位、十位……
} param_adjust_sm_t;

//状态机初始化
```

```
24  int param_adjust_sm_init (
25      param_adjust_sm_t           * p_this,
26      model_temp_monitor_t        * p_model,
27      view_digitron_t             * p_model_view,
28      int                         led0_id,
29      int                         led1_id,
30      int                         digitron_id);
31
32  int param_adjust_sm_event_key_set (param_adjust_sm_t * p_this);  //SET 键按下
33  int param_adjust_sm_event_key_lr (param_adjust_sm_t * p_this);   //L/R 键按下
34  int param_adjust_sm_event_key_inc (param_adjust_sm_t * p_this);  //加键按下
35  int param_adjust_sm_event_key_dec (param_adjust_sm_t * p_this);  //减键按下
```

注意，struct _adjust_state 状态机结构体的具体定义，对于外部来讲是不可见的，各个状态的定义全部在文件内部完成，因此 struct _adjust_state 结构体类型的定义内容不需要放在头文件中。由于在状态机中存在该类型的指针 p_state，因此该类型声明在头文件中，详见程序清单 10.53 第 12 句。

10.6.5 动作类

1. 存在的问题

由于状态机直接操作了温度模型、LED 和数码管，因此相互之间紧密地“耦合”在一起。比如，状态机进入 adjust_min 状态时，其进入动作的实现为：

```
static void state_min_entry(param_adjust_sm_t * p_this)
{
    float min;
    model_temp_monitor_min_get(p_this ->p_model, &min);
    p_this ->adj_val = (int)min;
    p_this ->adj_pos = 0;
    am_led_on(p_this ->led1_id);
    __digitron_blink_set(p_this, AM_TRUE);          //调节位开始闪烁
    __digitron_disp_num(p_this, p_this ->adj_val);
}
```

与此同时，通过子系统接口图也可以看出，状态机直接操作了 LED、数码管等。虽然这样做也实现了整体功能，其本质上状态机的具体动作与核心的状态逻辑转换之间没有直接关系。但具体动作很可能发生变化，前面的实现方法却让它们相互之间形成了高度依赖性的关系。面向对象编程的重要理念之一是寻找变化并封装之，基于此，将各种与状态转换无关的动作封装到动作类 param_adjust_action_t 中，当类名确定了，接下来需要确定属性和方法。

● 属　性

在状态机中，除 p_state 外，其余属性都是用于完成具体动作的，因此需要将原状态机中的 p_model、p_view、LED0 的 ID 号、LED1 的 ID 号、数码管显示器的 ID 号、adj_val 和 adj_pos 等分离到动作类中，由此可得到动作类的属性。

● 方　法

在状态机的实现中，共计有 3 个状态，每个状态 6 个动作。看起来有 18 个动作，但实际上并没有这么多。在正常状态时状态机不响应 key_inc、key_dec、key_lr 事件，因此动作函数要减少 3 个。

动作类只完成具体动作，不处理状态转换逻辑，由于 SET 事件只处理状态转换，因此 3 个状态下的 SET 事件均与具体动作无关，因此动作函数要减少 3 个。此外，在调节状态时，对 key_inc、key_dec、key_lr 事件的响应完全一样，两种状态下对三个事件的处理实际上只需要 3 个对应的动作函数即可，因此动作函数要减少 3 个。根据原状态机中各事件处理函数的实现，得出如表 10.3 所列的事件处理函数中与动作函数的一一对应关系。

表 10.3　事件处理函数与动作函数对应关系

事件处理函数	对应动作函数
state_normal_entry()	param_adjust_action_normal_start()
state_normal_exit()	param_adjust_action_normal_stop()
state_min_entry()	param_adjust_action_min_start()
state_min_exit()	param_adjust_action_min_stop()
state_max_entry()	param_adjust_action_max_start()
state_max_exit()	param_adjust_action_max_stop()
state_event_inc()	param_adjust_action_inc()
state_event_lr()	param_adjust_action_lr()
state_event_dec()	param_adjust_action_dec()

关于动作类函数的命名，由于动作类仅处理具体的动作，与状态无关，仅表示参数调节模块的具体动作，因此将事件处理函数中的 state 映射为 param_adjust_action 前缀，同时将状态机关键字 entry/exit 映射为 start/stop，即可得到各个动作函数的命名。基于此，得到了动作类的属性和方法，动作类图详见图 10.15。

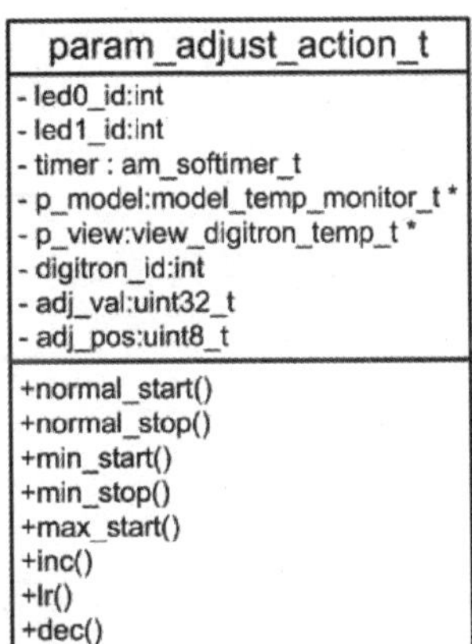

图 10.15　动作类图

有了动作类，即可得出完整的状态机类图，详见图 10.16。在各个具体状态中，需要使用动作类提供的方法，因此它与动作类是关联的。此外，为了在具体状态中使用动作类的方法，因此将动作类对象保存在状态机中，当需要使用动作类时，即可通过状态机访问动作类对象。

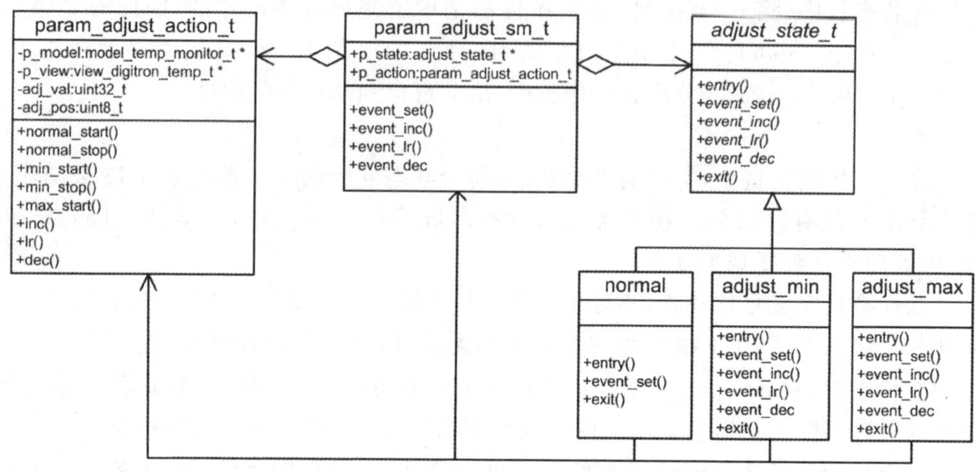

图 10.16　状态机类图

当添加了动作类后，整个温控器的子系统接口图将发生变化，详见图 10.17。由此可见，此时的状态机只与动作类交互，由动作类完成具体的操作。状态机与数码管、LED、温度模型的交互完全交给了动作类，它只负责核心的内部状态逻辑处理。

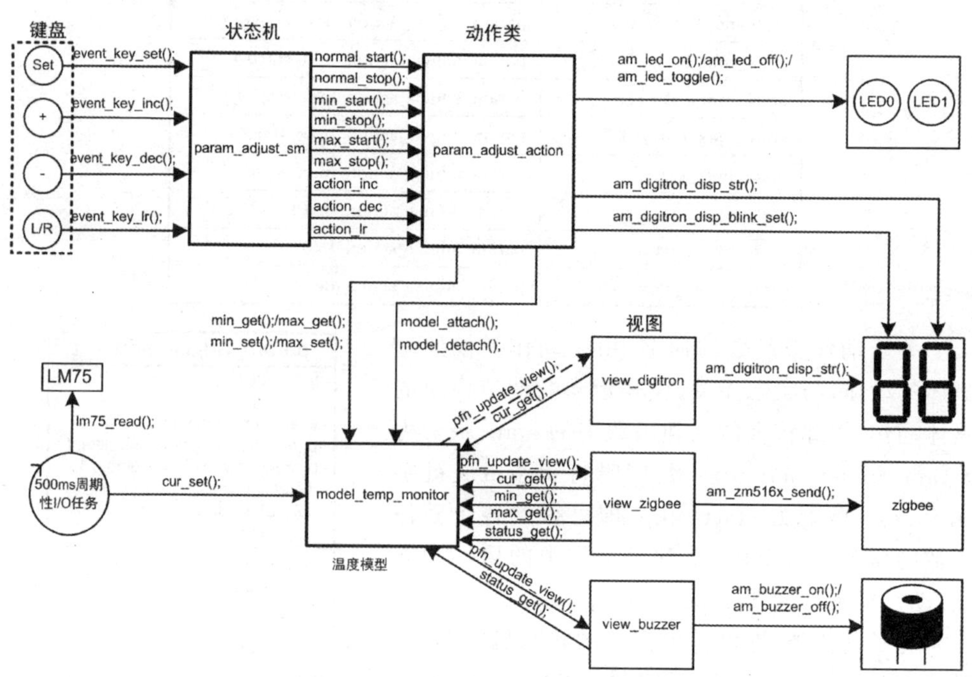

图 10.17　温度检测仪子系统接口图

2. 动作类的定义

根据动作类的类图,其类型的定义如下:

```
typedef struct _param_adjust_action {
    int                     led0_id;      //LED0 的 ID 号
    int                     led1_id;      //LED1 的 ID 号
    am_softimer_t           timer;        //用于 LED 闪烁的软件定时器
    model_temp_monitor_t    *p_model;     //温度模型
    view_digitron_t         *p_view;      //温度模型的数码管视图
    int                     digitron_id;  //数码管显示器编号
    uint32_t                adj_val;      //当前调节的值
    uint8_t                 adj_pos;      //调节状态下的调节位置,个位、十位……
} param_adjust_action_t;
```

有了 param_adjust_action_t 类,即可定义一个该类型的动作类实例。比如:

```
param_adjust_action_t param_adjust_action;
```

同理,与状态机类一样,动作类需要提供相应的初始化函数。根据动作类的定义,初始化动作类时,需要用户传入的参数有:状态机对象、温度模型、数码管视图、LED0 的 ID 号、LED1 的 ID 号和数码管显示器的 ID 号。其函数原型(param_adjust_action.h)如下:

```
int param_adjust_action_init (
    param_adjust_action_t    *p_this,
    model_temp_monitor_t     *p_model,
    view_digitron_t          *p_model_view,
    int                      led0_id,
    int                      led1_id,
    int                      digitron_id);
```

其中,p_this 指向动作类对象;p_model 指向温度模型对象;p_model_view 指向温度模型的数码管视图对象;led0_id 和 led1_id 分别指定了状态机使用的两个 LED 的编号;digitron_id 指定了状态机使用的数码管显示器的编号。其调用形式如下:

```
static param_adjust_action_t      param_adjust_action;
static model_temp_monitor_t       model_temp;
static view_digitron_t            view_digitron;
model_temp_monitor_init(&model_temp, 10, 40, 25);
view_digitron_temp_init(&view_digitron_temp);
param_adjust_action_init(&param_adjust_action, &model_temp, &view_digitron_temp, 0,
1, 0);
```

param_adjust_action_init()函数的实现详见程序清单 10.54。

程序清单 10.54　动作类初始化函数

```c
int param_adjust_action_init (
    param_adjust_action_t      * p_this,
    model_temp_monitor_t       * p_model,
    view_digitron_t            * p_model_view,
    int                        led0_id,
    int                        led1_id,
    int                        digitron_id)
{
    if ((p_this == NULL) || (p_model == NULL)) {
        return -AM_EINVAL;
    }
    p_this->p_model = p_model;
    p_this->p_view = p_model_view;
    p_this->led0_id = led0_id;
    p_this->led1_id = led1_id;
    p_this->digitron_id = digitron_id;
    am_softimer_init(&p_this->timer, __timer_callback, p_this);
    return AM_OK;
}
```

接下来，需要实现动作类的各个方法。以实现状态机进入调节最小值的动作为例，由于其本质上与原状态机的 state_min_entry()函数（详见程序清单 10.40）完成的是相同的任务，因此很容易得到 param_adjust_action_min_start()的实现，详见程序清单 10.55。

程序清单 10.55　param_adjust_action_min_start()函数实现

```c
void param_adjust_action_min_start (param_adjust_action_t * p_this)
{
    float min;
    model_temp_monitor_min_get(p_this->p_model, &min);
    p_this->adj_val = (int)min;
    p_this->adj_pos = 0;
    am_led_on(p_this->led1_id);
    __digitron_blink_set(p_this, AM_TRUE);              //调节位开始闪烁
    __digitron_disp_num(p_this, p_this->adj_val);
}
```

其中，__digitron_blink_set()用于设置调节位闪烁；__digitron_disp_num()用于显示数值。它们均在内部使用，实现详见程序清单 10.56。

程序清单 10.56 __digitron_blink_set()和__digitron_disp_num()函数实现

```
static void __digitron_blink_set (param_adjust_action_t *p_this, am_bool_t is_blink)
{
    am_digitron_disp_blink_set(
        p_this->digitron_id, PARAM_ADJUST_NUM - 1 - p_this->adj_pos, is_blink);
}

static void __digitron_disp_num (param_adjust_action_t *p_this, int num)
{
    char buf[3];
    am_snprintf(buf, 3, "%2d", num);
    am_digitron_disp_str(p_this->digitron_id, 0, PARAM_ADJUST_NUM, buf);
}
```

显然除形参不同外，程序实际内容几乎与原 state_min_entry()函数一模一样，动作函数的实现完全是从原状态机中直接“复制”过来的。其本质上就是将原本在事件处理函数中执行的动作，挪到专门的动作类中。此时状态机仅负责核心的状态转换，而动作类则负责完成核心的动作处理，无需关心具体状态。对于状态机来讲，将其可能的变化封装到“动作类”中。随着后续的扩展，即使执行的动作发生了变化，也只需要更新动作类即可，状态机完全不用修改。如同 param_adjust_action_min_start()函数实现，可以通过复用原状态机事件处理函数的代码，直接实现各个动作函数，详见程序清单 10.57。

程序清单 10.57 各个动作函数实现

```
void param_adjust_action_normal_start(param_adjust_action_t *p_this)
{
    am_softimer_start(&p_this->timer, 500);                           //启动两灯闪烁
    model_attach(&(p_this->p_model->isa), &(p_this->p_view->isa));
                                                                      //“连接”
}

void param_adjust_action_normal_stop(param_adjust_action_t *p_this)
{
    am_softimer_stop(&p_this->timer);                                 //停止两灯闪烁
    am_led_off(p_this->led0_id);                                      //熄灭 LED0
    am_led_off(p_this->led1_id);                                      //熄灭 LED1
    model_detach(&(p_this->p_model->isa), &(p_this->p_view->isa));
                                                                      //“断开连接”
}

```

```
void param_adjust_action_min_start(param_adjust_action_t *p_this)
{
    float min;
    model_temp_monitor_min_get(p_this->p_model, &min);
    p_this->adj_val = (int)min;
    p_this->adj_pos = 0;
    am_led_on(p_this->led1_id);
    __digitron_blink_set(p_this, AM_TRUE);              //调节位开始闪烁
    __digitron_disp_num(p_this, p_this->adj_val);
}

void param_adjust_action_min_stop(param_adjust_action_t *p_this)
{
    model_temp_monitor_min_set(p_this->p_model, p_this->adj_val);
    am_led_off(p_this->led1_id);
    __digitron_blink_set(p_this, AM_FALSE);             //调节位停止闪烁
}

void param_adjust_action_max_start(param_adjust_action_t *p_this)
{
    float max;
    model_temp_monitor_max_get(p_this->p_model, &max);
    p_this->adj_val = (int)max;
    p_this->adj_pos = 0;
    am_led_on(p_this->led0_id);
    __digitron_blink_set(p_this, AM_TRUE);              //调节位开始闪烁
    __digitron_disp_num(p_this, p_this->adj_val);
}

void param_adjust_action_max_stop(param_adjust_action_t *p_this)
{
    model_temp_monitor_max_set(p_this->p_model, p_this->adj_val);
    am_led_off(p_this->led0_id);
    __digitron_blink_set(p_this, AM_FALSE);             //调节位停止闪烁
}

void param_adjust_action_inc(param_adjust_action_t *p_this)
{
    p_this->adj_val = (p_this->adj_val + __pow(10, p_this->adj_pos)) %
                    __pow(10, PARAM_ADJUST_NUM);
    __digitron_disp_num(p_this, p_this->adj_val);
```

```
}

void param_adjust_action_lr(param_adjust_action_t *p_this)
{
    __digitron_blink_set(p_this, AM_FALSE);            //旧的调节位停止闪烁
    p_this->adj_pos = (p_this->adj_pos + 1) % PARAM_ADJUST_NUM;
    __digitron_blink_set(p_this, AM_TRUE);             //新的调节位停止闪烁
}

void param_adjust_action_dec(param_adjust_action_t *p_this)
{
    p_this->adj_val = (p_this->adj_val + __pow(10, PARAM_ADJUST_NUM) -
                  __pow(10, p_this->adj_pos)) % __pow(10, PARAM_ADJUST_NUM);
    __digitron_disp_num(p_this, p_this->adj_val);
}
```

3. 参数调节类的更新

由于状态机中与数据相关的成员已经挪到了动作类中，因此参数调节类中无需再包含相关的数据。为了让状态派生类可以使用动作类提供的方法，需要在状态机中维持了一个动作对象的引用，更新参数调节类的定义如下：

```
typedef struct _param_adjust_sm {
    const struct _adjust_state        *p_state;        //当前状态
    param_adjust_action_t             *p_action;       //动作类
} param_adjust_sm_t;
```

由于状态机中与数据相关的成员已经挪到了动作类中，因此状态机初始化时无需再传入温度模型或数码管视图，其仅仅需要指定其关联的动作类，更新状态机初始化函数原型如下：

```
int param_adjust_sm_init(param_adjust_sm_t *p_this,param_adjust_action_t *p_action);
```

其中，p_this 指向状态机对象，p_action 为该状态机关联的动作类。其调用形式如下：

```
static param_adjust_action_t        param_adjust_action;
static param_adjust_sm_t            param_adjust_sm;
param_adjust_sm_init(&param_adjust_sm, &param_adjust_action);
```

param_adjust_sm_init()函数的实现详见程序清单 10.58，在完成 p_action 成员的赋值后，初始状态转换为“正常状态”。

程序清单 10.58 状态机初始化函数

```
int param_adjust_sm_init (param_adjust_sm_t * p_this,param_adjust_action_t * p_action)
{
    if ((p_this == NULL) || (p_action == NULL)) {
        return - AM_EINVAL;
    }
    p_this ->p_action = p_action;
    state_init_transition(p_this, &state_normal); //初始转换,切换至"正常状态"
    return AM_OK;
}
```

4. 事件处理函数更新

新增动作类后,具体的动作处理由状态类完成,因此,对于状态机而言,无需再处理具体的动作。在其事件处理函数中,仅需要调用对应的动作函数即可。更新事件处理函数的实现详见程序清单 10.59。

程序清单 10.59 状态机 FSM 的事件处理函数

```
static void state_normal_entry(param_adjust_sm_t * p_this)
{
    param_adjust_action_normal_start(p_this ->p_action);
}

static void state_normal_exit (param_adjust_sm_t * p_this)
{
    param_adjust_action_normal_stop(p_this ->p_action);
}

static void state_min_entry(param_adjust_sm_t * p_this)
{
    param_adjust_action_min_start(p_this ->p_action);
}

static void state_min_exit (param_adjust_sm_t * p_this)
{
    param_adjust_action_min_stop(p_this ->p_action);
}

static void state_max_entry(param_adjust_sm_t * p_this)
{
    param_adjust_action_max_start(p_this ->p_action);
}
```

```

static void state_max_exit(param_adjust_sm_t * p_this)
{
    param_adjust_action_max_stop(p_this->p_action);
}

static void state_event_inc(param_adjust_sm_t * p_this)
{
    param_adjust_action_inc(p_this->p_action);
}

static void state_event_lr(param_adjust_sm_t * p_this)
{
    param_adjust_action_lr(p_this->p_action);
}

static void state_event_dec(param_adjust_sm_t * p_this)
{
    param_adjust_action_dec(p_this->p_action);
}
```

由于 SET 事件的处理仅关系到状态的转换，没有其他额外的与状态机无关的动作，因此，SET 事件处理函数无需更新。由此可见，本次的更新操作仅仅是将原状态机中的部分代码“挪”到了“动作类”中，但其体现的却是“封装”思想，使状态机具有“拥抱变化”的能力。新增动作类后，综合范例程序详见程序清单 10.60。

程序清单 10.60　状态机综合范例程序

```
#include "ametal.h"
#include "am_delay.h"
#include "am_vdebug.h"
#include "am_input.h"
#include "am_digitron_disp.h"
#include "am_temp.h"
#include "am_zm516x.h"
#include "model_temp_monitor.h"
#include "view_zigbee1.h"
#include "view_digitron.h"
#include "view_buzzer.h"
#include "param_adjust_sm.h"
#include "param_adjust_action.h"
#include "am_hwconf_zm516x.h"
#include "am_hwconf_lm75.h"
```

```
#include "am_hwconf_miniport.h"

static void key_callback (void * p_arg,int key_code, int key_state, int keep_time)
{
    if (key_state == AM_INPUT_KEY_STATE_PRESSED) {
        switch (key_code) {
        case KEY_0:                          //SET 键按下
            param_adjust_sm_event_key_set(p_arg);
            break;
        case KEY_1:                          //加 1 键按下
            param_adjust_sm_event_key_inc(p_arg);
            break;
        case KEY_2:                          //L/R 键按下
            param_adjust_sm_event_key_lr(p_arg);
            break;
        case KEY_3:                          //减 1 键按下
            param_adjust_sm_event_key_dec(p_arg);
            break;
        default:
            break;
        }
    }
}

int am_main (void)
{
    model_temp_monitor_t       model_temp;
    view_zigbee_t              view_zigbee;
    view_buzzer_t              view_buzzer;
    view_digitron_t            view_digitron;
    int32_t                    temp_cur;
    am_input_key_handler_t     key_handler;
    param_adjust_sm_t          param_adjust_sm;
    param_adjust_action_t      param_adjust_action;
    am_zm516x_handle_t         zm516x_handle = am_zm516x_inst_init();
    am_temp_handle_t           temp_handle = am_temp_lm75_inst_init();

    //初始化,并设置 8 段 ASCII 解码
    am_miniport_view_key_inst_init();
    am_digitron_disp_decode_set(0, am_digitron_seg8_ascii_decode);
    am_temp_read(temp_handle, &temp_cur);
    //初始化温控器模型,初始下限值 10,上限值 40,当前温度值
```

```
        model_temp_monitor_init(&model_temp, 10, 40, temp_cur/1000.0f);
        //视图初始化
        view_digitron_init(&view_digitron, 0);
        view_zigbee_init1(&view_zigbee, zm516x_handle);
        view_buzzer_init(&view_buzzer);
        //动作类和状态机初始化
        param_adjust_action_init(&param_adjust_action, &model_temp, &view_digitron,
        0, 1, 0);
        param_adjust_sm_init(&param_adjust_sm, &param_adjust_action);
        model_attach(&(model_temp.isa), &(view_zigbee.isa));
        model_attach(&(model_temp.isa), &(view_buzzer.isa));
        am_input_key_handler_register(&key_handler, key_callback, &param_adjust_sm);
        while (1){
            //每隔 500 ms 读取一次温度值
            am_temp_read(temp_handle, &temp_cur);
            model_temp_monitor_cur_set(&model_temp, temp_cur / 1000.0f);
            am_mdelay(500);
        }
        return 0;
}
```

10.7 应用程序

程序清单 10.60 将设计完成的模型、视图和状态机简单地进行了整合，作为使用模型、视图和状态机的范例。虽然其完成了整体功能，但其调用了与具体硬件相关的实例初始化函数，因而并不适合直接用作应用程序。为了便于应用程序跨平台复用，应该将硬件资源的初始化操作“分离”出去。

在温度检测仪应用中，使用的硬件外设资源有：4 个按键、2 个 LED、1 个数码管显示器、ZigBee 和温度传感器。使用通用接口访问这些资源时，只需要它们的 ID 号或句柄即可，ID 号是在系统启动前就能确定的常量，因此可以将这些资源的 ID 号定义在头文件中供应用程序使用，需要修改时，在头文件中配置修改即可。而与硬件资源有关的句柄需要在运行时调用实例初始化函数获取，可以通过应用程序入口函数的参数来为应用程序提供这些句柄。基于此，应用程序入口函数原型定义为：

```
int app_temp_monitor_main (am_zm516x_handle_t zm516x_handle, am_temp_handle_t temp_handle);
```

其中，zm516x_handle 是 ZigBee 模块的句柄，通过实例初始化函数 am_zm516x_inst_init()获得。temp_handle 是温度传感器句柄，通过实例初始化函数 am_temp_lm75_inst_init()获得。在应用程序的头文件中声明函数原型，并定义各个硬件资源的 ID 号，详见程序清单 10.61。

程序清单 10.61　应用程序入口函数声明及硬件资源 ID 号定义(app_temp_monitor_main.h)

```
#pragma once
#include "ametal.h"
#include "am_zm516x.h"
#include "am_temp.h"

#define   APP_KEY_CODE_SET        KEY_0         //SET 键编码
#define   APP_KEY_CODE_ADD        KEY_1         //加 1 键编码
#define   APP_KEY_CODE_LR         KEY_2         //L/R 键编码
#define   APP_KEY_CODE_DEC        KEY_3         //减 1 键编码
#define   APP_LED0_ID             0             //LED0 ID 号
#define   APP_LED1_ID             1             //LED1 ID 号
#define   APP_DIGITRON_ID         0             //数码管显示器 ID 号
//应用程序入口
int app_temp_monitor_main(am_zm516x_handle_t zm516x_handle, am_temp_handle_t temp_handle);
```

对于用户来讲，只需要查看该头文件即可知道应用程序需要使用到哪些硬件资源，可以据此在启动应用程序前准备好这些资源。在应用程序的实现中，直接使用这些硬件资源即可，无需再调用实例初始化函数。应用程序的实现范例详见程序清单 10.62。

程序清单 10.62　应用程序实现(app_temp_monitor_main.c)

```
#include "ametal.h"
#include "am_delay.h"
#include "am_vdebug.h"
#include "am_input.h"
#include "am_digitron_disp.h"
#include "am_temp.h"
#include "am_zm516x.h"
#include "model_temp_monitor.h"
#include "view_zigbee1.h"
#include "view_digitron.h"
#include "view_buzzer.h"
#include "param_adjust_sm.h"
#include "param_adjust_action.h"
#include "app_temp_monitor_main.h"

static void key_callback (void *p_arg,int key_code, int key_state, int keep_time)
{
```

```
        if (key_state == AM_INPUT_KEY_STATE_PRESSED) {
            switch (key_code) {
            case APP_KEY_CODE_SET:                        //SET 键按下
                param_adjust_sm_event_key_set(p_arg);
                break;
            case APP_KEY_CODE_ADD:                        //加 1 键按下
                param_adjust_sm_event_key_inc(p_arg);
                break;
            case APP_KEY_CODE_LR:                         //L/R 键按下
                param_adjust_sm_event_key_lr(p_arg);
                break;
            case APP_KEY_CODE_DEC:                        //减 1 键按下
                param_adjust_sm_event_key_dec(p_arg);
                break;
            default:
                break;
            }
        }
    }

    int app_temp_monitor_main (am_zm516x_handle_t zm516x_handle,am_temp_handle_t temp_handle)
    {
        model_temp_monitor_t          model_temp;
        view_zigbee_t                 view_zigbee;
        view_buzzer_t                 view_buzzer;
        view_digitron_t               view_digitron;
        int32_t                       temp_cur;
        am_input_key_handler_t        key_handler;
        param_adjust_sm_t             param_adjust_sm;
        param_adjust_action_t         param_adjust_action;

        am_temp_read(temp_handle, &temp_cur);
        //初始化温控器模型,初始下限值 10,上限值 40,当前温度值
        model_temp_monitor_init(&model_temp, 10, 40, temp_cur / 1000.0f);
        //视图初始化
        view_digitron_init(&view_digitron, 0);
        view_zigbee_init1(&view_zigbee, zm516x_handle);
        view_buzzer_init(&view_buzzer);
        param_adjust_action_init(&param_adjust_action, &model_temp, &view_digitron,
                                  APP_LED0_ID, PP_LED1_ID, APP_DIGITRON_ID);
        param_adjust_sm_init(&param_adjust_sm, &param_adjust_action);
```

```
        model_attach(&(model_temp.isa), &(view_zigbee.isa));
        model_attach(&(model_temp.isa), &(view_buzzer.isa));
        am_input_key_handler_register(&key_handler, key_callback, &param_adjust_sm);
        while (1) {
            //每隔 500 ms 读取一次温度值
            am_temp_read(temp_handle, &temp_cur);
            model_temp_monitor_cur_set(&model_temp, temp_cur / 1000.0f);
            am_mdelay(500);
        }
        return 0;
    }
```

显然，只需要准备好 4 个按键、2 个 LED、1 个数码管显示器、ZigBee 和温度传感器资源，然后调用 app_temp_bool_main()函数即可，启动应用程序的范例详见程序清单 10.63。

程序清单 10.63　启动应用程序(main.c)

```
#include "ametal.h"
#include "am_digitron_disp.h"
#include "app_temp_monitor_main.h"
#include "am_hwconf_zm516x.h"
#include "am_hwconf_lm75.h"
#include "am_hwconf_miniport.h"

int am_main (void)
{
    am_zm516x_handle_t zm516x_handle = am_zm516x_inst_init();
    am_temp_handle_t  temp_handle = am_temp_lm75_inst_init();
    //初始化,并设置 8 段 ASCII 解码
    am_miniport_view_key_inst_init();
    am_digitron_disp_decode_set(0, am_digitron_seg8_ascii_decode);
    return app_temp_monitor_main(zm516x_handle, temp_handle);
}
```

该程序使用了实例初始化函数 am_miniport_view_key_inst_init()完成数码管和按键的初始化，即使用 MiniPort - View 和 MiniPort - Key 两个配件为应用程序提供数码管和按键资源。MiniPort - View 直接与 AM824_Core 连接时，段码是由 GPIO 直接驱动的，需要占用 8 个引脚。为了节省引脚数目，可以在 MiniPort - View 和 AM824_Core 之间新增一个 MiniPort - 595 配板，将段码改由 595 驱动，然后将程序清单 10.63 中的 am_miniport_view_key_inst_init()修改为 am_miniport_view_key_595_inst_init()，但无论如何，应用程序无需作任何改变。

参考文献

[1] 周立功.新编计算机基础教程[M].北京:北京航空航天大学出版社,2011.

[2] 周立功.C 程序高级设计[M].北京:北京航空航天大学出版社,2013.

[3] NXP. Cookbook for SAR ADC Measurements. NXP,AN4373.

[4] NXP. How to Increase the Analog-to-Digital Converter Accuracyinan Application. NXP,AN5250.

[5] NXP. Reference Circuit Design for a SAR ADC in SoC. NXP.

[6] 李先静.系统程序员成长计划[M].北京:人民邮电出版社,2010.

[7] (日)花井志生.C 现代编程[M].杨文轩,译.北京:人民邮电出版社,2016.

[8] (日)前桥和弥.征服 C 指针[M].吴雅明,译.北京:人民邮电出版社,2013.

[9] 谭云杰.大象——Thinking in UML[M].2 版.北京:中国水利水电出版社,2012.

[10] 潘加宇.软件方法——业务建模和需求[M].北京:清华大学出版社,2018.

[11] (美)Shalloway A,等.设计模式解析[M].徐言声,译.北京:人民邮电出版社,2010.

[12] (美)Booch G,等.面向对象分析与设计[M].王海鹏,潘加宇,译.北京:电子工业出版社,2016.

[13] (美)King K N.C 语言程序设计现代方法[M].吕秀锋,黄倩,译.北京:人民邮电出版社,2010.

[14] (美)Blaha M,等.UML 面向对象建模与设计[M].车皓阳,等译.北京:人民邮电出版社,2011.

[15] (美)Larman C.UML 和模式应用[M].李洋,等译.北京:机械工业出版社,2006.

[16] Matt Weisfeld.写给大家看的面向对象编程书[M].张雷生,等译.北京:人民邮电出版社,2009.

[17] Eric S Roberts.C 语言的科学与艺术[M].翁惠玉,等译.北京:机械工业出版社,2005.

[18] 王咏武,王咏刚.道法自然——面向对象实践指南[M].北京:电子工业出版社,2004.